ICT认证系列丛书

华为技术认证

华为MPLS技术学习指南（第二版）

王 达 主编

U0234256

人民邮电出版社

北京

图书在版编目（ＣＩＰ）数据

华为MPLS技术学习指南 / 王达主编. -- 2版. -- 北
京：人民邮电出版社，2023.6
（ICT认证系列丛书）
ISBN 978-7-115-61217-5

Ⅰ. ①华… Ⅱ. ①王… Ⅲ. ①宽带通信系统－综合业
务通信网－指南 Ⅳ. ①TN915.142-62

中国国家版本馆CIP数据核字(2023)第031583号

内 容 提 要

本书按照最新的华为设备 VRP 系统版本全面更新和改写第一版，不仅深入剖析了各种 MPLS 技术的实现原理，而且介绍了各种公网 MPLS 隧道建立的配置与管理方法，还配有各种公网 MPLS 隧道的应用配置示例。本书专业性强，实用性强，是华为网络工程师自学的参考书，也是参加华为 Datacom（数据通信）系列职业认证考试的学习资料，同时也可以作为高校、培训机构相关专业的教学用书。

◆ 主　　编　王　达
　　责任编辑　李成蹊
　　责任印制　马振武

◆ 人民邮电出版社出版发行　　北京市丰台区成寿寺路 11 号
　　邮编　100164　　电子邮件　315@ptpress.com.cn
　　网址　https://www.ptpress.com.cn
　　固安县铭成印刷有限公司印刷

◆ 开本：787×1092　1/16
　　印张：32.5　　　　　　　2023 年 6 月第 2 版
　　字数：748 千字　　　　　2023 年 6 月河北第 1 次印刷

定价：199.80 元

读者服务热线：(010)81055493　印装质量热线：(010)81055316
反盗版热线：(010)81055315
广告经营许可证：京东市监广登字 20170147 号

自　序

本书出版背景

MPLS 技术一直以来被许多读者朋友认为是最难学的，它主要应用于互联网服务商和大型企业中。但是随着企业的规模扩大，分支机构遍布全国甚至全球，各种新型互联网应用也如雨后春笋般涌现，再加上现在的千兆网，甚至万兆以太网、5G 移动互联网接入的普及，企业总部网络与分支机构网络的互联已成为许多企业必须要面对的一项基础工程。

MPLS VPN 方案与传统的 IP VPN 解决方案相比更高效、更安全，因为它是基于 MPLS 标签在专用隧道中进行报文转发的。现在的华为 Datacom（数据通信）系列职业认证考试中，MPLS 相关内容不仅是必考的，且认证级别更高、所占的比例更大，这也是笔者决定出版这套 MPLS 图书的主要原因。

本书在第一版的基础上进行了改版，以华为 S 系列交换机最新的 V200R021 版本、AR G3 系列路由器最新的 V300R019 版本 VRP 系统为基础进行介绍，书中的许多配置方法与第一版相比存在较大区别，且新增了内容。另外，书中大部分配置示例经过实战检验，且配有许多实验效果截图，这些使本书的实战性和实用性得到进一步提高，更方便读者对照实验练习。

本书专门针对华为设备 MPLS 技术进行全面、深入介绍，这是学习其他 MPLS 技术和应用的前提和基础，建议读者在学习配套的《华为 MPLS VPN 学习指南》前，先学习本书。本书中的重点是要理解 MPLS 标签的含义、MPLS 标签动作、LSP 的建立和维护、MPLS 报文转发原理、MPLS TE/DS-TE 隧道建立，以及 LDP LSP/MPLS TE 隧道的各种可靠性功能等。

服务与支持

为了加强与读者的交流与沟通，同时也方便读者相互交流与学习，及时了解图书配套视频课程、在线培训资讯，笔者向大家提供了全方位的交流平台。读者可以扫描下方二维码，在"资源"栏目获取学习交流平台联系方式。

鸣谢

本书由长沙达哥网络科技有限公司（原名"王达大讲堂"）组织编写，并由笔者担任主编。感谢人民邮电出版社的各位领导、编辑老师的信任并为本书进行辛苦编辑，同时也要感谢华为技术有限公司为我们提供了大量的学习资源。

由于笔者水平有限，书中难免存在一些错误和瑕疵，敬请读者批评指正，万分感谢！

王达

2023 年 3 月

前　　言

本书特色

本书在第一版的基础上进行了改版，综合而言主要有以下特色。

- 华为 Datacom 系列职业认证技能学习、培训的指定教学用书

本书在具体编写过程中既充分考虑了普通读者系统学习 MPLS 技术及功能配置与管理方法的需求，同时也考虑了参加华为 HCIA-Datacom、HCIP-Datacom 和 HCIE-Datacom 认证考试的读者的学习需求，是华为网络数据通信领域 MPLS 技术自学用书和教学用书。

- 内容更新和更精练

本书主要按照华为 AR G3 系列路由器产品（大部分内容同时适用于华为 S 系列交换机）最新的 V300R019 版本 VRP 系统对第一版内容进行全面的更新和修订，不仅内容更新、更精练，而且更通俗易懂，更便于学习。

- 实战性更强

本书提供了许多经典的实战案例，大部分案例经过了真实的实验，且书中还提供了许多实验时的实时截图，更具实战性。

- 大量配置示例和故障排除方法

为了增强实用性，本书在介绍完每一种相关功能配置后都会列举大量的不同场景下的配置示例，以加深大家对前面所学技术原理和具体配置与管理方法的理解。许多配置示例可直接应用于不同的现实场景。另外，大部分章节的最后介绍了针对一些故障现象的排除方法，使得本书具有非常高的专业性和实用性。

适用读者对象

本书适合的读者对象如下。

① 参加华为 Datacom 系列职业认证考试的读者。

② 希望从零开始系统学习华为设备 MPLS 技术的读者。

③ 华为培训合作伙伴、华为网络学院的学员。

④ 使用华为 S 系列交换机、AR 系列路由器产品的用户。

⑤ 高等院校的计算机网络专业学生。

本书主要内容

- 第 1 章　MPLS 的基础知识和工作原理

本章作为本书的开篇，首先介绍的是 MPLS 技术相关的基础知识和工作原理，包括 MPLS 的起源、MPLS 的主要优势、MPLS 网络结构、MPLS 体系结构、MPLS 标签动作及 MPLS 报文的转发流程、LSP 连通性检测等。

- 第 2 章　静态 LSP 的配置与故障排除

本章介绍了最简单的静态 LSP 的配置与管理方法，以及静态 LSP 建立的典型故障排除方法。

- 第 3 章　MPLS LDP 基本功能的配置与故障排除

本章介绍了采用 LDP 作为信令协议而动态建立的 LDP LSP 的配置与管理和典型故障排除方法。其中重点介绍了 LDP 基础及工作原理，包括 LDP 会话消息、LDP 会话的建立流程、LDP 的标签发布和管理、动态 LDP LSP 的建立过程等。

- 第 4 章　MPLS LDP 扩展功能的配置与管理

本章介绍了 LDP LSP 建立中涉及的一些可选扩展功能的配置与管理方法，包括 LDP LSP 的 BFD、LDP 与路由联动、LDP FRR、LDP GR 和 LDP 安全机制等功能的配置与管理方法。

- 第 5 章　MPLS TE 基本功能配置与管理

本章介绍了 MPLS 流量工程（TE）隧道中动态 CR-LSP 建立相关的技术原理、静态和动态 MPLS TE 隧道的配置与管理方法，以及 MPLS TE 隧道维护方法。在 MPLS TE 基础知识和技术原理方面重点介绍了 RSVP-TE 的消息类型、对象类型、消息格式，MPLS TE 隧道属性/链路属性，MPLS TE 的框架及信息发布原理等。

- 第 6 章　MPLS TE 隧道调整和隧道优化的配置与管理

本章介绍了 MPLS TE 隧道建立过程中可进行的一些参数调整功能的配置与管理方法。这里所调整的参数是指用于建立 CR-LSP 的参数，主要包括 RSVP-TE 信令参数、CR-LSP 路径选择参数、MPLS TE 隧道建立参数 3 个方面。

- 第 7 章　MPLS TE 可靠性功能的配置与管理

本章介绍了 MPLS TE 隧道的一些可靠性功能的配置与管理方法，主要包括常用的 CR-LSP 备份、TE FRR、BFD for MPLS TE 3 个方面。

- 第 8 章　MPLS QoS 的配置与管理

本章介绍了华为 S 系列交换机中支持的 MPLS QoS 功能的配置与管理。

- 第 9 章　MPLS DS-TE 的配置与管理

本节介绍了华为 AR G3 系列路由器支持的 MPLS DS-TE 隧道的相关工作原理，静态/

动态 DS-TE 隧道的配置与管理方法。本章的工作原理主要包括差分服务模型 DiffServ、DSCP/802.1P/LP/EXP 优先级及其与队列、PHB 之间的映射关系，以及 DS-TE 中的 LSP 抢占、TE-Class 映射、带宽约束模型、DS-TE 模式等。

阅读注意

在阅读本书时，请注意以下 4 个地方。

① 在学习华为设备 MPLS 技术时，建议先学习本书，然后学习配套的《华为 MPLS VPN 学习指南》。

② 书中以 AR G3 系列路由器 V300R019 版本 VRP 系统为主线内容进行介绍。

③ 在配置命令代码介绍中，粗体字部分是命令本身或关键字选项部分，是不可变的；斜体字部分是命令或关键字的参数部分，是可变的。

④ 在介绍各种 MPLS 技术及功能配置说明过程中，对于一些需要特别注意的地方均以粗体字强调，以便读者在阅读学习时特别注意。

目　　录

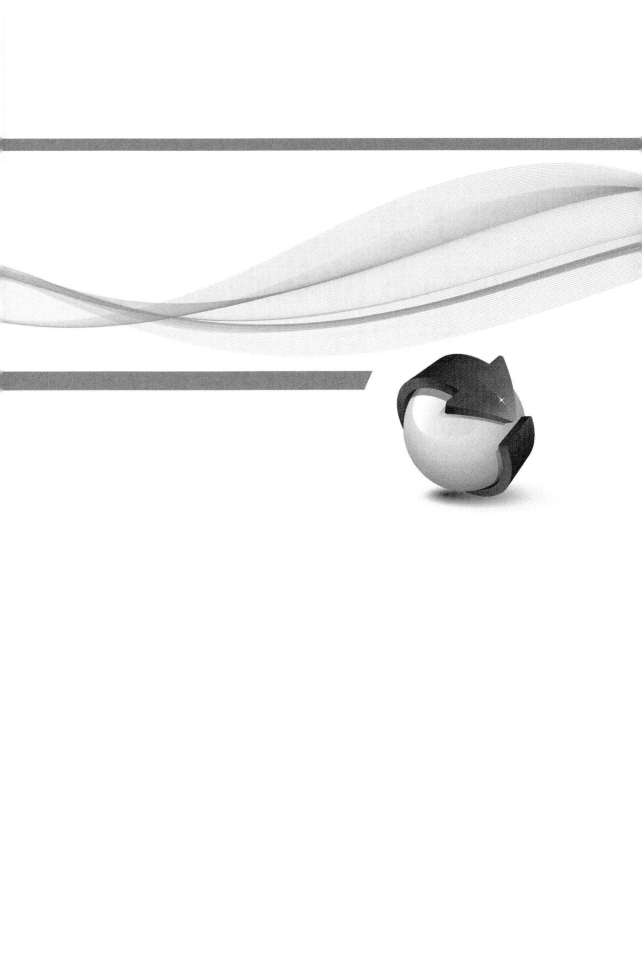

第 1 章
MPLS 的基础知识和工作原理

本章主要内容

　　多协议标签交换（Multi-protocol Label Switching，MPLS）是一种被应用于运营商网络的数据交换技术，即一种把三层路由信息映射成二层交换路径，使转发效率更高的数据交换方式。

　　本章主要介绍 MPLS 技术相关的基础知识和工作原理，包括 MPLS 的起源、MPLS 的主要优势、MPLS 网络结构、MPLS 体系结构、MPLS 标签动作及 MPLS 报文的转发流程、标签交换路径（Label Switched Path，LSP）连通性检测等。

1.1 MPLS 的基础知识

1.1.1 MPLS 的起源

20 世纪 90 年代中期，互联网协议（Internet Protocol，IP）路由器技术的发展远远滞后于计算机网络发展的速度，主要表现为转发效率低下、无法提供有效的服务质量（Quality of Service，QoS）保证。其本质原因为当时的硬件技术存在限制，基于最长匹配算法的 IP 路由技术必须使用软件查找路由，转发性能低下。具体而言，IP 路由技术存在以下不足。

① 每一跳设备都要先分析 IP 报头中目的 IP 地址信息，然后才能在本地路由表中查找对应的 IP 路由表项，效率较低。

② 每一跳还要依据最长匹配算法、路由优先级、路由开销等，在存在多条可达路由路径中进行最优路由选择，因此影响了路由转发的效率。

③ IP 路由方式是无连接方式，无法提供较好的端到端 QoS 保证，因为报文在到达任意一跳时的转发路径都可能发生变化。

正因 IP 路由技术存在以上不足，异步传输模式（Asynchronous Transfer Mode，ATM）技术诞生。ATM 采用定长标签（即信元），并且只需要维护标签表就能提供高转发性能。但 ATM 协议相对复杂，并且 ATM 网络部署成本高，这使 ATM 技术很难普及。MPLS 则是结合以上两种技术的优势而开发的一种新技术。

MPLS 采用了类似 ATM 信元的标签转发方式，同时利用 IP 路由为不同目的网段提供特定的标签分发路径，从源端到目的端建立一条基于特定目的网段的 LSP，又称 MPLS 隧道。此时的 IP 技术仅在建立 LSP 的过程中起作用，实际的用户数据报文的转发还是采用了类似 ATM 信元的标签转发方式。

MPLS 标签插在原来数据帧中的二层协议头和三层协议头之间，长度固定为 4 字节。一个 MPLS 报文可以携带一个或多个 MPLS 标签。MPLS 标签可手动静态配置，也可由一些协议例如标签分配协议（Label Distribution Protocol，LDP）、资源预留协议流量工程（Resource Reservation Protocol-Traffic Engineering，RSVP-TE）、边界网关协议（Border Gateway Protocol，BGP）等自动分配。采用自动分配时，MPLS 标签从目的端沿着对应网段的路由路径向源端依次分配。

由此可见，MPLS 离不开内部网关协议（Interior Gateway Protocol，IGP）路由，实现 LSP 的建立和 MPLS 标签的分发的前提是路径中的路由畅通，只是在用户数据报文转发时不再采用 IP 路由方式，而是采用 MPLS 方式。

1.1.2 MPLS 的主要优势

MPLS 最初是为了提高路由器的转发效率而提出的，与传统的 IP 路由方式相比，其主要优势如下。

（1）转发效率高

在数据转发时，MPLS 只要在网络边缘进行 IP 报头分析，而不用在每一跳都分析 IP 报头，中间节点设备也只要进行快速的标签交换即可，不用进行复杂的 IP 报头分析和路由选优，提高了转发效率。

【说明】随着专用集成电路（Application Specific Integrated Circuit，ASIC）技术的发展，路由查找速度已经不是阻碍网络发展的瓶颈。这使 MPLS 在提高转发效率方面不再具备明显的优势。

（2）更好的 QoS 保证

MPLS 是一种在网络层提供面向连接的交换技术（而 IP 不是面向连接的协议），能够提供较好的端到端 QoS 保证，可以被广泛应用于虚拟专用网络（Virtual Private Network，VPN）和流量工程（Traffic Engineering，TE）。这也是 MPLS 的两种主要应用，具体介绍见 1.1.8 节。

（3）支持多协议报文转发

MPLS 支持多种网络层协议，例如互联网包交换（Internet Packet Exchange，IPX）和无连接网络协议（Connectionless Network Protocol，CLNP）等，支持以太网、点到点协议（Point-to-Point Protocol，PPP）、高级数据链路控制（High Level Data Link Control，HDLC）等多种数据链路层协议，这也是其名称中"多协议（Multi-protocol）"的含义。

1.1.3 MPLS 网络结构

MPLS 网络的典型结构如图 1-1 所示，网络中各路由器（也可以是三层交换机）称作标签交换路由器（Label Switching Router，LSR）。由这些 LSR 构成的网络区域称为 MPLS 域（MPLS Domain）。位于 MPLS 域边缘、连接其他网络（例如 IP 网络）的 LSR 称为标签边缘路由器（Label Edge Router，LER），位于 MPLS 域内的 LSR 称为核心标签交换路由器（Core LSR）。

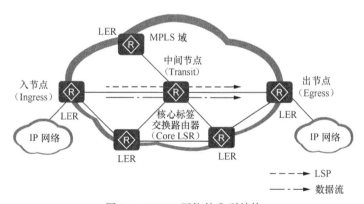

图 1-1 MPLS 网络的典型结构

MPLS 域也称 MPLS/IP 骨干网，属于所有用户共享的底层公网。不同用户可在 MPLS 域上建立自己的私网连接，即 MPLS VPN。

MPLS 报文在 MPLS/IP 骨干网转发过程中所经过的路径称为 LSP。一条 LSP 可以看成是一条 MPLS 隧道，专用于一类 IP 报文的传输。LSP 的入口 LER 称为入节点（Ingress）；

位于 LSP 中间的 LSR 称为中间节点（Transit）；LSP 的出口 LER 称为出节点（Egress）。

　　LSP 是单向的，一条 LSP 中可以有一个或多个中间节点，**但有且只有一个 Ingress 和一个 Egress**。根据 LSP 的方向（从 Ingress 到 Egress，与报文传输方向相同），MPLS 报文由 Ingress 发往 Egress，Ingress 是 Transit 的上游节点，Transit 是 Ingress 的下游节点。同理，Transit 是 Egress 的上游节点，Egress 是 Transit 的下游节点。

　　【经验提示】因为 LSP 是单向的，所以要实现隧道两端所连网络的互通，仅建立一个方向的 LSP 是不行的，还需要建立方向相反、Ingress 和 Egress 角色互换的 LSP。为了实现双向通信，一条 MPLS 隧道中至少需要建立两条方向相反的 LSP，且这两条方向相反的 LSP 的 Ingress 和 Egress LER 设备是互换的，因为一台 LER 设备在担当一个方向 LSP 的 Ingress 角色的同时还会担当另一条方向相反 LSP 的 Egress 角色。

　　MPLS 报文的基本转发流程如图 1-2 所示。

　　首先，MPLS/IP 骨干网中的设备会为隧道两端 LER 设备上连接的每个公网网段建立一条 LSP（缺省仅为 32 位掩码的主机路由建立 LSP），路径上的每台设备都会为该 LSP 分配一个用于指导 MPLS 报文转发的 MPLS 标签。该 MPLS 标签又与报文转发的下一跳和出接口相映射，这使 MPLS 报文在骨干网中传输时可以直接依据各设备上为该报文所分配的 MPLS 标签进行转发。但在传输过程中，MPLS 报文上携带的 MPLS 标签不是固定的，而是每经过一个设备都需要进行替换，以获

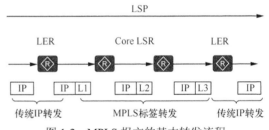

图 1-2　MPLS 报文的基本转发流程

得从当前设备向下游节点继续转发报文的路径。MPLS 报文在骨干网中的转发过程实质上是 MPLS 报文中 MPLS 标签的逐跳交换过程。

　　在图 1-2 中，当 IP 报文进入 MPLS/IP 骨干网的 Ingress 时，应根据其目的 IP 地址找到对应的转发信息库（Forwarding Information Base，FIB）表项，如果其中的 Tunnel ID 值不为 0，则表示要进行 MPLS 标签转发（采用 IP 路由进行转发的表项对应的 Tunnel ID 值均为 0）。但在 Ingress 进行 MPLS 转发前，需要在 IP 报文的二层协议头和 IP 报头之间加上一层本地设备为该 LSP 分配的 MPLS 标签 L1，然后根据标签 L1 映射的出接口及下一跳传输给下游的 Core LSR。

　　在 Core LSR 中的 MPLS 报文的标签要先用本地设备为该 LSP 分配的标签 L2 替换 MPLS 报文中原来携带的标签 L1，再根据新标签 L2 所映射的出接口及下一跳进行转发（不用按照路由表进行转发），然后再按照同样的方法向下游节点转发，到达 MPLS/IP 骨干网的另一端 LER 时，MPLS 报文中携带的 MPLS 标签会被去掉，还原为普通 IP 报文，然后按照 IP 路由方式进行转发。

　　以上为最基本的 MPLS 报文转发流程，详细的转发流程介绍见 1.2.3 节。

1.1.4　MPLS 标签和标签栈

　　MPLS 标签（MPLS Label）是一个短而定长（这样开销可以很小）且只具有本地意义（不需要全网唯一）的整数形式的数字标识符，用于唯一标识一个数据分组所属的分

类（类似于 IP 路由中的 Tag 标记），这个分类称为转发等价类（Forwarding Equivalence Class，FEC）。一个 FEC 中的数据分组在同一台设备上都将以等价（相同）的方式处理，且被分配相同的 MPLS 标签。

MPLS 将具有相同特征的报文归为同一个 FEC。这个相同"特征"可以根据报文中的源 IP 地址、目的 IP 地址、源端口、目的端口、VPN 实例、QoS 策略等要素中的一个或多个进行划分，通常是根据目的 IP 地址基于 IP 路由表项进行划分。

（1）MPLS 标签

IP 报文在入节点通过 MPLS 隧道进行转发前需要进行 MPLS 封装（在传输过程的中间节点上也可能需要进行 MPLS 封装），添加 MPLS 标签。但 MPLS 的应用比较广泛，在不同应用中 MPLS 标签嵌入的位置不完全相同。

在部分 MPLS 应用中，MPLS 入节点从用户端设备接收数据帧后，会在原来数据帧中的二层协议头和三层协议头之间插入一个或多个 MPLS 标签，具体如图 1-3 所示。

图 1-3　部分 MPLS 应用中 MPLS 标签在报文中封装的位置

在虚拟专用局域网业务（Virtual Private LAN Service，VPLS）应用中，MPLS 设备从用户端设备接收到数据帧后，会在原来数据帧中的二层协议头和新添加的二层协议头之间插入一层或多层 MPLS 标签，具体如图 1-4 所示。

图 1-4　VPLS 应用中 MPLS 标签在报文中封装的位置

无论哪种封装方式，一个 MPLS 标签（在一个 MPLS 报文中可能有多个 MPLS 标签）占 4bit（32 位），包括多个子字段，MPLS 标签结构如图 1-5 所示，具体说明如下。

图 1-5　MPLS 标签结构

① Label：20bit，标签字段，MPLS 标签取值部分，该字段的取值范围称为"标签空间"。

② EXP：3bit，标识 MPLS 报文的优先级，即 MPLS 报文的 EXP 优先级，取值为 0～7 的整数。**数值越大，优先级越高**。当设备队列阻塞时，优先发送优先级高的 MPLS 报文。

③ S：1bit，栈底标识位。MPLS 支持多层标签，即标签嵌套，因此为了识别哪个标签是 MPLS 报文中的最底层标签，通过 S 比特位进行标识。S 标识位为 1 时表明该标签为最底层标签，其他各层标签中的该标识位均为 0。栈底标签被弹出（剥离）时，表示报文中不再携带 MPLS 标签，也不再是 MPLS 报文。

④ TTL：8bit，与 IP 报文中的生存时间（Time To Live，TTL）字段意义相同，用于限制 MPLS 报文传输的距离，即最多能传输多少跳下游节点。当 TTL 字段值为 0 时，报文不能再向下传输。该字段值初始化时可能是 255，也可能从 IP 报头中的 TTL 字段复制得到，具体介绍参见 1.2.4 节。

（2）MPLS 标签栈

如果 MPLS 报文中封装了多个 MPLS 标签，就会形成标签栈（Label Stack）。MPLS 标签栈示意如图 1-6 所示，靠近二层帧头的标签称为栈顶 MPLS 标签或外层 MPLS 标签（Outer MPLS label），S 标识位（栈底标识位）为 0；靠近三层报头的标签称为栈底 MPLS 标签或内层 MPLS 标签（Inner MPLS label），S 标识位为 1。中间可能有更多层次的 MPLS 标签，S 标识位为 0。

图 1-6　MPLS 标签栈示意

外层 MPLS 标签指导数据转发，与在多层 802.1Q VLAN 标签嵌套（802.1Q-in-802.1Q，QinQ）中的多层虚拟局域网（Virtual Local Area Network，VLAN）标签中指导 VLAN 帧转发的仅为外层 VLAN 标签一样，内层 MPLS 标签在 MPLS 域内传输时不会发生变化，仅用于在到达出节点时查找报文转发的出接口。从理论上讲，MPLS 标签可以无限嵌套。

参考图 1-5，在 MPLS 标签的"Label 字段"中，不同取值范围（即标签空间）的标签用途不一样，具体说明如下。

① 0~15：这是 16 个特殊标签，具体说明见表 1-1。

表 1-1　特殊标签说明

标签值	含义	描述
0	IPv4 Explicit NULL Label（IPv4 显式空标签）	表示该标签必须被弹出（即标签被剥离），且报文的转发必须基于第 4 版互联网协议（Internet Protocol Version 4，IPv4）。如果出节点分配给倒数第二跳节点的标签值为 0，则倒数第二跳 LSR 需要将值为 0 的标签正常压入报文标签栈顶部，并转发给最后一跳。最后一跳发现报文携带的标签值为 0，则将标签弹出
1	Router Alert Label（路由报警标签）	只有出现在非栈底（即非最里层）的标签中才有效，因为栈底的标签会被直接弹出。类似于 IP 报文的"Router Alert Option（路由器警报选项）"字段，节点收到的 MPLS 报文中带有 Router Alert Label 时，需要将其送往本地软件模块（中央处理器中对应的功能模块）做进一步处理，实际报文转发由下一层（它的上层）标签决定。如果报文需要继续依据此标签进行转发，则节点需要将 Router Alert Label 压回标签栈顶
2	IPv6 Explicit NULL Label（IPv6 显式空标签）	表示该标签必须被弹出，且报文的转发必须基于第 6 版互联网协议（Internet Protocol Version 6，IPv6）。如果出节点分配给倒数第二跳节点的标签值为 2，则倒数第二跳节点需要将值为 2 的标签正常压入报文标签栈顶部，并转发给最后一跳。最后一跳发现报文携带的标签值为 2，则直接将标签弹出

续表

标签值	含义	描述
3	Implicit NULL Label（隐式空标签）	倒数第二跳 LSR 进行标签交换时，如果发现交换后的出标签值为 3，则将该标签弹出，并将报文发给最后一跳。最后一跳收到该报文直接进行 IP 转发或下一层标签转发
4~13	保留	—
14	OAM Router Alert Label	MPLS 操作、管理和维护（Operation Administration & Maintenance，OAM）通过发送 OAM 报文检测和通告 LSP 故障。OAM 报文使用 MPLS 承载。OAM 报文对于 Transit LSR 和倒数第二跳 LSR 是透明的，它们不会对报文中的标签进行交换和处理
15	保留	—

② 16~1023：这是专门分配给普通 MPLS 隧道静态 LSP 和应用于 MPLS TE 隧道中的静态的基于约束的路由标签交换路径（Constraint-based Routed Label Switched Path，CR-LSP）共享的标签空间。

③ 1024 及以上：这是 LDP、RSVP-TE 及多协议边界网关协议（Multi-protocol-Border Gateway Protocol，MP-BGP）等动态信令协议所分配的标签空间，即动态分配的 MPLS 标签值只能大于 1024。

1.1.5　MPLS 标签的分发

MPLS 映射表中的两类标签分别为入标签（In Label）和出标签（Out Label）。入标签是指到达某目的地址的 MPLS 报文进入本地设备时必须携带的 MPLS 标签，否则本地设备不能识别，即本地设备通过入标签来标识一个 FEC；出标签是指从本地设备发送到某目的地址的 MPLS 报文必须携带的 MPLS 标签，否则不能把报文转发到正确的下一跳。

MPLS 标签最初是由目的 FEC 所在的 Egress 分发的，作为 Egress 为该 FEC 分配的入标签，通过标签映射消息向 Ingress 方向（即建立的 LSP 方向，与 LSP 方向相反），然后沿着对应 FEC 的路由路径依次向上游节点传递。

标签映射消息到了上游节点后，映射消息中所携带的 MPLS 标签作为当前节点对应 FEC 的出标签添加到标签映射表中，然后当前节点再为该 FEC 分配一个入标签，在标签映射表中与出标签建立映射关系后继续向上游节点传递，直到 Ingress。Ingress 无须为 FEC 分配入标签，Egress 也无须为 FEC 分配出标签。由此可见，在数据传输方向（LSP 方向，与标签分发方向相反），上游节点为发送的 MPLS 报文中携带的出标签与本地节点该 FEC 所分配的入标签是相同的。MPLS 标签分发的基本流程如图 1-7 所示。

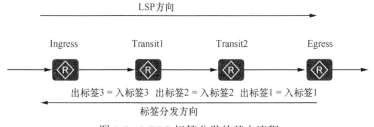

图 1-7　MPLS 标签分发的基本流程

在 Transit 上，每个 MPLS 报文进入设备时都会根据 MPLS 报文中所携带的 MPLS 标签（是本地 Transit 的入标签）在标签映射表中找到与该标签映射的出标签，继而找到对应的出接口，再把 MPLS 报文携带的标签替换成所映射的出标签，然后从出接口发送出去。

MPLS 报文的标签转发过程就是不断用本地节点中某 FEC 映射的出标签（也是下游节点的入标签）替换 MPLS 报文中所携带的、由本地节点为该 FEC 分配的入标签（也是上游节点的出标签）的过程。然后依据出标签在所建立的标签转发表中找到出接口，向下游节点进行转发。

由此可知，MPLS 标签与帧中继（Frame Relay，FR）中的数据链路标识符（Data Link Connection Identifier，DLCI）类似，也要求相邻设备间连接的接口所绑定的标签必须相同（即上游节点的出标签与本地设备分配的入标签必须相同）。因此，每跳设备仅需要为每个 FEC 分配一个标签，即入标签，Ingress 除外。

MPLS 网络中各节点携带的 MPLS 标签示例如图 1-8 所示。从图中我们可以看出，在数据传输方向，上游节点配置的出标签与下游节点配置的入标签是相同的。在静态 LSP 中，MPLS 入标签和出标签都是管理员手动配置的，而在由 LDP 等协议动态建立的 LSP 中，MPLS 标签是通过 LDP 等协议自动分配的。

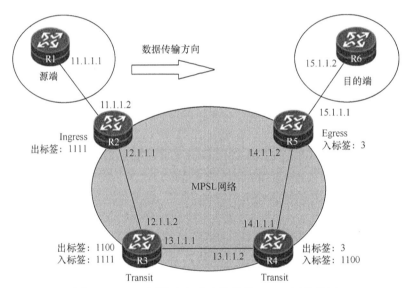

图 1-8　MPLS 网络中各节点携带的 MPLS 标签示例

1.1.6　MPLS 体系结构

MPLS 要实现标签的分配和交换，必须有一整套功能组件来完成，即 MPLS 的体系架构，具体如图 1-9 所示。MPLS 体系结构由控制平面（Control Plane）和转发平面（Forwarding Plane）两个部分组成，下面我们进行具体介绍。

（1）控制平面

控制平面用于控制协议报文的转发，其依靠 IP 路由和 MPLS 标签两个方面来实现，因为 MPLS 骨干网中的 LSR 是三层设备，需要依靠 IP 路由互通来建立 LSP，使外部网络进入 MPLS 骨干网的报文直接依据 MPLS 标签进行转发，所以 LSR 的控制平面要同时负责对 IP 报文和 MPLS 报文的转发控制。要控制 IP 报文和 MPLS 报文转发就需要有产生、维护路由和标签信息的功能，即控制平面的基本功能。下面我们进行具体介绍。

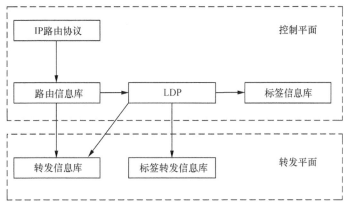

图 1-9　MPLS 体系结构

① 路由信息库（Routing Information Base，RIB）：由各种 IP 路由协议生成，用于进行路由选择。骨干网中 MPLS 标签的分发、LSP 的建立仍须依据 RIB，建立对应的 LSP，然后 MPLS 域中的设备才可以直接按照 MPLS 标签转发数据。

② LDP：LDP 是一种动态标签分发协议，负责 MPLS 标签的动态分发、标签转发信息库（Label Forwarding Information Base，LFIB）的建立、LSP 的建立及拆除等工作。使用 LDP 进行标签分发的方向与 LSP 的方向相反。

③ 标签信息库（Label Information Base，LIB）：MPLS 与 IP 路由中的 RIB 对应的是 LIB，由 LDP 生成，保存了每个 MPLS 标签与其对应 FEC 的映射关系，用于管理 MPLS 标签信息。LIB 中包括 FEC 网段、入标签、出标签等元素，它们之间建立了一一映射关系。

【经验提示】每个 LSR 会基于所收到的每个 FEC 的标签映射信息，建立 LIB 表项。在这些相同或不同 LIB 表项中，不同标签之间的关系须遵循以下规则。

① 所有的入标签必须不同。因为入标签是由本地设备为不同 FEC 分配的，必须保证每个 FEC 分配到的入标签是唯一的。但为同一 FEC 分配的入标签必须一致，不管其上游的路径有多少个。

② 对于同一条路由（即同一 FEC），入标签和出标签可以相同，也可以不同。同一设备针对同一 FEC 上所映射的入标签是由本地设备分配的，出标签是由下游节点分配的，它们之间没有唯一性要求。

（2）转发平面

转发平面用于指导 MPLS 报文的转发，也称数据平面（Data Plane）。转发平面包括 IP 报文转发和 MPLS 报文转发两个方面，负责构建各种用于指导 IP 报文、MPLS 报文转发的表项，包括出接口、下一跳等元素。转发平面的两个子项介绍如下。

① FIB：用于 Egress 指导 IP 报文转发，由从 RIB 提取的必要路由信息生成，但仅提取当前有效的路由表项信息。

FIB 中包括目的网段、出接口、下一跳 IP 地址、路由标记、路由优先级等信息。在 FIB 中的表项都是当前有效的，一段时间后，到达同一目的地址所使用的路由表项改变了，或者原来对应的路由表项被删除，则原来的 FIB 表项也会被删除，以确保里面的表项都可以在当时用于指导 IP 报文的转发。当报文从 Egress 离开 MPLS 域时要按 FIB 表项进行转发。

②LFIB：用于 Ingress 或 Transit 指导 MPLS 报文转发，由从 LIB 中提取必要的信息生成，仅包括 LIB 中当前有效的标签映射表项。

LFIB 中除了包括用于指导 IP 报文转发的目的网段、出接口、下一跳 3 个元素，还包括入标签和出标签。MPLS 报文在 MPLS 域内时，需要按 LFIB 转发。

控制平面和转发平面的各表项及相互关系示例如图 1-10 所示。

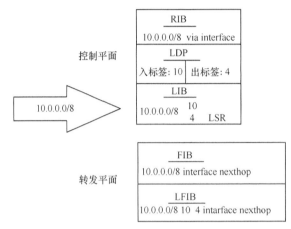

图 1-10　控制平面和转发平面的各表项及相互关系示例

1.1.7　LSP 的建立

LSP 是 MPLS 报文在 MPLS 网络中转发时经过的路径，可以看作由报文传输方向各节点（Ingress 除外）为对应 FEC 分配的 MPLS 入标签组成。因为每台设备上为每个 FEC 分配的入标签是唯一的，并与由下游节点分配的出标签建立映射关系，所以入标签确定后即可确定唯一的转发路径。LSP 仅用于指导报文从 MPLS 骨干网入节点（Ingress）到达出节点（Egress）之间的转发。

LSP 是由途经节点分段建立的，路径中各节点上为某 FEC 建立的 LSP 串联起来就是对应 FEC 的整条 LSP。各节点上建立的 LSP 是由入标签、对应映射的出标签，以及下一跳来确定转发路径的。与 IP 路由中从当前节点到达某目的网段可能有多条 IP 路由路径一样，在 MPLS 网络中从当前节点到达某 FEC 也会建立多条不同的转发路径（绑定多个不同的出标签、出接口和下一跳），但在同一时刻只有一条路径是最优、最有效的，即只有这条路径才会进入 LFIB。

MPLS 中的 LSP 可以通过在各节点上静态配置标签来建立，也可以通过一些协议为节点动态分配标签来建立。静态 LSP 类似于静态路由，需要管理员在每个节点上分别手动配置，动态 LSP 相当于动态路由，由标签分配协议为节点动态分配标签。下面我们具体介绍。

1）静态 LSP

静态 LSP 是管理员通过手动方式为各个 FEC 分配标签而建立的，不需要标签分发协议参与，也不需要 IP 路由参与（但在 Ingress 上仍需配置到达 FEC 的路由，通常是配置静态路由）。由于静态 LSP 各节点上不能相互感知整个 LSP 的建立情况，因此静态 LSP 是一个本地的概念，即本地 LSP 的建立仅与本地设备对应端口的 MPLS 功能及状态有关。当然，还需要途经的各节点都建立好基于某 FEC 的 LSP，才能实现报文在 MPLS 网络中从入节点正确、成功地转发到出节点。

在静态 LSP 配置中对于 MPLS 域中的不同节点所需配置的标签不同，具体如下。

① 对于 Ingress 只需配置出标签。

② 对于 Transit 需要同时配置入标签和出标签。

③ 对于 Egress 只需配置入标签。

静态 LSP 配置好后，就相当于在设备上手动创建了每个 FEC 的 LIB 和 LFIB，且在一般情况下，LIB 和 LFIB 中所包括的标签都是完全相同的，因为手动配置方式一般只配置真正用于报文转发的 LSP。但要注意，LSP 是单向的，如果需要两端能正常通信，源端和目的端的通信就需要建立双向 LSP，这两条 LSP 的 Ingress 和 Egress 角色是互换的。

静态 LSP 不使用标签发布协议，不需要交互控制报文，因此消耗资源比较小，适用于拓扑结构简单且稳定的小型网络。但通过静态方式分配标签建立的 LSP 不能根据网络拓扑变化动态调整，需要管理员干预。

有关静态 LSP 的配置方法将在第 2 章具体介绍。

2）动态 LSP

动态 LSP 是通过标签发布协议动态建立的，但也需要 IP 路由参与，以便按照路由路径在相邻节点间彼此交换针对具体 FEC MPLS 标签，实现由下游向上游分发 MPLS 标签，最终建立 LSP 的目的。不同的标签发布协议的 LSP 建立原理不同，我们将在本书后续章节介绍。

3）标签发布协议

MPLS 可以使用以下多种标签发布协议。

（1）LDP

LDP 是专为标签发布而制定的协议，是最常用的标签发布协议。LDP 根据 IGP 及 BGP 对应的 IP 路由信息以逐跳方式建立 LSP。

有关 LDP 的具体工作原理及配置方法将在第 3 章、第 4 章中介绍。

（2）RSVP-TE

RSVP-TE 是对资源预留协议（Resource Reservation Protocol，RSVP）的扩展，用于建立 CR-LSP。其拥有普通 LDP LSP 没有的功能，例如发布带宽预留请求、带宽约束、链路颜色和显式路径等。

有关 RSVP-TE 的具体工作原理和配置方法将在第 5 章～第 7 章介绍。

（3）MP-BGP

MP-BGP 是在 BGP 的基础上扩展的协议。MP-BGP 支持为 MPLS VPN 业务中私网路由和跨域 VPN 的标签路由分配 BGP LSP 标签。

1.1.8　MPLS 的主要应用

（1）基于 MPLS 的 VPN

传统 VPN 一般通过通用路由封装（Generic Routing Encapsvlation，GRE）、二层隧

道协议（Layer2 Tunneling Protocol，L2TP）、点到点隧道协议（Point-to-Point Tunneling Protocol，PPTP）、互联网络层安全协议（Internet Protocol Security，IPSec）等隧道协议来实现私有网络间数据在公网上的传送，而 MPLS VPN 中的用户数据是在以运营商 MPLS/IP 骨干网公网 MPLS 隧道为基础建立的私网用户专用隧道中以标签交换方式传输，数据报文无须经过封装或者加密，在安全性上类似于 FR 网络的专用网，因此，用 MPLS 实现 VPN 具有天然的优势。

另外，MPLS VPN 中的用户设备无须为 VPN 配置 GRE、L2TP 等隧道，网络时延被降到最低。MPLS VPN 通过 LSP 可将运营商 IP 骨干网所连接的私有网络的不同分支连接起来，形成一个统一的网络，该网络还支持对不同 VPN 之间的互通控制，实现精确的访问权限控制。

MPLS VPN 的基本结构示意如图 1-11 所示，各部分组成说明如下。

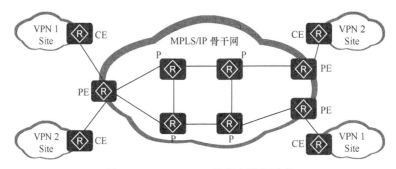

图 1-11　MPLS VPN 的基本结构示意

① 用户边缘设备（Customer Edge，CE）：可以是路由器，也可以是交换机或主机。
② 运营商边缘设备（Provider Edge，PE）：是 MPLS/IP 骨干网的边缘设备。
③ P（Provider）：MPLS/IP 骨干网的核心设备，不与 CE 直接相连。P 设备只需具备基本 MPLS 转发功能，不维护 VPN 信息。

MPLS VPN 分为 L2VPN 和 L3VPN：L2VPN 主要包括虚拟专线（Virtual Leased Line，VLL）、端到端伪线仿真（Pseudo-Wire Emulation Edge to Edge，PWE3）、虚拟专用局域网业务（Virtual Private LAN Service，VPLS）；L3VPN 主要包括 BGP/MPLS IP VPN。

MPLS VPN 具有以下特点。

① PE 负责对 VPN 用户进行管理，建立各 PE 之间 LSP 连接及同一 VPN 用户各分支之间路由信息的发布。
② PE 之间发布 VPN 用户路由信息通常通过 MP-BGP 实现。
③ 支持不同分支之间 IP 地址复用和不同 VPN 之间互通。

（2）基于 MPLS 的流量工程

在传统的 IP 网络中，路由器选择最短的路径作为路由，不考虑带宽等因素。这样，即使某条路径发生拥塞，也不会将流量切换到其他的路径上。在网络流量较小的情况下，这种问题不是很严重，但是随着互联网的发展及越来越广泛的应用，传统的最短路径优先的路由的问题暴露无遗。

TE 技术可通过动态监控网络的流量和网络单元的负载，实时调整流量管理参数、路由参数和资源约束参数等，使网络运行状态迁移到理想状态，从而优化网络资源的使用，避免负载不均衡导致的拥塞。

　　为了在大型骨干网络中部署流量工程，必须采用一种扩展性好且简单的解决方案。MPLS 作为一种叠加模型，可以方便地在物理网络拓扑上建立一个虚拟拓扑，然后将流量映射到这个拓扑上，基于 MPLS 的流量工程技术应运而生，即 MPLS TE。

　　MPLS TE 示例如图 1-12 所示，从 LSR_1 到 LSR_7 存在两条路径：LSR_1→LSR_2→LSR_3→LSR_6→LSR_7；LSR_1→LSR_2→LSR_4→LSR_5→LSR_6→LSR_7。现假设前者的带宽为 30Mbit/s，后者的带宽为 80Mbit/s。流量工程可以根据带宽等因素合理地分配流量，从而有效地避免链路拥塞。例如，LSR_1 到 LSR_7 存在两种业务，流量分别为 30Mbit/s 和 50Mbit/s，流量工程可以把前者分配到带宽为 30Mbit/s 的路径上，把后者分配到带宽为 80Mbit/s 的路径上。

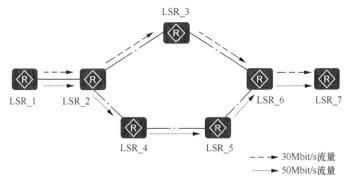

图 1-12　MPLS TE 示例

　　MPLS TE 通过建立经过指定路径的 LSP 进行资源预留，使网络流量绕开拥塞节点，达到平衡网络流量的目的。MPLS TE 具备以下优势。

　　① 在建立 LSP 隧道的过程中，可以为不同类型的业务进行不同的资源预留，以保证服务质量。

　　② LSP 隧道有优先级、带宽等多种属性，可以方便地控制 LSP 隧道的行为。

　　③ 建立 LSP 隧道的负荷小，不会影响网络的正常业务。

　　④ 通过备份路径和快速重路由技术，在链路或节点失败的情况下提供保护。

　　以上优势使 MPLS TE 成为流量工程的最佳方案。通过 MPLS TE 技术，服务提供商能够充分地利用现有的网络资源，提供多样化的服务，同时可以优化网络资源，进行科学的网络管理。

1.2　MPLS 的工作原理

1.2.1　MPLS 标签动作

　　在 MPLS 报文基本转发过程中涉及一些标签操作，主要包括标签压入（Push）、标签交换（Swap）和标签弹出（Pop）3 个动作。

① Push：可能会在 Ingress 或 Transit 上发生。

标签压入动作是指在 IP 报文的二层协议头和 IP 报头之间插入一个 MPLS 标签（如图 1-13 的上半部分所示），或者在现有标签栈顶部增加一个新的 MPLS 标签（如图 1-13 的下半部分所示），即标签嵌套封装。

图 1-13　标签压入动作的两种情形

② Swap：会在 Transit 发生。

当 MPLS 报文在 MPLS 域内转发时，Transit 会根据查找标签转发 LFIB，匹配到相应的表项后，用下一跳分配的出标签交换 MPLS 报文中原有的栈顶标签。原有 MPLS 报文中可以携带一层或多层 MPLS 标签，但仅交换最外层的标签。图 1-14 中上半部分与下半部分所示分别为对携带单层标签和双层标签 MPLS 报文中的栈顶标签进行交换的情形。

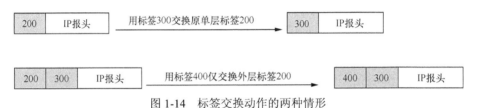

图 1-14　标签交换动作的两种情形

③ Pop：会在倒数第二跳 Transit 或 Egress 发生。

当 MPLS 报文离开 MPLS 域时，Egress 将 MPLS 报文外层的标签剥离，使后续的报文转发或按照 IP 路由转发（弹出标签后报文中无标签时，如图 1-15 中的上半部分所示），或按照余下的标签转发（弹出标签后报文仍有其他标签时，如图 1-15 中的下半部分所示）。也可以利用倒数第二跳弹出（Penultimate Hop Popping，PHP）特性，在倒数第二跳节点处将标签弹出，减少最后一跳的负担，使最后一跳节点直接按 IP 路由转发或者下一层标签转发。

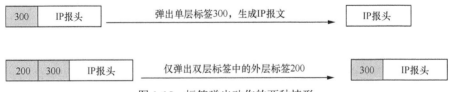

图 1-15　标签弹出动作的两种情形

在默认的情况下，华为设备支持 PHP 特性，支持 PHP 的 Egress 分配给倒数第二跳节点的标签值为 3。

下面以支持 PHP 的 LSP 为例，介绍 MPLS 报文的基本转发过程。在单纯的 LDP LSP 隧道环境下，MPLS 报文最多仅带一层 MPLS 标签，从上游节点进入本地节点的入接口时携带的是上游节点分配给该 FEC 的出标签（也是本地节点对应的入标签），从本地节点出接口向下游节点发送时携带的是本地节点分配给对应 FEC 的出标签。

MPLS 标签动作示例如图 1-16 所示，假设 MPLS 标签已分配完成，建立了一条由 Ingress 到 Egress 的 LSP，FEC 为 4.4.4.2/32。此时从 Ingress 相连的 IP 网络用户访问 4.4.4.2/32 时，在 MPLS/IP 骨干网中各节点上进行的 MPLS 标签动作如下。

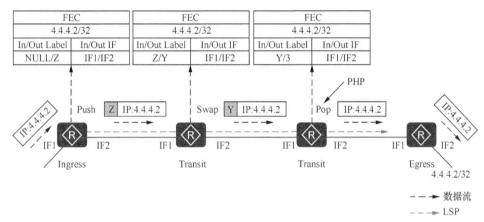

图 1-16　MPLS 标签动作示例

① Ingress 收到目的地址为 4.4.4.2 的 IP 报文后，首先根据 FIB 找到对应的下一跳，发现下一跳是 LSR 设备（如果发现下一跳是 IP 设备，则会直接按 FIB 表项进行 IP 转发），并且因为本节点是入节点，所以在进行报文转发前需要进行**标签压入**动作，需要压入的标签是根据 FEC 4.4.4.2 与标签的映射关系找到的（为 Z，作为出标签），然后把 MPLS 报文从压入的标签所映射的出接口转发出去。

② Transit 收到该标签的 MPLS 报文后，根据 LFIB 找到对应入标签（上一节点的出标签就是本节点的入标签）所映射的出标签、出接口，先进行**标签交换**（无须查看 IP 报头的目的地址），即用本地 FEC 4.4.4.2/32 所映射的出标签（Y）替换报文中原来的 MPLS 标签（Z），然后从找到的出标签所映射的出接口转发出去。

③ MPLS 报文到了倒数第二跳 Transit 后，根据 LFIB 找到对应入标签所映射的出标签、出接口，进行**标签交换**，即先用本地 FEC 4.4.4.2/32 所映射的出标签（通常为 3）替换原来的 MPLS 标签，然后准备从出标签 3 所映射的出接口转发出去。但因为 Egress 分给其的出标签值为 3（这是一个特殊的标签，必须弹出，参见表 1-1 说明），所以需要先进行 PHP 操作，**弹出标签**（此时报文不带 MPLS 标签），并根据自己的出标签 3 所映射的接口转发报文

④ Egress 收到无 MPLS 标签的 IP 报文后，直接根据对应的 IP 路由表项把数据传输给目的主机 4.4.4.2/32。

1.2.2　MPLS 报文转发的基本概念

（1）Tunnel ID

为了给使用 MPLS 隧道的上层应用（例如 VPN、路由管理）提供统一的接口，系统会自动为 MPLS 隧道分配一个 Tunnel ID（在出节点上也可手动配置）。Tunnel ID 的长度

为 32bit，在 FIB 中每一条转发表项都对应一个 Tunnel ID，**采用 MPLS 标签转发方式的转发表项中对应的 Tunnel ID 必须是非 0 的，采用普通 IP 路由转发方式的转发表项对应的 Tunnel ID 必须为 0**。Tunnel ID 只有本地意义，即只要在本地设备上唯一即可，同一条隧道中的不同节点的 Tunnel ID 可以相同。

（2）NHLFE

下一跳标签转发表项（Next Hop Label Forwarding Entry，NHLFE）用于指导 MPLS 报文的转发。NHLFE 中包括 Tunnel ID、出接口、下一跳、出标签、标签操作类型等信息，可根据出标签找到对应的出接口及下一跳转发 MPLS 报文。

FEC 与 NHLFE 的映射称为 FTN（FEC-to-NHLFE）。通过执行 **display fib** 命令查看 FIB 中 Tunnel ID 值不为 0 的转发表项，可以获得 FTN 的详细信息。

FTN 只在 Ingress 存在，因为只在 Ingress 需要用到 FEC 中的分类信息来查找所需压入的出标签，然后再根据该出标签所映射的 NHLFE 找到对应的出接口及下一跳转发报文。后面的节点可直接根据 MPLS 报文中所携带的出标签，在 NHLFE 中找到与出标签映射的出接口及下一跳信息转发报文。

（3）ILM

入标签与 NHLFE 的映射称为入标签映射（Incoming Label Map，ILM），其使本地设备的入标签（与上游节点的出标签相同）和出标签（与下游节点的入标签相同）、Tunnel ID 建立对应的关联关系。**ILM 可在 Transit 或 Egress 中存在**。

ILM 中包括 Tunnel ID、入标签、入接口、标签操作类型等信息。ILM 在 Transit 的作用是将入/出标签和 NHLFE 绑定。通过标签索引 ILM 表（就相当于使用目的 IP 地址查询 FIB）能够得到所有的标签转发信息。

1.2.3　MPLS 报文的转发流程

MPLS 报文的转发流程示例如图 1-17 所示。

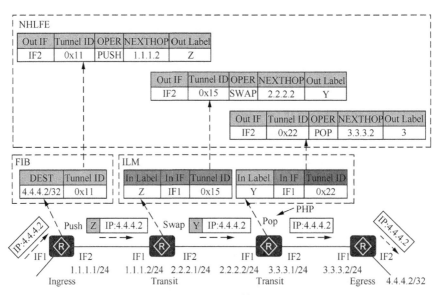

图 1-17　MPLS 报文的转发流程示例

当 IP 报文从 Ingress 进入 MPLS 域时，首先查看 FIB，检查目的 IP 地址对应的 Tunnel ID 值是否为 0x0。

① 如果 Tunnel ID 值为 0x0，则进入正常的 IP 转发流程。

② 如果 Tunnel ID 值不为 0x0，则进入 MPLS 转发流程。

③ 如果到达同一目的 IP 地址既有 Tunnel ID 值为 0x0 的转发表项，又有 Tunnel ID 值不为 0x0 的转发表项，则对应的数据报文随机采用一种转发方式进行转发。

在 MPLS 转发过程中，FIB、ILM 和 NHLFE 表项都是通过 Tunnel ID 关联的。但 MPLS 报文在骨干网中不同节点的具体转发流程有所不同。

（1）Ingress 的转发流程

在 Ingress 上通过查询 FIB 和 NHLFE 表项指导 IP 报文的转发。

① 根据 IP 报文的目的 IP 地址查看 FIB，即查看与目的 IP 地址对应的 Tunnel ID。如果需要采用 MPLS 转发，则 Tunnel ID 值不能为 0x0。

② 根据 FIB 的 Tunnel ID 找到对应的 NHLFE。在 LSP 已建立的情况下，可在 NHLFE 查看对应的出接口、下一跳、出标签和标签操作类型（此时为 Push）。

③ 在 IP 报文的二层协议头和三层 IP 报头之间压入一个出标签，同时处理 TTL，然后将封装好的 MPLS 报文发送给下一跳。

（2）Transit 的转发流程

在 Transit 上通过查询 ILM 和 NHLFE 表项指导 MPLS 报文的转发。

① 根据 MPLS 报文中的出标签值（上游节点所压入的出标签与本地节点的入标签是相同的）查看对应的 ILM 表项，可以得到对应的本地 Tunnel ID。

② 再根据 ILM 表项的 Tunnel ID 找到对应的 NHLFE 表项，可以得到进行下一跳转发所需的出接口、下一跳、出标签和标签操作类型。

③ MPLS 报文的处理方式随着不同的标签值而不同。

- 如果得到的出标签值≥16（表示该出标签不是特殊的标签），则用新的出标签替换原来 MPLS 报文中旧的出标签（此时标签操作类型为 Swap），同时处理 TTL，然后将替换完标签的 MPLS 报文发送给下一跳。
- 如果得到的出标签值为 3，则直接弹出 MPLS 报文中原来的出标签（此时标签操作类型为 Pop），同时处理 TTL，然后进行 IP 转发或按下一层标签转发。

（3）Egress 的转发流程

在 Egress 上仅需通过查询 ILM 表项来指导 MPLS 报文的转发，或通过查询 IP 路由表指导 IP 报文转发，因为出节点在 MPLS 域对应的 LSP 中没有下一跳设备，所以无须再利用 NHLFE 表项来查询报文转发的出接口和下一跳。

① 如果 Egress 收到的是不带 MPLS 标签的 IP 报文，则查看 IP 路由表，进行 IP 转发。

② 如果 Egress 收到的是带有 MPLS 标签的 MPLS 报文，则查看 ILM 表项获得的标签操作类型，同时处理 TTL。

- 如果标签中的栈底标识位 S 为 1，则表明该标签是栈底标签，直接弹出该标签，然后进行 IP 转发。
- 如果标签中的栈底标识位 S 为 0，则表明还有下一层标签（此时至少还有两层标签），继续进行下一层标签转发。

1.2.4　MPLS 对 TTL 的处理

MPLS 对 TTL 的处理包括 MPLS 对 TTL 的处理模式和因特网控制消息协议（Internet Control Message Protocol，ICMP）响应报文两个方面。

1）MPLS 对 TTL 的处理模式

MPLS 标签中包含一个 8bit 的 TTL 字段（如图 1-5 所示），其含义与 IP 报头中的 TTL 字段相同，用于限制报文在传输过程中所经过的三层设备数（每经过一跳，此数值减 1）。MPLS 对 TTL 的处理与 IP 网络中对 TTL 的处理一样，除了用于防止产生路由环路，还用于实现 Traceroute（路由跟踪）功能。

RFC3443 中定义了 MPLS 对 TTL 的两种处理模式：Uniform（统一）和 Pipe（管道）。在缺省情况下，MPLS 对 TTL 的处理模式为 Uniform。

（1）Uniform 模式

在 Uniform 模式下，针对 IP 报头中的 TTL 字段，最终在离开 MPLS 域时其值仍是减少了 MPLS 中所经过的跳数，只是当在 MPLS 域内传输时，IP 报头 TTL 字段的改变移植到了 MPLS 标签中的 TTL 字段，然后在离开 MPLS 域时再反向移植到 IP 报头的 TTL 字段。

具体来说，IP 报文经过 MPLS 网络时，在入节点，IP 报头的 TTL 字段值减 1 映射到 MPLS 标签 TTL 字段，此后报文在 MPLS 网络中按照标准的 TTL 处理方式处理，即逐跳减 1，但 IP 报头中的 TTL 字段值在 MPLS 域中不改变。在出节点，MPLS 标签的 TTL 字段值减 1 后再映射到 IP 报头的 TTL 字段。最终的结果是，在 IP 报头的 TTL 字段值还是在逐跳减 1，即把 MPLS 网络中的每跳设备当作 IP 网络中的单跳来处理。

Uniform 模式 TTL 的处理方式示例如图 1-18 所示。

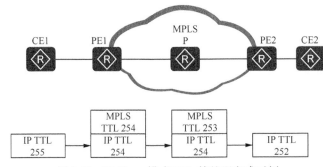

图 1-18　Uniform 模式 TTL 的处理方式示例

① IP 报文由 CE1 设备发出时，IP 报头中的 TTL 字段值为 255。

② 到了 PE1 设备时，IP 报头中的 TTL 字段值减 1，变成 254，然后把该值映射到生成的 MPLS 标签 TTL 字段中，即 254。

③ MPLS 报文传输到中间设备 P 后，MPLS 标签 TTL 字段按标准 TTL 方式处理，即再减 1，变成了 253，但此时 IP 报头中的 TTL 字段值仍为 254，保持不变。

④ MPLS 报文从 P 继续向 PE2 传输时，要弹出 MPLS 标签了。此时会先把 MPLS

标签中的 TTL 字段值再减 1，得到 252，然后把该 TTL 字段值映射到 IP 报头中的 TTL 字段，使到达 PE2 设备时 IP 报文的 TTL 字段值为 252。

从 CE1 到 PE2，经过了三跳设备，如果没有经过 MPLS 封装，IP 报头中的 TTL 字段值也要减 3，即 255−3=252，这与经过 MPLS 网络传输的结果是相同的，因此称之为 Uniform（统一）模式。

（2）Pipe 模式

在 Pipe 模式中，IP 报头中的 TTL 字段会把所经过的 MPLS 网络的中间节点忽略，将其看作两端边缘节点通过一个管道的直连（这也是称之为 Pipe 模式的原因），即无论在 MPLS 网络中经过了多少三层设备，从 MPLS 入节点到出节点，IP 报头中的 TTL 字段值只减 1，相当于 MPLS 隧道两端的 PE 设备是直连的。

IP 报文进入 MPLS 网络的入节点后，IP 报头的 TTL 字段值减 1，MPLS 标签中的 TTL 字段为一个固定值（这与 Uniform 模式不同），此后报文在 MPLS 网络中传输，MPLS 标签 TTL 字段值按照标准的 TTL 处理方式处理，即每经过一跳减 1，但 IP 报头的 TTL 字段值保持不变（这与 Uniform 模式相同）。

在倒数第二跳（支持 PHP 时）或出节点（不支持 PHP 时），MPLS 标签会直接弹出，然后 IP 报头 TTL 字段值减 1（这点与 Uniform 模式也不同），即 IP 报文在经过 MPLS 网络时，无论中间经过了多少跳，IP 报头的 TTL 字段值只在入节点和出节点分别减 1，中间传输过程中保持不变，相当于把 MPLS 网络的中间节点忽略。

Pipe 模式下的 TTL 处理示例如图 1-19 所示。在 MPLS VPN 应用中，出于网络安全的考虑，需要隐藏 MPLS 骨干网的结构，在这种情况下，私网报文需要采用 Pipe 模式（因为这种模式下，报文在 MPLS 骨干网传输中经过了多少个节点是不体现的）。

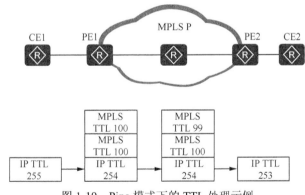

图 1-19　Pipe 模式下的 TTL 处理示例

2）ICMP 响应报文

在 MPLS 网络中，当 LSR 收到 TTL 字段值为 1（表示不能再向下传了）的含有标签的 MPLS 报文时，会生成一个 ICMP 的 TTL 超时消息发给报文发送者。以下为 LSR 发送 TTL 超时消息的方式。

① 如果 LSR 上存在到达报文发送者的路由，则可以通过 IP 路由，直接向发送者回应 TTL 超时消息。

② 如果 LSR 上不存在到达报文发送者的路由，则 ICMP 响应报文将按照 LSP 继续

传送，到达 LSP 出节点后，由 Egress 将该消息返回给发送者。

在通常情况下，当收到的 MPLS 报文只带一层标签时，LSR 可以采用第一种方式回应 TTL 超时消息，此时表明 LSR 是 MPLS 域的边缘节点 LER，可直接通过 IP 路由传输响应报文。当收到的 MPLS 报文包含多层标签时，LSR 采用第二种方式回应 TTL 超时消息。但是，在 MPLS VPN 中，自治系统边界路由器（Autonomous System Boundary Router，ASBR）和分层 VPN（Hierarchy of VPN，HoVPN）组网应用中的上层 PE（Superstratum PE，SPE）或运营商侧 PE（Sevice Provider-end PE）接收到的承载 VPN 报文的 MPLS 报文可能只有一层标签，此时，这些设备上并不存在到达报文发送者的路由，需要采用第二种方法回应 TTL 超时消息。

1.3　LSP 连通性检测

在 MPLS 网络中，如果通过 LSP 转发数据失败，采用传统 IP 网络中的 Ping 或 Tracert 操作，负责建立 LSP 的 MPLS 控制平面将无法检测到这种错误，因为 ICMP 报文是基于 IP 路由转发的。此时，就要利用 RFC 4379 定义的 MPLS Ping/MPLS Tracert 功能来发现 LSP 错误，并及时定位失效节点。MPLS Ping 主要用于检查 LSP 的连通性，MPLS Tracert 在检查 LSP 连通性的同时，还可以发现网络故障，类似于普通 IP 网络中的 Ping/Tracert。

1.3.1　MPLS Ping/MPLS Tracert

MPLS Ping/MPLS Tracert 使用 MPLS 回显请求（Echo Request）报文和 MPLS 回显应答（Echo Reply）报文检测 LSP 的可用性，这与 IP 网络中 Ping/Tracert 所使用的回显请求和回显应答报文的工作机制类似。

在 MPLS Ping 的 Echo Request 报文最外层 MPLS 出标签中的 TTL 字段值为 255，MPLS Tracert Echo Request 报文最外层 MPLS 出标签中的 TTL 字段值每次测试的赋值不同，依次为 1、2、3……这两种消息都以用户数据报协议（User Datagram Protocol，UDP）报文格式发送，都采用 UDP 3503 号端口，只有使能 MPLS 的路由器才能识别该端口号。

MPLS Ping/MPLS Tracert Echo Request 报文中携带需要检测的 FEC 信息（在请求报文中的"目的 FEC"字段中标识），和其他属于此 FEC 的报文一样沿 LSP 发送，从而实现对 LSP 的检测。MPLS Echo Request 报文通过 MPLS 转发给目的端，MPLS Echo Reply 报文通过 IP 转发给源端。为了防止 LSP 断路时，Echo Request 进行 IP 转发，保证 LSP 的连通性测试，我们可将 Echo Request 消息 IP 报头中目的地址设置为 127.0.0.1/8（本机环回地址，供 CPU 识别，被上送的报文需要由 CPU 处理），IP 报头中的 TTL 字段值为 1（禁止继续向下传输）。

【说明】在 MPLS Ping Echo Request 报文中，通常会将一个特殊的标签，例如 Router Alert Label（值为 1，参见表 1-1）置于用于转发的 MPLS 出标签后面（即 Router Alert Label 作为内层标签），当报文到达目的地，目的 LSR 看到 Router Alert Label 后会把该报文送到 CPU 处理。CPU 查到报文中 IP 报头部分的目的 IP 地址为 127.0.0.1 时，就会自动处理。

1.3.2　MPLS Ping 的工作原理

MPLS Ping 测试示例如图 1-20 所示，LSR_1 上建立了一条目的地为 LSR_4 环回接口所在网段的 LSP。在 LSR_1 对 LSR_4 进行 MPLS Ping 时的处理流程如下。

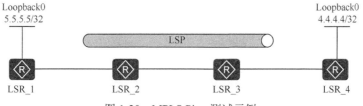

图 1-20　MPLS Ping 测试示例

① 执行 MPLS Ping 命令后，LSR_1 会先依据所 Ping 的目的 IP 地址 4.4.4.4/32 在 FIB 中查看是否有对应的 Tunnel ID，由此判断该网段的 LSP 是否存在（对于 TE 隧道，查找 Tunnel 接口是否存在且 CR-LSP 是否建立成功）。如果不存在，就返回错误信息，停止 Ping 操作。如果存在，就继续执行以下步骤。

② 在 LSR_1 上构造 MPLS Echo Request 报文，**其中 IP 报头中的目的地址为** 127.0.0.1/8，**IP 报头中的 TTL 字段值为 1**（用于阻断 Echo Request 报文采用 IP 路由方式转发），同时将 4.4.4.4 填入 MPLS Echo Request 报文中的"目的 FEC"字段中，然后根据对应的 NHLFE 查找相应的 LSP 的出标签，在 MPLS Echo Request 报文压入该出标签，将报文发送给 LSR_2。

③ 中间节点 LSR_2 和 LSR_3 在 MPLS Echo Request 报文正常情况下会根据 MPLS Echo Request 报文中交换后的出标签进行普通的 MPLS 转发。如果 MPLS 转发失败，中间节点就返回带有错误码的 MPLS Echo Reply 报文，**这个回显应答报文不再通过 MPLS 标签转发，而是通过 IP 路由进行转发。**

④ MPLS 转发路径无故障时，会把 MPLS Echo Request 报文送达 LSP 的出节点 LSR_4。然后 LSR_4 检查目的 FEC 中包含的目的地址 4.4.4.4 是否为自己的 Loopback 接口地址，如果 LSR_4 是该 FEC 的真正出节点，就上送到 CPU。CPU 识别该报文的 IP 报头中的目的 IP 地址为 127.0.0.1，则认为此请求报文需要由 CPU 处理，于是产生一个 MPLS Echo Reply 报文响应，并采用 IP 路由方式转发。至此整个 MPLS Ping 过程结束。

1.3.3　MPLS Tracert 的工作原理

同样以图 1-20 为例介绍，在 LSR_1 上对 LSR_4 进行 MPLS Tracert 时的处理流程如下。

① 执行 MPLS Tracert 命令与执行 MPLS Ping 命令一样，LSR_1 会先检查目的网段 4.4.4.4/32 的对应 LSP 是否存在（对于 TE 隧道，查找 Tunnel 接口是否存在且 CR-LSP 是否建立成功）。如果不存在，就返回错误信息，停止 Tracert，否则继续执行以下步骤。

② LSR_1 构造 MPLS Echo Request 报文，IP 报头中的目的地址为 127.0.0.1/8，同时将 4.4.4.4 填入 MPLS Echo Request 报文中的目的 FEC 中，然后从 NHLFE 中查找对应的 LSP，压入相应的 LSP 出标签，并将 MPLS TTL 字段值设置为 1，将报文发送给 LSR_2。此 MPLS Echo Request 报文中包含下游映射（Downstream Mapping）类型—长度—值

（Type-Length-Value，TLV）（用来携带 LSP 在当前节点的下游信息，主要包括下一跳地址、出标签等）。

【经验提示】这里先将 MPLS Echo Request 报文中的 MPLS TTL 字段值设置为 1 的目的与在 IP 网络中执行 **tracert** 命令时进行第一跳测试时将 TTL 字段值设置为 1 一样，用来进行第一跳的测试。第一跳测试成功后再进行第二跳、第三跳……的测试，直到到达目的端对应的 MPLS Echo Request 报文中的 MPLS TTL 字段值分别为 2、3……

③ LSR_2 收到 LSR_1 发来的 MPLS Echo Request 报文后，将报文中的 MPLS TTL 字段值减 1 为 0 后发现 TTL 超时，LSR_2 需要检查是否存在该 LSP，同时检查报文中 Downstream Mapping TLV 的下一跳 IP 地址、出标签是否正确。如果两项检查都正确，就返回正确的 MPLS Echo Reply 报文（以 IP 路由方式转发），并且报文中必须携带 LSR_2 本身包含的下一跳和出标签的 Downstream Mapping TLV 给 LSR_1（这个很重要，是后面进行继续下一跳测试的依据）。如果检查不正确，就返回错误的 MPLS Echo Reply 报文（也以 IP 路由方式转发）。

④ LSR_1 收到正确的 MPLS Echo Reply 报文后再次发送 MPLS Echo Request 报文，报文的封装方式跟步骤②类似，只是将标签中的 MPLS TTL 字段值设置为 2，此时，MPLS Echo Request 报文中的 Downstream Mapping TLV 是从 MPLS Echo Reply 报文中复制过来的。LSR_2 收到该报文后，按出标签进行普通 MPLS 转发。LSR_3 收到此报文，标签中的 TTL 超时，用与步骤③同样的方式处理后返回 MPLS Echo Reply 报文。

⑤ LSR_1 收到正确的 MPLS Echo Reply 报文后重复步骤④，把标签的 MPLS TTL 字段值设置为 3，复制 Downstream Mapping TLV 后发送 MPLS Echo Request 报文。LSR_2 和 LSR_3 对该报文进行普通 MPLS 转发。LSR_4 收到此报文，重复采用步骤③的处理方式对 MPLS Echo Request 报文进行处理，同时检查"目的 FEC"中包含的目的 IP 4.4.4.4 为自己的 Loopback 接口地址，以此来发现自己已经是该 LSP 的出节点，于是上送到 CPU。在上送的请求报文中发现 IP 报头中的目的 IP 地址为 127.0.0.1，标识需要由 CPU 处理，并生成一个不带下游信息的 MPLS Echo Reply 报文响应 LSR_1，至此，整个 MPLS Tracert 过程结束。

通过上述步骤返回携带下游信息的 MPLS Echo Reply 报文，LSR_1 获取了该 LSP 沿途每一个节点的信息，这就是该 LSP 的路径。

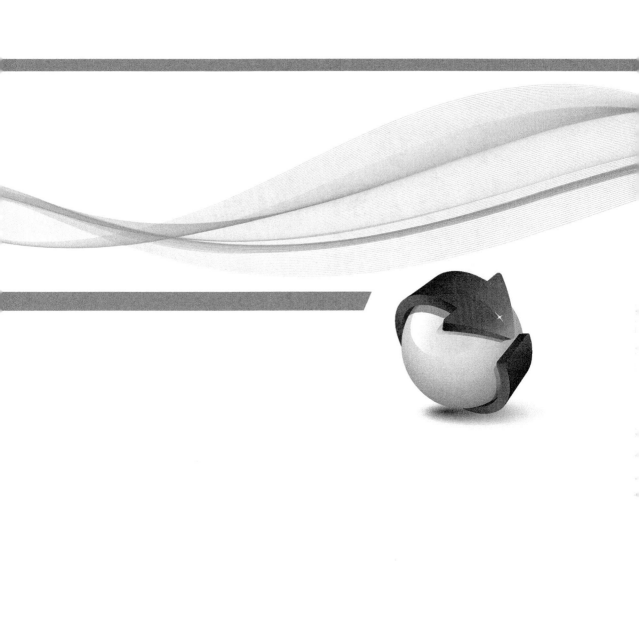

第 2 章
静态 LSP 的配置与
故障排除

本章主要内容

　　静态 LSP 通过手动指定 MPLS 标签（无须使用信令协议分配 MPLS 标签）、目的 IP 地址、下一跳 IP 地址等参数，静态配置一条固定的 MPLS 隧道路径。与 IP 路由中的静态路由一样，静态 LSP 的路径参数都是手动指定的，因此配置工作量较大，容易出错，仅适用于小型 MPLS 骨干网中的 LSP 建立。

　　本章主要介绍静态 LSP、基于静态 LSP 的双向转发检测（Bidirectional Forwarding Detection，BFD）的配置与管理方法及静态 LSP 建立不成功的故障排除方法。

在 MPLS 网络中通常使用 LDP、RSVP-TE 和 BGP 等标签发布协议来建立动态 LSP。但这些标签发布协议需要借助 IP 路由来建立 LSP，因此对于某些关键数据或重要业务，通过配置静态 LSP 来确定传输路径更可靠。

2.1　静态 LSP 的配置

静态 LSP 的优点是不使用标签发布协议、不需要交互控制报文、资源消耗较小，缺点是通过静态方式建立的 LSP 不能根据网络拓扑变化动态调整，需要管理员一条条手动配置，因此只适用于拓扑结构简单、规模较小且稳定的网络。

静态 LSP 的路径已通过手动配置明确指定，无须通过 IP 路由在各节点间传递 MPLS 标签映射消息进行 MPLS 标签分配，各节点设备可直接沿着手动指定的 LSP 路径通过为 FEC 分配的 MPLS 标签转发，理论上在 MPLS/IP 骨干网中无须通过 IP 路由实现互通。但当 IP 报文进入 Ingress 时仍需查找 FIB，仅当存在到达目的 FEC 的 FIB 表项且对应的 Tunnel ID 值不为 0 时才进行 MPLS 标签转发，因此在 Ingress 处必须有到达对应目的 FEC 的有效路由表项，可以是静态路由，也可以是动态路由。

当采用静态路由配置时，仅要求在 Ingress 上配置到达 FEC 目的地址的路由，Transit 和 Egress 上无须存在到达 FEC 目的地址的静态路由。但当采用动态路由配置时，必须在整个 LSP 路径上实现公网（包括目的 FEC 对应的网段）路由互通，因为动态路由表项是在学习邻居设备发来的路由信息（包括下一跳信息）后才生成的，若公网路由不通，Egress 上的目的 FEC 路由信息就不能传递到 Ingress。

配置静态 LSP 时要遵循的原则有：**根据数据传输方向，上游节点 MPLS 出标签值要与下游节点 MPLS 入标签值相等**。但在不同类型的节点上所需配置的参数不同。

① 入节点需要指定 LSP 的目的 IP 地址（通常是 LSP 出节点担当 LSR-ID 的 Loopback 接口的 IP 地址）、下一跳（可同时选配出接口）和出标签（不需要配置入标签）。

② 中间节点需要配置入接口、下一跳（可同时选配出接口）、入标签和出标签。

③ 出节点需要配置入接口和入标签（不需要配置出标签）。

要实现源端和目的端相互通信，需要分别以两端 LER 为出节点创建双向静态 LSP。

2.1.1　创建静态 LSP

创建静态 LSP 的主要配置任务有：配置 LSR ID→使能 MPLS→建立静态 LSP，使用的标签空间为 16～1023，具体配置步骤见表 2-1。

表 2-1　配置静态 LSP 的步骤

步骤	命令	说明
1	**system-view**	进入系统视图
	配置 MPLS LSR ID	
2	**mpls lsr-id** *lsr-id* 例如：[Huawei] **mpls lsr-id** 1.1.1.1	配置本节点的 LSR ID，用于唯一标识一个 LSR，采用点分十进制格式［与 IPv4 地址格式一样，类似于开放最短通路优先（Open Shortest Path First，OSPF）协议、BGP Router ID］。 在网络中部署 MPLS 业务时，须先配置 LSR ID，**因为 LSR 没有缺省的 LSR ID，必须手动配置**。为了提高网络的可靠性，推荐（只是推荐，可以直接配置为其他 IPv4 地址格式的 LSR ID）使用 LSR 某个 Loopback 接口的地址作为 LSR ID。建议 LSR ID 与 OSPF 或 BGP 的 Router ID 配置一样，整个网络唯一，用于区分设备。 缺省情况下，没有配置 LSR ID，可用 **undo mpls lsr-id** 命令删除 LSR 的 ID。但如果要修改已经配置的 LSR ID，必须先在系统视图下执行 **undo mpls** 命令，然后再使用本命令配置
	使能 MPLS	
3	**mpls** 例如：[Huawei] **mpls**	全局使能本节点的 MPLS，并进入 MPLS 视图。 缺省情况下，节点的 MPLS 功能处于未使能状态，可用 **undo mpls** 命令使能全局 MPLS 功能，删除所有 MPLS 配置（除了 LSR ID）
4	**quit**	返回系统视图
5	**interface** *interface-type interface-number* 例如：[Huawei] interface gigabitethernet 1/0/0	进入需要转发 MPLS 报文的接口的视图，**必须是三层接口，且必须是 MPLS 节点间相连的接口**
6	**mpls** 例如：[Huawei-GigabitEthernet1/0/0] **mpls**	使能以上接口的 MPLS。在需要部署 MPLS 业务的网络中，在节点上使能全局 MPLS 后，还需要在接口上使能 MPLS，才能够进行 MPLS 的其他配置。 缺省情况下，接口的 MPLS 功能处于未使能状态，可用 **undo mpls** 命令去使能接口的 MPLS 功能，删除所在接口的 MPLS 配置（包括接口下所有的 MPLS 配置）
	建立静态 LSP	
7	**static-lsp ingress** *lsp-name* **destination** *ip-address* { *mask-length* | *mask* } { **nexthop** *next-hop-address* | **outgoing-interface** *interface-type interface-number* }[*] **out-label** *out-label* 例如：[Huawei] **static-lsp ingress** staticlsp1 **destination** 10.1.0.0 16 **nexthop** 10.1.1.2 **out-label** 100	（三选一）在 Ingress 上配置静态 LSP。主要配置目的 IP 地址、下一跳 IP 地址（可同时配置出接口）和出标签。 ① *lsp-name*：指定 LSP 名称（注意不是 LSR ID），字符串形式，区分大小写，不支持空格，长度范围是 1～19。当输入的字符串两端使用双引号时，可在字符串中输入空格。 ② **destination** *ip-address*：指定目的 IP 地址。 ③ *mask-length* | *mask*：指定目的 IP 地址所对应的子网掩码长度或子网掩码。 ④ **nexthop** *next-hop-address*：可多选参数，指定下一跳 IP 地址。如果是以太网链路，则**必须配置下一跳 IP 地址**。 ⑤ **outgoing-interface** *interface-type interface-number*：可多选参数，指定 LSP 的出接口。**只有点到点链路才能选择单独配置出接口，不配置下一跳**。在以太网中，如果到达下一跳存在多出接口时，需要同时指定下一跳和出接口

续表

步骤	命令	说明
7	**static-lsp ingress** *lsp-name* **destination** *ip-address* { *mask-length* | *mask* } { **nexthop** *next-hop-address* | **outgoing-interface** *interface-type interface-number* }[*] **out-label** *out-label* 例如：[Huawei] **static-lsp ingress** staticlsp1 **destination** 10.1.0.0 16 **nexthop** 10.1.1.2 **out-label** 100	⑥ **out-label** *out-label*：指定出标签值，整数形式，取值范围是 16～1048575。 推荐采用指定下一跳的方式配置静态 LSP，确保本地路由表中存在与指定目的 IP 地址精确匹配的路由项，包括目的 IP 地址和下一跳 IP 地址。 【说明】配置静态 LSP 时，需要注意配置的静态 LSP 的路由一定要和路由信息完全匹配。 ① 如果在配置静态 LSP 时指定了下一跳，则在配置 IP 静态路由时也必须指定下一跳，否则不能建立静态 LSP。 ② 如果 LSR 之间使用动态路由协议互通，则 LSP 的下一跳 IP 地址必须与路由表中的下一跳 IP 地址一致。 缺省情况下，没有为入节点配置静态 LSP，可用 **undo static-lsp ingress** *lsp-name* 命令为入节点删除一条 LSP，若需要修改配置，可直接重新配置，不用先删除原来的配置
	static-lsp transit *lsp-name* **incoming-interface** *interface-type interface-number* **in-label** *in-label* { **nexthop** *next-hop-address* | **outgoing-interface** *interface-type interface-number* }[*] **out-label** *out-label* 例如：[Huawei] **static-lsp transit** bj-sh **incoming-interface** gigabitethernet 1/0/0 **in-label** 123 **nexthop** 202.34.114.7 **out-label** 253	（三选一）在 Transit 上配置静态 LSP。主要配置入接口、入标签（与上游节点配置的出标签要一致）、下一跳 IP 地址（可同时配置出接口）和出标签。 命令中的参数与在 Ingress 上配置的 **static-lsp ingress** 命令中对应的参数说明一样，但参数 *in-label*（入标签）的取值范围是 16～1023，另外要同时配置入接口/入标签（**incoming-interface/in-label**）、下一跳、出接口/出标签（**nexthop**、**outgoing-interface/out-label**），入标签与出标签的取值范围是 16～1023。推荐采用指定下一跳的方式配置静态 LSP，这样可确保本地路由表中存在与指定目的 IP 地址精确匹配的路由表项，包括目的 IP 地址和下一跳 IP 地址。**如果 LSP 出接口为以太网类型，则必须配置下一跳以保证 LSP 的正常转发。** 缺省情况下，没有为中间转发节点配置静态 LSP，可用 **undo static-lsp transit** *lsp-name* 命令为中间转发节点删除一条 LSP，**若需要修改配置，可直接重新配置，不用先删除原来的配置**
	static-lsp egress *lsp-name* **incoming-interface** *interface-type interface-number* **in-label** *in-label* [**lsrid** *ingress-lsr-id* **tunnel-id** *tunnel-id*] 例如：[Huawei] **static-lsp egress** bj-sh **incoming-interface** gigabitethernet 1/0/0 **in-label** 233	（三选一）在 Egress 上配置静态 LSP。主要配置入接口、入标签（与倒数第二跳节点配置的出标签要一致）。命令中的参数与在 Egress 上配置的 **static-lsp transit** 命令中对应的参数说明一样，参见即可。可选参数 **lsrid** *ingress-lsr-id* **tunnel-id** *tunnel-id* 分别用来指定入节点的 LSR ID 和隧道 ID（取值范围是 1～65535）。 缺省情况下，没有在出节点配置静态 LSP，可用 **undo static-lsp egress** *lsp-name* 命令在出节点删除配置的静态 LSP。如果要修改 **incoming-interface** *interface-type interface-number*、**in-label** *in-label* 参数，不用先删除原来的 LSP，只需重新执行本命令配置即可

【经验提示】从表 2-1 中我们可以看出，只有 Ingress 需要配置目的 IP 地址（相当于进行 FEC 划分），在 Transit 和 Egress 上无须配置目的 IP 地址，因此为了确保各设备配置的静态 LSP 能完整体现对应 FEC 的整条 LSP，建议各设备上针对同一 FEC 配置的静

态 LSP 的名称相同。

另外，在同一设备上配置的一条 LSP 中，入标签和出标签可以相同，也可以不同，但上游节点的出标签值必须与下游节点的入标签值相同。在同一设备上为不同 LSP 分配的入标签必须不同，因为不同 LSP 代表了不同的 FEC。

2.1.2　配置静态 BFD 静态 LSP

这是一项可选配置任务，通过配置静态 BFD 静态 LSP，可以检测静态 LSP 的连通性，**需要在入节点和出节点上同时配置**。配置静态 BFD 静态 LSP 时，需注意以下事项。

① 对非主机路由（即非 32 位掩码的路由）也可以建立 BFD 会话。当对应的静态 LSP 的状态变为 Down 时，BFD 会话的状态也会变为 Down；当对应的静态 LSP 的状态变为 Up 时，BFD 会话会重新建立。

② **往返转发方式可以不一致**（例如报文从源端到目的端使用 LSP 转发，从目的端到源端使用 IP 转发），**但要求往返路径一致**。如果不一致，则当检测到故障时，不能确定具体是哪条路径的故障。

（1）配置入节点 BFD 参数

入节点可配置的 BFD 参数包括所绑定的本地静态 LSP、本地标识符、远端标识符、本地 BFD 报文的发送时间间隔、BFD 报文的接收时间间隔和本地 BFD 倍数，这些将会影响会话的建立。用户可以根据网络的实际状况调整本地检测时间。对于不太稳定的链路，如果本地检测时间较短，BFD 会话可能会发生震荡，这时可以选择延长本地检测时间。入节点的 BFD 参数配置步骤见表 2-2。

表 2-2　入节点的 **BFD 参数配置步骤**

步骤	命令	说明
1	**system-view**	进入系统视图
2	**bfd** 例如：[Huawei] **bfd**	对本节点使能全局 BFD 功能并进入 BFD 全局视图。 缺省情况下，全局 BFD 功能未使能，可用 **undo bfd** 命令使能全局 BFD 功能，如果已经配置了 BFD 会话信息，则所有的 BFD 会话会被删除
3	**quit**	返回系统视图
4	**bfd** *cfg-name* **bind static-lsp** *lsp-name* 例如：[Huawei] **bfd bfd 1to4 bind static-lsp** 1to4	配置 BFD 会话所绑定的静态 LSP。 ① *cfg-name*：指定 BFD 配置名，字符串形式，不支持空格，不区分大小写，长度范围是 1～15。当输入的字符串两端使用双引号时，可在字符串中输入空格。 ② *lsp-name*：指定 BFD 会话绑定静态 LSP 的名称，必须是已在表 2-1 第 7 步中所创建的静态 LSP 名称。 缺省情况下，没有创建检测静态 LSP 的 BFD 会话，可用 **undo bfd cfg-name** 命令删除指定的 BFD 会话
5	**discriminator local** *discr-value* 例如：[Huawei-bfd-session-1to4] **discriminator local** 10	配置本地标识符，整数形式，取值范围是 1～8191。 BFD 会话两端设备的本地标识符和远端标识符需要分别对应，即**本端的本地标识符与对端的远端标识符必须相同**，否则无法正确建立会话。本地标识符和远端标识符配置成功后不可修改，如果需要修改静态 **BFD** 会话本地标识符或者远端标识符，则必须先删除该 **BFD** 会话，然后再配置本地标识符

步骤	命令	说明
6	**discriminator remote** *discr-value* 例如：[Huawei-bfd-session-1to4] **discriminator remote** 20	配置远端标识符，整数形式，取值范围是 1~8191，其他说明参见本表第 5 步
7	**min-tx-interval** *interval* 例如：[Huawei-bfd-session-1to4] **min-tx-interval** 300	（可选）调整本地发送 BFD 报文的时间间隔，整数形式，取值范围是 10~2000，单位是毫秒。 如果 BFD 会话在设置的检测周期内没有收到对端发来的 BFD 报文，则认为链路发生了故障，BFD 会话的状态将会被置为 Down。为降低对系统资源的占用，一旦检测到 BFD 会话状态变为 Down，系统自动将本端的发送间隔调整为大于 1000 毫秒的一个随机值；当 BFD 会话的状态重新变为 Up 后，再恢复成用户配置的时间间隔。 【说明】BFD 报文的发送间隔和接收时间间隔直接决定了 BFD 会话的检测时间。用户可以根据网络的实际状况增大或者减少 BFD 报文的发送和接收时间间隔。BFD 报文的发送、接收时间间隔直接决定了 BFD 会话的检测时间。对于不太稳定的链路，如果配置的 BFD 报文的发送、接收时间间隔较小，则 BFD 会话可能会发生震荡，这时可以选择增大 BFD 报文的发送和接收时间间隔。通常情况下，建议使用缺省值。 缺省情况下，发送时间间隔为 1000 毫秒，可用 **undo min-tx-interval** 命令恢复 BFD 报文的发送时间间隔为缺省值
8	**min-rx-interval** *interval* 例如：[Huawei-bfd-session-1to4] **min-rx-interval** 600	（可选）调整本地接收 BFD 报文的时间间隔，整数形式，取值范围是 10~2000，单位是毫秒。其他说明参见第 7 步。 缺省情况下，接收时间间隔为 1000 毫秒，可用 **undo min-rx-interval** 命令恢复 BFD 报文的接收时间间隔为缺省值
9	**detect-multiplier** *multiplier* 例如：[Huawei-bfd-session-1to4] **detect-multiplier** 5	（可选）调整 BFD 会话本地检测倍数，整数形式，取值范围是 3~50。 【说明】BFD 会话的本地检测倍数直接决定了对端 BFD 会话的检测时间，检测时间 = 接收到的远端 Detect Multi×max(本地的 *RMRI*，接收到的 *DMTI*)，其中，Detect Multi 是检测倍数，通过本条命令配置；*RMRI* 是本端能够支持的最短 BFD 报文接收时间间隔；*DMTI* 是本端想要采用的最短 BFD 报文的发送时间间隔。 用户可以根据网络的实际状况增大或者减少 BFD 会话的本地检测倍数。对于比较稳定的链路，由于不需要频繁地检测链路状态，因此可以增大 BFD 会话的检测倍数。 缺省情况下，BFD 会话本地检测倍数为 3，可用 **undo detect-multiplier** 命令恢复 BFD 会话的本地检测倍数为缺省值
10	**process-pst** 例如：[Huawei-bfd-session-1to4] **process-pst**	（可选）允许 BFD 会话状态改变时通告上层应用。如果允许 BFD 修改端口状态表（Port State Table，PST），当检测到 BFD 会话状态变为 Down 时，系统将更改 PST 中相应表项。**仅当源端和目的端是直接连接时才需要配置。** 缺省情况下，静态 BFD 会话未使能通告联动检测业务，可用 **undo process-pst** 命令恢复缺省配置

步骤	命令	说明
11	**commit** 例如：[Huawei-bfd-session-1to4] **commit**	提交配置。任何 BFD 配置改变，都必须执行本命令，才能使配置生效。 【说明】BFD 会话建立需要满足一定的条件，包括绑定的接口状态是 Up、有去往 **peer-ip** 的可达路由。如果当前不满足会话建立条件，执行本命令后，系统将保留该会话的配置表项，但不能建立会话表项。系统会定期扫描已经提交但尚未建立会话的 BFD 配置表项，如果满足条件，则建立会话。 系统允许建立的 BFD 会话有数量限制。当已经建立的 BFD 会话数量达到上限时，如果对新的 BFD 会话执行本命令，系统将产生日志信息，提示无法创建会话，同时发送 Trap 消息

（2）配置出节点 BFD 参数

如果入节点配置采用静态 BFD 静态 LSP，则出节点可采用多种 BFD 方式，例如可以是静态或动态 LSP BFD、IP 链路 BFD、TE 隧道 BFD（当从出节点到达入节点已建立了相同路径的 TE 隧道时）。

出节点可配置的 BFD 参数包括所绑定的对端 IP 地址、本地标识符、远端标识符、本地发送 BFD 报文的时间间隔、本地接收 BFD 报文的时间间隔和 BFD 会话本地检测倍数，这些将会影响会话的建立。用户可以根据网络的实际状况调整本地检测时间。对于不太稳定的链路，如果本地检测时间较短，则 BFD 会话可能会发生震荡，这时可以选择延长本地检测时间。

出节点的 BFD 参数配置步骤见表 2-3，与入节点的 BFD 配置方法类似，只是在创建 BFD 会话时要根据反向通道的不同类型，选择不同的配置命令。为了保证 BFD 报文往返路径一致，一般情况下反向通道优先选用 LSP 或者 TE 隧道。

表 2-3　出节点的 **BFD** 参数配置步骤

步骤	命令	说明
1	**system-view**	进入系统视图
2	**bfd** 例如：[Huawei] **bfd**	对本节点使能全局 BFD 功能并进入 BFD 全局视图。其他说明参见表 2-2 中的第 2 步
3	**quit**	返回系统视图
4	**bfd** *cfg-name* **bind peer-ip** *peer-ip* [**vpn-instance** *vpn-instance-name*] [**interface** *interface-type interface-number*] [**source-ip** *source-ip*] 例如：[Huawei] **bfd atoc bind peer-ip** 10.10.20.2	（四选一）当反向通道是 IP 链路时创建 BFD 会话。在创建 BFD 会话时，单跳检测必须绑定对端 IP 地址和本端出接口，多跳检测只需绑定对端 IP 地址。 ① *cfg-name*：指定 BFD 配置名，字符串形式，不支持空格，不区分大小写，长度范围是 1～15。当输入的字符串两端使用双引号时，可在字符串中输入空格。 ② **peer-ip** *peer-ip*：指定 BFD 会话绑定的对端 IP 地址。如果只指定对端 IP 地址，则表示检测多跳链路

步骤	命令	说明
4	**bfd** *cfg-name* **bind peer-ip** *peer-ip* [**vpn-instance** *vpn-instance-name*] [**interface** *interface-type interface-number*] [**source-ip** *source-ip*] 例如：[Huawei] **bfd atoc bind peer-ip** 10.10.20.2	③ **vpn-instance** *vpn-instance-name*：可选参数，指定对端 BFD 会话绑定的 VPN 实例名称，必须是已创建的 VPN 实例。如果不指定 VPN 实例，则认为对端 IP 地址是公共网络的 IP 地址。如果同时指定了对端 IP 地址和 VPN 实例，则表示检测 VPN 路由的多跳链路。 ④ **interface** *interface-type interface-number*：可选参数，指定绑定 BFD 会话的出接口。**如果同时指定了对端 IP 地址和本端出接口，表示检测单跳链路**，即检测以该接口为出接口、以 *peer-ip* 参数为下一跳 IP 地址的一条固定路由；如果同时指定了对端 IP 地址、VPN 实例和本端接口，则表示检测 VPN 路由的单跳链路。 ⑤ **source-ip** *source-ip*：可选参数，指定 BFD 报文携带的源 IP 地址。通常情况下，不需要配置该参数。在 BFD 会话协商阶段，如果不配置该参数，则系统将在本地路由表中查找去往对端 IP 地址的出接口，以该出接口的 IP 地址作为本端发送 BFD 报文的源 IP 地址；在 BFD 会话检测链路阶段，如果不配置该参数，则系统会将 BFD 报文的源 IP 地址设置为一个固定值。 缺省情况下，没有创建 BFD 会话，可用 **undo bfd session-name** 命令删除指定的 BFD 会话，同时取消 BFD 会话的绑定信息
	bfd *cfg-name* **bind static-lsp** *lsp-name* 例如：[Huawei] **bfd** 1to4 **bind static-lsp** 1to4	（四选一）当反向通道是静态 LSP 时创建静态 LSP 的 BFD 会话，参数说明参见表 2-2 中的第 4 步
	bfd *cfg-name* **bind ldp-lsp peer-ip** *ip-address* **nexthop** *ip-address* [**interface** *interface-type interface-number*] 例如：Huawei] **bfd** 1to4 **bind ldp-lsp peer-ip** 4.4.4.4 **nexthop** 1.1.1.1 **interface** gigabitethernet 1/0/0	（四选一）当反向通道是动态 LSP 时创建 LDP LSP 的 BFD 会话。 ① *cfg-name*：指定 BFD 会话名称，字符串形式，不支持空格，不区分大小写，长度范围是 1～15。当输入的字符串两端使用双引号时，可在字符串中输入空格。 ② **peer-ip** *ip-address*：指定 BFD 会话绑定动态 LSP 的目的端 IP 地址，是入节点（反向动态 LSP 隧道的出节点）上连接的 FEC 网段的 IP 地址。 ③ **nexthop** *ip-address*：指定被检测 LSP 的下一跳 IP 地址。 ④ **interface** *interface-type interface-number*：可选参数，指定 BFD 绑定的出接口。 缺省情况下，没有创建检测 LDP LSP 的 BFD 会话，可用 **undo bfd** *cfg-name* 命令删除指定的 BFD 会话
	bfd *cfg-name* **bind mpls-te interface tunnel** *interface-number* [**te-lsp** [**backup**]] 例如：[Huawei] **bfd** 1to4rsvp **bind mpls-te interface** Tunnel 0/0/1 **te-lsp**	（四选一）当反向通道是 TE 隧道时创建 BFD 会话或与 TE 隧道绑定主 LSP 或备份 LSP。 ① *cfg-name*：指定创建 BFD 会话名称，字符串形式，不支持空格，不区分大小写，长度范围是 1～15。当输入的字符串两端使用双引号时，可在字符串中输入空格。 ② **interface tunnel** *interface-number*：指定 BFD 会话绑定的 Tunnel 接口编号

步骤	命令	说明
4	**bfd** *cfg-name* **bind mpls-te interface tunnel** *interface-number* [**te-lsp** [**backup**]] 例如：[Huawei] **bfd** 1to4rsvp **bind mpls-te interface** Tunnel 0/0/1 **te-lsp**	③ **te-lsp** [**backup**]：可选项，指定 BFD 与 Tunnel 绑定的 LSP。其中，未选择 **backup** 可选项时，指定 BFD 与 Tunnel 绑定的主 LSP；选择了 **backup** 可选项时，指定 BFD 与 Tunnel 绑定的备份 LSP。BFD 与 Tunnel 绑定主 LSP 或备份 LSP 时，如果 LSP 的状态为 Down，则不能建立 BFD 会话。当采用 BFD 检测 TE 隧道时，如果 TE 隧道的状态为 Down，则能够创建 BFD 会话，但 BFD 会话状态不能为 Up。一个 TE 隧道可能有多个 LSP，当采用 BFD 检测 TE 隧道时，只有 LSP 都出现故障，BFD 会话的状态才为 Down。 缺省情况下，Tunnel 没有使用 BFD，可用 **undo bfd** *cfg-name* 命令删除指定的 BFD 会话
5	**discriminator local** *discr-value* 例如：[Huawei-bfd-session-1to4] **discriminator local** 10	配置本地标识符，参见表 2-2 中的第 5 步
6	**discriminator remote** *discr-value* 例如：[Huawei-bfd-session-1to4] **discriminator remote** 20	配置远端标识符，参见表 2-2 中的第 6 步
7	**min-tx-interval** *interval* 例如：[Huawei-bfd-session-1to4] **min-tx-interval** 300	（可选）调整本地发送 BFD 报文的时间间隔，参见表 2-2 中的第 7 步
8	**min-rx-interval** *interval* 例如：[Huawei-bfd-session-1to4] **min-rx-interval** 600	（可选）调整本地接收 BFD 报文的时间间隔，参见表 2-2 中的第 8 步
9	**detect-multiplier** *multiplier* 例如：[Huawei-bfd-session-1to4] **detect-multiplier** 5	（可选）调整 BFD 会话本地检测倍数，参见表 2-2 中的第 9 步
10	**process-pst** 例如：[Huawei-bfd-session-1to4] **process-pst**	（可选）允许 BFD 会话状态改变时通告上层应用，参见表 2-2 中的第 10 步
11	**commit** 例如：[Huawei-bfd-session-1to4] **commit**	提交配置，参见表 2-2 中的第 11 步

2.1.3　检测静态 LSP 的连通性

在 MPLS 网络中，如果 LSP 转发数据失败，负责建立 LSP 的 MPLS 控制平面将无法检测到这种错误，这会给网络维护带来困难。本书第 1 章 1.3 节介绍了 MPLS Ping 主要用于检查 LSP 的连通性，MPLS Tracert 在检查 LSP 的连通性的同时，还可以分析网络哪里出现故障。MPLS Ping/Tracert 测试可以在任意视图下进行，但 MPLS Ping/Tracert 不支持分片报文，即不会对发送的请求和响应报文分片。

静态 LSP 连通性检测配置和操作步骤见表 2-4。

表 2-4　静态 LSP 连通性检测配置和操作步骤

步骤	命令	说明
1	**system-view**	进入系统视图
2	**lspv mpls-lsp-ping echo enable** 例如：[Huawei] **undo lspv mpls-lsp-ping echo enable**	（可选）使能对 MPLS Echo Request 报文的响应功能。 **缺省情况下，系统对 MPLS Echo Request 报文的响应功能是使能的**，可用 **undo lspv mpls-lsp-ping echo enable** 命令关闭对 MPLS Echo Request 报文的响应功能，但这样会导致本地设备不会对 **ping lsp** 和 **tracert lsp** 命令响应，即在执行这两个命令时的结果显示为超时
3	**lspv packet-filter** *acl-number* 例如：[Huawei] **lspv packet-filter** 2100	（可选）使能对 MPLS Echo Request 报文的源地址过滤的功能，过滤规则在访问控制列表（Access Control List，ACL）（可以是基本 ACL，也可以是高级 ACL）中指定。 如果使能了对 MPLS Echo Request 报文的源地址过滤功能，当收到 MPLS Echo Request 报文时，设备会使用指定的 ACL 检查报文的源 IP。ACL 条件允许的报文被继续处理；ACL 条件不允许的报文被丢弃。 缺省情况下，系统对 MPLS Echo Request 报文的源地址过滤功能是关闭的，可用 **undo lspv packet-filter** 命令关闭对 MPLS Echo Request 报文的源地址过滤功能
4	**ping lsp** [**-a** *source-ip* | **-c** *count* | **-exp** *exp-value* | **-h** *ttl-value* | **-m** *interval* | **-r** *reply-mode* | **-s** *packet-size* | **-t** *time-out* | **-v**]* **ip** *destination-address mask-length* [*ip-address*] [**nexthop** *nexthop-address* | **draft6**] 例如：[Huawei] **ping lsp -c** 10 **-s** 200 **ip** 4.4.4.9 32	进行 MPLS Ping 测试，可以在任意视图下执行。 为了防止消息到达 Egress 后又被转发给其他节点，MPLS Echo Request 消息的 IP 报头中目的 IP 地址设置为 127.0.0.1/8（本机环回地址），IP 报头中的 TTL 字段值＝1。 ① **-a** *source-ip*：可多选参数，指定发送 MPLS Echo Request 报文的源 IP 地址。如果不指定源 IPv4 地址，将采用出接口的 IP 地址作为 MPLS Echo Request 报文发送的源地址。 ② **-c** *count*：可多选参数，指定发送 MPLS Echo Request 报文次数，整数形式，取值范围是 1～4294967295。缺省值是 5。 ③ **-exp** *exp-value*：可多选参数，指定发送的 MPLS Echo Request 请求报文的实验比特位（Experimental Bit，EXP）（代表 MPLS 优先级）值，整数形式，取值范围是 0～7。缺省值是 0。 ④ **-h** *ttl-value*：可多选参数，指定 TTL 字段值，整数形式，取值范围是 1～255。缺省值是 64。 【说明】**ping lsp** 命令每发送一个 MPLS Echo Request 报文，序号就加 1，序号从 1 开始，缺省情况下发送 5 个 MPLS Echo Request 报文，也可以通过本命令中的 **-c** *count* 参数设置发送 MPLS Echo Request 报文的个数。如果对端可达，则在对端会相应回应 5 个和请求端同样序号的 MPLS Echo Reply 报文。报文在转发过程中，如果 TTL 字段值减为 0，报文到达的路由器就会向源端发送超时报文，表明远程设备不可达。 ⑤ **-m** *interval*：可多选参数，指定发送下一个 MPLS Echo Request 报文的等待时间。整数形式，取值范围是 1～10000，单位是毫秒。缺省值是 2000。 【说明】**ping lsp** 命令发送 MPLS Echo Request 报文后等待应答（Reply），缺省等待 2000 毫秒后发送下一个 MPLS Echo Request 报文。可以通过本命令中的 **-m** *interval* 参数配置发送时间间隔。在网络状况较差的情况下，不建议此参数取值小于 2000 毫秒

续表

步骤	命令	说明
4	**ping lsp** [**-a** *source-ip* | **-c** *count* | **-exp** *exp-value* | **-h** *ttl-value* | **-m** *interval* | **-r** *reply-mode* | **-s** *packet-size* | **-t** *time-out* | **-v**] * **ip** *destination-address mask-length* [*ip-address*] [**nexthop** *nexthop-address* | **draft6**] 例如：[Huawei] **ping lsp -c** 10 **-s** 200 **ip** 4.4.4.9 32	⑥ **-r** *reply-mode*：可多选参数，指定对端回送 MPLS Echo Reply 报文的模式。整数形式，取值范围是 1～4。缺省值是 2。1 为不应答，2 为通过 IPv4/IPv6 UDP 报文应答，3 为通过带 Router alert 的 IPv4/IPv6 UDP 报文应答，4 为通过应用平面的控制通道应答。 ⑦ **-s** *packet-size*：可多选参数，指定 MPLS Echo Request 报文的**净荷报文长度，即不包括 IP 报头和 UDP 报头的报文长度**，整数形式，取值范围是 65～8100，单位是字节。缺省值是 100。配置的值要小于出接口的最大传输单元（Maximum Transmission Unit，MTU）值。 ⑧ **-t** *time-out*：可多选参数，指定发送完 Echo Request 后，等待 MPLS Echo Reply 的超时时间，整数形式，取值范围是 0～65535，单位是毫秒。缺省值是 2000。 ⑨ **-v**：可多选选项，指定显示接收到的非本用户的 ICMP Echo Response 的 ICMP 报文，如果不指定，系统只显示本用户收到的 ICMP Echo Response 报文；如果指定**-v**，系统会显示设备收到的所有 ICMP Echo Response 报文。 ⑩ *destination-address mask-length*：指定目的端的 IPv4 地址和掩码长度。 ⑪ *ip-address*：可选参数，指定在 MPLS Echo Request 报文 IP 报头中封装的目的地址。缺省情况下，MPLS Echo Request 报文 IP 头中的目的地址是 127.0.0.1。 ⑫ **nexthop** *nexthop-address*：二选一可选参数，指定下一跳 IP 地址。 ⑬ **draft6**：二选一可选项，按 draft-ietf-mpls-lsp-ping-06 实现。缺省按 RFC4379 实现
	tracert lsp [**-a** *source-ip* | **-exp** *exp-value* | **-h** *ttl-value* | **-r** *reply-mode* | **-t** *time-out* | **-v**] * **ip** *destination-address mask-length* [*ip-address*] [**nexthop** *nexthop-address* | **draft6**] 例如：[Huawei] **tracert lsp ip** 8.4.4.9 32	进行 MPLS Traceroute 测试，**可以在任意视图下执行**。本命令的执行过程如下。 ① 发送一个 TTL 字段值为 1 的数据包，TTL 超时，第一跳发回一个 MPLS Echo Reply 报文。 ② 发送一个 TTL 字段值为 2 的数据包，TTL 超时，第二跳发送回一个 MPLS Echo Reply 报文。 ③ 发送一个 TTL 字段值为 3 的数据包，TTL 超时，第三跳发送回一个 MPLS Echo Reply 报文。 上述过程不断进行，直到到达目的端。为了防止消息到达 Egress 后又被转发给其他节点，MPLS Echo Request 消息的 IP 头中的目的地址设置环回地址，前缀为 127.0.0.1/8。 本命令中的许多参数与上面的 **ping lsp** 命令中的参数及功能说明基本一样，仅**-v** 选项不同。选择**-v** 选项，指定显示 ICMP Time Exceeded 报文带回的 MPLS 标签信息。该参数在 PE 上发起 tracert 需要在显示公网标签时使用

2.1.4　静态 LSP 及 BFD 维护与管理

完成静态 LSP 和 BFD 功能的配置后，可在任意视图下通过 **display** 命令查看相关配置或统计信息，以验证配置结果。

① **display default-parameter mpls management**：查看 MPLS 管理的缺省配置。

② **display mpls interface** [*interface-type interface-number*] [**verbose**]：查看所有或指定接口使能 MPLS 的情况。

③ **display mpls static-lsp** [*lsp-name*] [{ **include** | **exclude** } *ip-address mask-length*] [**verbose**]：查看指定或所有静态 LSP 的配置信息。

④ **display mpls label static available** [[**label-from** *label-index*] **label-number** *label-number*]：查看当前静态业务可以使用的 LSP 标签（在取值范围中当前没有分配的标签）。

⑤ **display bfd configuration** { **all** | **static** } [**for-lsp**]：查看所有或静态的 LSP BFD 配置信息。

⑥ **display bfd session** { **all** | **static** } [**for-lsp**]：查看所有或静态的 LSP BFD 会话信息。

⑦ **display bfd statistics session** { **all** | **static** } [**for-ip** | **for-lsp**]，查看所有或静态的 IP 或 LSP 的 BFD 会话统计信息。

⑧ **display mpls static-lsp** [*lsp-name*] [{ **include** | **exclude** } *ip-address mask-length*] [**verbose**]：查看所有或指定 FEC 关联的静态 LSP 的状态。

⑨ **display lspv statistics**：查看标签交换路径检测（Label Switching Path Verify，LSPV）的统计结果信息。

⑩ **display lspv configuration**：查看 LSPV 当前的配置信息。

2.1.5　动态路由方式 AR 路由器静态 LSP 的配置示例

动态路由方式 AR 路由静态 LSP 的配置示例如图 2-1 所示，LSR_1、LSR_2、LSR_3 为某 MPLS 骨干网设备，均为华为 AR G3 系列路由器。现要求在骨干网上创建稳定的公网隧道来承载 L2VPN 或 L3VPN 业务。

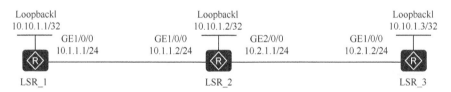

图 2-1　动态路由方式 AR 路由器静态 LSP 的配置示例

（1）基本配置思路分析

因为本示例的拓扑结构简单且稳定，所以采用静态 LSP 配置方式更适合。又因为 LSP 是单向的，所以要想实现各设备所连网络互通，则需要配置两条静态 LSP：一条是由 LSR_1 到 LSR_3 的 LSP（假设名称为 LSP1），此时 LSR_1 为 Ingress，LSR_2 为 Transit，LSR_3 为 Egress；另一条是由 LSR_3 到 LSR_1 的 LSP（假设名称为 LSP2），此时 LSR_3 为 Ingress，LSR_2 为 Transit，LSR_1 为 Egress。

本示例骨干网采用动态路由的方式在入节点上生成到达出节点 FEC 的路由表项。根据前文介绍，采用动态路由方式时，必须在 LSP 路径各节点上进行动态路由配置。在此采用 OSPF 路由实现骨干网中 LSP 路径上各网段的三层互通。

根据 2.1.2 节介绍的配置步骤，再结合本示例实际，可得出本示例如下的配置思路。

① 配置各设备接口的 IP 地址，包括 Loopback1 接口的 IP 地址。

② 在各设备上配置 OSPF，实现骨干网（包括目的 FEC 对应的网段）的 IP 连通性。此处以 LSR_1 和 LSR_3 上的 Loopback1 接口的 IP 地址作为建立对应 LSP 的目的 FEC。

③ 在各设备上配置 LSR ID，使能全局和公网侧接口的 MPLS 功能。

④ 创建两条方向相反的静态 LSP。

在两条静态 LSP 的 Ingress 上配置目的地址、下一跳和出标签；在 Transit 上配置入接口、值与上游节点出标签值相同的入标签、对应的下一跳 IP 地址和出标签；在 Egress 上配置入接口、值与上游节点出标签值相同的入标签。

（2）具体配置步骤

① 配置各设备接口（包括 Loopback1 接口）的 IP 地址。

#---LSR_1 上的配置，具体如下。

```
<Huawei> system-view
[Huawei] sysname LSR_1
[LSR_1] interface loopback 1
[LSR_1-LoopBack1] ip address 10.10.1.1 32
[LSR_1-LoopBack1] quit
[LSR_1] interface gigabitethernet 1/0/0
[LSR_1-GigabitEthernet1/0/0] ip address 10.1.1.1 24
[LSR_1-GigabitEthernet1/0/0] quit
```

#---LSR_2 上的配置，具体如下。

```
<Huawei> system-view
[Huawei] sysname LSR_2
[LSR_2] interface loopback 1
[LSR_2-LoopBack1] ip address 10.10.1.2 32
[LSR_2-LoopBack1] quit
[LSR_2] interface gigabitethernet 1/0/0
[LSR_2-GigabitEthernet1/0/0] ip address 10.1.1.2 24
[LSR_2-GigabitEthernet1/0/0] quit
[LSR_2] interface gigabitethernet 2/0/0
[LSR_2-GigabitEthernet2/0/0] ip address 10.2.1.1 24
[LSR_2-GigabitEthernet2/0/0] quit
```

#---LSR_3 上的配置，具体如下。

```
<Huawei> system-view
[Huawei] sysname LSR_3
[LSR_3] interface loopback 1
[LSR_3-LoopBack1] ip address 10.10.1.3 32
[LSR_3-LoopBack1] quit
[LSR_3] interface gigabitethernet 1/0/0
[LSR_3-GigabitEthernet1/0/0] ip address 10.2.1.2 24
[LSR_3-GigabitEthernet1/0/0] quit
```

② 在各设备上配置 OSPF，实现骨干网（包括目的 FEC 对应的网段）的 IP 连通性。OSPF 路由进程为 1，区域 ID 为 0（单区域 OSPF 网络时区域 ID 任意）。

#---LSR_1 上的配置，具体如下。

```
[LSR_1] ospf 1
[LSR_1-ospf-1] area 0
[LSR_1-ospf-1-area-0.0.0.0] network 10.10.1.1 0.0.0.0
[LSR_1-ospf-1-area-0.0.0.0] network 10.1.1.0 0.0.0.255
[LSR_1-ospf-1-area-0.0.0.0] quit
[LSR_1-ospf-1] quit
```

#---LSR_2 上的配置，具体如下。

作为中间节点 LSR_2 上的 Loopback 接口可以不建立 LSP，因为不是目的 FEC，所以可以不对邻居设备发布其对应网段的 OSPF 路由，此处仍以发布该路由为例。

```
[LSR_2] ospf 1
[LSR_2-ospf-1] area 0
[LSR_2-ospf-1-area-0.0.0.0] network 10.10.1.2 0.0.0.0
[LSR_2-ospf-1-area-0.0.0.0] network 10.1.1.1 0.0.0.255
[LSR_2-ospf-1-area-0.0.0.0] network 10.2.1.0 0.0.0.255
[LSR_2-ospf-1-area-0.0.0.0] quit
[LSR_2-ospf-1] quit
```

#---LSR_3 上的配置，具体如下。

```
[LSR_3] ospf 1
[LSR_3-ospf-1] area 0
[LSR_3-ospf-1-area-0.0.0.0] network 10.10.1.3 0.0.0.0
[LSR_3-ospf-1-area-0.0.0.0] network 10.2.1.0 0.0.0.255
[LSR_3-ospf-1-area-0.0.0.0] quit
[LSR_3-ospf-1] quit
```

配置好 OSPF 路由后，在各节点上执行 **display ospf routing** 命令，可以看到各节点相互之间都学到了彼此的路由，需要注意 LSR_1 和 LSR_3 上是 Loopback1 接口网段路由。图 2-2 是在 LSR_1 上执行该命令的输出。

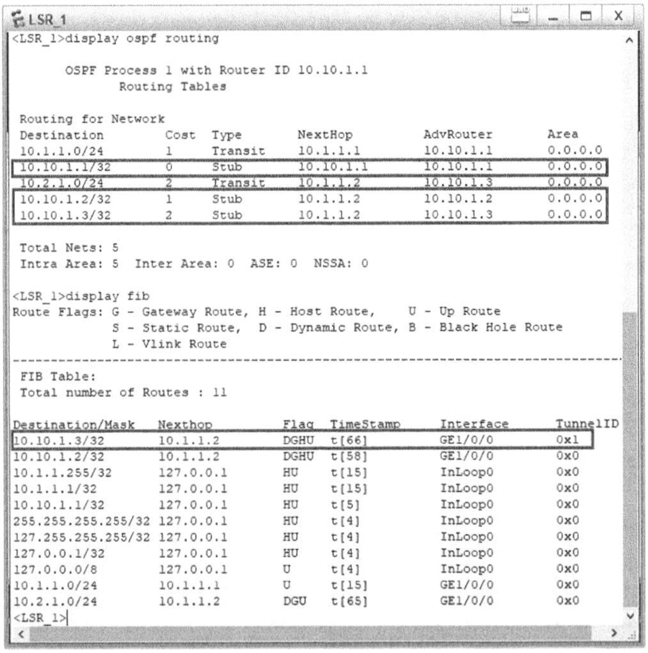

图 2-2　在 LSR_1 上执行 **display ospf routing** 命令的输出

③ 在各设备上配置 LSR ID，使能全局和公网侧接口的 MPLS 功能。LSR ID 是以各自的 Loopback1 接口的 IP 地址进行配置的。

#---LSR_1 上的配置，具体如下。

```
[LSR_1] mpls lsr-id 10.10.1.1
[LSR_1] mpls
```

```
[LSR_1-mpls] quit
[LSR_1] interface gigabitethernet 1/0/0
[LSR_1-GigabitEthernet1/0/0] mpls
[LSR_1-GigabitEthernet1/0/0] quit
```

\#---LSR_2 上的配置，具体如下。

```
[LSR_2] mpls lsr-id 10.10.1.2
[LSR_2] mpls
[LSR_2-mpls] quit
[LSR_2] interface gigabitethernet 1/0/0
[LSR_2-GigabitEthernet1/0/0] mpls
[LSR_2-GigabitEthernet1/0/0] quit
[LSR_2] interface gigabitethernet 2/0/0
[LSR_2-GigabitEthernet2/0/0] mpls
[LSR_2-GigabitEthernet2/0/0] quit
```

\#---LSR_3 上的配置，具体如下。

```
[LSR_3] mpls lsr-id 10.10.1.3
[LSR_3] mpls
[LSR_3-mpls] quit
[LSR_3] interface gigabitethernet 1/0/0
[LSR_3-GigabitEthernet1/0/0] mpls
[LSR_3-GigabitEthernet1/0/0] quit
```

④ 创建两条方向相反的静态 LSP。这里涉及两个方向的 LSP，LSR_1 和 LSR_3 在不同 LSP 中的角色不一样。

在配置静态 LSP 时，同一 LSP 中上游节点配置的出标签值必须与下游节点配置的入标签值一致。因为本示例中均为以太网链路，且到达下一跳不存在多条路径，所以无须指定出接口。

本示例中两条静态 LSP 中的各节点 MPLS 标签规划如下。

① LSP1:Ingress（LSR_1）的出标签值为 20；Transit（LSR_2）的入标签值为 20，出标签值为 40；Egress（LSR_3）的入标签值为 40。

② LSP2:Ingress（LSR_3）的出标签值为 30；Transit（LSR_2）的入标签值为 30，出标签值为 60；Egress（LSR_1）的入标签值为 60。

创建从 LSR_1 到 LSR_3 的静态 LSP1。此时 LSR_1 为 Ingress，LSR_3 为 Egress。

\#---Ingress LSR_1 上的配置，具体如下。配置目的 IP 地址（LSR_3 的 Loopback1 接口的 IP 地址）、下一跳（LSR_2 的 GE1/0/0 接口的 IP 地址）和出标签。

```
[LSR_1] static-lsp ingress LSP1 destination 10.10.1.3 32 nexthop 10.1.1.2 out-label 20
```

\#---Transit LSR_2 上的配置，具体如下。配置入接口（LSR_2 的 GE1/0/0 接口）、入标签（值为 20，要与 LSR_1 的出标签值一致）、下一跳（LSR_3 的 GE1/0/0 接口的 IP 地址）和出标签。

```
[LSR_2] static-lsp transit LSP1 incoming-interface gigabitethernet 1/0/0 in-label 20 nexthop 10.2.1.2 out-label 40
```

\#---Egress LSR_3 上的配置，具体如下。配置入接口（LSR_3 的 GE1/0/0 接口）和入标签（值为 40，要与 LSR_2 的出标签值一致）。

```
[LSR_3] static-lsp egress LSP1 incoming-interface gigabitethernet 1/0/0 in-label 40
```

创建从 LSR_3 到 LSR_1 的静态 LSP2。此时 LSR_3 为 Ingress，LSR_1 为 Egress。

\#---Ingress LSR_3 上的配置，具体如下。配置目的 IP 地址（LSR_1 的 Loopback1 接口的 IP 地址）、下一跳（LSR_2 的 GE2/0/0 接口的 IP 地址）和出标签。

```
[LSR_3] static-lsp ingress LSP2 destination 10.10.1.1 32 nexthop 10.2.1.1 out-label 30
```

#---Transit LSR_2 上的配置，具体如下。配置入接口（LSR_2 的 GE2/0/0 接口）、入标签（值为 30，要与 LSR_1 的出标签值一致）、下一跳（LSR_1 的 GE1/0/0 接口 IP 的地址）和出标签。

[LSR_2] **static-lsp transit** LSP2 **incoming-interface** gigabitethernet 2/0/0 **in-label** 30 **nexthop** 10.1.1.1 **out-label** 60

#---Egress LSR_1 上的配置，具体如下。配置入接口（LSR_1 的 GE1/0/0 接口）和入标签（值为 60，要与 LSR_2 的出标签值一致）。

[LSR_1] **static-lsp egress** LSP2 **incoming-interface** gigabitethernet 1/0/0 **in-label** 60

（3）配置结果验证

完成以上配置后，我们可以进行以下配置结果验证。

① 在各节点上执行 **display mpls static-lsp** 命令或 **display mpls static-lsp verbose** 命令查看静态 LSP 的状态或详细信息。图 2-3 是在 LSR_3 上执行这两条命令的输出，这两条静态 LSP 的状态均为 Up。

图 2-3　在 LSR_3 上执行 **display mpls static-lsp** 命令和 **display mpls static-lsp verbose** 命令的输出

② 在 LSR_3 上执行 **ping lsp ip** 10.10.1.1 32 命令，Ping 到达 LSR_1 Loopback1 接口的 IP 地址的 LSP 是通的，如图 2-4 所示。同样在 LSR_1 上执行 **ping lsp ip** 10.10.1.3 32 命令，Ping 到达 LSR_3 Loopback1 接口的 IP 地址的 LSP 也是通的，如图 2-5 所示。

```
LSR_3
<LSR_3>ping lsp ip 10.10.1.1 32
  LSP PING FEC: IPV4 PREFIX 10.10.1.1/32/ : 100  data bytes, press CTRL_C to br
ak
    Reply from 10.10.1.1: bytes=100 Sequence=1 time=60 ms
    Reply from 10.10.1.1: bytes=100 Sequence=2 time=50 ms
    Reply from 10.10.1.1: bytes=100 Sequence=3 time=30 ms
    Reply from 10.10.1.1: bytes=100 Sequence=4 time=20 ms
    Reply from 10.10.1.1: bytes=100 Sequence=5 time=20 ms

  --- FEC: IPV4 PREFIX 10.10.1.1/32 ping statistics ---
    5 packet(s) transmitted
    5 packet(s) received
    0.00% packet loss
    round-trip min/avg/max = 20/36/60 ms

<LSR_3>
```

图 2-4　在 LSR_3 上执行 **ping lsp ip** 10.10.1.1 32 命令的结果

```
[LSR_1

<LSR_1>ping lsp ip 10.10.1.3 32
  LSP PING FEC: IPV4 PREFIX 10.10.1.3/32/ : 100  data bytes, press CTRL_C to bre
ak
    Reply from 10.10.1.3: bytes=100 Sequence=1 time=30 ms
    Reply from 10.10.1.3: bytes=100 Sequence=2 time=20 ms
    Reply from 10.10.1.3: bytes=100 Sequence=3 time=20 ms
    Reply from 10.10.1.3: bytes=100 Sequence=4 time=30 ms
    Reply from 10.10.1.3: bytes=100 Sequence=5 time=30 ms

  --- FEC: IPV4 PREFIX 10.10.1.3/32 ping statistics ---
    5 packet(s) transmitted
    5 packet(s) received
    0.00% packet loss
    round-trip min/avg/max = 20/26/30 ms

<LSR_1>
```

图 2-5　在 LSR_1 上执行 **ping lsp ip** 10.10.1.3 32 命令的结果

通过前面的验证，证明本示例的配置是正确且成功的。

2.1.6　动态路由方式交换机的静态 LSP 配置示例

动态路由方式交换机的静态 LSP 配置示例如图 2-6 所示，网络拓扑结构简单且稳定，LSR_1、LSR_2、LSR_3 为 MPLS 骨干网设备，均为华为 S 系列交换机。要求在骨干网上创建稳定的公网隧道来承载 L2VPN 或 L3VPN 业务。

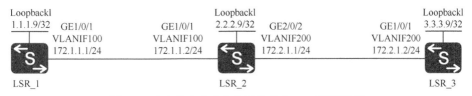

图 2-6　动态路由方式交换机的静态 LSP 配置示例

（1）基本配置思路

本示例与 2.1.6 节示例的拓扑结构一样，不同的是这里的骨干网设备全是 S 系列交换机。因为华为 S 系列交换机中的一些机型的物理以太网接口不能直接配置 IP 地址，要采用 VLANIF 基于 VLAN 的三层逻辑接口来间接进行三层转换，以实现网络的三层互通。

本示例的网络拓扑结构简单且稳定，但需要创建稳定的公网隧道，因此需要采用静态 LSP 实现。现以创建 LSR_1 与 LSR_3 之间的两条静态 LSP 为例介绍。LSR_1 到 LSR_3 的路径为 LSP1，LSR_1 为 Ingress，LSR_2 为 Transit，LSR_3 为 Egress；LSR_3 到 LSR_1 的路径为 LSP2，LSR_3 为 Ingress，LSR_2 为 Transit，LSR_1 为 Egress。本示例公网路由仍采用动态 OSPF 路由，需要在骨干网 LSP 路径各设备上进行配置。

根据 2.1.2 节介绍的配置步骤，可得出本示例的基本配置思路。

① 在各设备上创建并配置 VLAN，以及各接口（包括 VLANIF 和 Loopback1 接口）的 IP 地址。

② 在各设备上配置 OSPF，通过 VLANIF 实现骨干网（包括目的 FEC 对应的网段）的三层互通。此处以 LSR_1 和 LSR_3 上的 Loopback1 接口的 IP 地址作为建立对应 LSP 的目的 FEC。

③ 在各设备上配置 LSR ID，使能全局和公网侧 VLANIF 的 MPLS 功能。

④ 创建两条方向相反的静态 LSP。

在两条静态 LSP 的 Ingress 上配置目的地址、下一跳和出标签；在 Transit 上配置入接口、值与上游节点出标签值相同的入标签、对应的下一跳 IP 地址和出标签；在 Egress 上配置入接口、值与上游节点出标签值相同的入标签。

（2）具体配置步骤

① 在各设备上创建并配置 VLAN，以及各接口（包括 VLANIF 和 Loopback1 接口）的 IP 地址。

在 VLAN 配置中，直接链路的两端通常采用相同的 VLAN 配置，在二层以太网接口上允许对应的 VLAN 帧通过即可。

#---LSR_1 上的配置，具体如下。

```
<HUAWEI> system-view
[HUAWEI] sysname LSR_1
[LSR_1] interface loopback 1
[LSR_1-LoopBack1] ip address 1.1.1.9 32
[LSR_1-LoopBack1] quit
[LSR_1] vlan batch 100
[LSR_1] interface vlanif 100
[LSR_1-Vlanif100] ip address 172.1.1.1 24
[LSR_1-Vlanif100] quit
[LSR_1] interface gigabitethernet 1/0/1
[LSR_1-GigabitEthernet1/0/1] port link-type trunk
[LSR_1-GigabitEthernet1/0/1] port trunk allow-pass vlan 100
[LSR_1-GigabitEthernet1/0/1] quit
```

#---LSR_2 上的配置，具体如下。

```
<HUAWEI> system-view
[HUAWEI] sysname LSR_2
[LSR_2] interface loopback 1
[LSR_2-LoopBack1] ip address 2.2.2.9 32
[LSR_2-LoopBack1] quit
[LSR_2] vlan batch 100 200
[LSR_2] interface vlanif 100
[LSR_2-Vlanif100] ip address 172.1.1.2 24
[LSR_2-Vlanif100] quit
[LSR_2] interface vlanif 200
[LSR_2-Vlanif200] ip address 172.2.1.1 24
[LSR_2-Vlanif200] quit
[LSR_2] interface gigabitethernet 1/0/1
[LSR_2-GigabitEthernet1/0/1] port link-type trunk
[LSR_2-GigabitEthernet1/0/1] port trunk allow-pass vlan 100
[LSR_2-GigabitEthernet1/0/1] quit
[LSR_2] interface gigabitethernet 2/0/2
[LSR_2-GigabitEthernet2/0/2] port link-type trunk
[LSR_2-GigabitEthernet2/0/2] port trunk allow-pass vlan 200
[LSR_2-GigabitEthernet2/0/2] quit
```

#---LSR_3 上的配置，具体如下。

```
<HUAWEI> system-view
[HUAWEI] sysname LSR_3
[LSR_3] interface loopback 1
```

```
[LSR_3-LoopBack1] ip address 3.3.3.9 32
[LSR_3-LoopBack1] quit
[LSR_3] vlan batch 200
[LSR_3] interface vlanif 200
[LSR_3-Vlanif200] ip address 172.2.1.2 24
[LSR_3-Vlanif200] quit
[LSR_3] interface gigabitethernet 1/0/1
[LSR_3-GigabitEthernet1/0/1] port link-type trunk
[LSR_3-GigabitEthernet1/0/1] port trunk allow-pass vlan 200
[LSR_3-GigabitEthernet1/0/1] quit
```

【经验提示】以上 LSR_1 与 LSR_2 之间、LSR_2 与 LSR_3 之间连接的接口不一定都要配置为 Trunk 类型，且端口类型也不一定都要相同，**只要能保证一端发送的 VLAN 数据帧对端端口能接收即可**。LSR_1 中的 GE1/0/1 和 LSR_2 中的 GE1/0/1 接口 VLAN 除了以上配置方法，还有以下两种配置方法（还有其他方法，例如 Hybrid 和 Trunk 类型组合、Hybrid 和 Access 类型组合，或者均为 Hybrid 类型等）。

方法一：两端都采用 Access 类型，且都加入 VLAN 100。

• LSR_1 上 GE1/0/1 接口的配置，具体如下。

```
[LSR_1] interface gigabitethernet 1/0/1
[LSR_1-GigabitEthernet1/0/1] port link-type access
[LSR_1-GigabitEthernet1/0/1] port default vlan 100
[LSR_1-GigabitEthernet1/0/1] quit
```

• LSR_2 上 GE1/0/1 接口的配置，具体如下。

```
[LSR_2] interface gigabitethernet 1/0/1
[LSR_2-GigabitEthernet1/0/1] port link-type access
[LSR_2-GigabitEthernet1/0/1] port default vlan 100
[LSR_2-GigabitEthernet1/0/1] quit
```

方法二：一端为 Trunk 类型，另一端为 Access 类型。

例如 LSR_1 的 GE1/0/1 为 Trunk 类型，LSR_2 的 GE1/0/1 为 Access 类型，需要修改 Trunk 端口的 PVID 为 VLAN 100，否则 LSR_1 的 GE1/0/1 端口发送的数据帧带的是缺省的 VLAN 1 标签，而 LSR_2 的 GE1/0/1 以 Access 类型加入 VLAN 100，是不能接收带 VLAN 1 标签的数据帧的。

• LSR_1 上 GE1/0/1 接口的配置，具体如下。

```
[LSR_1] interface gigabitethernet 1/0/1
[LSR_1-GigabitEthernet1/0/1] port link-type trunk
[LSR_1-GigabitEthernet1/0/1] port trunk allow-pass vlan 100
[LSR_1-GigabitEthernet1/0/1] port trunk pvid vlan 100
[LSR_1-GigabitEthernet1/0/1] quit
```

• LSR_2 上 GE1/0/1 接口的配置，具体如下。

```
[LSR_2] interface gigabitethernet 1/0/1
[LSR_2-GigabitEthernet1/0/1] port link-type access
[LSR_2-GigabitEthernet1/0/1] port default vlan 100
[LSR_2-GigabitEthernet1/0/1] quit
```

② 在各设备上配置 OSPF，通过 VLANIF 实现骨干网（包括目的 FEC 对应的网段）的三层互通。

#---LSR_1 上的配置，具体如下。

```
[LSR_1] ospf 1
[LSR_1-ospf-1] area 0
[LSR_1-ospf-1-area-0.0.0.0] network 1.1.1.9 0.0.0.0
```

```
[LSR_1-ospf-1-area-0.0.0.0] network 172.1.1.0 0.0.0.255
[LSR_1-ospf-1-area-0.0.0.0] quit
[LSR_1-ospf-1] quit
```

#---LSR_2 上的配置，具体如下。

```
[LSR_2] ospf 1
[LSR_2-ospf-1] area 0
[LSR_2-ospf-1-area-0.0.0.0] network 2.2.2.9 0.0.0.0
[LSR_2-ospf-1-area-0.0.0.0] network 172.1.1.0 0.0.0.255
[LSR_2-ospf-1-area-0.0.0.0] network 172.2.1.0 0.0.0.255
[LSR_2-ospf-1-area-0.0.0.0] quit
[LSR_2-ospf-1] quit
```

#---LSR_3 上的配置，具体如下。

```
[LSR_3] ospf 1
[LSR_3-ospf-1] area 0
[LSR_3-ospf-1-area-0.0.0.0] network 3.3.3.9 0.0.0.0
[LSR_3-ospf-1-area-0.0.0.0] network 172.2.1.0 0.0.0.255
[LSR_3-ospf-1-area-0.0.0.0] quit
[LSR_3-ospf-1] quit
```

完成以上配置后，在各节点上执行 **display ospf routing** 命令，我们可以看到它们都学到了彼此的路由。图 2-7 是在 LSR_1 上执行该命令的输出，从中我们可以看出 LSR_1 已经学习了 LSR_2 和 LSR_3 上 Loopback 接口对应的主机网段 OSPF 路由。

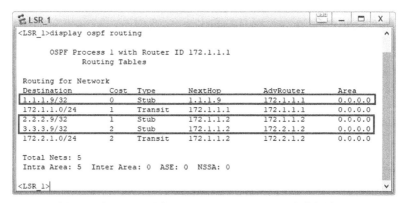

图 2-7　在 LSR_1 上执行 **display ospf routing** 命令的输出

③ 在各设备上配置 LSR ID，使能全局和公网侧 VLANIF 的 MPLS 功能。

#---LSR_1 上的配置，具体如下。

```
[LSR_1] mpls lsr-id 1.1.1.9
[LSR_1] mpls
[LSR_1-mpls] quit
[LSR_1] interface vlanif 100
[LSR_1-Vlanif100] mpls
[LSR_1-Vlanif100] quit
```

#---LSR_2 上的配置，具体如下。

```
[LSR_2] mpls lsr-id 2.2.2.9
[LSR_2] mpls
[LSR_2-mpls] quit
[LSR_2] interface vlanif 100
[LSR_2-Vlanif100] mpls
[LSR_2-Vlanif100] quit
```

```
[LSR_2] interface vlanif 200
[LSR_2-Vlanif200] mpls
[LSR_2-Vlanif200] quit
```

#---LSR_3 上的配置，具体如下。

```
[LSR_3] mpls lsr-id 3.3.3.9
[LSR_3] mpls
[LSR_3-mpls] quit
[LSR_3] interface vlanif 200
[LSR_3-Vlanif200] mpls
[LSR_3-Vlanif200] quit
```

④ 创建两条方向相反的静态 LSP。

同一 LSP 中，上游节点配置的出标签值必须与下游节点配置的入标签值一致。因为本示例中均为以太网链路，且到达下一跳不存在多条路径，所以均无须指定出接口。

本示例中的两条静态 LSP 中各节点 MPLS 标签的规划如下。

- LSP1:Ingress（LSR_1）的出标签值为 20；Transit（LSR_2）的入标签值为 20，出标签值为 40；Egress（LSR_3）的入标签值为 40。
- LSP2:Ingress（LSR_3）的出标签值为 30；Transit（LSR_2）的入标签值为 30，出标签值为 60；Egress（LSR_1）的入标签值为 60。

创建从 LSR_1 到 LSR_3 的静态 LSP1。此时 LSR_1 为 Ingress，LSR_3 为 Egress。

#---Ingress LSR_1 上的配置，具体如下。配置目的 IP 地址（LSR_3 的 Loopback1 接口的 IP 地址）、下一跳（LSR_2 上 vlanif100 接口的 IP 地址）和出标签。

```
[LSR_1] static-lsp ingress LSP1 destination 3.3.3.9 32 nexthop 172.1.1.2 out-label 20
```

#---Transit LSR_2 上的配置，具体如下。配置入接口（LSR_2 的 vlanif100 接口）、入标签（值为 20，要与 LSR_1 的出标签值一致）、下一跳（LSR_3 上 vlanif200 接口的 IP 地址）和出标签。

```
[LSR_2] static-lsp transit LSP1 incoming-interface vlanif100 in-label 20 nexthop 172.2.1.2 out-label 40
```

#---Egress LSR_3 上的配置，具体如下。配置入接口（LSR_3 的 vlanif200 接口）和入标签（值为 40，要与 LSR_2 的出标签值一致）。

```
[LSR_3] static-lsp egress LSP1 incoming-interface vlanif200 in-label 40
```

创建从 LSR_3 到 LSR_1 的静态 LSP2。此时 LSR_3 为 Ingress，LSR_1 为 Egress。

#---Ingress LSR_3 上的配置，具体如下。配置目的 IP 地址（LSR_1 的 Loopback1 接口的 IP 地址）、下一跳（LSR_2 的 vlanif200 接口的 IP 地址）和出标签。

```
[LSR_3] static-lsp ingress LSP2 destination 1.1.1.9 32 nexthop 172.2.1.1 out-label 30
```

#---Transit LSR_2 上的配置，具体如下。配置入接口（LSR_2 的 vlanif200 接口）、入标签（值为 30，要与 LSR_1 的出标签值一致）、下一跳（LSR_1 的 vlanif100 接口的 IP 地址）和出标签。

```
[LSR_2] static-lsp transit LSP2 incoming-interface vlanif200 in-label 30 nexthop 172.1.1.1 out-label 60
```

#---Egress LSR_1 上的配置，具体如下。配置入接口（LSR_1 的 vlanif100 接口）和入标签（值为 60，要与 LSR_2 的出标签值一致）。

```
[LSR_1] static-lsp egress LSP2 incoming-interface vlanif100 in-label 60
```

（3）配置结果验证

完成以上配置后，我们可以进行以下配置结果验证。

① 在各节点上执行 **display mpls static-lsp** 命令或 **display mpls static-lsp verbose** 命

令查看静态 LSP 的状态及其详细信息。图 2-8 是在 LSR_3 上执行这两条命令的输出，这两条静态 LSP 的状态均为 Up。

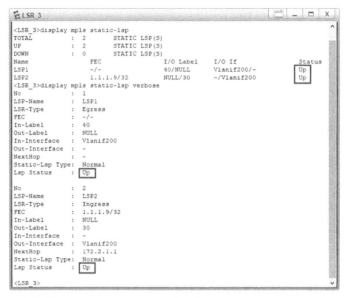

图 2-8　在 LSR_3 上执行 **display mpls static-lsp** 命令和 **display mpls static-lsp verbose** 命令的输出

② 在 LSR_3 上执行 **ping lsp ip** 1.1.1.9 32 命令，Ping 到达 LSR_1 Loopback1 接口的 IP 地址的 LSP 是通的，如图 2-9 所示。同样在 LSR_1 上执行 **ping lsp ip** 3.3.3.9 32 命令，Ping 到达 LSR_3 Loopback1 接口的 IP 地址的 LSP 也是通的。

```
E LSR_3                                                         _ □ X
<LSR_3>ping lsp ip 1.1.1.9 32
  LSP PING FEC: IPV4 PREFIX 1.1.1.9/32/ : 100  data bytes, press CTRL_C to break

    Reply from 1.1.1.9: bytes=100 Sequence=1 time=80 ms
    Reply from 1.1.1.9: bytes=100 Sequence=2 time=70 ms
    Reply from 1.1.1.9: bytes=100 Sequence=3 time=60 ms
    Reply from 1.1.1.9: bytes=100 Sequence=4 time=60 ms
    Reply from 1.1.1.9: bytes=100 Sequence=5 time=60 ms

  --- FEC: IPV4 PREFIX 1.1.1.9/32 ping statistics ---
    5 packet(s) transmitted
    5 packet(s) received
    0.00% packet loss
    round-trip min/avg/max = 60/66/80 ms

<LSR_3>
```

图 2-9　在 LSR_3 上执行 **ping lsp ip** 命令的结果

2.1.7　静态路由方式静态 LSP 配置示例

本示例的拓扑结构及要求与 2.1.6 节的图 2-1 完全一样，骨干网的中设备是华为 AR G3 系列路由器。不同的是本示例要采用静态路由配置在 Ingress 上创建 FIB 表项，使在 Ingress 有到达目的 FEC 的 MPLS 标签转发表项。

（1）基本配置思路分析

本示例通过静态路由配置在 Ingress 上并生成到达目的 FEC 的 FIB。采用静态路由配置时，对于一条 LSP 只需在 Ingress 上配置到达目的 FEC 的静态路由即可，**其他节点不用配置任何路由**，因为静态 LSP 已在各节点上配置好严格的标签转发路径，静态 LSP

无须路由在节点间交互标签映射消息。

基于以上分析，我们可以得出本示例的基本配置思路。

① 配置各设备接口的 IP 地址，包括 Loopback1 接口的 IP 地址。

② 在 LSR_1 上配置到达 LSR_3 Loopback1 接口的 IP 地址的静态路由；在 LSR_3 上配置到达 LSR_1 Loopback1 接口的 IP 地址的静态路由。

③ 在各设备上配置 LSR ID，使能全局和公网侧接口的 MPLS 功能。

④ 创建两条方向相反的静态 LSP。

在两条 LSP 的 Ingress 上配置目的地址、下一跳和出标签；在 Transit 上配置入接口、值与上游节点出标签值相同的入标签、对应的下一跳 IP 地址和出标签；在 Egress 上配置入接口、值与上游节点出标签值相同的入标签。

（2）具体配置步骤

以上配置思路中，第①、③、④项的配置方法与 2.1.6 节介绍的配置方法完全一样，参见即可。在此仅介绍第②项配置思路的具体配置方法。

在 LSR_1 上配置到达 LSR_3 Loopback1 接口的 IP 地址的静态路由；在 LSR_3 上配置到达 LSR_1 Loopback1 接口的 IP 地址的静态路由，具体如下。

```
[LSR_1]ip route-static 3.3.3.9 32 10.1.1.2
[LSR_3]ip route-static 1.1.1.9 32 10.2.1.1
```

（3）配置结果验证

本示例的配置结果验证与 2.1.6 节介绍的配置结果验证完全一样，参见即可。在 LSR_1 和 LSR_3 上分别 Ping 对应 LSP 的 FEC（对端的 Loopback1 接口的 IP 地址）均可通。

2.1.8　静态 BFD 静态 LSP 的配置示例

静态 BFD 静态 LSP 的配置示例如图 2-10 所示，PE、P 为 MPLS 骨干网设备（华为 AR G3 系列路由器），现决定采用静态 LSP（有主/备两条链路）来承载网络业务。因为网络业务对实时性的要求越来越高，例如在线游戏、在线视频业务等，链路一旦发生故障导致数据丢失，会对这些业务造成比较严重的影响，所以当主 LSP 故障时，要求流量能够快速地切换到备份 LSP，尽可能地避免流量的丢失。

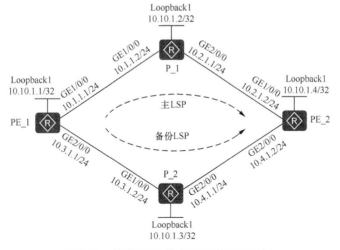

图 2-10　静态 BFD 静态 LSP 的配置示例

（1）基本配置思路分析

本示例中两个 PE 设备，间有主/备两条链路，这样一来，要实现 MPLS 网络互通，则需要配置 4 条静态 LSP（每条链路各包括两条方向相反的 LSP）。假设主链路中对应的两个方向的 LSP 的名称分别为 LSP1、LSP2，备份链路中对应的两个方向的 LSP 的名称分别为 LSP3、LSP4。

在主/备 LSP 应用中，BFD 通常被用来检测主 LSP 的连通性，因为正常情况下是由主 LSP 负责数据转发，备份 LSP 处于待命状态，所以只需在主 LSP 上配置 BFD。本示例主 LSP 有方向相反的两条静态 LSP，在此仅以从 PE_1 到 PE_2、经过 P_1 的静态 LSP BFD 为例介绍。

要先配置好 LSP，然后再配置对应的 BFD 功能。根据 2.1.2 节和 2.1.3 节的介绍，我们可得出本示例的基本配置思路。

① 在各设备上配置各接口（包括 Loopback 接口）的 IP 地址。

② 在各设备上配置 OSPF（本示例采用动态路由），实现骨干网的三层互通，并通过提高 PE_1 和 PE_2 的 GE2/0/0 接口的 OSPF 开销值，使通过 P_2 的链路为备份链路。

③ 在各设备上配置基本 MPLS 功能，在全局及公网接口上使能 MPLS 功能。

④ 在各设备上配置主/备链路上各两个方向相反的静态 LSP。

⑤ 在 PE_1 上配置通过主静态 LSP 到达 PE_2 的静态 LSP BFD 会话，实现对从 PE_1 到 PE_2 方向的主静态 LSP 的快速检测。

（2）具体配置步骤

① 在各设备上配置各接口（包括 Loopback 接口）的 IP 地址。

#---PE_1 上的配置，具体如下。

```
<Huawei> system-view
[Huawei] sysname PE_1
[PE_1] interface loopback 1
[PE_1-LoopBack1] ip address 10.10.1.1 32
[PE_1-LoopBack1] quit
[PE_1] interface gigabitethernet 1/0/0
[PE_1-GigabitEthernet1/0/0] ip address 10.1.1.1 24
[PE_1-GigabitEthernet1/0/0] quit
[PE_1] interface gigabitethernet 2/0/0
[PE_1-GigabitEthernet2/0/0] ip address 10.3.1.1 24
[PE_1-GigabitEthernet2/0/0] quit
```

#---P_1 上的配置，具体如下。

```
<Huawei> system-view
[Huawei] sysname P_1
[P_1] interface loopback 1
[P_1-LoopBack1] ip address 10.10.1.2 32
[P_1-LoopBack1] quit
[P_1] interface gigabitethernet 1/0/0
[P_1-GigabitEthernet1/0/0] ip address 10.1.1.2 24
[P_1-GigabitEthernet1/0/0] quit
[P_1] interface gigabitethernet 2/0/0
[P_1-GigabitEthernet2/0/0] ip address 10.2.1.1 24
[P_1-GigabitEthernet2/0/0] quit
```

#---P_2 上的配置，具体如下。

```
<Huawei> system-view
[Huawei] sysname P_2
[P_2] interface loopback 1
[P_2-LoopBack1] ip address 10.10.1.3 32
[P_2-LoopBack1] quit
[P_2] interface gigabitethernet 1/0/0
[P_2-GigabitEthernet1/0/0] ip address 10.3.1.2 24
[P_2-GigabitEthernet1/0/0] quit
[P_2] interface gigabitethernet 2/0/0
[P_2-GigabitEthernet2/0/0] ip address 10.4.1.1 24
[P_2-GigabitEthernet2/0/0] quit
```

#---PE_2 上的配置，具体如下。

```
<Huawei> system-view
[Huawei] sysname PE_2
[PE_2] interface loopback 1
[PE_2-LoopBack1] ip address 10.10.1.4 32
[PE_2-LoopBack1] quit
[PE_2] interface gigabitethernet 1/0/0
[PE_2-GigabitEthernet1/0/0] ip address 10.2.1.2 24
[PE_2-GigabitEthernet1/0/0] quit
[PE_2] interface gigabitethernet 2/0/0
[PE_2-GigabitEthernet2/0/0] ip address 10.4.1.2 24
[PE_2-GigabitEthernet2/0/0] quit
```

② 配置 OSPF 路由，把各接口所在的网段路由均加入 OSPF 进程 1，区域（Area）0 中（单区域 OSPF 网络时区域 ID 任意），并把通过 PE_1 和 PE_2 的 GE2/0/0 接口的开销值设置为 10，其他接口的开销值保持缺省（缺省情况下 GE 接口的开销值为 1），使通过 P_2 的链路为备份链路。

【经验提示】增大通过 PE_1 和 PE_2 的 GE2/0/0 接口的开销值，目的是使经过 P_2 的链路成为路由备份链路（开销越大，对应的 OSPF 路由优先级越低）。

OSPF 路由优先级是根据链路开销来计算的。本示例的两条链路中全是 GE 以太网端口，如果全部按缺省开销，则这两条链路为等价开销，即等价 OSPF 路由。链路开销只需计算出接口的开销（不计算入接口开销），所以需要把 PE_1 和 PE_2 的 GE2/0/0 接口的开销值增大，以使通过 P_2 的备份链路从 PE_1 到达 PE_2、从 PE_2 到达 PE_1 的 OSPF 路由开销都大于通过 P_1 的主链路两个方向的 OSPF 路由开销，最终使它们起到备份路由的作用。但要注意，如果仅提高 PE_1 或 PE_2 中一端的 GE2/0/0 接口的开销值，则仅对一个方向的 OSPF 路由开销计算起作用。

#---PE_1 上的配置，具体如下。

```
[PE_1] ospf 1
[PE_1-ospf-1] area 0
[PE_1-ospf-1-area-0.0.0.0] network 10.10.1.1 0.0.0.0
[PE_1-ospf-1-area-0.0.0.0] network 10.1.1.0 0.0.0.255
[PE_1-ospf-1-area-0.0.0.0] network 10.3.1.0 0.0.0.255
[PE_1-ospf-1-area-0.0.0.0] quit
[PE_1-ospf-1] quit
[PE_1] interface gigabitethernet 2/0/0
[PE_1-GigabitEthernet2/0/0] ospf cost 10
[PE_1-GigabitEthernet2/0/0] quit
```

\#---P_1 上的配置，具体如下。

```
[P_1] ospf 1
[P_1-ospf-1] area 0
[P_1-ospf-1-area-0.0.0.0] network 10.10.1.2 0.0.0.0
[P_1-ospf-1-area-0.0.0.0] network 10.1.1.0 0.0.0.255
[P_1-ospf-1-area-0.0.0.0] network 10.2.1.0 0.0.0.255
[P_1-ospf-1-area-0.0.0.0] quit
[P_1-ospf-1] quit
```

\#---P_2 上的配置，具体如下。

```
[P_2] ospf 1
[P_2-ospf-1] area 0
[P_2-ospf-1-area-0.0.0.0] network 10.10.1.3 0.0.0.0
[P_2-ospf-1-area-0.0.0.0] network 10.3.1.0 0.0.0.255
[P_2-ospf-1-area-0.0.0.0] network 10.4.1.0 0.0.0.255
[P_2-ospf-1-area-0.0.0.0] quit
[P_2-ospf-1] quit
```

\#---PE_2 上的配置，具体如下。

```
[PE_2] ospf 1
[PE_2-ospf-1] area 0
[PE_2-ospf-1-area-0.0.0.0] network 10.10.1.4 0.0.0.0
[PE_2-ospf-1-area-0.0.0.0] network 10.2.1.0 0.0.0.255
[PE_2-ospf-1-area-0.0.0.0] network 10.4.1.0 0.0.0.255
[PE_2-ospf-1-area-0.0.0.0] quit
[PE_2-ospf-1] quit
[PE_2] interface gigabitethernet 2/0/0
[PE_2-GigabitEthernet2/0/0] ospf cost 10
```

完成以上配置后，在 PE_1 和 PE_2 上执行 **display ospf routing** 命令的输出分别如图 2-11 和图 2-12 所示，从 PE_1 到 PE_2 Loopback1 接口的路由的出接口为 GE1/0/0（采用主链路），下一跳是 P_1 的 GE1/0/0 接口的 IP 地址 10.1.1.2；从 PE_2 到 PE_1 Loopback1 接口的路由的出接口为 GE1/0/0（也采用主链路），下一跳是 P_1 的 GE2/0/0 接口的 IP 地址 10.2.1.1。

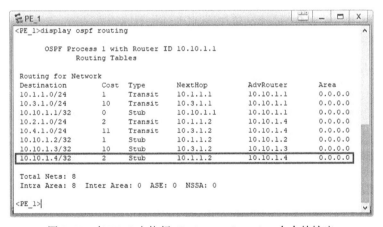

图 2-11　在 PE_1 上执行 **display ospf routing** 命令的输出

③ 配置 MPLS 基本功能。LSR ID 是以各自的 Loopback1 接口的 IP 地址配置的，在全局及 LSP 上各 LSR 间互连的接口上使能 MPLS 功能。

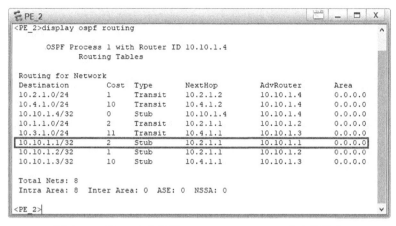

图 2-12　在 PE_2 上执行 **display ospf routing** 命令的输出

#---PE_1 上的配置，具体如下。

[PE_1] **mpls lsr-id** 10.10.1.1
[PE_1] **mpls**
[PE_1-mpls] **quit**
[PE_1] **interface** gigabitethernet 1/0/0
[PE_1-GigabitEthernet1/0/0] **mpls**
[PE_1-GigabitEthernet1/0/0] **quit**
[PE_1] **interface** gigabitethernet 2/0/0
[PE_1-GigabitEthernet2/0/0] **mpls**
[PE_1-GigabitEthernet2/0/0] **quit**

#---P_1 上的配置，具体如下。

[P_1] **mpls lsr-id** 10.10.1.2
[P_1] **mpls**
[P_1-mpls] **quit**
[P_1] **interface** gigabitethernet 1/0/0
[P_1-GigabitEthernet1/0/0] **mpls**
[P_1-GigabitEthernet1/0/0] **quit**
[P_1] **interface** gigabitethernet 2/0/0
[P_1-GigabitEthernet2/0/0] **mpls**
[P_1-GigabitEthernet2/0/0] **quit**

#---P_2 上的配置，具体如下。

[P_2] **mpls lsr-id** 10.10.1.3
[P_2] **mpls**
[P_2-mpls] **quit**
[P_2] **interface** gigabitethernet 1/0/0
[P_2-GigabitEthernet1/0/0] **mpls**
[P_2-GigabitEthernet1/0/0] **quit**
[P_2] interface gigabitethernet 2/0/0
[P_2-GigabitEthernet2/0/0] **mpls**
[P_2-GigabitEthernet2/0/0] **quit**

#---PE_2 上的配置，具体如下。

[PE_2] **mpls lsr-id** 10.10.1.4
[PE_2] **mpls**
[PE_2-mpls] **quit**

```
[PE_2] interface gigabitethernet 1/0/0
[PE_2-GigabitEthernet1/0/0] mpls
[PE_2-GigabitEthernet1/0/0] quit
[PE_2] interface gigabitethernet 2/0/0
[PE_2-GigabitEthernet2/0/0] mpls
[PE_2-GigabitEthernet2/0/0] quit
```

④ 创建静态 LSP，主链路和备份链路两条链路均有两条方向相反的静态 LSP。

假设主链路中对应的两个方向的 LSP 的名称分别为 LSP1、LSP2，备份链路中对应的两个方向的 LSP 的名称分别为 LSP3、LSP4。因为本示例中均为以太网链路，且到达下一跳不存在多条路径，所以均无须指定出接口。

本示例中 4 条静态 LSP 中的各节点 MPLS 标签规划如下。

① 主静态 LSP1：Ingress（PE_1）的出标签值为 20；Transit（P1_1）的入标签值为 20，出标签值为 40；Egress（PE_2）的入标签值为 40。

② 主静态 LSP2：Ingress（PE_2）的出标签值为 70；Transit（P_1）的入标签值为 70，出标签值为 80；Egress（PE_1）的入标签值为 80。

③ 备份静态 LSP3：Ingress（PE_1）的出标签值为 30；Transit（P1_2）的入标签值为 30，出标签值为 60；Egress（PE_2）的入标签值为 60。

④ 备份静态 LSP4：Ingress（PE_2）的出标签值为 90；Transit（P_2）的入标签值为 90，出标签值为 100；Egress（PE_1）的入标签值为 100。

配置主静态 LSP1，PE_1 作为 Ingress，P_1 作为 Transit，PE_2 作为 Egress。

#---Ingress PE_1 上的配置，具体如下。配置目的 IP 地址（PE_2 的 Loopback1 接口的 IP 地址）、下一跳（P_1 的 GE1/0/0 接口的 IP 地址）和出标签。

```
[PE_1] static-lsp ingress LSP1 destination 10.10.1.4 32 nexthop 10.1.1.2 out-label 20
```

#---Transit P_1 上的配置，具体如下。

配置入接口（P_1 的 GE1/0/0 接口）、入标签（值为 20，要与 PE_1 的出标签值一致）、下一跳（PE_2 的 GE1/0/0 接口的 IP 地址）和出标签。

```
[P_1] static-lsp transit LSP1 incoming-interface gigabitethernet 1/0/0 in-label 20 nexthop 10.2.1.2 out-label 40
```

#---Egress PE_2 上的配置，具体如下。

配置入接口（PE_2 的 GE1/0/0）和入标签（值为 40，要与 P_1 的出标签值一致）。

```
[PE_2] static-lsp egress LSP1 incoming-interface gigabitethernet 1/0/0 in-label 40
```

配置主静态 LSP2，PE_2 作为 Ingress，P_1 作为 Transit，PE_1 作为 Egress。

#---Ingress PE_2 上的配置，具体如下。

配置目的 IP 地址（PE_1 的 Loopback1 接口的 IP 地址）、下一跳（P_1 的 GE2/0/0 接口的 IP 地址）和出标签。

```
[PE_2] static-lsp ingress LSP2 destination 10.10.1.1 32 nexthop 10.2.1.1 out-label 70
```

#---Transit P_1 上的配置，具体如下。配置入接口（P_1 的 GE2/0/0 接口）、入标签（值为 70，要与 PE_2 的出标签值一致）、下一跳（PE_1 的 GE1/0/0 接口的 IP 地址）和出标签。

```
[P_1] static-lsp transit LSP2 incoming-interface gigabitethernet 2/0/0 in-label 70 nexthop 10.1.1.1 out-label 80
```

#---Egress PE_1 上的配置，具体如下。

配置入接口（PE_1 的 GE1/0/0）和入标签（值为 80，要与 P_1 的出标签值一致）。

```
[PE_1] static-lsp egress LSP2 incoming-interface gigabitethernet 1/0/0 in-label 80
```

配置备份静态 LSP3，PE_1 作为 Ingress，P_2 作为 Transit，PE_2 作为 Egress。

#---Ingress PE_1 上的配置，具体如下。配置目的 IP 地址（PE_2 的 Loopback1 接口的 IP 地址）、下一跳（P_2 的 GE1/0/0 接口的 IP 地址）和出标签。

[PE_1] **static-lsp ingress** LSP3 destination 10.10.1.4 32 **nexthop** 10.3.1.2 **out-label** 30

#---Transit P_2 上的配置，具体如下。配置入接口（P_2 的 GE1/0/0 接口）、入标签（值为 30，要与 PE_1 的出标签值一致）、下一跳（PE_2 的 GE2/0/0 接口的 IP 地址）和出标签。

[P_2] **static-lsp transit** LSP3 incoming-interface gigabitethernet 1/0/0 **in-label** 30 nexthop 10.4.1.2 out-label 60

#---Egress PE_2 上的配置，具体如下。配置入接口（PE_2 的 GE2/0/0）和入标签（值为 60，要与 P_2 的出标签值一致）。

[PE_2] **static-lsp egress** LSP3 incoming-interface gigabitethernet 2/0/0 **in-label** 60

配置备份静态 LSP4，PE_2 作为 Ingress，P_2 作为 Transit，PE_1 作为 Egress。

#---Ingress PE_2 上的配置，具体如下。配置目的 IP 地址（PE_1 的 Loopback1 接口的 IP 地址）、下一跳（P_2 的 GE2/0/0 接口的 IP 地址）和出标签（假设值为 90）。

[PE_2] **static-lsp ingress** LSP4 destination 10.10.1.1 32 **nexthop** 10.4.1.1 **out-label** 90

#---Transit P_2 上的配置，具体如下。配置入接口（P_2 的 GE2/0/0 接口）、入标签（值为 90，要与 PE_2 的出标签值一致）、下一跳（PE_1 的 GE2/0/0 接口的 IP 地址）和出标签。

[P_2] **static-lsp transit** LSP4 **incoming-interface** gigabitethernet 2/0/0 in-label 90 nexthop 10.3.1.1 out-label 100

#---Egress PE_1 上的配置，具体如下。配置入接口（PE_1 的 GE2/0/0）和入标签（值为 100，要与 P_2 的出标签值一致）。

[PE_1] **static-lsp egress** LSP4 **incoming-interface** gigabitethernet 2/0/0 **in-label** 100

⑤ 配置静态 LSP BFD 会话。

在此仅以主静态 LSP1 的静态 BFD 为例介绍，其他 LSP 的 BFD 会话配置方法类似。

#---在 Ingress PE_1 上配置 BFD 会话，具体如下，绑定静态 LSP1，假设其中的本地标识符为 1，远端标识符为 2，发送报文的最小时间间隔为 100 毫秒，接收报文的最小时间间隔为 100 毫秒，并且指定反向通道也采用 LSP，能够修改端口状态表。

```
[PE_1] bfd    #---使能 BFD 会话功能
[PE_1-bfd] quit
[PE_1] bfd pe1tope2 bind static-lsp LSP1    #---创建 BFD 会话，并指定绑定静态 LSP1
[PE_1-bfd-lsp-session-pe1tope2] discriminator local 1    #---配置本地标识符为 1
[PE_1-bfd-lsp-session-pe1tope2] discriminator remote 2  #---配置远程标识符为 1
[PE_1-bfd-lsp-session-pe1tope2] min-tx-interval 100    #---配置发送 BFD 会话报文的最小时间间隔为 100 毫秒
[PE_1-bfd-lsp-session-pe1tope2] min-rx-interval 100    #---配置接收 BFD 会话报文的最小时间间隔为 100 毫秒
[PE_1-bfd-lsp-session-pe1tope2] process-pst    #---使反向 LSP 通道在当前 BFD 会话状态为 Down 时也进行主备切换
[PE_1-bfd-lsp-session-pe1tope2] commit    #---提交以上配置，使配置生交效
[PE_1-bfd-lsp-session-pe1tope2] quit
```

#---在 Egress PE_2 上配置 BFD 会话，具体如下，通过 IP 链路向 Ingress PE_1 通告静态 LSP1 故障。本示例中 PE_1 和 PE_2 不是直接连接，不需要配置 **process-pst** 命令。

```
[PE_2] bfd
[PE_2-bfd] quit
```

```
    [PE_2] bfd pe2tope1 bind peer-ip 10.10.1.1   #---指定反向通道采用 IP 链路，BFD 会话绑定的对端 IP 地址为 PE_1 的
Loopback1 接口 IP 地址
    [PE_2-bfd-session-pe2tope1] discriminator local 2
    [PE_2-bfd-session-pe2tope1] discriminator remote 1
    [PE_2-bfd-session-pe2tope1] min-tx-interval 100
    [PE_2-bfd-session-pe2tope1] min-rx-interval 100
    [PE_2-bfd-session-pe2tope1] commit
    [PE_2-bfd-session-pe2tope1] quit
```

（3）配置结果验证

完成以上配置后，我们验证以下配置结果。

① 验证静态 LSP 配置。在 PE_1 和 PE_2 上执行 **display mpls static-lsp** 命令可查看本地设备上配置的静态 LSP 的详细信息，输出分别如图 2-13 和图 2-14 所示。从图中我们可以看到它们均创建了 4 条静态 LSP，在 LSP1、LSP2 中以 PE_1 作为 Ingress，PE_2 作为 Egress；在 LSP3、LSP4 中以 PE_2 作为 Ingress，PE_1 作为 Egress。

```
PE_1                                                              _ □ X
<PE_1>display mpls static-lsp
TOTAL         : 4       STATIC LSP(S)
UP            : 3       STATIC LSP(S)
DOWN          : 1       STATIC LSP(S)
Name                   FEC            I/O Label    I/O If         Status
LSP1                   10.10.1.4/32   NULL/20      -/GE1/0/0      Up
LSP2                   -/-            80/NULL      GE1/0/0/-      Up
LSP3                   10.10.1.4/32   NULL/30      -/GE2/0/0      Down
LSP4                   -/-            100/NULL     GE2/0/0/-      Up
<PE_1>
```

图 2-13　在 PE_1 上执行 **display mpls static-lsp** 命令的输出

```
PE_2                                                              _ □ X
<PE_2>display mpls static-lsp
TOTAL         : 4       STATIC LSP(S)
UP            : 3       STATIC LSP(S)
DOWN          : 1       STATIC LSP(S)
Name                   FEC            I/O Label    I/O If         Status
LSP1                   -/-            40/NULL      GE1/0/0/-      Up
LSP2                   10.10.1.1/32   NULL/70      -/GE1/0/0      Up
LSP3                   -/-            60/NULL      GE2/0/0/-      Up
LSP4                   10.10.1.1/32   NULL/90      -/GE2/0/0      Down
<PE_2>
```

图 2-14　在 PE_2 上执行 **display mpls static-lsp** 命令的输出

另外，从图 2-13 和图 2-14 可以看出，只有 PE_1 的 LSP3 和 PE_2 的 LSP4 的状态为 Down，没有出现预期的 PE_1 的 LSP4、PE_2 的 LSP3 的状态为 Down，这与不同节点的静态 LSP 所需配置的参数有关。

在静态 LSP 配置中，只有 Ingress 上才需要配置目的 IP 地址（与 FEC 相关），其他设备均不需要。这样是为了在 Ingress 上查找对应 FEC 的 IP 路由表项，以验证所配置的下一跳是否可达。在本示例中，因为已把备份链路上 PE_1 和 PE_2 的 GE2/0/0 接口的 OSPF 路由开销调高，这使在 PE_1 的 IP 路由表中没有经过 P_2 到达 PE_2 的路由表项，在 PE_2 的路由表中没有经过 P_2 到达 PE_1 的路由表项，所以在 PE_1 上的 LSP3 和 PE_2 上的 LSP4 配置的下一跳变成不可达，最终这两条静态 LSP 建立不成功。

在 Transit 和 Egress 上，不需要配置目的 IP 地址，不会通过查看与 FEC 相关的路由

表项来验证下一跳是否可达，只会验证本地链路上的 MPLS 接口状态，因此当它们的直连链路上的接口为 Up 状态时，它们所建立的静态 LSP 就一定是 Up 状态的。

图 2-15 和图 2-16 分别是在 P_1、P_2 上执行 **display mpls static-lsp** 命令的输出，它们都是作为 Transit 设备，不会通过路由表检查下一跳是否可达，并且本地链路上的 MPLS 接口的状态为 Up，因此它们各自的两条静态 LSP 都是 Up 状态。

```
P_1
<P_1>display mpls static-lsp
TOTAL          :  2       STATIC LSP(S)
UP             :  2       STATIC LSP(S)
DOWN           :  0       STATIC LSP(S)
Name                FEC                I/O Label     I/O If                    Status
LSP1                -/-                20/40         GE1/0/0/GE2/0/0           Up
LSP2                -/-                70/80         GE2/0/0/GE1/0/0           Up
<P_1>
```

图 2-15　在 P_1 上执行 **display mpls static-lsp** 命令的输出

```
P_2
<P_2>display mpls static-lsp
TOTAL          :  2       STATIC LSP(S)
UP             :  2       STATIC LSP(S)
DOWN           :  0       STATIC LSP(S)
Name                FEC                I/O Label     I/O If                    Status
LSP3                -/-                30/60         GE1/0/0/GE2/0/0           Up
LSP4                -/-                90/100        GE2/0/0/GE1/0/0           Up
<P_2>
```

图 2-16　在 P_2 上执行 **display mpls static-lsp** 命令的输出

② 验证 LSP 的连通性及数据转发路径。在 PE_1 上执行 **ping lsp ip** 10.10.1.4 32 命令，可以 Ping 通；反过来在 PE_2 上执行 **ping lsp ip** 10.10.1.1 32 命令，也可以 Ping 通。在 PE_1 上执行 **tracert lsp ip** 10.10.1.4 32 命令或在 PE_2 上执行 **tracert lsp ip** 10.10.1.1 32 命令，可以看到 PE_1 与 PE_2 通信的路径采用的是主链路。

图 2-17 是在 PE_1 上执行 **ping lsp ip** 10.10.1.4 32 命令和 **tracert lsp ip** 10.10.1.4 32 命令的输出。

```
PE_1
<PE_1>ping lsp ip 10.10.1.4 32
  LSP PING FEC: IPV4 PREFIX 10.10.1.4/32/ : 100  data bytes, press CTRL_C to b:
ak
    Reply from 10.10.1.4: bytes=100 Sequence=1 time=20 ms
    Reply from 10.10.1.4: bytes=100 Sequence=2 time=30 ms
    Reply from 10.10.1.4: bytes=100 Sequence=3 time=30 ms
    Reply from 10.10.1.4: bytes=100 Sequence=4 time=20 ms
    Reply from 10.10.1.4: bytes=100 Sequence=5 time=30 ms

  --- FEC: IPV4 PREFIX 10.10.1.4/32 ping statistics ---
    5 packet(s) transmitted
    5 packet(s) received
    0.00% packet loss
    round-trip min/avg/max = 20/26/30 ms

<PE_1>tracert lsp ip 10.10.1.4 32
  LSP Trace Route FEC: IPV4 PREFIX 10.10.1.4/32 , press CTRL_C to break.
  TTL   Replier             Time     Type         Downstream
  0                                  Ingress      10.1.1.2/[20 ]
  1      10.1.1.2           10 ms    Transit      10.2.1.2/[40 ]
  2      10.10.1.4          30 ms    Egress
<PE_1>
```

图 2-17　在 PE_1 上执行 **ping lsp ip** 10.10.1.4 32 命令和 **tracert lsp ip** 10.10.1.4 32 命令的输出

③ 验证 BFD 会话状态。在 PE_1、PE_2 上分别执行 **display bfd session all** 命令，我们可查看前面创建的针对 LSP1 的 BFD 会话状态，可以看到在 PE_1、PE_2 上的 BFD 会话状态已经为 Up。图 2-18 是在 PE_1 上执行该命令的输出。

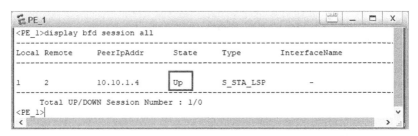

图 2-18　在 PE_1 上执行 **display bfd session all** 命令的输出

首先对 P_1 的 GE2/0/0 接口进行 shutdown 操作，模拟静态 LSP 故障，具体如下。

[P_1] **interface** gigabitethernet 2/0/0
[P_1-GigabitEthernet2/0/0] **shutdown**

然后再在 PE_1 和 PE_2 上分别执行 **display bfd session all** 命令，查看 BFD 的会话状态，发现前面创建的针对 LSP1 的 BFD 会话先是进入初始化（Init）状态，然后进入 Down 状态，这是因为 P_1 的接口关闭，链路不通。图 2-19 是在 PE_1 上先后两次执行 **display bfd session all** 命令的输出。

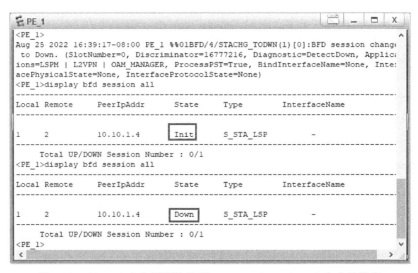

图 2-19　在 PE_1 上先后两次执行 **display bfd session all** 命令的输出

最后在 PE_1 或 PE_2 上分别执行 **display mpls static-lsp** 命令，会发现在 PE1 上原来呈 Up 状态的主静态 LSP1 的状态变为 Down，主静态 LSP2 的状态仍为 Up，因为 PE_1 与 P_1 的直连链路仍为 Up 状态；原来呈 Down 状态的备份静态 LSP3 的状态又变为 Up 状态，如图 2-20 所示。在 PE_2 上经过 P_1 的主静态 LSP1 和主静态 LSP2 的状态都变为了 Down，因为 PE_2 与 P_1 的直连链路 Down 掉了，而原来呈 Down 状态的备份静态 LSP4 又变为 Up，如图 2-21 所示。

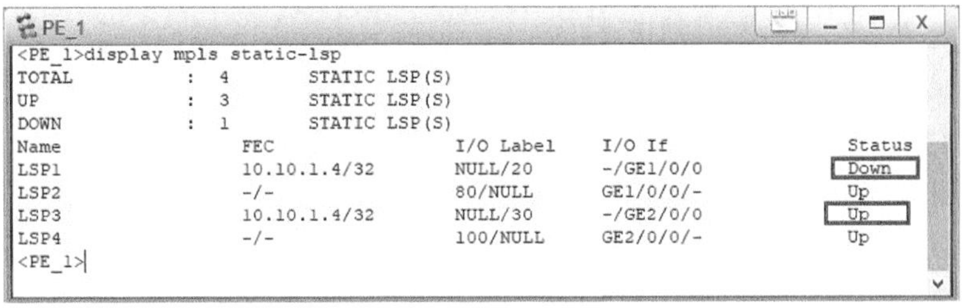

图 2-20　关闭 P_1 的 GE2/0/0 接口后在 PE_1 上执行 **display mpls static-lsp** 命令的输出

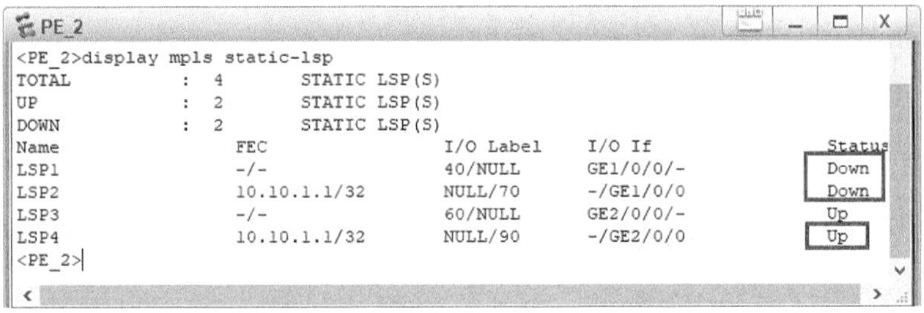

图 2-21　关闭 P_1 的 GE2/0/0 接口后在 PE_2 上执行 **display mpls static-lsp** 命令的输出

在 P_1 上执行 **display mpls static-lsp** 命令会发现两条 LSP 均为 Down 状态，因为它的 GE2/0/0 接口被关闭，呈 Down 状态，在 P_2 上执行 **display mpls static-lsp** 命令会发现两条静态 LSP 均为 Up 状态。

此时在 PE_1 上执行 **display ospf routing** 命令查看从 PE_1 到达 PE_2 的 Loobpack1 接口的 OSPF 路由，会发现下一跳已变为 P_2 的 GE1/0/0 接口，如图 2-22 所示。在 PE_2 上执行 **display ospf routing** 命令查看从 PE_2 到达 PE_1 的 Loobpack1 接口的 OSPF 路由，会发现下一跳也变为 P_2 的 GE2/0/0 接口，如图 2-23 所示。由此可证明，PE_1 与 PE_2 之间的通信路径已成功切换到备份链路上。

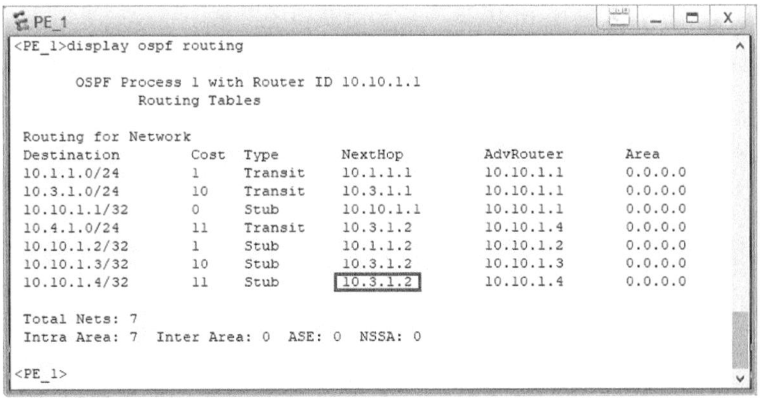

图 2-22　关闭 P_1 的 GE2/0/0 接口后在 PE_1 上执行 **display ospf routing** 命令的输出

此时再在 PE_1 上执行 **ping lsp ip** 10.10.1.4 32 命令，可以 Ping 通，在 PE_2 上执行 **ping lsp ip** 10.10.1.1 32 命令，可以 Ping 通。再在 PE_1 上执行 **tracert lsp ip** 10.10.1.4 32 命令，或在 PE_2 上执行 **tracert lsp ip** 10.10.1.1 32 命令，可以看到 PE_1 与 PE_2 通信的

路径采用的是备份链路。图 2-24 是在 PE_1 上执行 **ping lsp ip** 10.10.1.4 32 命令和 **tracert lsp ip** 10.10.1.4 32 命令的输出，从图中我们可以看出通信路径已切换到备份链路。

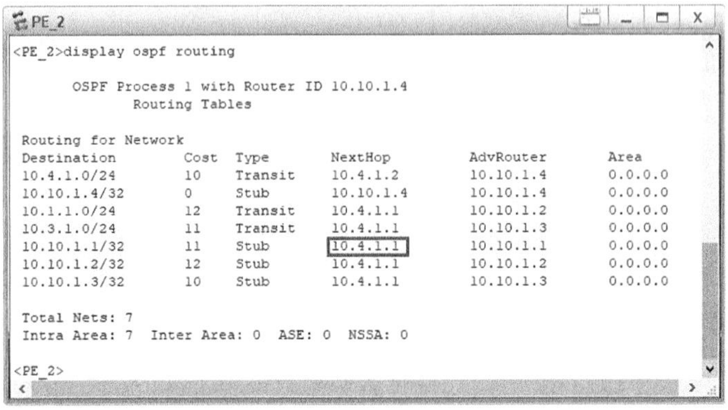

```
PE_2                                                    _  □  X

<PE_2>display ospf routing

         OSPF Process 1 with Router ID 10.10.1.4
                 Routing Tables

 Routing for Network
 Destination     Cost   Type     NextHop      AdvRouter     Area
 10.4.1.0/24     10     Transit  10.4.1.2     10.10.1.4     0.0.0.0
 10.10.1.4/32    0      Stub     10.10.1.4    10.10.1.4     0.0.0.0
 10.1.1.0/24     12     Transit  10.4.1.1     10.10.1.2     0.0.0.0
 10.3.1.0/24     11     Transit  10.4.1.1     10.10.1.3     0.0.0.0
 10.10.1.1/32    11     Stub     10.4.1.1     10.10.1.1     0.0.0.0
 10.10.1.2/32    12     Stub     10.4.1.1     10.10.1.2     0.0.0.0
 10.10.1.3/32    10     Stub     10.4.1.1     10.10.1.3     0.0.0.0

 Total Nets: 7
 Intra Area: 7  Inter Area: 0  ASE: 0  NSSA: 0

<PE_2>
```

图 2-23　关闭 P_1 的 GE2/0/0 接口后在 PE_2 上执行 **display ospf routing** 命令的输出

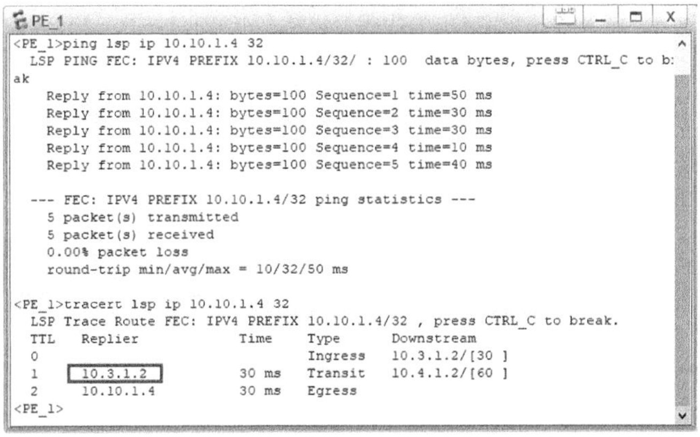

```
PE_1                                                    _  □  X

<PE_1>ping lsp ip 10.10.1.4 32
  LSP PING FEC: IPV4 PREFIX 10.10.1.4/32/ : 100  data bytes, press CTRL_C to b:
ak
    Reply from 10.10.1.4: bytes=100 Sequence=1 time=50 ms
    Reply from 10.10.1.4: bytes=100 Sequence=2 time=30 ms
    Reply from 10.10.1.4: bytes=100 Sequence=3 time=30 ms
    Reply from 10.10.1.4: bytes=100 Sequence=4 time=10 ms
    Reply from 10.10.1.4: bytes=100 Sequence=5 time=40 ms

  --- FEC: IPV4 PREFIX 10.10.1.4/32 ping statistics ---
    5 packet(s) transmitted
    5 packet(s) received
    0.00% packet loss
    round-trip min/avg/max = 10/32/50 ms

<PE_1>tracert lsp ip 10.10.1.4 32
  LSP Trace Route FEC: IPV4 PREFIX 10.10.1.4/32 , press CTRL_C to break.
  TTL   Replier       Time    Type     Downstream
  0                           Ingress  10.3.1.2/[30 ]
  1     10.3.1.2      30 ms   Transit  10.4.1.2/[60 ]
  2     10.10.1.4     30 ms   Egress
<PE_1>
```

图 2-24　关闭 P_1 的 GE2/0/0 接口后在 PE_1 上执行 **ping lsp ip** 命令和 **tracert lsp ip** 命令的输出

　　通过以上配置验证，已证明通过 BFD 对静态 LSP 的检测，当主链路出现故障时，Ingress 与 Egress 之间的通信能快速切换到备份链路建立的静态 LSP。如果主链路故障已恢复，它们之间的通信又将恢复使用主链路建立的静态 LSP。

2.2　静态 LSP 建立不成功的故障排除

　　下面我们介绍 LSP 建立不成功的故障排除方法。
　　① 利用 **display mpls static-lsp** 命令查看静态 LSP 的状态，具体如下。

`<PE_1>display mpls static-lsp`				
TOTAL : 4 STATIC LSP(S)				
UP : 2 STATIC LSP(S)				
DOWN : 2 STATIC LSP(S)				
Name	FEC	I/O Label	I/O If	Status
LSP1	10.10.1.4/32	NULL/20	-/GE0/0/0	Down

LSP2	10.10.1.4/32	NULL/30	-/GE0/0/1	Up
LSP3	-/-	80/NULL	GE0/0/0/-	Down
LSP4	-/-	100/NULL	GE0/0/1/-	Up

如果发现某条 LSP 的状态（Status）为 Down（如以上的 LSP1 和 LSP3），证明它最终没有建立成功。

② 因为静态 LSP 的状态只与本地配置有关，所以要先检查这些呈 Down 状态的 LSP 在本地的配置，包括用于标识 LSR ID 的 Loopback 接口的 IP 地址的配置。还要看 MPLS 设备间相连的接口上是否启用了 MPLS 功能，当然首先要在全局使能 MPLS 功能。

③ 还可在对应的 LSP 路径各设备上分别执行 **display mpls static-lsp** *lsp-name* **verbose** 命令，查看对应静态 LSP 的详细配置。如果在上一步我们发现 PE_1 的 LSP1 为 Down 状态，这时要在 PE_1 上执行 **display mpls static-lsp** LSP1 **verbose**（注意，LSP 名称区分大小写），显示这条 LSP 在本地设备上的详细配置，具体如下。

```
<PE_1>display mpls static-lsp LSP1 verbose
No                :1
LSP-Name          :LSP1
LSR-Type          :Ingress
FEC               :10.10.1.4/32
In-Label          :NULL
Out-Label         :20
In-Interface      :-
Out-Interface     :GigabitEthernet0/0/0
NextHop           :10.1.1.2
Static-Lsp Type   :Normal
Lsp Status        :Down
```

我们从输出的信息中可以看出，本条 LSP 在本地设备的详细配置（不同节点类型所需配置的参数不完全一样）。要验证 LSP 的配置是否正确，必须在路径的所有设备上执行以上命令查看配置。

在这里要特别注意，**一定要确保 LSP 路径上的上游节点的出标签要与下游节点的入标签保持一致**。

在一般情况下，Ingress 上只需配置出标签，Egress 上只需配置入标签，而 Transit 上必须同时配置入标签和出标签。当然，在 Ingress 和 Transit 上配置的下一跳也必须正确，否则路径不通。

④ 如果各设备上的静态 LSP 标签的配置都没问题，但 LSP 仍为 Down 状态。这时就要考虑路径中的某个出接口是否被路由协议管理 Down 掉了（成了备份出接口）。或者是入接口或出接口被关闭了，这样即使你的静态 LSP 配置完全正确，也会显示 Down 状态。

另外，如果采用静态路由在 Ingress 生成转发表项，则只需在 Ingress 配置到达 Egress 目的 FEC 的静态路由，其他节点均不需要配置静态路由。但如果采用动态路由协议在 Ingress 生成转发表项，则需要在 LSP 路径上的各节点配置对应的动态路由，否则在 Ingress 就不能生成到达 Egress 目的 FEC 的动态路由，也就不会生成对应的转发表项。

第 3 章
MPLS LDP 基本功能的配置与故障排除

本章主要内容

　　本章主要介绍 LDP 的动态 LSP 在建立的过程中涉及的一些基本功能配置与管理方法，以及 LDP LSP 出现故障的排除方法。

3.1　LDP 基础及工作原理

LDP 是 MPLS 体系中非常重要的标签发布协议。如果把静态 LSP 比作静态路由，LDP 就相当于一种动态路由协议，它无须网络维护人员手动在各节点上一条条去配置 LSP，通过 LDP 就可以在各节点上动态地建立 LSP，极大地减轻了维护人员的工作量，同时也减少了配置错误的发生。

LDP 规定了标签分发过程中的各种消息以及相关处理过程，负责 FEC 的分类、MPLS 标签的分配以及 LSP 的动态建立和维护等操作。通过 LDP，LSR 可以把网络层的路由信息直接映射到数据链路层的 LSP 交换路径上，实现在网络层动态建立 LSP。目前，LDP 广泛地应用在 VPN 服务上，具有组网简单、配置简单、支持基于路由动态建立 LSP、支持大容量 LSP 等优点。

3.1.1　LDP 的基本概念

在利用 LDP 动态建立 LSP 的过程中，主要涉及以下基本概念。

（1）LDP 对等体

LDP 对等体是指相互之间存在直接的 LDP 会话、可直接使用 LDP 来交换标签消息（包括标签请求消息和标签映射消息）的两个 LSR。在 LDP 对等体中，通过它们之间的 LDP 会话可获得下游对等体为某 FEC 分配的 MPLS 入标签，然后作为本端对应 FEC 的出标签。LDP 对等体之间可以是直连的，也可以是非直连的。

如图 3-1 所示，LSR_1 下面连接了一台二层交换机 SW，然后在这台二层交换机下又连接了多个 LSR，则 LSR_1 与 LSR_2、LSR_3 和 LSR_4 之间可以看成是直连的对等体关系，同理，LSR_5 与 LSR_2、LSR_3 和 LSR_4 之间也是直连对等体关系，LSR_1 与 LSR_5 之间也可以建立对等体关系（此时它们之间是非直连对等体关系）。

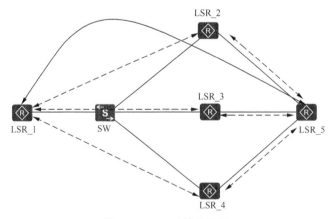

图 3-1　LSR 对等体示例

（2）LDP 邻接体

当一台 LSR 接收到对端发送的 Hello 消息后，就会在两端之间建立 LDP 邻接体关系

（也就是邻居关系）。这种 LDP 邻接体分为以下两种类型。

① 本地邻接体：通过**以组播形式**（目的 IP 地址为 224.0.0.2，代表本地子网中的所有路由器）发送 Hello 消息（称为"链路 Hello 消息"）发现的邻接体叫作本地邻接体。

当一个源路由器通过接口以组播方式发送一条 Hello 消息后，这条链路下的所有直连路由器都会收到该消息，则这些路由器就是这个源路由器的本地邻接体。如图 3-1 中的 LSR_1 以组播方式发送一条 Hello 消息，则 LSR_2、LSR_3 和 LSR_4 都可以收到，它们都是 LSR_1 的本地邻接体。

② 远端邻接体：通过**以单播形式**发送 Hello 消息（称为"目标 Hello 消息"）发现的邻接体叫作远端邻接体。

远端邻接体通常认为是非直连的，但也可以是直连的。图 3-1 中的 LSR_1 向 LSR_5 以单播形式发送一条 Hello 消息，则 LSR_5 就是 LSR_1 的远端邻接体。

LDP 通过邻接体来维护对等体的存在，对等体的类型取决于维护它的邻接体的类型。一个对等体可以由多个邻接体来维护，如果同时包括本地邻接体和远端邻接体，则该对等体类型为本远共存对等体。

（3）LDP 会话

LDP 会话用于在 LSR 之间交换标签映射、释放会话等消息。只有存在邻接体的两端对等体之间才能建立 LDP 会话。在这两类邻接体之间建立的 LDP 会话分为以下两种类型。

① 本地 LDP 会话：直连的本地 LDP 邻接体之间建立的 LDP 会话。

② 远端 LDP 会话：远端 LDP 邻接体之间建立的 LDP 会话，邻接体之间可以是直连的，也可以是非直连的。

本地 LDP 会话和远端 LDP 会话可以共存，即一个对等体上可以同时创建与直连对等体的会话，以及与非直连对等体的会话。

3.1.2　LDP 会话消息和两个阶段

LDP 规定了标签分发过程中的各种消息以及相关的处理过程。通过 LDP，LSR 可以把网络层的路由信息映射到数据链路层的交换路径上，从而建立 LSP。

1）LDP 会话消息

在 LDP 会话过程中，主要使用以下消息。

① 发现消息：用于通告和维护网络中本地 LSR 的存在，如 Hello 消息。

② 会话消息：用于与 LDP 对等体之间 LDP 会话的建立、维护和终止，如 Initialization（初始化）消息、Keepalive（保持活跃）消息。

③ 通告消息：用于创建、改变和删除 FEC 的标签映射，如标签映射消息。

④ 通知消息：用于提供建议性的消息和差错通知。

为保证 LDP 消息的可靠发送，除了发现消息使用 UDP 传输，其他 3 种 LDP 消息都使用传输控制协议（Transmission Control Protocol，TCP）传输。在使用的传输层端口上，要区分以下几种情况。

① Hello 消息都使用 UDP 传输，**源端口和目的端口均为 UDP 646（LDP 端口号）**。

② LDP 会话、通告和通知消息中，主动方（**对等体间 IP 地址大的一方**）发送的消

息中的源端口为任意 TCP 端口，目的端口为 TCP 646（LDP 端口号）。被动方发送的消息中的源端口为 TCP 646 端口，目的端口为任意 TCP 端口。

2）LDP 的两个工作阶段

LDP 的工作过程主要分为两个阶段：先在对等体间建立 LDP 会话，然后才能在对等体间建立 LSP。

（1）LDP 会话的建立

在这个过程中，LSR 设备先通过发送 Hello 消息来发现对等体，然后在 LSR 之间建立 LDP 会话。会话建立后，LDP 对等体之间通过周期性地发送 Hello 消息和 Keepalive 消息来保持这个会话。

① LDP 对等体之间，通过周期性发送 Hello 消息表明自己希望继续**维持邻接关系**。如果会话保持定时器（Hello 保持定时器）超时后仍没有收到对端发来的新的 Hello 消息，则会删除它们之间的邻接关系。邻接关系被删除后，本端 LSR 将向对端发送 Notification 消息，结束它们之间的 LDP 会话。

② LDP 对等体之间，通过发送 Keepalive 消息来**维持 LDP 会话**。如果会话保持定时器（Keepalive 保持定时器）超时后仍没有收到对端发来的新的 Keepalive 消息，则本端 LSR 将向对端发送 Notification 消息，关闭它们之间的 TCP 连接，结束 LDP 会话。

（2）LDP LSP 的建立

LDP 会话建立成功后，LDP 通过发送标签请求和标签映射消息，在 LDP 对等体之间通告 FEC 和标签的绑定关系，从而建立 LSP。

3.1.3　LDP 会话的建立流程

通过 LDP 发现机制发现 LDP 对等体后，就可在对等体之间建立 LDP 会话。只有建立了 LDP 会话，才能进行后续的 LDP LSP 建立。

（1）LDP 发现机制

LDP 有以下两种用于 LSR 发现潜在的 LDP 对等体的机制。

① 基本发现机制：用于发现直连链路上的 LSR。

LDP 基本发现机制是 LSR 通过周期性地**以组播形式**发送 LDP 链路 Hello 消息（LDP Link Hello），发现直连链路上的 LDP 对等体，并与之建立本地 LDP 会话。

LDP 链路 Hello 消息使用 UDP 传输，目的 IP 地址是组播地址 **224.0.0.2**，源/目的端口均为 **UDP 646**。如果 LSR 在特定接口接收到邻居 LSR 发来的 LDP 链路 Hello 消息，则表明该接口存在 LDP 对等体。

② 扩展发现机制：用于发现非直连链路上的 LSR。

扩展发现机制是 LSR 周期性地**以单播形式**发送 LDP 目标 Hello 消息（LDP Targeted Hello）到指定 IP 地址，发现非直连链路上的 LDP 对等体，并与之建立远端 LDP 会话。

LDP 目标 Hello 消息也使用 UDP 传输，目的 IP 地址是指定的对端单播 IP 地址，**源/目的端口均为 UDP 646**。如果 LSR 接收到 LDP 目标 Hello 消息，则表明该 LSR 存在 LDP 对等体。

（2）LDP 会话的建立过程

两台 LSR 之间交换 Hello 消息会触发 LDP 会话的建立。在 LSR 之间建立 LDP 会话的过程总体可以分为 3 个阶段：一是通过交互 Hello 消息，相互建立 LDP 的 TCP 连接；二是通过交互 LDP 会话初始化消息（Initiazation Message），协商会话参数；三是相互交互 Keepalive 消息，建立 LDP 会话。

下面以图 3-2 为例介绍 LDP 会话建立的基本流程，LSRA 和 LSRB 的 LSR ID 分别为 10.10.1.1 和 10.10.1.2，具体步骤如下。

① 首先 LSRA 与 LSRB 之间互相发送 Hello 消息，基于不同发现机制采用不同的发送方式。双方使用 Hello 消息 IP 报文中"源 IP 地址"字段填充的 IP 地址（称为"传输地址"）进行 LDP 会话建立。**传输地址是本端的 LSR-ID 对应的接口的 IP 地址。**

② 然后传输地址较大的一方作为主动方，发起建立 LDP 的 TCP 连接。

图 3-2　LDP 会话的建立流程

如图 3-2 所示，LSRB 的传输地址（10.10.1.2）大于 LSRA 的传输地址（10.10.1.1），故 LSRB 作为主动方发起建立 TCP 连接，LSRA 作为被动方等待对方发起连接。

图 3-3 上框中显示了 LDP 对等体间交互 Hello 消息（包括图中第 37 号、38 号报文）、建立 TCP 连接（包括图中第 40～42 号报文）的报文交互流程，下面框中显示的是 LSRA 发送的一个 Hello 消息（对应图中的第 37 号报文）格式，传输地址是它的 LSR ID 10.10.1.1，也是 Hello 消息 IP 报文的源 IP 地址。

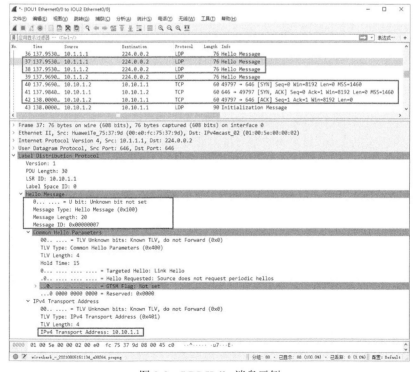

图 3-3　LDP Hello 消息示例

③ LDP 的 TCP 连接建立成功后，首先由主动方 LSRB 向被动方 LSRA 发送初始化消息，协商建立 LDP 会话的相关参数。源端口任意，目的端口为 TCP 646，如图 3-4 所示。

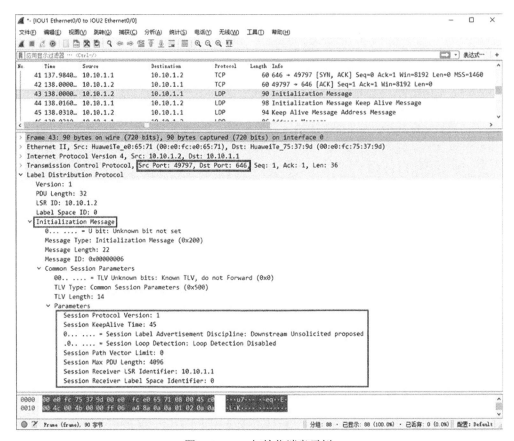

图 3-4　LDP 初始化消息示例

初始化消息中包括 LDP 会话的相关参数，如 LDP 版本、会话标签分发方式、会话 Keepalive 保持定时器、会话环路检测功能是否启用（缺省不启用）、最大 PDU、会话接收方 LSR ID 和会话接收方标签空间（缺省为 0）等。

④ 被动方 LSRA 收到来自 LSRB 的初始化消息后，如果接受消息中的这些参数，则 LSRA 向主动方 LSRB 发送初始化消息和 Keepalive 消息，如图 3-5 所示。发送的会话初始化消息中所包括的参数与图 3-4 一样。在 Keepalive 消息中主要包括消息类型（此处为 Keep Alive Message，十六进制值为 201）、消息长度（为 4 字节）和消息 ID。

如果被动方 LSRA 不能接受主动方发来的初始化消息中的相关参数，则发送 Notification 消息终止 LDP 会话的建立。

⑤ 主动方 LSRB 收到被动方 LSRA 发来的初始化和 Keepalive 消息后，如果接受 LSRA 发来的相关初始化参数值，则向被动方 LSRA 发送 Keepalive 消息和地址消息，如图 3-6 所示。Keepalive 消息中所包括的内容与图 3-5 中的一样，地址消息中包括本端各个接口的 IP 地址，如图中的 10.1.1.2 和 10.10.1.2。

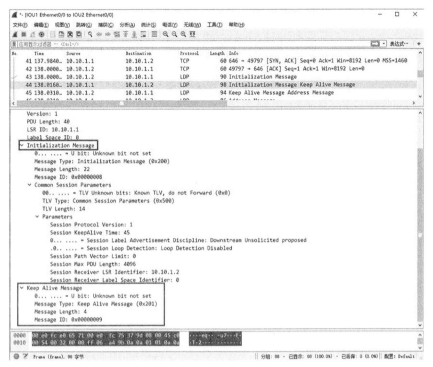

图 3-5　被动方发送的初始化消息和 Keepalive 消息示例

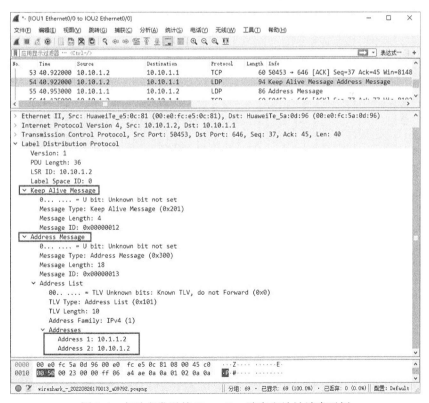

图 3-6　主动方发送的 Keepalive 消息和地址消息示例

如果主动方 LSRB 不能接受相关参数，则发送 Notification 消息给被动方 LSRA 终止 LDP 会话的建立。

⑥ 被动方 LSRA 收到主动方 LSRB 发来的 Keepalive 消息和地址消息后，会单独发送地址消息给主动方，如图 3-7 所示。地址消息中包括被动方各接口 IP 地址，如图中的 10.1.1.1 和 10.10.1.1。

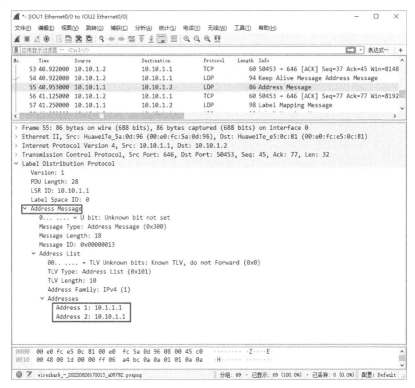

图 3-7　被动方发送的地址消息示例

当双方都收到对端的 Keepalive 消息和地址消息后，两对等体间的 LDP 会话就建立成功，然后进入下一步的 LSP 建立阶段。

3.1.4　LDP 的标签发布和管理

LDP 通过发送标签请求和标签映射消息，在 LDP 对等体间通告 FEC 和标签的绑定关系从而建立 LSP，而标签的发布和管理由标签发布方式、标签分配控制方式和标签保持方式来决定。

（1）标签发布方式

在 MPLS LSP 路径上的每个设备都会针对每个 FEC 从当前设备上**按从小到大的顺序**（最小标签为 1024）分配一个当前没有使用的入标签（可确保为每个 FEC 分配的标签都是唯一的）。标签总体是自下游向上游进行分配的，具体过程如下。

① 先由下游（LSP 方向）设备（最初是 Egress 设备）分别为某 FEC 分配入标签，然后向本端设备发送标签映射消息（类型值为 0x400）。图 3-8 中分配的入标签为 3，图 3-9 中分配的入标签为 1024（十六进制值为 0x400）。

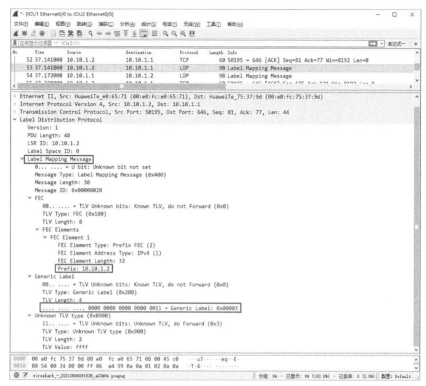

图 3-8　入标签为 3 的标签映射消息示例

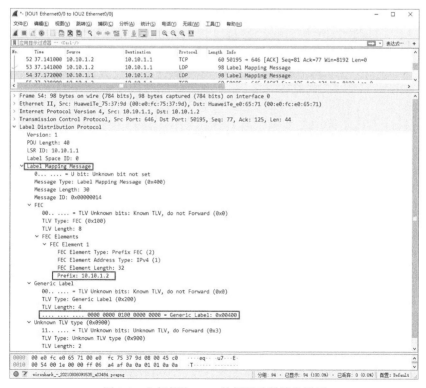

图 3-9　入标签为 1024 的标签映射消息示例

② 本端设备收到后把收到的标签映射消息中的标签作为针对该 FEC 的出标签，然后再为该 FEC 分配一个入标签。

③ 本端设备再向其上游设备发送标签映射消息，把本端设备为该 FEC 分配的入标签作为上游设备针对该 FEC 的出标签。

以此类推，直到最终在 Ingress 设备上分配了针对该 FEC 的出标签。

"标签发布方式"是指是否要等到上游向自己发送某 FEC 的标签请求消息才向上游发送该 FEC 的标签映射消息，主要控制的是本地设备向上游设备发布标签映射消息的条件，有以下两种方式。注意，具有邻接关系的上、下游 LSR 必须使用相同的标签发布方式。

① **下游自主**（Downstream Unsolicited，DU）**方式**：对于一个特定的 FEC，LSR 无须从上游 LSR 获得标签请求消息即可自主进行标签分配与分发。即不管是上游设备是否向下游设备发出了标签请求，下游设备在学习新的 FEC 后可立即向上、下游对等体（**注意：会向所有对等体**）发送该 FEC 的标签映射消息。

如图 3-10 所示，如果各 LSR 上配置的标签发布方式为 DU，则对于目的地址为 192.168.1.1/32 的 FEC，下游（Egress）会通过标签映射消息主动向它的上游（Transit）通告自己为主机路由 192.168.1.1/32 分配的入标签（将作为 Transit 的出标签）；然后 Transit 再利用标签映射消息主动向它的上游（Ingress）、下游（Egress）通告自己为主机路由 192.168.1.1/32 分配的入标签。**但向下游通告的标签映射消息最终不会起作用，因为下游已为该 FEC 分配好了入标签，且已建立好该 FEC 的 LSP。**

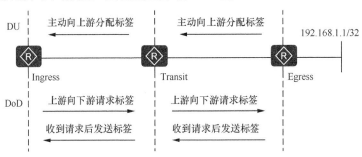

图 3-10　两种标签发布方式示例

【**经验提示**】标签发布方式为 DU 方式时，系统默认支持 LDP 为所有对等体分配标签，即每个节点都可以向所有的对等体发送标签映射消息，不再区分上、下游关系。因为在只给上游对等体分配了标签的情况下，发送标签映射消息时，要根据路由信息对会话的上、下游关系进行确认。如果发生路由变化，上、下游关系倒换，新的下游需要重新给上游节点发送标签映射消息，收敛比较慢。

DU 标签发布方式的最大优势就是简单（这也是华为设备上的缺省标签发布方式），无须上游设备请求，下游设备主动向上游设备分发标签。

② **下游按需**（Downstream on Demand，DoD）**方式**：对于一个特定的 FEC，LSR 只有在获得上游 LSR 发送的标签请求消息后才会向上游发送标签映射消息，进行标签分配。在这种方式中，标签映射消息**不会向下游发送**，因为在这种情形下，标签是严格按照从下游向上游方向分配的，只有上游设备才会向下游设备发送标签请求消息。

在图 3-10 中，如果各 LSR 上配置的标签发布方式为 DoD，对于目的地址为

192.168.1.1/32 的 FEC，上游（Ingress）向它的下游（Transit）发送标签请求消息，此时如果 Transit 还没有获取该 FEC 的出标签，则不会向 Ingress 发送分配标签的标签映射消息。但 Trasnit 可以继续向它的下游（Egress）发送标签请求消息，此时如果 Egress 以标签映射消息向 Trasnit 通告了 FEC 192.168.1.1/32 的入标签（将作为 Transit 的出标签），则 Transit 在为该 FEC 分配了入标签后即可通过标签映射消息向它的上游（Ingress）通告 192.168.1.1/32 的入标签（将作为 Ingress 的出标签）。

【经验提示】DoD 标签发布方式虽然在节点向下游节点请求标签时可能会带来一些时延，但可以真正按需获取每个 FEC 的标签，使各 LSR 上不会出现太多无用的标签映射。因为在 DoD 方式下，上游设备可以只根据需要向特定的下游设备请求标签，这样即使有多个对等体可以到达同一目的主机，其他对等体也不会向本地设备为此 FEC 分配标签。

（2）标签分配控制方式

标签分配控制方式是指是否要等到下游向自己发送了某 FEC 的标签映射消息才为该 FEC 分配入标签，并向上游发送该 FEC 的标签映射消息，**主要控制的是本地设备为 FEC 分配入标签的条件**。它有以下两种方式。

① **独立（Independent）标签分配控制方式**：本地 LSR 可以自主地分配一个入标签绑定到某个 FEC，然后向上游 LSR 进行标签通告，为上游设备分配对应 FEC 的出标签，无须等待下游 LSR 给本地 LSR 分配该 FEC 的出标签。

在这种分配控制方式下，LSR 在路由表中发现一个路由（对应一个 FEC）后，就会马上为该 FEC 分配一个标签，然后向上游 LSR 进行通告，不用考虑其下游 LSR 是否已为该 FEC 分配了入标签。这样可能会因为下游 LSR 还没有为该 FEC 分配入标签、没有成功建立该 FEC 的 LSP，造成上游 LSR 即使已为该 FEC 分配了标签、建立了 LSP 也无法与目的主机通信，最终导致数据丢失。

② **有序标签分配控制方式**：对于 LSR 上某个 FEC 的标签映射，只有当该 LSR 已经从其下一跳收到了基于此 FEC 的标签映射消息，或者该 LSR 就是此 FEC 的出节点时，该 LSR 才可以为此 FEC 分配入标签，然后向上游 LSR 发送此 FEC 的标签映射消息。

在这种分配控制方式下，LSR 必须要等到下游 LSR 已为本地 LSR 分配了某 FEC 的出标签后才能再为该 FEC 分配入标签。显然，在这种分配控制方式中，最初进行入标签分配的是 Egress，Egress 的入标签也是作为倒数第二跳 Transit 的出标签，然后一级一级、有序地向上游进行标签分配。

标签分配控制方式与标签发布方式可以按照表 3-1 进行组合。

表 3-1　标签分配控制方式与标签发布方式的组合

	下游自主方式	下游按需方式
独立标签分配控制方式	下游自主方式+独立标签分配控制方式：两者都是独立方式（LSR 无须等待收到下游发来基于某 FEC 的标签映射消息，也无须上游发来标签映射请求消息），便可直接以自己为该 FEC 分配的入标签通过标签映射消息向上游进行回应	下游按需方式+独立标签分配控制方式：LSR（Transit）仅在收到上游发来的基于某 FEC 的标签请求消息后（无须等待收到下游发来的基于该 FEC 的标签映射消息），便可直接以自己为该 FEC 分配的入标签通过标签映射消息向上游进行回应

	下游自主方式	下游按需方式
有序标签分配控制方式	下游自主方式+有序标签分配控制方式：LSR（Transit）无须等待上游发出标签请求消息，仅当收到下游发来的基于某 FEC 的标签映射消息，并为该 FEC 分配入标签后，便可直接向上游发送标签映射消息	下游按需方式+有序标签分配控制方式：下游（Transit）在收到上游发来的基于某 FEC 的标签请求消息后，仅当收到下游发来的基于该 FEC 的标签映射消息，并为该 FEC 分配入标签后，才向上游发送标签映射消息

（3）标签保持方式

标签保持方式是指 LSR 对收到的标签映射消息的处理方式，其有表 3-2 提出的两种方式。LSR 收到的标签映射可能来自下一跳（本地对等体），也可能来自非下一跳（远端对等体）。

表 3-2　两种标签保持方式

标签保持方式	含义	说明
自由标签保持方式	对于从邻居 LSR 收到的标签映射消息，无论邻居 LSR 是不是自己的下游设备都要保留	当网络拓扑变化引起下一跳邻居改变时： ① 使用自由标签保持方式，LSR 可以直接利用原来非下游邻居发来的标签映射消息，迅速重建 LSP，但需要更多的内存和标签空间。
保守标签保持方式	对于从邻居 LSR 收到的标签映射消息，只有当邻居 LSR 是自己的下游设备时才保留	② 使用保守标签保持方式，LSR 只保留来自下游邻居的标签映射消息，节省了内存和标签空间，但 LSP 的重建会比较慢

目前华为设备支持以下组合方式。

① 下游自主方式+有序标签分配控制方式+自由标签保持方式。该方式为缺省方式。**即 LSR 在收到下游标签映射消息后，可自主向其上游发送标签映射消息，且将收到的标签映射消息全保留。**

② 下游按需方式+有序标签分配控制方式+保守标签保持方式。**即 LSR 在同时收到上游标签映射请求和下游标签映射消息后，才向上游发送标签映射消息，且只保留来自下游设备发来的标签映射消息。**

3.1.5　LDP LSP 的建立过程

LSP 的建立过程实际上是将 FEC 和标签进行绑定，并将这种绑定通告 LSP 上游相邻 LSR 的过程。

（1）LDP LSP 建立的基本规则

LDP LSP 的建立是通过接收下游设备为 FEC 分配的入标签（作为本地设备的出标签），或者同时为该 FEC 分配入标签，建立 FEC 与 MPLS 标签、出接口之间映射关系后而完成的。要建立基于某 FEC 的 LSP，首先要为对应的 FEC 分配标签。标签的分配必须遵循以下原则。

① 入标签的分配是按由小到大（最小值为 1024）的顺序分配的，分配当前未分配的

最小标签。

② 同一 LSP 的下游邻居为 FEC 分配的入标签一定要与上游邻居为该 FEC 分配的出标签一致。

③ 同一设备上同一 FEC 所映射的出标签可能有多个（它们之间可以相同，也可以不同），分别来自不同下游邻居，即一个 FEC 可以映射多个出标签和出接口。

④ 同一设备上同一 FEC 只会分配一个入标签，即对于入标签，每个 FEC 在同一设备上都是唯一的。

每个路由表项都对应一个 FEC，缺省情况下，通过标签映射消息的通告，每个 FEC 都可能会在整个 MPLS 域网络的所有节点（包括本地设备）上建立 LSP，就像动态路由协议通过路由信息通告在整个网络或者特定区域内建立路由表项一样。

LDP LSP 建立的规则如下。

① 在直接连接某 FEC 对应的网段（缺省仅为 32 位掩码的主机路由）的节点上会为该 FEC 仅创建一个包含入标签的 LSP（无出标签，也无入/出接口）。

② 在其他节点上都会对非直连网段 FEC 同时创建两个 LSP：一个是以本地节点作为 Ingress，用于指导从本地节点访问 FEC 所代表的目的主机的 LSP，仅包括出标签和出接口；另一个则是以本地节点作为 Transit 的 LSP，用于指导上游设备访问 FEC 所代表的目的主机，同时包括入标签、出标签和出接口。

在图 3-11 中任意一节点上执行 **display mpls lsp** 命令，即可看到为本地直连网段所创建的是仅包含入标签的 LSP（无出标签，也无入/出接口）。此时本地设备既是该 FEC 的 Ingress 设备，又是该 FEC 的 Egress 设备，因此分配的入标签为可弹出的标签（默认为 3）。这种 LSP 因为对应的 FEC 在本地，所以没有实际意义。图 3-12 为在 AR2 上执行该命令的输出，因为 10.10.1.2/32 是直接连接在 AR2 上的，所以为这个 FEC 创建的 LSP 就仅包括入标签（3），无出标签，也无入/出接口。

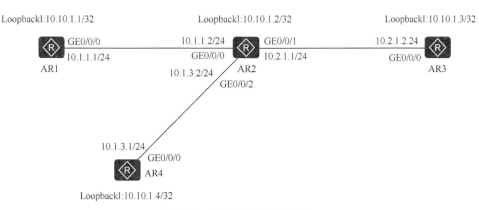

图 3-11　LDP LSP 建立示例一

【说明】缺省情况下，仅本地 32 位掩码的主机路由才会触发建立 LSP，所以在图 3-12 中仅会包括本地路由表中 32 位主机路由对应的 LSP。

图 3-12 中的其他 LSP 均为到达非 AR2 本地直连 32 位掩码网段所创建的 LSP，各有两条。如 AR3 上的 10.10.1.3/32 主机网段就建立了两条 LSP。第 1 条可以看成是把 AR2

当成到达 10.10.1.3/32 的 Ingress 的 LSP，即作为从 AR2 本地访问 10.10.1.3/32 的 LSP，只包括出标签（无入标签）和出接口 GE0/0/1。第 2 条可以看成是把 AR2 当成到达 10.10.1.3/32 的 Transit 的 LSP，为其上游设备 AR1 访问 10.10.1.3/32 的 LSP，同时包括本地为 10.10.1.3/32 分配的入标签（1025）和出标签（3）和出接口 GE0/0/1。

图 3-12　在 AR2 上执行 **display mpls lsp** 命令的输出

在其他节点上执行 **display mpls lsp** 命令的输出结果类似，都可以看到已为本地直连 FEC 网段建立一条仅包括入标签（无出标签和出接口）的 LSP，为其他非直连 FEC 网段各建立两条 LSP，其中一条仅包括出标签和出接口，另一条则同时包括入/出标签和出接口，但这两条 LSP 的出接口是一样的。图 3-13 是在 AR3 上执行该命令的结果。

图 3-13　在 AR3 上执行 **display mpls lsp** 命令的输出

（2）LDP LSP 建立过程示例

下面以图 3-14 为例，以下游"自主标签发布方式"（无须上游请求）和"有序标签控制方式"（必须先得到下游分配的出标签）的组合，以从 Ingress 到 Egress 的 3.3.3.3/32 网段建立 LDP LSP 为例介绍 LDP LSP 建立的基本流程。

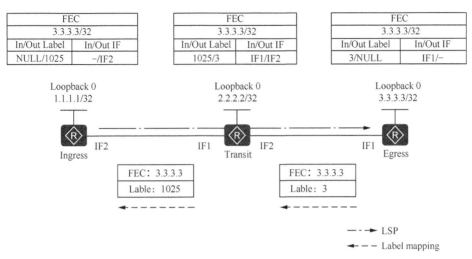

图 3-14　LDP LSP 建立示例二

① 当 Egress 发现自己的路由表中出现了新的主机路由 3.3.3.3/32，并且这条路由不属于任何现有的 FEC 时，Egress 会首先为路由表项新建一个 FEC（默认主机路由都会触发建立 LSP），分配一个入标签（通常在 Egress 上是分配可以弹出的标签 3），建立 FEC 3.3.3.3/32 与入标签的映射，然后在本地建立一条该 FEC 的 LSP。

FEC	In/Out Label	In/Out IF	Vrf Name
3.3.3.3/32	3/NULLL	-/-	

② 随后，Egress 会主动向其上游 Transit 发送标签映射消息，标签映射消息中包含为该 FEC 分配的入标签（3）和绑定的 FEC 3.3.3.3/32 等信息。

③ Transit 收到标签映射消息后，根据路由判断标签映射的发送者（Egress）是否为该 FEC 的下一跳。若是，则在标签转发表（LFIB）中直接增加相应的转发条目，然后创建一个用于从本地访问 3.3.3.3/32 的 LSP，**仅包括 Egress 分配的出标签**（3）和出接口。

因为 Transit 还有上游设备，于是 Transit 会为该 FEC 分配一个入标签（1025），并在其标签转发表中增加相应的转发条目。又因为本示例采用的是 DU 标签发布方式，所以 Transit 会主动向上游 LSR（Ingress）发送基于该 FEC 的标签映射消息（3.3.3.3→1025），建立一条用于指导上游设备访问 3.3.3.3/32 网段的 LSP。此 LSP 的入标签和出标签分别为 1025 和 3。此时，在 Transit 上为 3.3.3.3/32 创建了两条 LSP。

FEC	In/Out Label	In/Out IF	Vrf Name
3.3.3.3/32	NULL/3	-/IF2	
3.3.3.3/32	1025/3	-/IF2	

【说明】MPLS LDP 标签是从最小的 1024 开始分配的。本示例中，Transit 已先为到达 FEC 1.1.1.1/32 网段分配 1024 的标签，如下所示，所以前面的 Transit 为 FEC 3.3.3.3/32 网段分配了标签 1025。

FEC	In/Out Label	In/Out IF	Vrf Name
1.1.1.1/32	NULL/3	-/GE0/0/0	
1.1.1.1/32	**1024/3**	**-/GE0/0/0**	

④ Ingress 收到标签映射消息后，根据路由判断标签映射的发送者（Transit）是否为该 FEC 的下一跳。若是，则在标签转发表中直接增加相应的转发条目，然后创建一个用于从本地访问 3.3.3.3/32 的 LSP，仅包括由 Transit 分配的出标签（1025）和出接口。另

外，虽然 Ingress 后面无上游节点，但它仍会再为该 FEC 分配一个入标签，创建一条同时包括入/出标签（1026/1025）、出接口的 LSP，但实际上这条 LSP 是没有意义的，因为它上面没有上游设备了。

FEC	In/Out Label	In/Out IF	Vrf Name
3.3.3.3/32	NULL/1025	-/IF2	
3.3.3.3/32	1026/1025	-/IF2	

Ingress 也会为到达 FEC 2.2.2.2/32 网段分配入标签 1024，如下所示。

FEC	In/Out Label	In/Out IF	Vrf Name
2.2.2.2/32	NULL/3	-/GE0/0/0	
2.2.2.2/32	1024/3	-/GE0/0/0	

通过以上步骤就完成了整个 MPLS 网络中各节点基于 3.3.3.3/32 的各条 LSP 的建立，接下来各节点就可以利用所建立的 LSP，为到达该 FEC 的报文进行 MPLS 标签转发了。

（3）代理 Egress

代理 Egress 是指能够针对**非本地路由**触发建立 LSP 的 Egress。当路由器使能倒数第二跳弹出时，倒数第二跳节点实际上就是一种特殊的代理 Egress，因为此时它所发送的报文中是不带 MPLS 标签的。

一般情况下，代理 Egress 由配置产生，可应用于网络中有不支持 MPLS 特性的路由器场景（如在纯 IP 网络中），也可用于解决 BGP 路由负载分担问题。一般情况下，仅需建立 MPLS/IP 骨干网 LER 上直接连接的公网网段的 LSP 即可，无须建立非直连的 IP 网络中的网段 LSP。因为 LSP 的作用是用于指导报文在 MPLS/IP 骨干网内的转发，在 IP 网络中的转发可直接依据 IP 路由进行。

如图 3-15 所示，LSR_1、LSR_2 和 LSR_3 处于同一个 MPLS 域中，LSR_4 未使能 MPLS LDP（在纯 IP 网络中）。此时，如果将建立 LSP 的策略配置为所有 IGP 路由都触发建立 LDP LSP，那么 LSR_3 将成为代理 Egress，使 LSR_1、LSR_2 和 LSR_3 仍可以建立到 LSR_4 的 LDP LSP，当然更能建立到达 LSR_3 所连接的网段的 LDP

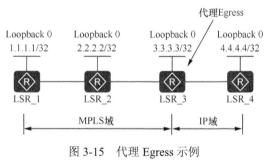

图 3-15　代理 Egress 示例

LSP。此时，LSR_3 既是本地网段的 Egress，又是非本地网段的代理 Egress。

3.2　LDP 必选基本功能配置与管理

只有配置了 MPLS LDP 基本功能，才能组建 MPLS LDP 网络。在配置 MPLS LDP 基本功能之前，需配置静态路由或 IGP，使 MPLS/IP 骨干网中各节点间的 IP 路由可达。因为上游在接收到下游发来的标签映射消息时不仅要根据路由表或转发表验证下一跳的合法性，还要根据路由表或转发表向上游进行标签映射消息发送。

LDP 基本功能所涉及的配置任务比较多，有必选的，也有许多只针对一些特定的应用场景，或者特定应用需求下需要配置的可选配置任务，本节主要介绍必选配置任务的具体配置方法。

3.2.1　配置 LDP 必选基本功能

LDP 基本功能中所包括的必选配置任务有以下几项（必须按顺序配置）。

1）配置 LSR ID

LSR ID 用来在网络中唯一标识一个 LSR。LSR **没有缺省的 LSR ID，必须手动配置**。为了提高网络的可靠性，推荐使用 LSR 某个 Loopback 接口的 IP 地址作为 LSR ID。需要在 MPLS 域的所有节点上进行配置。

2）使能全局 MPLS

只有使能了全局 MPLS，才可以配置 MPLS 的其他配置。需要在 MPLS 域的所有节点上进行配置。

【说明】前面两项配置任务的配置方法其实与静态 LSP 的对应配置是一样的。

3）使能全局 MPLS LDP

只有使能了全局 MPLS LDP，才可以配置 MPLS LDP 的其他配置。需要在 MPLS 域的所有节点上进行配置。

4）配置 LDP 会话

配置 MPLS LDP 会话有以下方式。

（1）配置本地 LDP 会话

通常情况下，部署 MPLS LDP 业务时，需要配置本地 LDP 会话。

（2）配置远端 LDP 会话

远端 LDP 会话主要在不相邻的 LSR 之间建立，主要应用于配置 Martini 方式的 VLL 中，以构建 MPLS VPN 隧道。

本地 LDP 会话和远端 LDP 会话可以共存，即两个 LSR 之间既可以建立本地 LDP 会话，又可以建立远端 LDP 会话。在这种情况下，对于本地 LDP 会话和远端 LDP 会话进行两者都支持的相关配置时（如各种定时器、LDP 传输地址等的配置），两者的配置需要保持一致。

以上配置任务的具体配置步骤见表 3-3，除远端 LDP 会话，其他各项任务均需要在各 LSR 上配置。

表 3-3　配置 LDP 必选基本功能的步骤

步骤	命令	说明
1	**system-view**	进入系统视图
		配置 LSD
2	**mpls lsr-id** *lsr-id* 例如：[Huawei] **mpls lsr-id** 1.1.1.1	配置本节点的 LSR ID，用于唯一标识一个 LSR，点分十进制格式（与 IPv4 地址格式一样，类似于 OSPF、BGP 的路由器 ID）。 在网络中部署 MPLS 业务时，须先配置 LSR ID。 缺省情况下，没有配置 LSR ID，可用 **undo mpls lsr-id** 命令删除 LSR 的 ID。但如果要修改已经配置的 LSR ID，必须先在系统视图下执行 **undo mpls** 命令，然后再使用本命令配置

续表

步骤	命令	说明
		使能全局 MPLS
3	**mpls** 例如：[Huawei] **mpls**	全局使能本节点的 MPLS，并进入 MPLS 视图。 缺省情况下，节点的 MPLS 功能处于未使能状态，可用 **undo mpls** 命令去使能全局 MPLS 功能，删除所有 MPLS 配置（除 LSR ID）
4	**quit**	返回系统视图
		使能全局 MPLS LDP
5	**mpls ldp** 例如：[Huawei] **mpls ldp**	使能全局的 LDP 功能，并进入 MPLS LDP 视图。 缺省情况下，没有使能全局的 LDP 功能，可用 **undo mpls ldp** 命令去使能全局 LDP 功能，删除所有 LDP 配置
6	**lsr-id** *lsr-id* 例如：[Huawei-mpls-ldp] **lsr-id** 2.2.2.3	（可选）配置 LDP 实例的 LSR ID，点分十进制格式。在某些使用 VPN 实例的组网方案中（例如 BGP/MPLS IP VPN），如果 VPN 私网地址与 LSR ID 重叠，则需要为 LDP 另外配置 LSR ID，以保证 TCP 连接能够正常建立。 缺省情况下，LDP 实例的 LSR ID 等于节点的 LSR ID，可用 **undo lsr-id** 命令恢复缺省配置。推荐采用缺省值，修改和删除 LDP 实例的 LSR ID 会导致该实例下的所有会话重建
		配置本地 LDP 会话
7	**quit**	返回系统视图
8	**interface** *interface-type interface-number* 例如：[Huawei] **interface** gigabitethernet 1/0/0	进入需要建立 LDP 会话的公网接口视图，必须是三层接口
9	**mpls** 例如：[Huawei-GigabitEthernet1/0/0] **mpls**	使能以上接口的 MPLS 功能。缺省情况下，接口的 MPLS 功能处于未使能状态，可用 **undo mpls** 命令去使能接口的 MPLS 功能，删除所在接口的 MPLS 配置
10	**mpls ldp** 例如：[Huawei-GigabitEthernet1/0/0] **mpls ldp**	使能接口的 MPLS LDP 功能。 缺省情况下，接口的 MPLS LDP 功能处于未使能状态，可用 **undo mpls ldp** 命令去使能接口上的 MPLS LDP 功能
		配置远端 LDP 会话（可与本地 LDP 会话同时配置）
11	**quit**	返回系统视图
12	**mpls ldp remote-peer** *remote-peer-name* 例如：[Huawei] **mpls ldp remote-peer** HuNan	创建 MPLS LDP 远端对等体，并进入 MPLS LDP 远端对等体视图。 参数 *remote-peer-name* 指定远端对等体名称，字符串形式，不支持空格，不区分大小写，长度范围是 1～32。当输入的字符串两端使用双引号时，可在字符串中输入空格。 缺省情况下，没有创建远端对等体，可用 **undo mpls ldp remote-peer** *remote-peer-name* 命令删除远端对等体
13	**remote-ip** *ip-address* 例如：[Huawei-mpls-ldp-remote-rtc] **remote-ip** 10.1.1.1	配置 MPLS LDP 远端对等体的 IP 地址。**配置的远端对等体的 IP 地址必须是远端对等体的 LSR ID**。本命令中的 *ip-address* 参数是指 LDP LSR ID。修改或删除已经配置的远端对等体地址会导致相应的远端 LDP 会话被删除，造成 MPLS 业务中断。 缺省情况下，没有配置 LDP 远端对等体的 IP 地址，可用 **undo remote-ip** 命令删除配置

　　LDP 会话配置好后,可用 **display mpls ldp session** [*peer-id* | [**all**] [**verbose**]]命令查看指定或所有对等体间的 LDP 会话状态，如果建立成功则显示状态为"Operational"。以下是一个执行该命令的输出示例。

```
<Huawei> display mpls ldp session verbose

LDP Session(s) in Public Network
--------------------------------------------------------------------
Peer LDP ID        : 2.2.2.2:0          Local LDP ID    : 1.1.1.1:0
TCP Connection     : 1.1.1.1 <- 2.2.2.2
Session State      : Operational        Session Role    : Passive
Session FT Flag    : Off                MD5 Flag        : Off
Reconnect Timer    : ---                Recovery Timer  : ---
Keychain Name      : kc1


Negotiated Keepalive Hold Timer     : 45 Sec
Configured Keepalive Send Timer     : 3 Sec
Keepalive Message Sent/Rcvd         : 438/438 (Message Count)
Label Advertisement Mode            : Downstream Unsolicited
Label Resource Status(Peer/Local) : Available/Available
Session Age                         : 0000:01:49 (DDDD:HH:MM)
Session Deletion Status             : No


Capability:
  Capability-Announcement           : On
  mLDP P2MP Capability              : Off
  mLDP MBB Capability               : Off


Outbound&Inbound Policies applied :
outbound peer all split-horizon


Addresses received from peer: (Count: 3)
10.1.1.2            2.2.2.2            10.1.2.1
--------------------------------------------------------------------
```

3.2.2　LDP 维护和管理命令

　　本节主要介绍与 LDP 基本功能配置和维护相关的命令。

　　① **display default-parameter mpls management**：查看 MPLS 管理的缺省配置。

　　② **display default-parameter mpls ldp**：查看 MPLS LDP 的缺省配置。

　　③ **display mpls interface** [*interface-type interface-number*] [**verbose**]：查看指定或所有使能了 MPLS 功能的接口信息。

　　④ **display mpls ldp** [**all**] [**verbose**]：查看 LDP 的配置信息。

　　⑤ **display mpls ldp interface** [*interface-type interface-number* | [**all**] [**verbose**]]：查看指定或所有使能了 LDP 功能的接口信息。

　　⑥ **display mpls ldp adjacency** [**interface** *interface-type interface-number* | **remote**] [**peer** *peer-id*] [**verbose**]：查看指定或所有 LDP 邻接体信息。

　　⑦ **display mpls ldp adjacency statistics**：查看 LDP 邻接体的统计信息。

⑧ **display mpls ldp session** [[**all**] [**verbose**] | *peer-id*]：查看 LDP 会话状态信息。

⑨ **display mpls ldp session statistics**：查看 LDP 对等体间的会话个数统计信息。

⑩ **display mpls ldp peer** [[**all**] [**verbose**] | *peer-id*]：查看 LDP 会话的对等体信息。

⑪ **display mpls ldp peer statistics**：查看 LDP 对等体个数的统计信息。

⑫ **display mpls ldp remote-peer** [*remote-peer-name* | **peer-id** *lsr-id*]：查看指定或所有 LDP 远端会话的对等体信息。

⑬ **display mpls ldp lsp** [**all** | *destination-address mask-length*] [**peer** *peer-id*]：查看指定或所有 LDP LSP 的建立信息。

⑭ **display mpls ldp lsp statistics**：查看 LDP LSP 的统计信息。

⑮ **display mpls route-state** [{ **exclude** | **include** } { **idle** | **ready** | **settingup** } * | *destination-address mask-length*] [**verbose**]：查看指定或所有动态 LSP 对应的路由相关信息。

⑯ **display mpls lsp** [**verbose**]：查看 LSP 的建立信息。

⑰ **display mpls lsp statistics**：查看当前处于 Up 状态的 LSP 数目，并显示在 Ingress、Transit 和 Egress 的当前激活的 LSP 数目。

⑱ **display mpls label all summary**：查看 MPLS 所有标签的分配信息。

3.2.3　LDP 本地会话配置示例

如图 3-16 所示，LSRA、LSRC 为 MPLS/IP 骨干网的 PE 设备。LSRA 和 LSRC 上需要部署 MPLS L2VPN 或 L3VPN 业务来实现 VPN 站点的互联，因此，LSR 之间需要配置本地 LDP 会话来建立 LDP LSP，实现承载 VPN 业务。

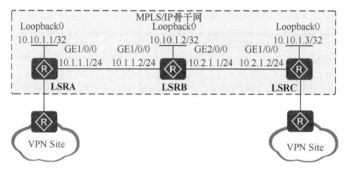

图 3-16　LDP 本地会话的配置示例的拓扑结构

（1）基本配置思路分析

动态 LDP 建立时要确保骨干网三层互通，所以需要在各节点上配置公网路由。本示例采用 OSPF 路由来实现骨干网的三层互通，需要在各节点设备上配置 OSPF 路由。根据 3.2.1 节介绍，可得出本示例以下的基本配置思路。

① 配置各 LSR 接口（包括 Loopback 接口）的 IP 地址。

② 配置各 LSR 的 OSPF 路由，实现骨干网的 IP 连通性。

③ 配置各设备的 LSR ID，全局使能 MPLS 和 LDP 功能。

④ 在各 LSR 间相连的接口上配置 LDP 本地会话。

（2）具体配置步骤

① 配置各 LSR 接口（包括 Loopback 接口）的 IP 地址。

#---LSRA 上的配置，具体如下。

```
<Huawei> system-view
[Huawei] sysname LSRA
[LSRA] interface loopback 0
[LSRA-LoopBack0] ip address 10.10.1.1 32
[LSRA-LoopBack0] quit
[LSRA] interface gigabitethernet 1/0/0
[LSRA-GigabitEthernet1/0/0] ip address 10.1.1.1 24
[LSRA-GigabitEthernet1/0/0] quit
```

#---LSRB 上的配置，具体如下。

```
<Huawei> system-view
[Huawei] sysname LSRB
[LSRB] interface loopback 0
[LSRB-LoopBack0] ip address 10.10.1.2 32
[LSRB-LoopBack0] quit
[LSRB] interface gigabitethernet 1/0/0
[LSRB-GigabitEthernet1/0/0] ip address 10.1.1.2 24
[LSRB-GigabitEthernet1/0/0] quit
[LSRB] interface gigabitethernet 2/0/0
[LSRB-GigabitEthernet2/0/0] ip address 10.2.1.1 24
[LSRB-GigabitEthernet2/0/0] quit
```

#---LSRC 上的配置，具体如下。

```
<Huawei> system-view
[Huawei] sysname LSRC
[LSRC] interface loopback 0
[LSRC-LoopBack0] ip address 10.10.1.3 32
[LSRC-LoopBack0] quit
[LSRC] interface gigabitethernet 1/0/0
[LSRC-GigabitEthernet1/0/0] ip address 10.2.1.2 24
[LSRC-GigabitEthernet1/0/0] quit
```

② 配置 OSPF 路由（包括 Loopback 接口主机路由），采用缺省 OSPF 路由进程 1，区域 0。

#---LSRA 上的配置，具体如下。

```
[LSRA] ospf 1
[LSRA-ospf-1] area 0
[LSRA-ospf-1-area-0.0.0.0] network 10.10.1.1 0.0.0.0
[LSRA-ospf-1-area-0.0.0.0] network 10.1.1.0 0.0.0.255
[LSRA-ospf-1-area-0.0.0.0] quit
[LSRA-ospf-1] quit
```

#---LSRB 上的配置，具体如下。

```
[LSRB] ospf 1
[LSRB-ospf-1] area 0
[LSRB-ospf-1-area-0.0.0.0] network 10.10.1.2 0.0.0.0
[LSRB-ospf-1-area-0.0.0.0] network 10.1.1.0 0.0.0.255
[LSRB-ospf-1-area-0.0.0.0] network 10.2.1.0 0.0.0.255
[LSRB-ospf-1-area-0.0.0.0] quit
[LSRB-ospf-1] quit
```

#---LSRC 上的配置，具体如下。

```
[LSRC] ospf 1
[LSRC-ospf-1] area 0
[LSRC-ospf-1-area-0.0.0.0] network 10.10.1.3 0.0.0.0
[LSRC-ospf-1-area-0.0.0.0] network 10.2.1.0 0.0.0.255
[LSRC-ospf-1-area-0.0.0.0] quit
[LSRC-ospf-1] quit
```

以上配置完成后，在各节点上执行 **display ip routing-table** 命令，可以看到，相互之间都学到了对方的路由。

③　在各 LSR 上以 Loopback0 接口的 IP 地址配置 LSR ID，使能了全局的 MPLS 和 MPLS LDP 功能。

#---LSRA 上的配置，具体如下。

```
[LSRA] mpls lsr-id 10.10.1.1
[LSRA] mpls
[LSRA-mpls] quit
[LSRA] mpls ldp
[LSRA-mpls-ldp] quit
```

#---LSRB 上的配置，具体如下。

```
[LSRB] mpls lsr-id 10.10.1.2
[LSRB] mpls
[LSRB-mpls] quit
[LSRB] mpls ldp
[LSRB-mpls-ldp] quit
```

#---LSRC 上的配置，具体如下。

```
[LSRC] mpls lsr-id 10.10.1.3
[LSRC] mpls
[LSRC-mpls] quit
[LSRC] mpls ldp
[LSRC-mpls-ldp] quit
```

④　在各 LSR 配置 LDP 本地会话。即在各 LSR 相连的公网接口上使能 MPLS 和 MPLS LDP 功能。

#---LSRA 上的配置，具体如下。

```
[LSRA] interface gigabitethernet 1/0/0
[LSRA-GigabitEthernet1/0/0] mpls
[LSRA-GigabitEthernet1/0/0] mpls ldp
[LSRA-GigabitEthernet1/0/0] quit
```

#---LSRB 上的配置，具体如下。

```
[LSRB] interface gigabitethernet 1/0/0
[LSRB-GigabitEthernet1/0/0] mpls
[LSRB-GigabitEthernet1/0/0] mpls ldp
[LSRB-GigabitEthernet1/0/0] quit
[LSRB] interface gigabitethernet 2/0/0
[LSRB-GigabitEthernet2/0/0] mpls
[LSRB-GigabitEthernet2/0/0] mpls ldp
[LSRB-GigabitEthernet2/0/0] quit
```

#---LSRC 上的配置，具体如下。

```
[LSRC] interface gigabitethernet 1/0/0
[LSRC-GigabitEthernet1/0/0] mpls
[LSRC-GigabitEthernet1/0/0] mpls ldp
[LSRC-GigabitEthernet1/0/0] quit
```

（3）配置结果验证

以上配置全部完成后，在各节点上执行 **display mpls ldp session** 命令，可以看到相邻节点之间建立的本地 LDP 会话状态均为"Operational"，表示会话建立成功。在 LSRA 上执行 **display mpls ldp session** 命令的输出如图 3-17 所示，各字段说明如下。

PeerID：对等体的 LDP 标识符，格式为<LSR ID>：<标签空间>。标签空间取值："0"表示全局标签空间，"1"表示接口标签空间。

Status：LDP 会话的状态。

① NonExistent：表示 LDP 会话的最初状态。在此状态下，双方互相发送 Hello 消息，在收到 TCP 连接建立成功事件的触发后变为 Initialized 状态。

② Initialized：表示 LDP 会话处于初始化状态。

③ Open Sent：表示 LDP 会话进入初始化状态后，主动方给被动方发送了 Initialized 消息，并等待对方的回应。

④ Open Recv：表示 LDP 会话进入初始化状态，当双方都收到了对方发送的 Keepalive 消息后，LDP 会话进入"Operational"状态。

⑤ Operational：表示 LDP 会话建立成功。

LAM：LDP 会话的标签发布方式，以缺省的标签分发方式为 DU 方式。

SsnRole：LSR 在 LDP 会话中的角色。

① Active：LSR ID 值较大的一方表示建立 LDP 会话的主动方。

② Passive：LSR ID 值较小的一方表示建立 LDP 会话的被动方。

SsnAge：LDP 会话从建立至今的时间间隔。其格式为：天:小时:分钟。

KASent/Rcv：会话发送和接收的 Keepalive 消息数。

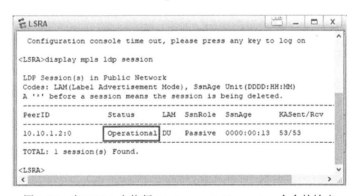

图 3-17　在 LSRA 上执行 **display mpls ldp session** 命令的输出

从图 3-17 中我们可以看出，LSRA 与 LSRB 之间已成功建立 LDP 会话，因为它们之间的 LDP 会话状态为"Operational"。

3.2.4　远端 LDP 会话配置示例

本示例拓扑结构与图 3-16 完全一样，参见即可。不同的是，本示例中仅要求在 LSRA 与 LSRC 间部署 MPLS L2VPN 业务来实现 VPN 站点的二层互联，因此 LSRA 和 LSRC 之间需要配置远端 LDP 会话来实现虚电路（Virtual Circuit，VC）标签交换。

【说明】MPLS L2VPN 包括多种类型，例如虚拟租用线（Virtual Leased Line，VLL）、虚拟私网局域网服务（Virtual Private LAN Service，VPLS）、端到端伪线仿真（Pseudo-Wire Emulation Edge to Edge，PWE3）。这些都需要在隧道两端构建 VC。

（1）基本配置思路分析

在 MPLS L2VPN 中，隧道两端是 LER，如果两个 LER 是直连的，则在 LSR 上配置本地 LDP 会话后不仅可以建立 LDP LSP 来承载业务，还可以实现 VC 标签的交换。但本示例中，LSRA 和 LSRC 不是直连的，所以必须在它们之间配置远端 LDP 会话。

根据 3.2.1 节介绍的远端 LDP 会话配置步骤，可得出本示例以下的基本配置思路。

① 配置各 LSR 接口（包括 Loopback 接口）的 IP 地址。

② 配置各 LSR 的 OSPF 路由，实现骨干网的 IP 连通性。

③ 在 LSRA 和 LSRC 上配置各自的 LSR ID，使能全局 MPLS 功能及全局 MPLS LDP 功能。

④ 在 LSRA 和 LSRC 上配置 LDP 远端会话，实现 VC 标签的交换。

【说明】本示例虽然是在 LSRA 和 LSRC 之间建立 LDP 会话的，但因为它们不是直连的，所以要保证在 LSRA 和 LSRC 会话的路径上各 LSR 的 IP 路由畅通，需要事先完成以上第①和第②项的配置任务。

（2）具体配置步骤

本示例与 3.2.3 节介绍的配置示例的拓扑结构和接口的 IP 地址配置完全一样，故本示例中第①和第②项配置任务的配置与 3.2.3 节介绍的示例的对应配置完全一样，参见即可。第③项配置任务中，因为本示例仅需要在 LSRA 和 LSRC 之间建立远端 LDP 会话，无须与中间节点 LSRB 建立 LDP 会话，也无须在 LSRB 上使能 MPLS 和 LDP。在此具体列出第③和第④项配置任务的具体配置方法。

第③项在 LSRA 和 LSRC 上配置全局的 MPLS 和 MPLS LDP 功能。

#---LSRA 上的配置，具体如下。

```
[LSRA] mpls lsr-id 10.10.1.1
[LSRA] mpls
[LSRA-mpls] quit
[LSRA] mpls ldp
[LSRA-mpls-ldp] quit
```

#---LSRC 上配置，具体如下。

```
[LSRC] mpls lsr-id 10.10.1.3
[LSRC] mpls
[LSRC-mpls] quit
[LSRC] mpls ldp
[LSRC-mpls-ldp] quit
```

第④项在 LSRA 和 LSRC 之间配置远端 LDP 会话。要在两端 LSR 上创建远端对等体，然后指定远端对等体的 IP 地址（为各自的 Loopback 接口的 IP 地址）。

#---LSRA 上的配置，具体如下。

```
[LSRA] mpls ldp remote-peer lsrc
[LSRA-mpls-ldp-remote-lsrc] remote-ip 10.10.1.3
[LSRA-mpls-ldp-remote-lsrc] quit
```

#---LSRC 上的配置，具体如下。

```
[LSRC] mpls ldp remote-peer lsra
[LSRC-mpls-ldp-remote-lsra] remote-ip 10.10.1.1
[LSRC-mpls-ldp-remote-lsra] quit
```

（3）配置结果验证

以上配置完成后，我们可以进行以下配置结果的验证。

① 在 LSRA 或 LSRC 上执行 **display mpls ldp session** 命令，可以看到 LSRA 和 LSRC 之间的远端 LDP 会话状态为 "Operational"，表示它们之间的远端 LDP 会话建立成功，但并没有与 LSRB（10.10.1.2）建立 LDP 会话。图 3-18 是在 LSRA 上执行该命令的输出。

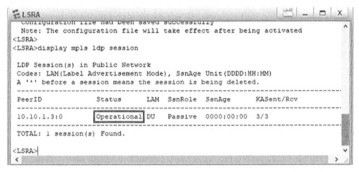

图 3-18　在 LSRA 上执行 **display mpls ldp session** 命令的输出

② 在 LSRA、LSRC 上执行 **display mpls ldp remote-peer** 命令，可以看到 LSR 的远端对等体的 LDP 会话参数配置信息，会话状态为 "Active"，表明远端 LDP 会话建立成功。图 3-19 是在 LSRA 上执行该命令的输出。

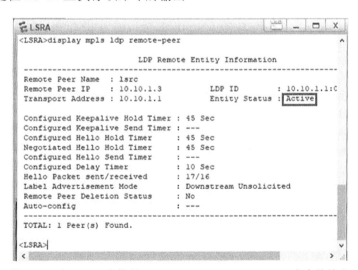

图 3-19　在 LSRA 上执行 **display mpls ldp remote-peer** 命令的输出

3.3　配置 LDP 可选基本功能

在 LDP 的基本功能配置中，除了前面介绍的必选配置任务的配置，还可以根据实际的网络应用场景和需求选择配置以下可选功能。

①（可选）配置 LDP 传输地址。

②（可选）配置 LDP 会话的定时器。

③（可选）配置 PHP 特性。

④（可选）配置 LDP 标签分配控制方式。

⑤（可选）配置 LDP 标签发布方式。

⑥（可选）配置 LDP 自动触发 DoD 请求功能。

⑦（可选）配置 MPLS MTU。

⑧（可选）配置 MPLS 对 TTL 的处理。

⑨（可选）配置 LDP 标签策略。

⑩（可选）禁止向远端对等体分配标签。

⑪（可选）配置 LDP LSP 建立的触发策略。

⑫（可选）配置 Label Withdraw 消息延迟发送。

3.3.1　配置 LDP 传输地址和 PHP 特性

本节对 LDP 传输地址和 PHP 特性这两项可选配置任务的配置方法进行介绍，但必须在已完成 3.2.1 节必选功能配置的基础上进行。

（1）配置 LDP 传输地址

LDP 传输地址是用在对等体间建立 LDP 对等间会话的 IP 地址。LDP 会话是基于 TCP 连接的，因此在两台 LSR 要建立 LDP 会话前，必须先确认对端的 LDP 传输地址。通常情况下，这个 LDP 传输地址是不需要另外配置的，因为缺省是使用 LSR ID 作为传输地址的。**但当本端配置作为 LSR ID 的 Loopback 接口的 IP 地址是公网 IP 地址，而对端配置作为 LSR ID 的 Loopback 接口的 IP 地址是私网 IP 地址时，则需要为本端配置私网 IP 地址作为传输地址，使对等体间能够使用私网 IP 地址建立连接。**

在 LDP 会话的**接口视图**下通过 **mpls ldp transport-address** { *interface-type interface-number* | **interface** }命令配置 LDP 传输地址。

① *interface-type interface-number*：二选一参数，指定 LDP 使用此接口的 IP 地址作为 TCP 传输地址，通常作为 MPLS LSR ID 的 Loopback 接口。

② **interface**：二选一选项，指定 LDP 使用当前接口的 IP 地址作为 TCP 传输地址。

缺省情况下，公网的 LDP 传输地址等于节点的 LSR ID，私网的传输地址等于启用了 MPLS LDP 功能的物理接口的主 IP 地址，可用 **undo mpls ldp transport-address** 命令恢复缺省配置。修改 LDP 传输地址的配置时，会话不会立刻中断，而是等待 Hello 保持定时器超时后中断。

当两个 LSR 之间存在多条链路，且要在多条链路上建立 LDP 会话时，**会话的同一端的各接口都应采用默认的传输地址，或者配置相同的传输地址。**如果会话的一端接口配置了不同的传输地址，将导致 LDP 会话只能建立在一条链路上。

（2）配置 PHP 特性

PHP 特性就是在倒数第二个节点上弹出标签的特性。因为在 LSP 的最后一跳节点（Egress），已不需要再进行标签交换。

通过在倒数第二跳节点上配置 PHP 特性，使倒数第二跳节点在向最后一跳节点发送报文时将最外层的出标签弹出（**如果最外层出标签被弹出后只剩下栈底标签，也将被弹出**），以使最后一跳可以直接进行 IP 转发或者下一层标签转发，减少最后一跳标签交换的负担。但并不是在倒数第二跳配置了 PHP 特性就一定能将最外层标签弹出，还要根据最后一跳原来为它分配的标签类型而定，因为并不是所有标签都支持被弹出。

在出节点（Egress）的 MPLS 视图下通过 **label advertise { explicit-null | implicit-null | non-null }** 命令配置 PHP 特性。

① **explicit-null**：多选一选项，不支持 PHP 特性，指定出节点向倒数第二跳分配显式空标签，显式空标签的值为 0。如果出节点分配给倒数第二跳节点的标签值为 0，则倒数第二跳 LSR 需要将值为 0 的标签正常压入报文标签值顶部，并转发给出节点。出节点发现报文携带的标签值为 0，则将标签弹出（**即标签的弹出是在出节点进行的，不是在倒数第二跳节点进行的**）。

② **implicit-null**：多选一选项，支持 PHP 特性，指定出节点向倒数第二跳分配隐式空标签，隐式空标签的值为 3。倒数第二跳节点进行标签交换时，如果发现交换后的标签值为 3，则将标签弹出（**即标签的弹出是在倒数第二跳节点进行的**），并将报文发给出节点。出节点在收到该报文后直接进行 IP 转发或下一层标签转发。

③ **non-null**：多选一选项，不支持 PHP 特性，指定出节点向倒数第二跳正常分配标签，分配的标签值不小于 16。

缺省情况下，出节点向倒数第二跳分配隐式空标签（implicit-null），推荐采用缺省配置，可以减少出节点的转发压力，提高转发效率。可用 **undo label advertise** 命令恢复缺省配置。

【**注意**】配置以上 **label advertise** 命令后，仅在以下情况下配置才会生效。

① 系统发生主备倒换。

② 用户手动执行了以下操作。

- 执行 **reset mpls ldp** 命令重启 LDP 公网实例。
- 修改当前 LDP LSP 建立的触发策略，且修改的 LDP LSP 建立的触发策略范围由小变大，例如，LDP LSP 建立的触发策略由 **none** 修改为 **all**，则配置对所有的 LDP LSP 生效；LDP LSP 建立的触发策略由 **host** 修改为 **all**，则配置仅对除主机路由外的其他路由建立的 LDP LSP 生效。

配置 LDP LSP 建立的触发策略的方法将在本章后面介绍。

3.3.2　配置 LDP 会话的定时器

LDP 在建立和维护 LDP 会话的过程中使用了多种定时器，具体见表 3-4，这些定时器一般情况下直接使用缺省配置即可。

表 3-4　LDP 会话使用的定时器

定时器	描述	使用建议
Hello 发送定时器，包括以下两种： ① 链路 Hello 发送定时器（即本地 LDP 会话中的 Hello 发送定时器）； ② 目标 Hello 发送定时器（即远端 LDP 会话中的 Hello 发送定时器）	LSR 使用 Hello 定时器周期性地发送 Hello 消息，向对等体 LSR 通告它在网络中的存在，并建立 Hello 邻接关系	在状况不是很好的网络中，可以适当缩短 Hello 发送定时器的时间，以便尽早发现网络故障

定时器	描述	使用建议
Hello 保持定时器，包括以下两种： ① 链路 Hello 保持定时器（即本地 LDP 会话中的 Hello 保持定时器）； ② 目标 Hello 保持定时器（即远端 LDP 会话中的 Hello 保持定时器）	建立了 Hello 邻接关系的 LDP 对等体之间，通过周期性发送 Hello 报文表明自己希望继续维持这种邻接关系。如果在 Hello 保持定时器超时后，仍没有收到来自某对等体新的 Hello 报文，则拆除与该对等体之间的 Hello 邻接关系	在链路状态不稳定，或者发送报文数量较大的网络中，可以适当增加 Hello 保持定时器的时间，以避免会话被频繁拆除和建立
Keepalive 发送定时器	LDP 会话建立后，对等体间以 Keepalive 发送定时器为周期，周期性地向对端发送 Keepalive 消息，用于保持它们间的 LDP 会话	在状况不是很好的网络中，可以适当地缩短 Keepalive 发送定时器的时间，以便尽早发现网络故障
Keepalive 保持定时器	LDP 对等体之间通过 LDP 报文（PDU）维持 LDP 会话，如果在 Keepalive 保持定时器超时后，仍没有收到来自某对等体新的 LDP PDU，则关闭它们之间的连接，结束 LDP 会话	在链路状态不稳定的网络中，可以适当增加 Keepalive 保持定时器的时间，以尽量避免 LDP 会话振荡
指数回退定时器	LDP 会话初始化消息处理失败或者收到对端 LSR 会话初始化消息的拒绝通知后，会话发起的主动端会启动指数回退定时器，定期尝试重新建立会话	当设备升级时，需要延长会话发起端尝试建立会话的周期，可以配置较大的指数回退定时器的初始值和最大值。当设备承载业务容易发生闪断时，需要缩短会话发起端尝试建立会话的周期，可以配置较小的指数回退定时器的初始值和最大值

从表 3-4 中我们可以看出，Hello 发送定时器和 Hello 保持定时器有以下两种：

① 在本地 LDP 会话中使用的链路 Hello 发送定时器和链路 Hello 保持定时器；

② 在远端 LDP 会话中使用的目标 Hello 发送定时器和目标 Hello 保持定时器。

这两种 Hello 发送定时器和 Hello 保持定时器在两种会话中的作用是相同的，只是在作用的 LDP 会话类型，及它们在参数值的取值范围和缺省值上不同。后面 3 种定时器在两种 LDP 会话中的作用和参数取值范围、缺省值都是一样的。

以上 LDP 定时器的配置方法见表 3-5，但在本地 LDP 会话和远端 LDP 会话中这些参数的配置对象不同：**本地会话是在本地接口视图下进行的，远端会话是在对等体视图下进行的**，但必须在完成 3.2.1 节可选功能配置的基础上进行。

【注意】当一 LSR 本地和远端会话共存时，本地和远端会话的 Keepalive 发送定时器和 Keepalive 保持定时器必须保持一致。

表 3-5　配置本地 LDP 会话定时器的步骤

步骤	命令	说明
1	**system-view**	进入系统视图
2	**interface** *interface-type interface-number* 例如：[Huawei] **interface** gigabitethernet 1/0/0	（二选一）本地 LDP 会话时，进入建立 LDP 会话的接口视图
	mpls ldp remote-peer *remote-peer-name* 例如：[Huawei] **mpls ldp remote-peer** HuNan	（二选一）远端 LDP 会话时，进入 MPLS LDP 远端对等体视图
3	**mpls ldp timer hello-send** *interval* 例如：[Huawei-GigabitEthernet1/0/0] **mpls ldp timer hello-send** 10 或 [Huawei-mpls-ldp-remote-huan] **mpls ldp timer hello-send** 10	配置链路/目标 Hello 发送定时器，整数形式，取值范围是 1～65535，单位是秒。 缺省情况下，链路/目标 Hello 发送定时器的值是链路/目标 Hello 保持定时器值的 1/3，可用 **undo mpls ldp timer hello-send** 命令恢复缺省配置
4	**mpls ldp timer hello-hold** *interval* 例如：[Huawei-GigabitEthernet1/0/0] **mpls ldp timer hello-hold** 60 或 [Huawei-mpls-ldp-remote-huan] **mpls ldp timer hello-hold** 60	配置链路/目标 Hello 保持定时器，整数形式，取值范围是 3～65535（65535 表示永不超时），单位是秒。 **实际生效的定时器的值等于会话两端 LSR 所配置的定时器的较小值，如果这个值小于 9，则 Hello 保持定时器的值等于 9。** 缺省情况下，链路 Hello 保持定时器的值是 15 秒，目标 Hello 保持定时器的值是 45 秒，可用 **undo mpls ldp timer hello-hold** 命令恢复缺省值
5	**mpls ldp timer keepalive-send** *interval* 例如：[Huawei-GigabitEthernet1/0/0] **mpls ldp timer keepalive-send** 10 或 [Huawei-mpls-ldp-remote-huan] **mpls ldp timer keepalive-send** 10	配置本地/远端 LDP 会话的 Keepalive 发送定时器，整数形式，取值范围是 1～65535，单位是秒。 本地/远端 LDP 会话 Keepalive 发送定时器的实际生效值=Min{本地/远端 LDP 会话 Keepalive 发送定时器的配置值，本地/远端 LDP 会话 Keepalive 保持定时器值的 1/3}。 【注意】如果两个 LSR 之间使能 LDP 的链路条数超过 1 条，所有链路的 Keepalive 发送定时器时间，以及下面一步将要配置的 Keepalive 保持定时器时间都必须相同，否则 LDP 会话可能会不稳定。或者两个 LSR 之间的链路条数为 1 条，但既配置了本地会话又配置了远端会话，那么本地会话和远端会话的 Keepalive 发送定时器时间和 Keepalive 保持定时器时间必须相同，否则 LDP 会话可能不稳定或者无法建立 LSP 会话。 缺省情况下，本地/远端 LDP 会话的 Keepalive 发送定时器的值是本地/远端 LDP 会话的 Keepalive 保持定时器值的 1/3，可用 **undo mpls ldp timer keepalive-send** 命令恢复缺省配置
6	**mpls ldp timer keepalive-hold** *interval* 例如：[Huawei-GigabitEthernet1/0/0] **mpls ldp timer keepalive-hold** 60 或 [Huawei-mpls-ldp-remote-huan] **mpls ldp timer keepalive-hold** 60	配置本地/远端 LDP 会话的 Keepalive 保持定时器，整数形式，取值范围是 30～65535，单位是秒。 **实际生效的定时器值等于 LDP 本地/远端会话两端 LSR 所配置的定时器的较小值。** 缺省情况下，本地/远端 LDP 会话的 Keepalive 保持定时器的值是 45 秒，可用 **undo mpls ldp timer keepalive-hold** 命令恢复缺省值

步骤	命令	说明
7	**quit**	返回系统视图
8	**mpls ldp** 例如：[Huawei] **mpls ldp**	进入 MPLS LDP 视图
9	**backoff timer** *init max* 例如：[Huawei-mpls-ldp] **backoff timer 20 160**	配置指数回退定时器，当会话再出现故障时，将按照此次配置的指数回退定时器的初始值和最大值来尝试重建会话。 ① *init*：指定指数回退定时器的初始值，整数形式，取值范围是 5～2147483，单位是秒。 ② *max*：指定指数回退定时器的最大值，整数形式，取值范围是 5～2147483，单位是秒。 LDP 会话初始化消息处理失败或者收到对端 LSR 会话初始化消息的拒绝通知后，会话发起的主动端会启动指数回退定时器，定期尝试重新建立会话。指数回退定时器启动后，会话发起端第一次等待尝试重新建立会话的时间是指数回退定时器的初始值，随后每次的等待时间是前一次等待时间的 2 倍，直到等待时间达到指数回退定时器的最大值，以后的等待时间均是指数回退定时器的最大值。 缺省情况下，指数回退定时器的初始值是 15 秒，最大值是 120 秒。建议配置指数回退定时器初始值不小于 15 秒，最大值不小于 120 秒

3.3.3　配置标签发布和分配控制方式

标签发布方式和标签分配控制方式均已在 3.1.4 节有详细介绍，它们都有缺省配置，所以一般情况下不需要进行本节所介绍的配置，但在实际应用中，如果确实需要更改缺省配置，则可以采取本节介绍的配置方法，但必须先完成 3.2.1 节必选功能配置。

（1）配置 LDP 标签发布方式

LDP 标签发布方式是**下游设备向上游设备发布标签映射消息的方式**，分为 DU 方式和 DoD 方式两种。

① DU 方式：无须上游设备向它发出标签请求消息，下游设备都会主动向上游设备发送标签映射消息，为上游设备分配基于某 FEC 的出标签。在 DU 方式中，下游 LSR 负责发起标签映射过程，上游设备可能会收到很多在当前并不需要的标签，浪费了内存空间。

② DoD 方式：仅当上游设备主动向下游设备发出标签映射请求消息后，下游设备才会向上游设备发送标签映射消息，是真正的按需发布方式。在 DoD 方式中，上游 LSR 负责发起标签映射过程，可使上游设备只获取自己真正需要的标签，节省了设备的内存空间。

缺省情况下，下游设备会向上游设备主动发送标签映射消息（即采用 DU 方式），这样网络发生故障时，业务可以迅速切换到备份路径上，提高网络的可靠性。但由于 MPLS 网络中边缘设备通常属于低端设备，当网络规模比较大时，为了保证网络的稳定，需要尽可能地减轻边缘设备的负担，如果它们的下游设备仍总是主动向它们发送标签映射消息，则可能造成边缘上有大量空闲、当前无用的标签（**因为并不是所有在标签信息表 LIB**

中的标签都是当前有用的），不仅会消耗设备的内存资源，而且在查找标签映射表项时消耗设备的系统资源。

在这种情况下，可以在边缘设备和它们的对等体上同时配置 LDP 标签发布方式，为上游按需向下游请求标签（即采用 DoD 方式），这样仅在下游设备收到上游边缘设备的标签请求消息后才向这些边缘设备发送标签映射消息，以减少边缘设备 LIB 的大小，节省边缘设备的内存和系统资源。

在接口视图下通过 **mpls ldp advertisement { dod | du }** 命令配置 LDP 标签发布方式。**具有标签分发邻接关系的上游 LSR 和下游 LSR 的接口必须使用相同的标签通告方式**，命令中的两个选项就是前面提到的两种 LDP 标签发布方式，可用 **undo mpls ldp advertisement** 命令恢复缺省设置。但修改标签发布方式会导致 LDP 会话重建，造成 MPLS 业务短时间中断。且当对等体之间存在多链路时，所有接口的标签发布方式必须相同。

（2）配置 LDP 标签分配控制方式

标签分配控制方式是指本地设备在向上游设备通告 FEC 标签映射消息前是否要求收到下游的该 FEC 标签映射消息，分为独立（Independent）方式和有序（Ordered）方式两种。

① 独立方式：本地 LSR 可以自主地分配一个标签绑定到某个 FEC，并通过标签映射消息通告给上游 LSR，无须等待下游设备发布该 FEC 的标签映射消息。使用这种方式时，LSR 可能会在收到下游 LSR 的 FEC 标签映射消息之前就向上游通告了该 FEC 的标签映射。

② 有序方式：只有当该 LSR 已经收到此 FEC 下一跳的标签映射消息，或者该 LSR 就是此 FEC 的出节点（Egress）时，该 LSR 才可以向上游 LSR 发送此 FEC 的标签映射消息。

针对特定 LSP，只需要在 Egress 和 Transit 的 MPLS LDP 视图下通过 **label distribution control-mode { independent | ordered }** 命令配置以上两种标签分配控制方式，可用 **undo label distribution control-mode** 命令恢复为缺省配置。

缺省情况下，LDP 的标签分配控制方式为有序标签分配控制（即采用 Ordered 方式），在重新部署业务时，如果希望业务能够快速建立，则可以配置采用独立标签分配控制（即采用独立方式）。

3.3.4　LDP 跨域扩展功能配置

当网络规模比较大时，通常需要部署多个 IGP 区域来达到灵活部署和快速收敛的目的。在这种情况下，IGP 区域间进行路由通告时，为了避免路由数量多而引起对资源的过多占用，区域边界路由器需要将区域内路由聚合，再通告给相邻的 IGP 区域。然而，LDP 在建立 LSP 时，会在路由表中查找与收到的标签映射消息中携带的 FEC 精确匹配的路由，对于聚合路由，LDP 只能建立 Liberal LSP（已经被分配标签，但是没有建立成功的 LSP 叫作 Liberal LSP），无法建立跨越 IGP 区域的 LDP LSP。因此，引入 LDP 跨域扩展来解决这个问题。

在图 3-20 中，存在 Area10 和 Area20 两个 IGP 区域。在 Area10 区域边缘的 LSR_2 的路由表中，存在到 LSR_3 和 LSR_4 的两条主机路由，为了避免路由数量过多而引起

的对资源的过多占用，在 LSR_2 上通过 IS-IS 路由协议将这两条路由聚合为 1.3.0.0/24
发送到 Area20 区域。

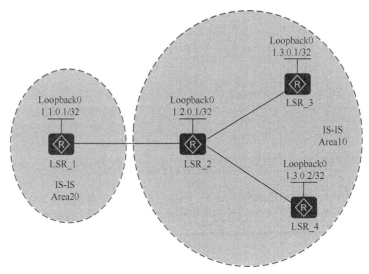

图 3-20　LDP 跨域扩展组网拓扑示意

LDP 在建立 LSP 时，会在路由表中查找与收到的标签映射消息中携带的 FEC 精确
匹配的路由。对于图 3-20 的情形，LSR_1 的路由表中只有这条聚合后的路由，而没有
32 位的主机路由。但对于聚合路由，LDP 只能建立 Liberal LSP，无法建立跨越 IGP 区
域的 LDP LSP，以至于无法提供必要的骨干网隧道。

通过配置 LDP 跨域扩展，**可以使能 LDP 按照最长匹配方式查找路由**，建立跨越 IGP
域的 LDP LSP。图 3-20 中的 LSR_1 需要按照**最长匹配方式**查找路由建立 LSP。当 LSR_1
收到 Area10 区域的标签映射消息时（例如携带的 FEC 为 1.3.0.1/32），按照最长匹配的
查找方式，LSR_1 能够找到聚合路由 1.3.0.0/24 的信息，把该路由的出接口和下一跳作
为到达 FEC 1.3.0.1/32 的出接口和下一跳。这样，LDP 就可以建立跨越 IGP 区域的 LDP
LSP。

配置 LDP 跨域扩展的方法是在 MPLS 视图下通过 **longest-match** 命令使能 LDP 按照
最长匹配方式查找路由建立 LSP。缺省情况下，LDP 按照精确匹配方式查找路由建立
LSP。

3.3.5　配置 LDP 自动触发 DoD 请求功能

本章前面已经介绍，当网络规模比较大时，为了尽可能减轻边缘设备的负担，需要
配置与边缘设备相邻的 Transit 入接口的标签发布方式，即 DoD 方式。但在跨 IGP 域（存
在多种路由类型）网络的远端 LDP 会话中，边缘设备之间可能无法学习到对方的精确路
由（例如不同 IGP 域中采用缺省路由或聚合路由进行相互通告），故在采用 DoD 标签发
布方式时，即使配置了跨域扩展功能也无法建立 LDP LSP。此时可以在边缘设备上配置
自动触发采用 DoD 标签发布方式，向下游请求指定的或者所有的远端对等体的标签映射
消息，这样就可以建立 LDP LSP。

基于以上分析，如果仅针对单方向 LSP，仅需在入口 LER 设备上配置，如果要针对双向 LSP，则要同时在入/出口 LER 上进行配置，但在配置前应完成以下配置。

① 在两远端对等体间配置 LDP 远端会话，参见 3.2.1 节。

② 在两远端对等体间配置 LDP 跨域扩展，使能 LDP 按照最长匹配方式查找路由建立 LSP，参见 3.3.4 节。

③ 在 LER 与相邻 Transit 相连的接口上配置标签发布方式，即 DoD 方式，参见 3.3.3 节。

我们可以从以上配置看出，LDP 自动触发 DoD 请求功能需要同时结合 LDP 远端会话、LDP 跨域扩展、LDP DoD 标签发布方式 3 种功能来实现。

完成以上配置后，可根据需要在两远端对等体上选择以下任意一种配置方法。

① 配置自动触发采用 DoD 标签发布方式向下游请求**所有的**标签映射消息。

这种请求方式是配置在采用 DoD 标签发布方式下，自动向下游请求所有的远端对等体的标签映射消息，具体的配置方法是在 LER 的 MPLS LDP 视图下通过 **remote-peer auto-dod-request** 命令进行。缺省情况下，没有配置在采用 DoD 标签发布方式下自动向下游所有的远端对等体请求标签映射消息，可用 **undo remote-peer auto-dod-request** 命令恢复缺省配置。

② 配置自动触发采用 DoD 标签发布方式向下游请求指定的远端对等体的标签映射消息。

这种请求方式是配置在采用 DoD 标签发布方式下，自动向下游**指定的远端对等体**（即仅针对特定的远端对等体）请求标签映射消息，需在 LER 上按表 3-6 进行配置。

表 3-6　配置向指定远端请求标签映射消息的步骤

步骤	命令	说明
1	**system-view**	进入系统视图
2	**mpls ldp remote-peer** *remote-peer-name* 例如：[Huawei] **mpls ldp remote-peer** HuNan	进入 LER 的 MPLS LDP 远端对等体视图，该远端对等体必须已在创建 LDP 远端会时创建
3	**remote-ip auto-dod-request** [**block**] 例如： [Huawei-mpls-ldp-remote-hunan] **remote-ip auto-dod-request**	配置自动触发采用 DoD 标签发布方式向下游请求以上远端对等体的标签映射消息。如果需要屏蔽自动触发采用 DoD 标签发布方式向下游请求指定的远端对等体的标签映射消息，可以选择 **block** 可选项。 缺省情况下，继承全局的 **remote-peer auto-dod-request** 命令的配置属性，可用 **undo remote-ip auto-dod-request** 命令恢复缺省配置

3.3.6　LDP 自动触发 DoD 请求功能配置示例

LDP 自动触发 DoD 请求功能配置示例的拓扑结构如图 3-21 所示，LSRA 和 LSRD 是两台网络边缘设备，骨干网上存在多种 IGP 路由域。为了建立伪线（Pseudo Wire，PW），必须在 LSRA 和 LSRD 之间建立 LDP 远端会话，从而建立公网隧道。

（1）基本配置思路分析

本示例骨干网存在多种 IGP 路由域，为了节省网络资源，减少不必要的 LSP 和 MPLS 表项，可通过配置 LDP 自动触发 DoD 请求功能来实现。

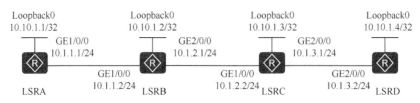

图 3-21　LDP 自动触发 DoD 请求功能配置示例的拓扑结构

3.3.5 节已分析到，LDP 自动触发 DoD 请求功能需要同时结合 LDP 远端会话、LDP 跨域扩展、LDP DoD 标签发布方式 3 种功能，所以需要事先完成这 3 项功能的配置。

在本示例中，为了模拟 LDP 跨域扩展功能所需的多 IGP 环境，现假设仅在 LSRB 和 LSRC 的连接中采用 IS-IS 路由，而 LSRA 与 LSRB、LSRC 与 LSRD 均采用静态路由，其中，LSRA 到 LSRB、LSRD 到 LSRC 均采用缺省路由。然后在 IS-IS 路由进程中引入静态路由。这样做的目的是使 LSRA 与 LSRD 之间无法获得到达对方的明细路由，使 LSRA 与 LSRD 之间无法根据对端的精确路由建立各条 LSP，但可以依据它们之间的 LDP 远端会话、LDP 跨域扩展功能提供的按照最长匹配方式查找路由，通过 LDP 自动触发 DoD 请求功能建立各条 LSP。

根据以上分析，可得出本示例的以下基本配置思路。

① 配置各 LSR 上各接口（包括 Loopback 接口）的 IP 地址。

② 在 LSRB 的 GE2/0/0 接口和 LSRC 的 GE1/0/0 接口上配置 IS-IS 路由（包括 Loopback 接口对应网段路由），并配置 LSRA 到 LSRB、LSRD 到 LSRC 的静态缺省路由，以及 LSRB 到 LSRA、LSRC 到 LSRD 的明细静态路由。

③ 在各 LSR 上全局使能 MPLS 和 MPLS LDP 功能，在各公网接口（不包括 Loopback 接口）上使能 MPLS 和 MPLS LDP 功能。

④ 在 LSRA 与 LSRB、LSRC 与 LSRD 之间直连链路的两端接口上配置 DoD 标签发布方式（LSRB 与 LSRC 之间采用缺省的 DU 标签发布方式）。

⑤ 在 LSRA 和 LSRD 上配置 LDP 跨域扩展，使 LDP 按照最长匹配方式查找路由。

⑥ 在 LSRA 和 LSRD 上配置 LDP 远端会话和 LDP 自动触发 DoD 请求功能，实现尽可能地节省网络资源，减少不必要的 LSP 和 MPLS 表项。

（2）具体配置步骤

① 配置各 LSR 上各接口（包括 Loopback 接口）的 IP 地址。

#---LSRA 上的配置，具体如下。

```
<Huawei> system-view
[Huawei] sysname LSRA
[LSRA] interface loopback 0
[LSRA-LoopBack0] ip address 10.10.1.1 32
[LSRA-LoopBack0] quit
[LSRA] interface gigabitethernet 1/0/0
[LSRA-GigabitEthernet1/0/0] ip address 10.1.1.1 24
[LSRA-GigabitEthernet1/0/0] quit
```

#---LSRB 上的配置，具体如下。

```
<Huawei> system-view
[Huawei] sysname LSRB
[LSRB] interface loopback 0
```

```
[LSRB-LoopBack0] ip address 10.10.1.2 32
[LSRB-LoopBack0] quit
[LSRB] interface gigabitethernet 1/0/0
[LSRB-GigabitEthernet1/0/0] ip address 10.1.1.2 24
[LSRB-GigabitEthernet1/0/0] quit
[LSRB] interface gigabitethernet 2/0/0
[LSRB-GigabitEthernet2/0/0] ip address 10.1.2.1 24
[LSRB-GigabitEthernet2/0/0] quit
```

#---LSRC 上的配置，具体如下。

```
<Huawei> system-view
[Huawei] sysname LSRC
[LSRC] interface loopback 0
[LSRC-LoopBack0] ip address 10.10.1.3 32
[LSRC-LoopBack0] quit
[LSRC] interface gigabitethernet 1/0/0
[LSRC-GigabitEthernet1/0/0] ip address 10.1.2.2 24
[LSRC-GigabitEthernet1/0/0] quit
[LSRC] interface gigabitethernet 2/0/0
[LSRC-GigabitEthernet2/0/0] ip address 10.1.3.1 24
[LSRC-GigabitEthernet2/0/0] quit
```

#---LSRD 上的配置，具体如下。

```
<Huawei> system-view
[Huawei] sysname LSRD
[LSRD] interface loopback 0
[LSRD-LoopBack0] ip address 10.10.1.4 32
[LSRD-LoopBack0] quit
[LSRD] interface gigabitethernet 2/0/0
[LSRD-GigabitEthernet2/0/0] ip address 10.1.3.2 24
[LSRD-GigabitEthernet2/0/0] quit
```

② 在 LSRB 的 GE2/0/0 接口和 LSRC 的 GE1/0/0 接口上配置 IS-IS 路由（包括 Loopback 接口对应网段路由），并配置 LSRA 到 LSRB、LSRD 到 LSRC 的静态缺省路由，以及 LSRB 到 LSRA、LSRC 到 LSRD Loopback0 接口网段的明细静态路由。

#---LSRA 上的配置，具体如下。

```
[LSRA] ip route-static 0.0.0.0 0.0.0.0 10.1.1.2   #---配置到达 LSRB 的静态缺省路由
```

#---LSRB 上的配置，具体如下。

```
[LSRB] isis 1
[LSRB-isis-1] network-entity 10.0000.0000.0001.00   #---加入区域 16 中，系统 ID 为 1
[LSRB-isis-1] import-route static   #---引入 LSRB 上配置的到达 LSRA 的静态路由
[LSRB-isis-1] quit
[LSRB] interface gigabitethernet 2/0/0
[LSRB-GigabitEthernet2/0/0] isis enable 1   #---在 GE2/0/0 接口上使能 IS-IS 1 进程
[LSRB-GigabitEthernet2/0/0] quit
[LSRB] interface loopback 0
[LSRB-LoopBack0] isis enable 1   #---在 Loopback0 接口上使能 IS-IS 1 进程
[LSRB-LoopBack0] quit
[LSRB] ip route-static 10.10.1.1 255.255.255.255 10.1.1.1   #---配置到达 LSRA Loopback0 接口网段的静态路由
```

#---LSRC 上的配置，具体如下。

```
[LSRC] isis 1
[LSRC-isis-1] network-entity 10.0000.0000.0002.00
[LSRC-isis-1] import-route static
[LSRC-isis-1] quit
[LSRC] interface gigabitethernet 1/0/0
```

```
[LSRC-GigabitEthernet1/0/0] isis enable 1
[LSRC-GigabitEthernet1/0/0] quit
[LSRC] interface loopback 0
[LSRC-LoopBack0] isis enable 1
[LSRC-LoopBack0] quit
[LSRC] ip route-static 10.10.1.4 255.255.255.255 10.1.3.2   #---配置到达 LSRD Loopback0 接口网段的静态路由
```

#---LSRD 上的配置，具体如下。

```
[LSRD] ip route-static 0.0.0.0 0.0.0.0 10.1.3.1   #---配置到达 LSRC 的静态缺省路由
```

以上配置完成后，在 LSRB 和 LSRC 上执行 **display ip routing-table** 命令，可查看 IP 路由表，可以看到两台 LSR 上已有整个骨干网各网段的路由，包括到达 LSRA 和 LSRD 的 Loopback0 接口对应网段的 IS-IS 路由，具体如图 3-22 和图 3-23 所示。

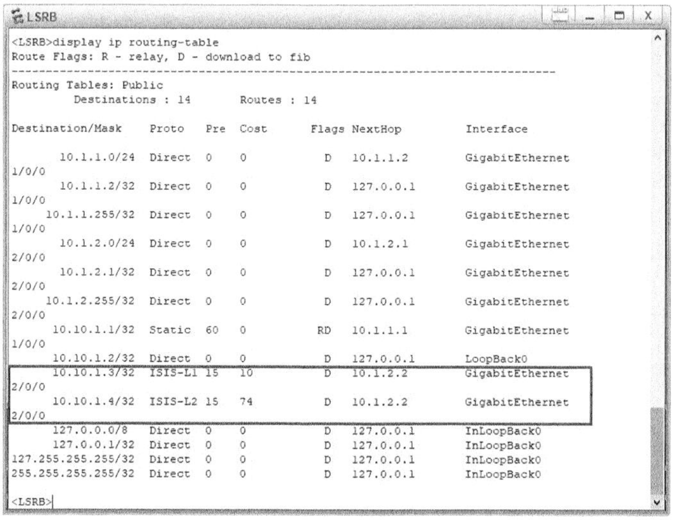

```
LSRB
<LSRB>display ip routing-table
Route Flags: R - relay, D - download to fib
------------------------------------------------------------------------------
Routing Tables: Public
         Destinations : 14       Routes : 14

Destination/Mask    Proto   Pre  Cost      Flags NextHop         Interface

       10.1.1.0/24  Direct  0    0           D   10.1.1.2        GigabitEthernet
1/0/0
       10.1.1.2/32  Direct  0    0           D   127.0.0.1       GigabitEthernet
1/0/0
     10.1.1.255/32  Direct  0    0           D   127.0.0.1       GigabitEthernet
1/0/0
       10.1.2.0/24  Direct  0    0           D   10.1.2.1        GigabitEthernet
2/0/0
       10.1.2.1/32  Direct  0    0           D   127.0.0.1       GigabitEthernet
2/0/0
     10.1.2.255/32  Direct  0    0           D   127.0.0.1       GigabitEthernet
2/0/0
      10.10.1.1/32  Static  60   0          RD   10.1.1.1        GigabitEthernet
1/0/0
      10.10.1.2/32  Direct  0    0           D   127.0.0.1       LoopBack0
      10.10.1.3/32  ISIS-L1 15   10          D   10.1.2.2        GigabitEthernet
2/0/0
      10.10.1.4/32  ISIS-L2 15   74          D   10.1.2.2        GigabitEthernet
2/0/0
      127.0.0.0/8   Direct  0    0           D   127.0.0.1       InLoopBack0
      127.0.0.1/32  Direct  0    0           D   127.0.0.1       InLoopBack0
127.255.255.255/32  Direct  0    0           D   127.0.0.1       InLoopBack0
255.255.255.255/32  Direct  0    0           D   127.0.0.1       InLoopBack0

<LSRB>
```

图 3-22　在 LSRB 上执行 **display ip routing-table** 命令的输出

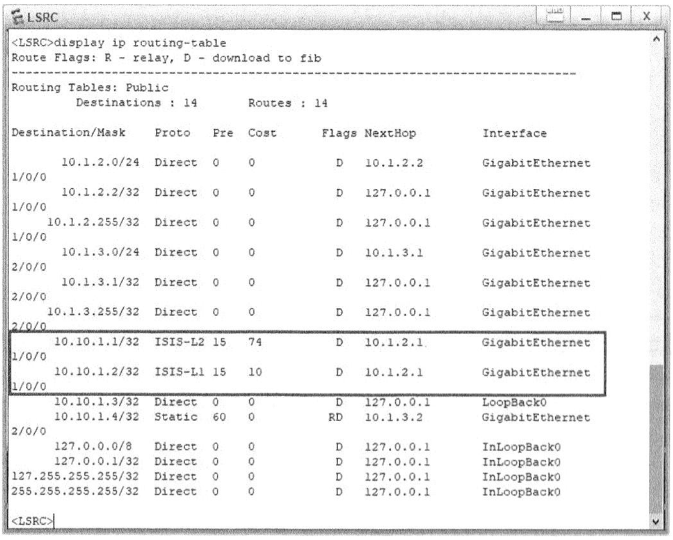

```
LSRC
<LSRC>display ip routing-table
Route Flags: R - relay, D - download to fib
------------------------------------------------------------------------------
Routing Tables: Public
         Destinations : 14       Routes : 14

Destination/Mask    Proto   Pre  Cost      Flags NextHop         Interface

       10.1.2.0/24  Direct  0    0           D   10.1.2.2        GigabitEthernet
1/0/0
       10.1.2.2/32  Direct  0    0           D   127.0.0.1       GigabitEthernet
1/0/0
     10.1.2.255/32  Direct  0    0           D   127.0.0.1       GigabitEthernet
1/0/0
       10.1.3.0/24  Direct  0    0           D   10.1.3.1        GigabitEthernet
2/0/0
       10.1.3.1/32  Direct  0    0           D   127.0.0.1       GigabitEthernet
2/0/0
     10.1.3.255/32  Direct  0    0           D   127.0.0.1       GigabitEthernet
2/0/0
      10.10.1.1/32  ISIS-L2 15   74          D   10.1.2.1        GigabitEthernet
1/0/0
      10.10.1.2/32  ISIS-L1 15   10          D   10.1.2.1        GigabitEthernet
1/0/0
      10.10.1.3/32  Direct  0    0           D   127.0.0.1       LoopBack0
      10.10.1.4/32  Static  60   0          RD   10.1.3.2        GigabitEthernet
2/0/0
      127.0.0.0/8   Direct  0    0           D   127.0.0.1       InLoopBack0
      127.0.0.1/32  Direct  0    0           D   127.0.0.1       InLoopBack0
127.255.255.255/32  Direct  0    0           D   127.0.0.1       InLoopBack0
255.255.255.255/32  Direct  0    0           D   127.0.0.1       InLoopBack0

<LSRC>
```

图 3-23　在 LSRC 上执行 **display ip routing-table** 命令的输出

在 LSRA 上执行 **display ip routing-table** 10.10.1.4 命令，发现路由表中没有到 10.10.1.4 的精确路由，只有一条缺省路由匹配，如图 3-24 所示。

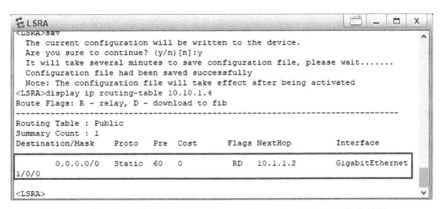

图 3-24　在 LSRA 上执行 **display ip routing-table** 10.10.1.4 命令的输出

在 LSRD 上执行 **display ip routing-table** 10.10.1.1 命令，发现路由表中也没有到 10.10.1.1 的精确路由，只有一条缺省路由匹配。

③ 在各 LSR 上配置 LSR ID（以各自的 Loopback0 接口的 IP 地址标识），使能各节点全局和公网接口的 MPLS 和 MPLS LDP 功能。

\#---LSRA 上的配置，具体如下。

```
[LSRA] mpls lsr-id 10.10.1.1
[LSRA] mpls
[LSRA-mpls] quit
[LSRA] mpls ldp
[LSRA-mpls-ldp] quit
[LSRA] interface gigabitethernet 1/0/0
[LSRA-GigabitEthernet1/0/0] mpls
[LSRA-GigabitEthernet1/0/0] mpls ldp
[LSRA-GigabitEthernet1/0/0] quit
```

\#---LSRB 上的配置，具体如下。

```
[LSRB] mpls lsr-id 10.10.1.2
[LSRB] mpls
[LSRB-mpls] quit
[LSRB] mpls ldp
[LSRB-mpls-ldp] quit
[LSRB] interface gigabitethernet 1/0/0
[LSRB-GigabitEthernet1/0/0] mpls
[LSRB-GigabitEthernet1/0/0] mpls ldp
[LSRB-GigabitEthernet1/0/0] quit
[LSRB] interface gigabitethernet 2/0/0
[LSRB-GigabitEthernet2/0/0] mpls
[LSRB-GigabitEthernet2/0/0] mpls ldp
[LSRB-GigabitEthernet2/0/0] quit
```

\#---LSRC 上的配置，具体如下。

```
[LSRC] mpls lsr-id 10.10.1.3
[LSRC] mpls
[LSRC-mpls] quit
[LSRC] mpls ldp
```

```
[LSRC-mpls-ldp] quit
[LSRC] interface gigabitethernet 1/0/0
[LSRC-GigabitEthernet1/0/0] mpls
[LSRC-GigabitEthernet1/0/0] mpls ldp
[LSRC-GigabitEthernet1/0/0] quit
[LSRC] interface gigabitethernet 2/0/0
[LSRC-GigabitEthernet2/0/0] mpls
[LSRC-GigabitEthernet2/0/0] mpls ldp
[LSRC-GigabitEthernet2/0/0] quit
```

\#---LSRD 上的配置，具体如下。

```
[LSRD] mpls lsr-id 10.10.1.4
[LSRD] mpls
[LSRD-mpls] quit
[LSRD] mpls ldp
[LSRD-mpls-ldp] quit
[LSRD] interface gigabitethernet 2/0/0
[LSRD-GigabitEthernet2/0/0] mpls
[LSRD-GigabitEthernet2/0/0] mpls ldp
[LSRD-GigabitEthernet2/0/0] quit
```

④ 在 LSRA 与 LSRB、LSRC 与 LSRD 之间直连链路的两端接口上配置 DoD 标签发布方式，使 LSRB、LSRC 仅当 LSRA、LSRD 向它们发送标签请求消息时才给它们发送标签映射消息，分配对应的标签，建立对应的 LSP。

\#---LSRA 上的配置，具体如下。

```
[LSRA] interface gigabitethernet 1/0/0
[LSRA-GigabitEthernet1/0/0] mpls ldp advertisement dod
[LSRA-GigabitEthernet1/0/0] quit
```

\#---LSRB 上的配置，具体如下。

```
[LSRB] interface gigabitethernet 1/0/0
[LSRB-GigabitEthernet1/0/0] mpls ldp advertisement dod
[LSRB-GigabitEthernet1/0/0] quit
```

\#---LSRC 上的配置，具体如下。

```
[LSRC] interface gigabitethernet 2/0/0
[LSRC-GigabitEthernet2/0/0] mpls ldp advertisement dod
[LSRC-GigabitEthernet2/0/0] quit
```

\#---LSRD 上的配置，具体如下。

```
[LSRD] interface gigabitethernet 2/0/0
[LSRD-GigabitEthernet2/0/0] mpls ldp advertisement dod
[LSRD-GigabitEthernet2/0/0] quit
```

⑤ 在 LSRA 和 LSRD 上配置 LDP 远端会话。

\#---LSRA 上的配置，具体如下。

```
[LSRA] mpls ldp remote-peer lsrd    #---创建一个远端对等体
[LSRA-mpls-ldp-remote-lsrd] remote-ip 10.10.1.4    #---指定远端对等体 IP 地址为 LSRD
[LSRA-mpls-ldp-remote-lsrd] quit
```

\#---LSRD 上的配置，具体如下。

```
[LSRD] mpls ldp remote-peer lsra
[LSRD-mpls-ldp-remote-lsra] remote-ip 10.10.1.1
[LSRD-mpls-ldp-remote-lsra] quit
```

（3）配置结果验证

以上配置全部完成后，可进行以下配置结果验证。

① 在 LSRA 和 LSRD 上执行 **display mpls ldp lsp** 命令，发现 LSRA 上没有成功建立到达 LSRD Loopback0 接口 10.10.1.4/32 网段的 LSP，LSRD 上也没有成功建立到达 LSRA Loopback0 接口 10.10.1.1/32 网段的 LSP。图 3-25 是在 LSRA 上执行该命令的输出。

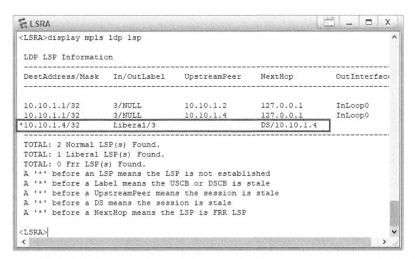

图 3-25　使能自动触发 DoD 请求功能前在 LSRA 上执行 **display mpls ldp lsp** 命令的输出

② 在 LSRA、LSRD 上配置 LDP 跨域扩展功能，使能 LDP 按照最长匹配方式查找路由建立 LSP，因为 LSRA 和 LSRD 之间跨域了，所以不能直接学习对方的精确路由。

#---LSRA 上的配置，具体如下。

```
[LSRA] mpls ldp
[LSRA-mpls-ldp] longest-match
[LSRA-mpls-ldp] quit
```

#---LSRD 上的配置，具体如下。

```
[LSRD] mpls ldp
[LSRD-mpls-ldp] longest-match
[LSRD-mpls-ldp] quit
```

③ 在 LSRA 和 LSRD 上使能 LDP 自动触发 DoD 请求功能，以请求获取远端对等体 LSR-ID 所代表的 FEC 的标签映射消息，在它们之间建立 LSP。

#---LSRA 上的配置，具体如下。

```
[LSRA] mpls ldp remote-peer lsrd    #---创建一个远端对等体
[LSRA-mpls-ldp-remote-lsrd] remote-ip auto-dod-request    #---使能自动触发 DoD 请求功能
[LSRA-mpls-ldp-remote-lsrd] quit
```

#---LSRD 上的配置，具体如下。

```
[LSRD] mpls ldp remote-peer lsra
[LSRD-mpls-ldp-remote-lsra] remote-ip auto-dod-request
[LSRD-mpls-ldp-remote-lsra] quit
```

以上配置完成后，再在 LSRA、LSRD 上执行 **display mpls ldp lsp** 命令，查看已经建立的 LSP，此时会发现 LSRA 上已成功建立以自己为 Ingress 到达 LSRD Loopback0 接口 10.10.1.4/32 网段的 LSP，LSRD 上也成功建立了以自己为 Ingress 到达 LSRA Loopback0 接口 10.10.1.1/32 网段的 LSP。图 3-26 是在 LSRA 上执行 **display mpls ldp lsp** 命令的输出。

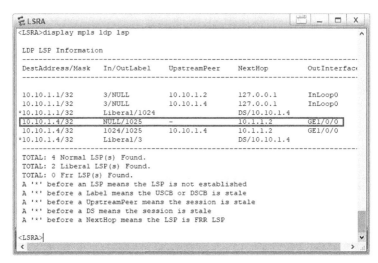

图 3-26　使能自动触发 DoD 请求功能后在 LSRA 上执行 **display mpls ldp lsp** 命令的输出

④ 在 LSRA 或 LSRD 上执行 **display tunnel-info all** 命令可以查看 LSRA 与 LSRD 之间的隧道是否建立成功。图 3-27 是在 LSRA 上执行 **display tunnel-info all** 命令的输出，从显示信息可以看到，LSRA 到 LSRD 的隧道已经建立。

```
LSRA
<LSRA>display tunnel-info all
 * -> Allocated VC Token
Tunnel ID              Type               Destination           Token
------------------------------------------------------------------------
0x1                    lsp                10.10.1.4             1
0x2                    lsp                10.10.1.4             2
<LSRA>
```

图 3-27　在 LSRA 上执行 **display tunnel-info all** 命令的输出

以上验证已证明本示例前面的自动发 DoD 请求功能的配置是正确且成功的。

3.3.7　配置 LDP 标签策略

一般情况下，LSR 会自动向其上游和下游 LDP 对等体分配标签，这样做的好处是可以在网络拓扑结构发生变化时提高 LDP LSP 的收敛速度。但是接收所有的标签映射消息，或者向所有对等体发送标签映射消息会导致大量 LSP 的建立，而且通常情况下，只有向上游分配的标签是有用的，这样会造成资源浪费。为了减少 LSP 的数量，节省内存，可采取以下配置策略。

① 配置 LDP 标签过滤机制。

配置 LDP Inbound 策略或 Outbound 策略，限制标签映射消息的接收和发送。

② 配置 LDP 水平分割策略。

水平分割策略可使 LSR 只向其上游（根据具体的 FEC 路由方向）LDP 对等体分配标签，以减少本地设备建立的 LSP 的数量。

下面分别介绍以上方案的具体配置方法。

（1）配置 LDP Inbound 策略

配置 LDP Inbound 策略，对来自对等体的标签映射消息进行过滤，仅接收允许的标签映射消息，具体配置步骤见表 3-7。

表 3-7　配置 LDP Inbound 策略的步骤

步骤	命令	说明
1	**system-view**	进入系统视图
2	**mpls ldp** 例如：[Huawei] **mpls ldp**	进入 MPLS LDP 视图
3	**inbound peer** { *peer-id* | **all** } **fec** { **none** | **host** | **ip-prefix** *prefix-name* } 例如：[Huawei-mpls-ldp] **inbound peer all fec host**	配置给指定的对等体针对指定的 IGP 路由应用 Inbound 策略，使本端仅接收来自指定对等体（或对等体组）发来的针对指定 FEC 的标签映射消息。 ① *peer-id*：多选一参数，指定的对等体 ID。如果配置了 **lsr-id** 命令，则该参数由 **lsr-id** 命令定义，点分十进制格式。 ② **all**：多选一选项，所有 LDP 对等体。 ③ **none**：多选一选项，策略过滤掉所选定对等体发来的基于所有 FEC 的标签映射消息，即不接收指定的对等体发来的针对所有 IGP 路由的标签映射消息。 ④ **host**：多选一选项，策略只允许主机路由的 FEC 通过，即针对指定的对等体，仅接收由其发送的主机路由的标签映射消息。 ⑤ **ip-prefix** *prefix-name*：多选一选项，策略只允许 IP 地址前缀列表指定的 FEC 通过，必须是已通过 **ip ip-prefix** *ip-prefix-name* [**index** *index-number*] { **permit** | **deny** } *ipv4-address mask-length* [**match-network**] [**greater-equal** *greater-equal-value*] [**less-equal** *less-equal-value*]命令创建的 IP 地址前缀列表。 缺省情况下，没有配置给指定的对等体针对指定的 IGP 路由应用 Inbound 策略，可用 **undo inbound peer** { *peer-id* | **peer-group** *peer-group-name* | **all** } **fec** 命令恢复缺省配置

【注意】多个 Inbound 策略共存的情况下，针对某一个对等体，实际生效的 Inbound 策略以第一次的配置为准。例如先后进行了以下配置。

```
inbound peer 2.2.2.2 fec host
inbound peer peer-group group1 fec none
```

其中，group1 中包含 *peer-id* 为 2.2.2.2 的对等体，则对于 2.2.2.2 的对等体，实际生效的 Inbound 策略是 **inbound peer** 2.2.2.2 **fec host**。

如果先后配置两条 Inbound 策略，对于关键字 **peer** 部分的配置完全一样，则新的配置会覆盖旧的配置，即新的配置生效。例如先后进行了以下配置，对于 2.2.2.2 的对等体实际生效的是 **inbound peer** 2.2.2.2 **fec none**。

```
inbound peer 2.2.2.2 fec host
inbound peer 2.2.2.2 fec none
```

（2）配置 LDP Outbound 策略

配置 LDP Outbound 策略，可以对本地设备向指定对等体（或对等体组）发送的标签映射消息进行过滤，仅发送允许的标签映射消息。在 Outbound 策略中不仅可以限制向指定对等体发送 IGP 路由的标签映射消息，还可以限制向指定对等体发送 BGP 路由的标签映射消息，具体配置步骤见表 3-8。

表 3-8　配置 LDP Outbound 策略的步骤

步骤	命令	说明
1	**system-view**	进入系统视图
2	**mpls ldp** 例如：[Huawei] **mpls ldp**	进入 MPLS LDP 视图
3	**outbound peer** { *peer-id* | **all** } **fec** { **none** | **host** | **ip-prefix** *prefix-name* } 例如：[Huawei-mpls-ldp] **outbound peer all fec host**	（可选）配置给指定的对等体针对指定的 IGP 路由应用 Outbound 策略。命令中的参数选项说明参见表 3-7 中的第 3 步，不同的是此处限制的是从本地向指定对等体发送的 IGP 路由标签映射消息。 缺省情况下，没有配置给指定的对等体针对指定的 IGP 路由应用 Outbound 策略，可用 **undo outbound peer** { *peer-id* | **peer-group** *peer-group-name* | **all** } **fec** 命令恢复缺省配置
4	**outbound peer** { *peer-id*| **all** } **bgp-label-route** { **none** | **ip-prefix** *prefix-name* } 例如：[Huawei-mpls-ldp] **outbound peer all** **bgp-label-route ip-prefix** prefix1	（可选）配置给指定的对等体针对指定的 BGP 标签路由应用 Outbound 策略。 ① *peer-id*：多选一参数，指定对等体 ID。缺省情况下，该参数由 **mpls lsr-id** 命令定义。如果配置了 **lsr-id** 命令，则该参数由 **lsr-id** 命令定义。 ② **all**：多选一选项，所有 LDP 对等体。 ③ **none**：二选一选项，策略过滤掉所有 FEC，即不给指定的对等体发送 BGP 路由的标签映射消息。 ④ **ip-prefix** *prefix-name*：二选一参数，策略只允许 IP 地址前缀列表指定的 FEC 通过，即给指定的对等体发送 IP 地址前缀列表规定 BGP 路由的标签映射消息。 缺省情况下，没有根据指定的 BGP 标签路由配置 Outbound 策略，不会给指定的对等体发送标签映射消息，可用 **undo outbound peer** { *peer-id* | **peer-group** *peer-group-name* | **all** } **bgp-label-route** 命令恢复缺省配置

【注意】多个 Outbound 策略共存的情况下，针对某一个对等体，实际生效的 Outbound 策略以第一次的配置为准。例如先后进行了以下配置。

```
outbound peer 2.2.2.2 bgp-label-route ip-prefix prefix1
outbound peer peer-group group1 bgp-label-route none
```

其中，group1 中包含 *peer-id* 为 2.2.2.2 的对等体，对于该对等体，实际生效的 Outbound 策略是 **outbound peer 2.2.2.2 bgp-label-route ip-prefix prefix1**。

如果先后配置两条 Outbound 策略，对于关键字 **peer** 部分的配置完全一样，则新的配置会覆盖旧的配置。例如先后进行了以下配置，则对于 2.2.2.2 对等体来说，实际生效的 Outbound 策略是 **outbound peer 2.2.2.2 bgp-label-route none**。

```
outbound peer 2.2.2.2 bgp-label-route ip-prefix prefix1
outbound peer 2.2.2.2 bgp-label-route none
```

（3）配置 LDP 水平分割

LDP 对等体配置水平分割策略可使 LSR 只向其上游（根据对应 FEC LSP 方向）LDP 对等体分配标签。在 MPLS LDP 视图下通过 **outbound peer** { *peer-id* \| **all** } **split-horizon** 命令配置 LDP 对等体配置水平分割策略。

① *peer-id*：二选一参数，指定不给指定 LDR ID 的下游 LDP 对等体分配标签。

② **all**：二选一选项，指定不给所有**下游** LDP 对等体分配标签。

缺省情况下，没有为 LDP 对等体配置水平分割策略，即 LSR 会同时向其上游和下游 LDP

对等体分配标签，可用 **undo outbound peer** { *peer-id* | **all** } **split-horizon** 命令恢复缺省配置。

【注意】针对所有对等体的 LDP 水平分割策略比针对某个 peer 的 LDP 水平分割策略优先级高。例如先配置 **outbound peer all split-horizon**，再配置 **outbound peer 2.2.2.2 split-horizon**，则单个对等体的 LDP 水平分割策略不生效。

3.3.8　LDP Inbound 策略配置示例

图 3-28 所示的网络中，部署了 MPLS LDP 业务。LSRD 是接入设备，性能较低。如果不对 LSRD 收到的标签进行控制，则会建立大量的 LSP，消耗大量内存，LSRD 无法承受。现要求有效地减少 LSP 的数量，从而节约 LSRD 内存，减少资源的浪费。

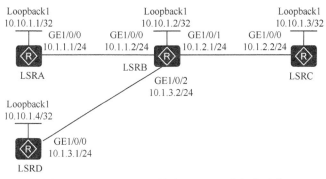

图 3-28　LDP Inbound 策略配置示例的拓扑结构

（1）基本配置思路分析

本示例是要限制在 LSRD 上建立的 LSP 的数量，即限制 LSRD 从对等体接收的标签映射消息。这时可通过配置 LDP Inbound 策略实现此需求，仅允许 LSRD 接收来自 LSRB、到达 LSRC Loopback1 接口网段的标签映射消息。

LDP Inbound 策略是 LDP 可选基本功能，在配置此任务前要完成 LDP 必选基本功能的配置，并且要确保各 LSR 的路由畅通。由此可得出本示例的以下基本配置路由。

① 在各 LSR 上配置各接口（包括 Loopback 接口）的 IP 地址。

② 在各 LSR 上配置 OSPF 路由（包括 Loopback 接口主机路由）。

③ 在各 LSR 上配置 LSR ID，全局使能 MPLS 和 MPLS LDP 功能，以及在各 LSR 互连的公网接口上使能 MPLS 和 MPLS LDP 功能。

④ 在 LSRD 上配置 LDP Inbound 策略，只接收由 LSRB 发送的、到达 LSRC Loopback1 接口网段的标签映射消息。

（2）具体配置步骤

① 在各 LSR 上配置各接口（包括 Loopback 接口）的 IP 地址。

#---LSRA 上的配置，具体如下。

```
<Huawei> system-view
[Huawei] sysname LSRA
[LSRA] interface loopback 1
[LSRA-LoopBack1] ip address 10.10.1.1 32
[LSRA-LoopBack1] quit
[LSRA] interface gigabitethernet 1/0/0
```

```
[LSRA-GigabitEthernet1/0/0] ip address 10.1.1.1 24
[LSRA-GigabitEthernet1/0/0] quit
```

\#---LSRB 上的配置，具体如下。

```
<Huawei> system-view
[Huawei] sysname LSRB
[LSRB] interface loopback 1
[LSRB-LoopBack1] ip address 10.10.1.2 32
[LSRB-LoopBack1] quit
[LSRB] interface gigabitethernet 1/0/0
[LSRB-GigabitEthernet1/0/0] ip address 10.1.1.2 24
[LSRB-GigabitEthernet1/0/0] quit
[LSRB] interface gigabitethernet 1/0/1
[LSRB-GigabitEthernet1/0/1] ip address 10.1.2.1 24
[LSRB-GigabitEthernet1/0/1] quit
[LSRB] interface gigabitethernet 1/0/2
[LSRB-GigabitEthernet1/0/2] ip address 10.1.3.2 24
[LSRB-GigabitEthernet1/0/2] quit
```

\#---LSRC 上的配置，具体如下。

```
<Huawei> system-view
[Huawei] sysname LSRC
[LSRC] interface loopback 1
[LSRC-LoopBack1] ip address 10.10.1.3 32
[LSRC-LoopBack1] quit
[LSRC] interface gigabitethernet 1/0/0
[LSRC-GigabitEthernet1/0/0] ip address 10.1.2.2 24
[LSRC-GigabitEthernet1/0/0] quit
```

\#---LSRD 上的配置，具体如下。

```
<Huawei> system-view
[Huawei] sysname LSRD
[LSRD] interface loopback 1
[LSRD-LoopBack1] ip address 10.10.1.3 32
[LSRD-LoopBack1] quit
[LSRD] interface gigabitethernet 1/0/0
[LSRD-GigabitEthernet1/0/0] ip address 10.1.3.1 24
[LSRD-GigabitEthernet1/0/0] quit
```

② 在各 LSR 上配置 OSPF 路由（包括 Loopback 接口主机路由）。各 LSR 均同在 OSPF 路由进程 1、区域 0 中。

\#---LSRA 上的配置，具体如下。

```
[LSRA] ospf 1
[LSRA-ospf-1] area 0
[LSRA-ospf-1-area-0.0.0.0] network 10.10.1.1 0.0.0.0
[LSRA-ospf-1-area-0.0.0.0] network 10.1.1.0 0.0.0.255
[LSRA-ospf-1-area-0.0.0.0] quit
[LSRA-ospf-1] quit
```

\#---LSRB 上的配置，具体如下。

```
[LSRB] ospf 1
[LSRB-ospf-1] area 0
[LSRB-ospf-1-area-0.0.0.0] network 10.10.1.2 0.0.0.0
[LSRB-ospf-1-area-0.0.0.0] network 10.1.1.0 0.0.0.255
[LSRB-ospf-1-area-0.0.0.0] network 10.1.2.0 0.0.0.255
[LSRB-ospf-1-area-0.0.0.0] network 10.1.3.0 0.0.0.255
[LSRB-ospf-1-area-0.0.0.0] quit
[LSRB-ospf-1] quit
```

#---LSRC 上的配置，具体如下。

```
[LSRC] ospf 1
[LSRC-ospf-1] area 0
[LSRC-ospf-1-area-0.0.0.0] network 10.10.1.3 0.0.0.0
[LSRC-ospf-1-area-0.0.0.0] network 10.1.2.0 0.0.0.255
[LSRC-ospf-1-area-0.0.0.0] quit
[LSRC-ospf-1] quit
```

#---LSRD 上的配置，具体如下。

```
[LSRD] ospf 1
[LSRD-ospf-1] area 0
[LSRD-ospf-1-area-0.0.0.0] network 10.10.1.4 0.0.0.0
[LSRD-ospf-1-area-0.0.0.0] network 10.1.3.0 0.0.0.255
[LSRD-ospf-1-area-0.0.0.0] quit
[LSRD-ospf-1] quit
```

③ 在各 LSR 上配置 LSR ID，全局使能 MPLS 和 MPLS LDP 功能，以及在各 LSR 互连的公网接口上使能 MPLS 和 MPLS LDP 功能。

#---LSRA 上的配置，具体如下。

```
[LSRA] mpls lsr-id 10.10.1.1
[LSRA] mpls
[LSRA-mpls] quit
[LSRA] mpls ldp
[LSRA-mpls-ldp] quit
[LSRA] interface gigabitethernet 1/0/0
[LSRA-GigabitEthernet1/0/0] mpls
[LSRA-GigabitEthernet1/0/0] mpls ldp
[LSRA-GigabitEthernet1/0/0] quit
```

#---LSRB 上的配置，具体如下。

```
[LSRB] mpls lsr-id 10.10.1.2
[LSRB] mpls
[LSRB-mpls] quit
[LSRB] mpls ldp
[LSRB-mpls-ldp] quit
[LSRB] interface gigabitethernet 1/0/0
[LSRB-GigabitEthernet1/0/0] mpls
[LSRB-GigabitEthernet1/0/0] mpls ldp
[LSRB-GigabitEthernet1/0/0] quit
[LSRB] interface gigabitethernet 1/0/1
[LSRB-GigabitEthernet1/0/1] mpls
[LSRB-GigabitEthernet1/0/1] mpls ldp
[LSRB-GigabitEthernet1/0/1] quit
[LSRB] interface gigabitethernet 1/0/2
[LSRB-GigabitEthernet1/0/2] mpls
[LSRB-GigabitEthernet1/0/2] mpls ldp
[LSRB-GigabitEthernet1/0/2] quit
```

#---LSRC 上的配置，具体如下。

```
[LSRC] mpls lsr-id 10.10.1.3
[LSRC] mpls
[LSRC-mpls] quit
[LSRC] mpls ldp
[LSRC-mpls-ldp] quit
[LSRC] interface gigabitethernet 1/0/0
[LSRC-GigabitEthernet1/0/0] mpls
```

```
[LSRC-GigabitEthernet1/0/0] mpls ldp
[LSRC-GigabitEthernet1/0/0] quit
```

#---LSRD 上的配置，具体如下。

```
[LSRD] mpls lsr-id 10.10.1.4
[LSRD] mpls
[LSRD-mpls] quit
[LSRD] mpls ldp
[LSRD-mpls-ldp] quit
[LSRD] interface gigabitethernet 1/0/0
[LSRD-GigabitEthernet1/0/0] mpls
[LSRD-GigabitEthernet1/0/0] mpls ldp
[LSRD-GigabitEthernet1/0/0] quit
```

（3）配置结果验证

完成以上配置后，可进行以下配置结果验证。

① 在 LSRD 上执行 **display mpls lsp** 命令，查看已经建立的 LSP，会发现 LSRD 上建立了到 LSRA、LSRB、LSRC 的 LSP，而且各有两条 LSP，如图 3-29 所示。

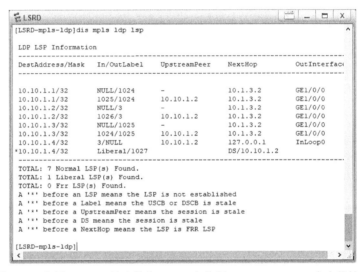

图 3-29　应用 Inbound 策略前在 LSRD 上执行 **display mpls lsp** 命令的输出

在这些基于同一 FEC 的两条 LSP 中，真正有用的是仅带出标签的那条 LSP，作为从本地到达指定目的地址的 Ingress LSP，而另一条同时包括入标签和出标签的 LSP 则是作为指导其上游设备到达目的地址的 Transit LSP，是没用的。

② 配置 LDP Inbound 策略，具体如下。

#---在 LSRD 上配置 IP 地址前缀列表，只允许到 LSRC 的路由通过。

[LSRD] **ip ip-prefix prefix1 permit** 10.10.1.3 32

#---在 LSRD 上配置 Inbound 策略，使其仅接收由 LSRB 发送的到 LSRC 10.10.1.3/32 的标签映射消息。

```
[LSRD] mpls ldp
[LSRD-mpls-ldp] inbound peer 10.10.1.2 fec ip-prefix prefix1
[LSRD-mpls-ldp] quit
```

以上配置完成后，经过一段时间让原来建立的无效 LSP 老化，再在 LSRD 任意视图下执行 **display mpls lsp** 命令，此时可以看到除了为本地 10.10.1.4/32 建立的 LSP，只有建立到 LSRC 10.10.1.3/32 的两条 LSP，原来到达 LSRA 和 LSRB 的 4 条 LSP 全部被过滤，如图 3-30 所示。

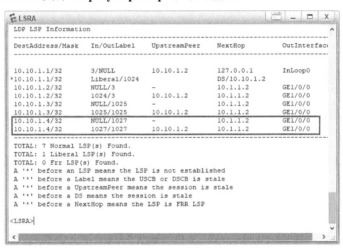

图 3-30 应用 Inbound 策略后在 LSRD 上执行 **display mpls lsp** 命令的输出

这样一来，LSRD 只能通过 MPLS 标签交换方式访问 LSRC 的 10.10.1.3/32 主机，而不能通过 MPLS 标签交换方式访问 LSRA 的 10.10.1.1/32 和 LSRB 的 10.1.1.2/32，但仍可以通过路由方式访问。

因为 Inbound 策略只是不接收来自对等体的某 FEC 标签映射消息，不影响本地设备向对等体发送的 FEC 标签映射消息，所以 LSRD 上的 10.10.1.4/32 网段的标签映射消息仍可传播到 LSRA、LSRB 和 LSRC 上，使这些 LSR 上仍建立了到达该 FEC 的 LSP。图 3-31 是在 LSRA 上执行 **display mpls lsp** 命令的输出。

```
LSRA                                                          □ X
LDP LSP Information
-----------------------------------------------------------------
DestAddress/Mask    In/OutLabel    UpstreamPeer    NextHop      OutInterface

10.10.1.1/32        3/NULL         10.10.1.2       127.0.0.1    InLoop0
*10.10.1.1/32       Liberal/1024                   DS/10.10.1.2
10.10.1.2/32        NULL/3         -               10.1.1.2     GE1/0/0
10.10.1.2/32        1024/3         10.10.1.2       10.1.1.2     GE1/0/0
10.10.1.3/32        NULL/1025      -               10.1.1.2     GE1/0/0
10.10.1.3/32        1025/1025      10.10.1.2       10.1.1.2     GE1/0/0
10.10.1.4/32        NULL/1027      -               10.1.1.2     GE1/0/0
10.10.1.4/32        1027/1027      10.10.1.2       10.1.1.2     GE1/0/0
-----------------------------------------------------------------
TOTAL: 7 Normal LSP(s) Found.
TOTAL: 1 Liberal LSP(s) Found.
TOTAL: 0 Frr LSP(s) Found.
A '*' before an LSP means the LSP is not established
A '*' before a Label means the USCB or DSCB is stale
A '*' before a UpstreamPeer means the session is stale
A '*' before a DS means the session is stale
A '*' before a NextHop means the LSP is FRR LSP

<LSRA>
```

图 3-31 应用 Inbound 策略后在 LSRA 上执行 **display mpls lsp** 命令的输出

以上验证已证明本示例的 Inbound 策略配置是正确且成功的。

3.3.9 LDP Outbound 策略配置示例

本示例的网络拓扑结构仍参见图 3-28，在网络中部署 MPLS LDP 业务。LSRD 是接入设备，性能较低。如果不对 LSRD 收到的标签进行控制，则会建立大量的 LSP，消耗大量内存，LSRD 无法承受。现要求有效地减少 LSP 的数量，从而节约 LSRD 内存，减少资源的浪费。

（1）基本配置思路分析

本示例与 3.3.8 节介绍的配置示例的总体目标是一样的，在 LSRD 上建立的 LSP 不多，但本示例采用的是 LDP Outbound 策略，所以配置的对象与 3.3.8 节介绍的配置示例不一样。3.3.8 节的示例是在 LSRD 上配置 LDP Inbound 策略，用以限制 LSRD 所接收的标签映射消息，本示例要在与 LSRD 直连的 LSRB 上配置 LDP Outbound 策略，使 LSRB 仅向 LSRD 发送 LSRD 所需的标签映射消息。

本示例的基本配置思路如下。

① 在各 LSR 上配置各接口（包括 Loopback 接口）的 IP 地址。

② 在各 LSR 上配置 OSPF 路由（包括 Loopback 接口主机路由）。

③ 在各 LSR 上配置 LSR ID，全局使能 MPLS 和 MPLS LDP 功能，以及在各 LSR 互连的接口上使能 MPLS 和 MPLS LDP 功能。

④ 在 LSRB 上配置 LDP Outbound 策略，使其只向 LSRD 发送到达 LSRC 10.10.1.3/32 的标签映射消息。

（2）具体配置步骤

因为本示例的拓扑结构与图 3-28 是一样的，所以上述配置任务中的第①～③项配置任务的具体配置与 3.3.8 完全相同，在此仅介绍上述第④项配置任务的具体配置方法。

在完成第①和②项配置任务后，在 LSRD 上执行 **display mpls lsp** 命令，可以看到已经建立了到达各 LSR 的 LSP。

\#---在 LSRB 上配置 IP 地址前缀列表，只允许到 LSRC 的路由通过，具体如下。

```
[LSRB] ip ip-prefix prefix1 permit 10.10.1.3 32
```

\#---在 LSRB 上配置 Outbound 策略，仅向 LSRD 发送到 LSRC Loopback1 接口对应网段的标签映射消息，具体如下。

```
[LSRB] mpls ldp
[LSRB-mpls-ldp] outbound peer 10.10.1.4 fec ip-prefix prefix1
[LSRB-mpls-ldp] quit
```

以上配置好后，再在 LSRD 上执行 **display mpls lsp** 命令，此时可以看到除了本地直连的 10.10.1.4/32 LSP，也只建立了到达 LSRC 的两条 LSP（原来到达 LSRA 和 LSRB 的 4 条 LSP 不存在），实现了与 3.3.8 节配置示例一样的效果，具体参见图 3-30。

同样，LSRD 上的 10.10.1.4/32 网段的标签映射消息仍可以发给 LSRA、LSRB 和 LSRC，为该 FEC 建立 LSP。

3.3.10　配置 LDP LSP 建立的触发策略

缺省情况下，使能 MPLS LDP 后，各设备上的 32 位主机路由将自动建立 LSP。如果不通过策略控制，将有大量的 LSP 建立，而其中又包括许多当前无用甚至建立不成功的 LSP，导致资源浪费。

为了节省设备资源，除了可以通过采用 3.3.7 节介绍的 LDP 标签策略过滤设备所接收或发送的标签映射消息来实现对 LSP 建立的控制之外，还可以采用本节介绍的 LSP 建立触发策略进行控制。

在不同节点上可配置的 LDP LSP 建立触发策略不一样，具体介绍如下。

① 在 Ingress 和 Egress 上配置 lsp-trigger 策略，使仅符合条件的路由触发 LSP 的建立，具体配置步骤见表 3-9。

表 3-9　在 Ingress 和 Egress 上配置 lsp-trigger 策略的步骤

步骤	命令	说明
1	**system-view**	进入系统视图
2	**mpls** 例如：[Huawei] **mpls**	进入 MPLS 视图
3	**lsp-trigger** { **all** | **host** | **ip-prefix** *ip-prefix-name* | **none** } 例如：[Huawei-mpls] **lsp-trigger ip-prefix** ipprefix1	（二选一）配置触发静态路由和 IGP 路由建立 LSP 的策略。 ① **all**：多选一选项，指定在 MPLS 域内的静态和 IGP 路由都将触发建立 LSP，不推荐采用。 ② **host**：多选一选项，指定仅 MPLS 域内的 32 位掩码的主机 IP 路由触发建立 LSP，这是缺省选项。 ③ **ip-prefix** *ip-prefix-name*：多选一参数，指定根据 IP 地址前缀列表触发建立 LSP。最终结果是凡是不在 IP 地址前缀列表许可范围中的路由，以及所有以该节点为 Ingress 的其他路由，都将被禁止建立 LSP。 ④ **none**：多选一选项，不触发建立 LSP，但不能限制本地直连路由的 LSP 建立。 【注意】本命令只对公网的 Ingress LSP 和 Egress LSP，以及私网的 IGP 路由的 Ingress LSP 和 Egress LSP 有效。配置触发建立 LSP 的策略为 host 时（这是缺省配置），在不同的节点执行命令，配置效果也不同：**在 Ingress 执行该命令时，触发 MPLS 域所有的 32 位掩码路由建立 LDP LSP；在 Egress 执行该命令时，触发本地 32 位掩码路由建立 LDP LSP**。 要实现两端以 MPLS 标签转发方式通信，则需要在两端同时允许两端 FEC 路由。如果不允许本端 FEC 路由，则本端不能触发发送该 FEC 的标签映射消息到达对端，对端就不能建立到达本端的 Egress LSP；如果不允许对端 FEC 路由，则本端尽管会收到对端 FEC 的标签映射消息，但本端仍不能建立到达对端的 Egress LSP。没有到达对端的 Egress LSP 也就无法实现两端网段以 MPLS 标签交换方式互通。 缺省情况下，触发策略为 host，即 32 位地址掩码的主机 IP 路由（不包括接口的 32 位地址掩码的主机 IP 路由）触发建立 LSP，可用 **undo lsp-trigger** 命令恢复缺省设置
	lsp-trigger bgp-label-route [**ip-prefix** *ip-prefix-name*] 例如：[Huawei-mpls] **lsp-trigger bgp-label-route**	（二选一）配置触发带标签的公网 BGP 路由建立 LSP 的策略。可选参数 **ip-prefix** *ip-prefix-name* 允许通过指定 IP 地址前缀列表过滤的带标签的公网 BGP 路由触发 LDP 建立 LSP。 缺省情况下，LDP 不为带标签的公网 BGP 路由分标签，可用 **undo lsp-trigger bgp-label-route** 命令恢复为缺省设置
4	**proxy-egress disable** 例如：[Huawei-mpls] **proxy-egress disable**	（可选）配置禁止建立代理 Egress LSP。当在第 3 步配置的 LSP 触发策略为所有静态路由和 IGP 路由项（选择 **all** 选项时）触发建立 LSP 或根据 IP 地址前缀列表（选择 **ip-prefix** 参数时）触发建立 LSP 时，会触发建立代理 Egress LSP。但这些代理 Egress LSP 很可能是无用的，会耗费系统资源。此时可以执行本命令禁止建立代理 Egress LSP。 缺省情况下，系统允许建立代理 Egress LSP，可用 **undo proxy-egress disable** 命令配置允许建立代理 Egress LSP

②　在 Transit 上配置 propagate mapping 策略，仅允许符合过滤条件的路由的标签映射消息向上游发送，这样可以有效减少上游 LSP 的数量，节约网络资源。但 propagate mapping 策略**也仅可限制非本地直连路由的标签映射消息向上游发送，对本地直连的路**

由不起作用，具体的配置步骤见表 3-10。

通常情况下，建议配置 lsp-trigger 策略；若由于某种特殊原因在 Ingress 和 Egress 上不能配置策略，则配置 propagate mapping 策略。

表 3-10　在 Transit 上配置 propagate mapping 策略的步骤

步骤	命令	说明
1	**system-view**	进入系统视图
2	**mpls ldp** 例如：[Huawei] **mpls ldp**	进入 MPLS LDP 视图
3	**propagate mapping for ip-prefix** *ip-prefix-name* 例如：[Huawei-mpls-ldp] **propagate mapping for ip-prefix** policy1	配置 LSP 建立策略。参数 *ip-prefix-name* 指定用于路由过滤的 IP 地址前缀列表，使仅发送符合该 IP 地址前缀列表的路由的标签映射消息给上游，需事先建立好对应的 IP 地址前缀列表。但不能限制本地直连路由的标签映射消息发送给上游，启用了 **LDP** 功能的接口对应的网段不会生成标签映射消息。 缺省情况下，LDP 在建立 LSP 时，不对收到的路由进行过滤，可用 **undo propagate mapping** 命令恢复为缺省配置

3.3.11　lsp-trigger 触发策略过滤 LSP 建立配置示例

在图 3-32 所示的 MPLS 网络中，各 LSR 接口上使能 MPLS LDP 后，缺省情况下所有 32 位掩码的主机路由都将自动建立对应的 LDP LSP。如果网络规模比较大，则在各 LSR 上建立大量的 LSP，会导致资源浪费。现要求控制 LSP 建立的数量，从而减少系统资源的浪费。在此仅以 LSRA 上只允许通过过滤条件的路由 10.10.1.3/32 的 FEC 建立 LSP 为例进行介绍。

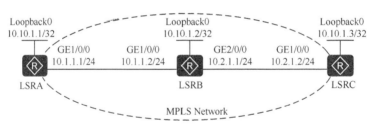

图 3-32　lsp-trigger 触发策略过滤 LSP 建立配置示例的拓扑结构

（1）基本配置思路分析

本示例要求 LSRA 上只允许对 LSRC 上 10.10.1.3/32 主机路由建立 LSP，可在 LSRA 上（也可在 LSRC 上）配置 lsp-trigger 触发策略过滤 LSP，基本配置思路如下。

① 配置各 LSR 各接口（包括 Loopback 接口）的 IP 地址。

② 配置各 LSR 的路由，实现网络互通。本示例采用 OSPF。

③ 在各 LSR 上使能全局、公网接口的 MPLS 和 LDP 功能。

④ 在 LSRA 上配置 lsp-trigger 过滤策略，只允许建立 10.10.1.3/32 的 LDP LSP。

（2）具体配置步骤

① 配置各接口（包括 Loopback0）的 IP 地址。

#---LSRA 上的配置，具体如下。

```
<Huawei> system-view
[Huawei] sysname LSRA
[LSRA] interface loopback 0
```

```
[LSRA-LoopBack0] ip address 10.10.1.1 32
[LSRA-LoopBack0] quit
[LSRA] interface gigabitethernet 1/0/0
[LSRA-GigabitEthernet1/0/0] ip address 10.1.1.1 24
[LSRA-GigabitEthernet1/0/0] quit
```

\#---LSRB 上的配置，具体如下。

```
<Huawei> system-view
[Huawei] sysname LSRB
[LSRB] interface loopback 0
[LSRB-LoopBack0] ip address 10.10.1.2 32
[LSRB-LoopBack0] quit
[LSRB] interface gigabitethernet 1/0/0
[LSRB-GigabitEthernet1/0/0] ip address 10.1.1.2 24
[LSRB-GigabitEthernet1/0/0] quit
[LSRB] interface gigabitethernet 2/0/0
[LSRB-GigabitEthernet2/0/0] ip address 10.2.1.1 24
[LSRB-GigabitEthernet2/0/0] quit
```

\#---LSRC 上的配置，具体如下。

```
<Huawei> system-view
[Huawei] sysname LSRC
[LSRC] interface loopback 0
[LSRC-LoopBack0] ip address 10.10.1.3 32
[LSRC-LoopBack0] quit
[LSRC] interface gigabitethernet 1/0/0
[LSRC-GigabitEthernet1/0/0] ip address 10.2.1.2 24
[LSRC-GigabitEthernet1/0/0] quit
```

② 配置 OSPF 发布各节点公网接口所连网段和 LSR ID 的主机路由，加入 OSPF 路由进程 1、区域 0 中。

\#---LSRA 上的配置，具体如下。

```
[LSRA] ospf 1
[LSRA-ospf-1] area 0
[LSRA-ospf-1-area-0.0.0.0] network 10.10.1.1 0.0.0.0
[LSRA-ospf-1-area-0.0.0.0] network 10.1.1.0 0.0.0.255
[LSRA-ospf-1-area-0.0.0.0] quit
[LSRA-ospf-1] quit
```

\#---LSRB 上的配置，具体如下。

```
[LSRB] ospf 1
[LSRB-ospf-1] area 0
[LSRB-ospf-1-area-0.0.0.0] network 10.10.1.2 0.0.0.0
[LSRB-ospf-1-area-0.0.0.0] network 10.1.1.0 0.0.0.255
[LSRB-ospf-1-area-0.0.0.0] network 10.2.1.0 0.0.0.255
[LSRB-ospf-1-area-0.0.0.0] quit
[LSRB-ospf-1] quit
```

\#---LSRC 上的配置，具体如下。

```
[LSRC] ospf 1
[LSRC-ospf-1] area 0
[LSRC-ospf-1-area-0.0.0.0] network 10.10.1.3 0.0.0.0
[LSRC-ospf-1-area-0.0.0.0] network 10.2.1.0 0.0.0.255
[LSRC-ospf-1-area-0.0.0.0] quit
[LSRC-ospf-1] quit
```

以上配置完成后，在各节点上执行 **display ip routing-table** 命令，可以看到相互之间都学到了彼此的路由。

③ 配置 MPLS LDP。以各自的 Loopback0 接口的 IP 地址作为它们的 MPLS LSR ID，在全局及接口上使能 MPLS 和 LDP 功能。

#---LSRA 上的配置，具体如下。

```
[LSRA] mpls lsr-id 10.10.1.1
[LSRA] mpls
[LSRA-mpls] quit
[LSRA] mpls ldp
[LSRA-mpls-ldp] quit
[LSRA] interface gigabitethernet 1/0/0
[LSRA-GigabitEthernet1/0/0] mpls
[LSRA-GigabitEthernet1/0/0] mpls ldp
[LSRA-GigabitEthernet1/0/0] quit
```

#---LSRB 上的配置，具体如下。

```
[LSRB] mpls lsr-id 10.10.1.2
[LSRB] mpls
[LSRB-mpls] quit
[LSRB] mpls ldp
[LSRB-mpls-ldp] quit
[LSRB] interface gigabitethernet 1/0/0
[LSRB-GigabitEthernet1/0/0] mpls
[LSRB-GigabitEthernet1/0/0] mpls ldp
[LSRB-GigabitEthernet1/0/0] quit
[LSRB] interface gigabitethernet 2/0/0
[LSRB-GigabitEthernet2/0/0] mpls
[LSRB-GigabitEthernet2/0/0] mpls ldp
[LSRB-GigabitEthernet2/0/0] quit
```

#---LSRC 上的配置，具体如下。

```
[LSRC] mpls lsr-id 10.10.1.3
[LSRC] mpls
[LSRC-mpls] quit
[LSRC] mpls ldp
[LSRC-mpls-ldp] quit
[LSRC] interface gigabitethernet 1/0/0
[LSRC-GigabitEthernet1/0/0] mpls
[LSRC-GigabitEthernet1/0/0] mpls ldp
[LSRC-GigabitEthernet1/0/0] quit
```

以上配置完成后，各 LSR 已根据默认的 LDP LSP 触发策略，即所有 32 位地址掩码的主机 IP 路由都已触发建立 LDP LSP，这是缺省配置。在各 LSR 上执行 **display mpls ldp lsp** 命令，可以看到所有主机路由都触发建立了 LDP LSP。图 3-33 是在 LSRA 上执行该命令的输出，入标签为 "Liberal" 的 LSP 表示没有建立成功的 LSP。在 NextHop 字段中，DS 是 Downstream 的缩写，带有 DS 标识的 "/" 后的地址为下游 peer 的 LSR ID。

④ 在 LSRA 上使用 IP 前缀列表配置 **lsp-trigger** 策略，对可以建立 LSP 的路由进行过滤，仅允许触发建立到达 LSRC Loopback0 接口 10.10.1.3/32 网段的 LSP。

在 LSRA 配置 IP 前缀列表，只允许建立 LSRC 上的 10.10.1.3/32 的 LSP，具体如下。

```
[LSRA] ip ip-prefix FilterOnIngress index 10 permit 10.10.1.3 32
[LSRA] mpls
[LSRA-mpls] lsp-trigger ip-prefix FilterOnIngress
[LSRA-mpls] quit
```

（3）实验结果验证

以上配置完成后，再在 LSRA 上执行 **display mpls ldp lsp** 命令，输出如图 3-34 所示。

对比图 3-33，可以发现只存在以 LSRA 为 Ingress 到达 10.10.1.3/32 的 LDP LSP，其他不是以 LSRA 为 Ingress 的 LDP（例如到达 10.10.1.2/32 的 Transit LSP）。

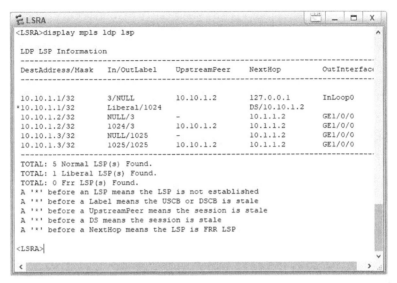

图 3-33　应用 lsp-trigger 策略前在 LSRA 上执行 **display mpls ldp lsp** 命令的输出

```
 LSRA                                                          _ □ X
<LSRA>display mpls ldp lsp

 LDP LSP Information
--------------------------------------------------------------------
 DestAddress/Mask    In/OutLabel    UpstreamPeer    NextHop     OutInterface

 10.10.1.2/32        1024/3         10.10.1.2       10.1.1.2    GE1/0/0
 10.10.1.3/32        NULL/1024      -               10.1.1.2    GE1/0/0
 10.10.1.3/32        1025/1024      10.10.1.2       10.1.1.2    GE1/0/0
--------------------------------------------------------------------
 TOTAL: 3 Normal LSP(s) Found.
 TOTAL: 0 Liberal LSP(s) Found.
 TOTAL: 0 Frr LSP(s) Found.
 A '*' before an LSP means the LSP is not established
 A '*' before a Label means the USCB or DSCB is stale
 A '*' before a UpstreamPeer means the session is stale
 A '*' before a DS means the session is stale
 A '*' before a NextHop means the LSP is FRR LSP

<LSRA>
```

图 3-34　应用 lsp-trigger 策略后在 LSRA 上执行 **display mpls ldp lsp** 命令的输出

图 3-33 中 10.10.1.1/32 主机路由建立的以下两条 LSP 不存在了。

DestAddress/Mask	In/OutLabel	UpstreamPeer	NextHop	OutInterface
10.10.1.1/32	3/NULL	10.10.1.2	127.0.0.1	InLoop0
*10.10.1.1/32	Liberal/1024		DS/10.10.1.2	

上面第一条 LSP 是一条本地 LSP，因为它的下一跳为 127.0.0.1（代表本地），出接口为 Loopback 接口，不能算是 LDP LSP，所以被禁止建立。上面第二条 LSP 本身就是一条没有建立成功的 LSP（入标签为 Liberal），所以也被禁止建立。

在图 3-33 中，以下 LSP 中只有最上面的第一条不存在了，其他 3 条仍然存在。

DestAddress/Mask	In/OutLabel	UpstreamPeer	NextHop	OutInterface
10.10.1.2/32	NULL/3	-	10.1.1.2	GE1/0/0
10.10.1.2/32	1024/3	10.10.1.2	10.1.1.2	GE1/0/0
10.10.1.3/32	NULL/1025	-	10.1.1.2	GE1/0/0
10.10.1.3/32	1022/1025	10.10.1.2	10.1.1.2	GE1/0/0

最上面第一条只有出标签，以 LSRA 作为 Ingress，但它不在 lsp-trigger 策略配置的 IP 地址前缀列表的许可范围内，所以被禁止。以上第二条因为同时有入标签和出标签，此时 LSRA 作为 Transit，是不会被禁止的，所以仍然可以建立。以上第三条也只有出标签，此时 LSRA 也是作为 Ingress，但它是在 lsp-trigger 策略配置的 IP 地址前缀列表的许可范围内，所以允许建立。以上第四条同时带有入标签和出标签，LSRA 作为 Transit，是不会被禁止的，所以仍然可以建立。

以上验证已证明本示例的 lsp-trigger 触发策略配置是正确且成功的。

3.3.12　propagate mapping 策略过滤 LSP 建立配置示例

在图 3-35 中的 MPLS 网络中，各 LSR 接口上使能 MPLS LDP 后，LDP LSP 将自动建立。网络规模比较大，会使各 LSR 建立大量的 LSP，现要求在 Transit 上配置 propagate mapping 策略，控制边缘节点建立 LSP 的数量，减少系统资源的浪费。

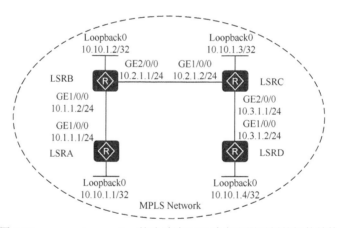

图 3-35　propagate mapping 策略过滤 LSP 建立配置示例的拓扑结构

（1）基本配置思路分析

本示例的要求与 3.3.11 节介绍的配置示例的要求一样，但本示例要采用另一种 LSP 建立过滤方式，即通过在下游 Transit 配置 propagate mapping 策略，控制下游向上游发送标签映射消息的方式，使上游边缘设备建立的 LDP LSP 数量减少。本示例以在 LSRB 上配置 propagate mapping 策略，仅允许向 LSRA 发送 10.10.1.4/32 网段标签映射消息，以减少 LSRA 上建立的 LSP 的数量为例进行介绍。

本示例的基本配置思路与 3.3.11 节介绍的配置示例一样，不同的是最后一项实现 LSP 建立过滤的手段不同，具体如下。

① 配置各 LSR 各接口（包括 Loopback 接口）的 IP 地址。

② 配置各 LSR 的路由，实现网络互通。本示例采用 OSPF。

③ 在各 LSR 上使能全局、公网接口的 MPLS 和 LDP 功能。

④ 在 LSRB 上配置 propagate mapping 策略，仅允许向 LSRA 发送 10.10.1.3/32 网段的标签映射消息（LSRB 本地网段的标签映射消息不能限制）。

（2）具体配置步骤

① 配置各接口（包括 Loopback0 接口）的 IP 地址。

#---LSRA 上的配置，具体如下。

```
<Huawei> system-view
[Huawei] sysname LSRA
[LSRA] interface loopback 0
[LSRA-LoopBack0] ip address 10.10.1.1 32
[LSRA-LoopBack0] quit
[LSRA] interface gigabitethernet 1/0/0
[LSRA-GigabitEthernet1/0/0] ip address 10.1.1.1 24
[LSRA-GigabitEthernet1/0/0] quit
```

#---LSRB 上的配置，具体如下。

```
<Huawei> system-view
[Huawei] sysname LSRB
[LSRB] interface loopback 0
[LSRB-LoopBack0] ip address 10.10.1.2 32
[LSRB-LoopBack0] quit
[LSRB] interface gigabitethernet 1/0/0
[LSRB-GigabitEthernet1/0/0] ip address 10.1.1.2 24
[LSRB-GigabitEthernet1/0/0] quit
[LSRB] interface gigabitethernet 2/0/0
[LSRB-GigabitEthernet2/0/0] ip address 10.2.1.1 24
[LSRB-GigabitEthernet2/0/0] quit
```

#---LSRC 上的配置，具体如下。

```
<Huawei> system-view
[Huawei] sysname LSRC
[LSRC] interface loopback 0
[LSRC-LoopBack0] ip address 10.10.1.3 32
[LSRC-LoopBack0] quit
[LSRC] interface gigabitethernet 1/0/0
[LSRC-GigabitEthernet1/0/0] ip address 10.2.1.2 24
[LSRC-GigabitEthernet1/0/0] quit
[LSRC] interface gigabitethernet 2/0/0
[LSRC-GigabitEthernet2/0/0] ip address 10.3.1.1 24
[LSRC-GigabitEthernet2/0/0] quit
```

#---LSRD 上的配置，具体如下。

```
<Huawei> system-view
[Huawei] sysname LSRD
[LSRD] interface loopback 0
[LSRD-LoopBack0] ip address 10.10.1.4 32
[LSRD-LoopBack0] quit
[LSRD] interface gigabitethernet 1/0/0
[LSRD-GigabitEthernet1/0/0] ip address 10.3.1.2 24
[LSRD-GigabitEthernet1/0/0] quit
```

② 配置各 LSR 的 OSPF 路由（包括 Loopback0 接口网段路由），加入 OSPF 路由进程 1、区域 0 中，实现骨干网三层互通。

#---LSRA 上的配置，具体如下。

```
[LSRA] ospf 1
[LSRA-ospf-1] area 0
[LSRA-ospf-1-area-0.0.0.0] network 10.10.1.1 0.0.0.0
[LSRA-ospf-1-area-0.0.0.0] network 10.1.1.0 0.0.0.255
[LSRA-ospf-1-area-0.0.0.0] quit
[LSRA-ospf-1] quit
```

#---LSRB 上的配置，具体如下。

```
[LSRB] ospf 1
[LSRB-ospf-1] area 0
[LSRB-ospf-1-area-0.0.0.0] network 10.10.1.2 0.0.0.0
[LSRB-ospf-1-area-0.0.0.0] network 10.1.1.0 0.0.0.255
[LSRB-ospf-1-area-0.0.0.0] network 10.2.1.0 0.0.0.255
[LSRB-ospf-1-area-0.0.0.0] quit
[LSRB-ospf-1] quit
```

#---LSRC 上的配置，具体如下。

```
[LSRC] ospf 1
[LSRC-ospf-1] area 0
[LSRC-ospf-1-area-0.0.0.0] network 10.10.1.3 0.0.0.0
[LSRC-ospf-1-area-0.0.0.0] network 10.2.1.0 0.0.0.255
[LSRC-ospf-1-area-0.0.0.0] network 10.3.1.0 0.0.0.255
[LSRC-ospf-1-area-0.0.0.0] quit
[LSRC-ospf-1] quit
```

#---LSRD 上的配置，具体如下。

```
[LSRD] ospf 1
[LSRD-ospf-1] area 0
[LSRD-ospf-1-area-0.0.0.0] network 10.10.1.4 0.0.0.0
[LSRD-ospf-1-area-0.0.0.0] network 10.3.1.0 0.0.0.255
[LSRD-ospf-1-area-0.0.0.0] quit
[LSRD-ospf-1] quit
```

③ 在各 LSR 上使能全局、公网接口的 MPLS 和 LDP 功能。以各自的 Loopback0 接口的 IP 地址作为它们的 MPLS LSR ID。

#---LSRA 上的配置，具体如下。

```
[LSRA] mpls lsr-id 10.10.1.1
[LSRA] mpls
[LSRA-mpls] quit
[LSRA] mpls ldp
[LSRA-mpls-ldp] quit
[LSRA] interface gigabitethernet 1/0/0
[LSRA-GigabitEthernet1/0/0] mpls
[LSRA-GigabitEthernet1/0/0] mpls ldp
[LSRA-GigabitEthernet1/0/0] quit
```

#---LSRB 上的配置，具体如下。

```
[LSRB] mpls lsr-id 10.10.1.2
[LSRB] mpls
[LSRB-mpls] quit
[LSRB] mpls ldp
[LSRB-mpls-ldp] quit
[LSRB] interface gigabitethernet 1/0/0
[LSRB-GigabitEthernet1/0/0] mpls
[LSRB-GigabitEthernet1/0/0] mpls ldp
[LSRB-GigabitEthernet1/0/0] quit
```

```
[LSRB] interface gigabitethernet 2/0/0
[LSRB-GigabitEthernet2/0/0] mpls
[LSRB-GigabitEthernet2/0/0] mpls ldp
[LSRB-GigabitEthernet2/0/0] quit
```

#---LSRC 上的配置，具体如下。

```
[LSRC] mpls lsr-id 10.10.1.3
[LSRC] mpls
[LSRC-mpls] quit
[LSRC] mpls ldp
[LSRC-mpls-ldp] quit
[LSRC] interface gigabitethernet 1/0/0
[LSRC-GigabitEthernet1/0/0] mpls
[LSRC-GigabitEthernet1/0/0] mpls ldp
[LSRC-GigabitEthernet1/0/0] quit
[LSRC] interface gigabitethernet 2/0/0
[LSRC-GigabitEthernet2/0/0] mpls
[LSRC-GigabitEthernet2/0/0] mpls ldp
[LSRC-GigabitEthernet2/0/0] quit
```

#---LSRD 上的配置，具体如下。

```
[LSRD] mpls lsr-id 10.10.1.4
[LSRD] mpls
[LSRD-mpls] quit
[LSRD] mpls ldp
[LSRD-mpls-ldp] quit
[LSRD] interface gigabitethernet 1/0/0
[LSRD-GigabitEthernet1/0/0] mpls
[LSRD-GigabitEthernet1/0/0] mpls ldp
[LSRD-GigabitEthernet1/0/0] quit
```

（3）配置结果验证

以上配置完成后，可进行以下配置结果验证。

① 在各节点上执行 **display mpls ldp lsp** 命令，可以看到 LDP LSP 的建立情况。图 3-36
是在 LSRA 上执行该命令的输出，按照缺省配置建立了所有 32 位掩码主机路由对应的 LSP。

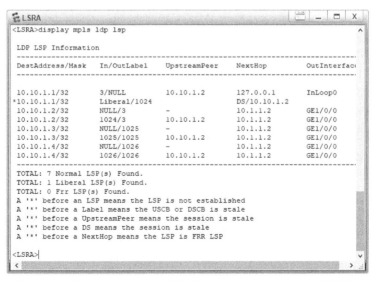

图 3-36　缺省情况下在 LSRA 上执行 **display mpls ldp lsp** 命令的输出

② 在 LSRB 上配置 IP 前缀列表，并使用此 IP 前缀列表配置 propagate mapping 策略，对所发送的标签映射消息进行过滤，仅允许 LSRD 上的 10.10.1.4/32 网段在 LSRB 建立 Transit LSP，这样一来也就限制了仅允许 LSRB 向上游 LSRA 发送 Transit 类型（同时携带入标签和出标签）的 10.10.1.4/32 的标签映射消息。

```
[LSRB]ip ip-prefix FilterOnTransit permit 10.10.1.4 32
[LSRB] mpls ldp
[LSRB-mpls-ldp] propagate mapping for ip-prefix FilterOnTransit
[LSRB-mpls-ldp] quit
```

以上配置完成后，再在 LSRA 上执行 **display mpls ldp lsp** 命令，结果如图 3-37 所示。从图中我们可以看到，在 LSRB 上配置了 LSP 的控制策略，在 LSRA 上没有建立 LSRC 的 10.10.1.3/32 网段的 LDP LSP，对于 LSRB，基于 10.10.1.3/32 的标签映射消息是 Transit 类型的，但又不在 propagate mapping 策略许可范围。

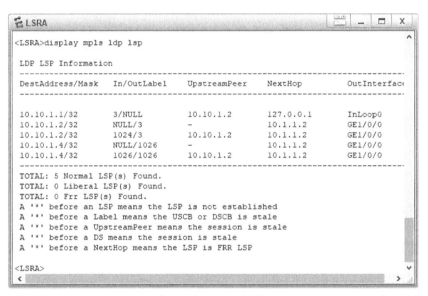

图 3-37　应用 propagate mapping 策略后在 LSRA 上执行 **display mpls ldp lsp** 命令的输出

但在 LSRA 上仍存在一些 FEC 对应的 LSP，其中之一就是 10.10.1.2/32，因为这是 LSRB 本地的主机路由，向 LSRA 发送的标签映射消息是 Egress 类型的，不是 Transit 类型的，不会被 propagate mapping 策略过滤。又因为对于 LSRB 来说，基于 10.10.1.4/32 的标签映射消息是 Transit 类型的，且在 propagate mapping 策略许可范围内，所以会向 LSRA 发送对应的标签映射消息，使得 LSRA 会建立该 FEC 的 LSP。

因为 propagate mapping 策略只是过滤 Transit 上发送的标签映射消息，所以在 LSRA 上所有不是以 LSRA 为 Ingress（LSRB 为 Transit）的 LDP LSP 仍然会存在，如 LSRA 直连的 10.10.1.1/32 对应的 Egress LSP。

通过以上验证，已证明本示例的配置是正确且成功的。

3.3.13　其他 LDP 可选基本功能配置

其他 LDP 可选基本功能的配置方法包括 MPLS MTU、MPLS TTL 处理，以及禁止向对端分配标签。

（1）配置 MPLS MTU

最大传输单元（Maximum Transmission Unit，MTU）的大小决定了发送端一次能够发送报文的最大字节数，如果 MTU 超过了接收端所能承受的最大值，或者超过了发送路径上途经的某条链路所能承受的最大值，这样就会造成报文分片甚至丢弃，加重网络传输的负担。所以设备在进行通信之前必须要把 MTU 计算明确，才能保证每次发送的报文都能够畅通无阻地到达接收端，确保报文发送一次成功。

LDP MTU=Min { 所有下游设备通告的 MTU，本机出接口 MTU }。通告方式为，把计算出来的 LDP MTU 值放在 Label Mapping（标签映射）消息的 MTU TLV 里，然后把 Label Mapping 消息发送给上游。如果 MTU 发生变动，如本机出接口改变或者配置变更，那么 LSR 就应该再次通过 Label Mapping 消息，把重新计算的 MTU 通告给它的所有上游。本机出接口 MTU 的取值如下。

① 如果没有配置接口的 MPLS MTU 值，则采用接口的 MTU 值。

② 如果配置了接口的 MPLS MTU 值，则与接口的 MTU 值比较，采用两者中的较小值作为接口实际生效的 MTU 值。

这样，MPLS 在 Ingress 根据 LDP MTU 来决定 MPLS 转发报文的大小，从而避免因在 Ingress 发送的报文较大，导致 Transit 转发失败。

接口 MPLS MTU 的配置方法见表 3-11，一般不用配置。

表 3-11　配置接口 MPLS MTU 的步骤

步骤	命令	说明
1	**system-view**	进入系统视图
2	**mpls ldp** 例如：[Huawei] **mpls ldp**	进入 MPLS LDP 视图
3	**undo mtu-signalling** 例如：[Huawei-mpls-ldp] **undo mtu-signalling**	（二选一）禁止发送标签映射消息时携带 MTU TLV。 缺省情况下，发送标签映射消息时携带华为私有的 MTU TLV。 如果其他厂商的设备不支持 MTU TLV，为了实现互通则需要禁止发送标签映射消息时携带 MTU TLV。若已禁止 LSR 发送 MTU TLV，则配置的 MPLS MTU 值不生效
	mtu-signalling apply-tlv 例如：[Huawei-mpls-ldp] **mtu-signalling apply-tlv**	（二选一）配置发送标签映射消息时携带 RFC3988 定义的 MTU TLV。使能或去使能 MTU TLV 发送功能的操作将导致原始 LDP 会话重建，造成 MPLS 业务中断。 缺省情况下，发送标签映射消息时携带华为私有的 MTU TLV。 如果其他厂商的设备支持 MTU TLV，为了实现互通则需要使 LSR 发送 RFC3988 中定义的标准 MTU TLV，否则可能导致用户配置的 MPLS MTU 值不生效
4	**quit**	退回系统视图
5	**interface** *interface-type interface-number* 例如：[Huawei] **interface** gigabitethernet 1/0/0	进入使能了 MPLS 的接口视图

续表

步骤	命令	说明
6	**mpls mtu** *mtu* 例如:[Huawei- GigabitEthernet1/0/0] **mpls mtu** 1500	配置接口的 MPLS MTU，取值范围与接口类型相关。 缺省情况下，接口 MPLS 报文的 MTU 等于接口本身的 MTU，可用 **undo mpls mtu** 命令恢复缺省值

（2）配置 MPLS 对 TTL 的处理

MPLS 对 TTL 的处理包括以下两个方面（这两个方面的详细说明参见第 1 章 1.2.4 节）。

① MPLS 对 TTL 的处理模式。

在 MPLS VPN 应用中，出于网络安全的考虑，需要隐藏 MPLS 骨干网络的结构，这种情况下，对于私网报文，Ingress 上使用 MPLS Pipe 模式。若想反映报文实际经过的路径，则在 Ingress 上使用 MPLS Uniform 模式。

② ICMP 响应报文使用的路径。

缺省情况下，收到的 MPLS 报文只带一层标签时，LSR 使用 IP 路由返回 ICMP 响应报文；收到的 MPLS 报文包含多层标签时，LSR 使用 LSP 返回 ICMP 响应报文。但在 MPLS VPN 中，ASBR 和 HoVPN（分层 VPN）组网应用中的 SPE（Superstratum PE or Sevice Provider-end PE，上层 PE 或运营商侧 PE），接收到的承载 VPN 报文的 MPLS 报文可能只有一层标签，但此时这些设备上并不存在到达报文发送者的路由，则 LSR 会使用 LSP 返回 ICMP 响应报文。

MPLS 对 TTL 的处理方法为在 Ingress 或同时包括 Egress 上配置，具体见表 3-12。

表 3-12　配置 MPLS TTL 处理方法的步骤

步骤	命令	说明
1	**system-view**	进入系统视图
	配置 MPLS 对 TTL 的处理模式（仅需在 Ingress 上配置）	
2	**ttl propagate** 例如：[Huawei] **ttl propagate**	配置 MPLS TTL 的处理模式为 Uniform 模式。 缺省情况下，MPLS 报文中 TTL 的处理模式为 Uniform 模式，可用 **undo ttl propagate** 命令配置 MPLS TTL 的处理模式为 Pipe 模式。 【注意】配置本命令只影响此后新建立的 LSP，如果需要对之前建立的 LSP 也生效，应执行 **reset mpls ldp** 命令重建 LSP
	配置 ICMP 响应报文使用的路径	
3	**mpls** 例如：[Huawei] **mpls**	进入 MPLS 视图
4	**ttl expiration pop** 例如：[Huawei-mpls] **undo ttl expiration pop**	使用 IP 路由返回 ICMP 响应报文。 缺省情况下，对于一层标签的 MPLS TTL 超时报文，将根据本地 IP 路由返回 ICMP 报文，可用 **undo ttl expiration pop** 命令使用 LSP 返回 ICMP 响应报文

（3）禁止向远端对等体分配标签

在以 LDP 作为信令协议的 MPLS L2VPN 应用场景中（包括 Martini 方式的 VLL、PWE3 等），VPN 两端的 PE 之间通常需要建立 LDP 远端会话。这里的远端会话仅用于传递私网标签的标签映射消息，因此不需要 LDP 为其分配 LDP 标签。但是，缺省情况下 LDP 会为远端对等体分配普通的 LDP 标签。这将产生很多无用的空闲标签,浪费 LDP 的标签资源。

为了解决上述问题,可以配置禁止向远端对等体分配标签,以节约系统资源。禁止向远端对等体分配标签的配置方式有以下两种。

① 在 LDP 视图下禁止向所有远端对等体分配标签。

② 在指定远端对等体视图下禁止向该对等体分配标签。

以上两种配置方式的具体配置方法见表 3-13。

表 3-13　配置禁止向远端对等体分配标签的步骤

步骤	命令	说明
1	**system-view**	进入系统视图
方式一：禁止向指定的远端邻居分发公网标签		
2	**mpls ldp remote-peer** *remote-peer-name* 例如：[Huawei] **mpls ldp remote-peer** Hunan	进入 MPLS LDP 远端对等体视图。参数 *remote-peer-name* 用来指定远端对等体名称,字符串形式,不支持空格,不区分大小写,长度范围是 1～32。当输入的字符串两端使用双引号时,可在字符串中输入空格
3	**remote-ip** *ip-address* **pwe3** 例如：[Huawei-mpls-ldp-remote-Hunan] **remote-ip** 10.1.1.1 **pwe3**	配置禁止向指定的远端对等体分发公网标签。参数 *ip-address* 用来指定远端对等体 IP 地址,必须是远端对等体的 LSR ID。LDP LSR ID 和 MPLS LSR ID 不一致时,要使用 LDP LSR ID。 【注意】通过本命令配置远端对等体的 IP 地址后,该 IP 地址不能再作为本地接口的 IP 地址,否则将导致远端会话中断。 缺省情况下,没有配置 LDP 远端对等体的 IP 地址,可用 **undo remote-ip pwe3** 删除原来的配置
方式二：禁止向所有的远端邻居分发公网标签		
2	**mpls ldp** 例如：[Huawei] **mpls ldp**	进入 MPLS LDP 视图
3	**remote-peer pwe3** 例如：[Huawei-mpls-ldp] **remote-peer pwe3**	配置禁止向所有远端对等体(包括已经存在的远端对等体)分发公网标签。 缺省情况下,允许向所有远端邻居分发公网标签,可用 **undo remote-peer pwe3** 命令恢复缺省配置

3.3.14　禁止向远端对等体分配标签配置示例

如图 3-38 所示,PE1、PE2 和 PE3 由 MPLS 骨干网 P 设备连接,各设备间运行 IS-IS 路由协议。使用公网 LSP 隧道,PE1 分别与 PE2、PE3 建立 LDP 远端会话来传递私网标签信息,在 PE1 和 PE2 之间、PE1 和 PE3 之间建立动态 PW。要求能够控制 LDP 向远端对等体分配 LDP 标签,以节约系统资源。

(1)基本配置思路分析

本示例希望控制 LDP 向远端对等体分配 LDP 标签,这时可在 PE 之间配置禁止向远端对等体分配标签策略,禁止 PE1 与 PE2、PE3 间分配普通的 LDP 标签,以节约系统资源。但这项功能是可选的 LDP 基本功能,在配置此功能前还需要先完成 LDP 必选基本功能的配置。

本示例的基本配置思路如下。

① 配置各设备接口(包括 Loopback 接口)的 IP 地址。

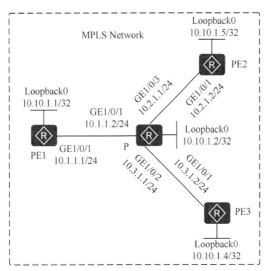

图 3-38　禁止向远端对等体分配标签配置示例的拓扑结构

② 配置各设备间的路由。本示例采用 OSPF。

③ 在各设备上全局及公网接口使能 MPLS、LDP 功能。

④ 配置 PE1 分别与 PE2、PE3 之间的远端对等体关系。

⑤ 配置 PE1 分别与 PE2、PE3 远端对等体之间禁止相互分配标签。

（2）具体配置步骤

① 配置各设备接口（包括 Loopback 接口）的 IP 地址。

\#---PE1上的配置，具体如下。

```
<Huawei> system-view
[Huawei] sysname PE1
[PE1] interface loopback0
[PE1-LoopBack0] ip address 10.10.1.1 32
[PE1-LoopBack0] quit
[PE1] interface gigabitethernet 1/0/1
[PE1-GigabitEthernet1/0/1] ip address 10.1.1.1 24
[PE1-GigabitEthernet1/0/1] quit
```

\#---P上的配置，具体如下。

```
<Huawei> system-view
[Huawei] sysname P
[P] interface loopback0
[P-LoopBack0] ip address 10.10.1.2 32
[P-LoopBack0] quit
[P] interface gigabitethernet 1/0/1
[P-GigabitEthernet1/0/1] ip address 10.1.1.2 24
[P-GigabitEthernet1/0/1] quit
[P] interface gigabitethernet 1/0/2
[P-GigabitEthernet1/0/2] ip address 10.3.1.1 24
[P-GigabitEthernet1/0/2] quit
[P] interface gigabitethernet 1/0/3
[P-GigabitEthernet1/0/3] ip address 10.2.1.1 24
[P-GigabitEthernet1/0/3] quit
```

\#---PE2上的配置，具体如下。

```
<Huawei> system-view
[Huawei] sysname PE2
[PE2] interface loopback0
[PE3-LoopBack0] ip address 10.10.1.5 32
[PE3-LoopBack0] quit
[PE2] interface gigabitethernet 1/0/1
[PE3-GigabitEthernet1/0/1] ip address 10.2.1.2 24
[PE3-GigabitEthernet1/0/1] quit
```

\#---PE3 上的配置，具体如下。

```
<Huawei> system-view
[Huawei] sysname PE3
[PE3] interface loopback0
[PE3-LoopBack0] ip address 10.10.1.4 32
[PE3-LoopBack0] quit
[PE3] interface gigabitethernet 1/0/1
[PE3-GigabitEthernet1/0/1] ip address 10.3.1.2 24
[PE3-GigabitEthernet1/0/1] quit
```

② 配置 OSPF 发布各节点公网接口所连网段和 LSR ID 的主机路由，加入 OSPF 路由进程 1、区域 0 中。

\#---PE1 上的配置，具体如下。

```
[PE1] ospf 1
[PE1-ospf-1] area 0
[PE1-ospf-1-area-0.0.0.0] network 10.10.1.1 0.0.0.0
[PE1-ospf-1-area-0.0.0.0] network 10.1.1.0 0.0.0.255
[PE1-ospf-1-area-0.0.0.0] quit
[PE1-ospf-1] quit
```

\#---P 上的配置，具体如下。

```
[P] ospf 1
[P-ospf-1] area 0
[P-ospf-1-area-0.0.0.0] network 10.10.1.2 0.0.0.0
[P-ospf-1-area-0.0.0.0] network 10.1.1.0 0.0.0.255
[P-ospf-1-area-0.0.0.0] network 10.2.1.0 0.0.0.255
[P-ospf-1-area-0.0.0.0] network 10.3.1.0 0.0.0.255
[P-ospf-1-area-0.0.0.0] quit
[P-ospf-1] quit
```

\#---PE2 上的配置，具体如下。

```
[PE2] ospf 1
[PE2-ospf-1] area 0
[PE2-ospf-1-area-0.0.0.0] network 10.10.1.5 0.0.0.0
[PE2-ospf-1-area-0.0.0.0] network 10.2.1.0 0.0.0.255
[PE2-ospf-1-area-0.0.0.0] quit
[PE2-ospf-1] quit
```

\#---PE3 上的配置，具体如下。

```
[PE3] ospf 1
[PE3-ospf-1] area 0
[PE3-ospf-1-area-0.0.0.0] network 10.10.1.4 0.0.0.0
[PE3-ospf-1-area-0.0.0.0] network 10.3.1.0 0.0.0.255
[PE3-ospf-1-area-0.0.0.0] quit
[PE3-ospf-1] quit
```

③ 使能各节点全局和各设备间相连的公网接口的 MPLS 和 MPLS LDP 功能。

\#---PE1 上的配置，具体如下。

```
[PE1] mpls lsr-id 10.10.1.1
[PE1] mpls
[PE1-mpls] quit
[PE1] mpls ldp
[PE1-mpls-ldp] quit
[PE1] interface gigabitethernet 1/0/1
[PE1-GigabitEthernet1/0/1] mpls
[PE1-GigabitEthernet1/0/1] mpls ldp
[PE1-GigabitEthernet1/0/1] quit
```

#---P 上的配置，具体如下。

```
[P] mpls lsr-id 10.10.1.2
[P] mpls
[P-mpls] quit
[P] mpls ldp
[P-mpls-ldp] quit
[P] interface gigabitethernet 1/0/1
[P-GigabitEthernet1/0/1] mpls
[P-GigabitEthernet1/0/1] mpls ldp
[P-GigabitEthernet1/0/1] quit
[P] interface gigabitethernet 1/0/2
[P-GigabitEthernet1/0/2] mpls
[P-GigabitEthernet1/0/2] mpls ldp
[P-GigabitEthernet1/0/2] quit
[P] interface gigabitethernet 1/0/3
[P-GigabitEthernet1/0/3] mpls
[P-GigabitEthernet1/0/3] mpls ldp
[P-GigabitEthernet1/0/3] quit
```

#---PE2 上的配置，具体如下。

```
[PE2] mpls lsr-id 10.10.1.5
[PE2] mpls
[PE3-mpls] quit
[PE2] mpls ldp
[PE2-mpls-ldp] quit
[PE2] interface gigabitethernet 1/0/1
[PE2-GigabitEthernet1/0/1] mpls
[PE2-GigabitEthernet1/0/1] mpls ldp
[PE2-GigabitEthernet1/0/1] quit
```

#---PE3 上的配置，具体如下。

```
[PE3] mpls lsr-id 10.10.1.4
[PE3] mpls
[PE3-mpls] quit
[PE3] mpls ldp
[PE3-mpls-ldp] quit
[PE3] interface gigabitethernet 1/0/1
[PE3-GigabitEthernet1/0/1] mpls
[PE3-GigabitEthernet1/0/1] mpls ldp
[PE3-GigabitEthernet1/0/1] quit
```

上述配置完成后，相邻节点之间应该建立起 LDP 会话以及公网 LSP。在各设备上执行 **display mpls ldp session** 命令可以看到设备间的 LDP 会话状态为"Operational"，表示 LDP 会话建立成功。图 3-39 是在 PE1 上执行该命令的输出，显示了它仅存在一个与 P 之间的 LDP 会话，且建立状态为"Operational"，表示会话建立成功。

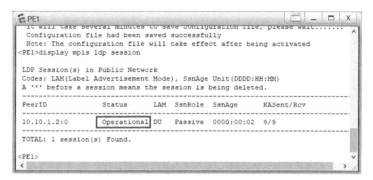

图 3-39　配置远端 LDP 会话前在 PE1 上执行 **display mpls ldp session** 命令的输出

在各设备上执行 **display mpls ldp lsp** 命令可以看到建立的 LSP 情况和标签的分配情况。图 3-40 是在 PE1 上执行该命令的输出，从图中我们可以看出，MPLS 域中所有 32 位掩码主机路由都建立了 LDP LSP。

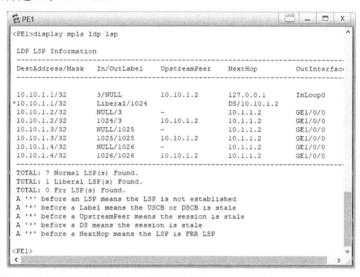

图 3-40　配置禁止向远端对等体分配 LDP 标签功能前在 PE1 上执行 **display mpls ldp lsp** 命令的输出

④ 在 PE1 分别与 PE2、PE3 之间建立 MPLS LDP 远端对等体关系。

#---PE1 上的配置，具体如下。

```
[PE1] mpls ldp remote-peer PE2
[PE1-mpls-ldp-remote-pe2] remote-ip 10.10.1.5
[PE1-mpls-ldp-remote-pe2] quit
[PE1] mpls ldp remote-peer PE3
[PE1-mpls-ldp-remote-pe3] remote-ip 10.10.1.4
[PE1-mpls-ldp-remote-pe3] quit
```

#---PE2 上的配置，具体如下。

```
[PE2] mpls ldp remote-peer PE1
[PE3-mpls-ldp-remote-pe1] remote-ip 10.10.1.1
[PE3-mpls-ldp-remote-pe1] quit
```

#---PE3 上的配置，具体如下。

```
[PE3] mpls ldp remote-peer PE1
[PE3-mpls-ldp-remote-pe1] remote-ip 10.10.1.1
[PE3-mpls-ldp-remote-pe1] quit
```

上述配置完成后，各 PE 节点之间应该建立起远端 LDP 会话。在各 PE 节点上执行 **display mpls ldp session** 命令可以看到各 PE 设备间建立的远端会话。图 3-41 是在 PE1 上执行该命令的输出，从图中我们可以看出，除了原来与 P 之间建立的本地 LDP 会话之外又多了两条分别与 PE2 和 PE3 之间的远端会话，且状态均为"Operational"，表示会话建立成功。

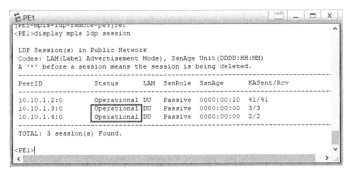

图 3-41　配置远端 LDP 会话后在 PE1 上执行 **display mpls ldp session** 命令的输出

在各 PE 设备上执行 **display mpls ldp lsp** 命令可以看到各 PE 设备都给自己的远端对等体分配了 Liberal 标签，但实际上这些标签在 MPLS L2VPN 应用中是空闲无用的，且占用了大量系统资源。图 3-42 是在 PE1 上执行该命令的输出示例，相比在没有配置 PE 设备间 LDP 远端会话前所建立的 LSP，增加了以远端对等体 PE2 和 PE3 为下一跳的各 FEC Liberal 标签，这些都是没有建立成功的 LSP。

```
E PE1                                                    — □ X
<PE1>display mpls ldp lsp

LDP LSP Information
------------------------------------------------------------------
DestAddress/Mask   In/OutLabel   UpstreamPeer   NextHop      OutInterface
------------------------------------------------------------------
10.10.1.1/32       3/NULL        10.10.1.2      127.0.0.1    InLoop0
10.10.1.1/32       3/NULL        10.10.1.3      127.0.0.1    InLoop0
10.10.1.1/32       3/NULL        10.10.1.4      127.0.0.1    InLoop0
*10.10.1.1/32      Liberal/1024                 DS/10.10.1.2
*10.10.1.1/32      Liberal/1024                 DS/10.10.1.3
*10.10.1.1/32      Liberal/1024                 DS/10.10.1.4
10.10.1.2/32       NULL/3        -              10.1.1.2     GE1/0/0
10.10.1.2/32       1024/3        10.10.1.2      10.1.1.2     GE1/0/0
10.10.1.2/32       1024/3        10.10.1.3      10.1.1.2     GE1/0/0
10.10.1.2/32       1024/3        10.10.1.4      10.1.1.2     GE1/0/0
*10.10.1.2/32      Liberal/1025                 DS/10.10.1.3
*10.10.1.2/32      Liberal/1025                 DS/10.10.1.4
10.10.1.3/32       NULL/1025     -              10.1.1.2     GE1/0/0
10.10.1.3/32       1025/1025     10.10.1.2      10.1.1.2     GE1/0/0
10.10.1.3/32       1025/1025     10.10.1.3      10.1.1.2     GE1/0/0
10.10.1.3/32       1025/1025     10.10.1.4      10.1.1.2     GE1/0/0
*10.10.1.3/32      Liberal/3                    DS/10.10.1.3
*10.10.1.3/32      Liberal/1026                 DS/10.10.1.4
10.10.1.4/32       NULL/1026     -              10.1.1.2     GE1/0/0
10.10.1.4/32       1026/1026     10.10.1.2      10.1.1.2     GE1/0/0
10.10.1.4/32       1026/1026     10.10.1.3      10.1.1.2     GE1/0/0
10.10.1.4/32       1026/1026     10.10.1.4      10.1.1.2     GE1/0/0
*10.10.1.4/32      Liberal/1026                 DS/10.10.1.3
*10.10.1.4/32      Liberal/3                    DS/10.10.1.4
------------------------------------------------------------------
TOTAL: 15 Normal LSP(s) Found.
TOTAL: 9 Liberal LSP(s) Found.
TOTAL: 0 Frr LSP(s) Found.
A '*' before an LSP means the LSP is not established
A '*' before a Label means the USCB or DSCB is stale
A '*' before a UpstreamPeer means the session is stale
A '*' before a DS means the session is stale
A '*' before a NextHop means the LSP is FRR LSP
<PE1>
```

图 3-42　配置远端 LDP 会话后在 PE1 上执行 **display mpls ldp lsp** 命令的输出

在 PE2 和 PE3 上执行 **display mpls ldp lsp** 命令可以看到，它们为 PE1 基于各 FEC 分配的 Liberal 标签。

⑤ 在 PE1 分别与 PE2、PE3 之间配置禁止向远端对等体分配 LDP 标签。

#---PE1 上的配置，具体如下。

```
[PE1] mpls ldp remote-peer PE2
[PE1-mpls-ldp-remote-pe2] remote-ip 10.10.1.5 pwe3
[PE1-mpls-ldp-remote-pe2] quit
[PE1] mpls ldp remote-peer PE3
[PE1-mpls-ldp-remote-pe3] remote-ip 10.10.1.4 pwe3
[PE1-mpls-ldp-remote-pe3] quit
```

#---PE2 上的配置，具体如下。

```
[PE2] mpls ldp remote-peer PE1
[PE2-mpls-ldp-remote-pe1] remote-ip 10.10.1.1 pwe3
[PE2-mpls-ldp-remote-pe1] quit
```

#---PE3 上的配置，具体如下。

```
[PE3] mpls ldp remote-peer PE1
[PE3-mpls-ldp-remote-pe1] remote-ip 10.10.1.1 pwe3
[PE3-mpls-ldp-remote-pe1] quit
```

上述配置完成后，相邻节点之间 LDP 远端会话所分配的 Liberal 标签将会被禁止。在各 PE 节点上执行 **display mpls ldp lsp** 命令可以看到配置禁止向远端对等体分配标签后的 LSP 的建立情况。图 3-43 是在 PE1 上执行该命令的输出。

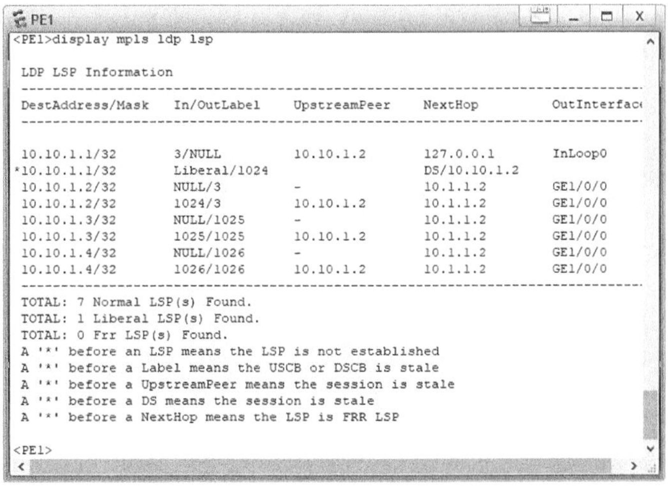

图 3-43　配置禁止向远端对等体分配 LDP 标签功能后在 PE1 上执行 **display mpls ldp lsp** 命令的输出

在 PE2 和 PE3 上执行 **display mpls ldp lsp** 命令可以看到，它们原来为 PE1 基于各 FEC 分配的 Liberal 标签不存在了。LSP 的建立情况又恢复到只有本地会话的情况。

通过以上验证，已证明本示例的配置是正确且成功的。

3.4　LDP LSP 建立典型故障排除

在动态 LDP LSP 建立过程中可能会因为配置错误而出现故障，典型故障包括 LDP

会话振荡、LDP 会话 Down、LDP LSP Down、无法建立跨域 LSP，下面具体介绍排除方法。

（1）LDP 会话振荡故障排除

LDP 会话振荡指节点间的 LDP 会话建立一会成功，一会失败，这主要是对 LDP GR 定时器、LDP MTU、LDP 认证、LDP Keepalive 定时器、LDP 传输地址的配置进行新增、修改或删除造成的。具体的排除步骤如下。

① 在各节点的 LDP 视图下执行 **display this** 命令，查看是否进行了 LDP GR 或 LDP MTU 配置。如果显示信息中包含了以下配置，则表示进行了 LDP GR 配置。

```
mpls ldp
 graceful-restart
```

如果显示信息中包含了以下配置，表示进行了 LDP MTU 配置。

```
mpls ldp
 mtu-signalling apply-tlv
```

如果显示信息中包含了以下配置（具体数值依据实际情况而异），则表示进行了 LDP 认证配置。

```
mpls ldp
 md5-password cipher 2.2.2.2 @%@%7I$3/^8`u"M|%hKXui～5kO4U@%@%
```

或

```
mpls ldp
 authentication key-chain peer 2.2.2.2 name kc1
```

② 在节点公网接口视图下执行 **display this** 命令，查看是否包含了 LDP Keepalive 定时器或 LDP 传输地址的配置。

如果显示信息中包含了以下配置（具体数值依据实际情况而异），则表示进行了 LDP Keepalive 定时器配置。

```
mpls ldp
mpls ldp timer keepalive-hold 30
```

如果显示信息中包含了以下配置（具体数值依据实际情况而异），则表示进行了 LDP 传输地址配置。

```
mpls ldp
mpls ldp transport-address interface
```

③ 如果进行了上述配置，请等待 10 秒，等待 LDP 会话稳定。

（2）LDP 会话 Down 故障排除

如果在配置 LDP 会话后发现 LDP 会话状态为 Down，则可以按以下步骤进行排除。

① 在对应节点的公网接口视图下执行 **display this** 命令，查看接口是否被关闭。如果接口被 Shutdown，请在接口下执行 **undo shutdown** 命令启动接口。

② 检查是否执行了取消 MPLS 相关配置的命令。

在对应节点上执行 **display current-configuration** 命令，查看是否执行了取消 MPLS 相关配置的命令。

如果显示信息中没有包含以下配置，表示取消了 MPLS 的配置。

```
mpls
```

如果显示信息中没有包含以下配置，表示取消了 MPLS LDP 的配置。

```
mpls ldp
```

如果显示信息中没有包含以下配置，表示删除了 LDP 远端会话的配置。

```
mpls ldp remote-peer
```

如果执行了取消 MPLS 相关配置的命令,请执行相应的配置命令恢复被取消的配置。

（3）LDP LSP Down 故障排除

如果在 LDP LSP 建立配置完成后发现 LDP LSP 的状态为 Down,则可以按以下步骤进行故障排除。

① 在各节点上执行 **display mpls ldp session** 命令,查看显示信息的 **Status** 字段,检查 LDP 会话是否正常建立。如果该字段显示的状态为"**Operational**",则表示 LDP 会话已建立并处于 Up 状态。如果该字段显示的状态不是"**Operational**",则表示 LDP 会话没有正常建立。

如果 LDP 会话没有正常建立,请参见前文中介绍的"LDP 会话 Down"故障排除方法继续定位。

② 在各节点的 MPLS 视图下执行 **display this** 命令,检查是否配置了 LSP 建立策略。如果显示信息中有以下配置（具体数值依据实际情况而异）,则需要检查 IP 前缀策略 abc 中是否屏蔽了相关 LSP。

```
lsp-trigger ip-prefix abc
```

③ 在各节点的 MPLS LDP 视图下执行 **display this** 命令,如果显示信息中有以下配置（具体数值依据实际情况而异）,则需要检查 IP 前缀策略 abc 中是否屏蔽了相关 LSP。

```
propagate mapping for ip-prefix abc
```

④ 在各节点的系统视图下执行 **display ip ip-prefix** 命令,如果显示信息中有以下配置（具体数值依据实际情况而异）,则表示只允许为 10.1.1.1/32、10.2.2.2/32 两个路由建立 LSP。

```
index: 10          permit   10.1.1.1/32
index: 20          permit   10.2.2.2/32
```

⑤ 如果配置了以上策略,请在策略中增加 LSP 对应的路由信息。

（4）无法建立跨域 LSP 故障排除

如果在配置 LDP 跨域扩展后无法建立跨域 LSP,则可以按以下步骤进行故障排除。

① 在各节点上执行 **display mpls ldp** 命令,查看显示信息的 Longest-match 字段,检查是否已经配置了 LDP 跨域扩展功能。如果该字段显示为 **On**,则表示使能 LDP 跨域扩展功能。如果该字段显示为 **Off**,则表示没有使能 LDP 跨域扩展功能。

如果没有使能 LDP 跨域扩展功能,请执行 **longest-match** 命令使能 LDP 跨域扩展功能。

② 在各节点上执行 **display mpls ldp session** 命令,查看显示信息的 Status 字段,检查 LDP 会话是否正常建立。如果该字段显示的状态为"**Operational**",则表示 LDP 会话已建立并处于 Up 状态。如果该字段显示的状态不是"**Operational**"或者没有会话信息显示,则表示 LDP 会话没有正常建立。

如果 LDP 会话没有正常建立,请参见前文中介绍的"LDP 会话 Down"故障排除方法,继续定位。

③ 在各节点上检查 LDP 会话是否与路由匹配。

• 执行 **display ip routing-table** 命令,记录 NextHop 和 Interface 字段。

- 执行 **display mpls ldp session verbose** 命令，记录 Addresses received from peer 字段。
- 执行 **display mpls ldp peer** 命令，记录 DiscoverySource 字段。

如果 NextHop 字段的信息包含在 Addresses received from peer 字段中，并且 Interface 字段信息和 DiscoverySource 字段信息相同，则表示 LDP 会话与路由匹配。

如果 LDP 会话和路由不匹配，请参见前文中介绍的 "LDP LSP Down" 故障排除方法继续定位。

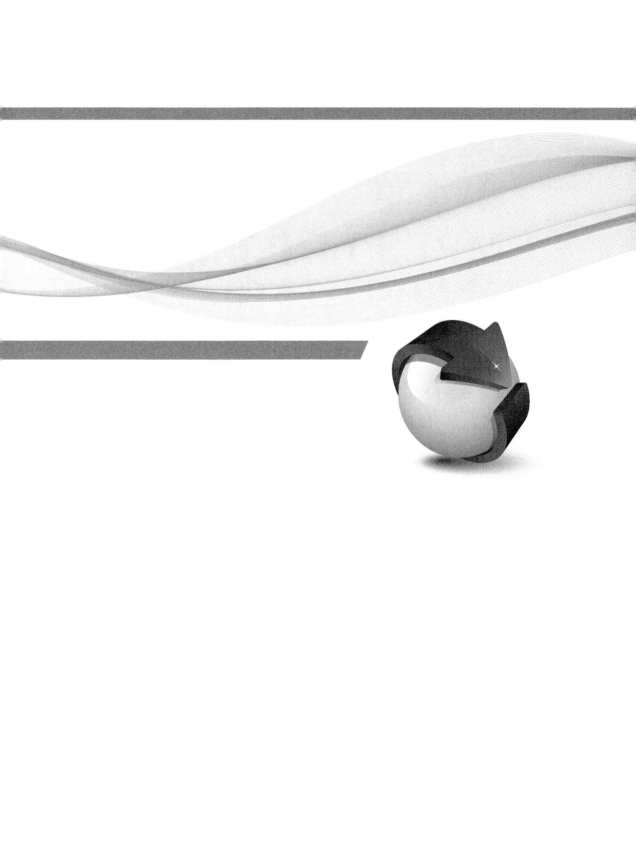

第 4 章
MPLS LDP 扩展功能的配置与管理

本章主要内容

　　本章介绍一些在提高 MPLS LDP LSP 隧道可靠性和安全性等方面非常重要的扩展功能的配置与管理方法。这些扩展功能主要包括 LDP LSP 的 BFD、LDP 与静态路由、IGP 路由联动，以及 LDP FRR、LDP GR 和 LDP 安全机制等。

4.1　LDP LSP 的 BFD

BFD 可以对 LSP 进行快速故障检测，在 LSP 发生故障时进行快速主/备路径倒换，提高整个网络的可靠性。第 2 章介绍了 BFD 在静态 LSP 检测中的应用及配置方法，本节主要介绍 BFD 在 LDP 动态 LSP 检测方面的应用及配置方法。

4.1.1　BFD for LDP LSP

当采用 LDP LSP 承载流量时，在主 LSP 路径上的**节点或链路发生故障**时，如果有备份 LSP，则流量会向备份 LSP 切换。切换的速度根据故障的检测速度及流量的切换速度决定。流量的切换速度可以由 LDP FRR（Fast Reroute，即快速重路由，将在 4.3 节介绍）来保证，但是 LDP 自身的故障检测机制检测速度较慢，所以仅采用 LDP FRR 技术并不能完全解决上述问题。

存在 LDP LSP 主/备路径的网络示例如图 4-1 所示，各 LSR 通过周期性地发送 Hello 消息，向邻居 LSR 通告它在网络中的存在，并维持 Hello 邻接关系。LSR 为每个邻居建立一个 Hello 保持定时器，用于维护 Hello 邻接关系，在收到一个 Hello 消息时刷新 Hello 保持定时器。如果在收到新的 Hello 消息之前 Hello 保持定时器超时，则 LSR 认为 Hello 邻接关系中断。这种机制并不能快速感知网络的链路故障，尤其是 LSR 之间存在二层设备时。

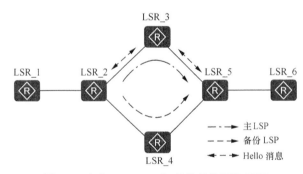

图 4-1　存在 LDP LSP 主/备路径的网络示例

引入 BFD 快速检测机制可以快速地对 LDP LSP 进行故障检测，触发流量快速向备份路径切换，使流量丢失最少，进一步提高业务的可靠性。

BFD for LDP LSP 是对 LDP LSP 的检测，能够快速检测到 LSP 的故障，并及时通知转发层面，从而保证流量的快速切换。通过将 BFD 会话与 LSP 绑定，即可在入节点和出节点之间建立 BFD 会话。BFD 报文从源端开始经过 LSP 转发到达目的端，目的端再对该 BFD 报文进行回应，通过此方式在源端可以快速地检测出 LSP 的状态。当检测到 LSP 故障后，BFD 会将此信息上报给设备转发层，然后设备转发层查找备份 LSP，将业务流量切换到备份 LSP 上。

BFD for LDP LSP 可以采用静态 BFD，也可以采用动态 BFD。

4.1.2　配置静态 BFD LDP LSP

通过配置静态 BFD LDP LSP，可达到快速检测 LDP LSP 链路的目的。这种方式须人为控制，部署比较灵活。但在部署静态 BFD LDP LSP 时，需要注意以下 4 点。

① **只能在 LDP LSP 的入节点上绑定 BFD。**

② **一条 LSP 只能与一个 BFD 会话绑定。**

③ **仅支持 32 位掩码的主机路由触发建立的 LDP LSP，不支持其他路由触发建立的 LDP LSP。**

④ 往/返转发方式可以不一致（例如报文从源端到目的端使用 LSP 转发，从目的端到源端使用 IP 转发），**但要求往返路径一致**，如果不一致，当检测到故障时，不能确定具体是哪条路径的故障。

另外，在配置静态 BFD LDP LSP 之前要配置好骨干网各节点，包括备份 LDP LSP 途经的各节点间的本地 LDP 会话。在配置静态 BFD LDP LSP 的过程中要先配置入节点 BFD 参数，然后配置出节点 BFD 参数。

（1）配置入节点 BFD 参数

入节点可配置的 BFD 参数包括所绑定的本地静态 LSP、本地标识符、远端标识符、本地发送 BFD 报文的时间间隔、本地接收 BFD 报文的时间间隔和 BFD 会话本地检测倍数，这些将会影响会话的建立。用户可以根据网络的实际状况调整本地检测时间。对于不太稳定的链路，如果本地检测时间较短，则 BFD 会话可能会发生震荡，这时可以选择延长本地检测时间。配置入节点 BFD 参数的步骤见表 4-1。

表 4-1　配置入节点 BFD 参数的步骤

步骤	命令	说明
1	**system-view**	进入系统视图
2	**bfd** 例如：[Huawei] **bfd**	对本节点使能全局 BFD 功能并进入 BFD 全局视图。 缺省情况下，全局 BFD 功能未使能，可用 **undo bfd** 命令全局去使能 BFD 功能，此时如果已经配置 BFD 会话信息，则所有的 BFD 会话都会被删除
3	**quit**	返回系统视图
4	**bfd** *cfg-name* **bind ldp-lsp peer-ip** *ip-address* **nexthop** *ip-address* [**interface** *interface-type interface-number*] 例如：[Huawei] [Huawei] **bfd** 1to4 **bind ldp-lsp peer-ip** 4.4.4.4 **nexthop** 1.1.1.1 **interface** gigabitethernet 1/0/0	配置 BFD 会话所绑定的静态 LSP。 ① *cfg-name*：指定 BFD 配置名，字符串形式，不支持空格，不区分大小写，长度范围是 1～15。当输入的字符串两端使用双引号时，可在字符串中输入空格。 ② **peer-ip** *ip-address*：指定 BFD 会话绑定动态 LSP 的目的端 IP 地址，必须是 MPLS LSR ID 或 LDP 实例的 LSR ID。 ③ **nexthop** *ip-address*：指定被检测 LSP 的下一跳 IP 地址。 ④ **interface** *interface-type interface-number*：可选参数，指定 BFD 绑定的出接口。当被检测的 **LSP 出接口 IP 地址是借用的或是被借用的时，必须指定出接口。** 缺省情况下，没有创建检测 LDP LSP 的 BFD 会话，可用 **undo bfd** *cfg-name* 命令删除指定的 BFD 会话。当 LDP LSP 被删除，但 LDP 会话没有被删除时，与之绑定的 BFD 会话不会被删除，只是状态变为 Down

步骤	命令	说明
5	**discriminator local** *discr-value* 例如： [Huawei-bfd-session-1to4] **discriminator local** 10	配置本地标识符，整数形式，取值范围是 1～8191。 BFD 会话两端设备的本地标识符和远端标识符需要分别对应，即本端的本地标识符与对端的远端标识符相同，否则会话无法正确建立，并且本地标识符和远端标识符配置成功后不可修改，如果需要修改静态 BFD 会话本地标识符或远端标识符，则必须先删除该 BFD 会话，然后再配置本地标识符
6	**discriminator remote** *discr-value* 例如： [Huawei-bfd-session-1to4] **discriminator remote** 20	配置远端标识符，整数形式，取值范围是 1～8191
7	**min-tx-interval** *interval* 例如： [Huawei-bfd-session-1to4] **min-tx-interval** 300	（可选）调整本地发送 BFD 报文的时间间隔，整数形式，取值范围是 10～2000，单位是毫秒。 如果 BFD 会话在设置的检测周期内没有收到对端发来的 BFD 报文，则认为链路发生了故障，BFD 会话的状态将会置为 Down。为降低对系统资源的占用，一旦检测到 BFD 会话状态变为 Down，系统会自动将本端的发送间隔调整为大于 1000 毫秒的一个随机值，当 BFD 会话的状态重新变为 Up 后，再恢复成用户配置的时间间隔。 【说明】用户可以根据网络的实际状况增大或缩短 BFD 报文的发送和接收时间间隔。BFD 报文的发送和接收时间间隔直接决定了 BFD 会话的检测时间。对于不太稳定的链路，如果配置的 BFD 报文的发送和接收时间间隔较小，则 BFD 会话可能会发生震荡，这时可以选择增大 BFD 报文的发送和接收时间间隔。通常情况下，建议使用缺省值。 缺省情况下，发送时间间隔是 1000 毫秒，可用 **undo min-tx-interval** 命令恢复 BFD 报文的发送时间间隔为缺省值
8	**min-rx-interval** *interval* 例如： [Huawei-bfd-session-1to4] **min-rx-interval** 600	（可选）调整本地接收 BFD 报文的时间间隔，整数形式，取值范围是 10～2000，单位是毫秒。 缺省情况下，接收时间间隔是 1000 毫秒，可用 **undo min-rx-interval** 命令恢复 BFD 报文的接收时间间隔为缺省值
9	**detect-multiplier** *multiplier* 例如： [Huawei-bfd-session-1to4] **detect-multiplier** 5	（可选）调整 BFD 会话的本地检测倍数，整数形式，取值范围是 3～50。 BFD 会话的本地检测倍数直接决定了对端 BFD 会话的检测时间，检测时间 = 接收到的远端 Detect Multi×max（本地的 RMRI，接收到的 DMTI），其中，Detect Multi 是检测倍数，通过本条命令配置；RMRI 是本端能够支持的最短 BFD 报文接收时间间隔；DMTI 是本端想要采用的最短 BFD 报文的发送时间间隔。 【说明】用户可以根据网络的实际状况增大或缩短 BFD 会话的本地检测倍数。例如对于比较稳定的链路，因为不需要频繁地检测链路状态，所以可以增大 BFD 会话的检测倍数。 缺省情况下，BFD 会话的本地检测倍数为 3，可用 **undo detect-multiplier** 命令恢复 BFD 会话的本地检测倍数为缺省值
10	**process-pst** 例如： [Huawei-bfd-session-1to4] **process-pst**	允许 BFD 会话状态改变时通告上层应用。如果允许 BFD 修改端口状态表（Port State Table，PST），当检测到 BFD 会话状态变为 Down 时，系统将更改 PST 中相应表项。 缺省情况下，静态 BFD 会话未使能通告联动检测业务，可用 **undo process-pst** 命令恢复缺省配置

续表

步骤	命令	说明
11	**commit** 例如: [Huawei-bfd-session-1to4] **commit**	提交配置。无论改变任何 BFD 配置,都必须执行 commit 命令,才能使配置生效。 【说明】BFD 会话建立需要满足一定的条件,包括绑定的接口状态是 Up、有去往 peer-ip 的可达路由。如果当前不满足会话建立条件,执行本命令后,系统将保留该会话的配置表项,但会话表项不能建立。系统会定期扫描已经提交但尚未建立会话的 BFD 配置表项,如果满足条件,则建立会话。 系统允许建立的 BFD 会话有数量限制。当已经建立的 BFD 会话数达到上限时,如果对新的 BFD 会话执行本命令,则系统将产生日志信息,提示无法创建会话,同时发送 Trap 消息

(2) 配置出节点 BFD 参数

出节点可配置的 BFD 参数包括本地标识符、远端标识符、本地发送 BFD 报文的时间间隔、本地接收 BFD 报文的时间间隔和 BFD 会话的本地检测倍数,这些将会影响 BFD 会话的建立。用户可以根据网络的实际状况调整本地检测时间。对于不太稳定的链路,如果本地检测时间较短,则 BFD 会话可能会发生震荡,这时可以选择延长本地检测时间。

配置出节点 BFD 参数的步骤见表 4-2,与入节点的 BFD 会话配置方法基本一样,只是在创建 BFD 会话时要根据反向通道的不同类型,选择不同的配置命令。为了保证 BFD 报文往返路径一致,一般情况下反向通道优先选用 LSP 或者 TE 隧道。

表 4-2　配置出节点 BFD 参数的步骤

步骤	命令	说明
1	**system-view**	进入系统视图
2	**bfd** 例如: [Huawei] **bfd**	对本节点使能全局 BFD 功能并进入 BFD 全局视图
3	**quit**	返回系统视图
4	**bfd** *cfg-name* **bind peer-ip** *peer-ip* [**vpn-instance** *vpn-instance-name*] [**interface** *interface-type interface-number*] [**source-ip** *source-ip*] 例如: [Huawei] **bfd atoc bind peer-ip** 10.10.20.2	(四选一) 当反向通道是 IP 链路时,创建 BFD 会话。在创建 BFD 会话时,单跳检测必须绑定对端 IP 地址和本端相应接口,多跳检测只需要绑定对端 IP 地址。 ① *cfg-name*:指定 BFD 配置名,字符串形式,不支持空格,不区分大小写,长度范围是 1～15。当输入的字符串两端使用双引号时,可在字符串中输入空格。 ② **peer-ip** *peer-ip*:指定 BFD 会话绑定的对端 IP 地址。如果只指定对端 IP 地址,不指定下面的出接口参数 **interface** *interface-type interface-number*,则表示检测多跳链路。 ③ **vpn-instance** *vpn-instance name*:可选参数,指定对端 BFD 会话绑定的 VPN 实例名称,必须是已创建的 VPN 实例。如果不指定 VPN 实例,则认为对端地址是公网地址。如果同时指定了对端 IP 地址和 VPN 实例,则表示检测 VPN 路由的多跳链路。 ④ **interface** *interface-type interface-number*:可选参数,指定绑定 BFD 会话的接口。如果同时指定了对端 IP 地址和本端接口,则表示检测单跳链路,即检测以该接口为出接口,以 **peer-ip** 的值为下一跳地址的一条固定路由;如果同时指定了对端 IP 地址、VPN 实例和本端接口,表示检测 VPN 路由的单跳链路。

步骤	命令	说明
4	**bfd** *cfg-name* **bind peer-ip** *peer-ip* [**vpn-instance** *vpn-instance-name*] [**interface** *interface-type interface-number*] [**source-ip** *source-ip*] 例如：[Huawei] **bfd atoc bind peer-ip** 10.10.20.2	⑤ **source-ip** *source-ip*：可选参数，指定 BFD 报文携带的源 IP 地址。通常情况下，不需要配置该参数。在 BFD 会话协商阶段，如果不配置该参数，则系统将在本地路由表中查找去往对端 IP 地址的出接口，以该出接口的 IP 地址作为本端发送 BFD 报文的源 IP 地址；在 BFD 会话检测链路阶段，如果不配置该参数，则系统会将 BFD 报文的源 IP 地址设置为一个固定的值。 缺省情况下，没有创建 BFD 会话，可用 **undo bfd session-name** 命令删除指定的 BFD 会话，同时取消 BFD 会话的绑定信息
	bfd *cfg-name* **bind static-lsp** *lsp-name* 例如：[Huawei] **bfd 1to4 bind static-lsp** 1to4	（四选一）当反向通道是静态 LSP 时，创建静态 LSP 的 BFD 会话。参数 *cfg-name* 用来指定所创建的 BFD 会话名称，*lsp-name* 指定 BFD 会话所绑定的静态 LSP 名称
	bfd *cfg-name* **bind ldp-lsp peer-ip** *ip-address* **nexthop** *ip-address* [**interface** *interface-type interface-number*] 例如：Huawei] **bfd 1to4 bind ldp-lsp peer-ip** 4.4.4.4 **nexthop** 1.1.1.1 **interface gigabitethernet** 1/0/0	（四选一）当反向通道是动态 LSP 时，创建 LDP LSP 的 BFD 会话。 ① *cfg-name*：指定 BFD 会话名称，字符串形式，不支持空格，不区分大小写，长度范围是 1～15。当输入的字符串两端使用双引号时，可在字符串中输入空格。 ② **peer-ip** *ip-address*：指定 BFD 会话绑定动态 LSP 的目的端 IP 地址。 ③ **nexthop** *ip-address*：指定被检测 LSP 的下一跳 IP 地址。 ④ **interface** *interface-type interface-number*：可选参数，指定 BFD 绑定的出接口。 缺省情况下，没有创建检测 LDP LSP 的 BFD 会话，可用 **undo bfd** *cfg-name* 命令删除指定的 BFD 会话
	bfd *cfg-name* **bind mpls-te interface tunnel** *interface-number* [**te-lsp** [**backup**]] 例如：[Huawei] **bfd 1to4rsvp bind mpls-te interface** Tunnel 0/0/1 **te-lsp**	（四选一）当反向通道是 TE 隧道时，创建 BFD 会话以与 TE 隧道绑定的主 TE 隧道或备份 TE 隧道的基于约束路由的标签交换路径（Constraint-based Routed Label Switched Path，CR-LSP）。 ① *cfg-name*：指定创建 BFD 会话名称，字符串形式，不支持空格，不区分大小写，长度范围是 1～15。当输入的字符串两端使用双引号时，可在字符串中输入空格。 ② **interface tunnel** *interface-number*：指定 BFD 会话绑定的 Tunnel 接口编号。 ③ **te-lsp** [**backup**]：可选项，指定 BFD 与 Tunnel 绑定的 CR-LSP。其中，未选择 **backup** 可选项时，指定 BFD 与 Tunnel 绑定主 CR-LSP；选择了 **backup** 可选项时，指定 BFD 与 Tunnel 绑定备份 CR-LSP。当 BFD 与 Tunnel 绑定主 CR-LSP 或备份 CR-LSP 时，如果该 CR-LSP 的状态为 Down，则不能建立 BFD 会话。 如果 TE 隧道的状态为 Down，则能够创建 BFD 会话，但 BFD 会话不能 Up。一个 TE 隧道中可能有多条 CR-LSP，只有全部 CR-LSP 都出现故障，BFD 会话的状态才为 Down。 缺省情况下，Tunnel 没有使用 BFD，可用 **undo bfd** *cfg-name* 命令删除指定的 BFD 会话
5	**discriminator local** *discr-value* 例如： [Huawei-bfd-session-1to4] **discriminator local** 10	配置本地标识符，参见表 4-1 中的第 5 步

续表

步骤	命令	说明
6	**discriminator remote** *discr-value* 例如： [Huawei-bfd-session-1to4] **discriminator remote** 20	配置远端标识符，参见表 4-1 中的第 6 步
7	**min-tx-interval** *interval* 例如： [Huawei-bfd-session-1to4] **min-tx-interval** 300	（可选）调整本地发送 BFD 报文的时间间隔，参见表 4-1 中的第 7 步
8	**min-rx-interval** *interval* 例如： [Huawei-bfd-session-1to4] **min-rx-interval** 600	（可选）调整本地接收 BFD 报文的时间间隔，参见表 4-1 中的第 8 步
9	**detect-multiplier** *multiplier* 例如： [Huawei-bfd-session-1to4] **detect-multiplier** 5	（可选）调整 BFD 会话本地检测倍数，参见表 4-1 中的第 9 步
10	**process-pst** 例如： [Huawei-bfd-session-1to4] **process-pst**	（可选）允许 BFD 会话状态改变时通告上层应用，参见表 4-1 中的第 10 步
11	**commit** 例如： [Huawei-bfd-session-1to4] **commit**	提交配置，参见表 4-1 中的第 11 步

4.1.3　配置动态 BFD LDP LSP

配置动态 BFD LDP LSP，不需要指定 BFD 参数就能够提高链路故障检测速度、减少配置工作量。这种方式配置简单，更具灵活性。

配置动态 BFD LDP LSP 时，需要注意以下两点。

① 与静态 **BFD LDP LSP** 一样，仅支持 **32** 位掩码的主机路由触发建立的 **LDP LSP**。

② 往返转发方式可以不一致（例如报文从源端到目的端使用 LSP 转发，从目的端到源端使用 IP 转发），**但要求往返路径要一致**，如果不一致，当检测到故障时，不能确定具体是哪条路径的故障。

在配置动态 BFD LDP LSP 之前也需要配置好本地 LDP 会话，然后按照以下顺序进行配置。

① 使能全局 BFD 功能。源端和目的端均需配置。

② 使能 MPLS 动态创建 BFD 会话功能。源端和目的端均需配置。

③ 配置动态 BFD LDP LSP 的触发策略。在被检测 LSP 的源端进行配置。

④ （可选）调整 BFD 参数。在被检测 LSP 的源端进行配置。

下面对以上配置任务的具体配置方法分别予以介绍。

（1）使能全局 BFD 功能

只有全局使能 BFD 功能后，才能进行 BFD 的相关配置。**需要在源端和目的端分别配置**，在系统视图下执行 **bfd** 命令即可使能 BFD 功能。缺省情况下，全局 BFD 功能未使能，可用 **undo bfd** 命令全局去使能 BFD 功能，此时 BFD 的所有功能将会关闭。如果已经配置了 BFD 会话信息，则所有的 BFD 会话都会被删除。

（2）使能 MPLS 动态创建 BFD 会话功能

在源端和目的端上使能 BFD 功能，就可以使能 MPLS 动态创建 BFD 会话功能。

在源端的配置方法是在 MPLS 视图下执行 **mpls bfd enable** 命令，使能 LDP LSP 主动创建 BFD 会话的功能。缺省情况下，在 LDP LSP 的源端设备上禁止主动创建 BFD 会话功能。但执行完 **mpls bfd enable** 命令并不会立即创建 BFD 会话。

在目的端的配置方法是在 BFD 视图下执行 **mpls-passive** 命令，使能被动创建 BFD 会话功能。缺省情况下，不使能被动动态创建 BFD 会话功能。执行完 **mpls-passive** 命令也不会立即创建 BFD 会话，而是等接收到源端发送的携带 BFD TLV 的 LSP Ping 请求报文后，才会触发建立 BFD 会话。

（3）配置动态 BFD LDP LSP 的触发策略

动态 BFD LDP LSP 的触发策略有以下两种。

① **主机触发**：如果需要所有 32 位掩码的主机地址均能触发建立 BFD 会话，则采用主机触发方式。还可以通过指定 nexthop（下一跳）和 outgoing-interface（出接口）参数来约束哪些 LSP 可以建立 BFD 会话。

② **FEC 列表触发**：如果只需要其中的一部分主机地址触发建立 BFD 会话，则可以采用 FEC 列表触发方式来指定相应的主机地址。

可根据需要**在被检测 LSP 的源端上**按表 4-3 所示步骤配置动态 BFD LDP LSP 触发策略。

表 4-3　配置动态 **BFD LDP LSP** 触发策略的步骤

步骤	命令	说明
1	**system-view**	进入系统视图
2	**fec-list** *list-name* 例如：[Huawei] **fec-list** feclist	（可选）创建 FEC 列表，进入该列表视图。**仅当采用 FEC 列表触发 BFD 会话时才需要配置，全局只能创建一个 FEC 列表。** 参数 *list-name* 用来指定 FEC 列表的名称，字符串形式，不支持空格，区分大小写，长度范围是 1～31。当输入的字符串两端使用双引号时，可在字符串中输入空格。 缺省情况下，没有创建 FEC 列表，可用 **undo fec-list** *list-name* 命令删除指定的 FEC 列表
3	**fec-node** *ip-address* [**nexthop** *ip-address* | **outgoing-interface** [*interface-type* *interface-number*]] * 例如： [Huawei-fec-list-feclist] **fec-node** 2.2.2.2 **nexthop** 100.1.2.1 **outgoing-interface** gigabitethernet 1/0/0	（可选）在当前 FEC 列表中增加 FEC 节点，指定主机路由触发建立 BFD 会话，可多次配置本命令，添加多个 FEC 节点。**仅当采用 FEC 列表触发 BFD 会话时才需要配置。** ① *ip-address*：指定 FEC 的 IP 地址。 ② **nexthop** *ip-address*：可多选可选参数，指定下一跳 IP 地址。 ③ **outgoing-interface** *interface-type interface-number*：可多选可选参数，指定出接口。如果不指定具体的接口，则可是任意出接口。 缺省情况下，没有增加 FEC 节点，可用 **undo fec-node** *ip-address* [**nexthop** *ip-address* | **outgoing-interface** [*interface-type interface-number*]]* 命令删除指定的 FEC 节点

步骤	命令	说明
4	quit	返回系统视图
5	mpls 例如：[Huawei] mpls	进入 MPLS 视图
6	mpls bfd-trigger [host [nexthop *next-hop-address* | outgoing-interface *interface-type* *interface-number*] * | fec-list *list-name*] 例如：[Huawei-mpls] mpls bfd-trigger host	配置动态 BFD LDP LSP 的触发策略，执行完该命令才真正开始创建 BFD 会话。 ① host：二选一可选项，指定 LDP BFD 以所有主机方式触发。 ② nexthop *next-hop-address*：可多选可选参数，指定 LSP 的下一跳地址。 ③ outgoing-interface *interface-type interface-number*：可多选可选参数，指定 LSP 的出接口。 ④ fec-list *list-name*:二选一可选参数，指定 LDP BFD 以 FEC 列表方式触发，并指定在本表第 2 步中创建的 FEC 列表的名称。 如果以上参数和选项都不配置，则采用主机触发方式，且所有的主机路由均能触发建立 BFD 会话。 缺省情况下，没有配置 LDP BFD 触发策略，可用 undo mpls bfd-trigger [host [nexthop *next-hop-address* | outgoing-interface *interface-type interface-number*] * | fec-list *list-name*]命令删除指定的 LDP BFD 触发策略

（4）（可选）调整 BFD 参数

可根据需要**在被检测 LSP 的源端**配置 BFD 参数，包括本地发送 BFD 报文的时间间隔、本地接收 BFD 报文的时间间隔和 BFD 会话本地检测倍数，这些将会影响会话的建立。但因为这些参数都有缺省值，故本项配置任务为可选配置。

在动态 BFD LDP LSP 的配置中，BFD 参数的具体配置步骤见表 4-4。用户可以根据网络的实际状况调整本地检测时间，对于不太稳定的链路，如果本地检测时间较短，则 BFD 会话可能会发生震荡，这时可以选择增大 BFD 的参数。

本地实际发送 BFD 报文的时间间隔＝MAX｛本地配置的发送 BFD 报文的时间间隔，对端配置的接收 BFD 报文的时间间隔｝；本地实际接收 BFD 报文的时间间隔＝MAX｛对端配置的发送 BFD 报文的时间间隔，本地配置的接收 BFD 报文的时间间隔｝；本地检测时间＝本地实际接收 BFD 报文的时间间隔×对端配置的 BFD 会话本地检测倍数。

表 4-4　在动态 BFD LDP LSP 的配置中，BFD 参数的具体配置步骤

步骤	命令	说明
1	system-view	进入系统视图
2	bfd 例如：[Huawei] bfd	进入 BFD 视图
3	mpls ping interval *interval* 例如：[Huawei-bfd] mpls ping interval 100	调节发送 LSP Ping 报文的时间间隔，整数形式，取值范围是 30～600，单位是秒，缺省值是 60。 缺省情况下，动态 BFD 中 LSP Ping 定时器的时间间隔是 60 秒，可用 undo mpls ping interval 命令恢复为缺省值
4	quit	返回系统视图
5	mpls 例如：[Huawei] mpls	进入 MPLS 视图

步骤	命令	说明
6	**mpls bfd { min-tx-interval** *interval* | **min-rx-interval** *interval* | **detect-multiplier** *multiplier* }* 例如：[Huawei-mpls] **mpls bfd min-tx-interval** 200	设置 BFD 的参数。 ① **min-tx-interval** *interval*：可多选参数，指定 BFD 会话发送时间间隔，整数形式，取值范围是 10～2000，单位是毫秒，缺省值是 1000。 ② **min-rx-interval** *interval*：可多选参数，指定 BFD 会话接收时间间隔，整数形式，取值范围是 10～2000，单位是毫秒，缺省值是 1000。 ③ **detect-multiplier** *multiplier*：可多选参数，指定 BFD 会话本地检测的倍数，整数形式，取值范围是 3～50，缺省值是 3。 缺省情况下，没有设置 BFD 会话的相关参数，可用 **undo mpls bfd** { **min-tx-interval** | **min-rx-interval** | **detect-multiplier** }* 命令删除 BFD 会话的相关参数配置

4.1.4　BFD LDP LSP 的维护和管理命令

在进行 BFD LDP LSP 配置或应用时，可使用以下命令进行配置结果检查或 BFD 管理。

① **display bfd configuration** { **all** \| **static** }：查看所有或静态 BFD 会话配置信息。

② **display bfd session** { **all** \| **static** }：查看所有或静态 BFD 会话信息。

③ **display bfd statistics session** { **all** \| **static** }：查看所有或静态 BFD 会话统计信息。

④ **display bfd configuration all** [**verbose**]：查看源端所有 BFD 会话配置信息。

⑤ **display bfd configuration passive-dynamic** [**peer-ip** *peer-ip* **remote-discriminator** *discriminator*] [**verbose**]：查看目的端所有或指定 BFD 会话配置信息。

⑥ **display bfd session all** [**verbose**]：查看源端所有 BFD 会话信息。

⑦ **display bfd session passive-dynamic** [**peer-ip** *peer-ip* **remote-discriminator** *discriminator*] [**verbose**]：查看目的端被动创建的所有或指定 BFD 会话信息。

⑧ **display mpls bfd session** [**statistics** \| **protocol ldp** \| **outgoing-interface** *interface-type interface-number* \| **nexthop** *ip-address* \| **fec** *fec-address* \| **verbose** \| **monitor**]：查看源端所有或指定 MPLS 的 BFD 会话信息。

4.1.5　静态 BFD LDP LSP 配置示例

静态 BFD LDP LSP 配置示例的拓扑结构如图 4-2 所示，网络拓扑结构简单并且稳定，在 PE1→P1→PE2 上建立 LDP LSP，PE2→P2→PE1 为 IP 链路。如果采用接口自己感知故障，则花费的时间比较长，现要求对 LDP LSP 进行连通性检测，当 LDP LSP 出现故障时，PE1 能够在 500 毫秒内收到故障通告，访问 PE2 的流量可以切换到经过 P2 的 IP 链路。

（1）基本配置思路分析

本示例的拓扑结构简单且稳定，可以通过配置静态 BFD 来检测 LDP LSP。需要在 PE1、PE2 上配置针对 LDP LSP 链路的静态 BFD，具体的配置思路如下。

① 在各设备上配置各接口（包括 Loopback 接口）的 IP 地址。

② 在各设备上配置 OSPF 路由，实现骨干网的 IP 连通性。

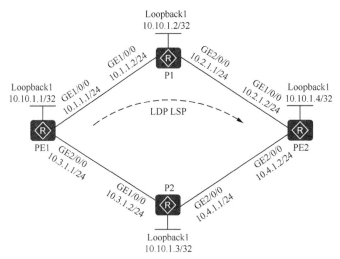

图 4-2　静态 BFD LDP LSP 配置示例的拓扑结构

③ 在 PE1→P1→PE2 链路上配置 LDP 功能，建立 LDP LSP。

④ 在 PE1 和 PE2 之间经过 P1 的链路上配置静态 BFD，以 PE1 为被检测 LDP LSP 的源端，PE2 为被检测 LDP LSP 的目的端。调整 BFD 参数，实现 PE1 能够在 500 毫秒内收到故障通告。

（2）具体配置步骤

① 配置各设备上各接口的 IP 地址。

#---PE1 上的配置，具体如下。

```
<Huawei> system-view
[Huawei] sysname PE1
[PE1] interface loopback 1
[PE1-LoopBack1] ip address 10.10.1.1 32
[PE1-LoopBack1] quit
[PE1] interface gigabitethernet 1/0/0
[PE1-GigabitEthernet1/0/0] ip address 10.1.1.1 24
[PE1-GigabitEthernet1/0/0] quit
[PE1] interface gigabitethernet 2/0/0
[PE1-GigabitEthernet2/0/0] ip address 10.3.1.1 24
[PE1-GigabitEthernet2/0/0] quit
```

#---P1 上的配置，具体如下。

```
<Huawei> system-view
[Huawei] sysname P1
[P1] interface loopback 1
[P1-LoopBack1] ip address 10.10.1.2 32
[P1-LoopBack1] quit
[P1] interface gigabitethernet 1/0/0
[P1-GigabitEthernet1/0/0] ip address 10.1.1.2 24
[P1-GigabitEthernet1/0/0] quit
[P1] interface gigabitethernet 2/0/0
[P1-GigabitEthernet2/0/0] ip address 10.2.1.1 24
[P1-GigabitEthernet2/0/0] quit
```

#---P2 上的配置，具体如下。

```
<Huawei> system-view
[Huawei] sysname P2
```

```
[P2] interface loopback 1
[P2-LoopBack1] ip address 10.10.1.3 32
[P2-LoopBack1] quit
[P2] interface gigabitethernet 1/0/0
[P2-GigabitEthernet1/0/0] ip address 10.3.1.2 24
[P2-GigabitEthernet1/0/0] quit
[P2] interface gigabitethernet 2/0/0
[P2-GigabitEthernet2/0/0] ip address 10.4.1.1 24
[P2-GigabitEthernet2/0/0] quit
```

\#---PE2 上的配置，具体如下。

```
<Huawei> system-view
[Huawei] sysname PE2
[PE2] interface loopback 1
[PE2-LoopBack1] ip address 10.10.1.4 32
[PE2-LoopBack1] quit
[PE2] interface gigabitethernet 1/0/0
[PE2-GigabitEthernet1/0/0] ip address 10.2.1.2 24
[PE2-GigabitEthernet1/0/0] quit
[PE2] interface gigabitethernet 2/0/0
[PE2-GigabitEthernet2/0/0] ip address 10.4.1.2 24
[PE2-GigabitEthernet2/0/0] quit
```

② 在各设备上配置 OSPF 路由，都加入缺省的 OSPF 1 进程，在区域 0 中实现骨干网的 IP 连通性。

\#---PE1 上的配置，具体如下。

```
[PE1] ospf 1
[PE1-ospf-1] area 0
[PE1-ospf-1-area-0.0.0.0] network 10.10.1.1 0.0.0.0
[PE1-ospf-1-area-0.0.0.0] network 10.1.1.0 0.0.0.255
[PE1-ospf-1-area-0.0.0.0] network 10.3.1.0 0.0.0.255
[PE1-ospf-1-area-0.0.0.0] quit
[PE1-ospf-1] quit
```

\#---P1 上的配置，具体如下。

```
[P1] ospf 1
[P1-ospf-1] area 0
[P1-ospf-1-area-0.0.0.0] network 10.10.1.2 0.0.0.0
[P1-ospf-1-area-0.0.0.0] network 10.1.1.0 0.0.0.255
[P1-ospf-1-area-0.0.0.0] network 10.2.1.0 0.0.0.255
[P1-ospf-1-area-0.0.0.0] quit
[P1-ospf-1] quit
```

\#---P2 上的配置，具体如下。

```
[P2] ospf 1
[P2-ospf-1] area 0
[P2-ospf-1-area-0.0.0.0] network 10.10.1.3 0.0.0.0
[P2-ospf-1-area-0.0.0.0] network 10.3.1.0 0.0.0.255
[P2-ospf-1-area-0.0.0.0] network 10.4.1.0 0.0.0.255
[P2-ospf-1-area-0.0.0.0] quit
[P2-ospf-1] quit
```

\#---PE2 上的配置，具体如下。

```
[PE2] ospf 1
[PE2-ospf-1] area 0
[PE2-ospf-1-area-0.0.0.0] network 10.10.1.4 0.0.0.0
[PE2-ospf-1-area-0.0.0.0] network 10.2.1.0 0.0.0.255
```

```
[PE2-ospf-1-area-0.0.0.0] network 10.4.1.0 0.0.0.255
[PE2-ospf-1-area-0.0.0.0] quit
[PE2-ospf-1] quit
```

③ 在 PE1→P1→PE2 链路上配置 LDP 功能，建立 LDP LSP。因为本示例明确指出
PE2→P2→PE1 为 IP 链路，采用 IP 路由转发，所以不需要在这条链路上配置 LDP LSP。

#---PE1 上的配置，具体如下。

```
[PE1] mpls lsr-id 10.10.1.1
[PE1] mpls
[PE1-mpls] quit
[PE1] mpls ldp
[PE1-mpls-ldp] quit
[PE1] interface gigabitethernet 1/0/0
[PE1-GigabitEthernet1/0/0] mpls
[PE1-GigabitEthernet1/0/0] mpls ldp
[PE1-GigabitEthernet1/0/0] quit
```

#---P1 上的配置，具体如下。

```
[P1] mpls lsr-id 10.10.1.2
[P1] mpls
[P1-mpls] quit
[P1] mpls ldp
[P1-mpls-ldp] quit
[P1] interface gigabitethernet 1/0/0
[P1-GigabitEthernet1/0/0] mpls
[P1-GigabitEthernet1/0/0] mpls ldp
[P1-GigabitEthernet1/0/0] quit
[P1] interface gigabitethernet 2/0/0
[P1-GigabitEthernet2/0/0] mpls
[P1-GigabitEthernet2/0/0] mpls ldp
[P1-GigabitEthernet2/0/0] quit
```

#---PE2 上的配置，具体如下。

```
[PE2] mpls lsr-id 10.10.1.4
[PE2] mpls
[PE2-mpls] quit
[PE2] mpls ldp
[PE2-mpls-ldp] quit
[PE2] interface gigabitethernet 1/0/0
[PE2-GigabitEthernet1/0/0] mpls
[PE2-GigabitEthernet1/0/0] mpls ldp
[PE2-GigabitEthernet1/0/0] quit
```

以上配置完成后，执行 **display mpls ldp lsp** 命令可以看到在 PE1 上建立了到目的地
址为 10.10.1.4/32 的 Ingress LDP LSP，如图 4-3 所示。

④ 在 PE1 和 PE2 之间经过 P1 的链路上配置静态 BFD，以 PE1 为被检测 LDP LSP
的源端，PE2 为被检测 LDP LSP 的目的端。调整 BFD 参数，实现 PE1 能够在 500 毫秒
内收到故障通告。

#---PE1 上的配置，具体如下。

```
[PE1] bfd
[PE1-bfd] quit
[PE1] bfd pe1tope2 bind ldp-lsp peer-ip 10.10.1.4 nexthop 10.1.1.2 interface gigabitethernet 1/0/0
[PE1-bfd-lsp-session-pe1tope2] discriminator local 1   #--要与对端的远端标识符一致
[PE1-bfd-lsp-session-pe1tope2] discriminator remote 2   #--要与对端的本地标识符一致
```

```
[PE1-bfd-lsp-session-pe1tope2] min-tx-interval 100   #---调整 BFD 报文的发送时间间隔为 100 毫秒
[PE1-bfd-lsp-session-pe1tope2] min-rx-interval 100   #---调整 BFD 报文的接收时间间隔为 100 毫秒
[PE1-bfd-lsp-session-pe1tope2] process-pst
[PE1-bfd-lsp-session-pe1tope2] commit
[PE1-bfd-lsp-session-pe1tope2] quit
```

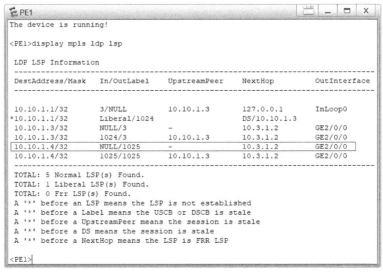

图 4-3　在 PE1 上执行 **display mpls ldp lsp** 命令的输出

#---PE2 上的配置，具体如下。

```
[PE2] bfd
[PE2-bfd] quit
[PE2] bfd pe2tope1 bind   peer-ip 10.10.1.1
[PE2-bfd-session-pe2tope1] discriminator local 2
[PE2-bfd-session-pe2tope1] discriminator remote 1
[PE2-bfd-session-pe2tope1] min-tx-interval 100
[PE2-bfd-session-pe2tope1] min-rx-interval 100
[PE2-bfd-session-pe2tope1] commit
[PE2-bfd-session-pe2tope1] quit
```

（3）配置结果验证

以上配置完成后，可进行以下配置结果验证。

① 在 PE1 上执行 **display bfd session all** 命令，可以看到它与 PE2 之间建立的 BFD 会话状态（State 字段）为 Up，表示已成功建立 BFD 会话，如图 4-4 所示。

图 4-4　在 PE1 上执行 **display bfd session all** 命令的输出

在 PE2 上执行 **display bfd session all** 命令，可以看到它与 PE1 之间建立的 BFD 会话状态为 Up，如图 4-5 所示。

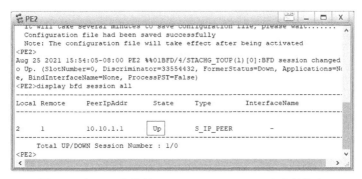

图 4-5　在 PE2 上执行 **display bfd session all** 命令的输出

② 在 PE1 上执行 **display fib** 命令，可以看到它到达 PE2 上 10.10.1.4 网段有两条转发表项，分别为 LDP LSP（Tunnel ID 为 0x7）和 OSPF 路由（Tunnel ID 为 0x0），如图 4-6 所示。此时在 PE1 上 Ping PE2 的 10.10.1.4，结果是通的。

```
PE1                                                      _  □  X
<PE1>dis fib
Route Flags: G - Gateway Route,  H - Host Route,    U - Up Route
             S - Static Route,  D - Dynamic Route,  B - Black Hole Route
             L - Vlink Route
----------------------------------------------------------------
FIB Table:
Total number of Routes : 17

Destination/Mask  Nexthop      Flag  TimeStamp   Interface    TunnelID
10.10.1.4/32      10.1.1.2     DGHU  t[217]      GE1/0/0      0x7
10.10.1.4/32      10.3.1.2     DGHU  t[217]      GE2/0/0      0x0
10.10.1.2/32      10.1.1.2     DGHU  t[180]      GE1/0/0      0x5
10.10.1.3/32      10.3.1.2     DGHU  t[131]      GE2/0/0      0x0
10.3.1.255/32     127.0.0.1    HU    t[10]       InLoop0      0x0
10.3.1.1/32       127.0.0.1    HU    t[10]       InLoop0      0x0
10.1.1.255/32     127.0.0.1    HU    t[9]        InLoop0      0x0
10.1.1.1/32       127.0.0.1    HU    t[9]        InLoop0      0x0
10.10.1.1/32      127.0.0.1    HU    t[5]        InLoop0      0x0
255.255.255.255/32 127.0.0.1   HU    t[4]        InLoop0      0x0
127.255.255.255/32 127.0.0.1   HU    t[4]        InLoop0      0x0
127.0.0.1/32      127.0.0.1    HU    t[4]        InLoop0      0x0
127.0.0.0/8       127.0.0.1    U     t[4]        InLoop0      0x0
10.1.1.0/24       10.1.1.1     U     t[9]        GE1/0/0      0x0
10.3.1.0/24       10.3.1.1     U     t[10]       GE2/0/0      0x0
10.2.1.0/24       10.1.1.2     DGU   t[54]       GE1/0/0      0x0
10.4.1.0/24       10.3.1.2     DGU   t[62]       GE2/0/0      0x0
<PE1>
```

图 4-6　LDP LSP 出现故障前在 PE1 上执行 **display fib** 命令的输出

经过实验证明，这两条转发表项是等价的，不同数据包可以随机选择一条链路发送，不固定，因为在本示例中，由 PE1 经过两条路径到达 PE2 的 OSPF 路由开销相当，是等价路由。仅当把经过 P2 的链路的 OSPF 路由开销值增大后，才会使 PE1 经过 P1 的 LDP LSP 链路到达 PE2 上，10.10.1.4/32 网段的转发表项成为正常情况下的唯一转发表项。

③ 在 PE1 经过 P1 至 PE2 的 LDP LSP 路径上关闭其中任意一个接口，或关闭 P1 的电源（在此以关闭 P1 的 GE1/0/0 接口为例进行介绍），模拟 LDP LSP 链路或节点出现故障，经过一段时间，在 PE1 上执行 **display fib** 命令，发现到达 PE2 上 10.10.1.4 网段只有经过 P2 的路径的 OSPF 路由的转发表项，如图 4-7 所示。

此时，在 PE1 上对 PE2 执行 **ping** 10.10.1.4，结果也是通的，执行 **tracert** 10.10.1.4 后会发现经过的是 P2 路径，如图 4-8 所示。

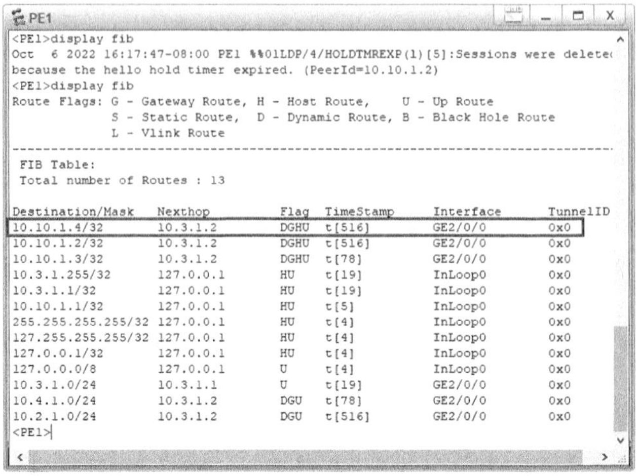

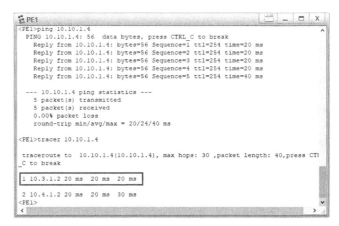

图 4-7　LDP LSP 出现故障后在 PE1 上执行 **display fib** 命令的输出

图 4-8　LDP LSP 出现故障后在 PE1 上 **ping** 10.10.1.4 和 **tracert** 10.10.1.4 的结果

4.1.6　动态 BFD LDP LSP 配置示例

本示例的拓扑结构参见图 4-2，网络拓扑结构复杂并且不稳定，PE1－P1→PE2 和 PE2→P2→PE1 均为 LDP LSP 链路。如果采用接口自己感知故障，则所花费的时间比较长。要求对 PE1 到达 PE2 上 10.10.1.4 的两条 LDP LSP 进行连通性检测，当 LDP LSP 出现故障时，PE1 能够在 500 毫秒内收到故障通告。

（1）基本配置思路分析

本实验的网络拓扑结构复杂并且不稳定，因此可在 PE1、PE2 上配置 BFD 会话，检测它们之间的两条 LDP LSP 链路。但在配置动态 BFD LDP LSP 前仍需要完成 LDP 的必选基本功能的配置。

① 在各 LSR 上配置各接口（包括 Loopback 接口）的 IP 地址。参见 4.1.5 节的第①项配置任务。

② 在各 LSR 上配置 OSPF 路由，实现骨干网的 IP 连通性。参见 4.1.5 节的第②项配置任务。

③ 在各 LSR 上配置 LDP，使各 LSR 间可建立到达对方 LSR ID 所代表的主机路由的 LDP LSP。

④ PE1 和 PE2 上配置动态 BFD 会话，实现 PE1 能够在 500 毫秒内收到 PE1 到 PE2 10.10.1.4/32 网段 LDP LSP 链路的故障通告。

下面仅介绍以上第③项和第④项配置任务的具体配置方法。

（2）具体配置步骤

① 在各 LSR 上配置 LDP 功能，建立 LDP LSP 链路。

\#---PE1 上的配置，具体如下。

```
[PE1] mpls lsr-id 10.10.1.1
[PE1] mpls
[PE1-mpls] quit
[PE1] mpls ldp
[PE1-mpls-ldp] quit
[PE1] interface gigabitethernet 1/0/0
[PE1-GigabitEthernet1/0/0] mpls
[PE1-GigabitEthernet1/0/0] mpls ldp
[PE1-GigabitEthernet1/0/0] quit
[PE1] interface gigabitethernet 2/0/0
[PE1-GigabitEthernet2/0/0] mpls
[PE1-GigabitEthernet2/0/0] mpls ldp
[PE1-GigabitEthernet2/0/0] quit
```

\#---P1 上的配置，具体如下。

```
[P1] mpls lsr-id 10.10.1.2
[P1] mpls
[P1-mpls] quit
[P1] mpls ldp
[P1-mpls-ldp] quit
[P1] interface gigabitethernet 1/0/0
[P1-GigabitEthernet1/0/0] mpls
[P1-GigabitEthernet1/0/0] mpls ldp
[P1-GigabitEthernet1/0/0] quit
[P1] interface gigabitethernet 2/0/0
[P1-GigabitEthernet2/0/0] mpls
[P1-GigabitEthernet2/0/0] mpls ldp
[P1-GigabitEthernet2/0/0] quit
```

\#---P2 上的配置，具体如下。

```
[P2] mpls lsr-id 10.10.1.3
[P2] mpls
[P2-mpls] quit
[P2] mpls ldp
[P2-mpls-ldp] quit
[P2] interface gigabitethernet 1/0/0
[P2-GigabitEthernet1/0/0] mpls
[P2-GigabitEthernet1/0/0] mpls ldp
[P2-GigabitEthernet1/0/0] quit
[P2] interface gigabitethernet 2/0/0
[P2-GigabitEthernet2/0/0] mpls
[P2-GigabitEthernet2/0/0] mpls ldp
[P2-GigabitEthernet2/0/0] quit
```

\#---PE2 上的配置，具体如下。

```
[PE2] mpls lsr-id 10.10.1.4
[PE2] mpls
[PE2-mpls] quit
[PE2] mpls ldp
[PE2-mpls-ldp] quit
[PE2] interface gigabitethernet 1/0/0
[PE2-GigabitEthernet1/0/0] mpls
[PE2-GigabitEthernet1/0/0] mpls ldp
[PE2-GigabitEthernet1/0/0] quit
[PE2] interface gigabitethernet 2/0/0
[PE2-GigabitEthernet2/0/0] mpls
[PE2-GigabitEthernet2/0/0] mpls ldp
[PE2-GigabitEthernet2/0/0] quit
```

以上配置好后，在 PE1 上执行 **display mpls ldp lsp** 命令，可以看到已建立了两条到目的地址为 10.10.1.4/32 的 Ingress LDP LSP，如图 4-9 所示。

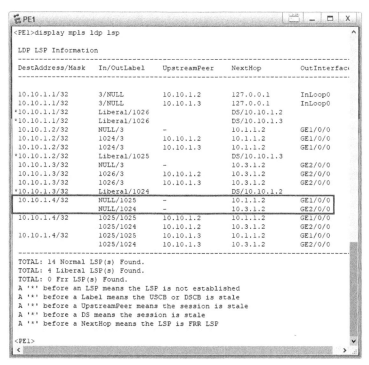

图 4-9　在 PE1 上执行 **display mpls ldp lsp** 命令的输出

② 在 PE1 和 PE2 上配置动态 BFD 会话，检测它们之间的两条 LDP LSP。

#---在 PE1 上配置 FEC 列表，具体如下。这样就可以保障只触发 BFD 到达指定 FEC 的 LDP LSP。

```
[PE1] fec-list 1to2
[PE1-fec-list-1to2] fec-node 10.10.1.4
[PE1-fec-list-1to2] quit
```

#---在 PE1 使能 BFD，指定动态触发 BFD 会话的 FEC 列表（即前面创建的 FEC 列表），可选调整 BFD 参数，BFD 报文的发送和接收时间间隔均为 100 毫秒，具体如下。

```
[PE1] bfd
[PE1-bfd] quit
```

```
[PE1] mpls
[PE1-mpls] mpls bfd-trigger fec-list 1to2
[PE1-mpls] mpls bfd enable
[PE1-mpls] mpls bfd min-tx-interval 100 min-rx-interval 100
[PE1-mpls] quit
```

#---在 PE2 上配置被动使能 BFD for LSP 功能，具体如下。

```
[PE2] bfd
[PE2-bfd] mpls-passive
```

（3）配置结果验证

以上配置完成后，可进行以下配置结果验证。

① 在 PE1 和 PE2 上分别执行 **display bfd session all** 命令，可以看到它们之间通过两条不同路径建立的两条 LSP BFD 会话状态（State 字段）均为 Up，表示 BFD 会话已成功建立。在 PE1 上执行 **display bfd session all** 命令的输出如图 4-10 所示。

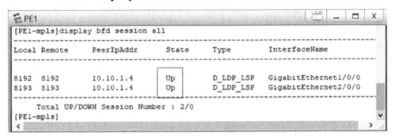

图 4-10　在 PE1 上执行 **display bfd session all** 命令的输出

② 在 PE1 上执行 **display fib** 命令，可以看到它到达 PE2 上 10.10.1.4 网段有两条转发表项，均为 LDP LSP（Tunnel ID 分别为 0x5 和 0x9），如图 4-11 所示。

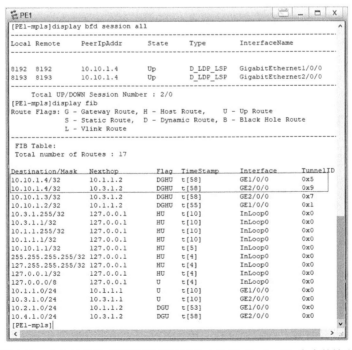

图 4-11　主 LDP LSP 出现故障前在 PE1 上执行 **display fib** 命令的输出

③ 在 PE1 上 **ping lsp ip** 10.10.1.4 32 或 **tracert lsp ip** 10.10.1.4 32，会发现 ICMP 报文从 GE1/0/0 接口发出，下一跳为 P1，如图 4-12 所示。但其实这两条转发表项是等价的，不同数据包可以随机选择一条链路发送，不固定，因为这两条路径的 OSPF 路由是等价的。

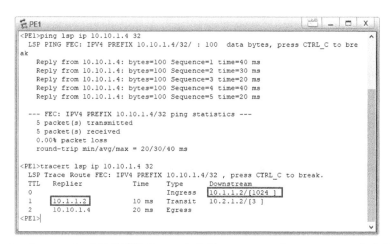

图 4-12　主 LDP LSP 出现故障前在 PE1 上执行 **ping lsp ip** 或 **tracert lsp ip** 命令的输出

④ 在 PE1 经过 P1 至 PE2 的 LDP LSP 路径上关闭其中任意一个接口，或关闭 P1 的电源（在此以关闭 P1 的 GE1/0/0 接口为例进行介绍），模拟主 LDP LSP 链路或节点出现故障，一段时间后，在 PE1 上执行 **display fib** 命令，发现到达 PE2 上 10.10.1.4 网段只有一条 P2 的路径的备份 LDP LSP 转发表项，如图 4-13 所示。

```
 PE1                                                                    _  □  X
<PE1>display fib
Route Flags: G - Gateway Route, H - Host Route,     U - Up Route
             S - Static Route,  D - Dynamic Route, B - Black Hole Route
             L - Vlink Route
-------------------------------------------------------------------
 FIB Table:
 Total number of Routes : 13

Destination/Mask   Nexthop    Flag  TimeStamp   Interface    TunnelID
10.10.1.4/32       10.3.1.2   DGHU  t[87]       GE2/0/0      0x5
10.10.1.2/32       10.3.1.2   DGHU  t[87]       GE2/0/0      0x9
10.10.1.3/32       10.3.1.2   DGHU  t[70]       GE2/0/0      0x7
10.3.1.255/32      127.0.0.1  HU    t[24]       InLoop0      0x0
10.3.1.1/32        127.0.0.1  HU    t[24]       InLoop0      0x0
10.10.1.1/32       127.0.0.1  HU    t[5]        InLoop0      0x0
255.255.255.255/32 127.0.0.1  HU    t[4]        InLoop0      0x0
127.255.255.255/32 127.0.0.1  HU    t[4]        InLoop0      0x0
127.0.0.1/32       127.0.0.1  HU    t[4]        InLoop0      0x0
127.0.0.0/8        127.0.0.1  U     t[4]        InLoop0      0x0
10.3.1.0/24        10.3.1.1   U     t[24]       GE2/0/0      0x0
10.4.1.0/24        10.3.1.2   DGU   t[69]       GE2/0/0      0x0
10.2.1.0/24        10.3.1.2   DGU   t[87]       GE2/0/0      0x0
<PE1>
```

图 4-13　主 LDP LSP 出现故障后在 PE1 上执行 **display fib** 命令的输出

此时在 PE1 上 **ping lsp ip** 10.10.1.4 32 或 **tracert lsp ip** 10.10.1.4 32，会发现 ICMP 报文从 GE2/0/0 接口发出，下一跳为 P2，转发路径已成功切换，如图 4-14 所示。

通过以上验证，已证明本示例的动态 BFD LDP LSP 的配置是正确且成功的。

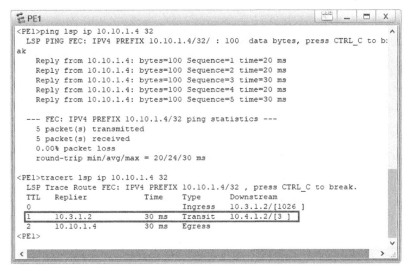

图 4-14　主 LDP LSP 出现故障后在 PE1 上执行 **ping lsp ip** 或 **tracert lsp ip** 命令的输出

4.2　LDP 与路由联动的配置与管理

　　LDP 与路由联动的主要目的是当 MPLS 网络的端到端路径出现故障时，确保流量快速切换到备份路径，尽可能地避免流量的丢失。它包括 LDP 与静态路由联动，以及 LDP 与 IGP 联动。

4.2.1　配置 LDP 与静态路由联动

　　当存在主/备 LSP 的 MPLS 组网，如果 LSR 之间依靠静态路由建立 LSP，则当主链路的 LDP 会话出现故障（非链路故障导致），或主链路故障后再恢复时，主/备 LSP 相互切换会导致流量丢失，此时可以采用 LDP 与静态路由联动解决此问题。

　　LDP 与静态路由联动示例如图 4-15 所示，LSR_1 和 LSR_4 之间通过静态路由连通，LDP 在两端基于静态路由建立了两条 LSP，正常情况下优选 LinkA，作为主 LDP LSP。

　　在没有配置 LDP 与静态路由联动时，当主链路的 LDP 会话出现故障（**非链路故障导致**），即 LSR_2 上的 LDP 被去使能或 LDP 出现故障，会导致 LSR_1 和 LSR_2 之间的 LDP 会话发生中断。但此时 LSR_1 和 LSR_2 之间的链路没有问题，它们之间的静态路由

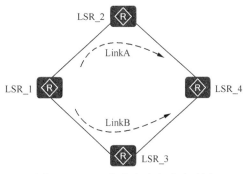

图 4-15　LDP 与静态路由联动示例

是活跃的，不会切换到备份路由。这是因为主 LDP LSP 无效，会自动切换到备份 LDP LSP 对应的 LinkB，但备份路径的静态路由当前无效，备份 LDP LSP 也建立不起来，导

致 LSR_1 和 LSR_4 之间的 MPLS 流量中断。

此时如果在 LSR_1 上使能 LDP 与静态路由联动功能，则当 LSR_1 和 LSR_2 之间的 LDP 会话状态为 Down 时，静态路由会自动切换到 LinkB，这样可使 LSR_1 和 LSR_4 之间的 LSP 建立成功并切换到备份 LDP LSP，保证它们之间的流量不中断。

当 LSR_1 和 LSR_2 之间的链路恢复时，因为主静态路由优先级更高，所以主静态路由又将变为活跃状态，备份静态路由又恢复为非活跃状态，对应的备份 LDP LSP 也将变为无效，最终 LSP 路径又将随静态路由切换到主链路。在没有配置 LDP 与静态路由联动时，会出现原来的备份 LDP LSP 路径无法使用，新恢复的主 LDP LSP 还没有建立（因为 LSP 是在路由收敛后才建立的）的情况。在这个时间差内，LSR_1 和 LSR_4 之间的 MPLS 流量中断。此时如果在 LSR_1 上使能 LDP 与静态路由联动，仅当 LSR_1 和 LSR_2 之间的 LDP 会话状态为 Up 时，它们之间的静态路由才开始活跃，这样可以保证 LSR_1 和 LSR_4 之间的静态路由和 LSP 同步切换，实现流量不中断。

配置 LDP 与静态路由联动的步骤见表 4-5。

表 4-5　配置 LDP 与静态路由联动的步骤

步骤	命令	说明
1	**system-view**	进入系统视图
2	**ip route-static** *ip-address* { *mask*	*mask-length* } *interface-type interface-number* [*nexthop-address*] [**preference** *preference*	**tag** *tag*] * **ldp-sync** [**description** *text*] 例如：[Huawei] **ip route-static** 10.1.1.2 32 **ldp-sync**	配置 LDP 与指定的静态路由联动。 ① *ip-address*：指定要与 LDP 联动的静态路由的目的 IP 地址，通常为某 LSR 的 LSR ID 对应的 IP 地址。 ② *mask*	*mask-length*：指定要与 LDP 联动的静态路由的子网掩码或子网掩码长度。 ③ *interface-type interface-number*：指定要与 LDP 联动的静态路由的出接口。**必须配置，只有配置了出接口的静态路由才能配置 LDP 与静态路由联动。** ④ *nexthop-address*：可选参数，指定要与 LDP 联动的静态路由的下一跳 IP 地址。**通常不指定，此时以出接口的 IP 地址作为下一跳 IP 地址。** ⑤ **preference** *preference*：可多选可选参数，指定要与 LDP 联动的静态路由的优先级，整数形式，取值范围是 1～255。缺省值是 60，优先级值越大，优先级越低。**至少要比备份静态路由的优先级高。** ⑥ **tag** *tag*：可多选可选参数，指定要与 LDP 联动的静态路由的标记，整数形式，取值范围是 1～4294967295。缺省值是 0。 ⑦ **description** *text*：可选参数，LDP 与指定静态路由联动的描述。 缺省情况下，未使能 LDP 与静态路由联动功能，可用 **undo ip route-static** *ip-address* { *mask*	*mask-length* } *interface-type interface-number* [*nexthop-address*] [**preference** *preference*	**tag** *tag*] * **ldp-sync** 命令取消 LDP 与指定静态路由的联动
3	**interface** *interface-type interface-number* 例如：[Huawei] **interface** gigabitethernet 1/0/0	（可选）进入静态路由主链路出接口的接口视图

步骤	命令	说明
4	**static-route timer ldp-sync hold-down** { *timer* | **infinite** } 例如： [Huawei-GigabitEthernet1/0/0] **static-route timer ldp-sync hold-down** 20	（可选）设置静态路由不活跃，等待 LDP 会话建立的时间间隔，主要用于主链路故障恢复过程中。 ① *timer*：二选一参数，指定静态路由不活跃等待 LDP 会话建立的时间间隔，整数形式，取值范围是 0~65535，单位是秒。当 hold-down 定时器为 0 时，关闭该接口下的 LDP 与静态路由联动功能。 ② **infinite**：二选一选项，指定定时器永远不超时。只有在 LDP 会话建立后，静态路由才活跃，MPLS 流量才进行切换。 缺省情况下，hold-down 定时器的值是 10，可用 **undo static-route timer ldp-sync hold-down** 命令恢复为缺省配置

在指定的等待 LDP 会话建立的时间内，使能了与 LDP 联动功能的静态路由暂时不活跃，等待 LDP 会话建立，从而达到 LDP 和静态路由的同步。如果 LDP 会话定时器超时，无论 LDP 会话是否建立，使能了与 LDP 联动功能的静态路由都开始活跃。

4.2.2　LDP 与静态路由联动配置示例

LDP 与静态路由联动配置示例的拓扑结构如图 4-16 所示，LSRA 有分别经过 LSRB 和 LSRC 到达 LSRD Loopback0 接口网段的静态路由，并基于该静态路由建立了 LDP 会话，其中 LinkA 为主链路，LinkB 为备份链路。现要求 LinkA 上主链路的 LDP 会话中断或在 LinkA 发生故障再恢复的情况下，保证 MPLS 流量不中断。

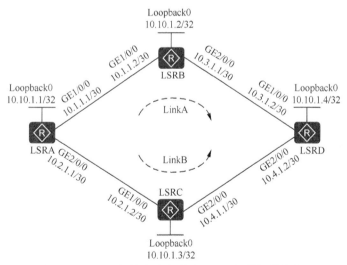

图 4-16　LDP 与静态路由联动配置示例的拓扑结构

（1）基本配置思路分析

因为本示例各 LSR 之间是通过静态路由实现互通的，所以可以通过配置 LDP 与静态路由联动，调整 hold-down 定时器，实现当主链路上的 LDP 会话中断，或者当主链路发生故障再恢复时能保证 MPLS 流量不中断的需求。

因为 LDP 与静态路由联动是扩展功能，所以首先需要配置 LDP 的必选基本功能，本示例的基本配置思路如下。

① 在各 LSR 上配置各接口（包括 Loopback 接口）的 IP 地址。

② 在各 LSR 上配置静态路由（经过 LSRB 的为主链路，经过 LSRC 的为备份链路），实现骨干网的 IP 连通性。

③ 在各 LSR 上配置 LDP，使各 LSR 间可建立到达对方 LSR ID 代表的主机路由的 LDP LSP。

④ 在 LSRA 和 LSRD 上分别配置 LDP 与静态路由联动功能，并设置 hold-down 定时器值为 20，即可使主链路故障恢复后的静态路由暂时不活跃，而是在 hold-down 定时器的设定值内等待 LDP 会话建立，从而达到 LDP 与静态路由联动的目的。

（2）具体配置步骤

① 配置各 LSR 各接口（包括 Loopback 接口）的 IP 地址。

#---LSRA 上的配置，具体如下。

```
<Huawei> system-view
[Huawei] sysname LSRA
[LSRA] interface loopback 0
[LSRA-LoopBack0] ip address 10.10.1.1 32
[LSRA-LoopBack0] quit
[LSRA] interface gigabitethernet 1/0/0
[LSRA-GigabitEthernet1/0/0] ip address 10.1.1.1 30
[LSRA-GigabitEthernet1/0/0] quit
[LSRA] interface gigabitethernet 2/0/0
[LSRA-GigabitEthernet2/0/0] ip address 10.2.1.1 30
[LSRA-GigabitEthernet2/0/0] quit
```

#---LSRB 上的配置，具体如下。

```
<Huawei> system-view
[Huawei] sysname LSRB
[LSRB] interface loopback 0
[LSRB-LoopBack0] ip address 10.10.1.2 32
[LSRB-LoopBack0] quit
[LSRB] interface gigabitethernet 1/0/0
[LSRB-GigabitEthernet1/0/0] ip address 10.1.1.2 30
[LSRB-GigabitEthernet1/0/0] quit
[LSRB] interface gigabitethernet 2/0/0
[LSRB-GigabitEthernet2/0/0] ip address 10.3.1.1 30
[LSRB-GigabitEthernet2/0/0] quit
```

#---LSRC 上的配置，具体如下。

```
<Huawei> system-view
[Huawei] sysname LSRC
[LSRC] interface loopback 0
[LSRC-LoopBack0] ip address 10.10.1.3 32
[LSRC-LoopBack0] quit
[LSRC] interface gigabitethernet 1/0/0
[LSRC-GigabitEthernet1/0/0] ip address 10.2.1.2 30
[LSRC-GigabitEthernet1/0/0] quit
[LSRC] interface gigabitethernet 2/0/0
[LSRC-GigabitEthernet2/0/0] ip address 10.4.1.1 30
[LSRC-GigabitEthernet2/0/0] quit
```

#---LSRD 上的配置，具体如下。

```
<Huawei> system-view
[Huawei] sysname LSRD
[LSRD] interface loopback 0
[LSRD-LoopBack0] ip address 10.10.1.4 32
[LSRD-LoopBack0] quit
[LSRD] interface gigabitethernet 1/0/0
[LSRD-GigabitEthernet1/0/0] ip address 10.3.1.2 30
[LSRD-GigabitEthernet1/0/0] quit
[LSRD] interface gigabitethernet 2/0/0
[LSRD-GigabitEthernet2/0/0] ip address 10.4.1.2 30
[LSRD-GigabitEthernet2/0/0] quit
```

② 在各节点上配置静态路由，使网络互通。

LSRA 上配置到 LSRD Loopback0 接口所在网段的两条优先级不同的静态路由，同时 LSRD 上也相应配置到 LSRA Loopback0 接口所在网段的两条优先级不同的静态路由。

#---LSRA 上的配置，具体如下。

```
[LSRA] ip route-static 10.10.1.2 32 10.1.1.2
[LSRA] ip route-static 10.10.1.3 32 10.2.1.2
[LSRA] ip route-static 10.3.1.0 30 10.1.1.2
[LSRA] ip route-static 10.4.1.0 30 10.2.1.2
[LSRA] ip route-static 10.10.1.4 32 10.1.1.2 preference 40   #---到达 LSRD 的主路由
[LSRA] ip route-static 10.10.1.4 32 10.2.1.2   #---到达 LSRD 的备份路由，采用缺省优先级值 60
```

#---LSRB 上的配置，具体如下。

```
[LSRB] ip route-static 10.10.1.1 32 10.1.1.1
[LSRB] ip route-static 10.10.1.4 32 10.3.1.2
```

#---LSRC 上的配置，具体如下。

```
[LSRC] ip route-static 10.10.1.1 32 10.2.1.1
[LSRC] ip route-static 10.10.1.4 32 10.4.1.2
```

#---LSRD 上的配置，具体如下。

```
[LSRD] ip route-static 10.10.1.2 32 10.3.1.1
[LSRD] ip route-static 10.10.1.3 32 10.4.1.1
[LSRD] ip route-static 10.1.1.0 30 10.3.1.1
[LSRD] ip route-static 10.2.1.0 30 10.4.1.1
[LSRD] ip route-static 10.10.1.1 32 10.3.1.1 preference 40   #---到达 LSRA 的主路由
[LSRD] ip route-static 10.10.1.1 32 10.4.1.1   #---到达 LSRA 的备份路由，采用缺省优先级值 60
```

以上配置完成后，在各节点上执行 **display ip routing-table protocol static** 命令可以查看到所配置的静态路由。在 LSRA 上执行该命令的输出如图 4-17 所示。从图中我们可以看到，除了有 5 条活跃（Active）状态的静态路由，还有一条非活跃（Inactive）状态的静态路由，即通过备份链路到达 LSRD Loopback0 接口所在网段的备份静态路由。

③ 在各 LSR 上配置 LDP，使各 LSR 间可建立到达对方 LSR ID 代表的主机路由的 LDP LSP。

#---LSRA 上的配置，具体如下。

```
[LSRA] mpls lsr-id 10.10.1.1
[LSRA] mpls
[LSRA-mpls] quit
[LSRA] mpls ldp
[LSRA-mpls-ldp] quit
[LSRA] interface gigabitethernet 1/0/0
[LSRA-GigabitEthernet1/0/0] mpls
```

```
[LSRA-GigabitEthernet1/0/0] mpls ldp
[LSRA-GigabitEthernet1/0/0] quit
[LSRA] interface gigabitethernet 2/0/0
[LSRA-GigabitEthernet2/0/0] mpls
[LSRA-GigabitEthernet2/0/0] mpls ldp
[LSRA-GigabitEthernet2/0/0] quit
```

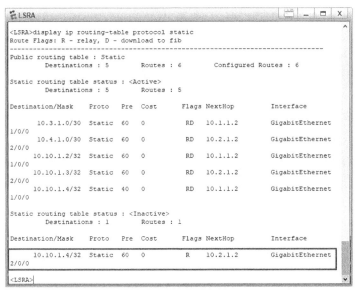

图 4-17　在 LSRA 上执行 **display ip routing-table protocol static** 命令的输出

#---LSRB 上的配置，具体如下。

```
[LSRB] mpls lsr-id 10.10.1.2
[LSRB] mpls
[LSRB-mpls] quit
[LSRB] mpls ldp
[LSRB-mpls-ldp] quit
[LSRB] interface gigabitethernet 1/0/0
[LSRB-GigabitEthernet1/0/0] mpls
[LSRB-GigabitEthernet1/0/0] mpls ldp
[LSRB-GigabitEthernet1/0/0] quit
[LSRB] interface gigabitethernet 2/0/0
[LSRB-GigabitEthernet2/0/0] mpls
[LSRB-GigabitEthernet2/0/0] mpls ldp
[LSRB-GigabitEthernet2/0/0] quit
```

#---LSRC 上的配置，具体如下。

```
[LSRC] mpls lsr-id 10.10.1.3
[LSRC] mpls
[LSRC-mpls] quit
[LSRC] mpls ldp
[LSRC-mpls-ldp] quit
[LSRC] interface gigabitethernet 1/0/0
[LSRC-GigabitEthernet1/0/0] mpls
[LSRC-GigabitEthernet1/0/0] mpls ldp
[LSRC-GigabitEthernet1/0/0] quit
[LSRC] interface gigabitethernet 2/0/0
[LSRC-GigabitEthernet2/0/0] mpls
```

```
[LSRC-GigabitEthernet2/0/0] mpls ldp
[LSRC-GigabitEthernet2/0/0] quit
```

#---LSRD 上的配置，具体如下。

```
[LSRD] mpls lsr-id 10.10.1.4
[LSRD] mpls
[LSRD-mpls] quit
[LSRD] mpls ldp
[LSRD-mpls-ldp] quit
[LSRD] interface gigabitethernet 1/0/0
[LSRD-GigabitEthernet1/0/0] mpls
[LSRD-GigabitEthernet1/0/0] mpls ldp
[LSRD-GigabitEthernet1/0/0] quit
[LSRD] interface gigabitethernet 2/0/0
[LSRD-GigabitEthernet2/0/0] mpls
[LSRD-GigabitEthernet2/0/0] mpls ldp
[LSRD-GigabitEthernet2/0/0] quit
```

以上配置完成后，在各节点上执行 **display mpls ldp session** 命令可以看到它们的 LDP

Session 已经建立（状态为
"**Operational**"）。在 LSRA
上执行该命令的输出如
图 4-18 所示，从图中我
们可以看到 LSRA 分别
与 LSRB 和 LSRC 成功建
立了本 LDP 会话。

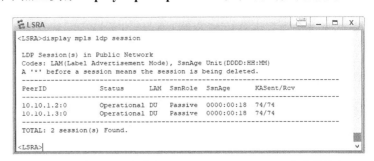

（3）配置结果验证
以上配置完成后，可进行
以下配置结果验证。

图 4-18　在 LSRA 上执行 **display mpls ldp session** 命令的输出

① 在 LSRA 和 LSRD 上执行 **display fib** 命令，可查看到达对端 Loopback0 接口所
在网段的转发表项均各只有一条，且都是经过 LSRB 的主链路。在 LSRA 上执行该命令
的输出如图 4-19 所示。

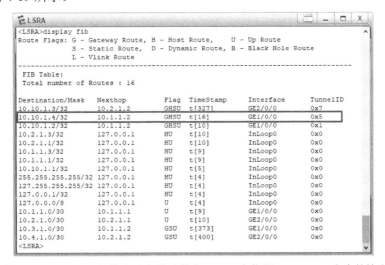

图 4-19　配置 LDP 与静态路由联动前在 LSRA 上执行 **display fib** 命令的输出

② 在 LSRA 上执行 **display mpls ldp lsp** 命令，可以看到仅有一条经过 LSRB 到达 LSRD 10.10.1.4 的 Ingress LDP LSP，因为此时 LSRA 仅主静态路由活跃，如图 4-20 所示。

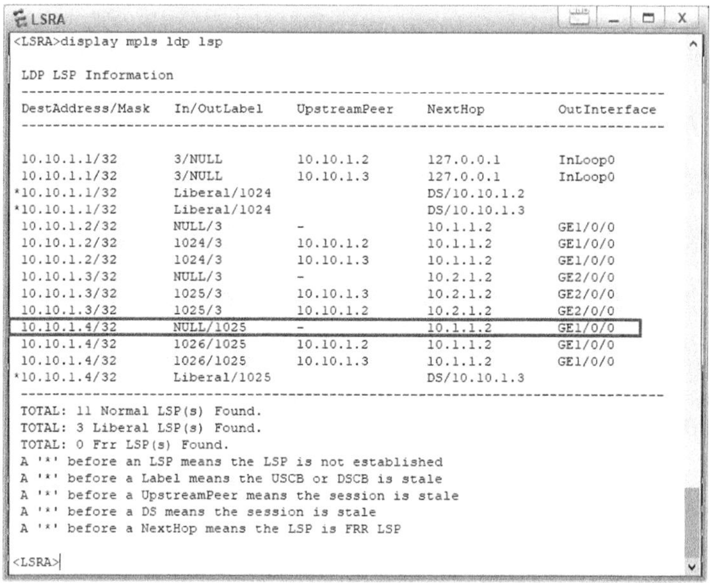

```
LSRA                                                          ▬▬  _  □  X
<LSRA>display mpls ldp lsp

LDP LSP Information
-----------------------------------------------------------------------
DestAddress/Mask    In/OutLabel    UpstreamPeer    NextHop      OutInterface
-----------------------------------------------------------------------

10.10.1.1/32        3/NULL         10.10.1.2       127.0.0.1    InLoop0
10.10.1.1/32        3/NULL         10.10.1.3       127.0.0.1    InLoop0
*10.10.1.1/32       Liberal/1024                   DS/10.10.1.2
*10.10.1.1/32       Liberal/1024                   DS/10.10.1.3
10.10.1.2/32        NULL/3         -               10.1.1.2     GE1/0/0
10.10.1.2/32        1024/3         10.10.1.2       10.1.1.2     GE1/0/0
10.10.1.2/32        1024/3         10.10.1.3       10.1.1.2     GE1/0/0
10.10.1.3/32        NULL/3         -               10.2.1.2     GE2/0/0
10.10.1.3/32        1025/3         10.10.1.3       10.2.1.2     GE2/0/0
10.10.1.3/32        1025/3         10.10.1.2       10.2.1.2     GE2/0/0
10.10.1.4/32        NULL/1025      -               10.1.1.2     GE1/0/0
10.10.1.4/32        1026/1025      10.10.1.2       10.1.1.2     GE1/0/0
10.10.1.4/32        1026/1025      10.10.1.3       10.1.1.2     GE1/0/0
*10.10.1.4/32       Liberal/1025                   DS/10.10.1.3
-----------------------------------------------------------------------
TOTAL: 11 Normal LSP(s) Found.
TOTAL: 3 Liberal LSP(s) Found.
TOTAL: 0 Frr LSP(s) Found.
A '*' before an LSP means the LSP is not established
A '*' before a Label means the USCB or DSCB is stale
A '*' before a UpstreamPeer means the session is stale
A '*' before a DS means the session is stale
A '*' before a NextHop means the LSP is FRR LSP

<LSRA>
```

图 4-20　配置 LDP 与静态路由联动前在 LSRA 上执行 **display mpls ldp lsp** 命令的输出

③ 在 LSRA 上执行 **ping lsp ip** 10.10.1.4 32 命令，发现结果是通的，然后执行 **tracert lsp ip** 10.10.1.4 32 命令，发现走的是主链路，如图 4-21 所示。在 LSRD 上执行以上命令，结果类似。

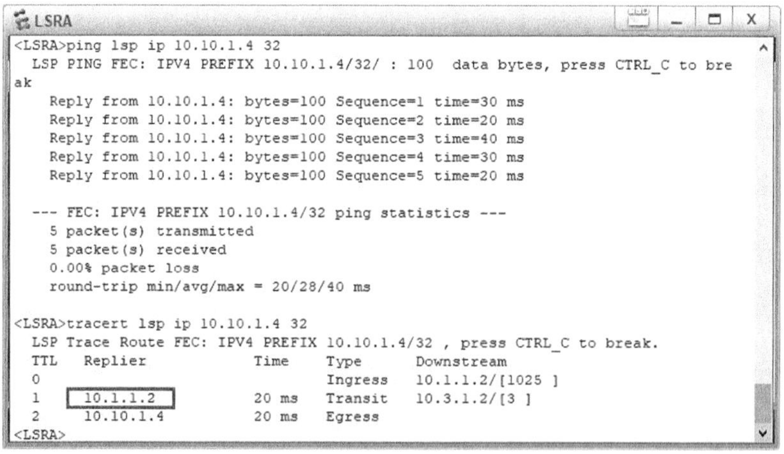

```
LSRA                                                          ▬▬  _  □  X
<LSRA>ping lsp ip 10.10.1.4 32
  LSP PING FEC: IPV4 PREFIX 10.10.1.4/32/ : 100  data bytes, press CTRL_C to bre
ak
    Reply from 10.10.1.4: bytes=100 Sequence=1 time=30 ms
    Reply from 10.10.1.4: bytes=100 Sequence=2 time=20 ms
    Reply from 10.10.1.4: bytes=100 Sequence=3 time=40 ms
    Reply from 10.10.1.4: bytes=100 Sequence=4 time=30 ms
    Reply from 10.10.1.4: bytes=100 Sequence=5 time=20 ms

  --- FEC: IPV4 PREFIX 10.10.1.4/32 ping statistics ---
    5 packet(s) transmitted
    5 packet(s) received
    0.00% packet loss
    round-trip min/avg/max = 20/28/40 ms

<LSRA>tracert lsp ip 10.10.1.4 32
  LSP Trace Route FEC: IPV4 PREFIX 10.10.1.4/32 , press CTRL_C to break.
  TTL    Replier          Time    Type      Downstream
  0                               Ingress   10.1.1.2/[1025 ]
  1      10.1.1.2         20 ms   Transit   10.3.1.2/[3 ]
  2      10.10.1.4        20 ms   Egress
<LSRA>
```

图 4-21　在 LSRA 上执行 **ping lsp ip** 10.10.1.4 32 和 **tracert lsp ip** 10.10.1.4 32 命令的输出

④ 在 LSRA 和 LSRD 上分别配置 LDP 与静态路由联动功能，将 hold-down 定时器的值调整为 20。静态路由必须指定原来主静态路由的出接口，但不能与原主静态路由器的出接口、下一跳配置完全一样，否则会替换原来的主静态路由。

#---LSRA 上的配置，具体如下。

[LSRA] **ip route-static** 10.10.1.4 32 gigabitethernet 1/0/0 **ldp-sync**
[LSRA] **interface** gigabitethernet 1/0/0

[LSRA-GigabitEthernet1/0/0] **static-route timer ldp-sync hold-down** 20
[LSRA-GigabitEthernet1/0/0] **quit**

\#---LSRD 上的配置，具体如下。

[LSRD] **ip route-static** 10.10.1.1 32 gigabitethernet 1/0/0 **ldp-sync**
[LSRD] **interface** gigabitethernet 1/0/0
[LSRD-GigabitEthernet1/0/0] **static-route timer ldp-sync hold-down** 20
[LSRD-GigabitEthernet1/0/0] **quit**

以上配置完成后，在 LSRA、LSRD 上执行 **display static-route ldp-sync** 命令查看使能了 LDP 与静态路由联动功能的静态路由出接口的状态信息，在 LSRA 上执行该命令的输出如图 4-22 所示。

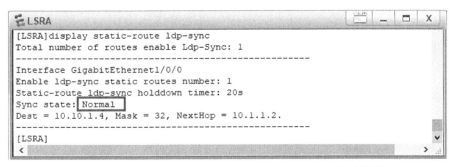

图 4-22　在 LSRA 上执行 **display static-route ldp-sync** 命令的输出

从图中我们可以看到，LDP 与静态路由联动功能已经配置（状态为 **Normal**）。这样就可实现当主链路（LinkA）的 LDP 会话中断时，为了保证静态路由与 LSP 的联动，流量立即切换到备份链路（LinkB）来保证流量不中断。当主链路发生故障再恢复时，下一跳为 10.1.1.2 的静态路由并不会马上被优选。只有等到 hold-down 定时器超时（20秒），主链路的 LDP 会话建立后，才会看到下一跳为 10.1.1.2 的静态路由活跃，实现静态路由与 LDP 的联动，从而保证 MPLS 流量不中断。

4.2.3　LDP 与 IGP 联动的工作原理

LDP 与 IGP 联动主要用在存在主/备 LSP 的 MPLS 组网中，LSR 之间依靠 IGP（主要是 OSPF 和 IS-IS 协议）建立 LSP。但由于 LDP 的收敛速度依赖于 IGP 路由的收敛，即 LDP 的收敛速度比 IGP 路由的收敛速度慢，因此在主/备链路的组网中使用 MPLS LDP 会存在以下问题。

① 当主链路发生故障时，IGP 路由和 LSP 均切换到备份链路上（常通过 LDP FRR 实现）。当主链路从故障中恢复时，IGP 会先于 LDP 切换回主链路，因此会造成 LSP 流量丢失。

② 当主链路 IGP 运行正常，但主链路节点间的 LDP 会话发生故障时，主链路的 LSP 会被删除，IGP 路由仍然会使用主链路。同时，备份链路不存在 IGP 优选路由，所以 LSP 无法在备份链路上建立，导致 LSP 流量出现丢失。

③ 当某节点发生主/备倒换时，LDP 会话的建立可能晚于 IGP 的平滑重启（Graceful Restart，GR）结束，从而 IGP 发布链路的最大开销值，导致路由振荡。

此时可通过使能 LDP 与 IGP 联动功能，在主链路发生故障（可以是 LDP 会话故障，也可以是物理链路故障）时，或者主链路故障后再恢复时，解决主/备 LSP 相互切换导致的流量丢失问题。

LDP 与 IGP 联动包括以下 3 个定时器。

① Hold-down timer：用于抑制 IGP 邻居建立的时长。

② Hold-max-cost timer：用于控制通告接口链路的最大 cost 值的时长。

③ Delay timer：用以控制等待 LSP 建立的时间。

（1）主链路出现物理链路故障时的 LDP 与 IGP 联动

如图 4-23 所示，当 LSR_2 与 LSR_3 之间的主链路出现物理链路故障时，LSR_1 经过 LSR_3 到达 LSR_6 的主 IGP 路由和主 LDP LSP 都将失效，此时经过 LSR_4 的备份 IGP 路由和备份 LDP LSP 都将被激活，建立 IGP 邻居关系和 LDP 会话，最终成功建立备份 LDP LSP，流量也将切换到备份 LDP LSP 链路转发。

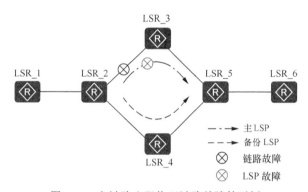

图 4-23　主链路出现物理链路故障的示例

当主链路 LSR_2 与 LSR_3 之间的物理链路故障恢复后，LSR_2 与 LSR_3 之间开始重新建立 LDP 会话，同时抑制 IGP 邻居关系的建立，并根据情况启动 Hold-down timer。此时，流量仍然会按照原来的备份 LDP LSP 转发。要注意的是，此时，LSR_2 和 LSR_3 之间建立 LDP 所使用的路由路径不是直连的，因为它们之间直连的邻居关系建立被抑制了，实际路径是 LSR_2→LSR_4→LSR_5→LSR_3，LSR_2 与 LSR_3 之间也是通过这条路径相互发送标签映射消息来建立 LSP 的。当 Hold-down timer 超时后，IGP 启动 LSR_2 和 LSR_3 之间的邻居关系建立进程，最终 IGP 收敛从 LSR_1 到 LSR_6 之间的路由路径切换到主链路上，对应的 LSP 也重新建立并收敛到主链路上。

（2）主链路 IGP 正常，LDP 会话出现故障时的 LDP 与 IGP 联动

如果主链路 LSR_2 与 LSR_3 之间的 IGP 路由正常，仅是它们之间的 LDP 会话出现了故障，LDP 会通告 IGP 主链路会话故障，IGP 启动 Hold-max-cost 定时器，并在主链路发布最大开销值，使主 IGP 路由的优先级降到最低。此时，LSR_1 到达 LSR_6 之间的 IGP 路由路径切换到备份链路，LSR_1 与 LSR_6 之间的 LDP LSP 在备份链路重新建立并下发转发表项。

当 LSR_2 与 LSR_3 之间的 LDP 会话故障恢复，或者当 Hold-max-cost 定时器超时后，此时主链路的 IGP 路由开销恢复原值，其又成为最优路由。这样，LSR_1 与 LSR_6 之间的主链路 LDP LSP 重新建立，备份链路上的 IGP 路由和 LSP 都将失效，流量又恢复

切换到主链路 LSP。为防止在主链路上的 LDP 会话不能重新建立，可通过配置 Hold-max-cost 定时器为永久发布最大开销值，使流量在主链路的 LDP 会话重新建立之前，一直都使用备份链路。

（3）主/备倒换时的 LDP 与 IGP 联动

如图 4-24 所示，当 LSR_2 上发生主/备倒换时，LDP 与 IGP 联动的具体过程如下。

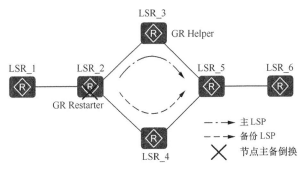

图 4-24　主/备倒换的示例

① GR Restarter 端（图 4-24 中的 LSR_2）的 IGP 会先发布正常开销值，并启动内部定时器 Delay timer 等待 LDP 会话建立，然后再结束 GR。

② 在 Delay timer 超时前，GR Helper 端（图 4-24 中的 LSR_3）一直保留路由和 LSP，所以当 LDP 会话进入 Down 状态时，LDP 不会通告 IGP 链路会话失效，使 IGP 仍然发布链路的正常开销值，保证 IGP 路由不会切换到备份链路。Delay timer 超时后，GR 结束；如果此时 LDP 会话还没有建立，则 IGP 启动 Hold-max-cost 定时器，并发布接口链路的最大开销值，使 IGP 路由切换到备份链路上。

③ 当 LDP 会话重新建立或 Hold-max-cost 定时器超时时，IGP 恢复本地链路的正常开销值，使 IGP 路由切回主链路。

4.2.4　LDP 与 IGP 联动的配置与管理

LDP 与 IGP 联动主要用在存在主/备 LSP 的 MPLS 组网中，LSR 之间依靠 IGP 建立 LSP，当主链路出现故障（包括物理链路故障和 LDP 会话故障）时，或者主链路故障后再恢复时，LDP 与 IGP 联动用来解决主/备 LSP 相互切换导致的流量丢失问题。

在配置时，需在主/备链路的分叉节点和主链路上的 LDP 邻居节点之间的**链路两端接口上同时配置**，具体配置任务如下，但要先完成 LDP 本地会话配置。

① 使能 LDP 与 IGP 联动功能

②（可选）阻止接口上运行 LDP 与 IS-IS 联动功能

③（可选）设置 hold-down 定时器的值

④（可选）设置 hold-max-cost 定时器的值

⑤（可选）设置 Delay 定时器的值

1）使能 LDP 与 IGP 联动功能

使能 LDP 与 IGP 联动有以下两种方式。

① 在接口视图中使能 LDP 与 IGP 联动。对应接口下使能 LDP 与 IGP 联动功能，

适合只有少量接口需要使能 LDP 和 IGP 联动的场景。

② 在 IGP 进程中，使能 LDP 与 IGP 联动。对应 IGP 进程下的接口都将自动使能 LDP 与 IGP 联动功能。如果同一节点上有很多接口需要使能 LDP 与 IGP 联动，则推荐采用此种方式进行配置。**目前仅 LDP 和 IS-IS 联动功能支持这种使能方式**，但接口下的配置优先级高于 IS-IS 进程下的配置，当两者不一致时，接口下的配置生效。

（1）LDP 与 OSPF 联动

使能 LDP 与 OSPF 联动功能的方法是在主/备链路的分叉节点和主链路上的 LDP 邻居节点之间的链路两端接口上执行 **ospf ldp-sync** 命令，除了 Loopback、NULL0 和二层以太网接口，其他接口均支持该命令。缺省情况下，接口上未使能 LDP 与 OSPF 联动功能，可用 **undo ospf ldp-sync** 命令。

（2）LDP 与 IS-IS 联动

使能 IGP 与 IS-IS 联动功能，可在 IS-IS 接口和 IS-IS 进程下分别进行，具体的配置步骤见表 4-6。接口下的配置优先级高于进程下的配置，同时配置且当两者的配置不一致时，接口下的配置生效。

表 4-6　使能 LDP 与 IS-IS 联动的步骤

步骤	命令	说明
1	**system-view**	进入系统视图
方法一：在 IS-IS 接口下使能 LDP 与 IS-IS 联动		
2	**interface** *interface-type interface-number* 例如：[Huawei] **interface** gigabitethernet 1/0/0	进入接口视图
	isis enable [*process-id*] 例如： [Huawei-GigabitEthernet1/0/0] **isis enable** 1	使能 IS-IS 协议。可选参数 *process-id* 代表要启动的 IS-IS 路由进程号，整数类型，取值范围是 1～65535，缺省值是 1。**一个接口只能与一个 IS-IS 进程相关联。** 缺省情况下，接口上未使能 IS-IS 功能，可用 **undo isis enable** 命令恢复缺省配置
	isis ldp-sync 例如： [Huawei-GigabitEthernet1/0/0] **isis ldp-sync**	使能接口的 LDP 与 IS-IS 联动功能。需要在主/备链路的分叉节点和主链路上的 LDP 邻居节点之间的链路两端接口上同时配置。**除了 Loopback、NULL0 和二层以太网接口，其他接口均支持该命令。** 缺省情况下，接口上未使能 LDP 与 IS-IS 联动功能，可用 **undo ospf ldp-sync** 命令恢复缺省配置
方法二：在 IS-IS 路由进程下使能 LDP 与 IS-IS 联动		
2	**isis** [*process-id*] 例如：[Huawei] **isis** 2	使能 IS-IS 协议，进入 IS-IS 进程视图
3	**ldp-sync enable** [**mpls-binding-only**] 例如：[Huawei-isis-2] **ldp-sync enable**	使能以上 IS-IS 进程下所有接口的 LDP 与 IS-IS 联动功能。可选项 **mpls-binding-only** 用来指定只有使能了 MPLS LDP 的接口才使能 LDP 与 IS-IS 联动功能。 缺省情况下，IS-IS 进程下的接口没有使能 LDP 与 IS-IS 联动功能，可用 **undo ldp-sync enable** 命令恢复缺省配置

2）阻止接口上运行 LDP 与 IS-IS 联动功能

对 IS-IS 进程执行 **ldp-sync enable** 命令后，该 IS-IS 进程下的所有接口都将使能 LDP 和 IS-IS 联动功能。但是，对于连接着重要业务节点的 IS-IS 接口，运行 LDP 与 IS-IS 联动功能可能造成以下问题：当链路正常而 LDP 会话出现故障时，IS-IS 将在当前节点的 LSP 中通告最大开销值，导致 IS-IS 路由不再优选当前链路（成了备份链路上的节点设备），从而影响重要业务的运行。

为了避免出现上述问题，可以在对应的 IS-IS 接口视图下执行 **isis ldp-sync block** 命令，阻止该接口上运行 LDP 与 IS-IS 联动功能。缺省情况下，接口上不阻止 LDP 与 IS-IS 联动功能，可用 **undo isis ldp-sync block** 命令恢复为缺省配置。

3）设置 hold-down 定时器的值

在使能 LDP 与 IGP 联动功能后，当主链路物理故障恢复时，IGP 进入 hold-down 状态并启动 hold-down 定时器。在 hold-down 定时器超时前，IGP 都不会建立邻居关系，以便等待 LDP 会话建立，达到 LDP 和 IGP 同步回切到主链路上的目的。

当 LDP 与 OSPF 联动时，hold-down 定时器仅可在对应的 OSPF 接口视图下配置，如果是 LDP 与 IS-IS 联动，则可在 IS-IS 接口视图或 IS-IS 进程视图下配置。接口下的配置优先级高于 IS-IS 进程下的配置，当两者不一致时，接口下的配置生效。

配置 LDP 与 IGP 联动 hold-down 定时器的步骤见表 4-7。

表 4-7　配置 **LDP** 与 **IGP** 联动 **hold-down** 定时器的步骤

步骤	命令	说明
1	**system-view**	进入系统视图
在 LDP 与 OSPF 联动中的 hold-down 定时器配置		
2	**interface** *interface-type interface-number* 例如：[Huawei] **interface** gigabitethernet 1/0/0	进入接口视图
3	**ospf timer ldp-sync hold-down** *value* 例如： [Huawei-GigabitEthernet1/0/0] **ospf timer ldp-sync hold-down** 15	设置接口不建立 OSPF 邻居而等待 LDP 会话建立的时间间隔，整数形式，取值范围是 0～65535，单位是秒。 缺省情况下，不建立 OSPF 邻居而等待 LDP 会话建立的时间间隔是 10 秒，可用 **undo ospf timer ldp-sync hold-down** 命令恢复缺省配置
在 LDP 与 IS-IS 联动中指定 IS-IS 接口的 hold-down 定时器配置		
2	**interface** *interface-type interface-number* 例如：[Huawei] **interface** gigabitethernet 1/0/0	进入接口视图
3	**isis timer ldp-sync hold-down** *value* 例如： [Huawei-GigabitEthernet1/0/0] **isis timer ldp-sync hold-down** 300	设置接口不建立 IS-IS 邻居而等待 LDP 会话建立的时间间隔，整数形式，取值范围是 0～65535，单位是秒。 缺省情况下，hold-down 定时器的值是 10，可用 **undo isis timer ldp-sync hold-down** 命令恢复为缺省配置

续表

步骤	命令	说明
在 LDP 与 IS-IS 联动中所有 IS-IS 接口的 hold-down 定时器配置		
2	**isis** [*process-id*] 例如：[Huawei] **isis** 100	进入 IS-IS 进程视图
3	**timer ldp-sync hold-down** *value* 例如：[Huawei-isis-100] **timer ldp-sync hold-down** 15	设置所有使能 IS-IS 的接口为了等待 LDP 会话建立而保持 hold-down 状态的时间，整数形式，取值范围是 0～65535，单位是秒。 缺省情况下，接口为了等待 LDP 会话建立而保持 hold-down 状态的时间是 10 秒，可用 **undo timer ldp-sync hold-down** 命令恢复为缺省配置

4）设置 hold-max-cost 定时器的值

在使能 LDP 和 IGP 联动功能后，如果主链路的 LDP 会话发生故障，但 IGP 正常，为了使 IGP 和 LDP LSP 同步切换到备份链路，IGP 会在本节点的 OSPF LSA 或 IS-IS LSP 中通告最大开销值。通过设置 hold-max-cost 定时器的值，可以调整 IGP 通告最大开销值的持续时间。

设置 hold-max-cost 定时器的值有以下两种方式，具体配置方法见表 4-8。

① 在接口视图中设置 hold-max-cost 定时器的值。对应接口下设置 hold-max-cost 定时器的值，适合只有少量接口需要设置 hold-max-cost 定时器的值的场景。

② 在 IGP 进程中设置 hold-max-cost 定时器的值。对应 IGP 进程下的接口都将自动设置成该值。如果同一节点上有很多接口需要设置 hold-max-cost 定时器的值，则推荐此种方式进行配置。

当 LDP 与 OSPF 联动时，hold-max-cost 定时器仅可在对应的 OSPF 接口视图下配置，如果是 LDP 与 IS-IS 联动，则可在 IS-IS 接口视图或 IS-IS 进程视图下配置。IS-IS 接口下的配置优先级高于进程下的配置，当两者不一致时，接口下的配置生效。

表 4-8　配置 LDP 与 IGP 路由联动 hold-max-cost 定时器的步骤

步骤	命令	说明
1	**system-view**	进入系统视图
在 LDP 与 OSPF 联动中的 hold-max-cost 定时器配置		
2	**interface** *interface-type interface-number* 例如：[Huawei] **interface** gigabitethernet 1/0/0	进入接口视图
3	**ospf timer ldp-sync hold-max-cost** { *value* | **infinite** } 例如： [Huawei-GigabitEthernet1/0/0] **ospf timer ldp-sync hold-max-cost** 10	配置 OSPF 在本地节点的链路状态公告（Link State Announcement，LSA）中保持通告最大开销值的时间。 ① *value*：二选一参数，指定 OSPF 在本地设备的 LSA 中保持通告最大开销值的时间，整数形式，取值范围是 0～65535，单位是秒。 ② **infinite**：二选一选项，指定在 LDP 会话重新建立之前，OSPF 在本地设备的 LSA 中永久通告最大开销值。 缺省情况下，hold-max-cost 定时器的值是 10，可用 **undo ospf timer ldp-sync hold-max-cost** 命令恢复为缺省配置

步骤	命令	说明
在 LDP 与 IS-IS 联动中指定 IS-IS 接口的 hold-max-cost 定时器配置		
2	**interface** *interface-type interface-number* 例如：[Huawei] **interface** gigabitethernet 1/0/0	进入接口视图
3	**isis timer ldp-sync hold-max-cost** { *value* | **infinite** } 例如： [Huawei-GigabitEthernet1/0/0] **isis timer ldp-sync hold-max-cost** 60	配置 IS-IS 在本地设备的 LSP 中保持通告最大开销值的时间。参数说明参见本表 **ospf timer ldp-sync hold-max-cost** { *value* | **infinite** } 命令。 缺省情况下，IS-IS 在本地设备的 LSP 中保持通告最大开销值的时间是 10 秒，可用 **undo isis timer ldp-sync hold-max-cost** 命令恢复为缺省配置
在 LDP 与 IS-IS 联动中所有 IS-IS 接口的 hold-max-cost 定时器配置		
2	**isis** [*process-id*] 例如：[Huawei] **isis** 100	进入 IS-IS 进程视图
3	**timer ldp-sync hold-max-cost** { **infinite** | *interval* } 例如：[Huawei-isis-100] **timer ldp-sync hold-max-cost** 60	配置所有使能 LDP 和 IS-IS 同步功能的接口保持通告最大开销值的时间，参数说明参见本表 **ospf timer ldp-sync hold-max-cost** { *value* | **infinite** } 命令。 缺省情况下，接口保持通告最大开销值的时间是 10 秒，可用 **undo timer ldp-sync hold-max-cost** 命令恢复为缺省情况

【说明】根据不同的组网需要，可选择以下参数进行配置。

① 如果组网中 IGP 仅承载 LDP 业务，要使 IGP 的选路和 LDP LSP 始终保持一致，则需选择 **infinite** 选项。

② 如果组网中 IGP 承载了包括 LDP 的多种业务，要使 LDP 会话的中断不影响 IGP 的正常选路和其他业务，可配置 *value* 参数。

③ 在配置了 **infinite** 选项的前提下，如果 LDP 会话状态一直没有恢复为 Up，将导致使能了 LDP 和 IS-IS 同步功能的接口一直发布最大链路开销值，从而影响 IS-IS 选路。

5）设置 Delay 定时器的值

故障链路的 LDP 会话重新建立以后，LDP 会启动 Delay 定时器等待 LSP 的建立，当 Delay 定时器超时后，LDP 会通知 IGP 联动流程结束。一般可直接采用缺省值。

在具体接口下通过 **mpls ldp timer igp-sync-delay** *value* 命令配置 Delay 定时器，整数形式，取值范围是 0～65535，单位是秒。缺省情况下，LDP 会话建立后等待 LSP 建立的时间间隔是 10 秒，可用 **undo mpls ldp timer igp-sync-delay** 命令恢复为缺省配置。

配置好 LDP 与 IGP 路由联动功能，可在任意视图下通过以下 **display** 命令查看相关配置信息。

① **display ospf ldp-sync interface** { **all** \| *interface-type interface-number* }：查看配置了 LDP 与 OSPF 联动功能的接口的同步信息。

② **display isis** [*process-id*] **ldp-sync interface**：查看配置了 LDP 与 IS-IS 联动功能的接口的同步信息。

③ **display rm interface** [*interface-type interface-number* \| **vpn-instance** *vpn-instance-name*]：查看接口的路由管理信息。

4.2.5 LDP 与 OSPF 联动配置示例

LDP 与 OSPF 联动配置示例的拓扑结构如图 4-25 所示，MPLS 骨干网络包括 P1、P2、P3、PE2 这 4 个节点，各设备间运行 OSPF。PE1 到 PE2 之间建立两条 LSP 链路，PE1→P1→P2→PE2 为主链路，PE1→P1→P3→PE2 为备份链路。当主链路恢复时，OSPF 路由比 LDP 收敛速度快，OSPF 会先于 LDP 切换回主链路，因此造成 LSP 流量丢失。现要求能够解决主/备链路的组网中 LSP 流量丢失的问题。

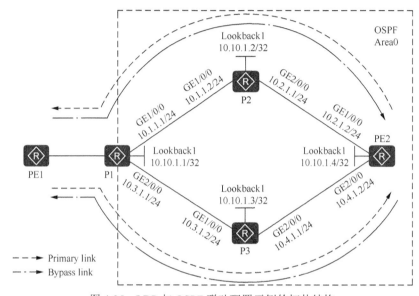

图 4-25 LDP 与 OSPF 联动配置示例的拓扑结构

（1）基本配置思路分析

本示例存在主/备 MPLS 链路，且 MPLS 骨干网采用 OSPF，为了防止 LSP 流量的丢失，可配置 LDP 与 OSPF 联动，在主/备链路的分叉节点 P1 和主链路上的 LDP 邻居节点 P2 之间的链路两端接口上使能 LDP 与 OSPF 联动功能，还可根据需要在主/备链路的分叉节点 P1 和主链路上的 LDP 邻居节点 P2 之间的链路两端接口上设置定时器 hold-down、hold-max-cost 和 delay 的值。

在进行以上配置之前，先要完成 LDP 必选项基本功能配置，并配置好 MPLS 骨干网的 OSPF 路由。以下是本示例的基本配置思路。

① 在各 LSR 上配置各接口（包括 Loopback 接口）的 IP 地址。

② 在骨干网各 LSR 上配置 OSPF 动态路由（通过增加 P1 的 GE2/0/0 接口的开销值，把经过 P3 的链路配置为备份链路），实现骨干网的 IP 连通性。

③ 在骨干网各 LSR 上配置 LDP，使各 LSR 间可建立到达对方 LSR ID 代表的主机路由的 LDP LSP。

④ 在主链路 P1 和 P2 上配置 LDP 与 OSPF 联动，并且可根据需要调整几个定时器的取值。

（2）具体配置步骤

① 配置 MPLS 骨干网各节点上各接口的 IP 地址。

#---P1 上的配置，具体如下。

```
<Huawei> system-view
[Huawei] sysname P1
[P1] interface loopback 1
[P1-LoopBack1] ip address 10.10.1.1 32
[P1-LoopBack1] quit
[P1] interface gigabitethernet 1/0/0
[P1-GigabitEthernet1/0/0] ip address 10.1.1.1 24
[P1-GigabitEthernet1/0/0] quit
[P1] interface gigabitethernet 2/0/0
[P1-GigabitEthernet2/0/0] ip address 10.3.1.1 24
[P1-GigabitEthernet2/0/0] quit
```

#---P2 上的配置，具体如下。

```
<Huawei> system-view
[Huawei] sysname P2
[P2] interface loopback 1
[P2-LoopBack1] ip address 10.10.1.2 32
[P2-LoopBack1] quit
[P2] interface gigabitethernet 1/0/0
[P2-GigabitEthernet1/0/0] ip address 10.1.1.2 24
[P2-GigabitEthernet1/0/0] quit
[P2] interface gigabitethernet 2/0/0
[P2-GigabitEthernet2/0/0] ip address 10.2.1.1 24
[P2-GigabitEthernet2/0/0] quit
```

#---P3 上的配置，具体如下。

```
<Huawei> system-view
[Huawei] sysname P3
[P3] interface loopback 1
[P3-LoopBack1] ip address 10.10.1.3 32
[P3-LoopBack1] quit
[P3] interface gigabitethernet 1/0/0
[P3-GigabitEthernet1/0/0] ip address 10.3.1.2 24
[P3-GigabitEthernet1/0/0] quit
[P3] interface gigabitethernet 2/0/0
[P3-GigabitEthernet2/0/0] ip address 10.4.1.1 24
[P3-GigabitEthernet2/0/0] quit
```

#---PE2 上的配置，具体如下。

```
<Huawei> system-view
[Huawei] sysname PE2
[PE2] interface loopback 1
[PE2-LoopBack1] ip address 10.10.1.4 32
[PE2-LoopBack1] quit
[PE2] interface gigabitethernet 1/0/0
[PE2-GigabitEthernet1/0/0] ip address 10.2.1.2 24
[PE2-GigabitEthernet1/0/0] quit
[PE2] interface gigabitethernet 2/0/0
[PE2-GigabitEthernet2/0/0] ip address 10.4.1.2 24
[PE2-GigabitEthernet2/0/0] quit
```

② 在骨干网各 LSR 上配置 OSPF 动态路由（通过增加 P1 的 GE2/0/0 接口的开销值，把经过 P3 的链路配置为备份链路），实现骨干网的 IP 连通性。

#---P1 上的配置，具体如下。

```
[P1] ospf 1
[P1-ospf-1] area 0
[P1-ospf-1-area-0.0.0.0] network 10.10.1.1 0.0.0.0
[P1-ospf-1-area-0.0.0.0] network 10.1.1.0 0.0.0.255
[P1-ospf-1-area-0.0.0.0] network 10.3.1.0 0.0.0.255
[P1-ospf-1-area-0.0.0.0] quit
[P1-ospf-1] quit
[P1] interface gigabitethernet 2/0/0
[P1-GigabitEthernet2/0/0] ospf cost 1000
[P1-GigabitEthernet2/0/0] quit
```

#---P2 上的配置，具体如下。

```
[P2] ospf 1
[P2-ospf-1] area 0
[P2-ospf-1-area-0.0.0.0] network 10.10.1.2 0.0.0.0
[P2-ospf-1-area-0.0.0.0] network 10.1.1.0 0.0.0.255
[P2-ospf-1-area-0.0.0.0] network 10.2.1.0 0.0.0.255
[P2-ospf-1-area-0.0.0.0] quit
[P2-ospf-1] quit
```

#---P3 上的配置，具体如下。

```
[P3] ospf 1
[P3-ospf-1] area 0
[P3-ospf-1-area-0.0.0.0] network 10.10.1.3 0.0.0.0
[P3-ospf-1-area-0.0.0.0] network 10.3.1.0 0.0.0.255
[P3-ospf-1-area-0.0.0.0] network 10.4.1.0 0.0.0.255
[P3-ospf-1-area-0.0.0.0] quit
[P3-ospf-1] quit
```

#---PE2 上的配置，具体如下。

```
[PE2] ospf 1
[PE2-ospf-1] area 0
[PE2-ospf-1-area-0.0.0.0] network 10.10.1.4 0.0.0.0
[PE2-ospf-1-area-0.0.0.0] network 10.2.1.0 0.0.0.255
[PE2-ospf-1-area-0.0.0.0] network 10.4.1.0 0.0.0.255
[PE2-ospf-1-area-0.0.0.0] quit
[PE2-ospf-1] quit
```

上述配置完成后，在各节点上执行 **display ip routing-table** 命令，可以看到各节点之间都学到了到达彼此的路由，且 P1 到 PE2（10.10.1.4/32）仅有一条下一跳为主链路节点 P2 GE1/0/0 接口的 IP 地址 10.1.1.2 的路由，出接口为 GE1/0/0，如图 4-26 所示。

③ 在骨干网各 LSR 上配置 LDP，使各 LSR 间可建立到达对方 LSR ID 代表的主机路由的 LDP LSP。

#---P1 上的配置，具体如下。

```
[P1] mpls lsr-id 10.10.1.1
[P1] mpls
[P1-mpls] quit
[P1] mpls ldp
[P1-mpls-ldp] quit
[P1] interface gigabitethernet 1/0/0
[P1-GigabitEthernet1/0/0] mpls
[P1-GigabitEthernet1/0/0] mpls ldp
[P1-GigabitEthernet1/0/0] quit
[P1] interface gigabitethernet 2/0/0
```

```
[P1-GigabitEthernet2/0/0] mpls
[P1-GigabitEthernet2/0/0] mpls ldp
[P1-GigabitEthernet2/0/0] quit
```

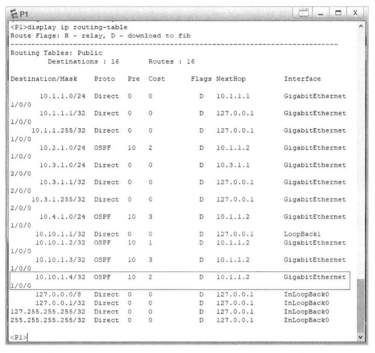

图 4-26　在 P1 上执行 **display ip routing-table** 命令的输出

#---P2 上的配置，具体如下。

```
[P2] mpls lsr-id 10.10.1.2
[P2] mpls
[P2-mpls] quit
[P2] mpls ldp
[P2-mpls-ldp] quit
[P2] interface gigabitethernet 1/0/0
[P2-GigabitEthernet1/0/0] mpls
[P2-GigabitEthernet1/0/0] mpls ldp
[P2-GigabitEthernet1/0/0] quit
[P2] interface gigabitethernet 2/0/0
[P2-GigabitEthernet2/0/0] mpls
[P2-GigabitEthernet2/0/0] mpls ldp
[P2-GigabitEthernet2/0/0] quit
```

#---P3 上的配置，具体如下。

```
[P3] mpls lsr-id 10.10.1.3
[P3] mpls
[P3-mpls] quit
[P3] mpls ldp
[P3-mpls-ldp] quit
[P3] interface gigabitethernet 1/0/0
[P3-GigabitEthernet1/0/0] mpls
[P3-GigabitEthernet1/0/0] mpls ldp
[P3-GigabitEthernet1/0/0] quit
[P3] interface gigabitethernet 2/0/0
```

```
[P3-GigabitEthernet2/0/0] mpls
[P3-GigabitEthernet2/0/0] mpls ldp
[P3-GigabitEthernet2/0/0] quit
```

#---PE2 上的配置，具体如下。

```
[PE2] mpls lsr-id 10.10.1.4
[PE2] mpls
[PE2-mpls] quit
[PE2] mpls ldp
[PE2-mpls-ldp] quit
[PE2] interface gigabitethernet 1/0/0
[PE2-GigabitEthernet1/0/0] mpls
[PE2-GigabitEthernet1/0/0] mpls ldp
[PE2-GigabitEthernet1/0/0] quit
[PE2] interface gigabitethernet 2/0/0
[PE2-GigabitEthernet2/0/0] mpls
[PE2-GigabitEthernet2/0/0] mpls ldp
[PE2-GigabitEthernet2/0/0] quit
```

上述配置完成后，相邻节点之间应该建立 LDP 会话。在各节点上执行 **display mpls ldp session** 命令，Status 项为“Operational”，表示相邻节点之间的本地 LDP 会话建立是成功的。图 4-27 是在 P1 上执行该命令的输出，从图中我们可以看出它已与 P2 和 P3 分别成功建立了本地 LDP 会话。

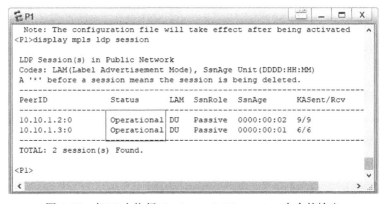

图 4-27　在 P1 上执行 **display mpls ldp session** 命令的输出

④ 在 P1 和 P2 之间的链路两端接口上使能 LDP 与 OSPF 联动功能，根据需要调整它们的定时器 hold-down（当主链路故障恢复时，配置接口不建立 OSPF 邻居而等待 LDP 会话建立的时间间隔为 60 秒，缺省为 10 秒）、Hold-max-cost（当主链路的 LDP 会话发生故障时，配置 OSPF 在本地设备的 LSA 中保持通告最大开销值的时间为 120 秒，缺省为 10 秒）和 Delay（当故障主链路的 LDP 会话重新建立以后，配置 LDP 会话建立后等待 LSP 建立的时间间隔为 120 秒，缺省为 10 秒）的值。

#---P1 上的配置，具体如下。

```
[P1] interface gigabitethernet 1/0/0
[P1-GigabitEthernet1/0/0] ospf ldp-sync
[P1-GigabitEthernet1/0/0] ospf timer ldp-sync hold-down 60
[P1-GigabitEthernet1/0/0] ospf timer ldp-sync hold-max-cost 120
[P1-GigabitEthernet1/0/0] mpls ldp timer igp-sync-delay 120
[P1-GigabitEthernet1/0/0] quit
```

\# P2 上的配置，具体如下。

[P2] **interface** gigabitethernet 1/0/0

[P2-GigabitEthernet1/0/0] **ospf ldp-sync**

[P2-GigabitEthernet1/0/0] **ospf timer ldp-sync hold-down** 60

[P2-GigabitEthernet1/0/0] **ospf timer ldp-sync hold-max-cost** 120

[P2-GigabitEthernet1/0/0] **mpls ldp timer igp-sync-delay** 120

[P2-GigabitEthernet1/0/0] **quit**

（3）配置结果验证

上述配置完成后，可进行以下配置结果验证。

① 在 P1 上执行 **display fib** 和 **display mpls ldp lsp** 命令，可以看到当前到达 10.10.1.4/32 网段有一条转发表项，一条 Ingress LDP LSP，它们都是经过主链路 P2 节点的，如图 4-28 所示。

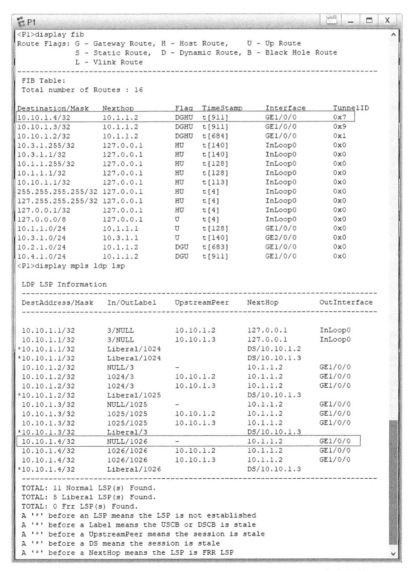

图 4-28　在 P1 上执行 **display fib** 和 **display mpls ldp lsp** 命令的输出

② 在 P1 节点上执行 **display ospf ldp-sync interface** gigabitethernet 1/0/0 命令，可以看到接口状态为"Sync-Achieved"，如图 4-29 所示，表示 LDP 和 OSPF 路由已同步，证明以上配置是正确的。

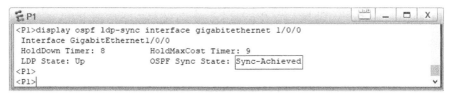

图 4-29　在 P1 上执行 **display ospf ldp-sync interface** gigabitethernet 1/0/0 命令的输出

③ 在 P1 上 ping 10.10.1.4，抓包发现 ICMP 报文是从 GE1/0/0 接口发出的，经过主链路，如图 4-30 所示。

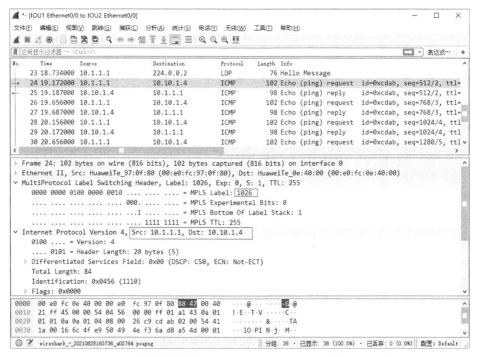

图 4-30　主链路正常情况下，在 P1 ping 10.10.1.4 时的 ICMP 报文

④ 在 P2 上的 GE1/0/0 接口使能 LDP 功能，模拟主链路 LDP 出现了故障。再在 P1 上依次执行 **display ip routing-table**、**display mpls ldp lsp** 命令，会发现原来经过 P3 的备份 OSPF 路由变为活跃，原来的主 OSPF 路由不见了，并且在备份链路上新建了一条 Ingress LDP LSP，如图 4-31 所示。此时在 P1 ping 10.10.1.4，抓包会发现 ICMP 报文走的是经过 P3 的备份链路。

通过以上验证，本示例前面的配置是正确且成功的，在主链路出现故障时，IGP 路由和 LDP LSP 均已同步切换到备份链路。

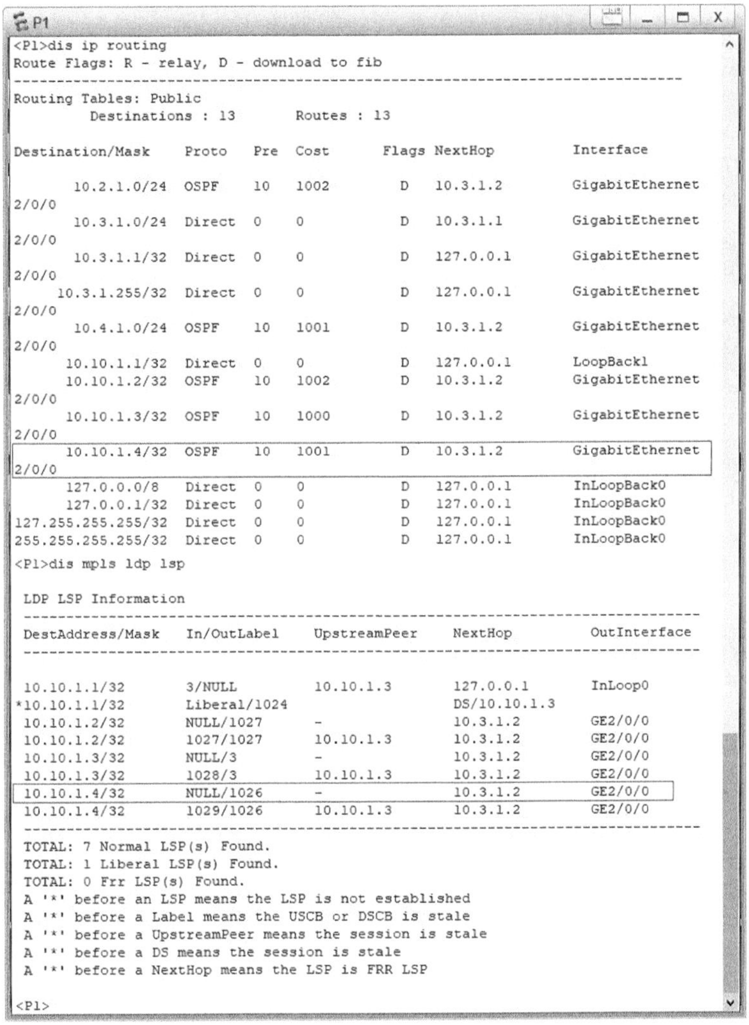

```
P1                                                          □ _ □ X
<P1>dis ip routing
Route Flags: R - relay, D - download to fib
------------------------------------------------------------------------
Routing Tables: Public
         Destinations : 13      Routes : 13

Destination/Mask    Proto   Pre  Cost    Flags NextHop       Interface

      10.2.1.0/24   OSPF    10   1002      D   10.3.1.2      GigabitEthernet
2/0/0
      10.3.1.0/24   Direct  0    0         D   10.3.1.1      GigabitEthernet
2/0/0
      10.3.1.1/32   Direct  0    0         D   127.0.0.1     GigabitEthernet
2/0/0
      10.3.1.255/32 Direct  0    0         D   127.0.0.1     GigabitEthernet
2/0/0
      10.4.1.0/24   OSPF    10   1001      D   10.3.1.2      GigabitEthernet
2/0/0
      10.10.1.1/32  Direct  0    0         D   127.0.0.1     LoopBack1
      10.10.1.2/32  OSPF    10   1002      D   10.3.1.2      GigabitEthernet
2/0/0
      10.10.1.3/32  OSPF    10   1000      D   10.3.1.2      GigabitEthernet
2/0/0
      10.10.1.4/32  OSPF    10   1001      D   10.3.1.2      GigabitEthernet
2/0/0
      127.0.0.0/8   Direct  0    0         D   127.0.0.1     InLoopBack0
      127.0.0.1/32  Direct  0    0         D   127.0.0.1     InLoopBack0
127.255.255.255/32  Direct  0    0         D   127.0.0.1     InLoopBack0
255.255.255.255/32  Direct  0    0         D   127.0.0.1     InLoopBack0
<P1>dis mpls ldp lsp

LDP LSP Information
------------------------------------------------------------------------
DestAddress/Mask   In/OutLabel    UpstreamPeer    NextHop        OutInterface

  10.10.1.1/32     3/NULL         10.10.1.3       127.0.0.1      InLoop0
 *10.10.1.1/32     Liberal/1024                   DS/10.10.1.3
  10.10.1.2/32     NULL/1027      -               10.3.1.2       GE2/0/0
  10.10.1.2/32     1027/1027      10.10.1.3       10.3.1.2       GE2/0/0
  10.10.1.3/32     NULL/3         -               10.3.1.2       GE2/0/0
  10.10.1.3/32     1028/3         10.10.1.3       10.3.1.2       GE2/0/0
  10.10.1.4/32     NULL/1026      -               10.3.1.2       GE2/0/0
  10.10.1.4/32     1029/1026      10.10.1.3       10.3.1.2       GE2/0/0
------------------------------------------------------------------------
TOTAL: 7 Normal LSP(s) Found.
TOTAL: 1 Liberal LSP(s) Found.
TOTAL: 0 Frr LSP(s) Found.
A '*' before an LSP means the LSP is not established
A '*' before a Label means the USCB or DSCB is stale
A '*' before a UpstreamPeer means the session is stale
A '*' before a DS means the session is stale
A '*' before a NextHop means the LSP is FRR LSP

<P1>
```

图 4-31　主链路出现故障时，P1 到达 PE2 Loopback0 接口所在网段的路由及所建立的 LSP 路径

4.3　LDP FRR 的配置与管理

LDP 快速重路由（Fast Reroute，FRR）由 IP 网络中的 IP FRR 技术扩展而来，专为 MPLS 网络提供快速重路由功能，实现链路备份。LDP FRR 的目的是当发现主 LDP LSP 出现故障时，能快速地将流量切换到备份 LDP LSP 上（前提是该备份路径的路由是通的），从而最大限度地避免流量的丢失。显然，这需要事先建立备份 LDP LSP 的路径，通过 LDP 的自由（Liberal）标签保持方式获取 Liberal 标签建立备份 LDP LSP。

4.3.1　LDP FRR 的两种实现方式

在 IP 网络中的 IP FRR 是指当物理层或链路层检测到故障时将故障消息上报至上层路由系统，并立即启用一条备份链路转发报文，可快速实现路由备份。但 IP FRR 是针对

IP 网络路由而设计的，仅可检测链路的物理层或链路层故障。在 MPLS 骨干网中，当主链路出现故障时，虽然有 IP FRR 使 IGP 路由快速收敛，切换到备份路径，但此时还要在切换后的备份路径上重新建立 LSP 才能通过 MPLS 隧道转发数据，这个过程无法避免流量的丢失。另外，当主 LDP LSP 出现故障（非主链路故障引起）时，只能等待重新建立 LSP 后才能恢复流量转发，这会引起 MPLS 流量长时间中断。因此需要一种能够在 MPLS 网络中提供快速重路由的解决方案，即 LDP FRR。

当主 LDP LSP 出现故障时，LDP FRR 可通过 LDP 的 Liberal 标签保持方式，先获取 Liberal 标签，然后为该标签申请转发表项资源，并将转发信息下发到转发平面作为主 LDP LSP 的备份转发表项。当接口故障（接口自己感知或者结合 BFD）或者主 LDP LSP 不通（结合 BFD）时，可以快速地将流量切换至备份路径，实现对主 LDP LSP 的保护。

LDP FRR 对 LDP LSP 的保护有以下两种方式。

（1）手动（Manual）LDP FRR

Manual LDP FRR 需要使用命令来指定建立的备份 LDP LSP 的出接口和下一跳。当 LDP 获取的 Liberal 标签中的来源匹配指定的出接口和下一跳时，就能建立备份 LDP LSP 并下发转发表项，**不需要依赖** IP FRR。

（2）自动（Auto）LDP FRR

Auto LDP FRR 依赖 IP FRR 来实现。只有当 Liberal 标签的来源匹配存在的备份路由，即保留的 Liberal 标签来自备份路由出接口和下一跳，并且满足备份 LDP LSP 触发策略，同时没有根据该备份路由手动配置的备份 LDP LSP 存在时，其才能建立备份 LDP LSP 并下发转发表项。Auto LDP FRR 策略默认是 32 位掩码的备份路由触发建立备份 LDP LSP。

当 Manual LDP FRR 和 Auto LDP FRR 同时满足创建条件时，优先建立手动配置的 LDP FRR。

4.3.2　LDP FRR 的实现原理

在 Liberal 标签保持方式下，LSR 可以从任何邻居 LSR 收到对于特定 FEC 的标签映射消息，但只有从该 FEC 对应的当前有效路由的下一跳发来的标签映射会生成标签转发表，从而建立 LDP LSP。**通过 LDP FRR 也可以为来自非该 FEC 对应的当前有效路由的下一跳的标签映射建立 LDP LSP，并作为主 LDP LSP 的备份，建立转发表项，转发表项下发到转发表中作为主转发表项的备份。**当主 LDP LSP 出现故障时，流量能被快速切换到备份 LDP LSP，避免丢失。

LDP FRR 示例如图 4-32 所示，LSR_1 到 LSR_2 的优选路由路径为 LSR_1→LSR_2，次优路由路径为 LSR_1→LSR_3→LSR_2。在配置了 LDP FRR 功能后，LSR_1 收到 LSR_3 发来的到达 LSR_2 的标签映射消息后，会和路由比较，因为 LSR_1 到 LSR_2 的当前有效路由的下一跳不是 LSR_3，所以 LSR_1 会把这个标签存为 Liberal Label。如果该 Liberal Label 的来源对应的备份路由（经 LSR_3 到达 LSR_2）存在，就可以为该 Liberal Label 申请一个转发表项资源，创建主 LDP LSP 的备份转发表项，和主 LDP LSP 一起下发到转发平面，这样主 LDP LSP 就和这条备份 LDP LSP 关联起来了。

在接口感知接口故障、BFD 感知接口故障，或者 BFD 感知主 LDP LSP 不通时，都能触发 LDP FRR 工作，流量根据备份转发表项切换到备份 LDP LSP 上，至此，LDP FRR 生效，路由从 LSR_1→LSR_2 收敛到 LSR_1→LSR_3→LSR_2，在新的路径（原来的备份路径）上根据路由新建的 LDP LSP，再把原来的主 LDP LSP 删除，流量按照 LSR_1→LSR_3 →LSR_2 上新建的 LDP LSP 进行转发。

LDP FRR "口"字形拓扑如图 4-33 所示，LDP FRR 对图 4-32 中三角形拓扑支持情况较好，但对图 4-33 中的"口"字形拓扑不一定能够完全支持。此时，如果 LSR_1 到 LSR_4 的最优路由路径是 LSR_1→LSR_2→LSR_4（不与其他路径负载分担），LSR_3 就会收到来自 LSR_1 的 Liberal 标签，并绑定 LDP FRR。当 LSR_3 和 LSR_4 之间的链路发生故障时，流量会切换到 LSR_3→LSR_1→LSR_2→LSR_4，不会形成环路。

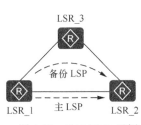

图 4-32　LDP FRR 示例

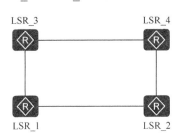

图 4-33　LDP FRR "口"字形拓扑

但如果 LSR_1 到 LSR_4 是 LSR_1→LSR_2→LSR_4 和 LSR_1→LSR_3→LSR_4 两条路径的负载分担，此时，LSR_3 作为 LSR_1 的下游节点，不一定会收到来自 LSR_1 的 Liberal 标签。即使 LSR_3 有了该 Liberal 标签，绑定了 LDP FRR，发生切换后**因为 LSR_3 是 LSR_1 的下游节点**，从 LSR_3 到达 LSR_4 的流量在到达 LSR_1 后很可能又被转发给 LSR_3，从而形成环路，直至 LSR_1 到 LSR_4 的路由收敛为 LSR_1→LSR_2→ LSR_4。

4.3.3　配置 LDP FRR

Manual LDP FRR 是采取手动配置方式来实现的，配置工程量比较大，适用于结构简单的网络。Auto LDP FRR 是通过 FRR 功能自动实现的，配置过程简单，适用于结构复杂的大型网络。可根据实际情况选择其中一种配置。

（1）配置 Manual LDP FRR

Manual LDP FRR 的配置步骤见表 4-9，**仅需在 Ingress 或 Transit 上进行配置**，如何配置，要视备份 LDP LSP 的路径与主 LDP LSP 的分支处在哪个节点上而定。

【注意】在 Manual LDP FRR 的配置中，备份 LDP LSP 必须是 Liberal 状态的 LSP，即备份 LDP LSP 的 Ingress 到 Egress 的路由状态必须是非活跃的。

在配置 Manual LDP FRR 之前，需要完成以下任务。

① 配置本地 LDP 会话。

② 如果配置基于 BFD 的 Manual LDP FRR，还需要完成 BFD **单跳**检测的配置。

【说明】因为 Manual LDP FRR 方案中明确指定了备份 LDP LSP 的路径，所以此方案不需要 IGP FRR 参与，设备上也不需要同时配置 IP FRR。

表 4-9   Manual LDP FRR 的配置步骤

步骤	命令	说明
1	**system-view**	进入系统视图
2	**interface** *interface-type* *interface-number* 例如：[Huawei] **interface** gigabitethernet 1/0/0	进入要使能 LDP FRR 功能的主 LDP LSP 公网接口的接口视图
3	**mpls ldp frr nexthop** *nexthop-address* [**ip-prefix** *ip-prefix-name*] [**priority** *priority*] 例如： [Huawei-GigabitEthernet1/0/0] **mpls ldp frr nexthop** 10.1.1.2	在以上主 LDP LSP 公网接口上使能 LDP FRR。 ① **nexthop** *nexthop-address*：指定备份 LDP LSP 的下一跳 IP 地址。 ② **ip-prefix** *ip-prefix-name*：可选参数，设置与指定 IP 前缀列表名称定义的 IP 前缀匹配的 FEC 才能触发生成备份 LDP LSP，必须是已存在的 IP 前缀列表名称。 ③ **priority** *priority*：可选参数，指定备份 LDP LSP 的优先级，整数形式，取值范围是 1～65535。缺省值是 50。**优先级值越大，该备份 LDP LSP 的优先级越低。** 【说明】执行此命令配置备份 LDP LSP 的下一跳 IP 地址。 ① 在同一个接口下，最多可以有 10 项不同优先级的 LDP FRR 配置，但根据优先级只会生成一条备份 LDP LSP。 ② 可以在同一接口上配置多个不同的下一跳，即为主 LDP LSP 配置多个不同出接口的备份 LDP LSP。 ③ 也可以在同一接口下为相同下一跳配置不同的前缀列表。 • 如果不指定前缀列表，则 LDP FRR 会试图为本接口的所有 LSP 在 *nexthop-address* 参数指定的路径上建立备份 LDP LSP。 • 如果指定前缀列表中只有 DENY（拒绝）项，则不允许该接口上被 DENY 的 FEC 对应的 LSP 在 *nexthop-address* 参数所指定的路径上建立备份 LDP LSP。 • 如果指定前缀列表中只有 PERMIT（许可）项，则只允许该接口上被 PERMIT 的 FEC 对应的 LSP 在 *nexthop-address* 参数所指定的路径上建立备份 LDP LSP。如果指定前缀列表中既有 PERMIT 项又有 DENY 项，则只有 PERMIT 有效，即只允许该接口上被 PERMIT 的 FEC 对应的 LSP 在 *nexthop-address* 参数所指定的路径上建立备份 LDP LSP。 ④ LDP GR 期间禁止使能或去使能 LDP FRR 功能。在混合应用 Manual LDP FRR 和 IP FRR 的情况下，优先选择 IP FRR。去使能 LDP 功能时，接口视图下的 LDP FRR 配置不会被自动删除，但 LDP FRR 功能已经失效。 缺省情况下，接口上没有使能 LDP FRR 功能，可用 **undo mpls ldp frr** [**nexthop** *nexthop-address*] [**ip-prefix** *ip-prefix-name*] [**priority** *priority*]命令在接口上去使能 LDP FRR 功能
	以下步骤仅当配置基于静态 BFD 的 LDP FRR 时才需要执行	
4	**quit**	返回系统视图
5	**bfd** *session-name* 例如：[Huawei] **bfd** 4L3Int	进入已经创建的 BFD 会话视图。参数 *session-name* 必须是在 4.1.2 节已创建的静态 BFD 的 LDP LSP 会话。 可用 **undo bfd** 命令删除指定的 BFD 会话

步骤	命令	说明
6	**process-pst** 例如： [Huawei-bfd-session-4L3Int] **process-pst**	使能系统在 BFD 会话状态变化时修改端口状态表（Port State Table，PST）功能，允许 BFD 通告 LDP LSP。如果允许 BFD 修改 PST，当检测到 BFD 会话状态变为 Down 时，系统将更改 PST 中的相应表项。 缺省情况下，BFD 会话不使能通告联动检测业务，可用 **undo process-pst** 命令恢复缺省配置
7	**commit** 例如： [Huawei-bfd-session-4L3Int] **commit**	提交配置

（2）配置 Auto LDP FRR

Auto LDP FRR 的配置步骤见表 4-10，**仅需在 Ingress 或 Transit 上进行配置**，具体要视备份 LDP LSP 的路径与主 LDP LSP 的分支处在哪个节点上而定。

在配置 Auto LDP FRR 之前，需要完成以下任务。

① 配置本地 LDP 会话。

② 配置 Auto IP FRR 功能，OSPF、IS-IS 协议均支持 Auto FRR 功能。OSPF Auto FRR 的配置步骤见表 4-11，IS-IS Auto FRR 的配置步骤见表 4-12。

【说明】因为在 Auto LDP FRR 方案中仅启动了 FRR 功能，未明确指定备份 LDP LSP 的路径，备份 LDP LSP 路径仍需要通过 IGP FRR 中的无环路交替（Loop Free Alternate，LFA）算法进行自动计算得出，所以需要在设备上配置 IP FRR。

表 4-10　**Auto LDP FRR** 的配置步骤

步骤	命令	说明
1	**system-view**	进入系统视图
2	**mpls ldp** 例如：[Huawei] **mpls ldp**	进入 MPLS LDP 视图
3	**auto-frr lsp-trigger** { **all** | **host** | **ip-prefix** *ip-prefix-name* | **none** } 例如：[Huawei-mpls-ldp] **auto-frr lsp-trigger host**	（可选）配置触发 LDP 建立备份 LDP LSP 的策略。如果需要调整备份 LDP LSP 的建立策略，可以执行本命令。LDP GR 期间不允许修改备份 LDP LSP 的触发策略。 ① **all**：多选一选项，指定所有的备份路由都会触发 LDP 建立备份 LDP LSP。 ② **host**：多选一选项，指定 32 位掩码的备份路由才会触发 LDP 建立备份 LDP LSP。 ③ **ip-prefix** *ip-prefix-name*：多选一参数，设置根据指定 IP 地址前缀列表触发 LDP 建立备份 LDP LSP。 ④ **none**：多选一选项，指定所有的备份路由都不触发 LDP 建立备份 LDP LSP。 【说明】Auto LDP FRR 依赖 IGP 的自动重路由功能，需要先配置好 IGP 路由的 Auto FRR 功能。 还可通过 **lsp-trigger** { **all** | **host** | **ip-prefix** *ip-prefix-name* | **none** } 命令设置触发建立 LSP 的策略，缺省情况下，仅根据 32 位掩码的主机 IP 路由触发 LDP 建立 LSP。如果同时配置了本命令和 **lsp-trigger** 命令，则建立的备份 LDP LSP 会同时满足 LDP 建立 LSP 的触发策略，以及 LDP 建立备份 LDP LSP 的触发策略。 缺省情况下，32 位掩码的备份路由触发 LDP 建立备份 LDP LSP，可用 **undo auto-frr lsp-trigger** 命令恢复缺省配置

表 4-11　OSPF Auto FRR 的配置步骤

步骤	命令	说明
1	**system-view**	进入系统视图
2	**ospf** [*process-id* | **router-id** *router-id* | **vpn-instance** *vpn-instance-name*] * 例如：[Huawei] **ospf** 100	使能 OSPF 进程，进入 OSPF 视图
3	**frr** 例如：[Huawei-ospf-100] **frr**	进入 OSPF IP FRR 视图
4	**loop-free-alternate** 例如：[Huawei-ospf-100-frr] **loop-free-alternate**	使能 OSPF IP FRR 特性，生成无环的备份链路 无环备份（Loop Free Alternate，LFA）是实现 IP FRR 的一种方式，这样设备可以生成无环的备份链路，实现 IP FRR 的基本功能。如果网络中有承载重要业务的节点链路不能成为其他链路的备份链路，那么需要在配置 OSPF IP FRR 功能前，在连接该节点设备的接口上配置 **ospf frr block** 命令。这样，FRR 计算时，就不会把该接口所连接的链路计算成备份链路。 缺省情况下，未使能 OSPF IP FRR 功能，可用 **undo loop-free-alternate** 命令去使能 OSPF IP FRR 功能
5	**frr-priority static low** 例如：[Huawei-ospf-100-frr] **frr-priority static low**	（可选）指定利用 LFA 算法计算备份下一跳和备份出接口，使动态备份路径的优先级高于静态备份路径的优先级。 【说明】OSPF 有以下两种方式可以获得备份路径。 ① 静态备份路径：在系统视图或 VPN 实例视图下执行 **ip frr route-policy** *route-policy-name* 命令使能 IP FRR 功能后，用 **apply backup-interface** *interface-type interface-number* 命令指定备份出接口和用 **apply backup-nexthop** { *ipv4-address* | **auto** } 命令指定备份下一跳。 ② 动态备份路径：由 **loop-free-alternate** 命令使能 OSPF IP FRR 功能后，利用 LFA 算法计算备份下一跳和备份出接口。 缺省情况下，静态备份路径的优先级高于动态备份路径的优先级，即静态备份路径会被优选，可用 **undo frr-priority static** 命令去使能该功能。但是，静态备份路径的灵活性较差，当备份路径出现故障时，静态备份路径不会自动更新，而动态备份路径可以自动更新。因此，为了保证备份路径的及时更新，可以配置本命令指定利用 LFA 算法计算备份下一跳和备份出接口，使动态备份路径的优先级高于静态备份路径的优先级
6	**frr-policy route route-policy** *route-policy-name* 例如：[Huawei-ospf-100-frr] **frr-policy route route-policy** abc	（可选）配置 OSPF IP FRR 过滤策略。参数 *route-policy-name* 用来指定 OSPF IP FRR 备份路由过滤的路由策略的名称。本命令是覆盖式命令，以最后一次配置为准。 配置了 OSPF IP FRR 过滤策略后，只有满足过滤条件的 OSPF 路由的备份路由才能被下发到转发表。如果希望保护经过某条特定 OSPF 路由的流量，可以通过设置过滤策略，使该 OSPF 路由满足过滤条件，则该 OSPF 路由的备份路由加入转发表。当这条路由出现故障时，OSPF 可以快速将流量切换到备份路由上。 缺省情况下，不对使能了 OSPF IP FRR 功能的备份路由进行过滤，可用 **undo frr-policy route** 命令取消 OSPF IP FRR 的备份路由的过滤功能

表 4-12　IS-IS Auto FRR 的配置步骤

步骤	命令	说明
1	**system-view**	进入系统视图
2	**isis** [*process-id*] 例如：[Huawei] **isis** 1	使能 IS-IS 路由进程，进入 IS-IS 视图
3	**frr** 例如：[Huawei-isis-1] **frr**	使能 FRR 并进入 IS-IS FRR 视图 IS-IS Auto FRR 可以将流量快速切换到备份链路上，使流量中断的时间小于 50 毫秒，从而达到保护流量的目的，极大地提高 IS-IS 网络的可靠性。 缺省情况下，未使能 IS-IS FRR 功能，可用 **undo frr** 命令去使能 IS-IS FRR 功能
4	**frr-policy route route-policy** *route-policy-name* 例如：[Huawei-isis-1-frr] **frr-policy route route-policy** abc	（可选）利用过滤策略过滤备份路由，使只有通过过滤策略的备份路由才可以加入路由表。 用户可以根据需要，配置过滤策略，使满足指定条件的 IS-IS 路由的备份路由加入 IP 路由表，并下发到转发表。当主路由发生故障时，系统可以快速地将转发流量切换到 IS-IS 备份路由上，从而实现流量保护
5	**loop-free-alternate** [**level-1** | **level-2** | **level-1-2**] 例如：[Huawei-isis-1-frr] **loop-free-alternate**	使能 IS-IS Auto FRR 利用 LFA 算法计算无环备份路由。只有执行本命令后，**IS-IS 的 Auto FRR 功能才会生效**。 ① **level-1**：多选一可选项，指定 Level-1 级别 IS-IS Auto FRR 并生成无环备份路由。如果不指定 Level，则在 Level-1 和 Level-2 上都使能 IS-IS Auto FRR 并生成备份路由。 ② **level-2**：多选一可选项，指定 Level-2 级别 IS-IS Auto FRR 并生成无环备份路由。如果不指定 Level，则在 Level-1 和 Level-2 上都使能 IS-IS Auto FRR 并生成备份路由。 ③ **level-1-2**：多选一可选项，同时指定 Level-1 和 Level-2 级别 IS-IS Auto FRR 并生成无环备份路由。 缺省情况下，未使能 IS-IS Auto FRR 利用 LFA 算法计算无环备份路由，可用 **undo loop-free-alternate** [**level-1** | **level-2** | **level-1-2**] 命令来去使能 IS-IS Auto FRR 利用 LFA 算法计算无环备份路由
6	**undo isis lfa-backup** [**level-1** | **level-2** | **level-1-2**] 例如： [Huawei-GigabitEthernet1/0/0] **undo isis lfa-backup**	（可选）阻止接口参与 LFA 计算。在网络部署过程中，为了便于流量管理，避免在主链路故障时流量转发路径的不确定性，可以阻止某些接口参与 LFA 计算，取消这些接口成为备份接口的功能。 ① **level-1**：多选一可选项，阻止 Level-1 类型接口参与 LFA 计算，使其不成为备份接口。 ② **level-2**：多选一可选项，阻止 Level-2 类型接口参与 LFA 计算，使其不成为备份接口。 ③ **level-1-2**：多选一可选项，阻止 Level-1-2 类型接口参与 LFA 计算，使其不成为备份接口。 如果不指定可选项，则 Level-1 和 Level-2 类型 IS-IS 接口都不参与 LFA 计算。 缺省情况下，使能了 IS-IS 的接口可以参与 LFA 计算，可用 **undo isis lfa-backup** [**level-1** | **level-2** | **level-1-2**] 命令去使能 IS-IS 接口参与 LFA 计算

为了实现毫秒级的快速切换，需要同时配置静态或动态 BFD LDP LSP，具体介绍分

别参见 4.1.2 节和 4.1.3 节。配置好后可执行 **display mpls lsp** 命令查看使能了 LDP FRR 的 LSP 信息。

4.3.4   Manual LDP FRR 配置示例

Manual LDP FRR 配置示例的拓扑结构如图 4-34 所示，网络拓扑结构简单且稳定，部署了 MPLS LDP 业务。LSRA 到 LSRC 存在主/备两条 LDP LSP，其中，LSRA→LSRC 为主 LDP LSP，LSRA→LSRB→LSRC 为备份 LDP LSP。当主链路发生故障时，会造成业务中断、流量丢失。现要求在主 LDP LSP 发生故障时，流量能够快速切换到备份 LDP LSP。

（1）基本配置思路分析

本示例既可以采用 Manual LDP FRR 方式，又可以采用 Auto LDP FRR。本示例中的网络结构简单且稳定，因此采用 Manual LDP FRR 实现方式更为简单。

根据表 4-9 的介绍我们可知，Manual LDP FRR 方式的配置比较简单，只需在路径分支的 Ingress 或 Transit 的主 LDP LSP 出接口上指定备份 LDP LSP 的下一跳 IP 地址，或同时指定其允许触发建立备份 LDP LSP 的路由策略、备份 LDP LSP 的优先级。

本示例因为只建立一条备份 LDP LSP，且不对触发建立备份 LDP LSP 的流量进行过

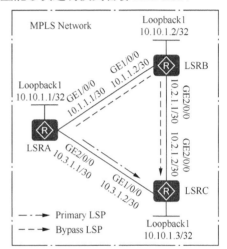

图 4-34   Manual LDP FRR 配置示例的拓扑结构

滤，路径分支又在 Ingress LSRA 上，所以可以直接在 LSRA 主 LDP LSP 的出接口 GE2/0/0 上配置 FRR 的备份 LDP LSP 的下一跳 IP 地址。注意，在此之前要完成整个骨干网的 MPLS 配置，实现各节点间的三层互通，并在相邻节点间建立本地 LDP 会话。

根据以上分析可得出本示例的基本配置思路。

① 在骨干网各节点上配置各接口的 IP 地址和 OSPF，使骨干网各节点间三层互通。

② 在骨干网各节点上配置基本 MPLS 功能和本地 LDP 会话。

③ 在主 LDP LSP 的 LSRA 节点的 GE2/0/0 接口上使能 Manual LDP FRR，指定用于生成备份 LDP LSP 的下一跳地址为 LSRB 的 GE1/0/0 接口的 IP 地址。

【说明】在 Manual LDP FRR 的组网中，备份 LDP LSP 必须是 Liberal 状态的 LSP，即在使能 LDP FRR 的节点上执行 **display ip routing-table** *ip-address* **verbose** 命令可以发现备份 LDP LSP 的路由状态是 "Inactive Adv"。

（2）具体配置步骤

① 在骨干网各节点上配置各接口的 IP 地址和 OSPF，实现整个骨干网（包括各节点上的 Loopback1 接口所在网段）三层互通。

#---LSRA 上的配置，具体如下。

```
<Huawei> system-view
[Huawei] sysname LSRA
[LSRA] interface loopback 1
[LSRA-LoopBack1] ip address 10.10.1.1 32
```

```
[LSRA-LoopBack1] quit
[LSRA] interface gigabitethernet 1/0/0
[LSRA-GigabitEthernet1/0/0] ip address 10.1.1.1 30
[LSRA-GigabitEthernet1/0/0] quit
[LSRA] interface gigabitethernet 2/0/0
[LSRA-GigabitEthernet2/0/0] ip address 10.3.1.1 30
[LSRA-GigabitEthernet2/0/0] quit
[LSRA] ospf 1
[LSRA-ospf-1] area 0
[LSRA-ospf-1-area-0.0.0.0] network 10.10.1.1 0.0.0.0
[LSRA-ospf-1-area-0.0.0.0] network 10.1.1.0 0.0.0.3
[LSRA-ospf-1-area-0.0.0.0] network 10.3.1.0 0.0.0.3
[LSRA-ospf-1-area-0.0.0.0] quit
[LSRA-ospf-1] quit
```

#---LSRB 上的配置，具体如下。

```
<Huawei> system-view
[Huawei] sysname LSRB
[LSRB] interface loopback 1
[LSRB-LoopBack1] ip address 10.10.1.2 32
[LSRB-LoopBack1] quit
[LSRB] interface gigabitethernet 1/0/0
[LSRB-GigabitEthernet1/0/0] ip address 10.1.1.2 30
[LSRB-GigabitEthernet1/0/0] quit
[LSRB] interface gigabitethernet 2/0/0
[LSRB-GigabitEthernet2/0/0] ip address 10.2.1.1 30
[LSRB-GigabitEthernet2/0/0] quit
[LSRB] ospf 1
[LSRB-ospf-1] area 0
[LSRB-ospf-1-area-0.0.0.0] network 10.10.1.2 0.0.0.0
[LSRB-ospf-1-area-0.0.0.0] network 10.1.1.0 0.0.0.3
[LSRB-ospf-1-area-0.0.0.0] network 10.2.1.0 0.0.0.3
[LSRB-ospf-1-area-0.0.0.0] quit
[LSRB-ospf-1] quit
```

#---LSRC 上的配置，具体如下。

```
<Huawei> system-view
[Huawei] sysname LSRC
[LSRC] interface loopback 1
[LSRC-LoopBack1] ip address 10.10.1.3 32
[LSRC-LoopBack1] quit
[LSRC] interface gigabitethernet 1/0/0
[LSRC-GigabitEthernet1/0/0] ip address 10.3.1.2 30
[LSRC-GigabitEthernet1/0/0] quit
[LSRC] interface gigabitethernet 2/0/0
[LSRC-GigabitEthernet2/0/0] ip address 10.2.1.2 30
[LSRC-GigabitEthernet2/0/0] quit
[LSRC] ospf 1
[LSRC-ospf-1] area 0
[LSRC-ospf-1-area-0.0.0.0] network 10.10.1.3 0.0.0.0
[LSRC-ospf-1-area-0.0.0.0] network 10.3.1.0 0.0.0.3
[LSRC-ospf-1-area-0.0.0.0] network 10.2.1.0 0.0.0.3
[LSRC-ospf-1-area-0.0.0.0] quit
[LSRC-ospf-1] quit
```

以上配置完成后，在各节点上执行 **display ip routing-table** 命令，可以看到各节点之间学到了彼此的路由。

②　在骨干网各节点上配置基本的 MPLS 功能和 LDP 本地会话，通过 LDP 自动协商建立双向 LDP LSP。

#---LSRA 上的配置，具体如下。

```
[LSRA] mpls lsr-id 10.10.1.1
[LSRA] mpls
[LSRA-mpls] quit
[LSRA] mpls ldp
[LSRA-mpls-ldp] quit
[LSRA] interface gigabitethernet 1/0/0
[LSRA-GigabitEthernet1/0/0] mpls
[LSRA-GigabitEthernet1/0/0] mpls ldp
[LSRA-GigabitEthernet1/0/0] quit
[LSRA] interface gigabitethernet 2/0/0
[LSRA-GigabitEthernet2/0/0] mpls
[LSRA-GigabitEthernet2/0/0] mpls ldp
[LSRA-GigabitEthernet2/0/0] quit
```

#---LSRB 上的配置，具体如下。

```
[LSRB] mpls lsr-id 10.10.1.2
[LSRB] mpls
[LSRB-mpls] quit
[LSRB] mpls ldp
[LSRB-mpls-ldp] quit
[LSRB] interface gigabitethernet 1/0/0
[LSRB-GigabitEthernet1/0/0] mpls
[LSRB-GigabitEthernet1/0/0] mpls ldp
[LSRB-GigabitEthernet1/0/0] quit
[LSRB] interface gigabitethernet 2/0/0
[LSRB-GigabitEthernet2/0/0] mpls
[LSRB-GigabitEthernet2/0/0] mpls ldp
[LSRB-GigabitEthernet2/0/0] quit
```

#---LSRC 上的配置，具体如下。

```
[LSRC] mpls lsr-id 10.10.1.3
[LSRC] mpls
[LSRC-mpls] quit
[LSRC] mpls ldp
[LSRC-mpls-ldp] quit
[LSRC] interface gigabitethernet 1/0/0
[LSRC-GigabitEthernet1/0/0] mpls
[LSRC-GigabitEthernet1/0/0] mpls ldp
[LSRC-GigabitEthernet1/0/0] quit
[LSRC] interface gigabitethernet 2/0/0
[LSRC-GigabitEthernet2/0/0] mpls
[LSRC-GigabitEthernet2/0/0] mpls ldp
[LSRC-GigabitEthernet2/0/0] quit
```

上述配置完成后，相邻节点之间应该建立了 LDP 会话。在各节点上执行 **display mpls ldp session** 命令，Status 项为"Operational"。在 LSRA 上执行 **display mpls ldp session** 命令的输出如图 4-35 所示，从图中我们可以看出 LSRA 已与 LSRB 和 LSRC 建立了 LDP 会话。

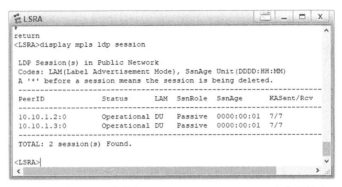

图 4-35　在 LSRA 上执行 **display mpls ldp session** 命令的输出

③ 在 LSRA 中主 LDP LSP 出接口 GE2/0/0 下使能 Manual LDP FRR，指定用于生成备份 LDP LSP 的下一跳地址为 LSRB 的 GE1/0/0 接口的 IP 地址。

[LSRA] **interface** gigabitethernet 2/0/0
[LSRA-GigabitEthernet2/0/0] **mpls ldp frr nexthop** 10.1.1.2
[LSRA-GigabitEthernet2/0/0] **quit**

【说明】如果要使 LSRC 到 LSRA 之间的通信也具有 LDP FRR 功能，则还需要在 LSRC 主 LDP LSP 的出接口 GE1/0/0 上配置备份 LDP LSP 的下一跳地址为 LSRB 的 GE2/0/0 接口的 IP 地址。

（3）配置结果验证

上述配置完成后，可进行以下配置结果验证。

① 在 LSRA 节点上执行 **display mpls lsp** 命令，可以看到到达 LSRC 10.10.1.3 的两条 LSP 上均有 LDP FRR 备份 LSP，出接口都是备份路径的 GE1/0/0 接口。执行 **display ospf routing** 命令，LSRA 到达 10.10.1.3/32 网段的路由是路径 LSRA→LSRC，如图 4-36 所示。

图 4-36　主用链路正常时，在 LSRA 上执行 **display mpls lsp** 和 **display ospf routing** 命令的输出

② 在 LSRA 上关闭 GE2/0/0 接口，模拟主链路出现故障。然后执行 **display mpls lsp** 命令，查看到达 LSRC 上 10.10.1.3/32 网段的 LSP，此时的下一跳为 LSRB，即原来的备份 LSP 成为当前的主 LDP LSP。执行 **display ospf routing** 命令，可见到 LSRA 到达 10.10.1.3/32 网段的路由路径也已切换到备份路径 LSRA→LSRB→LSRC，如图 4-37 所示。

```
LSRA                                                    _  □  X
[LSRA-GigabitEthernet2/0/0]dis mpls lsp
-------------------------------------------------------------
             LSP Information: LDP LSP
-------------------------------------------------------------
FEC              In/Out Label  In/Out IF            Vrf Name
10.10.1.1/32     3/NULL        -/-
10.10.1.2/32     NULL/3        -/GE1/0/0
10.10.1.2/32     1024/3        -/GE1/0/0
10.10.1.3/32     NULL/1025     -/GE1/0/0
10.10.1.3/32     1025/1025     -/GE1/0/0
[LSRA-GigabitEthernet2/0/0]dis ospf routing

          OSPF Process 1 with Router ID 10.10.1.1
               Routing Tables

Routing for Network
Destination     Cost  Type     NextHop      AdvRouter    Area
10.1.1.0/30     1     Transit  10.1.1.1     10.10.1.1    0.0.0.0
10.10.1.1/32    0     Stub     10.10.1.1    10.10.1.1    0.0.0.0
10.2.1.0/30     2     Transit  10.1.1.2     10.10.1.2    0.0.0.0
10.10.1.2/32    1     Stub     10.1.1.2     10.10.1.2    0.0.0.0
10.10.1.3/32    2     Stub     10.1.1.2     10.10.1.3    0.0.0.0

Total Nets: 5
Intra Area: 5  Inter Area: 0  ASE: 0  NSSA: 0

[LSRA-GigabitEthernet2/0/0]
```

图 4-37　主链路故障时，在 LSRA 上执行 **display mpls lsp** 和 **display ospf routing** 命令的输出

通过以上验证，可证明前面的配置是正确且成功的，在主链路出现故障时，LDP FRR 可以立即把 LSP 切换到备份 LDP LSP，最大限度地减少用户流量的丢失。

4.3.5　Auto LDP FRR 配置示例

Auto LDP FRR 配置示例的拓扑结构如图 4-38 所示，网络结构拓扑复杂且不稳定，部署了 MPLS LDP 业务。LSRA 到 LSRC 之间存在主/备 LDP LSP，其中，LSRA→LSRC 为主 LDP LSP，LSRA→LSRB→LSRC 为备份 LDP LSP。当主链路发生故障时，造成业务中断、流量丢失。现要求在主 LDP LSP 发生故障时，流量能够快速切换到备份 LDP LSP。

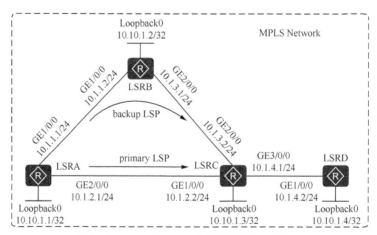

图 4-38　Auto LDP FRR 配置示例的拓扑结构

（1）基本配置思路分析

本示例与 4.3.4 节介绍的示例的主要区别在于本示例的网络拓扑结构复杂且不稳定，因此不能采用 4.3.4 节介绍的 Manual LDP FRR 方式，而要采用 Auto LDP FRR 方式。

根据前文中介绍的 Auto LDP FRR 配置方法可知，Auto LDP FRR 触发 LDP 建立备份 LDP LSP 的策略，但在此之前还要根据骨干网运行的 IGP 类型（本示例采用 IS-IS），使能 Auto IP FRR。有关 OSPF 和 IS-IS 协议中的 Auto IP FRR 功能的配置方法参见表 4-11 和表 4-12。当然，在此之前需要配置好骨干网的 MPLS 基本功能和各节点间的 LDP 本地会话。

根据以上分析可得出本示例的基本配置思路。

① 在骨干网各节点上配置各接口的 IP 和 IS-IS 协议，使骨干网各节点间三层互通。

② 在骨干网各节点上配置基本 MPLS 功能和本地 LDP 会话。

③ 在备份 LDP LSP 的 Ingress LSRA 上使用 IS-IS Auto FRR。

④ 在备份 LDP LSP 的 Ingress LSRA 上配置 Auto LDP FRR，使其自动计算备份 LDP LSP 的下一跳和出接口。

（2）具体配置步骤

① 在骨干网各节点上配置各接口的 IP 地址和 IS-IS 协议。

各节点设备均位于区域 16（对应十六进制值为 0010）中，LSRA、LSRB、LSRC 和 LSRD 的系统 ID 分别为 1、2、3、4（对应十六进制值分别为 0001、0002、0003、0004）。

#---LSRA 上的配置，具体如下。

```
<Huawei> system-view
[Huawei] sysname LSRA
[LSRA] interface loopback 0
[LSRA-LoopBack0] ip address 10.10.1.1 32
[LSRA-LoopBack0] quit
[LSRA] interface gigabitethernet 1/0/0
[LSRA-GigabitEthernet1/0/0] ip address 10.1.1.1 24
[LSRA-GigabitEthernet1/0/0] quit
[LSRA] interface gigabitethernet 2/0/0
[LSRA-GigabitEthernet2/0/0] ip address 10.1.2.1 24
[LSRA-GigabitEthernet2/0/0] quit
[LSRA] isis 1
[LSRA-isis-1] network-entity 10.0000.0000.0001.00    #---指定网络实体名称为 10.0000.0000.0001.00，其中区域 ID 为
16，系统 ID 为 1
[LSRA-isis-1] quit
[LSRA] interface gigabitethernet 1/0/0
[LSRA-GigabitEthernet1/0/0] isis enable 1
[LSRA-GigabitEthernet1/0/0] quit
[LSRA] interface gigabitethernet 2/0/0
[LSRA-GigabitEthernet2/0/0] isis enable 1
[LSRA-GigabitEthernet2/0/0] quit
[LSRA] interface loopback 0
[LSRA-LoopBack0] isis enable 1
[LSRA-LoopBack0] quit
```

#---LSRB 上的配置，具体如下。

```
<Huawei> system-view
[Huawei] sysname LSRB
```

```
[LSRB] interface loopback 0
[LSRB-LoopBack0] ip address 10.10.1.2 32
[LSRB-LoopBack0] quit
[LSRB] interface gigabitethernet 1/0/0
[LSRB-GigabitEthernet1/0/0] ip address 10.1.1.2 24
[LSRB-GigabitEthernet1/0/0] quit
[LSRB] interface gigabitethernet 2/0/0
[LSRB-GigabitEthernet2/0/0] ip address 10.1.3.1 24
[LSRB-GigabitEthernet2/0/0] quit
[LSRB] isis 1
[LSRB-isis-1] network-entity 10.0000.0000.0002.00
[LSRB-isis-1] quit
[LSRB] interface gigabitethernet 1/0/0
[LSRB-GigabitEthernet1/0/0] isis enable 1
[LSRB-GigabitEthernet1/0/0] quit
[LSRB] interface gigabitethernet 2/0/0
[LSRB-GigabitEthernet2/0/0] isis enable 1
[LSRB-GigabitEthernet2/0/0] quit
[LSRB] interface loopback 0
[LSRB-LoopBack0] isis enable 1
[LSRB-LoopBack0] quit
```

#---LSRC 上的配置，具体如下。

```
<Huawei> system-view
[Huawei] sysname LSRC
[LSRC] interface loopback 0
[LSRC-LoopBack0] ip address 10.10.1.3 32
[LSRC-LoopBack0] quit
[LSRC] interface gigabitethernet 1/0/0
[LSRC-GigabitEthernet1/0/0] ip address 10.1.2.2 24
[LSRC-GigabitEthernet1/0/0] quit
[LSRC] interface gigabitethernet 2/0/0
[LSRC-GigabitEthernet2/0/0] ip address 10.1.3.2 24
[LSRC-GigabitEthernet2/0/0] quit
[LSRC] interface gigabitethernet 3/0/0
[LSRC-GigabitEthernet3/0/0] ip address 10.1.4.1 24
[LSRC-GigabitEthernet3/0/0] quit
[LSRC] isis 1
[LSRC-isis-1] network-entity 10.0000.0000.0003.00
[LSRC-isis-1] quit
[LSRC] interface gigabitethernet 1/0/0
[LSRC-GigabitEthernet1/0/0] isis enable 1
[LSRC-GigabitEthernet1/0/0] quit
[LSRC] interface gigabitethernet 2/0/0
[LSRC-GigabitEthernet2/0/0] isis enable 1
[LSRC-GigabitEthernet2/0/0] quit
[LSRC] interface gigabitethernet 3/0/0
[LSRC-GigabitEthernet3/0/0] isis enable 1
[LSRC-GigabitEthernet3/0/0] quit
[LSRC] interface loopback 0
[LSRC-LoopBack0] isis enable 1
[LSRC-LoopBack0] quit
```

#---LSRD 上的配置，具体如下。

```
<Huawei> system-view
[Huawei] sysname LSRD
[LSRD] interface loopback 0
[LSRD-LoopBack0] ip address 10.10.1.4 32
[LSRD-LoopBack0] quit
[LSRD] interface gigabitethernet 1/0/0
[LSRD-GigabitEthernet1/0/0] ip address 10.1.4.2 24
[LSRD-GigabitEthernet1/0/0] quit
[LSRD] isis 1
[LSRD-isis-1] network-entity 10.0000.0000.0004.00
[LSRD-isis-1] quit
[LSRD] interface gigabitethernet 1/0/0
[LSRD-GigabitEthernet1/0/0] isis enable 1
[LSRD-GigabitEthernet1/0/0] quit
[LSRD] interface loopback 0
[LSRD-LoopBack0] isis enable 1
[LSRD-LoopBack0] quit
```

以上配置完成后，通过 **display ip routing-table** 命令可以看到各节点间已相互学习到对方所连网段的路由。

② 在骨干网各节点上配置基本 MPLS 功能和本地 LDP 会话。

#---LSRA 上的配置，具体如下。

```
[LSRA] mpls lsr-id 10.10.1.1
[LSRA] mpls
[LSRA-mpls] quit
[LSRA] mpls ldp
[LSRA-mpls-ldp] quit
[LSRA] interface gigabitethernet 1/0/0
[LSRA-GigabitEthernet1/0/0] mpls
[LSRA-GigabitEthernet1/0/0] mpls ldp
[LSRA-GigabitEthernet1/0/0] quit
[LSRA] interface gigabitethernet 2/0/0
[LSRA-GigabitEthernet2/0/0] mpls
[LSRA-GigabitEthernet2/0/0] mpls ldp
[LSRA-GigabitEthernet2/0/0] quit
```

#---LSRB 上的配置，具体如下。

```
[LSRB] mpls lsr-id 10.10.1.2
[LSRB] mpls
[LSRB-mpls] quit
[LSRB] mpls ldp
[LSRB-mpls-ldp] quit
[LSRB] interface gigabitethernet 1/0/0
[LSRB-GigabitEthernet1/0/0] mpls
[LSRB-GigabitEthernet1/0/0] mpls ldp
[LSRB-GigabitEthernet1/0/0] quit
[LSRB] interface gigabitethernet 2/0/0
[LSRB-GigabitEthernet2/0/0] mpls
[LSRB-GigabitEthernet2/0/0] mpls ldp
[LSRB-GigabitEthernet2/0/0] quit
```

#---LSRC 上的配置，具体如下。

```
[LSRC] mpls lsr-id 10.10.1.3
[LSRC] mpls
[LSRC-mpls] quit
```

```
[LSRC] mpls ldp
[LSRC-mpls-ldp] quit
[LSRC] interface gigabitethernet 1/0/0
[LSRC-GigabitEthernet1/0/0] mpls
[LSRC-GigabitEthernet1/0/0] mpls ldp
[LSRC-GigabitEthernet1/0/0] quit
[LSRC] interface gigabitethernet 2/0/0
[LSRC-GigabitEthernet2/0/0] mpls
[LSRC-GigabitEthernet2/0/0] mpls ldp
[LSRC-GigabitEthernet2/0/0] quit
[LSRC] interface gigabitethernet 3/0/0
[LSRC-GigabitEthernet3/0/0] mpls
[LSRC-GigabitEthernet3/0/0] mpls ldp
[LSRC-GigabitEthernet3/0/0] quit
```

#---LSRD 上的配置，具体如下。

```
[LSRD] mpls lsr-id 10.10.1.4
[LSRD] mpls
[LSRD-mpls] quit
[LSRD] mpls ldp
[LSRD-mpls-ldp] quit
[LSRD] interface gigabitethernet 1/0/0
[LSRD-GigabitEthernet1/0/0] mpls
[LSRD-GigabitEthernet1/0/0] mpls ldp
[LSRD-GigabitEthernet1/0/0] quit
```

以上配置完成后，在 LSRA 上执行 **display mpls lsp** 命令，查看已经建立的 LSP，发现 LSRA 到达 LSRB、LSRC 和 LSRD 的 LDP LSP 均已建立好，如图 4-39 所示。

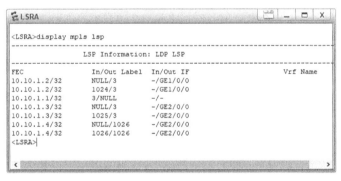

图 4-39　在 LSRA 上执行 **display mpls lsp** 命令的输出

【说明】缺省情况下，仅 32 位掩码的主机路由可以建立 LDP LSP，因此，骨干网中公网接口的直连路由是不会建立 LDP LSP 的，当然也可以通过 **lsp-trigger** { **all** | **host** | **ip-prefix** *ip-prefix-name* | **none** } 命令设置触发建立 LDP LSP 的路由策略，使非 32 位掩码的主机路由也可以建立 LDP LSP。

（3）配置结果验证

下面我们介绍并验证 Auto LDP FRR 的相关配置。

① 在备份 LDP LSP 的 Ingress LSRA 上使用 IS-IS Auto FRR。

```
[LSRA] isis
[LSRA-isis-1] frr    #---使能 IP FRR
[LSRA-isis-1-frr] loop-free-alternate    #---使能 IS-IS Auto FRR 利用 LFA 算法计算无环备份路由
```

[LSRA-isis-1-frr] **quit**
[LSRA-isis-1] **quit**

以上配置完成后，执行 **display ip routing-table** 10.1.4.0 **verbose** 命令查看 LSRA 到 LSRC 和 LSRD 之间直连链路 10.1.4.0/24 网段的路由信息，如图 4-40 所示。从显示信息中我们可以看到，使能了 IS-IS Auto FRR 利用 LFA 算法计算无环路备份路由，使从 LSRA 经 LSRB 到 LSRC 的备份路由也下发到 IP 路由表中。

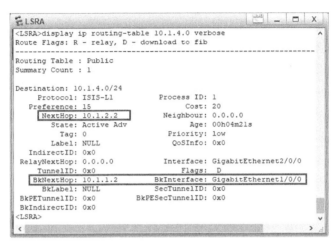

图 4-40　在 LSRA 上执行 **display ip routing-table** 10.1.4.0 **verbose** 命令的输出

当备份路由也下发到 IP 路由表后，我们就可以在这条备份路由路径上建立到达 LSRB 和 LSRC 的备份 LDP LSP。此时，再在 LSRA 上执行 **display mpls lsp** 命令就可以看到，缺省情况下，可以建立 LDP LSP 的 32 位主机路由，均触发建立备份 LDP LSP（显示 ****LDP FRR**** 的即为备份 LDP LSP），如图 4-41 所示。

```
 LSRA                                                    _ □ X
<LSRA>display mpls lsp
---------------------------------------------------------------
                 LSP Information: LDP LSP
---------------------------------------------------------------
FEC             In/Out Label   In/Out IF
10.10.1.2/32    NULL/3         -/GE1/0/0
   **LDP FRR**     /1024        /GE2/0/0
10.10.1.2/32    1024/3         -/GE1/0/0
   **LDP FRR**     /1024        /GE2/0/0
10.10.1.1/32    3/NULL         -/-
10.1.3.0/24     1025/3         -/GE2/0/0
10.1.4.0/24     1026/3         -/GE2/0/0
10.10.1.3/32    NULL/3         -/GE2/0/0
   **LDP FRR**     /1026        /GE1/0/0
10.10.1.3/32    1027/3         -/GE2/0/0
   **LDP FRR**     /1026        /GE1/0/0
10.10.1.4/32    NULL/1027      -/GE2/0/0
   **LDP FRR**     /1027        /GE1/0/0
10.10.1.4/32    1028/1027      -/GE2/0/0
   **LDP FRR**     /1027        /GE1/0/0
<LSRA>
```

图 4-41　配置了自动 LDP FRR 功能后，在 LSRA 上执行 **display mpls lsp** 命令的输出

② 在 LSRC 上关闭 GE1/0/0 接口，再在 LSRA 上执行 **display ip routing-table** 10.1.4.0 **verbose** 命令，会发现下一跳已改为原来的备份下一跳（LSRB 的 GE1/0/0 接口 IP 地址），执行 **display mpls lsp** 命令，发现到达 10.10.1.3/32 的 LSP 的下一跳也改为 LSRB 的 GE1/0/0 接口的 IP 地址，如图 4-42 所示。

图 4-42　关闭 LSRC 的 GE1/0/0 接口后，在 LSRA 上执行 **display ip routing-table** 10.1.4.0 **verbose** 和 **display mpls lsp** 命令的输出

恢复 LSRC 上的 GE1/0/0 接口故障，然后在 LSRC 上执行 **lsp-trigger all** 命令，改变 LSP 触发策略为所有路由均可触发 LDP 建立 LSP，在 LSRA 上执行 **display mpls lsp** 命令查看 LSP 的建立情况，如图 4-43 所示。从显示信息中我们可以看到，连接在 LSRC 上、不与 LSRA 直接连接的 24 位掩码的路由也触发建立了 LDP LSP，具体如下。

```
[LSRC] mpls
[LSRC-mpls] lsp-trigger all
[LSRC-mpls] quit
```

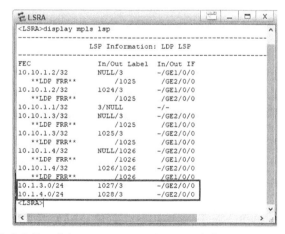

图 4-43　指定所有路由均可建立 LDP LSP 后，在 LSRA 上执行 **display mpls lsp** 命令的输出

③ 在 LSRA 上执行 **auto-frr lsp-trigger all** 命令，指定所有备份路由均可生成备份 LDP LSP。在 LSRA 节点上执行 **display mpls lsp** 命令，查看备份 LDP LSP 的建立情况，如图 4-44 所示。从图中我们可以看到 24 位掩码的备份路由也触发建立了 LDP LSP，具体如下。

```
[LSRA] mpls ldp
[LSRA-mpls-ldp] auto-frr lsp-trigger all
[LSRA-mpls-ldp] quit
```

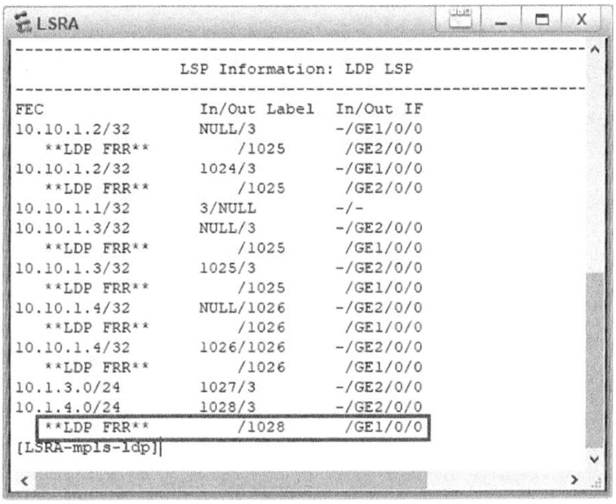

```
LSRA                                              _ □ X
------------------------------------------------------------
                 LSP Information: LDP LSP
------------------------------------------------------------
FEC               In/Out Label      In/Out IF
10.10.1.2/32      NULL/3            -/GE1/0/0
   **LDP FRR**        /1025         /GE2/0/0
10.10.1.2/32      1024/3            -/GE1/0/0
   **LDP FRR**        /1025         /GE2/0/0
10.10.1.1/32      3/NULL            -/-
10.10.1.3/32      NULL/3            -/GE2/0/0
   **LDP FRR**        /1025         /GE1/0/0
10.10.1.3/32      1025/3            -/GE2/0/0
   **LDP FRR**        /1025         /GE1/0/0
10.10.1.4/32      NULL/3            -/GE2/0/0
   **LDP FRR**        /1026         /GE1/0/0
10.10.1.4/32      1026/1026         -/GE2/0/0
   **LDP FRR**        /1026         /GE1/0/0
10.1.3.0/24       1027/3            -/GE2/0/0
10.1.4.0/24       1028/3            -/GE2/0/0
   **LDP FRR**        /1028         /GE1/0/0
[LSRA-mpls-ldp]
```

图 4-44　指定所有备份路由均可建立备份 LDP LSP 后，在 LSRA 上执行 **display mpls lsp** 命令的输出

通过以上验证，本示例前面的配置是正确且成功的，有关自动 LDP FRR 的配置均起到了相应作用。

4.4　LDP GR 的配置与管理

IP 网络中各种 IGP 都有 GR 功能，可以实现在路由协议重启或主/备倒换时转发不中断。LDP GR 利用 MPLS 转发平面与控制平面分离的特点，实现设备在协议重启或主/备倒换（将备份主控板倒换为主用主控板）时转发不中断，这也是由 IP 网络中的 GR 功能扩展而来的。

【说明】主/备倒换功能可以将备用主控板倒换为主用主控板，实现主用主控板和备份主控板之间的冗余备份。执行主/备倒换后，设备运行的主用主控板将重新启动，且启动后成为备份主控板；设备正在运行的备份主控板将成为主用主控板。

4.4.1　LDP GR 的工作原理

在 MPLS 网络中，设备在 MPLS 协议重启或主/备倒换时会删除转发平面上原有的标签转发表项，导致数据转发中断。LDP GR 可以解决此问题，它提高了网络的可靠性。因为 LDP GR 可在设备协议重启或主/备倒换时，利用控制平面和转发平面分离的特点，**保留原来的 MPLS 标签转发表项**，这样设备依然可以根据原来的标签转发表项转发报文，从而保证数据传输不会中断。同时，在协议重启或主/备倒换后，设备还可在邻居设备的协助下恢复到重启之前的状态。

LDP GR 是基于不间断转发（None Stop Forwarding，NSF）理念设计的一种高可靠性技术。在 GR 的过程中需要有 GR Restarter 和 GR Helper 两种角色的设备的参与。

① GR Restarter：具备 GR 功能，指由管理员手动触发或控制平面异常而重启协议的设备，即要进行 GR 的设备。

② GR Helper：具备 GR 功能，与重启的 GR Restarter 保持邻居关系，并协助其恢复重启前的转发状态。

【说明】仅 AR3260 设备支持作为 GR Restarter 和 GR Helper，其他设备只支持作为 GR Helper。使能或去使能 LDP GR 功能、修改 LDP GR 相关定时器的值都会导致 LDP 会话重建。

在整个 LDP GR 过程中涉及以下 3 个定时器，在 GR Restarter 和 GR Helper 设备上均可配置。

① 邻居存活（Neighbor-liveness）定时器：也称转发状态保持定时器（Forwarding State Holding Timer），标识了 LDP GR 过程持续的时间。

② 重连接定时器（Reconnect Timer）：GR Restarter 发生协议重启或主/备倒换后，GR Helper 检测到和 GR Restarter 的 LDP 会话失败，将启动重连接定时器，等待 LDP 会话的重新建立。

③ 恢复定时器（Recovery Timer）：LDP 会话重新建立后，GR Helper 启动恢复定时器，等待 LSP 的恢复。

LDP GR 相关的 3 个定时器说明见表 4-13。

表 4-13　LDP GR 相关的 3 个定时器说明

定时器	描述	使用建议
邻居存活定时器	GR Restarter 配置的邻居存活定时器的值就是转发状态的值。邻居存活定时器的值标识了 LDP GR 持续的时间。缺省为 600 秒	当网络中 LSP 的数量较少时，可以配置较小的邻居存活定时器的值，短时间内结束 GR
重连接定时器	GR Restarter 发生主/备倒换后，GR Helper 检测到和 GR Restarter 的 LDP 会话失败，将启动重连接定时器，等待 LDP 会话的重新建立。缺省为 300 秒。 GR Helper 实际生效的重连接定时器的值是 GR Helper 配置的邻居存活定时器的值和 GR Restarter 配置的重连接定时器的值中的较小值	在存在大量路由的网络中，当网络故障时，为了防止缺省 300 秒内无法恢复所有 LDP 会话，可以调大 LDP 会话重连接定时器的值
恢复定时器	LDP 会话重新建立后，GR Helper 启动恢复定时器，等待 LSP 的恢复。缺省为 300 秒。 GR Helper 实际生效的恢复定时器的值是 GR Helper 配置的恢复定时器的值和 GR Restarter 配置的恢复定时器的值中的较小值	在存在大量路由的网络中，当网络故障时，为了防止缺省 300 秒内无法恢复所有 LSP，可以调大 LSP 恢复定时器的值

LDP GR 的具体实现流程如图 4-45 所示，具体描述如下。

① GR Restarter 和 GR Helper 之间要建立 LDP 会话。在 LDP 会话建立过程中，两者要协商 GR 功能。双方在发送的 Initialization（初始化）消息中携带的容错（Fault

Tolerance，FT）标记位为 1（标识状态为 on），表示它们支持 LDP GR。

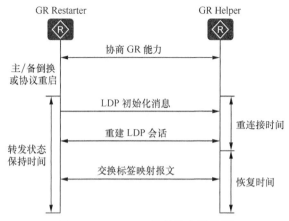

图 4-45　LDP GR 的具体实现流程

② 当 GR Restarter 主/备倒换或协议重启时，启动 MPLS 转发状态保持定时器（即邻居存活定时器），保留当前标签转发表项，并将标签转发表项置为 Stale（陈旧）状态，然后向 GR Helper 发送 LDP 初始化消息。GR Helper 发现与 GR Restarter 之间的 LDP 会话失败后，将保留与 GR Restarter 相关的 MPLS 标签转发表项，并将通过该 LDP 会话接收的 FEC 标签映射置为 Stale 状态，并启动重连接定时器。

③ GR Restarter 主/备倒换或协议重启后，重新建立与 GR Helper 的 LDP 会话。如果在 GR Helper 启动的重连接定时器超时前没有成功与 GR Restarter 建立 LDP 会话，则 GR Helper 删除 GR Restarter 相关、标记为 Stale 的 FEC 标签映射及对应的 MPLS 标签转发表项。

④ GR Restarter 和 GR Helper 之间重新建立 LDP 会话后，GR Helper 启动 LSP 恢复定时器。在恢复定时器超时前，GR Restarter 和 GR Helper 在新建立的 LDP 会话上交互标签映射消息。GR Helper 协助 GR Restarter 恢复转发表项，同时，GR Restarter 也会协助 GR Helper 恢复转发表项。

GR Restarter 接收到标签映射后，与本地标签转发表进行比较：如果标签转发表中存在与标签映射一致的表项，则删除该表项的 Stale 标记；否则，按照正常的 LDP 处理流程，添加新的标签转发表项。GR Helper 接收到标签映射后，也与本地保存的 FEC 标签映射进行比较：如果存在一致的标签映射，则删除该 FEC 标签映射的 Stale 标记；否则，按照正常的 LDP 处理流程，添加新的 FEC 标签映射及对应的标签转发表项。

⑤ 在恢复定时器超时后，GR Helper 会删除所有标记为 Stale 的 MPLS 转发表项。在 GR Restarter 上的转发状态保持定时器超时后，GR Restarter 删除标记为 Stale 的标签转发表项，结束 GR。

4.4.2　配置 LDP GR

GR Restarter 和 GR Helper 的 LDP GR 功能的配置方法是一样的，主要是使能 LDP GR

功能，另外可选配置为前文中介绍的 LDP GR 涉及的 3 个定时器参数（一般采用缺省配置即可），具体配置步骤见表 4-14。但 LDP GR 功能的实现要借助 IGP GR 功能，因此在配置 LDP GR 前，需要完成以下任务。

① 配置本地 LDP 会话。

② 配置 IGP GR 功能。

在 IGP GR 方面，以下仅介绍在 MPLS 骨干网中最常应用的 OSPF 和 IS-IS 协议的 GR 功能配置。OSPF GR 的配置步骤见表 4-15，IS-IS GR 的配置步骤见表 4-16。

表 4-14   LDP GR 的配置步骤

步骤	命令	说明
1	**system-view**	进入系统视图
2	**mpls ldp** 例如：[Huawei] **mpls ldp**	进入 MPLS LDP 视图
3	**graceful-restart** 例如：[Huawei-mpls-ldp] **graceful-restart**	使能 LDP GR 功能，需要在 **GR Restarter** 及其邻居 **GR Helper** 节点上分别使能。使能或禁止 GR 功能都会导致所有 LDP 实例的会话重建。 缺省情况下，LDP GR 功能未使能，可用 **undo graceful-restart** 命令去使能 LDP GR 功能
4	**graceful-restart timer reconnect** *time* 例如：[Huawei-mpls-ldp] **graceful-restart timer reconnect** 200	（可选）配置 LDP 会话重连接定时器的值，整数形式，取值范围是 3～3600，单位是秒。GR Restarter 发生主/备倒换后，GR Helper 检测到和 GR Restarter 的 LDP 会话失败，将启动重连接定时器，等待 LDP 会话的重新建立。 ① 如果重连接定时器超时，GR Helper 和 GR Restarter 之间的 LDP 会话还没有建立，则 GR Helper 立即删除与 GR Restarter 相关的 MPLS 转发表项，退出 GR Helper 流程。 ② 如果重连接定时器超时前，LDP 会话重新建立完成，则 GR Helper 删除该定时器，同时启动恢复定时器。 LDP GR 协商 LDP 会话重连接的时间时，会取本地配置的邻居存活时间的值和邻居发送的重连接定时器的值的较小值，作为本地实际生效的重连接定时器的值。 缺省情况下，LDP 会话重连接定时器的值为 300，可用 **undo graceful-restart timer reconnect** 命令恢复缺省设置
5	**graceful-restart timer recovery** *time* 例如：[Huawei-mpls-ldp] **graceful-restart timer recovery** 330	（可选）配置 LSP 恢复定时器的值，整数形式，取值范围是 3～3600，单位是秒。LDP 会话重新建立后，GR Helper 启动恢复定时器，等待 LSP 的恢复。 ① 如果恢复定时器超时，则 GR Helper 认为邻居 GR 结束，未恢复的 LSP 被删除。 ② 如果恢复定时器超时之前，所有 LSP 已经恢复，则也要等到该定时器超时后 GR Helper 才认为邻居 GR 结束。 在存在大量路由的网络中，网络发生故障时，为了防止缺省 300 秒内无法恢复所有 LSP，可以配置此命令，调大 LSP 恢复定时器的值。LDP GR 协商 LSP 恢复时间时，会取本地配置的 LSP 恢复定时器的值和邻居发送的 LSP 恢复定时器的值的较小值，作为本地实际生效的 LSP 恢复定时器的值。 缺省情况下，LSP 恢复定时器的值为 300，可用 **undo graceful-restart timer recovery** 命令恢复缺省配置

步骤	命令	说明
6	**graceful-restart timer neighbor-liveness** *time* 例如：[Huawei-mpls-ldp] **graceful-restart timer neighbor-liveness** 500	（可选）配置邻居存活定时器的值，整数形式，取值范围是 3~ 3600，单位是秒。 LDP GR 协商 LDP 会话重连接的时间时，会取 GR Helper 配置的邻居存活定时器的值和 GR Restarter 配置的 LDP 重连接定时器的值中的较小值。一般情况下，建议使用缺省配置。当网络中 LSP 的数量较少时，可以配置较小的邻居存活定时器的值，短时间内结束 GR。 缺省情况下，邻居存活定时器的值为 600，可用 **undo graceful-restart timer neighbor-liveness** 命令恢复缺省设置

表 4-15　OSPF GR 的配置步骤

步骤	命令	说明
1	**system-view**	进入系统视图
2	**ospf** [*process-id*] 例如：[Huawei] **ospf**	进入 OSPF 视图
3	**opaque-capability enable** 例如：[Huawei-ospf-1] **opaque-capability enable**	使能 Opaque LSA（不透明 LSA）特性，从而 OSPF 进程可以生成 Opaque LSA，并能从邻居设备接收 Opaque LSA。因为 OSPF 中通过 Type-9 类 LSA 对 OSPF GR 的支持，所以需要首先使能 OSPF 的 Opauqe LSA 特性。 缺省情况下，禁止 Opaque LSA 功能，可用 **undo opaque-capability** 命令禁止对 Opaque LSA 进行操作
4	**graceful-restart** 例如：[Huawei-ospf-1] **graceful-restart**	使能 OSPF GR 特性。使能 OSPF GR 功能重启后，Restarter 路由器和 Helper 路由器之间重新建立邻居关系，交换路由信息并同步数据库，更新路由表和转发表，从而实现 OSPF 快速收敛，保持流量不中断，维护网络拓扑稳定。 缺省情况下，关闭 OSPF GR 功能，可用 undo graceful-restart 命令关闭 OSPF GR 功能

表 4-16　IS-IS GR 的配置步骤

步骤	命令	说明
1	**system-view**	进入系统视图
2	**isis** [*process-id*] 例如：[Huawei] **isis**	进入 IS-IS 视图
3	**graceful-restart** 例如：[Huawei-isis-1] **graceful-restart**	使能 IS-IS 协议的 GR 功能。通过在设备运行本命令，可以使能 IS-IS 进程的平滑重启功能，该设备将其重启状态通知给邻居，允许邻居维持邻接关系而保持流量转发不中断。 缺省情况下，未使能 IS-IS 协议的 GR 功能，可用 **undo graceful-restart** 命令去使能 IS-IS 进程的 GR 功能
4	**graceful-restart no-impact-holdtime** 例如：[Huawei-isis-1] **graceful-restart no-impact-holdtime**	使 IS-IS 邻居的 Holdtime 不受 GR 影响，保持原来的数据。 在 IS-IS 网络中，如果一端配置了 GR，则邻居会自动刷新邻居保持时间（holdtime），**如果原 holdtime 值小于 60 则将其刷新为 60，否则保留原 holdtime 值，即刷新后邻居的 holdtime 值最小为 60**。因此，在非 GR 期间，链路一端发生了故障，则另一端至少需要 60 秒才能感知故障，在此期间，可能会造成大量的丢包，降低了网络的安全性和可靠性。基于这种情况，可以通过配置本命令解决该问题，在配置 IS-IS GR 后，仍然可以快速检测邻居状态，实现网络快速收敛

步骤	命令	说明
4	**graceful-restart no-impact-holdtime** 例如：[Huawei-isis-1] **graceful-restart no-impact-holdtime**	在缺省情况下，配置 IS-IS GR 后，邻居的 holdtime 值如果小于 60，则将其修改为 60，否则保持原 holdtime 值，可用 **undo graceful- restart no-impact-holdtime** 命令恢复缺省配置
5	**graceful-restart interval** *interval-value* 例如：[Huawei-isis-1] **graceful-restart interval 120**	（可选）配置 IS-IS GR 过程中 T3 定时器的时间，整数形式，取值范围是 30～1800，单位是秒。 IS-IS GR 根据重启类型的不同，可以分为 Restarting 和 Starting 两类。其中，**Restarting 指主/备倒换和重启 IS-IS 进程引起的 GR 过程，Starting 指 IS-IS 路由器重启引起的 GR 过程。** 在 Restarting 过程中，Restarter 设备进行协议重启后会同时启动 T1、T2 和 T3 定时器。T1 定时器用来控制 Restarter 设备收到 Helper 设备发送的确认 GR 的 LSP 报文的时间；T2 定时器是系统等待 LSDB 同步的最长时间；T3 定时器控制 GR 完成的时间。正常的 GR 过程中，当 Level-1 和 Level-2 都完成了 LSDB 同步后，取消 T3 定时器。如果 T3 定时器超时仍未完成 LSDB 同步，则 GR 失败。**通过本命令配置使 Restarter 设备的邻居将 T3 定时器的时间设置为邻居保持时间，避免 GR 期间邻居断连后造成整个网络路由的重新计算，T3 定时器超时而 LSDB 未完成同步，导致 GR 失败。** 缺省情况下，T3 定时器的时间为 300 秒，可用 **undo graceful-restart interval** 命令恢复 T3 定时器的缺省值。建议保持该缺省值
6	**graceful-restart suppress-sa** 例如：[Huawei-isis-1] **graceful-restart suppress-sa**	（可选）配置 GR Restarter 来抑制重启 TLV 的抑制发布（Suppress-Advertisement，SA）位。 第一次启动（不包括 GR 后）的路由器不会对转发状态进行维护。如果该路由器不是第一次启动，则它前一次运行时生成的 LSP 可能还存在于网络中其他路由器的 LSP 数据库中。但由于路由器启动时 LSP 分片的序列号也被重新初始化，网络中其他路由器保存的 LSP 拷贝可能会比该路由器启动后新产生的 LSP 看上去更"新"。这将导致网络中出现暂时的"黑洞"，并一直持续到该路由器重新生成自己的 LSP 且以最高序列号将它们发布出去。 缺省情况下，不对 SA 位进行抑制，可用 **undo graceful-restart suppress-sa** 命令恢复为缺省状态

配置好后，可执行 **display mpls graceful-restart** 命令查看 MPLS 相关的所有协议的 GR 信息。执行 **display mpls ldp event gr-helper** 命令查看 GR Helper 的相关信息。

4.4.3　LDP GR 配置示例

LDP GR 配置示例的拓扑结构如图 4-46 所示，它部署了 MPLS LDP 业务，节点 LSRA、LSRB 和 LSRC 都为单主控（正常工作时只有一个主控板处于工作状态）设备。在主/备倒换或系统升级过程中，邻居会因为会话进入 Down 状态而删除与本设备相关的 LDP LSP，导致业务、流量短时间中断。现要求在主/备倒换或系统升级过程中，邻居不会因为会话进入 Down 状态而删除 LDP LSP，以实现流量短时间不中断。

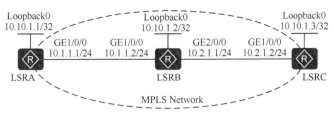

图 4-46　LDP GR 配置示例的拓扑结构

（1）基本配置思路分析

本示例希望 LSR 在主/备倒换或系统升级过程中，邻居不会因为会话进入 Down 状态而删除 LSP，以实现流量短时间不中断。这可以通过配置 LDP GR 来实现，但在配置 LDP GR 之前需要配置好骨干网各节点的 MPLS 基本功能和 LDP 本地会话，以及使能对应的 IGP GR 功能。据此可得出本示例的基本配置思路。

① 配置各设备接口的 IP 地址和 OSPF 路由，实现骨干网三层互通。

② 配置各设备的 MPLS 基本功能和 LDP 本地会话。

③ 使能各设备的 OSPF GR 功能。

④ 使能各设备的 LDP FRR 功能。

（2）具体配置步骤

① 配置各设备接口的 IP 地址和 OSPF 路由。

#---LSRA 上的配置，具体如下。

```
<Huawei> system-view
[Huawei] sysname LSRA
[LSRA] interface loopback 0
[LSRA-LoopBack0] ip address 10.10.1.1 32
[LSRA-LoopBack0] quit
[LSRA] interface gigabitethernet 1/0/0
[LSRA-GigabitEthernet1/0/0] ip address 10.1.1.1 24
[LSRA-GigabitEthernet1/0/0] quit
[LSRA] ospf 1
[LSRA-ospf-1] area 0
[LSRA-ospf-1-area-0.0.0.0] network 10.10.1.1 0.0.0.0
[LSRA-ospf-1-area-0.0.0.0] network 10.1.1.0 0.0.0.255
[LSRA-ospf-1-area-0.0.0.0] quit
[LSRA-ospf-1] quit
```

#---LSRB 上的配置，具体如下。

```
<Huawei> system-view
[Huawei] sysname LSRB
[LSRB] interface loopback 0
[LSRB-LoopBack0] ip address 10.10.1.2 32
[LSRB-LoopBack0] quit
[LSRB] interface gigabitethernet 1/0/0
[LSRB-GigabitEthernet1/0/0] ip address 10.1.1.2 24
[LSRB-GigabitEthernet1/0/0] quit
[LSRB] interface gigabitethernet 2/0/0
[LSRB-GigabitEthernet2/0/0] ip address 10.2.1.1 24
[LSRB-GigabitEthernet2/0/0] quit
[LSRB] ospf 1
```

```
[LSRB-ospf-1] area 0
[LSRB-ospf-1-area-0.0.0.0] network 10.10.1.2 0.0.0.0
[LSRB-ospf-1-area-0.0.0.0] network 10.1.1.0 0.0.0.255
[LSRB-ospf-1-area-0.0.0.0] network 10.2.1.0 0.0.0.255
[LSRB-ospf-1-area-0.0.0.0] quit
[LSRB-ospf-1] quit
```

#---LSRC 上的配置，具体如下。

```
<Huawei> system-view
[Huawei] sysname LSRC
[LSRC] interface loopback 0
[LSRC-LoopBack0] ip address 10.10.1.3 32
[LSRC-LoopBack0] quit
[LSRC] interface gigabitethernet 1/0/0
[LSRC-GigabitEthernet1/0/0] ip address 10.2.1.2 24
[LSRC-GigabitEthernet1/0/0] quit
[LSRC] ospf 1
[LSRC-ospf-1] area 0
[LSRC-ospf-1-area-0.0.0.0] network 10.10.1.3 0.0.0.0
[LSRC-ospf-1-area-0.0.0.0] network 10.2.1.0 0.0.0.255
[LSRC-ospf-1-area-0.0.0.0] quit
[LSRC-ospf-1] quit
```

以上配置完成后，在各节点上执行 **display ip routing-table** 命令，可以看到各节点之间都学到了彼此的路由。

② 配置各设备的 MPLS 基本功能和 LDP 本地会话。

#---LSRA 上的配置，具体如下。

```
[LSRA] mpls lsr-id 10.10.1.1
[LSRA] mpls
[LSRA-mpls] quit
[LSRA] mpls ldp
[LSRA-mpls-ldp] quit
[LSRA] interface gigabitethernet 1/0/0
[LSRA-GigabitEthernet1/0/0] mpls
[LSRA-GigabitEthernet1/0/0] mpls ldp
[LSRA-GigabitEthernet1/0/0] quit
```

#---LSRB 上的配置，具体如下。

```
[LSRB] mpls lsr-id 10.10.1.2
[LSRB] mpls
[LSRB-mpls] quit
[LSRB] mpls ldp
[LSRB-mpls-ldp] quit
[LSRB] interface gigabitethernet 1/0/0
[LSRB-GigabitEthernet1/0/0] mpls
[LSRB-GigabitEthernet1/0/0] mpls ldp
[LSRB-GigabitEthernet1/0/0] quit
[LSRB] interface gigabitethernet 2/0/0
[LSRB-GigabitEthernet2/0/0] mpls
[LSRB-GigabitEthernet2/0/0] mpls ldp
[LSRB-GigabitEthernet2/0/0] quit
```

#---LSRC 上的配置，具体如下。

```
[LSRC] mpls lsr-id 10.10.1.3
[LSRC] mpls
[LSRC-mpls] quit
```

```
[LSRC] mpls ldp
[LSRC-mpls-ldp] quit
[LSRC] interface gigabitethernet 1/0/0
[LSRC-GigabitEthernet1/0/0] mpls
[LSRC-GigabitEthernet1/0/0] mpls ldp
[LSRC-GigabitEthernet1/0/0] quit
```

③ 使能各设备的 OSPF GR 功能。

#---LSRA 上的配置，具体如下。

```
[LSRA]ospf
[LSRA-ospf-1] opaque-capability enable　#---使能 opaque-LSA 特性，从而 OSPF 进程可以生成 Opaque LSA，并能从
邻居设备接收 Opaque LSA
[LSRA-ospf-1] graceful-restart　#---使能 OSPF GR 特性
[LSRA-ospf-1] quit
```

#---LSRB 上的配置，具体如下。

```
[LSRB]ospf
[LSRB-ospf-1] opaque-capability enable
[LSRB-ospf-1] graceful-restart
[LSRB-ospf-1] quit
```

#---LSRC 上的配置，具体如下。

```
[LSRC]ospf
[LSRC-ospf-1] opaque-capability enable
[LSRC-ospf-1] graceful-restart
[LSRC-ospf-1] quit
```

④ 使能各设备的 LDP GR 功能。各定时器均采用缺省值。

#---LSRA 上的配置，具体如下。

```
[LSRA] mpls ldp
[LSRA-mpls-ldp] graceful-restart
Warning: All the related sessions will be deleted if the operation is performed
!Continue? (y/n)y
[LSRA-mpls-ldp] quit
```

#---LSRB 上的配置，具体如下。

```
[LSRB] mpls ldp
[LSRB-mpls-ldp] graceful-restart　#---使能 LDP GR 特性
Warning: All the related sessions will be deleted if the operation is performed
!Continue? (y/n)y
[LSRB-mpls-ldp] quit
```

#---LSRC 上的配置，具体如下。

```
[LSRC] mpls ldp
[LSRC-mpls-ldp] graceful-restart
Warning: All the related sessions will be deleted if the operation is performed
!Continue? (y/n)y
[LSRC-mpls-ldp] quit
```

（3）配置结果验证

以上配置完成后，可进行配置结果验证。

① 在各 LSR 上执行 **display mpls ldp session verbose** 命令，可以看到在每个 LDP 会话的 **Session FT Flag** 字段显示的是 **On**，表示设备支持 LDP GR。在 LSRA 上执行 **display mpls ldp session verbose** 命令的输出如图 4-47 所示。

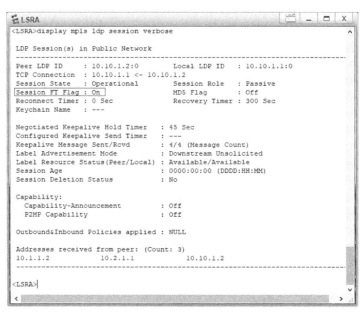

图 4-47　在 LSRA 上执行 **display mpls ldp session verbose** 命令的输出

② 在各 LSR 上执行 **display mpls ldp peer verbose** 命令，可以看到在每个 LDP 对等体信息中的 **Peer FT Flag** 字段显示的是 **On**，表示设备支持 LDP GR。在 LSRA 上执行 **display mpls ldp peer verbose** 命令的输出如图 4-48 所示。

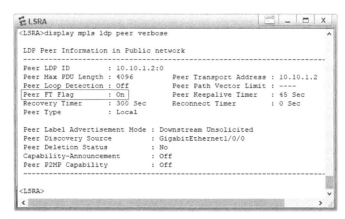

图 4-48　在 LSRA 上执行 **display mpls ldp peer verbose** 命令的输出

4.5　LDP 安全机制的配置与管理

为了提高邻居间建立 LDP 会话的安全性，防止非法设备接入骨干网，防止非法 LDP 报文攻击，MPLS 提供了 LDP MD5 认证、LDP Keychain 认证和 LDP GTSM 3 种保护机制。

LDP Keychain 认证是比 LDP MD5 认证更安全的加密认证，对于同一邻居，只能选择其中一个加密认证。LDP GTSM 用来防止设备受到非法 LDP 报文的攻击，可以与前面两种 LDP 邻居认证配合使用。

4.5.1　LDP 安全机制简介

（1）LDP MD5 认证

MD5 是 RFC1321 定义的国际标准摘要密码算法，其典型应用是针对一段信息计算出对应的信息摘要，从而防止信息被篡改。

MD5 信息摘要是通过不可逆的字符串变换算法产生的，结果唯一。因此，无论信息内容在传输过程中发生任何形式的改变，只要重新计算就会产生不同的信息摘要，接收端就可以由此判定收到的是一个不正确的报文。

LDP MD5 应用其对同一信息段产生唯一摘要信息的特点来实现 LDP 报文防篡改校验，比一般意义上 TCP 校验和更为严格。它在 LDP 报文传输中的实现过程如下。

① LDP 会话消息在经 TCP 发出前，会在 TCP 头后面填充一个经 MD5 算法计算后的信息摘要。这个信息摘要就是把 TCP 头部、LDP 会话消息以及用户设置的密码一起作为原始信息，通过 MD5 算法计算出来。

② 接收端收到这个 TCP 报文后，会先取得报文的 TCP 头部、信息摘要、LDP 会话消息，并结合 TCP 头部、LDP 会话消息以及本地保存的密码，再利用 MD5 计算出信息摘要，然后与报文携带的信息摘要进行比较，从而检验报文是否被篡改过。

在用户设置密码时有明文和密文两种形式选择，这里的明文、密文是对用户设置的密码在配置文件中的记录形式。明文就是直接在配置文件中记录用户设置的字符串，密文就是在配置文件中记录经过特殊算法加密后的字符串。用户选择的密码记录形态无论是明文形式还是密文形式，**参与摘要计算时都是直接使用用户输入的字符串**，即加密算法计算出的密码不会参与 MD5 摘要计算。这样一来，即使各厂商所采用的明文、密文的转化算法不兼容，也能进行唯一的 MD5 运算，使各厂商的明文、密文转换算法在 MD5 消息摘要计算中相互透明。

（2）LDP Keychain 认证

Keychain 是一种增强型加密算法，类似于 MD5，Keychain 也是针对同一段信息计算出对应的信息摘要，实现 LDP 报文防篡改校验。

Keychain 允许用户定义一组密码，形成一个密码串，并且分别为每个密码指定加解密算法（包括 MD5、SHA-1 等）及密码使用的有效时间。在收发报文时，系统会按照用户的配置选出一个当前有效的密码，并按照与此密码相匹配的加/解密算法以及密码的有效时间，进行发送时加密和接收时解密报文。也就是在不同时间，所使用的密码是不同的，所使用的加/解密算法也可能不同，这样比固定使用相同的密码、相同的加/解密算法具有更高的安全性。此外，系统可以依据密码使用的有效时间，自动完成有效密码的切换，避免了长时间不更改密码导致的密码易破解问题。

Keychain 的密码、所使用的加/解密算法，以及密码使用的有效时间可以单独配置，形成一个 Keychain 配置节点，每个 Keychain 配置节点至少配置一个密码，并指定加解密算法。

（3）LDP GTSM

通用 TTL 安全保护机制（Generalized TTL Security Mechanism，GTSM）是一种通过检查 IP 报头中的 TTL 字段值是否在一个预先定义好的范围内来实现对 IP 业务进行保护的机制。使用 GTSM 有以下两个前提。

① 设备之间正常报文的 TTL 字段值是确定的。

② 报文的 TTL 字段值很难被修改，否则无法根据 TTL 字段值进行保护。

LDP GTSM 是 GTSM 在 LDP 方面的具体应用。GTSM 通过判定报文的 TTL 字段值，确定报文是否有效，从而保护设备免受攻击。LDP GTSM 可对相邻或相近（基于只要跳数确定的原则）设备间的 LDP 消息报文应用此种机制。用户预先在各设备上设定好针对其他设备报文的有效范围，使能 GTSM，这样当相应设备之间应用 LDP 时，如果 LDP 消息报文的 TTL 不符合之前设置的范围要求，设备就认为此报文为非法攻击报文予以丢弃，进而实现对上层协议的保护。

4.5.2　配置 LDP MD5 认证

为了提高 LDP 会话连接的安全性，可以对 LDP 使用的 TCP 连接配置 MD5 认证。LDP 会话的两个对等体可以配置不同的加密方式，但是密码必须相同。

MD5 算法配置简单，具体见表 4-17。配置后将生成单一密码，需要人为干预才可以切换密码，适用于需要短时间加密的网络。

【注意】对于同一邻居，在配置 Keychain 认证后，不能再配置 MD5 认证；同样，在配置 MD5 认证后，不能再配置 Keychain 认证。但 Keychain 认证比 MD5 认证方式更安全。另外，配置 LDP MD5 认证可能会导致 LDP 会话重建，与原来会话相关的 LSP 将被删除，造成 MPLS 业务中断。

表 4-17　LDP MD5 认证的配置步骤

步骤	命令	说明
1	**system-view**	进入系统视图
2	**mpls ldp** 例如：[Huawei] **mpls ldp**	进入 MPLS LDP 视图
3	**md5-password** { **plain** | **cipher** } *peer-lsr-id password* 例如：[Huawei-mpls-ldp] **md5-password cipher** 2.2.2.2 Huawei-123	使能 MD5 认证，并配置认证密码。 ① **Plain**：二选一选项，以明文形式显示配置的密码。此时，密码将以明文形式保存在配置文件中，以低级别登录的用户可以通过查看配置方式获取密码，这样会造成安全隐患。 ② **cipher**：二选一选项，以密文形式显示配置的密码。建议使用 **cipher** 选项，将密码加密保存。 ③ *peer-lsr-id*：对等体的 LSR ID，用于标识要采用与指定对等体采用 MD5 认证方式。 ④ *password*：密码字符串，不支持空格。如果采用明文形式，只能输入密码长度范围是 1～255 的字符串。如果采用密文形式，只能输入密码长度范围是 20～392 的字符串。当输入的字符串两端使用双引号时，可在字符串中输入空格。 改变对等体密码后，LDP 会重新创建会话，与原来会话相关的 LSP 将被删除。 缺省情况下，LDP 对等体之间不进行 MD5 认证，**undo md5-password** [**plain** | **cipher**] *peer-lsr-id* 取消与指定对等体采用 MD5 认证方式

4.5.3　LDP MD5 认证的配置示例

LDP MD5 认证配置示例的拓扑结构如图 4-49 所示，它部署了 MPLS LDP 业务，并通过 OSPF 实现了网络互通。出于安全考虑，现要求在各节点间采用 LDP MD5 认证方式建立 LDP 对等体关系。

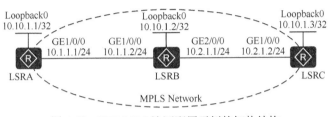

图 4-49　LDP MD5 认证配置示例的拓扑结构

（1）基本配置思路分析

本实验通过配置 LDP MD5 认证即可实现此需求。但在配置 LDP MD5 之前需要配置好骨干网各节点的 MPLS 基本功能和 LDP 本地会话，以及通过 OSPF 实现网络层互通。据此可得出本示例的基本配置思路。

① 配置各设备接口的 IP 地址和 OSPF 路由，实现骨干网三层互通。

② 配置各设备的 MPLS 基本功能和 LDP 本地会话。

③ 在 LSRA、LSRB 和 LSRC 上配置 LDP MD5 认证，假设 LSRA 与 LSRB 之间采用明文密码 "1234567"，LSRB 与 LSRC 之间采用密文密码 "7654321"。

（2）具体配置步骤

① 配置各设备接口的 IP 地址和 OSPF 路由。

#---LSRA 上的配置，具体如下。

```
<Huawei> system-view
[Huawei] sysname LSRA
[LSRA] interface loopback 0
[LSRA-LoopBack0] ip address 10.10.1.1 32
[LSRA-LoopBack0] quit
[LSRA] interface gigabitethernet 1/0/0
[LSRA-GigabitEthernet1/0/0] ip address 10.1.1.1 24
[LSRA-GigabitEthernet1/0/0] quit
[LSRA] ospf 1
[LSRA-ospf-1] area 0
[LSRA-ospf-1-area-0.0.0.0] network 10.10.1.1 0.0.0.0
[LSRA-ospf-1-area-0.0.0.0] network 10.1.1.0 0.0.0.255
[LSRA-ospf-1-area-0.0.0.0] quit
[LSRA-ospf-1] quit
```

#---LSRB 上的配置，具体如下。

```
<Huawei> system-view
[Huawei] sysname LSRB
[LSRB] interface loopback 0
[LSRB-LoopBack0] ip address 10.10.1.2 32
[LSRB-LoopBack0] quit
[LSRB] interface gigabitethernet 1/0/0
[LSRB-GigabitEthernet1/0/0] ip address 10.1.1.2 24
```

```
[LSRB-GigabitEthernet1/0/0] quit
[LSRB] interface gigabitethernet 2/0/0
[LSRB-GigabitEthernet2/0/0] ip address 10.2.1.2 24
[LSRB-GigabitEthernet2/0/0] quit
[LSRB] ospf 1
[LSRB-ospf-1] area 0
[LSRB-ospf-1-area-0.0.0.0] network 10.10.1.2 0.0.0.0
[LSRB-ospf-1-area-0.0.0.0] network 10.1.1.0 0.0.0.255
[LSRB-ospf-1-area-0.0.0.0] network 10.2.1.0 0.0.0.255
[LSRB-ospf-1-area-0.0.0.0] quit
[LSRB-ospf-1] quit
```

#---LSRC 上的配置，具体如下。

```
<Huawei> system-view
[Huawei] sysname LSRC
[LSRC] interface loopback 0
[LSRC-LoopBack0] ip address 10.10.1.3 32
[LSRC-LoopBack0] quit
[LSRC] interface gigabitethernet 1/0/0
[LSRC-GigabitEthernet1/0/0] ip address 10.2.1.2 24
[LSRC-GigabitEthernet1/0/0] quit
[LSRC] ospf 1
[LSRC-ospf-1] area 0
[LSRC-ospf-1-area-0.0.0.0] network 10.10.1.3 0.0.0.0
[LSRC-ospf-1-area-0.0.0.0] network 10.2.1.0 0.0.0.255
[LSRC-ospf-1-area-0.0.0.0] quit
[LSRC-ospf-1] quit
```

在各节点上执行 **display ospf routing** 命令，各节点之间都学到了彼此的路由。

② 配置各设备的 MPLS 基本功能和 LDP 本地会话。

#---LSRA 上的配置，具体如下。

```
[LSRA] mpls lsr-id 10.10.1.1
[LSRA] mpls
[LSRA-mpls] quit
[LSRA] mpls ldp
[LSRA-mpls-ldp] quit
[LSRA] interface gigabitethernet 1/0/0
[LSRA-GigabitEthernet1/0/0] mpls
[LSRA-GigabitEthernet1/0/0] mpls ldp
[LSRA-GigabitEthernet1/0/0] quit
```

#---LSRB 上的配置，具体如下。

```
[LSRB] mpls lsr-id 10.10.1.2
[LSRB] mpls
[LSRB-mpls] quit
[LSRB] mpls ldp
[LSRB-mpls-ldp] quit
[LSRB] interface gigabitethernet 1/0/0
[LSRB-GigabitEthernet1/0/0] mpls
[LSRB-GigabitEthernet1/0/0] mpls ldp
[LSRB-GigabitEthernet1/0/0] quit
[LSRB] interface gigabitethernet 2/0/0
[LSRB-GigabitEthernet2/0/0] mpls
[LSRB-GigabitEthernet2/0/0] mpls ldp
[LSRB-GigabitEthernet2/0/0] quit
```

#---LSRC 上的配置，具体如下。

```
[LSRC] mpls lsr-id 10.10.1.3
[LSRC] mpls
[LSRC-mpls] quit
[LSRC] mpls ldp
[LSRC-mpls-ldp] quit
[LSRC] interface gigabitethernet 1/0/0
[LSRC-GigabitEthernet1/0/0] mpls
[LSRC-GigabitEthernet1/0/0] mpls ldp
[LSRC-GigabitEthernet1/0/0] quit
```

（3）配置结果验证

以上基础配置完成后，可进行在配置 LDP MD5 认证前后的不同结果验证。

① 在各节点上执行 **display mpls lsp** 命令，可以看到初始状态下各对等体之间成功建立 LDP 对等体关系。图 4-50 是在 LSRB 上执行该命令的输出，从图中我们可以看出 LSRB 与 LSRA 和 LSRC 均成功建立 LDP 对等体关系。

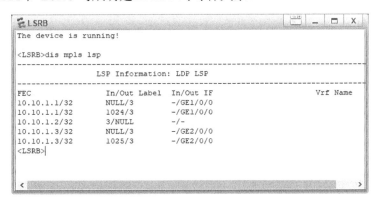

图 4-50　初始状态下在 LSRB 上执行 **display mpls lsp** 命令的输出

② 在 LSRA 与 LSRB 之间配置明文 MD5 认证，密码为 "1234567"，但当只在一端配置时，会显示原来已建立的 LDP 对等体会话被删除，此时在 LSRA 或 LSRB 上执行 **display mpls lsp** 命令，会发现原来在它们之间建立的 LSP 没有了，代码如下。仅在 LSRA 上配置了 LDP MD5 认证时，显示的日志消息和查看 LSP 的结果如图 4-51 所示。

```
[LSRA] mpls ldp
[LSRA-mpls-ldp] md5-password plain 10.10.1.2 1234567
[LSRA-mpls-ldp] quit
```

图 4-51　仅在 LSRA 上配置了 LDP MD5 认证时，显示的日志消息和查看 LSP 的结果

在 LSRB 上配置以下 LDP MD5 认证。

```
[LSRB] mpls ldp
[LSRB-mpls-ldp] md5-password plain 10.10.1.1 1234567
[LSRB-mpls-ldp] quit
```

此时再在 LSRA 和 LSRB 上执行 **display mpls lsp** 命令，会发现原来被删除的它们之间的 LSP 又重新建立起来了。

③ 在 LSRB 与 LSRC 之间配置密文 MD5 认证，密码为"7654321"，但当只在一端配置时，会显示原来已建立的 LDP 对等体会话被删除。此时 LSRB 或 LSRC 上执行 **display mpls lsp** 命令，会发现原来在它们之间建立的 LSP 没有了，代码如下。仅在 LSRB 上配置了 LDP MD5 认证时，显示与 LSRC 建立的 LDP 会被删除，日志消息如图 4-52 所示。两端均配置好后，原来删除的 LSP 又重新建立起来。

[LSRB] **mpls ldp**
[LSRB-mpls-ldp] **md5-password cipher** 10.10.1.3 7654321
[LSRB-mpls-ldp] **quit**
[LSRC] **mpls ldp**
[LSRC-mpls-ldp] **md5-password cipher** 10.10.1.2 7654321
[LSRC-mpls-ldp] **quit**

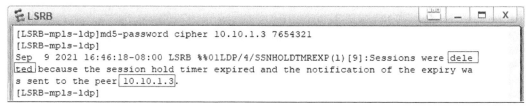

图 4-52　仅在 LSRB 上配置了 LDP MD5 认证时，显示与 LSRC 建立的 LDP 会被删除日志消息

通过以上验证，LDP MD5 认证需要在 LDP 对等体两端配置相同的认证方式和密码。

4.5.4　配置 LDP Keychain 认证

为了提高 LDP 会话连接的安全性，可以对 LDP 使用的 TCP 连接配置 Keychain（密钥链）认证。Keychain 具有一组密码，可以根据配置在不同时间自动切换使用不同的密码，使认证的安全性得到极大提高。这种认证的配置过程较为复杂，适用于对安全性能要求比较高的网络。配置 LDP Keychain 认证可能会导致 LDP 会话重建，与原来会话相关的 LSP 将被删除，MPLS 业务将会中断。

LDP Keychain 认证需要先配置好 LDP Keychain 认证所调用的密钥链。配置 Keychain 时，key 代表 Keychain 认证规则，每一个 key 包括认证算法、认证加密的密钥、活跃的发送时间、活跃的接收时间。一个 Keychain 中最多可以有 64 个 key。

【说明】同一个 Keychain 中各个 key ID 必须唯一。不同的 Keychain 中 key ID 可以相同。同一个 Keychain 中不能有多个发送 key 同时生效，否则应用程序无法选择应用哪个发送 key 进行加密。但同一个 Keychain 中可以有多个接收 key 同时生效，接收端会根据接收到的 key ID，选择 ID 相同的活跃的接收 key 进行解密，因此发送端与接收端必须配置 ID 和密钥均相同的 Key。

如果发送端的 key 发生变更，那么接收端的 key 也需要变更。由于网络上时钟可能不同步，在接收端和发送端变更 key 时，有可能存在时间延迟。在延迟的时间范围内会造成数据丢失。为了实现两端 key 变更时不丢包，可以配置接收容忍时间。接收容忍时间只对接收端的 key 有效。接收容忍时间将导致接收的起始和终止时间延长。

如果在某个时间段管理员没有配置 key，此时将没有活跃的发送 key。在该时间段，应用程序将没有认证的交互。为了避免这种情况发生，可以配置缺省发送 key。任何存在的 key 都可以被指定为缺省发送 key，在一个 Keychain 中只能有一个缺省发送 key。在没有其他活跃的发送 key 时，应用程序将使用缺省发送 key 作为活跃的发送 key。

Keychain 的配置步骤见表 4-18，LDP Keychain 认证的配置步骤见表 4-19。

表 4-18　Keychain 的配置步骤

步骤	命令	说明
1	**system-view**	进入系统视图
2	**keychain** *keychain-name* **mode** { **absolute** | **periodic** { **daily** | **weekly** | **monthly** | **yearly** } } 例如：[Huawei] **keychain huawei mode absolute**	创建 Keychain 并进入 Keychain 视图。 ① *keychain-name*：指定 Keychain 的名称，字符串形式，长度范围是 1~47，不区分大小写。字符不包括问号和空格，但是当输入的字符串两端使用双引号时，可在字符串中输入空格。LDP 通过 Keychain 名称调用 Keychain。 ② **mode**：指定 Keychain 生效的时间模。 ③ **absolute**：二选一选项，指定 Keychain 以绝对时间生效，不以周期形式生效。此时，Keychain 仅在一个时间段内一次性生效，超出该时间段 Keychain 永远不再生效。 ④ **periodic**：二选一选项，指定 Keychain 以周期形式生效。此时，Keychain 仅在一个时间段内周期性生效，超出该时间段后，下一个周期的该时间段继续生效。 ⑤ **daily**：多选一选项，指定 Keychain 以日为周期生效。 ⑥ **weekly**：多选一选项，指定 Keychain 以星期为周期生效。 ⑦ **monthly**：多选一选项，指定 Keychain 以月为周期生效。 ⑧ **yearly**：多选一选项，指定 Keychain 以年为周期生效。 【说明】每个 Keychain 中由多个 key 组成，每个 key 需要对应配置一个认证算法，不同的 key 在不同时间段活跃，从而实现 Keychain 认证算法的动态切换。配置 key 的发送和接收时间时，需要和 Keychain 的时间模式一致。 缺省情况下，没有配置 Keychain，可用 **undo keychain** *keychain-name* 命令删除 Keychain 配置
3	**key-id** *key-id* 例如： [Huawei-keychain-huawei] **key-id** 1	创建 key-id，并进入 key-id 视图。参数 *key-id* 为 key-id 的值，用来唯一标识 Keychain 中的 Key，整数形式，取值范围是 0~63。 缺省情况下，没有配置 key-id，可用 **undo key-id** *key-id* 命令删除指定的 key-id
4	**algorithm** { **hmac-md5** | **hmac-sha-256** | **hmac-sha1-12** | **hmac-sha1-20** | **md5** | **sha-1** | **sha-256** | **simple** } 例如： [Huawei-keychain-huawei-keyid-1] **algorithm sha-256**	配置 key 采用的认证加密算法。 ① **hmac-md5**：多选一选项，指定采用 HMAC-MD5 认证算法对报文进行加密和认证，产生 128bit 的信息摘要，安全性较低 ② **hmac-sha-256**：多选一选项，指定采用 HMAC-SHA-256 认证算法对报文进行认证，产生 128bit 的信息摘要。 ③ **hmac-sha1-12**：多选一选项，指定采用 HMAC-SHA1-12 认证算法对报文进行加密和认证，产生 160bit 的摘要信息。 ④ **hmac-sha1-20**：多选一选项，指定采用 HMAC-SHA1-20 认证算法对报文进行加密和认证，产生 160bit 的摘要信息。

步骤	命令	说明
4	algorithm { hmac-md5 | hmac-sha-256 | hmac-sha1-12 | hmac-sha1-20 | md5 | sha-1 | sha-256 | simple } 例如： [Huawei-keychain-huawei-keyid-1] algorithm sha-256	⑤ md5：多选一选项，指定采用 MD5 认证算法对报文进行加密和认证，产生 128bit 的消息摘要，安全性较低。 ⑥ sha-1：多选一选项，指定采用 SHA-1 认证算法对报文进行加密和认证，产生 160bit 的消息摘要，安全性较低。 ⑦ sha-256：多选一选项，指定采用 SHA-256 认证算法对报文进行认证。 ⑧ simple：多选一选项，指定采用配置的密钥对报文进行认证，不安全，不建议采用。 【注意】发送 key 的认证加密算法必须和接收 key 的认证加密算法一致，否则将导致应用协议因认证不通过而断开连接。不配置认证算法，key 将处于非活跃状态。 缺省情况下，没有配置认证算法，可用 undo algorithm 命令来删除 key 的认证算法
5	key-string { plain plain-text | [cipher] cipher-text } 例如：[Huawei-keychain-huawei-keyid-1] key-string cipher Huawei@1234	配置 key 的认证加密的密钥。 ① plain plain-text：二选一参数，指定明文密钥，字符串形式，区分大小写，可以是字母或数字，长度范围是 1～255 字节。当密码包含空格时，密码需要加双引号，并且只能有一个双引号。以明文方式输入，以明文方式显示。 ② cipher：可选项，指定采用密文口令类型。需要用户保存好明文形式的密钥，方便遗忘时找回密钥。 ③ cipher-text：二选一参数，指定密文密钥，字符串形式，区分大小写，可以是字母或数字。可以支持以明文或密文形式输入，以密文形式显示。可以输入 1～255 的明文字符串，也可以输入 20～392 的密文字符串。当密码包含空格时，密码需要加双引号，并且只能有一个双引号。 缺省情况下，没有配置认证的密钥，可用 undo key-string 命令删除 Keychain 认证的密钥
	以下根据步骤 2 中选择的不同时间模式配置发送时间	
6	send-time start-time start-date { duration { duration-value | infinite } | to end-time end-date } 例如： [Huawei-keychain-huawei-keyid-1] send-time 14:52 2017-10-1 to 14:52 2040-10-1	（多选一）当选择 absolute 时间模式时，配置 key 发送报文生效的时间段。 ① start-time：指定发送的开始时间，HH:MM 方式，取值范围是 00:00～23:59。 ② duration-value：二选一参数，指定发送报文的持续时间，取值范围是 1～26280000，单位为分钟。 ③ infinite：二选一选项，指定 Keychain 发送报文从配置的开始时间起永久活跃。 ④ to end-time end-date：二选一参数，指定发送的结束时间，HH:MM 方式，取值范围是 00:00～23:59。结束时间必须大于开始时间。 缺省情况下，没有配置 key 的发送时间段，可用 undo send-time 命令删除 key 的发送报文生效时间段
	send-time daily start-time to end-time 例如： [Huawei-keychain-huawei-keyid-1] send-time daily 14:52 to 18:10	（多选一）当选择 periodic daily 时间模式时，配置 key 发送报文生效的时间段。参数说明参见 absolute 时间模式对应的参数说明 缺省情况下，有配置 key 的发送时间段，可用 undo send-time 命令删除 key 的发送报文生效时间段

步骤	命令	说明
6	**send-time day** { *start-day-name* **to** *end-day-name* | *day-name* &*<1-7>* } 例如： [Huawei-keychain-huawei-keyid-1] **send-time day mon to fri**	（多选一）当选择 **periodic weekly** 时间模式时，配置 key 发送报文生效的时间段。 ① *start-day-name* **to** *end-day-name*：二选一参数，指定 Keychain 每周发送报文生效的起始日期和结束日期，取值是 mon（星期一）、tue（星期二）、wed（星期三）、thu（星期四）、fri（星期五）、sat（星期六）和 sun（星期日）。 ② *day-name* &*<1-7>*：二选一参数，指定 Keychain 每周发送报文生效的日期，取值是 mon（星期一）、tue（星期二）、wed（星期三）、thu（星期四）、fri（星期五）、sat（星期六）和 sun（星期日），可以取其中任意一个或多个日期。 缺省情况下，有配置 key 的发送时间段，可用 **undo send-time** 命令删除 key 的发送报文生效时间段
	send-time date { *start-date-value* **to** *end-date-value* | *date-value* &*<1-31>* } 例如： [Huawei-keychain-huawei-keyid-1] **send-time date** 1 **to** 30	（多选一）当选择 **periodic monthly** 时间模式时，配置 key 发送报文生效的时间段。 ① *start-date-value* **to** *end-date-value*：二选一参数，指定 Keychain 每月发送报文生效的起始日期和结束日期，起始日期的取值范围是 1～31，结束日期的取值范围是 2～31。结束日期必须大于开始日期。 ② *date-value* &<1-31>：二选一参数，指定 Keychain 每月发送报文生效的日期，取值范围是 1～31，可以取其中任意一个或多个日期。 缺省情况下，有配置 key 的发送时间段，可用 **undo send-time** 命令删除 key 的发送报文生效时间段
	send-time month { *start-month-name* **to** *end-month-name* | *month-name* &*<1-12>* } 例如：[Huawei-keychain-huawei-keyid-1] **send-time month jan to jun**	（多选一）当选择 **periodic yearly** 时间模式时，配置 key 发送报文生效的时间段。 ① *start-month-name* **to** *end-month-name*：二选一参数，指定 Keychain 每年发送报文生效的起始月份和结束月份。起始月份的取值是 jan（一月）、feb（二月）、mar（三月）、apr（四月）、may（五月）、jun（六月）、jul（七月）、aug（八月）、sep（九月）、oct（十月）、nov（十一月）和 dec（十二月），结束月份的取值是 feb（二月）、mar（三月）、apr（四月）、may（五月）、jun（六月）、jul（七月）、aug（八月）、sep（九月）、oct（十月）、nov（十一月）和 dec（十二月），结束月份必须大于开始月份。 ② *month-name* &<1-12>：二选一参数，指定 Keychain 每年发送报文生效的月份，取值是 jan（一月）、feb（二月）、mar（三月）、apr（四月）、may（五月）、jun（六月）、jul（七月）、aug（八月）、sep（九月）、oct（十月）、nov（十一月）和 dec（十二月），可以取其中任意一个或多个月份。 缺省情况下，有配置 key 的发送时间段，可用 **undo send-time** 命令删除 key 的发送报文生效时间段

步骤	命令	说明
	以下根据步骤 2 中选择的不同时间模式配置接收时间	
7	**receive-time** *start-time start-date* { **duration** { *duration-value* | **infinite** } | **to** *end-time end-date* } 例如： [Huawei-keychain-huawei-keyid-1] **receive-time** 14:52 2017-10-1 **duration infinite**	（多选一）当选择 **absolute** 时间模式时，配置 key 接收报文生效的时间段。命令中的参数说明参见本表前面 **absolute** 时间模式的对应参数说明。 缺省情况下，没有配置 key 的接收时间段，可用 **undo receive-time** 命令删除 key 的接收报文时间段
	receive-time daily *start-time* **to** *end-time* 例如： [Huawei-keychain-huawei-keyid-1] **receive-time daily** 14:52 **to** 18:10	（多选一）当选择 **periodic daily** 时间模式时，配置 key 接收报文生效的时间段。命令中的参数说明参见本表前面 **periodic daily** 时间模式的对应参数说明。 缺省情况下，没有配置 key 的接收时间段，可用 **undo receive-time** 命令删除 key 的接收报文时间段
	receive-time day { *start-day-name* **to** *end-day-name* | *day-name* &*<1-7>* } 例如： [Huawei-keychain-huawei-keyid-1] **receive-time day tue to fri**	（多选一）当选择 **periodic weekly** 时间模式时，配置 key 接收报文生效的时间段。命令中的参数说明参见本表 **periodic weekly** 时间模式的对应参数说明 缺省情况下，没有配置 key 的接收时间段，可用 **undo receive-time** 命令删除 key 的接收报文时间段
	receive-time date { *start-date-value* **to** *end-date-value* | *date-value* &*<1-31>* } 例如： [Huawei-keychain-huawei-keyid-1] **receive-time date** 1、10、12	（多选一）当选择 **periodic monthly** 时间模式时，配置 key 接收报文生效的时间段。命令中的参数说明参见本表前面 **periodic monthly** 时间模式的对应参数说明。 缺省情况下，没有配置 key 的接收时间段，可用 **undo receive-time** 命令删除 key 的接收报文时间段
	receive-time month { *start-month-name* **to** *end-month-name* | *month-name* &*<1-12>* } 例如： [Huawei-keychain-huawei-keyid-1] **receive-time month jan to dec**	（多选一）当选择 **periodic yearly** 时间模式时，配置 key 接收报文生效的时间段。命令中的参数说明参见本表 **periodic yearly** 时间模式的对应参数说明。 缺省情况下，没有配置 key 的接收时间段，可用 **undo receive-time** 命令删除 key 的接收报文时间段
8	**default send-key-id** 例如：[Huawei-keychain-huawei-keyid-1] **default send-key-id**	配置该 key 为缺省发送 key。 当 Keychain 中不存在发送 key，或者某个时间段没有活跃的发送 key 时，Keychain 将不能对协议报文进行认证和加密处理，导致应用协议因认证不通过而断开连接。 配置缺省的发送 key 可以保证在没有活跃的 key 时，Keychain 采用该 key 对协议报文进行认证和加密，从而保证协议报文的正常通信。 【注意】一个 Keychain 中只能存在一个缺省的发送 key。 ① 当指定的缺省发送 key 是一个已经存在的 key 时，缺省发送 key 直接继承该 key 的认证加密算法和密钥。 ② 当指定的缺省发送 key 是一个新创建的 key 时，需要同时配置 key 的认证加密算法和密钥。 缺省情况下，没有配置缺省发送 key，可用 **undo default send-key-id** 命令删除 Keychain 配置的缺省发送 key

表 4-19　LDP Keychain 认证的配置步骤

步骤	命令	说明
1	**system-view**	进入系统视图
2	**mpls ldp** 例如：[Huawei] **mpls ldp**	进入 MPLS LDP 视图
3	**authentication key-chain peer** *peer-id* **name** *keychain-name* 例如：[Huawei-mpls-ldp] **authentication key-chain peer 2.2.2.2 name** Huawei	使能 LDP Keychain 认证，并引用配置的 Keychain 名称。 ① *peer-id*：指定使用 LDP Keychain 认证建立 LDP 会话的对等体的 ID。 ② *keychain-name*：指定在表 4-18 中所配置的 Keychain 的名称。 缺省情况下，LDP 对等体之间不进行 LDP Keychain 认证，可用 **undo authentication key-chain peer** *peer-id* 命令去使能与指定对等体使用 LDP Keychain 认证建立 LDP 会话

4.5.5　配置 LDP GTSM

通用 TTL 安全保护机制（Generalized TTL Security Mechanism，GTSM）通过判定报文的 TTL 字段值来确定报文有效，从而保护设备免受攻击。在 LDP 对等体上配置 GTSM 功能，通过配置的 TTL 有效范围，对 LDP 对等体间的 LDP 消息报文进行 TTL 检测。如果 LDP 消息报文的 TTL 不符合配置的范围要求，则认为此报文为非法攻击报文予以丢弃，以免 LDP 遭到大量伪装报文的攻击，进而实现对上层协议的保护。

GTSM 可以与 LDP MD5 认证或 LDP Keychain 认证结合使用，更加安全。GTSM 的配置步骤见表 4-20。配置好后，可执行 **display gtsm statistics all** 命令查看 GTSM 的统计信息。

表 4-20　GTSM 的配置步骤

步骤	命令	说明
1	**system-view**	进入系统视图
2	**mpls ldp** 例如：[Huawei] **mpls ldp**	进入 MPLS LDP 视图
3	**gtsm peer** *ip-address* **valid-ttl-hops** *hops* 例如：[Huawei-mpls-ldp] **gtsm peer 2.2.2.9 valid-ttl-hops** 2	配置 LDP GTSM 功能。 ① **peer** *ip-address*：指定 LDP 对等体的传输地址，即对等体的 LSR-ID。 ② **valid-ttl-hops** *hops*：指定允许对等体离本地设备的最大有效跳数，整数形式，取值范围是 1～255。当 LDP 对等体发来的报文的 TTL 字段值在[255–*hops*+1，255]时，接收该报文，否则丢弃该报文。 LDP 报文初始的 TTL 字段值通常为 255（也可从 IP 报头中的 TTL 字段复制得到），每经过一跳减 1。 缺省情况下，没有在任何 LDP 对等体上配置 GTSM 功能，可用 **undo gtsm** { **all** | **peer** *ip-address* }命令删除与所有或指定的 LDP 对等体建立 LDP 会话时所配置的 GTSM 功能

4.5.6　LDP GTSM 配置示例

LDP GTSM 配置示例的拓扑结构如图 4-53 所示。各节点间运行 MPLS 和 MPLS LDP。

为了防止攻击者模拟真实的 LDP 单播报文，对 LSRB 发送报文，导致系统异常繁忙、CPU 占用率高。现要求采用 GTSM 功能对节点进行保护，防止非法的 LDP 报文攻击，增强系统的安全性。

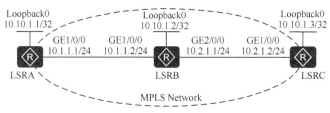

图 4-53　LDP GTSM 配置示例的拓扑结构

（1）基本配置思路

GTSM 预防 LDP 报文攻击是通过限制收到对等体设备（可以是直接连接，也可以是非直接连接）的 LDP 报文中的 TTL 字段值来实现的，按照表 4-20 介绍的步骤进行配置即可。注意，要先配置好骨干网各节点的 MPLS 基本功能和 LDP 会话（可以是本地会话，也可以是远端会话）。

由以上分析可以得出本示例的基本配置思路。

① 配置各设备接口的 IP 地址和 OSPF 路由，实现骨干网三层互通。

② 配置各设备的 MPLS 基本功能和 LDP 本地会话（假设本示例各节点间仅建立 LDP 本地会话）

③ 配置各设备的 GTSM，每个设备上针对相邻对等体发来的 LDP 报文的 TTL 范围可根据实际需要自行控制，防止非法设备发来的 LDP 报文与本地设备建立 LDP 会话。

（2）具体配置步骤

① 配置各设备接口的 IP 地址和 OSPF 路由，实现骨干网三层互通。

\#---LSRA 上的配置，具体如下。

```
<Huawei> system-view
[Huawei] sysname LSRA
[LSRA] interface loopback 0
[LSRA-LoopBack0] ip address 10.10.1.1 32
[LSRA-LoopBack0] quit
[LSRA] interface gigabitethernet 1/0/0
[LSRA-GigabitEthernet1/0/0] ip address 10.1.1.1 24
[LSRA-GigabitEthernet1/0/0] quit
[LSRA] ospf 1
[LSRA-ospf-1] area 0
[LSRA-ospf-1-area-0.0.0.0] network 10.10.1.1 0.0.0.0
[LSRA-ospf-1-area-0.0.0.0] network 10.1.1.0 0.0.0.255
[LSRA-ospf-1-area-0.0.0.0] quit
[LSRA-ospf-1] quit
```

\#---LSRB 上的配置，具体如下。

```
<Huawei> system-view
[Huawei] sysname LSRB
[LSRB] interface loopback 0
[LSRB-LoopBack0] ip address 10.10.1.2 32
```

```
[LSRB-LoopBack0] quit
[LSRB] interface gigabitethernet 1/0/0
[LSRB-GigabitEthernet1/0/0] ip address 10.1.1.2 24
[LSRB-GigabitEthernet1/0/0] quit
[LSRB] interface gigabitethernet 2/0/0
[LSRB-GigabitEthernet2/0/0] ip address 10.2.1.1 24
[LSRB-GigabitEthernet2/0/0] quit
[LSRB] ospf 1
[LSRB-ospf-1] area 0
[LSRB-ospf-1-area-0.0.0.0] network 10.10.1.2 0.0.0.0
[LSRB-ospf-1-area-0.0.0.0] network 10.1.1.0 0.0.0.255
[LSRB-ospf-1-area-0.0.0.0] network 10.2.1.0 0.0.0.255
[LSRB-ospf-1-area-0.0.0.0] quit
[LSRB-ospf-1] quit
```

---LSRC 上的配置，具体如下。

```
<Huawei> system-view
[Huawei] sysname LSRC
[LSRC] interface loopback 0
[LSRC-LoopBack0] ip address 10.10.1.3 32
[LSRC-LoopBack0] quit
[LSRC] interface gigabitethernet 1/0/0
[LSRC-GigabitEthernet1/0/0] ip address 10.2.1.2 24
[LSRC-GigabitEthernet1/0/0] quit
[LSRC] ospf 1
[LSRC-ospf-1] area 0
[LSRC-ospf-1-area-0.0.0.0] network 10.10.1.3 0.0.0.0
[LSRC-ospf-1-area-0.0.0.0] network 10.2.1.0 0.0.0.255
[LSRC-ospf-1-area-0.0.0.0] quit
[LSRC-ospf-1] quit
```

以上配置完成后，在各节点上执行 **display ip routing-table** 命令，可以看到各节点之间都学到了彼此的路由。

② 配置各设备的 MPLS 基本功能和 LDP 本地会话，建立 LDP LSP。

#---LSRA 上的配置，具体如下。

```
[LSRA] mpls lsr-id 10.10.1.1
[LSRA] mpls
[LSRA-mpls] quit
[LSRA] mpls ldp
[LSRA-mpls-ldp] quit
[LSRA] interface gigabitethernet 1/0/0
[LSRA-GigabitEthernet1/0/0] mpls
[LSRA-GigabitEthernet1/0/0] mpls ldp
[LSRA-GigabitEthernet1/0/0] quit
```

#---LSRB 上的配置，具体如下。

```
[LSRB] mpls lsr-id 10.10.1.2
[LSRB] mpls
[LSRB-mpls] quit
[LSRB] mpls ldp
[LSRB-mpls-ldp] quit
[LSRB] interface gigabitethernet 1/0/0
[LSRB-GigabitEthernet1/0/0] mpls
[LSRB-GigabitEthernet1/0/0] mpls ldp
[LSRB-GigabitEthernet1/0/0] quit
```

```
[LSRB] interface gigabitethernet 2/0/0
[LSRB-GigabitEthernet2/0/0] mpls
[LSRB-GigabitEthernet2/0/0] mpls ldp
[LSRB-GigabitEthernet2/0/0] quit
```

#---LSRC 上的配置，具体如下。

```
[LSRC] mpls lsr-id 10.10.1.3
[LSRC] mpls
[LSRC-mpls] quit
[LSRC] mpls ldp
[LSRC-mpls-ldp] quit
[LSRC] interface gigabitethernet 1/0/0
[LSRC-GigabitEthernet1/0/0] mpls
[LSRC-GigabitEthernet1/0/0] mpls ldp
[LSRC-GigabitEthernet1/0/0] quit
```

以上配置完成后，在节点上执行 **display mpls ldp session** 命令，可以看到 LSRA 和 LSRB、LSRB 和 LSRC 之间的本地 LDP 会话状态为"Operational"。

③ 配置各设备的 LDP GTSM。

在这项配置任务中，要确定好每个设备与指定对等间交互 LDP 报文时所限制的 TTL 范围。

本示例中，各节点间仅建立了 LDP 本地会话，是直接连接的（相隔仅一跳），理论上，每台设备上配置的允许对等体发来的 LDP 报文中的 GTSR TTL 字段值均为 1 即可，但为了留有一定网络结构扩展余地，在此配置 GTSR TTL 字段值均为 3。即当 LDP 对等体发来的报文的 TTL 字段值在[255–3+1，255]（253～255）时，接收该报文，否则丢弃该报文。

#---LSRA 上的配置，具体如下。

```
[LSRA] mpls ldp
[LSRA-mpls-ldp] gtsm peer 10.10.1.2 valid-ttl-hops 3   #---配置 LSRB 离 LSRA 的最大跳数为 3
[LSRA-mpls-ldp] quit
```

#---LSRB 上的配置，具体如下。

```
[LSRB] mpls ldp
[LSRB-mpls-ldp] gtsm peer 10.10.1.1 valid-ttl-hops 3   #---配置 LSRA 离 LSRB 的最大跳数为 3
[LSRB-mpls-ldp] gtsm peer 10.10.1.3 valid-ttl-hops 3    #---配置 LSRC 离 LSRB 的最大跳数为 3
[LSRB-mpls-ldp] quit
```

#---LSRC 上的配置，具体如下。

```
[LSRC] mpls ldp
[LSRC-mpls-ldp] gtsm peer 10.10.1.2 valid-ttl-hops 3   #---配置 LSRB 离 LSRC 的最大跳数为 3
[LSRC-mpls-ldp] quit
```

（3）配置结果验证

以上配置完成后，可进行以下配置结果验证。

① 在各节点上执行 **display mpls lsp** 命令，可以看到各对等体间均已成功建立 LSP。图 4-54 是在 LSRB 上执行 display mpls lsp 命令的输出。

② 此时如果 PC 模拟 LSRA 的 LDP 报文对 LSRB 进行攻击，由于该报文到达 LSRB 时，TTL 字段值不在 253～255，所以被丢弃。在 LSRB 的 GTSM 统计信息中丢弃的报文数也会相应增加。

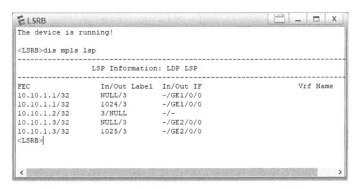

图 4-54　在 LSRB 上执行 **display mpls lsp** 命令的输出

可通过执行 **display gtsm statistics** 命令，查看接口板的 GTSM 统计信息，信息包括接收 BGP、BGPv6、LDP 和 OSPF 的报文总数、通过的报文数量、丢弃的报文数量。

第 5 章
MPLS TE 基本功能配置与管理

本章主要内容

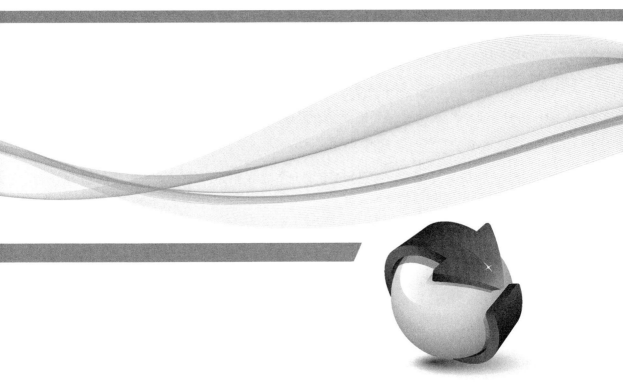

　　本章主要介绍与 MPLS 流量工程（Traffic Engineering，TE）相关的技术原理，以及静态和动态 MPLS TE 隧道的配置与管理方法。

5.1　MPLS TE 基础

MPLS TE 可通过基于一定约束条件建立 MPLS 隧道，并将符合条件的流量引入一条或多条 MPLS TE 隧道中进行转发，使特定的业务流量按照指定的路径进行传输，达到优化流量传输路径或多条隧道负载进行分担的目的。MPLS TE 隧道主要用于承载 MPLS L2VPN（VLL）和 MPLS L3VPN 业务，使得 VPN 业务不仅有良好的安全性，而且有可靠的 QoS 保证。

5.1.1　MPLS TE 的引入背景

传统 IP 网络中，设备通常按照到达目的网络的路由路径长短作为最优路由选择的依据，不考虑路径上的链路带宽等因素。这样一来，当某条路径发生拥塞时，路由选择协议可根据配置将流量切换到其他的备份路径上，但这样容易使流量集中于最短路径而导致拥塞。

在图 5-1 中，假设每个链路的 Metric（度量，例如 OSPF、IS-IS 中的 Cost）值相同，且每段链路（即每个相邻设备间的链路）的带宽都是 100Mbit/s。假设，Router_1 向 Router_4 发送的流量为 40Mbit/s，Router_7 向 Router_4 发送的流量为 80Mbit/s。如果 IGP 路由的计算基于最短路径优先（SPF）原则，则所有流量均经过路径 Router_2→Router_3→Router_4 传输，因为这条路径比另一条路径 Router_2→Router_5→Router_6→Router_4 的开销小，此时 Router_2→Router_3→Router_4 路径会出现过载（总负载达到 120Mbit/s，超过了链路的物理带宽 100Mbit/s）而引起的拥塞，而 Router_2→Router_5→Router_6→Router_4 路径因为开销更大，则没有流量选择，一直处于空闲状态，造成了链路资源浪费。

针对这种由于网络资源分配不合理引起的拥塞问题，可以通过流量工程来解决，即将一部分流量分配到空闲的链路上，使网络中流量的分配更加合理。流量工程技术关注的是网络整体性能的优化，优化网络资源的利用、优化网络流量传输路径的选择以便提供高效、可靠的网络服务。

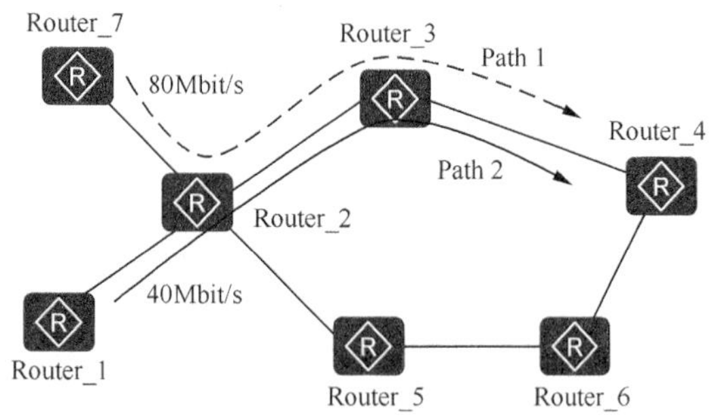

图 5-1　传统路由选路示例

在 MPLS TE 出现之前，有如下两种流量工程的解决方案。

（1）IP 流量工程

通过调整路径 Metric（例如调整接口的 Cost）而控制网络流量的传输路径，这种解决方法能够解决某些链路上的拥塞，但可能会引起另外一些链路拥塞，因为某条路径上的 Metric 改变后，可能使流量又全部转移到另一条路径上。另外，在拓扑结构复杂的网络上，Metric 值的调整比较困难，往往一条链路的改动会影响多条路由，难以把握和权衡。

（2）ATM 流量工程

现有的 IGP 都是拓扑驱动的，只考虑网络的连接情况，不能灵活反映链路带宽和流量特性这类动态状况。解决这种问题的方法是使用 IP over ATM 重叠模型。然而，实际应用中实施 ATM 流量工程时额外开销大且可扩展性差。

为了在大型骨干网络中部署流量工程，必须采用一种可扩展性好、简单的解决方案。MPLS 可以方便地在物理的网络拓扑上建立一个虚拟的拓扑，然后将流量映射到这个虚拟拓扑上。因此，MPLS 与流量工程相结合的技术应运而生，即 MPLS TE。在 MPLS TE 中建立的是一种特殊的 LSP——CR-LSP。

CR-LSP 是由 RSVP-TE 基于一定约束条件建立的 LSP。与普通的 LSP 不同，CR-LSP 的建立不仅依赖路由信息，还需要满足其他条件，如预留带宽需求、显式路径等。所谓"显式路径"就是明确指定的路径，可以明确指定某条 LSP 路径中必须经过的节点设备，也可以明确指定某条 LSP 路径中无须经过的节点设备。**而且 CR-LSP 只有唯一的路径，即使经过计算有各方面条件都一致的多条路径，也必须仅选择其中唯一的一条路径**，这就涉及路径"仲裁"问题。

对于图 5-1 中的拥塞问题，MPLS TE 可通过建立一条带宽为 80Mbit/s、路径为 Path1 的 LSP，另一条带宽为 40Mbit/s、路径为 Path2 的 LSP，并通过设置将 Router_1 和 Router_7 发送到 Router_4 的流量分别固定引入这两条 LSP 中传输，这样就解决了上述拥塞问题，如图 5-2 所示。

MPLS 技术在传统的 IP 网络中增加了面向连接的特性，从而使在传统 IP 网络中实施流量工程成为可能。MPLS TE 技术可以在不进行硬件升级的情况下对现有网络资源进行合理调配和利用，并对网络流量提供带宽和 QoS 保证，最大限度地节省企业成本。同时，MPLS TE 具有丰富的可靠性技术，能够给骨干网络提供网络级和设备级的可靠性。

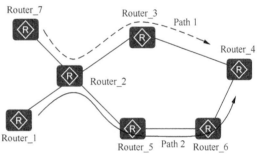

图 5-2　MPLS 流量工程的应用示例

5.1.2　RSVP-TE 简介

在 MPLS TE 隧道中建立 CR-LSP 的信令协议——RSVP-TE。RSVP-TE 是由传统 IP 网络中的 RSVP（在 RFC 2205 中定义）基于 MPLS TE 隧道扩展而来的，最初为 RFC 3209，之后依次更新为 RFC 3473、RFC 4875、RFC 5420。

RSVP 是一种传输层的控制协议，**但它不参与应用层数据的传送**，主要用来通告和维护网络中的保留资源，可以实现路径的建立、维护、拆除和错误通告。RSVP 最初是为了解决 IP 网络中的 QoS 问题，为数据传输预留带宽，保证其服务质量。由 RSVP 扩展后的 RSVP-TE 可以支持流量工程，可以从多条并行或备选路径中有效地选择一条最佳路径，以平衡网络中不同链路上的业务载荷。

RSVP-TE 除了继承 RSVP 的带宽预留功能，还支持 MPLS 网络中的标签分发功能（与 LDP 类似）。RSVP-TE 比 RSVP 新增了 5 个对象：标签请求（LABEL_REQUEST）、标签（LABEL）、显式路径（EXPLICIT_ROUTE）、记录路径（RECORD_ROUTE）和会话属性（SESSION_ATTRIBUTE）。这些新增的对象除了可携带标签信息，还可携带对 LSP 选路时的限制性要求，从而建立由入节点到出节点间的 CR-LSP。

RSVP-TE 可以为每条 CR-LSP 预留指定的带宽资源，以确保所建立的每条 CR-LSP 都有一定的带宽保障。**RSVP-TE 与 RSVP 一样，只为单向的数据流请求资源，在双向通信中，需要为双向数据流分别预留资源。**RSVP-TE 支持以下 3 种资源预留风格，但目前华为设备仅支持固定过滤（Fixed-Filter，FF）风格和共享显式（Shared Explicit，SE）风格。

（1）FF 风格

FF 风格为每个资源预留请求消息的**发送者**创建单独的资源预留，不与其他发送者共享，属于资源独占模式。在这种风格下，同一链路上需要为不同发送者预留不同的资源，在一条特定的链路上分配的总带宽预留为所有请求资源预留的发送者分配的预留带宽总和。FF 风格适用于选择同一发送者、不同接收者的 CR-LSP 共享同一个节点的预留带宽情形，**即同一链路的不同 CR-LSP 有不同的资源预留。**

（2）SE 风格

建立单一的资源预留。该预留允许**指定的一系列发送者**共享。即同一链路的不同 **CR-LSP 共享一个资源预留。**

SE 风格虽然与通配过滤（Wildcard-Filter，WF）风格一样都是共享资源预留方式，但它有一个明确的共享预留资源的发送者范围，而 WF 风格中，共享预留资源的发送者范围是不固定的。

（3）WF 风格

WF 风格在链路上建立一个资源预留，允许与同一资源预留请求消息的接收者会话中的所有发送者共享。这种风格对于并不是所有发送者都同时发送流量的组播应用非常有用。例如，在电话会议中，同时说话的人是有限的。

5.1.3　RSVP-TE 消息类型

RSVP-TE 在 CR-LSP 的建立过程中需要用到多种消息，如 Path 消息、Resv 消息、PathErr 消息、ResvErr 消息、PathTear 消息、ResvTear 消息、ResvConf 消息等。

（1）Path 消息

Path 消息是 RSVP-TE 的 CR-LSP 建立的请求消息。它由入节点（Ingress）始发，请求与出节点（Egress）建立预留带宽资源 CR-LSP。**除出节点外，**下游路径上的每个节点都继续向**下游**节点转发这个消息。

（2）Resv 消息

Resv 消息是 RSVP-TE 的资源预留请求消息，是对 Path 消息的应答。它由出节点始发，携带资源预留信息逆着原来 Path 消息的路径逐跳向**上游**转发，直到入节点，为入节点请求建立的 CR-LSP 分配标签（对本地设备来说是入标签，对上游设备来说是出标签），并沿途向上游节点提出资源预留请求。

（3）PathErr 消息

RSVP 节点在处理 Path 消息发生错误时，会向**上游**发送 PathErr 消息，直到入节点。节点在收到 PathErr 消息时不会改变节点状态，只会继续向**上游**节点转发该消息，最终到达入节点。

（4）ResvErr 消息

RSVP 节点在处理 Resv 消息发生错误时，会向下游发送 ResvErr 消息，直到出节点。收到 ResvErr 消息的节点不修改本身的状态，只是逐跳向**下游**节点转发该消息，最终到达出节点，在出节点上根据错误类型和具体错误内容进行处理。如果错误是由记录路径超过接口的 MTU 引起的，则会向入节点方向发送 PathErr 消息，否则发送 Resv 消息，拆除 CR-LSP，释放资源和预留的标签。

（5）PathTear 消息

PathTear 消息可由任意节点始发，向下游节点通告删除节点的路径状态信息，直到出节点，其作用与 Path 消息相反。

（6）ResvTear 消息

ResvTear 消息可由任意节点始发，向上游节点通告删除节点的预留状态，直到入节点，其作用与 Resv 消息相反。

（7）ResvConf 消息

ResvConf 消息可由除出节点外的其他任意节点始发，向下游逐跳转发，用于确认资源预留请求。只有在 Resv 消息中包含 RESV_CONFIRM 对象时，才会发送 ResvConf 消息。

（8）Srefresh 消息

Srefresh 消息可由任意节点始发，用来刷新 RSVP 状态。

5.1.4　RSVP-TE 的对象类型

RSVP-TE 除了继承 RSVP 中的对象，还新增了一些对象。下面是 RSVP-TE 中的主要对象。

（1）SEESION 对象

SEESION 对象包含会话的目的节点及相关隧道信息，如源 IP 地址、目的 IP 地址、随道标识（Tunnel ID），用来定义一个特定的会话。**所有 RSVP-TE 消息中都必须包含 SESSION 对象**。

（2）RSVP_HOP 对象

RSVP_HOP 对象包含发送 RSVP-TE 消息的前一个节点的 IP 地址和 Tunnel 接口信息，可在多种 RSVP-TE 消息中存在。如果是 Path 消息、PathTear 消息、ResvErr 消息，则 IP 地址是下游节点的 IP 地址，如果是 Resv 消息、ResvTear 消息、PathErr 消息，则 IP 地址是上游节点的 IP 地址。

（3）TIME_VALUES 对象

TIME_VALUES 对象定义了刷新周期，即发送刷新消息的时间间隔。接收到包含该对象的消息后，就知道什么时候发送该刷新消息，并计算超时时间。**TIME_VALUES 对象在 Path 消息和 Resv 消息中存在**。

（4）SENDER_RSPEC 对象

SENDER_RSPEC 对象定义了发送端数据流的流量特性，**在 Path 消息中存在**。

（5）SENDER_TEMPLATE 对象

SENDER_TEMPLATE 对象包含了发送端的 IP 地址、LSP ID，与 SEESION 对象一起确定唯一的一条 CR-LSP，**在 Path 消息中存在**。

（6）FLOW_SPEC 对象

FLOW_SPEC 对象定义了会话数据包的 QoS 特性，**在 Resv 消息中存在**。

（7）FILTER_SPEC 对象

FILTER_SPEC 对象定义了一组会话数据包应当接受的 QoS 特性（在 FLOW_SPEC 对

象中定义），在 **Resv** 消息中存在。

（8）ADSPEC 对象

ADSPEC 对象收集沿途节点是否支持指定 QoS 参数的信息，用于向下游节点进行通告，**在 Path 消息中存在**。

【说明】以下 5 个对象是 RSVP-TE 新增的对象。

（9）LABEL_REQUEST 对象

LABEL_REQUEST 对象用于向下游节点请求分配 MPLS 标签，**在 Path 消息中存在**。下游节点收到该对象后会保存在自己的 PSB 中，用于在下次转发 Path 消息时包含该对象。但如果收到无法支持的 LABEL_REQUEST 对象，会向上游发送 PathErr 消息，由上游节点逐跳转发，直到入节点。

（10）LABEL 对象

LABEL 对象用于发布下游节点为上游节点分配的标签，**在 Resv 消息中存在**。

（11）EXPLICIT_ROUTE 对象（ERO）

ERO 用来标识一个显式路径中的节点。一个 Path 消息可以包括多个该对象，用来指定 CR-LSP 的显式路径。

（12）RECORD_ROUTE 对象（RRO）

RRO 用来记录 CR-LSP 实际经过的路径。当 ERO 丢失时，可以使用 RRO 来标记 CR-LSP 路径，可在 Path 消息或 Resv 消息中存在。

（13）SESSION_ATTRIBUTE 对象

SESSION_ATTRIBUTE 对象定义了会话的属性，包括 LSP Tunnel 的建立优先级、保持优先级、亲和属性和快速重路由（FRR）等。

5.1.5 RSVP-TE 消息格式

5.1.3 节介绍的各类 RSVP-TE 消息都是 IP 报文，对应的协议类型为 46，都包含一个通用的 RSVP 头部，随后是多个可变长度、类型的消息对象。图 5-3 上半部分是 RSVP-TE 消息的通用头部格式，下半部分是通用头部中的部分消息对象格式，各字段的说明见表 5-1。在一个 RSVP 消息中可以携带多个消息对象。

RSVP-TE 消息的通用头部格式

版本号	标识位	消息类型	校验和	
TTL 值		保留	RSVP 消息总长度	
消息对象（可变长度）				

通用头部中的部分消息对象格式

对象的总长度	对象类	对象类型
对象内容（可变长度）		

图 5-3　RSVP-TE 消息格式

表 5-1　RSVP-TE 消息格式

字段	长度	描述
以下是 RSVP-TE 消息的通用头部中的各字段说明		
版本号	4bit	表示 RSVP 的版本号，目前其值为 1
标识位	4bit	标识位，其值一般为 0。RFC2961 扩展其用来标识是否支持摘要刷新（Srefresh）。如果支持 Srefresh，则该标识位的值为 1
消息类型	8bit	表示 RSVP 消息类型。例如，1 表示 Path 消息，2 表示 Resv 消息
校验和	16bit	RSVP 消息的校验和。如果其值为 0，表示消息传输过程中不进行检验和检查，值不为 0 时为对应的校验和值
TTL 值	8bit	消息的 TTL 值。当节点接收到 RSVP 消息时，通过比较 Send_TTL 和 IP 头部的 TTL 值可以计算出该报文在非 RSVP 域中经过的跳数
保留	8bit	保留
RSVP 消息总长度	16bit	表示 RSVP 消息的总长度，以字节为单位
消息对象	可变	每个 RSVP 消息都包含多个对象。不同类型的消息，包含的对象不同
以下是通用头部中的部分消息对象的各子字段说明		
对象总长度	16bit	表示对象的总长度，以字节为单位，**必须是 4 的倍数**，最小值为 4
对象类	8bit	每个对象类都有一个名称，如 SESSION、SENDER_ TEMPLATE、TIME_VALUE
对象类型	8bit	表示同一类对象中不同的类型。Class_Number 与 C-Type 唯一标识了一个对象
对象内容	可变	可变长度

下面介绍在建立 CR-LSP 中使用的 Path 消息和 Resv 消息。

（1）Path 消息

在 RSVP-TE 中，Path 消息包括一系列对象，用于创建 RSVP 会话和关联路径状态。Path 消息包括的对象见表 5-2。

表 5-2　Path 消息包括的对象

消息对象	对象类	对象类型	对象内容
SESSION	1	1	RSVP 会话的相关信息，包括目的地址（Destination Address）、Tunnel ID、扩展隧道 ID（Extend Tunnel ID）
RSVP_HOP	3	1	发送 Path 消息的上一跳的出接口地址和接口索引
TIME_VALUE	5	1	包含消息的刷新时间值
SENDER_TEMPLATE	11	1	指定了发送节点的 IP 地址和 LSP ID
SENDER_TSPEC	12	2	指明了数据流的流量特征
LABEL_REQUEST	19	1	标签请求对象，只在 Path 消息中携带
ADSPEC	13	2	用于收集路径上的实际 QoS 相关参数，例如，路径带宽估计、最小路径时延、Path MTU

续表

消息对象	对象类	对象类型	对象内容
EXPLICIT_ROUTE	20	1	ERO，描述 LSP 经过的路径信息，可以是严格显式路径，也可以是松散显式路径。Path 消息沿 ERO 指定的路径转发，不受 IGP 最短路径约束
RECORD_ROUTE	21	1	RRO，Path 消息实际途经的 LSR 的列表。RRO 可用于收集实际的路径信息，发现路由环路，还可以被复制到下一条 Path 消息中以实现路径锁定
SESSION_ATTRIBUTE	207	1：LSP_TUNNEL_RA 7：LSP Tunnel	指定了建立优先级、保持优先级、资源预留风格、亲和属性等属性，是 RSVP-TE 新增的对象

Path 消息从 Ingress 沿着数据流方向发送到 Egress（源 IP 地址是 Ingress 的 LSR ID，目的 IP 地址是 Egress 的 LSR ID），途经的节点上会生成路径状态块（Path State Block，PSB），并启动老化定时器。

PSB 用于指导 Resv 消息返回时向上游设备传输。但如果节点收到了一个还没有老化，但内容重复的 Path 消息时，PSB 不会更新，本地节点也不会立即向下游设备传输该 Path 消息，而是要等原来相同内容的 Path 消息的老化定时器超时后才向下游转发。

（2）Resv 消息

当 Egress 收到 Path 消息时，将发送一个 Resv 消息进行响应。Resv 消息携带了资源预留信息，从 Egress 逐跳发送给上游节点（目的 IP 地址是上游节点的 IP 地址，即每一节点独立发送 Rsev 消息），直到 Ingress。

Resv 消息中带有资源预留风格、为 CR-LSP 所分配的标签等内容。沿途的每个节点会生成和维护资源预留状态块（Reserved State Block，RSB）并分配标签，发送完一个 Resv 消息会同时启动一个老化定时器，以便 Resv 消息周期性地发送。RSB 中的标签用于在隧道中传输时指导数据流的转发，类似于 MPLS LDP LSP 标签。当 Resv 消息到达 Ingress 时，一条 CR-LSP 就建立成功。表 5-3 中列出了包含在 Resv 消息中的一些对象。

表 5-3　Resv 消息包含的对象

消息对象	对象类	对象类型	对象内容
INTEGRITY	4	1	包含 RSVP 消息的认证密钥
SESSION	1	1	包含了 RSVP 会话的相关信息，如 Destination Address、Tunnel ID、Extend Tunnel ID
RSVP_HOP	3	1	包含发送 Resv 消息出接口的 IP 地址和接口索引
TIME_VALUE	5	1	包含消息的刷新时间值，默认值为 30

消息对象	对象类	对象类型	对象内容
STYLE	8	1	资源预留风格，是指 RSVP 节点处理上游节点的资源预留请求时的资源预留方式，由 Ingress 指定。华为设备中支持的资源预留风格包括 FF 风格和 SE 风格，具体参见 5.1.2 节
FLOW_SPEC	9	1: Reserved (obsolete) flowspec object 2: Inv-serv flowspec object	指明了数据流的 QoS 特征
FILTER_SPEC	10	1	发送节点的 IP 地址和 LSP ID
RECORD_ROUTE	21	1	RRO，沿途收集的各节点的入接口的 IP 地址、LSR-ID 和出接口的 IP 地址
LABEL	16	1	分配的标签
RESV_CONFIRM	15	1	预留确认请求，携带了请求预留确认的节点的 IP 地址

5.1.6　MPLTS TE 隧道

MPLS TE 隧道（Tunnel）是从 Ingress 到 Egress 的一条虚拟点到点连接，专用于 MPLS TE。通常情况下，MPLS TE 隧道由一条 CR-LSP 构成。在部署 CR-LSP 备份或需要将流量通过多条路径传输等情况下，需要为同一种流量建立多条 CR-LSP，此时 MPLS TE 隧道由一组 CR-LSP 构成。Ingress 上 MPLS TE 隧道由 MPLS TE 模式的隧道接口标识，当流量的出接口为该隧道接口时，流量将通过构成 MPLS TE 隧道的 CR-LSP 来转发。

【说明】对非 MPLTS TE 隧道而言，一条 LSP 对应一条 MPLS 隧道。在 MPLS TE 隧道中可以包括多条 CR-LSP，但也是单向的。

MPLS TE 隧道涉及以下 3 个概念。

① 隧道接口：TE 模式 Tunnel 接口，是为实现报文的封装而提供的一种点对点的虚拟接口，与 Loopback 接口类似，是一种逻辑接口。

② 隧道标识（Tunnel ID）：采用十进制数字来唯一标识一条 MPLS TE 隧道，以便对隧道进行规划和管理。

③ LSP 标识（LSP ID）：采用十进制数字来唯一标识一条 CR-LSP，以便对 CR-LSP 进行规划和管理。

如图 5-4 所示，有两条 LSP（都是 CR-LSP），其中一条主 LSP（Primary LSP）LSRA→LSRB→LSRC→LSRD→LSRE 作为主路径（假设 LSP ID=2），另外一条备份 LSP（Backup LSP）LSRA→LSRF→LSRG→LSRH→LSRE 作为备份路径（假设 LSP ID=1024），这两条 LSP 都对应同一个隧道标识为 100 的 MPLS TE 隧道，其接口为 Tunnel0/0/1。

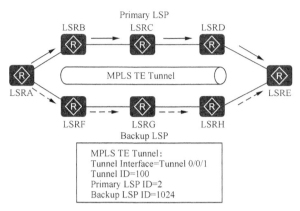

图 5-4　MPLS TE 隧道与 LSP 隧道

5.1.7　MPLS TE 链路属性

MPLS TE 的链路属性用于标识一条物理链路上的带宽资源使用情况、路由开销及链路的可靠性，具体包括下以 5 个方面的内容。

（1）链路总带宽

链路总带宽是指物理链路所具有的总带宽值。

（2）最大可预留带宽

最大可预留带宽是指本链路中可以预留给 MPLS TE 隧道使用的带宽值，小于等于链路总带宽。如果链路上原来已建立了其他隧道，则可预留带宽还要减去这部已使用的隧道带宽。

（3）TE Metric

为了增强对 TE 隧道路径计算的可控性，MPLS TE 提供了 TE Metric，使得隧道在计算路径时能更独立于 IGP 的路由选路。缺省情况下，采用 IGP 的度量值作为 TE 度量值，如采用 OSPF、IS-IS 路由的链路开销。

（4）共享风险链路组

共享风险链路组（Shared Risk Link Group，SRLG）是一组共享同一个公共物理资源（例如共享一根电缆、一根光纤）的多条 MPLS TE 链路。同一个 SRLG 的链路具有相同的风险等级，即如果 SRLG 中的一条 MPLS TE 链路失效，组内的其他链路也失效。这主要是为了保证 MPLS TE 隧道的带宽或 CR-LSP 热备份。

在图 5-5 的网络中，P1 和 P2 之间共享了经过 NE1 的两条链路。如果共享的这段链路出现故障，则会同时影响 P1 到 P2 的主 CR-LSP 和 P3 到 P2 的旁路 CR-LSP，从而导致 FRR 保护失效。此时需要在建立旁路（Bypass）CR-LSP（例如经过 P3 节点到达 P2 的 CR-LSP）时避开这种和主 CR-LSP 有共同风险的链路，以保证 TE FRR 能有效保护 MPLS TE 主隧道。

SRLG 是一种链路属性，用数值表示，数值相同的链路表示属于同一个共享风险链路组。SRLG 主要用在 CR-LSP 热备份或 TE FRR 组网中，作为备份隧道路径计算的限制条件，使备份路径不与隧道主路径建立在具有同等风险的链路上，进一步增强了 TE 隧道的可靠性。

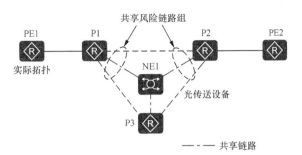

图 5-5　MPLS TE SRLG 属性示例

（5）链路管理组

链路管理组也称链路颜色，或链路属性，是一个表示链路属性的 32 位向量，每一比特位可以表示链路的一种属性，如链路带宽、性能或管理策略（如标识这段链路上有 MPLS TE 隧道经过，或这段链路上承载的组播业务）。链路管理组需要和 MPLS TE 隧道属性中的"亲和属性"配合使用，以达到控制隧道路径的目的。

5.1.8　MPLS TE 隧道属性

MPLS TE 隧道所使用的 CR-LSP 是基于一定约束条件建立的 LSP，这些约束条件称为隧道属性。与普通 LSP（如 LDP LSP）不同，CR-LSP 的建立不仅依赖路由信息，还需要满足其他约束条件，如带宽约束和路径约束。

① 带宽约束是指为隧道预留的最大可用带宽，根据每个隧道优先级进行配置。

② 路径约束主要包括显式路径、隧道优先级与带宽抢占、路径锁定、亲和属性和跳数限制等。

建立和管理约束条件的机制称为基于约束的路由（Constraint-based Routing，CR），下面对 CR 的主要内容进行介绍。

（1）隧道带宽

隧道的带宽值需根据隧道要承载的业务进行规划，隧道建立时将根据这个值要求隧道沿途的节点进行相应带宽预留，从而为特定隧道中的业务提供带宽保证。

（2）显式路径

显式路径是指在 CR-LSP 建立时由用户明确指定其必须经过或避开指定节点的路径，其指定方式又分为以下两种。

① 严格显式路径。

严格显式路径可以指定路径上必须经过哪些节点，**且列出的这些节点间必须直接相连**。通过严格显式路径，可以最精确地控制 CR-LSP 所经过的路径。在图 5-6 中，LSRA 作为 CR-LSP 的 Ingress，LSRF 作为 CR-LSP 的 Egress，从 LSRA 到 LSRF 用严格显式路径建立一条 CR-LSP：LSRA→LSRB→LSRC→LSRE→LSRD→LSRF。

"LSRB Strict"表示该 CR-LSP 必须经过 LSRB，并且 LSRB 的前一跳是 LSRA，"LSRC Strict"表示该 CR-LSP 必须经过 LSRC，并且 LSRC 的前一跳是 LSRB，且这些上、下跳之间必须直接连接。依此类推，可以精确控制该条 CR-LSP 所经过的路径。

② 松散显式路径。

松散显式路径可以指定路径上必须经过哪些节点，**但列出的节点间可以有其他节**

点。在图 5-7 中，从 Ingress LSRA 到 Egress LSRF 用松散显式路径建立一条 CR-LSP。

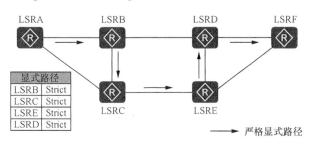

图 5-6 严格显式路径示例

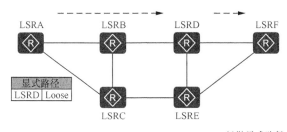

图 5-7 松散显式路径示例

"LSRD Loose"表示该 CR-LSP 必须经过 LSRD，但是从 LSRA 到 LSRD 可以有多条路径，如可以经过 LSRB 直接到达，也可以经过 LSRC，再经过 LSRE 到达。

（3）隧道优先级与带宽抢占

隧道优先级与带宽抢占功能可根据 MPLS TE 隧道承载业务的重要程度来解决隧道建立过程中的资源竞争问题。

MPLS TE 隧道使用建立优先级和保持优先级来决定不同 CR-LSP 之间是否可以进行资源抢占。隧道优先级用来指示新建路径和当前已经建立路径之间的带宽资源的抢占关系。

建立优先级是指建立 TE 隧道时使用带宽资源的优先级，保持优先级是指保持当前 TE 隧道所使用的带宽资源的优先级。建立优先级和保持优先级的范围都是从 0 到 7，**值越大优先级越低**（与 QoS 优先级相反）。例如，当新建 CR-LSP 的建立优先级高于已经建立 CR-LSP 的保持优先级时，前者抢占后者的资源。**同一条隧道的建立优先级不能高于保持优先级，即不能拆除原来的隧道，然后新建相同的隧道。**

在建立 TE 隧道的过程中，当建立高优先级的 TE 隧道无法找到满足所需带宽要求的路径时，则拆除当前已经建立的另一条 TE 隧道，占用为它分配的带宽资源，这种处理方式被称为抢占。抢占分为硬抢占和软抢占两种。

① 硬抢占：高优先级的 TE 隧道和低优先级的 TE 隧道发生资源竞争时，高优先级的 TE 隧道直接抢占低优先级的 TE 隧道的资源。即当链路总带宽不够两个 TE 隧道共享时，**直接拆除原来低优先级的 TE 隧道**，否则两条 TE 隧道共享链路带宽。

② 软抢占：高优先级的 TE 隧道和低优先级的 TE 隧道发生资源竞争，且链路总带宽不够两条 TE 隧道共享时，采用 Make-Before-Break 的原则，**即先不拆除低优先级的 TE 隧道，等到低优先级的 TE 隧道的流量切换到新的 TE 隧道后**，高优先级的 TE 隧道

才抢占原来低优先级的 TE 隧道的资源，并拆除原来低优先级的 TE 隧道，否则两条 TE 隧道共享链路带宽。

【说明】Make-Before-Break 是一种在原有路径被拆除前先建立新路径（也称为 Modify LSP），将流量进行切换的一种机制。它可以在进行流量切换时尽可能在不丢失数据和不占用额外带宽的前提下改变 MPLS TE 隧道属性。

如图 5-8 所示，每个链路的 Metric 值都是相同的，假设已存在如下两条 TE 隧道。

① Tunnel0/0/1：路径为 Path1，带宽需求为 100Mbit/s，建立和保持优先级为 0。

② Tunnel0/0/2：路径为 Path2，带宽需求为 100Mbit/s，建立和保持优先级为 7。

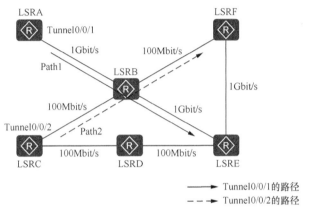

图 5-8　隧道优先级与抢占示例——链路发生故障前的链路状态

如果 LSRB→LSRE 的链路发生了故障，则 Tunnel0/0/1 原来对应的 Path1 路径会不通，此时 LSRA 会重新计算 Tunnel0/0/1 的新路径 Path3（LSRA→LSRB→LSRF→LSRE）。但 LSRB→LSRF 这段链路的带宽仅为 100Mbit/s，当不满足 Tunnel0/0/1、Tunnel0/0/2 两条隧道共同使用，这两条隧道将会对这段链路的带宽资源进行抢占，如图 5-9 所示。Tunnel0/0/1 的新路径建立过程如下。

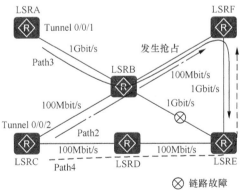

图 5-9　隧道优先级与抢占示例——发生抢占时的链路状态

① 经过 MPLS TE 的路径计算后，Path 消息沿着 LSRA→LSRB→LSRF→LSRE 发送，Resv 消息沿着 LSRE→LSRF→LSRB→LSRA 发送。

【说明】Path 消息由发送者向下游转发，并保存所经过的节点的路径信息。Resv 消息由接收者向上游逐跳转发，用于响应 Path 消息，提出资源预留请求。具体介绍参见 5.1.3 节。

② 当 Resv 消息从 LSRF 发送到 LSRB，要在 LSRB 为新建 TE 隧道进行带宽预留时，发现带宽不足（因为 LSRB 到 LSRF 之间的链路总带宽仅为 100Mbit/s，不够两条 TE 隧道共享），否则会发生抢占。此时，不同抢占方式对应的结果如下。

- 在硬抢占方式下：由于 Tunnel0/0/1 的优先级高于 Tunnel0/0/2，LSRB 将直接拆除 Tunnel0/0/2 的路径 Path2，并向下游 LSRF 发送 PathTear 消息告知删除节点路径信息，往上游 LSRC 发送 ResvTear 消息告知删除节点预留状态，直接拆除低优先级的隧道 Path2。此时，如果 Tunnel0/0/2 存在流量，则通过 LSRF 到达目的地的那部分流量将丢失。

【说明】PathTear 消息向下游逐跳转发，用来通告删除节点路径信息，其作用与 Path 消息相反。ResvTear 消息向上游逐跳转发，用来通告删除节点预留状态，其作用与 Resv 消息相反。具体介绍参见 5.1.3 节。

- 在软抢占方式下：LSRB 往上游 LSRC 发送 ResvTear 消息，并在 LSRB 和 LSRC 不拆除 Path2 的前提下，沿着 Path4 重新建立路径，即 LSRC→LSRD→LSRE→LSRF。等路径建立完成且将流量切换后，拆除原有的 Tunnel0/0/2 的路径 Path2。

【经验提示】在图 5-8 中，如果发生故障的不是 LSRB 到 LSRE 这段链路而是 LSRB 到 LSRF 这段链路。假设 Path2 经过计算，也要通过 LSRB 直接到达 LSRE，那么这时 Tunnel0/0/1 和 Tunnel0/0/2 是否会共享 LSRB 到 LSRE 这段链路的带宽资源呢？答案是会的，因为 LSRB 到 LSRE 这段链路一共有 1Gbit/s 的带宽，完全可以供这两条 100Mbit/s 的 MPLS TE 隧道共享，不会出现资源抢占的情况。

（4）路径锁定

当一条 CR-LSP 建立完成后，网络拓扑变化或改变某些隧道的属性时，可能会导致这条 CR-LSP 根据实时网络状态重新建立。这里存在以下两个问题。

① 新建立的 LSP 路径可能与原路径不同，不便于网络管理员的运维管理。

② 流量需要从老的 CR-LSP 切换到新的 CR-LSP，这有可能导致流量丢失。

路径锁定功能可以解决上述两个问题。路径锁定是指在 CR-LSP 建立完成后，强制其路径不随路由的变化而变化，从而使业务流量具有连续性，并能够提供一定的可靠性保证。但这也可能因为原路径已经出现故障，导致流量丢失。

（5）亲和属性

亲和属性用来描述 MPLS TE 隧道所需链路的 32 位向量值，在隧道的 Ingress 来配置实施，需要和链路管理组联合使用，供隧道在计算路径时决定使用哪些链路。

亲和属性由 32 位的属性值和 32 位的掩码组成，与 IPv4 地址和子网掩码的组合类似。每一比特代表一个属性，**掩码为 0 时表示不关心对应亲和属性的值，掩码为 1 时表示关心对应亲和属性的值。**

为隧道配置亲和属性后，隧道在计算路径时，会将亲和属性和链路管理组属性进行比较，决定是选择还是避开某些属性的链路。MPLS TE 隧道使用一个 32 位的掩码表示需要比较的位，把链路管理组和隧道的亲和属性分别与掩码进行逻辑"与"运算，如果得到的结果相同，隧道选路时则选择该路径，不同则摒弃该路径，比较规则如下。

　① **亲和属性为 0 的位对应的链路管理组属性位也必须为 0**，否则可能会导致两者与掩码进行逻辑"与"运算后的结果不一致。

　② **掩码为 1 的所有位中，链路管理组中至少有 1 位与亲和属性中的相应位都为 1**，否则可能导致链路管理组属性与掩码进行逻辑"与"运算后，结果为全 0。

　例如，亲和属性为 0x0000FFFF，掩码为 0xFFFFFFFF，则可用链路的管理组属性取值如下。

- 高 16 位只能取 0，因为亲和属性的高 16 位全为 0，而规则规定亲和属性为 0 的位对应的链路管理组属性位不能为 1。
- 低 16 位至少有 1 位为 1，因为掩码和亲和属性的低 16 位全为 1，而规则规定所有掩码为 1 的位中，链路管理组属性中至少有 1 位与亲和属性中的相应位都为 1。

　由此可得出，以上示例中可使用的链路管理组属性的取值范围是 0x00000001～0x0000FFFF。

　③ **掩码为 0 的位不对链路管理组属性的相应位进行检查**，即对应的链路管理组属性位的值可以任意。

　例如，亲和属性为 0xFFFFFFFF，掩码为 0xFFFF0000，则可用链路的管理组属性取值如下。

- 高 16 位至少有 1 位为 1，因为掩码和亲和属性的高 16 位全为 1，而规则规定所有掩码为 1 的位中，链路管理组属性中至少有 1 位与亲和属性中的相应位都为 1。
- 低 16 位可以任意取 0 或 1，因为掩码的低 16 位全为 0，而规则规定对于掩码为 0 的位，不对链路管理组属性的相应位进行检查，即可以任意取 0 或 1。

　由此可得出，以上示例中可用的链路管理组属性的取值范围是 0x00010000～0xFFFFFFFF。

　结合以上规则，假设亲和属性为 0xFFFFFFF0，掩码为 0x0000FFFF，则可用链路管理组属性的高 16 位可以任意取 0 或 1，第 17～28 位中至少有 1 位为 1，且低 4 位不能为 1。

　【说明】不同设备制造商实现的链路管理组和亲和属性的比较规则可能有所不同，当在同一网络中使用不同设备制造商的设备时，需要事先了解各自的实现方式，以保证不同制造商设备间能够互通。

　缺省情况下，链路管理组属性、亲和属性和掩码值全为 0，对链路选择不作任何限制。

　（6）跳数限制

　跳数限制值作为 CR-LSP 建立时的选路条件之一，就像链路管理组属性和亲和属性一样，可以限制一条 CR-LSP 允许选择的路径跳数不超过某个值。

5.1.9　MPLS TE 框架

　动态 MPLS TE 隧道建立的实现过程主要依靠图 5-10 中的四大功能（也是四大步骤）：①通过扩展 IGP（例如 OSPF TE 或 IS-IS TE）进行信息发布、收集 TE 相关信息；②根据 MPLS TE 信息进行路径计算；③使用 RSVP-TE 与上、下游节点交互协议报文来进行路径建立，实现 MPLS TE 隧道的建立；④将数据报文引入 MPLS TE 隧道中进行转发。MPLS TE 实现的四大功能见表 5-4。

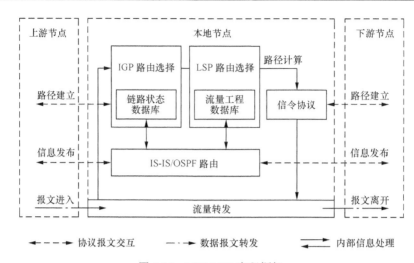

图 5-10　MPLS TE 实现框架

表 5-4　　MPLS TE 实现的四大功能

序号	功能	功能描述
1	信息发布	除了由 IGP 自己发布的网络拓扑信息，流量工程还需要知道网络的负载信息。为此，MPLS TE 通过扩展现有的 IGP 来发布 TE 信息，包括最大链路带宽、最大可预留带宽、当前预留带宽、链路颜色等。**每个节点收集本区域（对应 OSPF TE）或本 Level（对应 IS-IS TE）中的所有节点、每条链路的 TE 相关信息，最终生成自己的流量工程数据库（TE DataBase，TEDB）**
2	路径计算	通过约束最短路径优先（Constrained Shortest Path First，CSPF）算法，利用 TEDB 中的数据来计算满足指定约束条件的路径。CSPF 算法由最短路径优先（SPF）算法演变而来，首先在当前拓扑结构中删除不满足隧道约束条件的节点和链路，然后再通过 SPF 算法来计算 CR-LSP 路径
3	路径建立	建立 CR-LSP，CR-LSP 包括以下两种。 （1）静态 CR-LSP 静态 CR-LSP 通过用户配置转发信息和资源信息，不涉及信令协议和路径计算，即不涉及信息发布和路经计算这两个步骤。由于不需要交互 MPLS 相关控制报文，消耗资源比较小，但静态 CR-LSP 不能根据网络的变化动态调整，因此只适用于拓扑简单、规模小的组网。 （2）动态 CR-LSP 设备采用 RSVP-TE 信令建立 CR-LSP 隧道，包括本表中所介绍的全部四大功能。RSVP-TE 信令能够携带隧道带宽、显式路径、亲和属性等约束条件。通过信令协议动态地建立 LSP 隧道可以避免逐跳配置的麻烦，适用于规模大的组网。 为了增强路径建立的安全性和可靠性，还可以通过 RSVP 认证机制实现
4	流量转发	将流量引入 MPLS TE 隧道，并进行 MPLS 转发。以上 3 个功能可以实现一条 MPLS TE 隧道建立，流量转发用于将进入设备的流量引入 MPLS TE 隧道中进行转发

5.2　MPLS TE 信息发布原理

MPLS TE 中的信息发布是指通过 IGP（通常采用链路状态类型的 OSPF 或 IS-IS 进

行扩展，形成对应的 OSPF TE 或 IS-IS TE）发布网络中各节点的资源分配情况。每台设备收集本区域或本级别（如 IS-IS TE 中的 Level-1、Level-2、Level-1-2）所有设备上每条链路的 TE 相关信息，生成 TEDB。MPLS TE 网络中的各个节点，尤其是隧道的 Ingress 将根据信息发布的结果决定隧道经过哪些节点。

5.2.1　MPLS TE 信息内容

通过 OSPF TE 或 IS-IS TE 发布的 MPLS TE 信息的内容主要有以下 6 种。

① 链路状态信息：IGP 本身收集的信息，如接口的 IP 地址、链路类型、链路开销。

② 带宽信息：包括链路最大物理带宽、最大可预留带宽和每个优先级对应的当前可用带宽，即每个优先级的未被预留带宽。

③ TE Metric：链路的 TE 度量值。缺省情况下，采用 IGP 的度量（如链路开销）值作为 TE 度量值。

④ 链路管理组：链路颜色。

⑤ 亲和属性：MPLS TE 隧道所需的链路颜色。

⑥ SRLG：SRLG 作为备份隧道路径计算的限制条件，使备份路径不与隧道主路径建立在具有同等风险等级的链路上。

MPLS TE 信息的发布主要依靠现有链路状态路由协议的扩展，包括 OSPF TE 和 IS-IS TE，用于传送带有流量参数的 OSPF LSA 或 IS-IS LSP，满足 MPLS TE 的需求。两种 IGP 会自动收集信息发布内容，并对这些信息进行泛洪，发布给 MPLS TE 网络中的其他节点。

5.2.2　OSPF TE

OSPF 是一种基于链路状态信息的路由协议，定义了第 1 类～第 5 类、第 7 类的 LSA 来携带区域内、区域间、自治系统外部等路由信息，并用于路由计算。但是这几种 LSA 的固定格式不能满足 MPLS TE 的需求，因此出现了透明（Opaque）LSA 和 TE LSA。

（1）Opaque LSA

Opaque LSA 在 RFC 2370 中定义，分为第 9 类、第 10 类和第 11 类 LSA。第 9 类 LSA 只能在某一个接口上扩散，属于链路本地性质的 LSA；**第 10 类 LSA 只能在一个区域内扩散**；第 11 类 LSA 则与第 5 类 LSA 具有相同的扩散范围，可以在除末梢（Stub）区域、非纯末梢区域（NSSA）之外的整个自治系统内部扩散。

Opaque LSA 与其他几类 LSA 具有相同的头部结构，只是 LSA 中的 4 字节链路状态 ID（Link State ID）字段被分成两个部分：Opaque Type（1 字节）和 Opaque ID（3 字节），如图 5-11 所示。

Opaque Type 字段用来区分此 LSA 的应用类型，Opaque ID 字段用来区分同一种应用类型的不同的 LSA。例如，应用于 OSPF Graceful Restart（平滑重启）的 Opaque

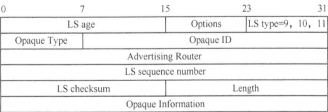

图 5-11　Opaque LSA 的格式

LSA 属于第 9 类 LSA，其应用类型的值为 3；应用于 MPLS TE 扩展 Opaque LSA 属于第 10

类 LSA，其透明类型（Opaque Type 字段）的值为 1。Opaque Information 字段包含 LSA 携带的具体信息，信息格式可由不同的应用根据各自的需求单独定义，通常采用一种非常具有扩展功能的 TLV（Type/Length/Value）结构，如图 5-12 所示。

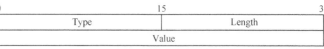

图 5-12　Opaque Information 字段的 TLV 结构

① Type：标志了这个结构中携带的信息类型。

② Length：标明了 Value 字段的有效字节长度。

③ Value：TLV 携带的信息，也是一个 TLV 结构，称为子 TLV（Sub-TLV）。

（2）TE LSA

应用于 MPLS TE 扩展的 Opaque LSA 被称为 TE LSA（属于 Opaque LSA 中的一种），属于第 10 类 LSA，应用类型（Opaque Type 字段）的值为 1。因此 TE LSA 具有 1.x.x.x 形式的 Link State ID，只能在一个区域内扩散。TE LSA 的结构如图 5-13 所示。

0	15	23	31
LS age		Options	LS type=10
OpaqueType=1		Opaque ID	
Advertising Router			
LS sequence number			
LS checksum		length=132	
TLV Type=1		TLV length=4	
Router Address			
TLV Type=2		TLV length=100	
Sub-TLV Type=1		Sub-TLV length=1	
Link Type=1		Padding	
Sub-TLV Type=2		Sub-TLV length=4	
External Route Tag			
Link ID			
Sub-TLV Type=3		Sub-TLV length=4N	
Local IP Address			
Sub-TLV Type=4		Sub-TLV length=4N	
Remote IP Address			
Sub-TLV Type=5		Sub-TLV length=4N	
TE Metric			
Sub-TLV Type=6		Sub-TLV length=4N	
Maximum Bandwidth			
Sub-TLV Type=7		Sub-TLV length=4N	
Maximum Reservable Bandwidth			
Sub-TLV Type=8		Sub-TLV length=32	
Unreserved Bandwidth-Priority 0			
Unreserved Bandwidth-Priority 1			
……			
Unreserved Bandwidth-Priority 7			
Sub-TLV Type=9		Sub-TLV length=4	
Administrative Group			

图 5-13　TE LSA 的结构

TE LSA 使用 TLV 结构来携带需要的信息，目前只定义了以下两种 TLV。

- TLV Type 1

Router Address TLV：TLV 值为路由器 IP 地址，长度为 4 字节，用来唯一标识一个 MPLS 节点，在 CSPF 中相当于 OSPF 中的 Router ID 的作用。

- TLV Type 2

Link TLV：携带了使能 MPLS TE 的一条链路的属性。其中，Link TLV 又可携带 9 种 Sub-TLV，具体见表 5-5。OSPF TE 通过 TE Type2 LSA 向邻居设备发布最终构建 CR-LSP 所需的 MPLS TE 信息。

表 5-5　Type2 LSA 中支持的 Sub-TLV 类型

Sub-TLV	说明
Type1：Link Type（Value 域长度为 1 字节）	链路类型，包括以下两种。 ① Point-to-Point：点对点，值为 1。 ② MultiAccess：多路访问，值为 2。 因为该 Sub-TLV 仅用来表示链路类型，无具体的值，故该 Sub-TLV 的 Value 域后面的 3 字节的填充（Padding）值全为 0
Type2：Link ID（Value 域长度为 4 字节）	链路 ID，也是外部路由标记（Tag），IP 地址格式，包括以下两种。 ① Point-to-Point：邻居的 OSPF Router ID。 ② MultiAccess：DR 节点的接口的 IP 地址。
Type3：Local IP Address（Value 域长度为 4N 字节）	本地接口的 IP 地址，可以包含多个本地接口的 IP 地址，每个 4 字节
Type4：Remote IP Address（Value 域长度为 4N 字节）	对端接口的 IP 地址，可以包含多个对端接口的 IP 地址，每个 4 字节。 ① Point-to-Point：使用对端 IP 地址。 ② MultiAccess：可以使用 0.0.0.0，也可以省略此 Sub-TLV
Type5：Traffic Engineering Metric（Value 域长度为 4 字节）	在 TE 链路上配置的 TE Metric。ULONG 数据格式，4 字节无符号整数
Type6：Maximum Bandwidth（Value 域长度为 4 字节）	链路上的最大带宽。以 4 字节存储的浮点型数据格式
Type7：Maximum Reservable Bandwidth（Value 域长度为 4 字节）	链路上的最大可预留带宽。以 4 字节存储的浮点型数据格式
Type8：Unreserved Bandwidth（Value 域长度为 32 字节）	每个优先级（共 8 个）的可预留带宽。每个优先级都是以 4 字节存储的浮点型数据格式
Type9：Administrative Group（Value 域长度为 4 字节）	链路管理组属性

当将一条链路标记为一条 MPLS TE 链路时，若该链路也同时运行了 OSPF，并且已经建立了 OSPF 邻居，那么 OSPF 的 TE 扩展功能会根据这一条 TE 链路产生一条对应的 TE LSA 发布到区域中。如果区域中有其他的节点也支持 TE 的扩展，那么在这些节点之间会产生一个 TE 链路组成的网络拓扑。每一个发布 TE LSA 的节点必须具有一个唯一的路由器 IP 地址（在 Type1 Sub-TLV 中指定）。

Opaque Type 10 LSA 是在 OSPF 区域内发布的，所以 CSPF 计算也是基于区域的，跨区域的 LSP 需要分段计算。

5.2.3　IS-IS TE

IS-IS 也是基于链路状态信息的路由协议，因此也可以使用扩展的 IS-IS 发布 TE 信息。在 IS-IS TE 中扩展了以下两种新的 TLV。

（1）Type 135：Wide Metric

IS-IS 有以下两种度量。

① Narrow Metric：6 比特窄域度量。

② Wide Metric：32 比特广域度量，不用于路由计算，仅用于传递 TE 相关信息。

Narrow Metric 只有 64（0～63）个度量值，难以满足大型流量工程的需求。因此通常使用 Wide Metric 来传递 TE 相关信息。在窄域度量的向广域度量的过渡中，IS-IS TE 需要支持以下兼容的度量值。

① Compatible：可以接收和发送度量类型为 narrow 和 wide 的报文。

② Wide Compatible：可以接收度量类型为 narrow 和 wide 的报文，但只发送 wide 的报文。

（2）Type 22：IS 可达性 TLV

Type 22 的 IS 可达性 TLV 格式如图 5-14 所示，包括以下字段。

① 系统 ID 和伪节点 ID，7 字节（8 位组）。

② 缺省链路度量（Link metric），5 字节（8 位组）。

③ 子 TLV 长度（sub-TLV length），1 字节（8 位组）。

④ 可变长的子 TLV（Sub-TLV），0～224 字节（8 位组）。

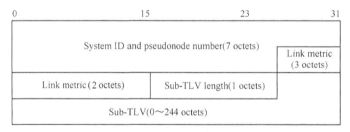

图 5-14　Type 22 的 IS 可达性 TLV 格式

IS 可达性 TLV 支持的 Sub-TLV 见表 5-6，IS-IS TE 就是通过这些 TLV 向邻居设备发布最终构建 CR-LSP 所需的 MPLS TE 信息的。

表 5-6　IS 可达性 TLV 的 Sub-TLV 类型

Sub-TLV	描述
Type3：Administrative group（4 字节）	链路管理组属性，以 32 比特标识 32 个链路管理组属性
Type6：IPv4 interface address （4N 字节）	本地接口的 IP 地址，可以包含多个本地接口的 IP 地址，每个地址 4 字节
Type8：IPv4 neighbor address （4N 字节）	对端接口的 IP 地址可以包含多个对端接口的 IP 地址，每个地址 4 字节。 ① Point-to-Point：使用对端 IP 地址。 ② MultiAccess：使用 0.0.0.0

续表

Sub-TLV	描述
Type9：Maximum link bandwidth（4 字节）	链路上的最大带宽
Type10：Reservable link bandwidth（4 字节）	链路上的最大可预留带宽
Type11：Unreserved bandwidth（32 字节）	每个优先级（共 8 个）的可预留带宽，每个优先级可预留带宽 4 字节
Type18：TE Default metric（3 字节）	在 TE 链路上配置的 TE Metric，缺省与 IGP 的度量一致

5.2.4　MPLS TE 信息发布时机

为了形成本区域内统一的 TE 数据库，OSPF TE 和 IS-IS TE 需要对链路信息进行泛洪。除了首次配置 MPLS TE 隧道会触发泛洪，其他的泛洪时机和条件如下。

① 达到 IGP TE 的泛洪周期，此周期可由用户配置（IGP 方式）。

② 链路生效或失效（IGP 方式）。

③ 链路配置发生变化，例如链路 Cost 发生更新（IGP 方式）。

④ 当没有足够的资源来预留带宽导致 LSP 无法建立时，该节点会马上泛洪，通告链路的当前可用带宽（TE 特有）。

⑤ 链路属性发生变化，例如链路管理组属性和亲和属性发生变化（TE 特有）。

⑥ 链路带宽发生变化（TE 特有）。

当 MPLS 接口的剩余带宽发生变化时，系统会更新 TEDB 并进行泛洪。这样一来，当节点上创建大量需要预留带宽的隧道时，系统会频繁更新 TEDB 并泛洪。例如，某条链路带宽为 100Mbit/s，在此链路上建立 100 条 1Mbit/s 的 TE 隧道时，则需要进行 100 次泛洪。

为了抑制更新 TEDB 和泛洪的频率，提供了以下带宽泛洪机制。

① 一条链路上为 MPLS TE **隧道保留的带宽**与 TEDB 中的**剩余带宽**的比值等于或大于设定的阈值。

② MPLS TE **隧道释放的带宽**与 TEDB 中的**剩余带宽**的比值等于或大于设定的阈值。

当满足以上两种条件的任意一种时，IGP 将对该链路信息进行泛洪，随之更新 TEDB。OSPF TE 或 IS-IS TE 泛洪完成后，将形成本区域或本级别内统一的 TEDB。设备根据 TEDB 中的信息计算 Egress 到达区域内其他节点的最合适的路径，MPLS TE 使用该路径建立 CR-LSP。

例如，某条链路剩余带宽为 100Mbit/s，在此链路上建立 100 条 1Mbit/s 的 TE 隧道，如果设置泛洪阈值为 10%，则变化带宽与剩余带宽的比值如图 5-15 所示。横坐标为建立 MPLS TE 隧道的数量，纵坐标为变化带宽（即 MPLS 接口剩余带宽的变化值）与 MPLS 接口的剩余带宽的比值。

建立第 1 条～第 9 条时，不进行泛洪，因为这期间 MPLS 接口的变化带宽与剩余带宽比始终小于设置的泛洪阈值，**这期间的剩余带宽始终以 100Mbit/s 计算**。建立第 1 条隧道时，变化带宽为 1Mbit/s，变化带宽与剩余带宽的比值为 1%；建立第 2 条隧道时，变化带宽为 2Mbit/s，变化带宽与剩余带宽的比值为 2%；以此类推，当建立第 10 条隧道时，变化带宽为 10Mbit/s，变化带宽与剩余带宽的比值为 10%。达到了设定的阈值后，会一次性对第 1 条～第 10 条隧道所占用的共 10Mbit/s 带宽信息进行泛洪。此时，剩余带宽变为 90Mbit/s，然后继续新建隧道。

当建立第 11 条～第 18 条隧道时，不进行泛洪，当建立第 19 条隧道时才泛洪，**因为这期间 MPLS 接口的剩余带宽始终以 90Mbit/s 计算**。建立第 11 条隧道时，变化带宽为 1Mbit/s，变化带宽与剩余带宽的比值约为 1.1%；建立第 12 条隧道时，变化带宽为 2Mbit/s，变化带宽与剩余带宽的比值约为 2.2%；以此类推，当建立第 19 条隧道时，变化带宽为 9Mbit/s，变化带宽与剩余带宽的比值为 10%，又达到了泛洪阈值标准，此时剩余带宽为 81Mbit/s。后续隧道建立过程中的变化带宽和剩余带宽比值的计算方法一样。

【说明】TEDB 与 IGP 的 LSDB 是两个完全独立的数据库。两者来源相同，都是 IGP 泛洪的产物。但内容和功能不同，TEDB 除了具备 LSDB 中所有的内容，还包含流量工程的信息。LSDB 用于 IGP 最短路径的计算，TEDB 用于 MPLS TE CR-LSP 最优路径的计算。

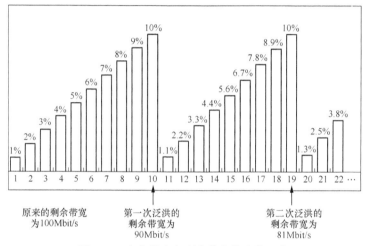

图 5-15　变化带宽与剩余带宽的比值示意

5.3　动态 CR-LSP 路径计算

MPLS TE 使用 CSPF 算法计算出到达某个 Egress 的最优路径。CSPF 算法的计算过程根据 MPLS TE 隧道的要求，先对 TEDB 中的链路进行裁剪，把不满足 TE 属性要求的链路剪掉；然后再采用 SPF 算法，寻找一条到达 Egress、满足 TE 属性要求的最短路径（即一组 LSR 地址）。CSPF 算法计算的结果是一条满足约束条件、完全明确的路径，通常只在 MPLS TE 隧道的 Ingress 进行。

（1）CSPF 算法与 SPF 算法

CSPF 算法专门用于计算 MPLS TE 路径，与 SPF 算法的区别如下。

① CSPF 算法只计算到达隧道终点的最短路径，因为隧道是点对点连接的，而 SPF 算法需要计算到达所有节点的最短路经。

② CSPF 算法不再使用简单的邻居间链路开销作为度量值，而是使用隧道的约束条件作为度量值。

③ CSPF 算法不存在负载分担，当两条路径有同样的权值时需要仲裁，即一条 CR-LSP 上始终不存在两条不同的转发路径。但一条 MPLS TE 隧道可以包含多条 CR-LSP，多条 CR-LSP 之间可以负载分担。

CSPF 算法有以下两个计算依据。

① 待建立的 CR-LSP 隧道的带宽、显式路径、建立/保持优先级、亲和属性等约束条件在隧道的 Ingress 上配置。

② 流量工程数据库。

【说明】如果网络中没有配置 OSPF TE 和 IS-IS TE，就不能形成 TEDB，但仍可以由 IGP 生成 LSP。当然，此时建立的不是 CR-LSP，而是普通的 LSP。

（2）CSPF 算法的仲裁

在使用 CSPF 算法计算路径的过程中，如果遇到多条权值相同的路径，将根据策略仅选择其中的一条。这个过程被称为仲裁，可用的仲裁策略如下。

① Most-fill：选择已用带宽和最大可预留带宽的比值最大的链路，**使流量尽可能选择已使用的链路**，使链路带宽资源高效使用。

② Least-fill：选择已用带宽和最大可预留带宽的比值最小的链路，**使流量尽可能选择还未使用的链路**，使各条链路的带宽资源均匀使用。

③ Random：随机选取，使每条链路上的 LSP 数量均匀分布，**不考虑带宽因素**。

在已用带宽和最大可预留带宽的比值相同的情况下，如果存在多条可选链路，则此时不管配置的是 Least-fill 策略还是 Most-fill 策略，最终选择的是首先发现的链路。

（3）CSPF 算法的计算过程

下面以图 5-16 所示的上图为例来说明 CSPF 算法的计算过程。除标注具体带宽及"Blue"的链路外，其他链路都为 100Mbit/s。此时需要建立一条目的地址为 LSRE、带宽为 80Mbit/s 且必须经过 LSRH 节点的 MPLS TE 隧道。图中标注为"Blue"的链路是在 CR-LSP 计算中明确要求避开的链路。

因为 50Mbit/s 链路不符合隧道带宽需求，而标注为"Blue"的链路明确被排除在外，所以在链路选择时会裁剪掉这些链路，但又明确要求必须经过 LSRH，所以经过 CSPF 算法裁剪后，得到的链路拓扑如图 5-16 中的下图所示。

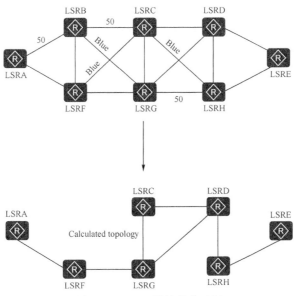

图 5-16　CSPF 算法裁剪示例

【说明】图 5-16 中，LSRB 与 LSRF 之间的链路虽然符合要求，但因为 LSRB 上的其他链路均被排除在外，从 LSRA 发出的报文经 LSRF 到达 LSRB 后没有出接口可选，所以没有意义，LSRB 也不会包含在 CR-LSP 计算范围之内。

再经过 OSPF TE 或者 IS-IS TE 进一步按照普通的 SPF 算法进行拓扑计算，因为 LSRG、LSRC 和 LSRD 之间存在环路，根据 SPF 算法在它们之间找到一条最优路径，即 LSRG→LSRD，最终得到如图 5-17 所示的计算结果。

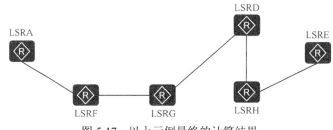

图 5-17　以上示例最终的计算结果

5.4　动态 CR-LSP 路径的建立与切换

使用 CSPF 算法计算出满足约束条件的路径后，MPLS TE 通过 RSVP-TE 沿着计算出的路径建立 CR-LSP，并在路径经过的节点上预留资源。另外，建立好的 CR-LSP 可能还需要在使用的过程中改变路径，涉及 CR-LSP 路径的切换。

5.4.1　CR-LSP 的路径建立原理

CR-LSP 的建立方式可以分为静态建立和动态建立两种。因为静态 CR-LSP 的建立完全依靠企业网络管理员的配置，故此处仅介绍使用 RSVP-TE 信令建立动态 CR-LSP 的原理。

动态 CR-LSP 的建立主要分为以下两个步骤。

① Ingress 向 Egress 发送 Path 消息。

② Egress 向 Ingress 发送 Resv 消息。

中间如果发生错误，则会触发对应的 Err（例如 PathErr 或 ResvErr）消息的发送。Path 消息用于创建 RSVP 会话和关联路径状态，接收了 Path 消息的途经节点会建立 PSB。Resv 消息携带了资源预留信息，发送时途经的节点会建立 RSB 和分配标签。

在正式建立 CR-LSP 之前，需要在 RSVP-TE 隧道的入节点完成路径计算，参见 5.3 节。CSPF 算法是 MPLS TE 路径选择的核心，与 SPF 算法类似，只是在计算最优路径时考虑预留带宽。需要注意的是，在 SPF 算法中，到同一目的地可以有很多跳代价相同的路径，但 CSPF 算法并不是要计算到达一个目的地的所有可能路径，而是只计算一条最优路径。如果遇到了具有相同开销的等价路径，CSPF 算法需要进行仲裁，从中选出一条最优路径作为最终的计算结果。另外，RSVP-TE 不是路由协议，因此，CSPF 算法需要借助于基于状态信息的路由协议（OSPF、IS-IS 等）生成的路由信息来计算路径。

以图 5-18 中从 PE1 到 PE2 动态建立 CR-LSP 为例，详细介绍 RSVP-TE 建立 CR-LSP

的流程。

首先，PE1 按照 5.3 节介绍的 CR-LSP 路径计算原理，使用 CSPF 算法计算从 PE1 到 PE2 的路径，这条路径指定了沿途每一跳的 IP 地址。然后，正式建立 CR-LSP 路径。

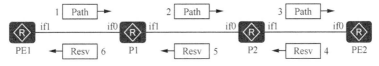

图 5-18　RSVP-TE 建立 CR-LSP 的流程示例

① PE1 将 CSPF 算法计算出来的 IP 地址列表作为 ERO 的内容，构造 Path 消息，并根据 Path 消息构造 PSB，然后根据 ERO 将 Path 消息发送给 P1。PE1 发送的 Path 消息携带的内容见表 5-7（包括多个消息对象）。

表 5-7　PE1 节点的 Path 消息

Object（对象）	Value（值）
SESSION（会话信息，包括 Destination Address、Tunnel ID、Extend Tunnel ID 等）	Destination（CR-LSP 的目的地址）：PE2 上要建立 CR-LSP 的 FEC 地址，建立 TE 隧道的 Tunnel ID 及扩展 Tunnel ID
RSVP_HOP（发送 Path 消息的出接口的 IP 地址）	PE1-if1 接口的 IP 地址
EXPLICIT_ROUTE（显式路径信息，即 CR-LSP 经过的路径信息）	P1-if0 接口的 IP 地址；P2-if0 接口的 IP 地址；PE2-if0 接口的 IP 地址
LABEL（标签请求对象）	LABEL_REQUEST

② P1 收到 PE1 的 Path 消息后，解析报文，根据 Path 消息构建自己的 PSB。然后 P1 更新 Path 消息，根据 ERO 将 Path 消息发送给 P2。P1 转发的 Path 消息携带的内容见表 5-8。

P1 的主要操作如下。

- P1 更新 Path 消息的 RSVP_HOP 为 P1 到 P2 的出接口地址。
- P1 更新 Path 消息的 ERO，删除 P1 自己的出、入接口地址及 LSR ID。

表 5-8　P1 节点的 Path 消息

Object	Value
SESSION	同 PE1 节点发送的 Path 消息 SESSION 对象
RSVP_HOP	P1-if1 接口的 IP 地址
EXPLICIT_ROUTE	P2-if0 接口的 IP 地址；PE2-if0 接口的 IP 地址
LABEL	LABEL_REQUEST

③ P2 收到 P1 的 Path 消息后，与 P1 的处理类似，根据 Path 消息构建自己的 PSB，并更新 Path 消息，删除出、入接口地址及 LSR ID，再根据 ERO 将 Path 消息发送给 PE2，此时的 Path 消息携带的内容见表 5-9。

表 5-9　P2 节点的 Path 消息

Object	Value
SESSION	同 PE1 节点发送的 Path 消息 SESSION 对象
RSVP_HOP	P2-if1 接口的 IP 地址
EXPLICIT_ROUTE	PE2-if0 接口的 IP 地址
LABEL	LABEL_REQUEST

④ PE2 收到 Path 消息后，从 SESSION 对象的 Destination 内容中获取待建立的 CR-LSP 的 Egress。此时，PE2 分配标签（为入标签）和资源，根据本地 PSB 产生 Resv 消息。PE2 发送 Resv 消息给 P2，Resv 消息中携带了 PE2 分配给 P2 的标签（为出标签）等，具体见表 5-10。

表 5-10　PE2 节点的 Resv 消息

Object	Value
SESSION	同 PE1 节点发送的 Path 消息 SESSION 对象
RSVP_HOP（发送 Resv 消息的出接口的 IP 地址）	PE2-if0 接口的 IP 地址
LABEL（分配的 MPLS 入标签）	3
RECORD_ROUTE（沿途收集各节点的入接口的 IP 地址）	PE2-if0 接口的 IP 地址

【说明】各节点在收到 Path 消息并构建自己的 PSB 后，需对资源进行检查，包括带宽是否满足要求、亲和属性是否正确等。如果检查出错，则需要根据错误类型向上游节点发送 PathErr 消息。

PE2 从来自 P2 的 Path 消息中的 PSB 中提取 RSVP_HOP 字段的地址作为 Resv 消息的目的 IP 地址，直接沿原来 Path 消息发送的逆向路径进行转发，因此 Resv 消息中并不携带 ERO。后面的节点一样。

Resv 消息如果包含 RESV_CONFIRM 对象，接收该消息的节点需要向发送该消息的节点发送 ResvConf 消息来确认资源预留请求。

⑤ 当 P2 收到 Resv 消息后，记录相关信息到 RSB 中，并分配一个新标签，更新 Resv 消息发给 P1，Resv 消息携带的内容见表 5-11。如果 Resv 消息中包含了 RESV_CONFIRM 对象，则会同时向 PE2 发送 ResvConf 消息进行确认。

表 5-11　P2 节点的 Resv 消息

Object	Value
SESSION	同 PE1 节点发送的 Path 消息 SESSION 对象
RSVP_HOP	P2-if0 接口的 IP 地址
LABEL	17
RECORD_ROUTE	P2-if0 接口的 IP 地址；PE2-if0 接口的 IP 地址

⑥ 当 P1 收到 P2 的 Resv 消息时，与 P2 一样，记录相关信息到 RSB 中，并分配一个新标签，更新 Resv 消息发给 PE1，Resv 消息携带的内容见表 5-12。

表 5-12　P1 节点的 Resv 消息

Object	Value
SESSION	同 PE1 节点发送的 Path 消息 SESSION 对象
RSVP_HOP	P1-if0 接口的 IP 地址
LABEL	18
RECORD_ROUTE	P1-if0 接口的 IP 地址；P2-if0 接口的 IP 地址；PE2-if0 接口的 IP 地址

⑦ PE1 收到 Resv 消息，资源预留成功，获得 P1 为该 CR-LSP 分配的入标签，同时作为自己为该 CR-LSP 分配的出标签，此时 CR-LSP 建立成功。

5.4.2　CR-LSP 路径切换的 Make-Before-Break 机制

对于一条建立好的 MPLS TE 隧道，当链路属性或隧道属性变化导致有更优的路径时，原隧道会按照新的属性重新建立 CR-LSP，并在建成后将流量切换到新的 CR-LSP 上。但在实际应用中，很可能在新的 CR-LSP 尚未建立完成时就把流量切换到新路径上，新、旧 CR-LSP 可能存在部分重合链路，因此出现资源预留竞争。此时如果链路上可用的带宽不足以同时支持新、旧 CR-LSP 带宽预留，新路径就无法建立，导致切换后的流量丢失。

　　MPLS TE 提供了 Make-Before-Break 机制来避免上述问题的发生，因为 Make-Before-Break 可通过 5.1.2 节介绍的 SE 风格使新、旧路径中重合的节点为多条 CR-LSP 采用同一个资源预留，不会出现多条 CR-LSP 带宽资源预留的竞争。这样一来，新路径需要预留的带宽不会被重复计算，可采用原路径使用的带宽，即路径重合的地方不额外占用带宽，路径不重合的地方额外占用带宽。

　　在图 5-19 中，假设所有链路最大可预留带宽为 60Mbit/s。原来已建立了一条由 Router_1 到 Router_4 的 CR-LSP，带宽为 40Mbit/s，路径是 Path1。

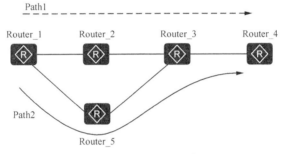

图 5-19　Make-Before-Break 机制示例

　　现在希望将路径改为 Path2，通过负载较轻的 Router_5 进行数据转发。此时 Router_3→Router_4 上剩余的可预留带宽只有 20Mbit/s，不足为新路径重新预留 40Mbit/s 带宽。在这种情况下，可以通过 Make-Before-Break 机制来解决，新建立的路径 Path2 在 Router_3→Router_4 段链路上进行资源预留时采用原路径使用的带宽。新隧道建立成功后，流量转到新路径上后拆除原路径。

　　在增加隧道带宽方面，只要共用链路的可预留带宽满足增量要求，新的 CR-LSP 就可以建立成功。仍以图 5-19 为例，假设所有链路最大可预留带宽为 60Mbit/s，原来路径 Path1 的带宽为 30Mbit/s。现在希望将路径改为 Path2，通过负载较轻的 Router_5 进行数据转发，并将带宽增大为 40Mbit/s。此时 Router_3→Router_4 段链路上剩余的可预留带宽只有 30Mbit/s，不能满足单独再为新路径预留 40Mbit/s 带宽。在这种情况下，也可以通过 Make-Before-Break 机制来解决，让新建立的 Path2 在 Router_3→Router_4 段链路上进行资源预留时采用原路径使用的带宽，并追加增量带宽。这样，新的 CR-LSP 建立成功后，也会在流量转到新路径后拆除原路径。

5.5　MPLS TE 流量转发

　　通过 MPLS TE 信息发布、CR-LSP 路径计算和 CR-LSP 路径建立三大功能，已经可以成功建立一条 MPLS TE 隧道。**不同于 LDP LSP，MPLS TE 隧道中的 CR-LSP 建立好后仍不能自动将流量引入隧道中进行转发，需要采用一定的方式将流量引入 MPLS TE 隧道中进行转发。**这里介绍以下几种将流量引入 MPLS TE 隧道的方式。

① 静态路由指定：适用于网络拓扑简单或网络环境稳定的场景。

② 策略路由指定：适用于负载分担和安全监控等场景。

③ 隧道策略指定：适用于需要选择 TE 隧道承载 VPN 业务的场景。

④ 自动路由发布：适用于网络拓扑复杂或网络环境经常变动的场景。

（1）静态路由指定

将流量引入 TE 隧道最简单的方法是使用静态路由，配置方法简单，**只需在入节点将 TE 隧道的 Tunnel 接口设置为静态路由的出接口即可。**

（2）策略路由指定

策略路由（Policy-Based Routing，PBR）是一种依据用户制定的策略进行路由选择的机制，可应用于安全过滤、负载分担等场景。在 MPLS 网络中，可使符合过滤条件的 IP 报文通过指定的 CR-LSP 转发。

MPLS TE 的策略路由通过定义一系列匹配的规则和动作，将 **apply** 语句的出接口设置为 MPLS TE 隧道的 Tunnel 接口。如果报文不匹配策略路由规则，将进行正常 IP 转发；如果报文匹配策略路由规则，则报文直接从指定隧道转发。MPLS TE 策略路由的配置方法与普通 IP 网络中的策略路由配置方法一样。

（3）隧道策略指定

通常，VPN 流量通过隧道进行转发时，默认采用普通的 LSP 隧道而不是 MPLS TE 隧道，此时需要在 VPN 应用隧道策略（Tunnel Policy），将 VPN 流量引入 MPLS TE 隧道中。可以采用以下两种方式来配置隧道策略。

① 优先级顺序选择（Select-seq）方式：该策略可以改变 VPN 选择的隧道类型，按照配置的隧道类型优先级顺序将 TE 隧道选择为 VPN 的公网隧道。

② 隧道绑定（Tunnel Binding）方式：该策略可以为 VPN 绑定 TE 隧道以保证 QoS，将某个目的 IP 地址与某条 TE 隧道进行绑定。

（4）自动路由发布

自动路由（Auto Route）是指将 MPLS TE 隧道看作逻辑链路，与物理链路一起参与 IGP 路由的计算，并使用对应的隧道接口作为路由出接口。这时，TE 隧道被看作点到点链路，并且可以设置其 Metric（度量）值。自动路由方式有以下两种。

① 转发捷径：不将这条 CR-LSP 链路发布给邻居节点，只有建立了 MPLS TE 隧道的节点可以利用该隧道转发流量，其他节点因为感知不到这条 MPLS TE 隧道的存在，所以不会使用此隧道。

② 转发邻接：将这条 CR-LSP 发布给邻居节点，其他节点也会感知这条隧道的存在，能够使用此隧道来发送流量。

转发邻接是通过在 OSPF 第 10 类 Opaque LSA 的 "Remote IP Address" 子 TLV 和 IS-IS 可达性 TLV 的 "Remote IP Address" 子 TLV 中携带邻居 IP 地址来发布该 LSP。**使用转发邻接时，隧道两端必须在同一区域（OSPF 场景）或同一级别（IS-IS 场景）中。**

下面通过图 5-20 所示的例子来理解这两种自动路由方式的区别。

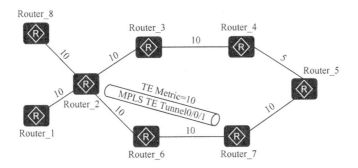

节点	方式	Destination	Nexthop	Cost
Router_5	转发捷径	Router_2	Router_4	25
		Router_1	Router_4	35
Router_7		Router_2	Tunnel0/0/1	10
		Router_1	Tunnel0/0/1	20
Router_5	转发邻接	Router_2	Router_7	20
		Router_1	Router_7	30
Router_7		Router_2	Tunnel0/0/1	10
		Router_1	Tunnel0/0/1	20

图 5-20　转发捷径与转发邻接自动路由方式示例

在 Router_7 上建立一条目的地址为 Router_2、路径为 Router_7→Router_6→Router_2 的 TE 隧道，且设置此隧道的 TE Metric 为图 5-20 中所示的值。现在需要在 Router_5 和 Router_7 上分别查询去往 Router_2 和 Router_1 的路由，则有以下情形。

① 不配置自动路由：Router_5 上去往 Router_2 和 Router_1 的路由的下一跳，为 Router_4，Router_7 上去往 Router_2 和 Router_1 的路由的下一跳，为 Router_6。

② 配置自动路由将流量引入。

- 在 Router_7 上配置采用转发捷径方式发布 TE 隧道 Tunnel0/0/1，在 Router_5 和 Router_7 上分别查询去往 Router_2 和 Router_1 的路由，此时 Router_5 的下一跳 仍为 Router_4，Router_7 的下一跳变为 Tunnel0/0/1。可见 Router_5 并不感知隧 道的存在，并未利用 Tunnel0/0/1 来进行 IGP 选路，只有 Router_7 自己感知并利 用 Tunnel0/0/1 进行 IGP 的选路。

- 在 Router_7 上配置采用转发邻接方式发布 TE 隧道 Tunnel0/0/1，再在 Router_5 和 Router_7 上分别查询去往 Router_2 和 Router_1 的路由，此时 Router_5 的下一 跳变为 Router_7，Router_7 的下一跳变为 Tunnel0/0/1。可见 Router_5 和 Router_7 都感知并利用 Tunnel0/0/1 进行 IGP 的选路。

5.6　静态 MPLS TE 隧道的配置与管理

配置静态 MPLS TE 隧道可以实现静态 CR-LSP 的建立。配置过程比较简单，手动分配标签，不使用信令协议（即不需要使用 RSVP-TE），不需要通过 OSPF TE 或 IS-IS TE 协议交互控制报文，也不需要通过 CSPF 算法计算路由，因此消耗资源比较小。

配置静态 MPLS TE 隧道的任务如下，其中配置链路的带宽为可选配置任务。

① 使能 MPLS TE。需要在骨干网各节点全局和公网接口上使能 MPLS TE，这是建立 MPLS TE 隧道的基础和前提。

② 配置 MPLS TE 隧道接口。要创建 MPLS TE 隧道，必须先创建一个 Tunnel 接口，然后在 Tunnel 接口下完成隧道的其他属性配置。隧道的接口主要负责隧道的建立、管理和指导报文转发。

③（可选）配置链路的带宽。可以为建立的 MPLS TE 隧道配置一定的带宽约束条件，包括链路最大可预留带宽，以及为链路上各条隧道上传输的最多两类业务［带宽约束（Bandwidth Constraint，BC）BC0 和 BC1］分配的带宽。

④ 在骨干网各节点上手动创建静态 CR-LSP，在一路通信中必须创建双向的静态 CR-LSP。

配置好静态 CR-LSP 后，仍要配置 TE 流量转发的方式，流量才能进入指定的 TE 隧道进行转发，参见 5.5 节。采用静态路由指定方式时，仅需在入节点和出节点配置双向以 Tunnel 接口为出接口，到达目的 FEC 的静态路由即可，中间节点无须配置静态路由。骨干网的三层互通如果采用动态路由（仅可为 OSPF 和 IS-IS），则需要在各节点配置动态路由，包括目的 FEC 所在网段的路由。

在配置静态 MPLS TE 隧道之前，需要完成以下任务。

① 配置各 LSR 的 LSR-ID。

② 在各 LSR 节点全局和公网接口上使能 MPLS。

5.6.1 使能 MPLS TE

MPLS TE 功能需要在 MPLS TE 隧道路径中的各节点全局和公网接口上进行使能，具体配置方法见表 5-13。在使能 MPLS TE 功能之前必须先使能 MPLS 功能。

表 5-13 使能 MPLS TE 的配置步骤

步骤	命令	说明
1	**system-view**	进入系统视图
2	**mpls** 例如：[Huawei] **mpls**	使能全局 MPLS 功能，进入 MPLS 视图
3	**mpls te** 例如：[Huawei-mpls] **mpls te**	全局使能本节点的全局 MPLS TE 功能之前，必须先全局使能 MPLS TE 功能，才能在接口下使能 MPLS TE 功能。 缺省情况下，未使能全局 MPLS TE 功能，可用 **undo mpls te** 命令去使能 MPLS TE 功能，所有接口的 MPLS TE 也同时被去使能，所有 CR-LSP 将被删除
4	**quit**	返回系统视图
5	**interface** *interface-type interface-number* 例如：[Huawei] **interface** gigabitethernet 1/0/0	进入 MPLS/IP 公网接口的接口视图

续表

步骤	命令	说明
6	**Mpls** 例如：[Huawei-GigabitEthernet1/0/0] **mpls**	在以上公网接口上使能 MPLS
7	**mpls te** 例如：[Huawei-GigabitEthernet1/0/0] **mpls te**	在以上公网接口上使能 MPLS TE。 缺省情况下，未使能接口的 MPLS TE 功能，可用 **undo mpls te** 命令去使能以上接口的 MPLS TE 功能，当前接口上的所有 CR-LSP 将变为 Down

5.6.2　配置 MPLS TE 隧道接口

要创建 MPLS TE 隧道，必须先创建一个 Tunnel 接口，然后在 Tunnel 接口下完成隧道的其他属性配置，具体配置方法见表 5-14，**仅需在 Ingress 上配置**。隧道接口主要负责隧道的建立、管理和指导报文转发。

表 5-14　MPLS TE 隧道接口的配置步骤

步骤	命令	说明
1	**system-view**	进入系统视图
2	**interface tunnel** *interface-number* 例如：[Huawei] **interface tunnel 0/0/1**	创建 Tunnel 接口并进入 Tunnel 接口视图。参数 *interface-number* 用来指定 Tunnel 接口的编号，格式为"槽位号/卡号/端口号"，槽位号、卡号均为整数形式，取值与设备有关，端口号为整数形式。 缺省情况下，系统未创建 Tunnel 接口，可用 **undo interface tunnel** *interface-number* 命令删除指定的 Tunnel 接口
3	**ip address** *ip-address* { *mask* | *mask-length* } [**sub**] 例如：[Huawei-Tunnel0/0/1] **ip address 10.1.1.1 24**	（二选一）配置 Tunnel 接口的 IP 地址
	ip address unnumbered interface *interface-type interface-number* 例如：[Huawei-Tunnel0/0/1] **ip address unnumbered interface loopback 0**	（二选一）配置隧道接口借用其他接口的 IP 地址。参数 *interface-type interface-number* 指定被借用的接口。 【说明】如果 Tunnel 接口不配置 IP 地址，不影响 TE 隧道的成功建立。但是如果需要实现流量转发，则必须为 Tunnel 接口配置 IP 地址。通常的做法是在 Ingress 中创建一个 Loopback 接口并配置与 LSR ID 相同的 32 位 IP 地址，然后 Tunnel 接口借用该 Loopback 接口的 IP 地址。 缺省情况下，接口不借用其他接口的 IP 地址，可用 **undo ip address unnumbered** 命令取消接口借用其他接口的 IP 地址
4	**tunnel-protocol mpls te** 例如：[Huawei-Tunnel0/0/1] **tunnel-protocol mpls te**	配置隧道协议为 MPLS TE。 缺省情况下，Tunnel 接口的隧道协议为 **none**，即不进行任何协议封装，可用 **undo tunnel-protocol** 命令恢复缺省配置
5	**destination** *dest-ip-address* 例如：[Huawei-Tunnel0/0/1] **destination 4.4.4.9**	配置隧道的目的地址。参数 *dest-ip-address* 用来指定隧道的目的 IP 地址。一般将隧道的目的 IP 地址配置为出节点的 LSR ID。 【说明】由于不同类型的隧道对目的地址要求不同，当隧道协议从其他类型变为 MPLS TE 时，原先配置的隧道目的 IP 地址将被自动删除，并要重新配置

步骤	命令	说明
5	**destination** *dest-ip-address* 例如：[Huawei-Tunnel0/0/1] **destination** 4.4.4.9	缺省情况下，没有配置 Tunnel 接口的目的地址，可用 **undo destination** 命令删除隧道的目的地址
6	**mpls te tunnel-id** *tunnel-id* 例如：[Huawei-Tunnel0/0/1] **mpls te tunnel-id** 100	配置隧道 ID。参数 *tunnel-id* 用来指定隧道 ID，整数形式，取值范围是 1～4096。 隧道 ID 用来唯一标识一条 MPLS TE 隧道，以便对隧道进行规划和管理，Tunnel ID 为隧道的必配项，如果不配置，隧道将无法建立成功
7	**mpls te signal-protocol cr-static** 例如：[Huawei-Tunnel0/0/1] **mpls te signal-protocol cr-static**	配置隧道使用静态 CR-LSP。 缺省情况下，MPLS TE 建立隧道使用 RSVP-TE，可用 **undo mpls te signal-protocol cr-static** 命令恢复缺省配置
8	**mpls te signalled tunnel-name** *tunnel-name* 例如：[Huawei-Tunnel0/0/1] **mpls te signalled tunnel-name** LSRAtoLSRC	（可选）配置 TE 隧道的名称。参数 *tunnel-name* 用来指定 TE 隧道的名称，字符串形式，长度范围是 1～63，不支持空格和 "/"，区分大小写。首字符必须为 "_" 或者字母，不能是数字。 缺省情况下，TE 隧道的名称用隧道接口的名称来表示，例如 Tunnel0/0/1，可用 **undo mpls te signalled tunnel-name** 命令恢复缺省配置
9	**mpls te commit** 例如：[Huawei-Tunnel0/0/1] **mpls te commit**	提交隧道当前配置。 【注意】在执行本命令之前，对 MPLS TE 隧道的配置不会生效。如果未配置 destination 或隧道 ID，则提交失败，需要补全后再重新提交。MPLS TE 的参数发生改变时，需要使用该命令使之生效。每次更改 Tunnel 接口上的 MPLS TE 参数后，都需要使用本命令提交配置

5.6.3　配置链路的带宽

链路的带宽是可选配置任务，仅当所建立的 MPLS TE 隧道有带宽约束要求时才需要配置。这时**需要在 MPLS TE 隧道路经的各节点（Egress 除外）的出接口下配置链路带宽**，使这条具有带宽约束的 CR-LSP 可以被建立，从而合理利用网络资源，具体配置步骤见表 5-15。

表 5-15　链路的带宽的配置步骤

步骤	命令	说明
1	**system-view**	进入系统视图
2	**interface** *interface-type interface-number* 例如：[Huawei] **interface** gigabitethernet 1/0/0	进入使能了 MPLS TE 的接口视图
3	**mpls te bandwidth max-reservable-bandwidth** *bw-value* 例如： [Huawei-GigabitEthernet1/0/0] **mpls te bandwidth max-reservable-bandwidth** 10000	配置链路最大可预留带宽，只需在有带宽要求的 TE 隧道所经链路的各个出接口上配置。参数 *bw-value* 用来指定链路的最大可预留带宽，整数形式，取值范围是 0～4000000000，单位是 kbit/s。链路的最大可预留带宽不能大于链路的实际带宽，建议配置链路的可预留最大带宽不超过链路实际带宽的 80%

续表

步骤	命令	说明
3	**mpls te bandwidth max-reservable-bandwidth** *bw-value* 例如： [Huawei-GigabitEthernet1/0/0] **mpls te bandwidth max-reservable-bandwidth** 10000	缺省情况下，链路的最大可预留带宽为 0bit/s，可用 **undo mpls te bandwidth max-reservable-bandwidth** 命令恢复系统缺省配置。当 MPLS TE 隧道入节点发起建立具有带宽约束的 CR-LSP 时，如果不配置链路的最大可预留带宽，那么要求的 CR-LSP 带宽就会大于链路最大可预留带宽，CR-LSP 就无法建立成功
4	**mpls te bandwidth** { **bc0** *bc0-bw-value* | **bc1** *bc1-bw-value* } * 例如： [Huawei-GigabitEthernet1/0/0] **mpls te bandwidth bc0** 1000	配置链路的 BC，只需在有带宽要求的 **TE 隧道所经链路的出接口上配置**。BC 是指一条 MPLS TE 隧道中一类分类类型（Class Type，CT）的总带宽。链路的 BC0 和 BC1 都不能大于链路的最大可预留带宽。 ① **bc0** *bc0-bw-value*：可多选参数，设置 BC0 的带宽，整数形式，取值范围是 1～4000000000，单位是 kbit/s，缺省值是 1。 ② **bc1** *bc1-bw-value*：可多选参数，设置 BC1 的带宽，整数形式，取值范围是 1～4000000000，单位是 kbit/s，缺省值是 1。 【说明】如果要修改 BC 带宽值，可重新配置该命令，最后一次的配置会覆盖之前的配置，但不允许将 BC 带宽值修改成小于已经分配给 CT 的带宽值。 如果需要进行精确的带宽控制，则需要配置链路上的 BCi 带宽值不小于经过该链路的 DS-TE 隧道上所有 CTi（0≤ i≤7）带宽总和的 125%。 缺省情况下，没有配置链路的 BC 带宽，可用 **undo mpls te bandwidth** 命令恢复系统缺省配置

5.6.4　静态 CR-LSP 的配置与管理

配置静态 MPLS TE 隧道时，需要分别在 MPLS TE 隧道入节点、中间节点和出节点上手动配置静态 CR-LSP。当没有中间节点时，可以不必配置中间节点的静态 CR-LSP。

【说明】在各节点上需要配置的静态 CR-LSP 标签与普通静态 LSP 标签一样，且 Ingress 上只需配置出标签，Transit 上需要同时配置入标签和出标签，Egress 上只需配置入标签，上游节点的出标签要与下游节点的入标签一致。

（1）在 Ingress 上的配置

在系统视图下执行 **static-cr-lsp ingress** { **tunnel-interface tunnel** *interface-number* \| *tunnel-name* } **destination** *destination-address* { **nexthop** *next-hop-address* \| **outgoing-interface** *interface-type interface-number* } * **out-label** *out-label* 命令，配置入节点的静态 CR-LSP。

① **tunnel** *interface-number*：二选一参数，指定静态 CR-LSP 隧道接口的编号，格式为"槽位号/卡号/端口号"，槽位号、卡号均为整数形式，取值与设备有关，端口号为整数形式。

② *tunnel-name*：二选一参数，指定静态 CR-LSP 隧道的名称，字符串形式，区分大小写，不支持空格和缩写，长度范围是 1～19，必须与 **interface** tunnel *interface-number* 命令创建的隧道接口名称一致，不支持空格。假设使用 **interface tunnel** 0/0/1 命令为静

态 CR-LSP 创建了一个 Tunnel 接口，则入节点中的该参数应该写作"Tunnel0/0/1"，否则隧道将不能正确建立。**中间节点和出节点无此限制。**

③ *destination-address*：指定静态 CR-LSP 的目的地址，通常为 Egress 担当 LSR ID 的 Loopback 接口的 IP 地址。

④ **nexthop** *next-hop-address*：可多选参数，指定静态 CR-LSP 的下一跳 IP 地址。如果 LSP 出接口为以太网类型，则必须配置下一跳以保证 LSP 的正常转发。

⑤ **outgoing-interface** *interface-type interface-number*：可多选参数，指定出接口类型和编号，**只有点到点链路才能选择单独配置出接口，不配置下一跳。**在以太网中，如果到达下一跳存在多出接口，则需要同时指定下一跳和出接口。

⑥ **out-label** *out-label*：指定出标签的值，整数形式，取值范围是 16～1048575。上游节点的出标签是下游节点的入标签。

缺省情况下，没有在入口节点配置静态 CR-LSP，可用 **undo static-cr-lsp ingress** { **tunnel-interface tunnel** *interface-number* | *tunnel-name* }命令在入节点删除配置的静态 CR-LSP。但如果要对除 Tunnel 接口外的其他参数进行修改，则可重新执行本命令进行配置，不用删除原来的 CR-LSP。

【说明】配置静态 CR-LSP 时，需要注意配置的静态 CR-LSP 的路由一定要和路由信息完全匹配。

① 如果在配置静态 CR-LSP 时指定了下一跳，则在配置 IP 静态路由时也必须指定下一跳，否则不能建立静态 LSP。

② 如果 LSR 之间使用动态路由协议互通，则 LSP 的下一跳 IP 地址必须与路由表中的下一跳 IP 地址一致。

例如，要在入节点配置静态 CR-LSP，隧道名为 Tunnel0/0/1，目的 IP 地址为 10.1.3.1，下一跳 IP 地址为 10.1.1.2，出标签为 237，具体如下。

```
<Huawei> system-view
[Huawei] static-cr-lsp ingress Tunnel0/0/1 destination 10.1.3.1 nexthop 10.1.1.2 out-label 237
```

（2）在 Transit 上的配置

在系统视图下执行 **static-cr-lsp transit** *lsp-name* [**incoming-interface** *interface-type interface-number*] **in-label** *in-label* { **nexthop** *next-hop-address* | **outgoing-interface** *interface-type interface-number* }*out-label* *out-label* [**description** *description*]命令，配置中间节点的静态 CR-LSP。

① *lsp-name*：指定 CR-LSP 隧道的名字，字符串形式，**区分大小写，不支持空格，**长度范围是 1～19。当输入的字符串两端使用双引号时，可在字符串中输入空格，名称取值没有限制，但不能与该节点上已存在的名称相同。为了清晰，可以使用此静态 CR-LSP 的 MPLS TE 隧道的接口名称，例如 Tunnel0/0/1。

② **incoming-interface** *interface-type interface-number*：可选参数，指定本地设备中该 CR-LSP 的入接口。

③ **in-label** *in-label*：指定入标签的值，整数形式，取值范围是 16～1023。

④ **nexthop** *next-hop-address*：可多选参数，指定下一跳 IP 地址。**如果 LSP 出接口为以太网类型，必须配置下一跳以保证 LSP 的正常转发。**

⑤ **outgoing-interface** *interface-type interface-number*：可多选参数，指定本地设备中该 CR-LSP 的出接口。**只有点到点链路才能选择单独配置出接口，不配置下一跳**，在以太网中，如果到达下一跳存在多出接口，则必须同时指定下一跳和出接口。

⑥ **out-label** *out-label*：指定出标签的值，整数形式，取值范围是 16～1048575。

【注意】从前面的介绍可知，出标签与入标签的取值范围不一样。为了确保上游节点的出标签与下游节点的入标签保持一致，需要在配置出标签时，不能超过入标签的取值范围（16～1023）。

⑦ **description** *description*：可选参数，对所创建的 CR-LSP 进行描述。

缺省情况下，没有在转发节点配置静态 CR-LSP，可用 **undo static-cr-lsp transit** *lsp-name* 命令在转发节点删除指定的静态 CR-LSP。但如果要对除 CR-LSP 隧道名称外的其他参数进行修改，可重新执行本命令进行配置，不用删除原来的 CR-LSP。

例如，在中间节点配置静态 CR-LSP，名字为 tunnel39，入接口为 GE1/0/0，入标签为 123，下一跳为 10.2.1.2，出接口为 GE2/0/0，出标签为 253，具体如下。

```
<Huawei> system-view
[Huawei] static-cr-lsp transit tunnel39 incoming-interface gigabitethernet 1/0/0 in-label 123 nexthop 10.2.1.2 outgoing-interface gigabitethernet 2/0/0 out-label 253
```

（3）在 Egress 上的配置

在系统视图下执行 **static-cr-lsp egress** *lsp-name* [**incoming-interface** *interface-type interface-number*] **in-label** *in-label* [**lsrid** *ingress-lsr-id* **tunnel-id** *tunnel-id*] 命令，配置出节点的静态 CR-LSP。

① *lsp-name*：指定 CR-LSP 隧道的名称，取值名称没有限制，但不能与该节点上已存在的名称相同。为了清晰，可以使用此静态 CR-LSP 的 MPLS TE 隧道的接口名称，例如 Tunnel0/0/1。

② **incoming-interface** *interface-type interface-number*：可选参数，指定本地设备中该 CR-LSP 的入接口。

③ **in-label** *in-label*：指定入标签的值，整数形式，取值范围是 16～1023。

④ **lsrid** *ingress-lsr-id*：可选参数，指定入节点的 LSR ID。

⑤ **tunnel-id** *tunnel-id*：可选参数，指定隧道标识，整数形式，取值范围是 1～65535，**要与入节点上对应 Tunnel 接口配置的 Tunnel ID 一致**。

缺省情况下，没有在出节点配置静态 CR-LSP，可用 **undo static-cr-lsp egress** *lsp-name* 命令在出节点删除配置的静态 CR-LSP。同样，如果要对除 CR-LSP 隧道名称外的其他参数进行修改，可重新执行本命令进行配置，不用删除原来的 CR-LSP。

例如，在出节点配置静态 CR-LSP，名字为 tunnel34，入接口为 GE1/0/0，入标签为 233，具体如下。

```
<Huawei> system-view
[Huawei] static-cr-lsp egress tunnel34 incoming-interface gigabitethernet 1/0/0 in-label 233
```

已经完成静态 MPLS TE 隧道的所有配置后，可用以下 **display** 命令查看相关配置，并验证配置结果。

① **display mpls static-cr-lsp** [*lsp-name*] [{ **include** | **exclude** } *ip-address mask-length*] [**verbose**]：查看或指定所有静态 CR-LSP 信息。

② **display mpls te tunnel** [**destination** *ip-address*] [**lsp-id** *ingress-lsr-id session-id local-lsp-id*] [**lsr-role** { **all** | **egress** | **ingress** | **remote** | **transit** }] [**name** *tunnel-name*] [{ **incoming-interface** | **interface** | **outgoing-interface** } *interface-type interface-number*] [**te-class0** | **te-class1** | **te-class2** | **te-class3** | **te-class4** | **te-class5** | **te-class6** | **te-class7**] [**verbose**]：查看或指定所有 MPLS TE 隧道信息。

③ **display mpls te tunnel statistics** 或者 **display mpls lsp statistics**：查看 MPLS TE 隧道或 MPLS LSP 统计信息。

④ **display mpls te tunnel-interface** [**tunnel** *interface-number*]：在静态 CR-LSP 入节点查看隧道接口信息。

5.6.5 静态 MPLS TE 隧道配置示例

如图 5-21 所示，要求在 LSRA 到 LSRC 之间各建立一条双向静态 MPLS TE 隧道。

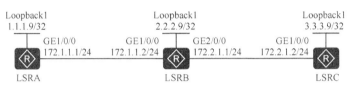

图 5-21　静态 MPLS TE 隧道配置示例的拓扑结构

（1）基本配置思路分析

静态 CR-LSP 总体与第 2 章介绍的静态 LSP 相似，因为静态 CR-LSP 中各节点上明确指定了隧道路径，且无须交互标签协议信息，所以静态 CR-LSP 的建立无须路由参与，**仅需要在入节点引导流量进入隧道即可**。

正因如此，静态 CR-LSP 与普通的静态 LSP 一样，如果采用静态路由，则仅需在入节点配置以本地 Tunnel 接口为出接口，到达目的 FEC 网段的静态路由即可，中间节点无须配置。但如果采用动态路由（仅可是 OSPF 和 IS-IS），则必须在隧道路径各节点进行配置，否则在入节点不能生成到达目的 FEC 的动态路由表项。

以上采用静态路由方式对应的是 5.5 节介绍的 MPLS TE 流量转发的静态路由指定方式，动态路由方式对应自动路由发布方式。还可以采用策略路由指定和隧道策略指定方式。本示例采用 OSPF 的路由方式，结合 5.6 节介绍的配置任务，可得出以下基本配置思路。

① 配置各设备接口的 IP 地址，并使用 OSPF 实现各节点之间公网路由可达。

② 配置 LSR ID，并全局使能各节点及公网接口的 MPLS、MPLS TE 功能。

③ 在入节点创建隧道接口，指定使用静态 CR-LSP 建立 MPLS TE 隧道。

④ 在各节点上配置静态 CR-LSP，在入节点上配置下一跳地址和出标签，在中间节点配置入接口、下一跳地址和出标签，在出节点上配置入标签和入接口。

【注意】要实现双向通信，必须建立两条方向相反的 MPLS TE 隧道（本示例中每条 MPLS TE 隧道仅包括一条 CR-LSP），它们的入节点分别为 LSRA、LSRC。

（2）具体配置步骤

① 配置各设备接口的 IP 地址及 OSPF 路由。

#---LSRA 上的配置，具体如下。

```
<Huawei> system-view
[Huawei] sysname LSRA
[LSRA] interface gigabitethernet 1/0/0
[LSRA-GigabitEthernet1/0/0] ip address 172.1.1.1 255.255.255.0
[LSRA-GigabitEthernet1/0/0] quit
[LSRA] interface loopback 1
[LSRA-LoopBack1] ip address 1.1.1.9 255.255.255.255
[LSRA-LoopBack1] quit
[LSRA] ospf 1
[LSRA-ospf-1] area 0
[LSRA-ospf-1-area-0.0.0.0] network 1.1.1.9 0.0.0.0
[LSRA-ospf-1-area-0.0.0.0] network 172.1.1.0 0.0.0.255
[LSRA-ospf-1-area-0.0.0.0] quit
[LSRA-ospf-1] quit
```

#---LSRB 上的配置，具体如下。

```
<Huawei> system-view
[Huawei] sysname LSRB
[LSRB] interface gigabitethernet 1/0/0
[LSRB-GigabitEthernet1/0/0] ip address 172.1.1.2 255.255.255.0
[LSRB-GigabitEthernet1/0/0] quit
[LSRB] interface gigabitethernet 2/0/0
[LSRB-GigabitEthernet2/0/0] ip address 172.2.1.1 255.255.255.0
[LSRB-GigabitEthernet2/0/0] quit
[LSRB] interface loopback 1
[LSRB-LoopBack1] ip address 2.2.2.9 255.255.255.255
[LSRB-LoopBack1] quit
[LSRB] ospf 1
[LSRB-ospf-1] area 0
[LSRB-ospf-1-area-0.0.0.0] network 2.2.2.9 0.0.0.0
[LSRB-ospf-1-area-0.0.0.0] network 172.1.1.0 0.0.0.255
[LSRB-ospf-1-area-0.0.0.0] network 172.2.1.0 0.0.0.255
[LSRB-ospf-1-area-0.0.0.0] quit
[LSRB-ospf-1] quit
```

#---LSRC 上的配置，具体如下。

```
<Huawei> system-view
[Huawei] sysname LSRC
[LSRC] interface gigabitethernet 1/0/0
[LSRC-GigabitEthernet1/0/0] ip address 172.2.1.2 255.255.255.0
[LSRC-GigabitEthernet1/0/0] quit
[LSRC] interface loopback 1
[LSRC-LoopBack1] ip address 3.3.3.9 255.255.255.255
[LSRC-LoopBack1] quit
[LSRC] ospf 1
[LSRC-ospf-1] area 0
[LSRC-ospf-1-area-0.0.0.0] network 3.3.3.9 0.0.0.0
[LSRC-ospf-1-area-0.0.0.0] network 172.2.1.0 0.0.0.255
[LSRC-ospf-1-area-0.0.0.0] quit
[LSRC-ospf-1] quit
```

以上配置完成后，LSRA、LSRB、LSRC 之间应能建立 OSPF 邻居关系，执行 **display ospf peer** 命令可以看到邻居状态为 Full，执行 **display ip routing-table** 命令可以看到各 LSR 已经学到各非直连网段的 OSPF 路由。

② 配置 MPLS LSR-ID，在全局和公网接口上使能 MPLS 和 MPLS TE 功能。

#---LSRA 上的配置，具体如下。

```
[LSRA] mpls lsr-id 1.1.1.9
[LSRA] mpls
[LSRA-mpls] mpls te
[LSRA-mpls] quit
[LSRA] interface gigabitethernet 1/0/0
[LSRA-GigabitEthernet1/0/0] mpls
[LSRA-GigabitEthernet1/0/0] mpls te
[LSRA-GigabitEthernet1/0/0] quit
```

#---LSRB 上的配置，具体如下。

```
[LSRB] mpls lsr-id 2.2.2.9
[LSRB] mpls
[LSRB-mpls] mpls te
[LSRB-mpls] quit
[LSRB] interface gigabitethernet 1/0/0
[LSRB-GigabitEthernet1/0/0] mpls
[LSRB-GigabitEthernet1/0/0] mpls te
[LSRB-GigabitEthernet1/0/0] quit
[LSRB] interface gigabitethernet 2/0/0
[LSRB-GigabitEthernet2/0/0] mpls
[LSRB-GigabitEthernet2/0/0] mpls te
[LSRB-GigabitEthernet2/0/0] quit
```

#---LSRC 上的配置，具体如下。

```
[LSRC] mpls lsr-id 3.3.3.9
[LSRC] mpls
[LSRC-mpls] mpls te
[LSRC-mpls] quit
[LSRC] interface gigabitethernet 1/0/0
[LSRC-GigabitEthernet1/0/0] mpls
[LSRC-GigabitEthernet1/0/0] mpls te
[LSRC-GigabitEthernet1/0/0] quit
```

③ 在双向 CR-LSP 的入节点（分别为 LSRA 和 LSRC）上创建并配置 MPLS TE 隧道接口，指定建立静态 CR-LSP。

#---LSRA 上的配置，具体如下。

```
[LSRA] interface tunnel 0/0/1
[LSRA-Tunnel0/0/1] ip address unnumbered interface loopback 1    #---借用 Loopback1 接口的 IP 地址
[LSRA-Tunnel0/0/1] tunnel-protocol mpls te
[LSRA-Tunnel0/0/1] destination 3.3.3.9
[LSRA-Tunnel0/0/1] mpls te tunnel-id 100   #---配置 MPLS TE 隧道 ID
[LSRA-Tunnel0/0/1] mpls te signal-protocol cr-static    #---指定建立静态 CR-LSP
[LSRA-Tunnel0/0/1] mpls te commit   #---提交以上 MPLS TE 配置，使配置生效
[LSRA-Tunnel0/0/1] quit
```

#---LSRC 上的配置，具体如下。

```
[LSRC] interface tunnel 0/0/1
[LSRC-Tunnel0/0/1] ip address unnumbered interface loopback 1
[LSRC-Tunnel0/0/1] tunnel-protocol mpls te
[LSRC-Tunnel0/0/1] destination 1.1.1.9
[LSRC-Tunnel0/0/1] mpls te tunnel-id 200
[LSRC-Tunnel0/0/1] mpls te signal-protocol cr-static
[LSRC-Tunnel0/0/1] mpls te commit
[LSRC-Tunnel0/0/1] quit
```

④ 在各节点上创建双向静态 CR-LSP。

● 创建 LSRA→LSRC 的静态 CR-LSP。

#---LSRA 上的配置。

在 LSRA→LSRC 的静态 CR-LSP 中，LSRA 为入节点，需创建 TE Tunnel 接口，并指定 Tunnel 接口的 IP 地址、隧道目的 IP 地址（出节点 LSRC 的 Loopback1 接口的 IP 地址 3.3.3.9）、下一跳 IP 地址（LSRB 的 GE1/0/0 接口的 IP 地址 172.1.1.2）和出标签（此处假设为 20），具体如下。

【说明】因为本示例中都是以太网链路，故在入节点和中间节点上必须指定下一跳 IP 地址，但不能同时指定出接口。仅 PPP 链路上可同时指定出接口。

[LSRA] **static-cr-lsp ingress tunnel-interface** Tunnel 0/0/1 **destination** 3.3.3.9 **nexthop** 172.1.1.2 **out-label** 20

#---LSRB 上的配置。

在 LSRA→LSRC 的静态 CR-LSP 中，LSRB 为中间节点，可选指定入接口，配置入标签（20，与 LSRA 的出标签一致）和出标签（此处假设为 30），具体如下。

[LSRB] **static-cr-lsp transit** LSRA2LSRC **incoming-interface** gigabitethernet 1/0/0 **in-label** 20 **nexthop** 172.2.1.2 **out-label** 30

#---LSRC 上的配置。

在 LSRA→LSRC 的静态 CR-LSP 中，LSRC 为出节点，可选指定入接口，配置出标签（30，与 LASRB 上分配的入标签一致），具体如下。

[LSRC] **static-cr-lsp egress** LSRA2LSRC **incoming-interface** gigabitethernet 1/0/0 **in-label** 30

● 创建 LSRC→LSRA 的静态 CR-LSP。

#---LSRC 上的配置。

在 LSRC→LSRA 的静态 CR-LSP 中，LSRC 为入节点，需创建 TE Tunnel 接口，并指定 Tunnel 接口的 IP 地址、隧道目的 IP 地址（出节点 LSRA 的 Loopback1 接口的 IP 地址 1.1.1.9）、下一跳 IP 地址（LSRB 的 GE2/0/0 接口的 IP 地址 172.2.1.1），分配出标签（此处假设为 120），具体如下。

[LSRC] **static-cr-lsp ingress tunnel-interface** Tunnel0/0/1 **destination** 1.1.1.9 **nexthop** 172.2.1.1 **out-label** 120

#---LSRB 上的配置。

在 LSRC→LSRA 的静态 CR-LSP 中，LSRB 为中间节点，可选指定出接口，配置入标签（120，与 LSRC 的出标签一致）和出标签（此处假设为 130），具体如下。

[LSRB] **static-cr-lsp transit** LSRC2LSRA **incoming-interface** gigabitethernet 2/0/0 **in-label** 120 **nexthop** 172.1.1.1 **out-label** 130

#---LSRA 上的配置。

在 LSRC→LSRA 的静态 CR-LSP 中，LSRA 为出节点，可选指定入接口，配置出标签（130，与 LASRB 上分配的入标签一致），具体如下。

[LSRA] **static-cr-lsp egress** LSRC2LSRA **incoming-interface** gigabitethernet 1/0/0 **in-label** 130

（3）配置结果验证

以上配置全部完成后，可进行以下配置结果验证。

① 在 LSRA 或 LSRC 上执行 **display interface tunnel 0/0/1** 命令，可以看到前面所创建的 TE Tunnel 接口的状态为 UP。图 5-22 是在 LSRA 上执行该命令的输出。

执行 **display mpls te tunnel 0/0/1** 命令，可以看到在两个设备上所建立的隧道情况。R 代表当前节点在隧道中的角色，图 5-23 是在 LSRA 上执行该命令的输出。

- I 为 Ingress，代表当前节点是该隧道的入节点，同时指定了目的地址、下一跳和出标签，隧道名称必须为 Tunnel 接口名称。
- E 为 Egress，代表当前节点是该隧道的出节点，仅指定了入标签，隧道名称任意。

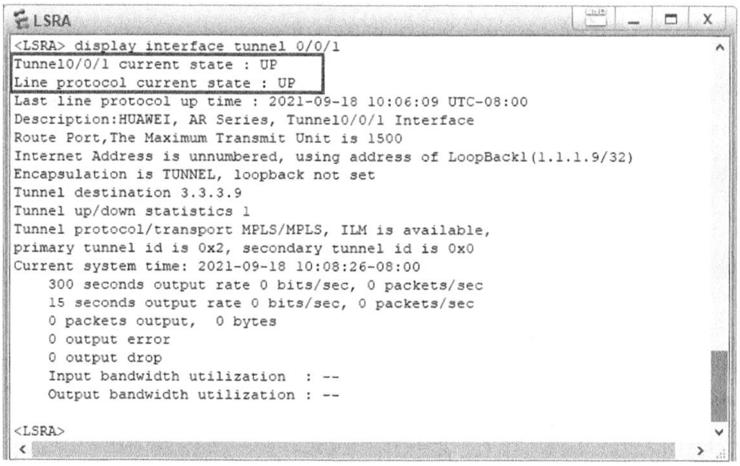

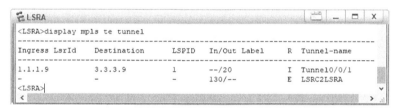

图 5-22　在 LSRA 上执行 **display interface tunnel 0/0/1** 命令的输出

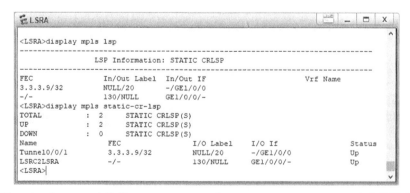

图 5-23　在 LSRA 上执行 **display mpls te tunnel** 命令的输出

② 在各节点上执行 **display mpls lsp** 或 **display mpls static-cr-lsp** 命令，可以看到静态 CR-LSP 的建立情况。图 5-24 是在 LSRA 上执行这两条命令的输出，从图中我们可以看出 LSRA 已成功建立了 Ingress CR-LSP 和 Egress CR-LSP。

图 5-24　在 LSRA 上执行 **display mpls lsp** 和 **display mpls static-cr-lsp** 命令的输出

以上验证证明以上配置是正确且成功的，双向 MPLS TE 隧道（各仅包括一条 CR-LSP）建立成功。还可以在入节点上执行 **ping lsp te** tunnel0/0/1 命令验证 MPLS TE 隧道的连通性，图 5-25 是在 LSRA 上执行该命令的结果，显示所创建的 LSRA→LSRC 的静态 CR-LSP 是通的。

```
LSRA                                                    — □ X
<LSRA>ping lsp te tunnel0/0/1
  LSP PING FEC: TE TUNNEL IPV4 SESSION QUERY Tunnel0/0/1 : 100  data bytes, pres
s CTRL_C to break
    Reply from 3.3.3.9: bytes=100 Sequence=1 time=20 ms
    Reply from 3.3.3.9: bytes=100 Sequence=2 time=30 ms
    Reply from 3.3.3.9: bytes=100 Sequence=3 time=30 ms
    Reply from 3.3.3.9: bytes=100 Sequence=4 time=20 ms
    Reply from 3.3.3.9: bytes=100 Sequence=5 time=20 ms

  --- FEC: TE TUNNEL IPV4 SESSION QUERY Tunnel0/0/1 ping statistics ---
    5 packet(s) transmitted
    5 packet(s) received
    0.00% packet loss
    round-trip min/avg/max = 20/24/30 ms

<LSRA>
```

图 5-25　在 LSRA 上执行 **ping lsp te** tunnel0/0/1 命令的结果

5.7　动态 MPLS TE 隧道的配置与管理

动态 MPLS TE 隧道的建立需要使用 RSVP-TE 和 OSPF TE 或 IS-IS TE，还要通过 CSPF 算法进行路径计算和建立。动态 MPLS TE 隧道可以根据网络变化动态改变，在规模较大的组网中，可以避免逐跳配置的麻烦。

配置动态 MPLS TE 隧道需要在骨干网各节点上进行以下配置，其中配置链路的带宽和配置 MPLS TE 隧道的约束条件为可选步骤。

① 使能 MPLS TE 和 RSVP-TE。

② 配置 MPLS TE 隧道接口。

③ （可选）配置链路的带宽。本项配置任务与静态 MPLS TE 隧道中 5.6.3 节介绍的链路带宽的配置方法完全一样。

④ 配置 TE 信息发布。

⑤ （可选）配置 MPLS TE 隧道的约束条件。

⑥ 配置 CSPF 路径计算。

在配置动态 MPLS TE 隧道之前，需完成以下任务。

① 配置 IGP（仅可是 OSPF 或 IS-IS，**不能是静态路由**），使各节点间的 IP 路由可达，因为动态 MPLS TE 隧道的建立需要各节点之间按路由路径交互 RSVP-TE 消息。

② 配置各 LSR 节点的 LSR-ID，以及全局和公网接口的 MPLS 功能。

5.7.1　使能 MPLS TE 和 RSVP-TE

使能 MPLS TE 和 RSVP-TE 的配置步骤见表 5-16，需在 MPLS TE 隧道的各节点上进行配置。

表 5-16　使能 MPLS TE 和 RSVP-TE 的配置步骤

步骤	命令	说明
1	**system-view**	进入系统视图
2	**mpls** 例如：[Huawei] **mpls**	使能全局 MPLS 功能，进入 MPLS 视图
3	**mpls te** 例如：[Huawei-mpls] **mpls te**	使能本节点的全局 MPLS TE 功能
4	**mpls rsvp-te** 例如：[Huawei-mpls] **mpls rsvp-te**	使能本节点的 RSVP-TE。缺省情况下，全局 RSVP-TE 功能处于未使能状态，可用 **undo mpls rsvp-te** 命令使能
5	**quit**	返回系统视图
6	**interface** *interface-type interface-number* 例如：[Huawei] **interface** gigabitethernet 1/0/0	进入 MPLS/IP 公网接口的接口视图
7	**mpls** 例如： [Huawei-GigabitEthernet1/0/0] **mpls**	在以上公网接口上使能 MPLS
8	**mpls te** 例如： [Huawei-GigabitEthernet1/0/0] **mpls te**	在以上公网接口上使能 MPLS TE
9	**mpls rsvp-te** 例如： [Huawei-GigabitEthernet1/0/0] **mpls rsvp-te**	在以上公网接口上使能接口的 RSVP-TE。缺省情况下，接口下的 RSVP-TE 功能处于未使能状态，可用 **undo mpls rsvp-te** 命令使能

5.7.2　配置 MPLS TE 隧道接口

MPLS TE 隧道接口的配置步骤见表 5-17，仅需在 **MPLS TE** 隧道的 **Ingress** 进行配置。

表 5-17　MPLS TE 隧道接口的配置步骤

步骤	命令	说明
1	**system-view**	进入系统视图
2	**interface tunnel** *interface-number* 例如：[Huawei] **interface tunnel** 0/0/1	创建 Tunnel 接口并进入 Tunnel 接口视图。其他说明参见 5.6.2 节中表 5-14 的第 2 步
3	**ip address** *ip-address* { *mask* | *mask-length* } [**sub**] 例如：[Huawei-Tunnel0/0/1] **ip address** 10.1.1.1 24	（二选一）配置 Tunnel 接口的 IP 地址
	ip address unnumbered interface *interface-type interface-number* 例如：[Huawei-Tunnel0/0/1] **ip address unnumbered interface** loopback 0	（二选一）配置隧道接口借用其他接口的 IP 地址。参数 *interface-type interface-number* 指定被借用的接口。 其他说明参见 5.6.2 节中表 5-14 的第 3 步

续表

步骤	命令	说明
4	**tunnel-protocol mpls te** 例如：[Huawei-Tunnel0/0/1] **tunnel-protocol mpls te**	配置隧道协议为 MPLS TE。其他说明参见 5.6.2 节中表 5-14 的第 4 步
5	**destination** *dest-ip-address* 例如：[Huawei-Tunnel0/0/1] **destination** 4.4.4.9	配置隧道的目的 IP 地址。其他说明参见 5.6.2 节中表 5-14 的第 5 步
6	**mpls te tunnel-id** *tunnel-id* 例如：[Huawei-Tunnel0/0/1] **mpls te tunnel-id** 100	配置隧道 ID。其他说明参见 5.6.2 节中表 5-14 的第 6 步
7	**mpls te signal-protocol rsvp-te** 例如：[Huawei-Tunnel0/0/1] **mpls te signal-protocol rsvp-te**	（可选）配置隧道使用 RSVP-TE 作为信令协议，因为缺省情况下，MPLS TE 建立隧道使用 RSVP-TE，所以可以不配置
8	**mpls te signalled tunnel-name** *tunnel-name* 例如：[Huawei-Tunnel0/0/1] **mpls te signalled tunnel-name** LSRAtoLSRC	（可选）配置 TE 隧道的名称。其他说明参见 5.6.2 节中表 5-14 的第 6 步
9	**mpls te cspf disable** 例如：[Huawei-Tunnel0/0/1] **mpls te cspf disable**	（可选）使能在建立 MPLS TE 隧道时屏蔽 CSPF 算法。 当全局使能 CSPF 后，TE 隧道建立 LSP 时会触发 CSPF 算法。但在 OptionC 方式跨域 VPN 场景下，由于两个域之间不会配置 IGP，故不能生成 TEDB，导致 CSPF 算法不成功，无法建立跨域的 TE 隧道。此时，可以在配置的 TE 隧道接口下，执行本命令，使当前 TE 隧道屏蔽 CSPF 算法功能，依靠直连路由或者静态路由建立跨域的 TE 隧道。 【注意】执行本命令后，跳数限制、CSPF 算法的仲裁、SRLG 等 CR-LSP 的路径选择功能都将失效。 缺省情况下，未使能在 TE 隧道下建立 LSP 时屏蔽 CSPF 算法，可用 **undo mpls te cspf disable** 命令使能在 TE 隧道下建立 LSP 时屏蔽 CSPF 算法
10	**mpls te commit** 例如：[Huawei-Tunnel0/0/1] **mpls te commit**	提交隧道当前配置。凡是发生了 MPLS 隧道配置更改，都要执行本命令，使配置更改生效。 其他说明参见 5.6.2 节中表 5-14 的第 9 步

5.7.3　配置 TE 信息发布

MPLS TE 隧道的路径计算是由 CSPF 算法完成的，计算时会考虑链路的带宽、颜色等 TE 链路属性。这些 TE 链路属性需要在 MPLS 区域中的各 LSR 之间扩散并同步，最终形成一致的 TEDB，提供给 CSPF 算法进行计算。目前设备支持以下两种 TE 信息发布来形成 TEDB。

（1）OSPF TE

OSPF TE 在 OSPF 原有协议的基础上扩展使用 Opaque Type 10 LSA（包括 Type 1 和 Type 2 这两种类型 TLV 的 TE LSA）携带链路的 TE 属性信息，能在 MPLS 区域中的各 LSR 之间扩散 TE 信息，形成 TEDB，提供给 CSPF 算法进行计算。有关 OSPF TE 的详细介绍参见本章 5.2.2 节。

使用 OSPF TE 发布 TE 信息的配置步骤见表 5-18，**需在 MPLS TE 隧道各节点上进行配置**。缺省情况下，OSPF 区域不支持 TE。因此，必须使能 OSPF 的 Opaque 功能，并且只有当至少一个邻居处于 FULL 状态时，才会产生 Opaque Type 10 LSA。

表 5-18　使用 OSPF TE 发布 TE 信息的配置步骤

步骤	命令	说明
1	system-view	进入系统视图
2	ospf [process-id] 例如：[Huawei] ospf	进入 OSPF 视图
3	opaque-capability enable 例如：[Huawei-ospf-1] opaque-capability enable	使能 OSPF 的 Opaque 功能，从而 OSPF 进程可以生成 Opaque LSA，并能从邻居设备接收 Opaque LSA。 缺省情况下，禁止 Opaque LSA 功能，可用 **undo opaque-capability** 命令禁止对 Opaque LSA 进行操作
4	area area-id 例如：[Huawei-ospf-1] area 0	进入 OSPF 的区域视图
5	mpls-te enable [standard-complying] 例如：[Huawei-ospf-1] mpls-te enable	在当前 OSPF 区域使能 TE。可选项 **standard-complying** 用来指定只接收标准格式的 LSA，即若 TE LSA 中有超过一个 Top level TLV，则认为该 LSA 错误。 缺省情况下，OSPF 区域不支持 TE，可用 **undo mpls-te** 命令取消当前 OSPF 区域的 MPLS TE 特性

（2）IS-IS TE

IS-IS TE 是 IS-IS 为了支持 MPLS TE 而做的扩展，它通过在 IS-IS LSP 报文中定义新的 TLV（包括 Type 22 和 Type 135 这两种 TLV）的方式，携带该设备 MPLS TE 的配置信息，通过 LSP 的泛洪同步，实现各 LSR 之间 MPLS TE 信息的泛洪和同步。

IS-IS TE 把所有 LSP 中携带的 TE 信息提取出来，传递给 MPLS 的 CSPF 模块，用来计算隧道路径。有关 IS-IS TE 的详细介绍参见本章 5.2.3 节。使用 IS-IS TE 发布 TE 信息的配置步骤见表 5-19，**需在 MPLS TE 隧道各节点上进行配置**。

表 5-19　使用 IS-IS TE 发布 TE 信息的配置步骤

步骤	命令	说明
1	system-view	进入系统视图
2	isis [process-id] 例如：[Huawei] isis	进入 IS-IS 协议视图
3	cost-style { compatible [relax-spf-limit] | wide | wide-compatible } 例如：[Huawei-isis-1] cost-style wide-compatible	配置 IS-IS 的 Wide Metric 属性。 ① **compatible**：多选一选项，指定 IS-IS 设备可以接收和发送开销类型为 narrow 和 wide 的路由。 ② **relax-spf-limit**：可选项，指定 IS-IS 设备可以接收开销值大于 1023 的路由。如果不设置本选项： • 当路由开销值小于等于 1023，且该路由经过的所有接口的链路开销值都小于等于 63 时，这条路由的开销值按照实际值接收，即路由的开销值为该路由所经过的所有接口的链路开销总和；

步骤	命令	说明
3	cost-style { compatible [relax-spf-limit] | wide | wide-compatible } 例如：[Huawei-isis-1] cost-style wide-compatible	• 当路由开销值小于等于 1023，但该路由经过的所有接口中有的接口链路开销值大于 63 时，设备只能学到该接口所在设备的其他接口的直连路由和该接口所引入的路由，路由的开销值按照实际值接收，路由此后要经过的接口将丢弃该路由； • 设备可以接收链路开销值小于 1023 的接口所在网段的所有路由，如果路由开销值大于 1023，则按照 1023 接收，不能接收链路开销值大于 1023 的接口所在网段的所有路由。 ③ wide：多选一选项，指定 IS-IS 设备只能接收和发送开销类型为 wide 的路由。wide 模式下路由开销值的取值范围是 1～16777215。 ④ wide-compatible：多选一选项，指定 IS-IS 设备可以接收开销类型为 narrow 和 wide 的路由，但却只发送开销类型为 wide 的路由。 【说明】IS-IS TE 扩展使用 IS 可达性 TLV（22）的子 TLV，携带 TE 属性信息。因此，必须使能 IS-IS 的 Wide Metric 特性，可以设置为 wide、compatible 或 wide-compatible 属性。 缺省情况下，IS-IS 只收发 narrow 方式，表示路由权值的报文，可用 undo cost-style 命令恢复 IS-IS 设备接收和发送的路由开销类型为缺省类型
4	traffic-eng [level-1 | level-2 | level-1-2] 例如：[Huawei-isis-1] traffic-eng level-1	使能 IS-IS 进程不同层次的 TE 特性，具体要根据设备所处的 IS-IS 层次来选择。 ① level-1：多选一选项，设置 Level-1 的 IS-IS TE。 ② level-2：多选一选项，设置 Level-2 的 IS-IS TE。 ③ level-1-2：多选一选项，设置 Level-1-2 的 IS-IS TE。 如果在使能 IS-IS TE 时不指定 Level，则同时对 Level-1 和 Level-2 生效。 缺省情况下，IS-IS 进程不支持 TE，可用 undo traffic-eng [level-1 | level-2 | level-1-2] 命令去使能指定层次的 TE 特性
5	te-set-subtlv { bw-constraint bw-constraint-value | lo-multiplier lo-multiplier-value | unreserve-bw-sub-pool unreserve-bw-sub-pool-value } * 例如：[Huawei-isis-1] te-set-subtlv bw-constraint 200 lo-multiplier 201 unreserve-bw-sub-pool 202	（可选）设置携带 DS-TE 参数的子 TLV 的类型。 ① bw-constraint bw-constraint-value：可多选参数，指定带宽约束（BW-Constraint）的子 TLV 值，整数形式，取值范围是 19～254。 ② lo-multiplier lo-multiplier-value：可多选参数，指定本地过预订倍数（Local Overbooking Multipliers，LOM）的子 TLV 值，整数形式，取值范围是 19～254。 ③ unreserve-bw-sub-pool unreserve-bw-sub-pool-value：可多选参数，指定子池未预订带宽（Unreserve-BW-Sub-Pool）的子 TLV 值，整数形式，取值范围是 19～254。 【说明】由于 DS-TE 参数的各子 TLV 的类型尚未形成标准，当使用不同厂商提供的设备互联时，用户需要自行配置这些子 TLV 值，并使它们的值保持一致。配置后，TEDB 将重新生成，TE 隧道重建。如果全是华为设备，则可直接采用缺省取值。 缺省情况下，带宽约束的子 TLV 为 252；本地过预订倍数的子 TLV 为 253；子池未预订带宽的子 TLV 为 251，可用 undo te-set-subtlv { bw-constraint [bw-constraint-value] | lo-multiplier [lo-multiplier-value] | unreserve-bw-sub-pool [unreserve-bw-sub-pool-value] } * 命令恢复缺省设置

5.7.4　配置 MPLS TE 隧道的约束条件

在入节点上需要配置隧道的显式路径等约束条件，这样可以精确、灵活地控制 RSVP-TE 隧道的建立，具体包括以下两个方面，配置步骤见表 5-20。

（1）配置 MPLS TE 显式路径

当需要配置隧道的显式路径约束条件时，需要先创建显式路径。显式路径由一系列节点构成，按配置的先后顺序组成一条向量路径。显式路径中的 IP 地址是指节点上入接点的 IP 地址，出节点通常采用 Loopback 接口的 IP 地址作为显式路径的目的地址。通过配置显式路径，可以指定 CR-LSP 必须经过某些路径或节点，从而更好地进行资源的合理分配，增加隧道路径的可控性。

显式路径上的两个相邻节点之间存在以下两种关系。

① 严格下一跳（strict）：两个节点之间必须直接相连，用于精确控制 LSP 所经过的路径。

② 松散下一跳（loose）：两个节点之间可以存在其他节点。

严格方式与松散方式可以单独使用，也可以混合使用。

（2）配置 MPLS TE 隧道的约束条件

指定隧道的约束条件，CSPF 算法会根据隧道上配置的约束条件进行路径计算，保证 CR-LSP 的正确建立。

表 5-20　MPLS TE 隧道约束条件的配置步骤

步骤	命令	说明
1	**system-view**	进入系统视图
2	**explicit-path** *path-name* 例如：[Huawei] **explicit-path** p1	创建显式路径，进入显式路径视图。参数 *path-name* 用来指定隧道的显式路径名称，字符串形式，不区分大小写，不支持空格，长度范围为大于等于 1。 【注意】必须启动 MPLS TE 功能后才能配置隧道的显式路径。且显式路径上的节点地址不能重复，也不能形成环路。如果有环路，CSPF 将检测出环路，无法成功计算出路径。 缺省情况下，没有配置隧道的显式路径，可用 **undo explicit-path** *path-name* 命令删除配置的指定显式路径
3	**next hop** *ip-address* [**include** [[**loose** | **strict**] | [**incoming** | **outgoing**]]^{*} | **exclude**] 例如： [Huawei-explicit-path-p1] **next hop** 10.0.0.125 **exclude**	指定显式路径的下一个节点。 ① *ip-address*：指定显式路径中的下一个节点的 IP 地址。 ② **include** [[**loose** | **strict**] | [**incoming** | **outgoing**]]^{*}：二选一可选项，指定在显式路径中包含此节点，其中，可多选选项如下。 • **loose**：表示松散显式路径，参数 *ip-address* 指定的节点与本节点可以不直连。 • **strict**：表示严格显式路径，参数 *ip-address* 指定的节点与本节点必须直连。缺省情况下，采用 **strict** 模式，即加入的下一跳与上一节点必须直连。 • **incoming**：指定参数 *ip-address* 为当前配置的下一个节点的入接口地址。 • **outgoing**：指定参数 *ip-address* 为当前配置的下一个节点的出接口地址。

步骤	命令	说明
3	**next hop** *ip-address* [**include** [[**loose** | **strict**] | [**incoming** | **outgoing**]] * | **exclude**] 例如： [Huawei-explicit-path-p1] **next hop** 10.0.0.125 **exclude**	③ **exclude**：二选一可选项，指定显式路径不能经过参数 *ip-address* 指定的节点。 【说明】需通过本命令依次把路径中的每个下一跳列出来，构建完整的显式路径。如果指定的 *ip-address* 是当前配置的下一个节点的入接口地址，建议配置 **incoming** 选项；如果指定的 *ip-address* 是当前配置的下一个节点的出接口地址，建议配置 **outgoing** 选项。缺省情况下，没有在显式路径中指定下一个节点，可用 **undo next hop** *ip-address* 命令删除指定的下一跳
	执行以下命令，增加、修改或删除显式路径中的节点	
4	**list hop** [*ip-address*] 例如： [Huawei-explicit-path-path1] **list hop**	查看显式路径节点信息。可选参数 *ip-address* 用来指定要查看当前显式路径配置的节点的 IP 地址。如果不指定本参数，则查看当前显式路径下的所有节点
	add hop *ip-address1* [**include** [[**loose** | **strict**] | [**incoming** | **outgoing**]] * | **exclude**] { **after** | **before** } *ip-address2* 例如： [Huawei-explicit-path-p1] **add hop** 10.2.2.2 **exclude after** 10.1.1.1	（可选）向显式路径中插入一个节点。本命令中的大多数参数和选项与第 3 步命令中的参数和选项一样，只不过这里是插入节点的操作。 ① **after**：二选一选项，表示在参数 *ip-address2* 后插入参数 *ip-address1* 指定的节点。 ② **before**：二选一选项，表示在参数 *ip-address2* 前插入参数 *ip-address1* 指定的节点。 ③ *ip-address2*：指定已经在显式路径中的节点接口的 IP 地址或节点 Router ID。 【说明】如果指定的 *ip-address1* 是新增节点的入接口地址，建议配置 **incoming** 选项；如果指定的 *ip-address1* 是新增节点的出接口地址，建议配置 **outgoing** 选项
	modify hop *ip-address1* *ip-address2* [**include** [[**loose** | **strict**] | [**incoming** | **outgoing**]] * | **exclude**] 例如： [Huawei-explicit-path-p1] **modify hop** 1.1.1.9 2.2.2.9	（可选）修改显式路径中的节点地址。参数 *ip-address1*、*ip-address2* 指定将显式路径中的 IP 地址 *ip-address1* 修改为 *ip-address2*。其他选项与本表第 3 步中的对应选项作用一样。 【说明】如果指定的 *ip-address2* 是修改后节点的入接口地址，建议配置 **incoming** 选项；如果指定的 *ip-address2* 是修改后节点的出接口地址，建议配置 **outgoing** 选项
	delete hop *ip-address* 例如： [Huawei-explicit-path-p1] **delete hop** 10.10.10.10	（可选）从显式路径中删除一个节点。参数 *ip-address* 用来指定要删除节点的 IP 地址。此节点必须是显式路径中存在的节点
5	**quit**	返回系统视图
6	**interface tunnel** *tunnel-number* 例如：[Huawei] **interface tunnel** 0/0/1	进入 MPLS TE 隧道的 Tunnel 接口视图
7	**mpls te path explicit-path** *path-name* 例如：[Huawei-Tunnel0/0/1] **mpls te path explicit-path** p1	配置隧道应用的显式路径，该路径是在本表第 2 步创建的显式路径。缺省情况下，没有为当前隧道配置显式路径，**undo mpls te path explicit-path** *path-name* 命令用来删除显式路径
8	**mpls te commit** 例如：[Huawei-Tunnel0/0/1] **mpls te commit**	提交隧道的当前配置，使以上配置生效

5.7.5　配置 MPLS TE 路径计算

为了计算出满足指定约束条件的隧道路径，需要在隧道的入节点上配置 CSPF，它在计算路径时将考虑以下条件。

① IGP-TE（例如 OSPF TE 或 IS-IS TE）TEDB 中维护的链路状态信息。

② IGP-TE TEDB 中与网络资源状态相关的属性（链路最大带宽、最大可预留带宽、亲和属性等）。

③ 由用户指定的路径约束条件（显式路径）。

MPLS TE 路径计算的配置步骤见表 5-21，需在入节点上配置。

【说明】当隧道入节点不使能 CSPF 时，RSVP-TE 隧道也可以建立成功。但是为了使隧道路径能够满足预设的约束条件，建议使能 CSPF。推荐在所有的 Transit 也使能 CSPF。

表 5-21　MPLS TE 路径计算的配置步骤

步骤	命令	说明
1	**system-view**	进入系统视图
2	**mpls** 例如：[Huawei] **mpls**	进入 MPLS 视图
3	**mpls te cspf** 例如：[Huawei-mpls] **mpls te cspf**	使能本节点的 CSPF 功能。在使能 CSPF 前，应先在 MPLS 视图下使能 MPLS TE。缺省情况下，未使能 CSPF，可用 **undo mpls te cspf** 命令去使能 CSPF
4	**mpls te cspf preferred-igp** { **isis** [*isis-process-id* [**level-1** | **level-2**]] | **ospf** [*ospf-process-id* [**area** { *area-id-1* | *area-id-2* }]] } 例如：[Huawei-mpls] **mpls te cspf preferred-igp ospf**	（可选）配置 CSPF 选路时的 IGP。如果骨干网只配置了单一的 **IGP 来发布 TE 信息（OSPF TE 或者 IS-IS TE）**，则不需要执行该步骤。 ① **isis**：二选一选项，指定优先选择 IS-IS 的 TEDB 进行选路。 ② *isis-process-id*：可选参数，指定 IS-IS 进程号，整数形式，取值范围是 1~65535，缺省为 1。 ③ **level-1** | **level-2**：可选项，指定 CSPF 算法在计算时优先选择 level-1 或 level-2 的数据。 ④ **ospf**：二选一选项，指定优先选择 OSPF 的 TEDB 选路。 ⑤ *ospf-process-id*：可选参数，指定 OSPF 进程号，整数形式，取值范围是 1~65535，缺省为 1。 ⑥ *area-id-1* | *area-id-2*：可选参数，指定优先选择 OSPF 区域（以编号形式或 IP 地址形式）。 CSPF 算法在进行选路计算时，缺省优先采用 OSPF 生成的 TEDB 来计算 CR-LSP 路径。如果根据 OSPF 的 TEDB 能够计算出路径，则不会再根据 IS-IS 协议的 TEDB 数据计算；如果根据 OSPF 的 TEDB 数据计算失败，则会根据 IS-IS 协议的 TEDB 数据再次计算，可用 **undo mpls te cspf preferred-igp** 命令恢复缺省设置

5.7.6　动态 MPLS TE 隧道的配置管理

完成动态 MPLS TE 隧道的所有配置后，可在任意视图下执行以下 **display** 命令查看相关配置，验证配置结果。

① **display mpls te link-administration bandwidth-allocation** [**interface** *interface-type interface-number*]：查看指定或所有链路带宽分配的信息。

② **display ospf** [*process-id*] **mpls-te** [**area** *area-id*] [**self-originated**]：查看指定的 OSPF TE 信息。

③ 执行以下命令查看 IS-IS TE 状态。

- **display isis traffic-eng advertisements**
- **display isis traffic-eng link**
- **display isis traffic-eng network**
- **display isis traffic-eng statistics**
- **display isis traffic-eng sub-tlvs**

④ **display explicit-path** [[**name**] *path-name*] [**tunnel-interface** | **verbose**]：查看指定或所有已经配置的显式路径。

⑤ **display mpls te cspf destination** *ip-address* [**affinity** *properties* [**mask** *mask-value*] | **bandwidth** { **ct0** *ct0-bandwidth* | **ct1** *ct1-bandwidth* | **ct2** *ct2-bandwidth* | **ct3** *ct3-bandwidth* | **ct4***ct4-bandwidth* | **ct5** *ct5-bandwidth* | **ct6** *ct6-bandwidth* | **ct7** *ct7-bandwidth* } * | **explicit-path** *path-name* | **hop-limit** *hop-limit-number* | **metric-type** { **igp** | **te** } | **priority** *setup-priority* | **srlg-strict***exclude-path-name* | **tie-breaking** { **random** | **most-fill** | **least-fill** }] * [**hot-standby** [**explicit-path** *path-name* | **overlap-path** | **affinity** *properties* [**mask** *mask-value*] | **hop-limit** *hop-limit-number* | **srlg** { **preferred** | **strict** }] *]：查看满足指定条件的 CSPF 计算的路径。

⑥ **display mpls te cspf tedb** { **all** | **area** { *area-id* | *area-id-ip* } | **interface** *ip-address* | **network-lsa** | **node** [*router-id*] | **srlg** *srlg-number* | **overload-node** }：查看满足指定条件的用于 CSPF 计算的 TEDB 信息。

⑦ **display mpls rsvp-te**：查看 RSVP 的相关信息。

⑧ **display mpls rsvp-te established** [**interface** *interface-type interface-number peer-ip-address*]：查看已建立的 RSVP LSP 信息。

⑨ **display mpls rsvp-te peer** [**interface** *interface-type interface-number*]：查看 RSVP 邻居参数。

⑩ **display mpls rsvp-te reservation** [**interface** *interface-type interface-number peer-ip-address*]：查看指定或所有接口上的 RSVP 资源预留信息。

- **display mpls rsvp-te request** [**interface** *interface-type interface-number peer-ip-address*]：查看指定或接口上的 RSVP-TE 请求消息信息。
- **display mpls rsvp-te sender** [**interface** *interface-type interface-number peer-ip-address*]：查看指定或所有接口上的 RSVP 发送方信息。
- **display mpls rsvp-te statistics** { **global** | **interface** [*interface-type interface-number*] }：查看指定或所有接口上的 RSVP-TE 运行统计信息。
- **display mpls te link-administration admission-control** [**interface** *interface-type interface-number* | **stale-interface** *interface-index*]：查看本地接纳的隧道。

- **display mpls te tunnel** [**destination** *ip-address*] [**lsp-id** *ingress-lsr-id session-id local-lsp-id*] [**lsr-role** { **all** | **egress** | **ingress** | **remote** | **transit** }] [**name** *tunnel-name*] [{ **incoming-interface** | **interface** | **outgoing-interface** } *interface-type interface-number*] [**te-class0** | **te-class1** | **te-class2** | **te-class3** | **te-class4** | **te-class5** | **te-class6** | **te-class7**] [**verbose**]：查看隧道信息。
- **display mpls te tunnel statistics** 或者 **display mpls lsp statistics**：查看隧道统计信息。
- **display mpls te tunnel-interface** [**tunnel** *interface-number* | **auto-bypass-tunnel** [*tunnel-name*]]：查看指定或所有 MPLS TE 隧道的接口信息。
- **display mpls te tunnel c-hop** [*tunnel-name*] [**lsp-id** *ingress-lsr-id session-id lsp-id*]：查看指定或所有隧道选路结果。
- **display mpls te session-entry** [*ingress-lsr-id tunnel-id egress-lsr-id*]：查看指定或所有隧道的 LSP 会话详细信息。

5.7.7　动态 MPLS TE 隧道配置示例

如图 5-26 所示，某企业自建 MPLS 骨干网，LSRA、LSRB、LSRC 均属于 MPLS 骨干网设备。MPLS 骨干网的路由协议使用 IS-IS，都属于 Level-2。现要求在 MPLS 骨干网创建公网隧道承载 L2VPN 或 L3VPN 业务，同时要求该隧道适应网络拓扑变化保证数据传输的稳定性。

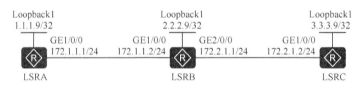

图 5-26　动态 MPLS TE 隧道配置示例拓扑结构

为了实现该需求，需要使用 RSVP-TE 信令建立一条动态 MPLS TE 隧道。

（1）基本配置思路分析

本示例采用基于 RSVP-TE 的动态 MPLS TE 隧道来实现。根据 5.7 节介绍的配置任务，再结合本示例的具体要求可以得出以下基本配置思路。

① 在各节点上配置接口的 IP 地址及 IS-IS 路由，实现 MPLS 骨干网设备路由可达。

② 在各节点全局和公网接口上使能 MPLS TE 和 RSVP-TE 功能，以便建立 MPLS TE 隧道。

③ 在各节点上使能 IS-IS TE，配置 IS-IS 的 Wide Metric 属性，使 TE 信息可以通过 IS-IS 发布到其他节点。

④ 在入节点创建隧道接口并配置隧道属性，使能 CSPF，创建动态 MPLS TE 隧道。双向通信时需要创建两条方向相反的 MPLS TE 隧道。

（2）具体配置步骤

① 在各节点上配置接口的 IP 地址和 IS-IS 路由。假设区域 ID 为 5，系统 ID 从 1 开始依次分配，均位于 Level-2 层次。

#---LSRA 上的配置，具体如下。

```
<Huawei> system-view
[Huawei] sysname LSRA
[LSRA] interface gigabitethernet 1/0/0
[LSRA-GigabitEthernet1/0/0] ip address 172.1.1.1 255.255.255.0
[LSRA-GigabitEthernet1/0/0] quit
[LSRA] interface loopback 1
[LSRA-LoopBack1] ip address 1.1.1.9 255.255.255.255
[LSRA-LoopBack1] quit
[LSRA] isis 1
[LSRA-isis-1] network-entity 00.0005.0000.0000.0001.00   #---配置 NET 实体名称，区域 ID 为 5，系统 ID 为 1
[LSRA-isis-1] is-level level-2   #---指定当前路由器级别为 Level-2
[LSRA-isis-1] quit
[LSRA] interface gigabitethernet 1/0/0
[LSRA-GigabitEthernet1/0/0] isis enable 1   #---在以上接口上启动 IS-IS 路由进程 1
[LSRA-GigabitEthernet1/0/0] quit
[LSRA] interface loopback 1
[LSRA-LoopBack1] isis enable 1
[LSRA-LoopBack1] quit
```

#---LSRB 上的配置，具体如下。

```
<Huawei> system-view
[Huawei] sysname LSRB
[LSRB] interface gigabitethernet 1/0/0
[LSRB-GigabitEthernet1/0/0] ip address 172.1.1.2 255.255.255.0
[LSRB-GigabitEthernet1/0/0] quit
[LSRB] interface gigabitethernet 2/0/0
[LSRB-GigabitEthernet2/0/0] ip address 172.2.1.1 255.255.255.0
[LSRB-GigabitEthernet2/0/0] quit
[LSRB] interface loopback 1
[LSRB-LoopBack1] ip address 2.2.2.9 255.255.255.255
[LSRB-LoopBack1] quit
[LSRB] isis 1
[LSRB-isis-1] network-entity 00.0005.0000.0000.0002.00
[LSRB-isis-1] is-level level-2
[LSRB-isis-1] quit
[LSRB] interface gigabitethernet 1/0/0
[LSRB-GigabitEthernet1/0/0] isis enable 1
[LSRB-GigabitEthernet1/0/0] quit
[LSRB] interface gigabitethernet 2/0/0
[LSRB-GigabitEthernet2/0/0] isis enable 1
[LSRB-GigabitEthernet2/0/0] quit
[LSRB] interface loopback 1
[LSRB-LoopBack1] isis enable 1
[LSRB-LoopBack1] quit
```

#---LSRC 上的配置，具体如下。

```
<Huawei> system-view
[Huawei] sysname LSRC
[LSRC] interface gigabitethernet 1/0/0
[LSRC-GigabitEthernet1/0/0] ip address 172.2.1.2 255.255.255.0
[LSRC-GigabitEthernet1/0/0] quit
[LSRC] interface loopback 1
[LSRC-LoopBack1] ip address 3.3.3.9 255.255.255.255
[LSRC-LoopBack1] quit
[LSRC] isis 1
[LSRC-isis-1] network-entity 00.0005.0000.0000.0003.00
```

```
[LSRC-isis-1] is-level level-2
[LSRC-isis-1] quit
[LSRC] interface gigabitethernet 1/0/0
[LSRC-GigabitEthernet1/0/0] isis enable 1
[LSRC-GigabitEthernet1/0/0] quit
[LSRC] interface loopback 1
[LSRC-LoopBack1] isis enable 1
[LSRC-LoopBack1] quit
```

以上配置完成后，在各节点上执行 **display isis route** 命令，可以看到各节点之间已相互学习到所有非直连网段的 IS-IS 路由。图 5-27 是在 LSRA 上执行该命令的输出。

```
LSRA                                                                  _  □  X
<LSRA>display isis route

                    Route information for ISIS(1)
                    ----------------------------

                    ISIS(1) Level-2 Forwarding Table
                    --------------------------------

IPV4 Destination    IntCost    ExtCost ExitInterface   NextHop        Flags
-------------------------------------------------------------------------------
3.3.3.9/32          20         NULL    GE1/0/0         172.1.1.2      A/-/-/-
2.2.2.9/32          10         NULL    GE1/0/0         172.1.1.2      A/-/-/-
1.1.1.9/32          0          NULL    Loop1           Direct         D/-/L/-
172.1.1.0/24        10         NULL    GE1/0/0         Direct         D/-/L/-
172.2.1.0/24        20         NULL    GE1/0/0         172.1.1.2      A/-/-/-
       Flags: D-Direct, A-Added to URT, L-Advertised in LSPs, S-IGP Shortcut,
                       U-Up/Down Bit Set

<LSRA>|
```

图 5-27　在 LSRA 上执行 **display isis route** 命令的输出

② 在各节点上配置 MPLS 基本功能，使能 MPLS TE、RSVP-TE。

在各节点上配置 LSR ID，全局使能 MPLS、MPLS TE 和 RSVP-TE，在隧道沿途的公网接口上使能 MPLS、MPLS TE 和 RSVP-TE。

#---LSRA 上的配置，具体如下。

```
[LSRA] mpls lsr-id 1.1.1.9
[LSRA] mpls
[LSRA-mpls] mpls te
[LSRA-mpls] mpls rsvp-te
[LSRA-mpls] quit
[LSRA] interface gigabitethernet 1/0/0
[LSRA-GigabitEthernet1/0/0] mpls
[LSRA-GigabitEthernet1/0/0] mpls te
[LSRA-GigabitEthernet1/0/0] mpls rsvp-te
[LSRA-GigabitEthernet1/0/0] quit
```

#---LSRB 上的配置，具体如下。

```
[LSRB] mpls lsr-id 2.2.2.9
[LSRB] mpls
[LSRB-mpls] mpls te
[LSRB-mpls] mpls rsvp-te
[LSRB-mpls] quit
[LSRB] interface gigabitethernet 1/0/0
[LSRB-GigabitEthernet1/0/0] mpls
[LSRB-GigabitEthernet1/0/0] mpls te
[LSRB-GigabitEthernet1/0/0] mpls rsvp-te
[LSRB-GigabitEthernet1/0/0] quit
```

```
[LSRB] interface gigabitethernet 2/0/0
[LSRB-GigabitEthernet2/0/0] mpls
[LSRB-GigabitEthernet2/0/0] mpls te
[LSRB-GigabitEthernet2/0/0] mpls rsvp-te
[LSRB-GigabitEthernet2/0/0] quit
```

#---LSRC 上的配置，具体如下。

```
[LSRC] mpls lsr-id 3.3.3.9
[LSRC] mpls
[LSRC-mpls] mpls te
[LSRC-mpls] mpls rsvp-te
[LSRC-mpls] quit
[LSRC] interface gigabitethernet 1/0/0
[LSRC-GigabitEthernet1/0/0] mpls
[LSRC-GigabitEthernet1/0/0] mpls te
[LSRC-GigabitEthernet1/0/0] mpls rsvp-te
[LSRC-GigabitEthernet1/0/0] quit
```

③ 在各节点上配置 IS-IS TE，包括修改 IS-IS 的 Wide Metric 属性，使能 Level-2 IS-IS TE。

#---LSRA 上的配置，具体如下。

```
[LSRA] isis 1
[LSRA-isis-1] cost-style wide   #---设置 IS-IS 开销为 wide 类型
[LSRA-isis-1] traffic-eng level-2   #---在 Level-2 级别使能 IS-IS TE，因为在前面已把各节点配置为 Level-2 级别
[LSRA-isis-1] quit
```

#---LSRB 上的配置，具体如下。

```
[LSRB] isis 1
[LSRB-isis-1] cost-style wide
[LSRB-isis-1] traffic-eng level-2
[LSRB-isis-1] quit
```

#---LSRC 上的配置，具体如下。

```
[LSRC] isis 1
[LSRC-isis-1] cost-style wide
[LSRC-isis-1] traffic-eng level-2
[LSRC-isis-1] quit
```

④ 在入节点上创建并配置 MPLS TE 隧道接口，使能 MPLS TE CSPF。

在隧道入节点上创建 Tunnel 接口，并配置 Tunnel 接口的 IP 地址、隧道协议、目的 IP 地址、Tunnel ID、动态信令协议，并执行 **mpls te commit** 命令，使配置生效。要注意，CR-LSP 也是单向的，要实现 LSRA 和 LSRC 之间的相互通信，必须分别建立以 LSRA 和 LSRC 为入节点的一条 CR-LSP。

#---LSRA 上的配置，具体如下。

```
[LSRA] mpls
[LSRA-mpls] mpls te cspf   #---使能 CSPF 功能
[LSRA-mpls] quit
[LSRA] interface tunnel 0/0/1
[LSRA-Tunnel0/0/1] ip address unnumbered interface loopback 1
[LSRA-Tunnel0/0/1] tunnel-protocol mpls te   #---配置以上 Tunnel 接口封装 MPLS TE 协议
[LSRA-Tunnel0/0/1] destination 3.3.3.9   #---指定隧道目的端 IP 地址为 3.3.3.9，即 LSRC 的 Loopback1 接口的 IP 地址
[LSRA-Tunnel0/0/1] mpls te tunnel-id 100   #---配置 MPLS TE Tunnel ID 为 100
[LSRA-Tunnel0/0/1] mpls te commit
[LSRA-Tunnel0/0/1] quit
```

#---LSRC 上的配置，具体如下。

```
[LSRC] mpls
[LSRC-mpls] mpls te cspf
[LSRC-mpls] quit
[LSRC] interface tunnel 0/0/1
[LSRC-Tunnel0/0/1] ip address unnumbered interface loopback 1
[LSRC-Tunnel0/0/1] tunnel-protocol mpls te
[LSRC-Tunnel0/0/1] destination 1.1.1.9
[LSRC-Tunnel0/0/1] mpls te tunnel-id 200
[LSRC-Tunnel0/0/1] mpls te commit
[LSRC-Tunnel0/0/1] quit
```

（3）配置结果验证

以上配置完成后，可进行以下配置结果验证。

① 在 LSRA 或 LSRC 上执行 **display interface tunnel** 命令可以看到在它们上面创建的隧道接口状态为 UP，表示 MPLS TE 隧道创建成功，前面的配置是正确的。图 5-28 是在 LSRA 上执行该命令的输出。

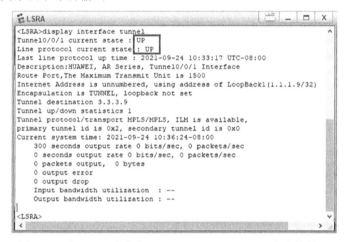

图 5-28　在 LSRA 上执行 **display interface tunnel** 命令的输出

② 在 LSRA 或 LSRC 上执行 **display mpls te tunnel-interface** 命令可以看到在它们上面创建的隧道接口的基本信息，包括隧道标识（对应 Session ID）、入节点、出节点、工作状态等。图 5-29 是在 LSRA 上执行该命令的输出。

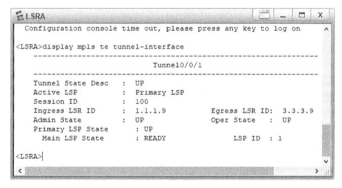

图 5-29　在 LSRA 上执行 **display mpls te tunnel-interface** 命令的输出

如果想要详细了解所创建的 MPLS TE 隧道信息，还可在 LSRA 或 LSRC 上执行

display mpls te tunnel verbose 命令。

③ 在 LSRA 上执行 **display mpls te cspf tedb all** 命令查看 TEDB 中的链路信息，从图 5-30 中我们可以看出它包括 3 台设备，表示通过 CSPF 已在这 3 台设备上启用了 IS-IS TE 功能。

```
LSRA
<LSRA>display mpls te cspf tedb all
Maximum Nodes Supported: 1024 Current Total Node Number: 3
Maximum Links Supported: 2048 Current Total Link Number: 4
Maximum SRLGs supported: 5120 Current Total SRLG Number: 0
ID   Router-ID    IGP    Process-ID    Area      Link-Count
1    1.1.1.9      ISIS   1             Level-2   1
2    2.2.2.9      ISIS   1             Level-2   2
3    3.3.3.9      ISIS   1             Level-2   1
<LSRA>
```

图 5-30　在 LSRA 上执行 **display mpls te cspf tedb all** 命令的输出

以上验证证明以上配置是正确且成功的，双向 MPLS TE 隧道（各包括一条 CR-LSP）建立成功。还可以在入节点上执行 **ping lsp te** tunnel0/0/1 命令验证 MPLS TE 隧道的连通性，图 5-31 是在 LSRA 上执行该命令的结果，显示所创建的由 LSRA→LSRC 的动态 CR-LSP 是通的。

```
LSRA
<LSRA>ping lsp te tunnel0/0/1
 LSP PING FEC: TE TUNNEL IPV4 SESSION QUERY Tunnel0/0/1 : 100  data bytes, pre
s CTRL_C to break
    Reply from 3.3.3.9: bytes=100 Sequence=1 time=30 ms
    Reply from 3.3.3.9: bytes=100 Sequence=2 time=30 ms
    Reply from 3.3.3.9: bytes=100 Sequence=3 time=30 ms
    Reply from 3.3.3.9: bytes=100 Sequence=4 time=30 ms
    Reply from 3.3.3.9: bytes=100 Sequence=5 time=20 ms

 --- FEC: TE TUNNEL IPV4 SESSION QUERY Tunnel0/0/1 ping statistics ---
    5 packet(s) transmitted
    5 packet(s) received
    0.00% packet loss
    round-trip min/avg/max = 20/28/30 ms

<LSRA>
```

图 5-31　在 LSRA 上执行 **ping lsp te** tunnel0/0/1 命令的输出

5.8　配置流量引入 MPLS TE 隧道

将用户流量引入 MPLS TE 隧道的方案有 4 种：静态路由、策略路由、隧道策略和自动路由。用户根据网络规划从中选择一种即可，推荐使用配置自动路由。在配置流量引入 MPLS TE 隧道之前，需完成静态/动态 MPLS TE 隧道配置，或静态/动态 DS-TE 隧道配置。有关静态/动态 DS-TE 隧道的配置方法参见本书第 9 章。

5.8.1　自动路由的配置与管理

自动路由方式是指将 TE 隧道看作逻辑链路，与网络中的物理链路一起参与 IGP 路由计算，确定选择 TE 隧道作为某类流量的 IGP 路由路径时将使用对应的隧道接口作为路由出接口。根据某节点设备是否将 LSP 链路发布给邻居节点用于指导报文转发，自动路由又有以下两种配置方式。

　　① 配置转发捷径：不将 TE 隧道发布给邻居节点，这样一来 TE 隧道只能参与本地的路由计算，其他节点不能使用此隧道。

　　② 配置转发邻接：将 TE 隧道发布给邻居节点，使 TE 隧道参与全局的路由计算，其他节点也能使用此隧道。这是一种常用方式。

　　可根据实际情况选择其中一种方式，**但仅需在隧道入节点上配置**，配置转发捷径的步骤见表 5-22，配置转发邻接的步骤见表 5-23。

　　【说明】转发捷径和转发邻接配置互斥，不能同时配置。配置转发邻接时，由于路由协议需要对链路进行双向检查，转发邻接将 LSP 链路发布给其他节点，此时需要再配置一条返回的 Tunnel，构成双向 Tunnel，并分别使能这两条隧道的转发邻接功能。

表 5-22　配置转发捷径的步骤

步骤	命令	说明
1	**system-view**	进入系统视图
2	**interface tunnel** *interface-number* 例如：[Huawei] **interface tunnel** 0/0/1	进入 MPLS TE 隧道的 Tunnel 接口视图
3	**mpls te igp shortcut** [**isis** | **ospf**] 例如：[Huawei-Tunnel0/0/1] **mpls te igp shortcut** ospf	配置 IGP Shortcut，使能 IGP 在进行增强的 SPF 计算（即进行 SPF 计算时包括了 TE 隧道）时使用处于 UP 状态的 MPLS TE 隧道功能。 ① isis：二选一可选项，指定使用 IS-IS 协议。 ② ospf：二选一可选项，指定使用 OSPF。 如果配置 IGP Shortcut 时不指定 IGP 类型，则缺省为 OSPF 和 IS-IS 都支持。 缺省情况下，IGP 在进行增强的 SPF 计算时使用 MPLS TE 隧道功能处于未使能状态，可用 **undo mpls te igp shortcut** 命令去使能 IGP 在进行增强的 SPF 计算时使用处于 Up 状态的 MPLS TE 隧道功能，使进行 SPF 计算时不包括 TE 隧道
4	**mpls te igp metric** { **absolute** *absolute-value* | **relative** *relative-value* } 例如：[Huawei-Tunnel0/0/1] **mpls te igp metric relative** -1	配置 TE 隧道的 IGP 度量值。因为 TE 隧道要作为逻辑链路 IGP 路由计算，所以要指定这条逻辑链路对应的 Tunnel 接口的开销（度量）值，这是 IGP 路由计算的重要依据。 ① **absolute** *absolute-value*：二选一参数，指定绝对度量模式，整数形式，取值范围是 1~65535，TE 隧道的度量值就是配置的值。 ② **relative** *relative-value*：二选一参数，指定相对度量模式，表示相对于隧道中物理链路的 IGP 度量差值，整数形式，取值范围是-10~10，缺省值为 0，TE 隧道的度量值是相应 IGP 路径度量值加上相对度量值。 要选择 TE 隧道，所配置的 TE 隧道度量值应小于其他可参与 IGP 路由计算的物理链路的开销值。 缺省情况下，TE 隧道使用的度量值与对应的物理链路的度量值相同，可用 **undo mpls te igp metric** 命令恢复缺省设置

续表

步骤	命令	说明	
5	**mpls te commit** 例如：[Huawei-Tunnel0/0/1] **mpls te commit**	提交隧道当前配置，使配置生效	
6	**isis enable** [*process-id*] 例如：[Huawei-Tunnel0/0/1] **isis enable** 1	（二选一）使能隧道接口的 IS-IS Shortcut，当公网 TE 隧道配置使用 IS-IS 协议时采用	
	ospf [*process-id*] 例如：[Huawei-Tunnel0/0/1] **ospf** 1	（二选一）使能隧道接口的 OSPF Shortcut，当公网 TE 隧道配置使用 OSPF 时采用	进入 OSPF 视图
	enable traffic-adjustment 例如：[Huawei-Tunnel0/0/1] **enable traffic-adjustment**		使能 OSPF Shortcut。缺省情况下，未使能 OSPF Shortcut，可用 **undo enable traffic-adjustment** 命令去使能 OSPF Shortcut 功能

表 5-23　配置转发邻接的步骤

步骤	命令	说明	
1	**system-view**	进入系统视图	
2	**interface tunnel** *interface-number* 例如：[Huawei] **interface tunnel** 0/0/1	进入 MPLS TE 隧道的 Tunnel 接口视图	
3	**mpls te igp advertise** [**hold-time** *interval*] 例如：[Huawei-Tunnel0/0/1] **mpls te igp advertise**	使能转发邻接将 MPLS TE 隧道作为虚拟链路发布到 IGP 网络的功能。可选参数 **hold-time** *interval* 用来指定 TE 隧道状态转为 Down 后到通知网络之前等待的时间，整数形式，取值范围是 0~4294967295，单位为毫秒，缺省值为 0。 缺省情况下，转发邻接将 MPLS TE 隧道作为虚拟链路发布到 IGP 网络的功能处于未使能状态，可用 **undo mpls te igp advertise** 命令去使能转发邻接将 MPLS TE 隧道作为虚拟链路发布到 IGP 网络的功能	
4	**mpls te igp metric** { **absolute** *absolute-value* | **relative** *relative-value* } 例如：[Huawei-Tunnel0/0/1] **mpls te igp metric relative** -1	配置 TE 隧道的 IGP 度量值。其他说明参见表 5-22 中的第 4 步	
5	**mpls te commit** 例如：[Huawei-Tunnel0/0/1] **mpls te commit**	提交隧道当前配置，使配置生效	
6	**isis enable** [*process-id*] 例如：[Huawei-Tunnel0/0/1] **isis enable** 1	（二选一）使能隧道接口的 IS-IS 转发邻接，当公网 TE 隧道配置使用 IS-IS 协议时采用	
	ospf [*process-id*] 例如：[Huawei-Tunnel0/0/1] **ospf** 1	（二选一）使能隧道接口的 OSPF 转发邻接，当公网 TE 隧道配置使用 OSPF 时采用	进入 OSPF 视图
	enable traffic-adjustment advertise 例如：[Huawei-Tunnel0/0/1] **enable traffic-adjustment advertise**		使能 OSPF 转发邻接。缺省情况下，未使能 OSPF 转发邻接，可用 **undo enable traffic-adjustment advertise** 命令去使能 OSPF 转发邻接功能

完成将流量引入 MPLS TE 隧道的所有配置后，可通过以下 **display** 命令查看相关配置，验证配置结果。

① **display current-configuration**：查看将流量引入 MPLS TE 隧道的配置信息。

② **display ip routing-table**：查看 MPLS TE 隧道接口作为路由出接口的情况。

③ **display ospf** [*process-id*] **traffic-adjustment**：查看与流量转发（转发捷径和转发邻接）相关的 OSPF 进程的隧道信息。

5.8.2 通过转发捷径将流量引入 TE 隧道的配置示例

转发捷径是一种将流量引入 TE 隧道的常用方式，在该方式中 TE 隧道将作为逻辑链路参与本地的 IGP 路由计算。设置 TE 隧道的 Metric 值，可以使 TE 隧道被优选，从而将流量引入 TE 隧道。

如图 5-32 所示，各设备之间通过 OSPF 实现路由互通，在 LSRA 上建立了一条经过 LSRB 到达 LSRC 的 TE 隧道；链路上标注的数字代表开销值。如果在 LSRA 上同时存在去往 LSRE 和 LSRC 的流量，则根据 OSPF 的选路结果，这两部分流量都将从接口 GE2/0/0 转发，因为这条路径中的开销最小。

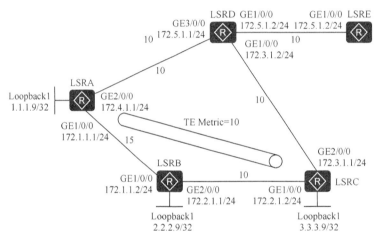

图 5-32　配置转发捷径将流量引入 TE 隧道示例的拓扑结构

现假设 LSRA 和 LSRD 之间的链路带宽为 100Mbit/s，去往 LSRC 的流量带宽需求为 50Mbit/s，去往 LSRE 的流量带宽需求为 60Mbit/s，两者相加为 110Mbit/s。此时，LSRA 和 LSRD 之间的链路会发生拥塞，造成流量时延或丢失。为了解决这个问题，可在 LSRA 上的 TE 隧道接口配置转发捷径，将去往 LSRC 的流量引入 TE 隧道。这样，这部分流量将从接口 GE1/0/0 转发，避免网络拥塞的发生。

（1）基本配置思路分析

配置转发捷径将流量引入 TE 隧道的前提是要完成 MPLS TE 隧道的配置，所以在本示例的基本配置任务中，首先是在 LSRA 和 LSRC 之间建立 MPLS TE 隧道的配置，然后再配置转发捷径功能，将 LSRA 到 LSRC 的流量引入该 MPLS TE 隧道中。

根据 5.7 节及 5.8.1 节介绍的配置任务，可得出本示例的基本配置思路，具体如下。

① 在各节点上配置各接口（包括 Loopback 接口）的 IP 地址，并使用 OSPF 实现各节点之间路由可达，同时按图 5-32 中的标识配置各接口的 OSPF 开销值。

② 在 LSRA、LSRB 和 LSRC 上配置 MPLS LSR ID，全局和公网接口上使能 MPLS、

MPLS TE、RSVP-TE 和 CSPF，建立动态 MPLS TE 隧道。

③ 在 LSRA、LSRB 和 LSRC 上使能 OSPF TE，发布 TE 信息。

④ 在 LSRA 上创建并配置 Tunnel 接口的目的 IP 地址等参数，配置显式路径。

⑤ 在 LSRA 的 TE 隧道接口下使能转发捷径功能，并配置 TE 隧道的 IGP 度量值。本示例中通过 LSRA 的 GE1/0/0 接口到达 LSRC 的链路的总开销值为 25，通过 GE2/0/0 到 LSRC 的链路的总开销值为 20，要使 MPLS TE 隧道优选，只需把 Tunnel 接口的开销值配置小于 20 即可，因为 MPLS TE 隧道是点对点的，只需计算一个 Tunnel 接口的开销值即可。

（2）具体配置步骤

① 在各节点上配置各接口的 IP 地址和 OSPF（所有设备都在 OSPF 1 进程、区域 0 中），并按图 5-32 中的标识配置各接口的 OSPF 开销值。

#---LSRA 上的配置，具体如下。

```
<Huawei> system-view
[Huawei] sysname LSRA
[LSRA] interface gigabitethernet 1/0/0
[LSRA-GigabitEthernet1/0/0] ip address 172.1.1.1 255.255.255.0
[LSRA-GigabitEthernet1/0/0] ospf cost 15
[LSRA-GigabitEthernet1/0/0] quit
[LSRA] interface gigabitethernet 2/0/0
[LSRA-GigabitEthernet2/0/0] ip address 172.4.1.1 255.255.255.0
[LSRA-GigabitEthernet2/0/0] ospf cost 10
[LSRA-GigabitEthernet2/0/0] quit
[LSRA] interface loopback 1
[LSRA-LoopBack1] ip address 1.1.1.9 255.255.255.255
[LSRA-LoopBack1] quit
[LSRA] ospf 1
[LSRA-ospf-1] area 0
[LSRA-ospf-1-area-0.0.0.0] network 1.1.1.9 0.0.0.0
[LSRA-ospf-1-area-0.0.0.0] network 172.1.1.0 0.0.0.255
[LSRA-ospf-1-area-0.0.0.0] network 172.4.1.0 0.0.0.255
[LSRA-ospf-1-area-0.0.0.0] quit
[LSRA-ospf-1] quit
```

#---LSRB 上的配置，具体如下。

```
<Huawei> system-view
[Huawei] sysname LSRB
[LSRB] interface gigabitethernet 1/0/0
[LSRB-GigabitEthernet1/0/0] ip address 172.1.1.2 255.255.255.0
[LSRB-GigabitEthernet1/0/0] ospf cost 15
[LSRB-GigabitEthernet1/0/0] quit
[LSRB] interface gigabitethernet 2/0/0
[LSRB-GigabitEthernet2/0/0] ip address 172.2.1.1 255.255.255.0
[LSRB-GigabitEthernet2/0/0] ospf cost 10
[LSRB-GigabitEthernet2/0/0] quit
[LSRB] interface loopback 1
[LSRB-LoopBack1] ip address 2.2.2.9 255.255.255.255
[LSRB-LoopBack1] quit
[LSRB] ospf 1
[LSRB-ospf-1] area 0
[LSRB-ospf-1-area-0.0.0.0] network 2.2.2.9 0.0.0.0
```

```
[LSRB-ospf-1-area-0.0.0.0] network 172.1.1.0 0.0.0.255
[LSRB-ospf-1-area-0.0.0.0] network 172.2.1.0 0.0.0.255
[LSRB-ospf-1-area-0.0.0.0] quit
[LSRB-ospf-1] quit
```

#---LSRC 上的配置，具体如下。

```
<Huawei> system-view
[Huawei] sysname LSRC
[LSRC] interface gigabitethernet 1/0/0
[LSRC-GigabitEthernet1/0/0] ip address 172.2.1.2 255.255.255.0
[LSRC-GigabitEthernet1/0/0] ospf cost 10
[LSRC-GigabitEthernet1/0/0] quit
[LSRC] interface gigabitethernet 2/0/0
[LSRC-GigabitEthernet2/0/0] ip address 172.3.1.1 255.255.255.0
[LSRC-GigabitEthernet2/0/0] ospf cost 10
[LSRC-GigabitEthernet2/0/0] quit
[LSRC] interface loopback 1
[LSRC-LoopBack1] ip address 3.3.3.9 255.255.255.255
[LSRC-LoopBack1] quit
[LSRC] ospf 1
[LSRC-ospf-1] area 0
[LSRC-ospf-1-area-0.0.0.0] network 3.3.3.9 0.0.0.0
[LSRC-ospf-1-area-0.0.0.0] network 172.2.1.0 0.0.0.255
[LSRC-ospf-1-area-0.0.0.0] network 172.3.1.0 0.0.0.255
[LSRC-ospf-1-area-0.0.0.0] quit
[LSRC-ospf-1] quit
```

#---LSRD 上的配置，具体如下。

```
<Huawei> system-view
[Huawei] sysname LSRD
[LSRD] interface gigabitethernet 1/0/0
[LSRD-GigabitEthernet1/0/0] ip address 172.3.1.2 255.255.255.0
[LSRD-GigabitEthernet1/0/0] ospf cost 10
[LSRD-GigabitEthernet1/0/0] quit
[LSRD] interface gigabitethernet 2/0/0
[LSRD-GigabitEthernet2/0/0] ip address 172.4.1.2 255.255.255.0
[LSRD-GigabitEthernet2/0/0] ospf cost 10
[LSRD-GigabitEthernet2/0/0] quit
[LSRD] interface gigabitethernet 3/0/0
[LSRD-GigabitEthernet3/0/0] ip address 172.5.1.2 255.255.255.0
[LSRD-GigabitEthernet3/0/0] ospf cost 10
[LSRD-GigabitEthernet3/0/0] quit
[LSRD] ospf 1
[LSRD-ospf-1] area 0
[LSRD-ospf-1-area-0.0.0.0] network 172.3.1.0 0.0.0.255
[LSRD-ospf-1-area-0.0.0.0] network 172.4.1.0 0.0.0.255
[LSRD-ospf-1-area-0.0.0.0] network 172.5.1.0 0.0.0.255
[LSRD-ospf-1-area-0.0.0.0] quit
[LSRD-ospf-1] quit
```

#---LSRE 上的配置，具体如下。

```
<Huawei> system-view
[Huawei] sysname LSRE
[LSRE] interface gigabitethernet 1/0/0
[LSRE-GigabitEthernet1/0/0] ip address 172.5.1.2 255.255.255.0
[LSRE-GigabitEthernet1/0/0] ospf cost 10
[LSRE-GigabitEthernet1/0/0] quit
```

```
[LSRE] ospf 1
[LSRE-ospf-1] area 0
[LSRE-ospf-1-area-0.0.0.0] network 172.5.1.0 0.0.0.255
[LSRE-ospf-1-area-0.0.0.0] quit
[LSRE-ospf-1] quit
```

以上配置完成后，在 LSRA、LSRB、LSRC 节点上执行 **display ospf routing** 命令，可以看到它们都学到了到对方 Loopback1 的路由，且从 LSRA 到达 LSRC 和 LSRE 的流量都经过 LSRD，因为下一跳均为 172.4.1.2，如图 5-33 所示。

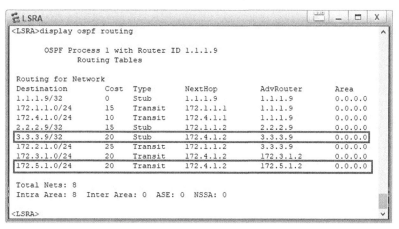

图 5-33 在 LSRA 上执行 **display ip routing-table** 命令的输出

② 在 LSRA、LSRB 和 LSRC 全局和公网接口上使能 MPLS、MPLS TE 和 RSVP-TE 功能，并在 LSRA 上全局使能 CSPF 功能。

\#---LSRA 上的配置，具体如下。

```
[LSRA] mpls lsr-id 1.1.1.9
[LSRA] mpls
[LSRA-mpls] mpls te
[LSRA-mpls] mpls rsvp-te
[LSRA-mpls] mpls te cspf
[LSRA-mpls] quit
[LSRA] interface gigabitethernet 1/0/0
[LSRA-GigabitEthernet1/0/0] mpls
[LSRA-GigabitEthernet1/0/0] mpls te
[LSRA-GigabitEthernet1/0/0] mpls rsvp-te
[LSRA-GigabitEthernet1/0/0] quit
```

\#---LSRB 上的配置，具体如下。

```
[LSRB] mpls lsr-id 2.2.2.9
[LSRB] mpls
[LSRB-mpls] mpls te
[LSRB-mpls] mpls rsvp-te
[LSRB-mpls] quit
[LSRB] interface gigabitethernet 1/0/0
[LSRB-GigabitEthernet1/0/0] mpls
[LSRB-GigabitEthernet1/0/0] mpls te
[LSRB-GigabitEthernet1/0/0] mpls rsvp-te
[LSRB-GigabitEthernet1/0/0] quit
```

```
[LSRB] interface gigabitethernet 2/0/0
[LSRB-GigabitEthernet2/0/0] mpls
[LSRB-GigabitEthernet2/0/0] mpls te
[LSRB-GigabitEthernet2/0/0] mpls rsvp-te
[LSRB-GigabitEthernet2/0/0] quit
```

\#---LSRC 上的配置，具体如下。

```
[LSRC] mpls lsr-id 3.3.3.9
[LSRC] mpls
[LSRC-mpls] mpls te
[LSRC-mpls] mpls rsvp-te
[LSRC-mpls] quit
[LSRC] interface gigabitethernet 1/0/0
[LSRC-GigabitEthernet1/0/0] mpls
[LSRC-GigabitEthernet1/0/0] mpls te
[LSRC-GigabitEthernet1/0/0] mpls rsvp-te
[LSRC-GigabitEthernet1/0/0] quit
```

③ 在 LSRA、LSRB 和 LSRC 上使能 OSPF TE，发布 TE 信息。

\#---LSRA 上的配置，具体如下。

```
[LSRA] ospf
[LSRA-ospf-1] opaque-capability enable    #---使能 OSPF 的 Opaque 功能
[LSRA-ospf-1] area 0
[LSRA-ospf-1-area-0.0.0.0] mpls-te enable     #---在当前 OSPF 区域使能 TE
[LSRA-ospf-1-area-0.0.0.0] quit
[LSRA-ospf-1] quit
```

\#---LSRB 上的配置，具体如下。

```
[LSRB] ospf
[LSRB-ospf-1] opaque-capability enable
[LSRB-ospf-1] area 0
[LSRB-ospf-1-area-0.0.0.0] mpls-te enable
[LSRB-ospf-1-area-0.0.0.0] quit
[LSRB-ospf-1] quit
```

\#---LSRC 上的配置，具体如下。

```
[LSRC] ospf
[LSRC-ospf-1] opaque-capability enable
[LSRC-ospf-1] area 0
[LSRC-ospf-1-area-0.0.0.0] mpls-te enable
[LSRC-ospf-1-area-0.0.0.0] quit
[LSRC-ospf-1] quit
```

④ 在 LSRA 上创建并配置 Tunnel 接口的目的 IP 地址等参数，配置显式路径。

\#---配置 TE 隧道的显式路径，具体如下。

```
[LSRA] explicit-path pri-path    #---创建显式路径 pri-path
[LSRA-explicit-path-pri-path] next hop 172.1.1.2   #---配置严格下一跳 IP 地址 172.1.1.2
[LSRA-explicit-path-pri-path] next hop 172.2.1.2   #---配置严格下一跳 IP 地址 172.2.1.2
[LSRA-explicit-path-pri-path] next hop 3.3.3.9   #---配置严格下一跳 IP 地址 3.3.3.9
[LSRA-explicit-path-pri-path] quit
```

\#---在 LSRA 上创建隧道接口，具体如下。

```
[LSRA] interface tunnel 0/0/1
[LSRA-Tunnel0/0/1] ip address unnumbered interface loopback 1   #---配置 Tunnel0/0/1 接口借用 Loopback1 接口的 IP 地址
[LSRA-Tunnel0/0/1] tunnel-protocol mpls te    #---配置 Tunnel0/0/1 接口采用 TE 协议封装
[LSRA-Tunnel0/0/1] destination 3.3.3.9   #---配置 TE 隧道目的 IP 地址为 LSRC
[LSRA-Tunnel0/0/1] mpls te tunnel-id 100
```

[LSRA-Tunnel0/0/1] **mpls te signal-protocol rsvp-te**　#---配置隧道使用 RSVP-TE 作为信令协议

[LSRA-Tunnel0/0/1] **mpls te path explicit-path** pri-path　#---配置隧道应用的显式路径为 pri-path

[LSRA-Tunnel0/0/1] **mpls te commit**

[LSRA-Tunnel0/0/1] **quit**

⑤ 在 LSRA 的 TE 隧道接口下使能转发捷径功能，并配置 TE 隧道的 IGP 度量值为 10（绝对度量），具体如下。

[LSRA] **interface tunnel** 0/0/1

[LSRA-Tunnel0/0/1] **mpls te igp shortcut ospf**　#---配置使用 OSPF shortcut

[LSRA-Tunnel0/0/1] **mpls te igp metric absolute** 10　#---配置 TE 隧道绝对度量为 10

[LSRA-Tunnel0/0/1] **mpls te commit**

[LSRA-Tunnel0/0/1] **quit**

[LSRA] **ospf 1**

[LSRA-ospf-1] **enable traffic-adjustment**　#---使能转发捷径功能

[LSRA-ospf-1] **quit**

（3）配置结果验证

以上配置全部完成后，可进行以下配置结果验证。

① 在 LSRA 上执行 **display interface tunnel** 命令可以看到隧道接口状态为 UP，执行 **display mpls te tunnel-interface** 命令可以看到隧道接口信息，如图 5-34 所示。

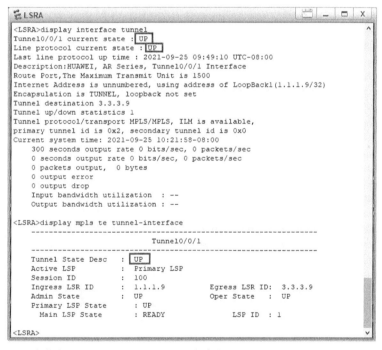

图 5-34　在 LSRA 上执行 **display interface tunnel** 命令和 **display mpls te tunnel-interface** 命令的输出

② 在 LSRA 上执行 **display mpls te cspf tedb all** 命令查看 TEDB 中的设备信息 LSRA、LSRB、LSRC，执行 **display ip routing-table** 3.3.3.9 命令可以看到去往 LSRC（3.3.3.9）的路由的下一跳为 1.1.1.9，转发出接口为 Tunnel0/0/1，由此可证明去往 LSRC 的流量被引入 TE 隧道，如图 5-35 所示。

```
LSRA                                                              □ _ □ X
<LSRA>display mpls te cspf tedb all
Maximum Nodes Supported: 1024 Current Total Node Number: 3
Maximum Links Supported: 2048 Current Total Link Number: 4
Maximum SRLGs supported: 5120 Current Total SRLG Number: 0
ID    Router-ID    IGP      Process-ID    Area          Link-Count
1     1.1.1.9      OSPF     1             0             1
2     2.2.2.9      OSPF     1             0             2
3     3.3.3.9      OSPF     1             0             1
<LSRA>display ip routing-table 3.3.3.9
Route Flags: R - relay, D - download to fib
------------------------------------------------------------------
Routing Table : Public
Summary Count : 1
Destination/Mask    Proto    Pre  Cost      Flags NextHop      Interface

       3.3.3.9/32   OSPF     10   10        D     1.1.1.9      Tunnel0/0/1

<LSRA>
```

图 5-35　在 LSRA 上执行 **display mpls te cspf tedb all** 命令和 **display ip routing-table** 3.3.3.9 命令的输出

5.8.3　通过转发邻接将流量引入 TE 隧道的配置示例

　　如图 5-36 所示，各设备之间通过 OSPF 实现路由互通，在 LSRA 上建立了一条经过 LSRB 到达 LSRC 的 TE 隧道；链路上标注的数字代表开销值。如果在 LSRA 和 LSRE 上同时存在去往 LSRC 的流量，则根据 OSPF 的选路结果，这两部分流量都将从 LSRD 的接口 GE1/0/0 转发。

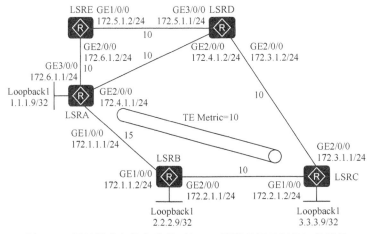

图 5-36　通过转发邻接将流量引入 TE 隧道配置示例的拓扑结构

　　现假设 LSRD 和 LSRC 之间的链路带宽为 100Mbit/s，LSRA 发往 LSRC 的流量带宽需求为 10Mbit/s，LSRE 发往 LSRC 的流量带宽需求为 100Mbit/s，两者相加为 110Mbit/s。此时，LSRD 和 LSRC 之间的链路会发生拥塞，造成流量产生时延或丢失。为了解决上述问题，可在 LSRA 上的 TE 隧道接口配置转发邻接。这样，从 LSRA 去往 LSRC 的流量将全部通过 TE 隧道转发；而从 LSRE 去往 LSRC 的流量一部分会通过 LSRD 转发，另一部分会发往 LSRA 并通过 TE 隧道转发，从而防止 LSRD 和 LSRC 之间的链路发生拥塞。

　　【说明】配置转发邻接后，LSRA 把 TE 隧道作为 OSPF 路由发布给邻居。但由于 OSPF 需要对链路进行双向检查，还需要建立一条从 LSRC 到 LSRA 的 TE 隧道，并在隧道接口下使能转发邻接。这一点与转发捷径方式不一样，因为转发捷径方式中的 TE 隧道仅参与本地 IGP 路由计算，非 TE 隧道中的邻居设备不会感知隧道的存在。

（1）基本配置思路分析

本示例与 5.8.2 节的基本配置思路类似，不同之处为：①本示例通过转发邻接功能来引导流量进入 TE 隧道；②因为在配置采用转发邻接功能后，TE 隧道的入节点会把 TE 隧道作为路由路径发给邻居设备，而邻居设备在进行 IGP 路由路径选择时需要进行双向检查，所以在本示例中要以隧道两端的 LSRA 和 LSRC 为入节点分别建立到达对端的 TE 隧道。

根据以上分析可得出本示例的以下基本配置思路。

① 在各节点上配置各接口（包括 Loopback 接口）的 IP 地址，并使用 OSPF 实现各节点之间路由可达，同时按图 5-36 中的标识配置各接口的 OSPF 开销值。

② 在 LSRA、LSRB 和 LSRC 上配置 MPLS LSR ID，全局和公网接口上使能 MPLS、MPLS TE、RSVP-TE 和 CSPF 功能，建立动态 MPLS TE 隧道。

③ 在 LSRA、LSRB 和 LSRC 上使能 OSPF TE，发布 TE 信息。

④ 在 LSRA 和 LSRC 上分别创建并配置 Tunnel 接口的目的 IP 地址等参数，配置显式路径。

⑤ 在 LSRA、LSRC 的 TE 隧道接口下分别使能转发邻接功能，并配置 TE 隧道的 IGP 度量值。**这个 IGP 度量值不能随便设置**，既要确保从 LSRA 到 LSRC 的流量能优先 TE 隧道，又要使从 LSRE 到 LSRC 的流量能有两条等价路由路径进行负载分担。通过计算，将 TE 隧道的 IGP 度量值设置为 20 时正好满足以上条件。

（2）具体配置步骤

① 在各节点上配置各接口的 IP 地址和 OSPF（所有设备都在 OSPF 1 进程、区域 0 中），并按图 5-36 中的标识配置各接口的 OSPF 开销值。

#---LSRA 上的配置，具体如下。

```
<Huawei> system-view
[Huawei] sysname LSRA
[LSRA] interface gigabitethernet 1/0/0
[LSRA-GigabitEthernet1/0/0] ip address 172.1.1.1 255.255.255.0
[LSRA-GigabitEthernet1/0/0] ospf cost 15
[LSRA-GigabitEthernet1/0/0] quit
[LSRA] interface gigabitethernet 2/0/0
[LSRA-GigabitEthernet2/0/0] ip address 172.4.1.1 255.255.255.0
[LSRA-GigabitEthernet2/0/0] ospf cost 10
[LSRA-GigabitEthernet2/0/0] quit
[LSRA] interface gigabitethernet 3/0/0
[LSRA-GigabitEthernet3/0/0] ip address 172.6.1.1 255.255.255.0
[LSRA-GigabitEthernet3/0/0] ospf cost 10
[LSRA-GigabitEthernet3/0/0] quit
[LSRA] interface loopback 1
[LSRA-LoopBack1] ip address 1.1.1.9 255.255.255.255
[LSRA-LoopBack1] quit
[LSRA] ospf 1
[LSRA-ospf-1] area 0
[LSRA-ospf-1-area-0.0.0.0] network 1.1.1.9 0.0.0.0
[LSRA-ospf-1-area-0.0.0.0] network 172.1.1.0 0.0.0.255
```

```
[LSRA-ospf-1-area-0.0.0.0] network 172.4.1.0 0.0.0.255
[LSRA-ospf-1-area-0.0.0.0] network 172.6.1.0 0.0.0.255
[LSRA-ospf-1-area-0.0.0.0] quit
[LSRA-ospf-1] quit
```

#---LSRB 上的配置，具体如下。

```
<Huawei> system-view
[Huawei] sysname LSRB
[LSRB] interface gigabitethernet 1/0/0
[LSRB-GigabitEthernet1/0/0] ip address 172.1.1.2 255.255.255.0
[LSRB-GigabitEthernet1/0/0] ospf cost 15
[LSRB-GigabitEthernet1/0/0] quit
[LSRB] interface gigabitethernet 2/0/0
[LSRB-GigabitEthernet2/0/0] ip address 172.2.1.1 255.255.255.0
[LSRB-GigabitEthernet2/0/0] ospf cost 10
[LSRB-GigabitEthernet2/0/0] quit
[LSRB] interface loopback 1
[LSRB-LoopBack1] ip address 2.2.2.9 255.255.255.255
[LSRB-LoopBack1] quit
[LSRB] ospf 1
[LSRB-ospf-1] area 0
[LSRB-ospf-1-area-0.0.0.0] network 2.2.2.9 0.0.0.0
[LSRB-ospf-1-area-0.0.0.0] network 172.1.1.0 0.0.0.255
[LSRB-ospf-1-area-0.0.0.0] network 172.2.1.0 0.0.0.255
[LSRB-ospf-1-area-0.0.0.0] quit
[LSRB-ospf-1] quit
```

#---LSRC 上的配置，具体如下。

```
<Huawei> system-view
[Huawei] sysname LSRC
[LSRC] interface gigabitethernet 1/0/0
[LSRC-GigabitEthernet1/0/0] ip address 172.2.1.2 255.255.255.0
[LSRC-GigabitEthernet1/0/0] ospf cost 10
[LSRC-GigabitEthernet1/0/0] quit
[LSRC] interface gigabitethernet 2/0/0
[LSRC-GigabitEthernet2/0/0] ip address 172.3.1.1 255.255.255.0
[LSRC-GigabitEthernet2/0/0] ospf cost 10
[LSRC-GigabitEthernet2/0/0] quit
[LSRC] interface loopback 1
[LSRC-LoopBack1] ip address 3.3.3.9 255.255.255.255
[LSRC-LoopBack1] quit
[LSRC] ospf 1
[LSRC-ospf-1] area 0
[LSRC-ospf-1-area-0.0.0.0] network 3.3.3.9 0.0.0.0
[LSRC-ospf-1-area-0.0.0.0] network 172.2.1.0 0.0.0.255
[LSRC-ospf-1-area-0.0.0.0] network 172.3.1.0 0.0.0.255
[LSRC-ospf-1-area-0.0.0.0] quit
[LSRC-ospf-1] quit
```

#---LSRD 上的配置，具体如下。

```
<Huawei> system-view
[Huawei] sysname LSRD
[LSRD] interface gigabitethernet 1/0/0
[LSRD-GigabitEthernet1/0/0] ip address 172.3.1.2 255.255.255.0
[LSRD-GigabitEthernet1/0/0] ospf cost 10
[LSRD-GigabitEthernet1/0/0] quit
[LSRD] interface gigabitethernet 2/0/0
```

```
[LSRD-GigabitEthernet2/0/0] ip address 172.4.1.2 255.255.255.0
[LSRD-GigabitEthernet2/0/0] ospf cost 10
[LSRD-GigabitEthernet2/0/0] quit
[LSRD] interface gigabitethernet 3/0/0
[LSRD-GigabitEthernet3/0/0] ip address 172.5.1.1 255.255.255.0
[LSRD-GigabitEthernet3/0/0] ospf cost 10
[LSRD-GigabitEthernet3/0/0] quit
[LSRD] ospf 1
[LSRD-ospf-1] area 0
[LSRD-ospf-1-area-0.0.0.0] network 172.3.1.0 0.0.0.0
[LSRD-ospf-1-area-0.0.0.0] network 172.4.1.0 0.0.0.255
[LSRD-ospf-1-area-0.0.0.0] network 172.5.1.0 0.0.0.255
[LSRD-ospf-1-area-0.0.0.0] quit
[LSRD-ospf-1] quit
```

#---LSRE 上的配置，具体如下。

```
<Huawei> system-view
[Huawei] sysname LSRE
[LSRE] interface gigabitethernet 1/0/0
[LSRE-GigabitEthernet1/0/0] ip address 172.5.1.2 255.255.255.0
[LSRE-GigabitEthernet1/0/0] ospf cost 10
[LSRE-GigabitEthernet1/0/0] quit
[LSRE] interface gigabitethernet 2/0/0
[LSRE-GigabitEthernet2/0/0] ip address 172.6.1.2 255.255.255.0
[LSRE-GigabitEthernet2/0/0] ospf cost 10
[LSRE-GigabitEthernet2/0/0] quit
[LSRE] ospf 1
[LSRE-ospf-1] area 0
[LSRE-ospf-1-area-0.0.0.0] network 172.5.1.0 0.0.0.0
[LSRE-ospf-1-area-0.0.0.0] network 172.6.1.0 0.0.0.255
[LSRE-ospf-1-area-0.0.0.0] quit
[LSRE-ospf-1] quit
```

以上配置完成后，在 LSRA、LSRB、LSRC 节点上执行 **display ospf routing** 命令，可以看到它们都学到了到对方 Loopback1 的路由，且 LSRA 和 LSRE 到达 LSRC 的流量都是经过 LSRD 的 G2/0/0 接口转发的（下一跳均为 172.4.1.2），如图 5-37 所示。

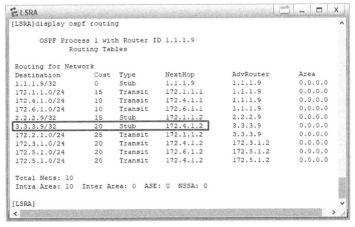

图 5-37　在 LSRA 上执行 **display ospf routing** 命令的输出

② 在 LSRA、LSRB 和 LSRC 上配置 MPLS LSR ID，在全局和公网接口上使能 MPLS

TE、RSVP-TE，并在 LSRA 上全局使能 CSPF。

#---LSRA 上的配置，具体如下。

```
[LSRA] mpls lsr-id 1.1.1.9
[LSRA] mpls
[LSRA-mpls] mpls te
[LSRA-mpls] mpls rsvp-te
[LSRA-mpls] mpls te cspf
[LSRA-mpls] quit
[LSRA] interface gigabitethernet 1/0/0
[LSRA-GigabitEthernet1/0/0] mpls
[LSRA-GigabitEthernet1/0/0] mpls te
[LSRA-GigabitEthernet1/0/0] mpls rsvp-te
[LSRA-GigabitEthernet1/0/0] quit
```

#---LSRB 上的配置，具体如下。

```
[LSRB] mpls lsr-id 2.2.2.9
[LSRB] mpls
[LSRB-mpls] mpls te
[LSRB-mpls] mpls rsvp-te
[LSRB-mpls] quit
[LSRB] interface gigabitethernet 1/0/0
[LSRB-GigabitEthernet1/0/0] mpls
[LSRB-GigabitEthernet1/0/0] mpls te
[LSRB-GigabitEthernet1/0/0] mpls rsvp-te
[LSRB-GigabitEthernet1/0/0] quit
[LSRB] interface gigabitethernet 2/0/0
[LSRB-GigabitEthernet2/0/0] mpls
[LSRB-GigabitEthernet2/0/0] mpls te
[LSRB-GigabitEthernet2/0/0] mpls rsvp-te
[LSRB-GigabitEthernet2/0/0] quit
```

#---LSRC 上的配置，具体如下。

```
[LSRC] mpls lsr-id 3.3.3.9
[LSRC] mpls
[LSRC-mpls] mpls te
[LSRC-mpls] mpls rsvp-te
[LSRC-mpls] quit
[LSRC] interface gigabitethernet 1/0/0
[LSRC-GigabitEthernet1/0/0] mpls
[LSRC-GigabitEthernet1/0/0] mpls te
[LSRC-GigabitEthernet1/0/0] mpls rsvp-te
[LSRC-GigabitEthernet1/0/0] quit
```

③ 在 LSRA、LSRB 和 LSRC 上使能 OSPF TE，发布 TE 信息。

#---LSRA 上的配置，具体如下。

```
[LSRA] ospf
[LSRA-ospf-1] opaque-capability enable
[LSRA-ospf-1] area 0
[LSRA-ospf-1-area-0.0.0.0] mpls-te enable
[LSRA-ospf-1-area-0.0.0.0] quit
[LSRA-ospf-1] quit
```

#---LSRB 上的配置，具体如下。

```
[LSRB] ospf
[LSRB-ospf-1] opaque-capability enable
[LSRB-ospf-1] area 0
```

```
[LSRB-ospf-1-area-0.0.0.0] mpls-te enable
[LSRB-ospf-1-area-0.0.0.0] quit
[LSRB-ospf-1] quit
```

#---LSRC 上的配置，具体如下。

```
[LSRC] ospf
[LSRC-ospf-1] opaque-capability enable
[LSRC-ospf-1] area 0
[LSRC-ospf-1-area-0.0.0.0] mpls-te enable
[LSRC-ospf-1-area-0.0.0.0] quit
[LSRC-ospf-1] quit
```

④ 在 LSRA 和 LSRC 上分别创建 MPLS TE 隧道接口，配置并应用显式路径。

#---LSRA 上的配置，具体如下。

```
[LSRA] explicit-path pri-path
[LSRA-explicit-path-pri-path] next hop 172.1.1.2
[LSRA-explicit-path-pri-path] next hop 172.2.1.2
[LSRA-explicit-path-pri-path] next hop 3.3.3.9
[LSRA-explicit-path-pri-path] quit
[LSRA] interface tunnel 0/0/1
[LSRA-Tunnel0/0/1] ip address unnumbered interface loopback 1
[LSRA-Tunnel0/0/1] tunnel-protocol mpls te
[LSRA-Tunnel0/0/1] destination 3.3.3.9
[LSRA-Tunnel0/0/1] mpls te tunnel-id 100
[LSRA-Tunnel0/0/1] mpls te path explicit-path pri-path
[LSRA-Tunnel0/0/1] mpls te commit
[LSRA-Tunnel0/0/1] quit
```

#---LSRC 上的配置，具体如下。

```
[LSRC] explicit-path pri-path
[LSRC-explicit-path-pri-path] next hop 172.2.1.1
[LSRC-explicit-path-pri-path] next hop 172.1.1.1
[LSRC-explicit-path-pri-path] next hop 1.1.1.9
[LSRC-explicit-path-pri-path] quit
[LSRC] interface tunnel 0/0/1
[LSRC-Tunnel0/0/1] ip address unnumbered interface loopback 1
[LSRC-Tunnel0/0/1] tunnel-protocol mpls te
[LSRC-Tunnel0/0/1] destination 1.1.1.9
[LSRC-Tunnel0/0/1] mpls te tunnel-id 101
[LSRC-Tunnel0/0/1] mpls te path explicit-path pri-path
[LSRC-Tunnel0/0/1] mpls te commit
[LSRC-Tunnel0/0/1] quit
```

⑤ 在 LSRA 和 LSRC 的 TE 隧道接口下使能转发邻接，配置 IGP 度量值为 10（绝对度量），使 TE 隧道对应的逻辑链路在 IGP 路由计算中被优选，同时使 LSRE 去往 LSRC 的流量有两条等价的路由路径，分别为通过 LSRD 到达和通过 TE 隧道到达，总路径开销均为 20。

#---LSRA 上的配置，具体如下。

```
[LSRA] interface tunnel 0/0/1
[LSRA-Tunnel0/0/1] mpls te igp advertise
[LSRA-Tunnel0/0/1] mpls te igp metric absolute 10
[LSRA-Tunnel0/0/1] mpls te commit
[LSRA-Tunnel0/0/1] quit
[LSRA] ospf 1
[LSRA-ospf-1] enable traffic-adjustment advertise
[LSRA-ospf-1] quit
```

#---LSRC 上的配置，具体如下。

```
[LSRC] interface tunnel 0/0/1
[LSRC-Tunnel0/0/1] mpls te igp advertise
[LSRC-Tunnel0/0/1] mpls te igp metric absolute 10
[LSRC-Tunnel0/0/1] mpls te commit
[LSRC-Tunnel0/0/1] quit
[LSRC] ospf 1
[LSRC-ospf-1] enable traffic-adjustment advertise
[LSRC-ospf-1] quit
```

（3）配置结果验证

以上配置全部完成后，可进行以下配置结果验证。

① 在 LSRA 和 LSRC 上分别执行 **display interface tunnel** 命令可以看到隧道接口的状态为 UP，执行 **display mpls te tunnel-interface** 命令可以看到隧道接口信息，图 5-38 是在 LSRA 上执行这两条命令的输出。

图 5-38　在 LSRA 上执行 **display interface tunnel** 命令和 **display mpls te tunnel-interface** 命令的输出

② 在 LSRA 上执行 **display ip routing-table** 3.3.3.9 命令，可以看到 LSRC（3.3.3.9）路由的下一跳为 1.1.1.9，转发出接口为 Tunnel0/0/1，由此证明去往 LSRC 的流量被引入 TE 隧道，如图 5-39 所示。

图 5-39　在 LSRA 上执行 **display ip routing-table** 3.3.3.9 命令的输出

③ 在 LSRE 上执行 **display ip routing-table** 3.3.3.9 命令，可以看到 LSRC（3.3.3.9）有两条等价路由（开销值均为 20），如图 5-40 所示，表明去往 LSRC 的流量有一部分通过 LSRD 转发，另一部分会发往 LSRA 并通过 TE 隧道转发。

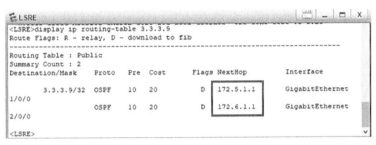

图 5-40　在 LSRE 上执行 **display ip routing-table** 3.3.3.9 命令的输出

以上验证证明了配置结果是正确的，且达到了预期。

5.9　MPLS TE 隧道维护

MPLS TE 的维护包括检测 TE 隧道的连通性、配置 MPLS TE 告警上报功能、清除运行信息、查看 TE 信息、重启隧道接口、重启 RSVP 进程等。

1）检测 TE 隧道的连通性

① **ping lsp** [**-a** *source-ip* | **-c** *count* | **-exp** *exp-value* | **-h** *ttl-value* | **-m** *interval* | **-r** *reply-mode* | **-s** *packet-size* | **-t** *time-out* | **-v**]* **te tunnel** *interface-number* [**hot-standby**]：检测 TE 隧道从入节点到出节点是否连通。如果指定 **hot-standby** 参数，则可以实现对备份 CR-LSP 的检测。**ping lsp** 命令的参数说明见表 5-24。

表 5-24　ping lsp 命令的参数说明

参数	参数说明	取值
-a *source-ip*	指定发送 MPLS Echo Request 报文的源 IP 地址。如果不指定，将采用出接口的 IP 地址作为源 IP 地址	—
-c *count*	指定发送 MPLS Echo Request 报文的次数。当网络质量不高时，可以增加发送报文数量，通过丢包率来检测网络质量	整数形式，取值范围是 1～4294967295。缺省值是 5
-exp *exp-value*	指定发送的 MPLS Echo Request 请求报文的 MPLS EXP 优先级值，值越大优先级越高	整数形式，取值范围是 0～7。缺省值是 0
-h *ttl-value*	指定 TTL 的值，每经过一跳就减 1。如果 TTL 字段的值减为 0，报文到达的路由器就会向源端发送超时报文，表明远程设备不可达	整数形式，取值范围是 1～255。缺省值是 64
-m *interval*	指定在发送下一个 MPLS Echo Request 报文前需等待的时间，即 MPLS Echo Request 报文发送的时间间隔，缺省值为 2000。在网络状况较差的情况下，不建议此参数取值小于 2000	整数形式，取值范围是 1～10000，单位是毫秒。缺省值是 2000

续表

参数	参数说明	取值
-r *reply-mode*	指定对端回送 MPLS Echo Reply 报文的模式	整数形式，取值范围为 1～4。缺省值是 2。1 为不应答，2 为通过 IPv4/IPv6 UDP 报文应答，3 为通过带 Router alert 的 IPv4/IPv6 UDP 报文应答，4 为通过应用平面的控制通道应答
-s *packet-size*	指定 MPLS Echo Request 报文的净荷长度，即不包括 IP 头和 UDP 头的报文长度	整数形式，取值范围是 65～8100，单位是字节。缺省值是 100。配置的值要小于发送接口的 MTU 值
-t *time-out*	指定发送完 MPLS Echo Request 后，等待 MPLS Echo Reply 的超时时间	整数形式，取值范围是 0～65535，单位是毫秒。缺省值是 2000
-v	指定显示接收到的非本用户的 ICMP Echo Response 的 ICMP 报文 ① 如果不指定-v，系统只显示本用户收到的 ICMP Echo Response 报文； ② 如果指定-v，系统会显示设备收到的所有 ICMP Echo Response 报文	缺省情况下，系统只显示本用户收到的 ICMP Echo Response 报文
te tunnel *interface-number*	指定 TE 隧道的接口编号	—
hot-standby	表示探测 CR-LSP 的热备份隧道	—

② **tracert lsp** [**-a** *source-ip* | **-exp** *exp-value* | **-h** *ttl-value* | **-r** *reply-mode* | **-t** *time-out*] [*] **te tunnel** *interface-number* [**hot-standby** | **primary**]：查看数据包从 TE tunnel 入节点到出节点所经过的网关。如果指定 **hot-standby** 参数，则可以实现对备份 CR-LSP 的检测。tracert lsp 命令的参数说明见表 5-25。

表 5-25　　tracert lsp 命令的参数说明

参数	参数说明	取值
-a *source-ip*	指定发送的 MPLS Echo Request 报文的源 IP 地址。如果不指定，将采用出接口的 IP 地址作为源 IP 地址	—
-exp *exp-value*	指定发送的 MPLS Echo Request 请求报文的 MPLS EXP 优先级值，值越大优先级越高	整数形式，取值范围是 0～7。缺省值是 0
-h *ttl-value*	指定发送的 MPLS Echo Request 请求报文的 TTL 字段的值。TTL 字段由发送报文的源主机设置，每经过一个路由设备，TTL 字段的值都会减 1，当该字段的值为 0 时，数据包就被丢弃，并发送超时报文通知源主机	整数形式，取值范围是 1～255。缺省值是 30

参数	参数说明	取值
-r *reply-mode*	指定对端回送 MPLS Echo Reply 报文的模式	整数形式，取值范围为 1～4。缺省值是 2。1 为不应答，2 为通过 IPv4 UDP 报文应答，3 为通过带 Router alert 的 IPv4 UDP 报文应答，4 为通过应用平面的控制通道应答。如果配置为 1，则进行单向测试，测试发起端显示超时表明测试成功，否则会提示 LSP 不存在
-t *time-out*	指定发送完 MPLS Echo Request 后，等待 MPLS Echo Reply 的超时时间	整数形式，取值范围是 0～65535，单位是毫秒。缺省值是 2000
te tunnel *interface-number*	指定 TE Tunnel 的接口编号	—
hot-standby	表示检测 CR-LSP 的热备份隧道	—
primary	表示检测 CR-LSP 的主隧道	—

2）配置 MPLS TE 告警上报功能

为了方便运维、及时了解 MPLS 网络的运行状态，可以配置 MPLS TE 告警上报功能，将 RSVP 和 MPLS TE 隧道的状态变化和动态标签的使用情况通知给网管系统，提醒用户注意。

（1）配置 RSVP 的 Trap 功能

在系统视图下执行 **snmp-agent trap enable feature-name mpls_rsvp** [**trap-name** *trap-name*]命令，打开 MPLS RSVP 模块的告警开关。参数 **trap-name** *trap-name* 用来打开或关闭指定名称告警的开关。如果不指定本参数，则打开或关闭 MPLS RSVP 模块所有告警的开关。缺省情况下，MPLS RSVP 模块的告警开关处于关闭状态。

可通过 **display snmp-agent trap feature-name mpls_rsvp all** 命令查看 MPLS RSVP 模块的所有告警开关的状态信息。

（2）配置 TE 隧道的 Trap 功能

在系统视图下执行 **snmp-agent trap enable feature-name tunnel-te** [**trap-name** *trap-name*]命令打开 TE 隧道模块的告警开关。参数 **trap-name** *trap-name* 用来打开或关闭指定名称告警的开关。如果不指定本参数，则打开或关闭 TE 隧道模块所有告警的开关。缺省情况下，TE 隧道模块的告警开关处于关闭状态。

可通过 **display snmp-agent trap feature-name tunnel-te all** 命令查看 TE 隧道模块的所有告警开关的状态信息。

3）清除运行信息

① **reset mpls rsvp-te statistics** { **global** | **interface** [*interface-type interface-number*] }：清除 RSVP-TE 的运行统计信息。

② **reset mpls stale-interface** [*interface-index*]：清除处于 stale 状态的 MPLS 接口的信息。

4）查看 TE 信息

① **display default-parameter mpls te management**：查看 MPLS TE 管理默认配置参

数值。

② **display mpls te tunnel statistics** 或 **display mpls lsp statistics**：查看隧道统计信息。

③ **display mpls te tunnel-interface last-error** [*tunnel-name*]：查看 Tunnel 接口的错误信息。

④ **display mpls te tunnel-interface failed**：查看未建立成功或正在建立的 MPLS TE 隧道。

⑤ **display mpls te tunnel-interface traffic-state** [*tunnel-name*]：查看本地节点的隧道接口当前的流量状态。

⑥ **display mpls rsvp-te statistics** { **global** | **interface** [*interface-type interface-number*] }：查看 RSVP-TE 运行的统计信息。

5）重启隧道接口

需要使隧道的相关配置立即生效时，可以在 Tunnel 接口视图下配置 **mpls te commit** 命令，并在用户视图下执行 **reset mpls te tunnel-interface tunnel** *interface-number* 命令重启隧道接口。

6）重启 RSVP 进程

当需要重建所有 RSVP 类型的 CR-LSP 或验证 RSVP 工作过程时，可在用户视图下执行 **reset mpls rsvp-te** 命令，重启 RSVP 进程。

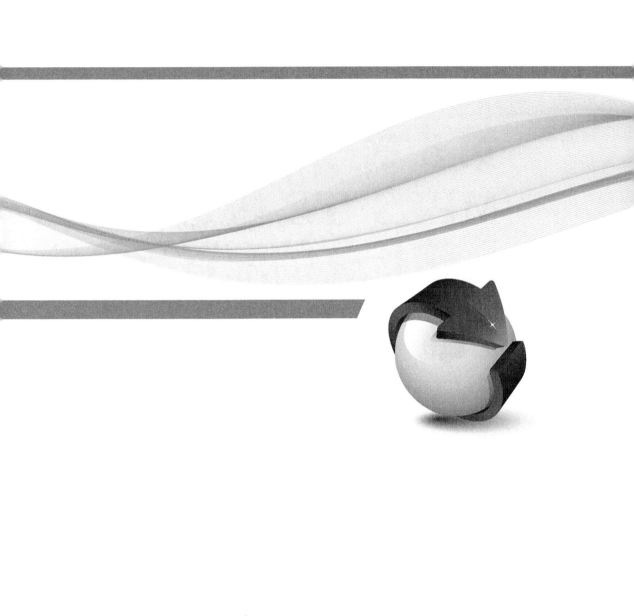

第6章
MPLS TE 隧道调整和
隧道优化的配置与管理

本章主要内容

　　本章主要介绍 MPLS TE 隧道在具体应用时的参数调整，以及隧道建立的优化等方面的配置与管理方法。

　　在 MPLS TE 隧道参数调整方面，主要包括 RSVP 信令参数调整和 RSVP 邻居认证功能的配置与管理；在 CR-LSP 路径选择调整方面，主要包括路径仲裁方法、路径度量、链路管理组、亲和属性和共享风险链路组等属性的配置与管理；在隧道建立的优化方面，主要包括隧道环路检测、路由和标签记录、CR-LSP 重优化、隧道重建，以及信令触发时延、隧道优先级等功能的配置与管理，可根据实际应用需求选择其中一项或多项进行调整。

6.1　调整 RSVP-TE 信令参数

RSVP-TE 是 MPLS TE 和将在第 9 章介绍的 MPLS DS-TE 隧道建立的信令协议。在完成动态 MPLS TE，或将动态 DS-TE 隧道基本功能配置完后，还可通过调整 RSVP-TE 信令参数，进一步满足用户对可靠性和网络资源充分利用的需求。

RSVP 信令参数涉及资源预留风格、预留确认、状态定时器、摘要刷新、Hello 消息扩展、消息格式等方面，通过配置相应的参数可以灵活地实现用户需求。当然这些参数调整都是可选配置的，且无配置顺序要求，可根据实际需要选择。

6.1.1　配置 RSVP 资源预留风格

资源预留风格是指当中间节点（Transit）设备收到入节点的资源预留请求时，决定是要为某 CR-LSP 分配独占的预留资源，还是与其他 CR-LSP 共享预留资源。这主要针对有多条 CR-LSP 经过同一个中间节点时才需要考虑。资源预留风格需要在 MPLS 隧道入节点上配置，使多条 CR-LSP 经过同一中间节点、在处理资源预留请求时采用在对应入节点上所配置的资源预留方式。

目前华为设备仅支持 FF 风格和 SE 风格。FF 风格是中间节点为每个资源预留请求的发送者（**入节点**）创建单独的带宽资源预留，该带宽资源预留不与其他发送者共享。SE 风格是为所有发送者预留单一的带宽资源，允许指定的一系列发送者共享带宽资源。

RSVP 风格需在 MPLS TE 隧道**入节点**进行配置，中间节点按照入节点的配置采用对应的预留风格。RSVP 风格的配置步骤见表 6-1。

表 6-1　RSVP 风格的配置步骤

步骤	命令	说明
1	**system-view**	进入系统视图
2	**interface tunnel** *tunnel-number* 例如：[Huawei] **interface tunnel** 0/0/1	进入 MPLS TE 隧道的 Tunnel 接口视图
3	**mpls te resv-style** { **ff** | **se** } 例如：[Huawei-Tunnel0/0/1] **mpls te resv-style ff**	配置隧道的资源预留风格。 ① **ff**：二选一选项，指定使用固定过滤器类型样式的资源预留。 ② **se**：二选一选项，指定使用共享显式类型样式的资源预留。 缺省情况下，资源预留风格为共享显式类型，可用 **undo mpls te resv-style** 命令恢复缺省的资源预留样式
4	**mpls te commit** 例如：[Huawei-Tunnel0/0/1] **mpls te commit**	提交隧道配置，使以上配置更改生效。只要发生了 TE 隧道配置更改，就要执行本命令，这样才能使配置更改生效

6.1.2　配置 RSVP-TE 预留确认

当入节点在收到出节点通过 RSVP-TE 发来的 Resv 消息后，如果 Resv 消息中**没有**

包括 **RESV_CONFIRM** 的对象，则在通过 ResvConf 消息向出节点进行确认时，只代表入节点收到了 Resv 消息，并且在入节点处成功保留了相应资源，并不代表已成功为对应的 CR-LSP 建立了资源预留，因为这些资源接下来仍可能被其他应用抢占。

此时可通过在**出节点**上启动预留确认机制，这样在向入节点方向逐跳发送的 Resv 消息中就会包括一个名为 RESV_CONFIRM 的对象，要求沿途各节点为对应的 CR-LSP 进行资源预留，**最后入节点向出节点发送的 ResvConf 消息中也会对预留的资源进行确认**。

在 MPLS TE 隧道**出节点**的 MPLS 视图下执行 **mpls rsvp-te resvconfirm** 命令可使能节点的预留确认机制。缺省情况下，节点上的预留确认机制处于未使能状态，可用 **undo mpls rsvp-te resvconfirm** 命令恢复缺省配置。

6.1.3　配置 RSVP 的状态定时器

动态建立的 CR-LSP 依靠 RSVP Refresh 消息来维护。CR-LSP 建立过程中的资源预留状态包括路径状态和预留状态。这两种状态分别由 Path 消息和 Resv 消息创建并定时刷新，**将定时刷新时发送的 Path 消息和 Resv 消息统称为 RSVP Refresh 消息**。通过 RSVP 消息的定时刷新来维持节点上的资源预留状态的机制被称为 RSVP-TE 的"软状态"。

RSVP Refresh 消息用于在 RSVP 邻居节点进行状态同步，消息内容分别包含路径状态块（PSB）和预留状态块（RSB）。对于路径状态或预留状态，如果连续一段时间没有收到刷新消息，则这个状态将被删除，**所以 RSVP Refresh 消息除了可以进行节点间状态同步，还可以检测各邻居间的可达性，维护 RSVP 节点之间的邻居关系**。

RSVP 消息是以 IP 数据报的形式传输的，因此 RSVP 消息的传输是不可靠的。在 CR-LSP 建立后，通过软状态机制同步 RSVP 邻居节点的状态（包括 PSB 和 RSB），各节点仍然会周期性地向上、下游邻居节点发送 RSVP Refresh 消息（Path 消息向下游节点传送，Resv 消息向上游节点传送）。但 Refresh 消息并不是一种新的消息，而是以前发布过的 Path 消息或 Resv 消息的再次传送，因此要适度控制 RSVP Refresh 消息的发送频率（由 Path 或 Resv 消息中的 TIME_VALUE 对象指定），否则会严重占用隧道的带宽资源。

通过配置 RSVP 的状态定时器，可以设置 RSVP 刷新消息的发送时间间隔和重发次数，从而改变这个超时时间，建议使用缺省配置。通过以下公式计算超时定时器。

超时时间 $=(\textit{keep-multiplier-number}+0.5)\times 1.5\times \textit{refresh-interval}$

其中，*keep-multiplier-number* 代表 RSVP 刷新消息重发的次数，*refresh-interval* 代表 RSVP 刷新消息的发送时间间隔。

如果要修改缺省的 RSVP 状态定时器，则需要在路径的**各节点**上做相同的配置，具体配置步骤见表 6-2。

表 6-2　RSVP 状态定时器的配置步骤

步骤	命令	说明
1	**system-view**	进入系统视图
2	**mpls** 例如：[Huawei] **mpls**	进入 MPLS 视图

续表

步骤	命令	说明
3	**mpls rsvp-te timer refresh** *refresh-interval* 例如：[Huawei-mpls] **mpls rsvp-te timer refresh** 60	设置节点的 RSVP 刷新消息的发送时间间隔，整数形式，取值范围是 10～65535，单位是秒。修改后需要等到上次定时器超时后才生效。建议不要设置超长刷新周期或反复修改刷新周期。缺省情况下，节点的 RSVP 刷新消息的发送时间间隔为 30 秒，可用 **undo mpls rsvp-te timer refresh** 命令恢复缺省设置
4	**mpls rsvp-te keep-multiplier** *keep-multiplier-number* 例如：[Huawei-mpls] **mpls rsvp-te keep-multiplier** 5	设置 RSVP 刷新消息重发的次数。参数 *keep-multiplier-number* 为整数形式，取值范围是 3～255。这个重发次数是指在一个超时定时器时间内可以重发 Path 消息或 Resv 消息的次数。超时定时器 ＝（*keep-multiplier-number* ＋ 0.5）×1.5× *refresh-interval* 缺省情况下，RSVP 刷新消息重发的次数为 3，可用 **undo mpls rsvp-te keep-multiplier** 命令恢复缺省设置

6.1.4 使能 RSVP-TE 摘要刷新功能

通过 6.1.3 节介绍的 RSVP 状态定时器的调整可在一定程度上减轻频繁发送重复的 RSVP 刷新消息对隧道带宽占用的影响，但是这种"软状态"机制所采用的 Path 消息和 Resv 消息的报文长度较长，当建立很多 CR-LSP 时，会过多地占用隧道带宽资源。因此，可通过配置 RSVP 摘要刷新功能来解决这个问题。

RSVP 摘要刷新是通过在原有 RSVP 中定义新的对象来实现的，具体包括以下两个方面。

（1）Message_ID 扩展和重传机制

RFC2961 中定义的 Message_ID 扩展机制是在 RSVP 消息中携带扩展的对象。其中，Message_ID 和 Message_ID_ACK 对象用于 RSVP 消息确认，从而提高 RSVP 消息的可靠性。使用 Message_ID 扩展对象还可实现 RSVP 重传机制。节点发送携带 Message_ID 的 RSVP 消息后初始化重传时间（假设为 *Rf* 秒）。如果在 *Rf* 时间间隔内没有收到 Message_ID_ACK 消息，经过（1＋*Delta*）×*Rf* 后，将重传此消息。*Delta* 值取决于发送方增加重传间隔的速率。重传将一直持续，直到收到一个确认消息或重传次数达到允许的最大限制值（被称为重传增量）。

（2）摘要刷新

摘要刷新可以不传送标准的 Path 消息或 Resv 消息，而仍能实现对 RSVP 状态的刷新。摘要刷新使用专门的 Srefresh 消息来更新 RSVP 状态（常规的刷新消息将被抑制），其好处是减少了维持 RSVP 状态所需传输及处理的信息量。

摘要刷新需要与 Message_ID 扩展配合使用，因为摘要刷新消息需要承载用于标识特定消息的 Message_ID 对象，用于识别需要被刷新的 Path 消息及 Resv 消息。只有那些已经包含 Message_ID 的 Path 消息和 Resv 消息发布过的状态才能使用摘要刷新机制刷新。

当节点接收到一条摘要刷新消息时，通过 Message_ID 对象与本地状态块（PSB 或 RSB）进行匹配。如果匹配，就更新本地状态；如果不匹配，节点将发送一个 NACK 消息来通知摘要刷新消息的发送者，并根据 Path 消息或 Resv 消息刷新相应的 PSB 或 RSB，同时更新 Message_ID。

Message_ID 对象中包含了 Message_ID 序列号。当 CR-LSP 发生变化时，相应的 Message_ID 序列号增大。这样一来，在节点收到 Path 消息时，将其中的 Message_ID 序列号与本地状态块中保存的 Message_ID 序列号比较：如果相等，则保持状态不变；如果大于，则表示状态已更新。

可在两个邻居节点的接口视图下或 MPLS 视图下使能摘要刷新功能，以减少刷新消息带来的额外开销，提高网络性能。在接口视图下使能摘要刷新功能后，当前接口会使用 Srefresh 消息替代 Path 消息、Resv 消息来刷新 RSVP "软状态"；在 MPLS 视图下使能摘要刷新功能后，节点上所有接口都使用 Srefresh 消息替代 Path 消息、Resv 消息来刷新 RSVP "软状态"，具体配置方法见表 6-3，可在 MPLS TE 隧道各节点上配置，建议但不强制每个节点的每个接口都同步使能。

表 6-3　使能 RSVP-TE 摘要刷新功能的步骤

步骤	命令	说明
1	**system-view**	进入系统视图
方法一：在 MPLS 视图配置 RSVP-TE 摘要刷新功能		
2	**mpls** 例如：[Huawei] **mpls**	进入 MPLS 视图
3	**mpls rsvp-te srefresh** 例如：[Huawei-mpls] **mpls rsvp-te srefresh**	使能全局的摘要刷新功能。如果接口上没有单独使能 RSVP 摘要刷新功能，则继续全局下的配置，否则以对应接口下的配置为准。 缺省情况下，未使能全局的摘要刷新功能，可用 **undo mpls rsvp-te srefresh** 命令使能全局的摘要刷新功能
方法二：在接口视图配置 RSVP-TE 摘要刷新功能		
2	**interface** *interface-type interface-number* 例如：[Huawei] **interface** gigabitethernet 1/0/0	进入 MPLS TE 链路的接口视图
3	**mpls rsvp-te srefresh** 例如： [Huawei-GigabitEthernet1/0/0] **mpls rsvp-te srefresh**	使能以上接口的摘要刷新功能。接口上的配置优先级高于在 MPLS 视图下的全局配置。 缺省情况下，未使能接口的摘要刷新功能，可用 **undo mpls rsvp-te srefresh** 命令使能接口的摘要刷新功能
4	**mpls rsvp-te timer retransmission** { **increment-value** *increment* | **retransmit-value** *interval* } [*] 例如： [Huawei-GigabitEthernet1/0/0] **mpls rsvp-te timer retransmission retransmit-value** 500 **increment-value** 2	（可选）配置重传参数。 ① **increment-value** *increment*：可多选参数，指定重传增量值，整数形式，取值范围是 1～10。达到这个值后，在本次重传定时器时间内，对应的 RSVP 消息不能再次重传。 ② **retransmit-value** *interval*：可多选参数，指定 RSVP 消息发送后没有收到对应的 ACK 消息时，下次进行重传时所需等待的时间间隔，即重传间隔，整数形式，取值范围是 500～5000，单位是毫秒。 【注意】重传间隔和重传增量之间的关系如下。 下一次的重传间隔 *interval* = 当前 *interval* ×（1 + *increment*） 缺省情况下，重传增量值为 1，重传定时器间隔为 5000 毫秒，可用 **undo mpls rsvp-te timer retransmission** [**increment-value** [*increment*] | **retransmit-value** [*interval*]] [*]命令恢复对应参数为缺省配置

6.1.5　配置 RSVP 的 Hello 消息扩展

RSVP Refresh 消息除了可以进行节点间 PSB 和 RSB 状态同步，还可以检测各邻居间的可达性，维护 RSVP 节点之间的邻居关系。但是这种"软状态"机制是采用 Path 消息和 Resv 消息进行的，检测速度较慢，在路径出现故障时不能及时触发业务向备份路径切换流量。因此，引入 RSVP Hello 消息扩展（是原来 RSVP Hello 消息扩展机制针对 TE 隧道的扩展）来解决这个问题。RSVP Hello 消息适用于 TE FRR（快速重路由）和 RSVP GR（平滑重启）的场景。

RSVP 的 Hello 消息扩展机制用于快速检测 RSVP 邻居节点的可达性。当检测到 RSVP 邻居节点不可达时，相关的 MPLS TE 隧道将被拆除。RSVP 的 Hello 消息扩展机制还可以检测邻居节点是否处于重启状态，以支持邻居实现 RSVP GR。

以图 6-1 所示为例介绍 RSVP Hello 消息扩展机制的实现过程。LSRA、LSRB 之间有链路直接相连。

图 6-1　Hello 握手机制示例

① 当 LSRA 使能了 RSVP Hello 消息时，LSRA 会向 LSRB 发送 Hello Request 消息。

② 若 LSRB 收到了 Hello 消息，并且 LSRB 也使能了 RSVP Hello 消息，就会给 LSRA 节点回复 Hello ACK 消息。

③ LSRA 收到 LSRB 的 Hello ACK 消息后，会确认 LSRA 的邻居 LSRB 是可达的。当 LSRA 连续 3 次向 LSRB 发送 Hello Request 消息后，LSRB 仍然没有给 LSRA 回复 Hello ACK 消息，此时就认为 LSRB 邻居丢失，触发 TE FRR 切换并重新初始化 RSVP Hello 消息。

RSVP 的 Hello 消息扩展机制还可用于检测邻居重启。如图 6-1 所示，当 LSRA 和 LSRB 都使能 RSVP GR 功能时，在 LSRA 检查到邻居 LSRB 丢失后，等待 LSRB 发送有 GR 扩展的 Hello Request 消息。收到此消息后，LSRA 开始协助 LSRB 恢复 RSVP 状态，并向 LSRB 发送 Hello ACK 消息。LSRB 收到 LSRA 回复的 Hello ACK 消息后，发现 LSRA 已开始协助自己进行 GR，然后 LSRA 和 LSRB 互通 Hello 消息，维持 GR 恢复状态。

配置 RSVP 的 Hello 消息扩展的步骤见表 6-4，需分别在 MPLS TE 隧道各节点的全局和公网接口上同时配置。

表 6-4　RSVP 的 Hello 消息扩展的配置步骤

步骤	命令	说明
1	**system-view**	进入系统视图
2	**mpls** 例如：[Huawei] **mpls**	进入 MPLS 视图
3	**mpls rsvp-te hello** 例如：[Huawei-mpls] **mpls rsvp-te hello**	使能本节点的 RSVP Hello 消息扩展功能。 缺省情况下，未使能全局 RSVP 的 Hello 消息扩展功能，可用 **undo mpls rsvp-te hello** 命令去使能全局的 RSVP Hello 消息扩展功能
4	**mpls rsvp-te hello-lost** *times* 例如：[Huawei-mpls] **mpls rsvp-te hello-lost** 5	配置允许 Hello 消息丢失的最大次数，整数形式，取值范围是 3～10。 缺省情况下，启用 Hello 消息扩展机制后，未连续收到 3 次 Hello 应答消息即认为节点发生故障，相关的 MPLS TE 隧道将被拆除，可用 **undo mpls rsvp-te hello-lost** 命令恢复缺省值

续表

步骤	命令	说明
5	**mpls rsvp-te timer hello** *interval* 例如：[Huawei-mpls] **mpls rsvp-te timer hello** 10	配置 Hello 消息刷新时间间隔，整数形式，取值范围是 1～25，单位是秒。新修改的刷新周期配置要等到上次定时器超时以后才生效。 启用 Hello 消息扩展机制后，缺省的 Hello 消息刷新时间间隔为 3 秒，可用 **undo mpls rsvp-te timer hello** 命令恢复缺省设置
6	**quit**	返回系统视图
7	**interface** *interface-type interface-number* 例如：[Huawei] **interface** gigabitethernet 1/0/0	进入 MPLS TE 链路的接口视图
8	**mpls rsvp-te hello** 例如： [Huawei-GigabitEthernet1/0/0] **mpls rsvp-te hello**	使能以上接口的 RSVP Hello 消息扩展功能。 缺省情况下，未使能接口 RSVP 的 Hello 消息扩展功能，可用 **undo mpls rsvp-te hello** 命令去使能接口的 RSVP Hello 消息扩展功能

6.1.6　配置 RSVP 消息格式

RSVP 消息格式中包括了许多可选对象，而不同厂商中所采用的可选对象或对象的编码格式不完全一样，这样就造成了不同厂商设备的 RSVP 消息格式可能不完全相同。这时，可以调整华为设备的 RSVP 消息格式，以便与其他厂商设备互通。

可在 MPLS TE 隧道**各节点**上按表 6-5 所示的步骤配置 RSVP 发送消息携带的对象格式；可在 MPLS TE 隧道**中间节点和出节点**上按表 6-6 所示的步骤调整为华为设备 Resv 消息携带的 RRO 格式，与其他厂商设备保持一致，以实现顺利互通。

表 6-5　配置 RSVP 发送消息携带的对象格式的步骤

步骤	命令	说明
1	**system-view**	进入系统视图
2	**mpls** 例如：[Huawei] **mpls**	进入 MPLS 视图
3	**mpls rsvp-te send-message** { **suggest-label** | **extend-class-type value-length-type** | **session-attribute without-affinity** | **down-reason** } 例如：[Huawei-mpls] **mpls rsvp-te send-message session-attribute without-affinity**	配置 RSVP 发送消息携带的对象格式。 ① **suggest-label**：多选一选项，指定 RSVP 消息中携带的 suggest-label 对象。在 GR（平滑启动）结束后，当上游为华为设备，下游为其他厂商设备时，上游设备向下游设备发送 Path 消息中默认不携带 suggest-label 对象。但如果其他厂商设备要求携带 suggest-label，则需要指定本选项。 ② **extend-class-type value-length-type**：多选一选项，指定 RSVP 消息中携带的 extend-class-type 对象的编码格式是 value-length-type［即值-长度-类型（Value-Length-Type，VTL）格式］。华为设备 extend-class-type 对象的编码格式为 TLV，如果其他厂商设备该对象的编码格式为 VLT，则需要选择本选项。 ③ **session-attribute without-affinity**：多选一选项，指定 RSVP 消息中的 session-attribute 对象不携带亲和属性。如果上游为华为设备，支持 session-attribute 对象，下游为其他厂商设备，不支持 session-attribute 对象，且上游的华为设备在配置 TE 隧道时配置了亲和属性，则需要选择本选项。

续表

步骤	命令	说明
3	mpls rsvp-te send-message { suggest-label | extend-class-type value-length-type | session-attribute without-affinity | down-reason } 例如：[Huawei-mpls] mpls rsvp-te send-message session-attribute without-affinity	④ down-reason：多选一选项，指定 RSVP 消息中携带 down-reason 对象。如果想在隧道入节点查看中间节点和出节点记录的隧道故障原因，则要在**中间节点和出节点配置**，使用 mpls rsvp-te send-message down-reason 命令。 该命令涉及的发送消息携带的 4 种对象格式分别配置后可以同时生效。但修改配置时，只能对新创建的 LSP 生效。 缺省情况下，若没有配置发送消息中携带的对象格式，可用 **undo mpls rsvp-te send-message { suggest-label | extend-class-type value-length-type | session-attribute without-affinity | down-reason }** 命令恢复对应对象的缺省配置

表 6-6　配置 Resv 消息携带的 RRO 格式的步骤

步骤	命令	说明
1	system-view	进入系统视图
2	mpls 例如：[Huawei] mpls	进入 MPLS 视图
3	mpls rsvp-te resv-rro transit { { incoming | incoming-with-label } | { routerid | routerid-with-label } | { outgoing | outgoing-with-label } } * 例如：[Huawei-mpls] mpls rsvp-te resv-rro transit routerid-with-label incoming outgoing-with-label	（二选一）在 Transit 上配置 Resv 消息携带的 RRO 格式。 ① incoming：二选一选项，指定携带入接口的 IP 地址。 ② incoming-with-label：二选一选项，指定携带入接口的 IP 地址和给上游分配的标签。 ③ routerid：二选一选项，指定携带 LSR ID。 ④ routerid-with-label：二选一选项，指定携带 LSR ID 和给上游分配的标签。 ⑤ outgoing：二选一选项，指定携带出接口的 IP 地址。 ⑥ outgoing-with-label：二选一选项，指定携带出接口的 IP 地址和给下游分配的标签。 以上选项分成了 3 个部分：入接口的 IP 地址（或同时携带标签）、LSR ID（或同时携带标签）、出接口的 IP 地址（或同时携带标签），这 3 个部分之间可同时多选配置，但每一部分内部都只能二选一。修改以上配置时，只能对新创建的 LSP 生效。 缺省情况下，Transit LSP 的 Resv 消息携带的 RRO 格式是：入接口的 IP 地址和给上游分配的标签（**incoming-with-label**）、LSR ID（**routerid**）和给上游分配的 MPLS 标签及出接口的 IP 地址（**outgoing-with-label**），可用 undo mpls rsvp-te resv-rro transit 命令恢复缺省配置
	mpls rsvp-te resv-rro egress { { incoming | incoming-with-label } | { routerid | routerid-with-label } } * 例如：[Huawei-mpls] mpls rsvp-te resv-rro egress routerid-with-label incoming	（二选一）在 Egress 上配置 Resv 消息携带的 RRO 格式。命令中的选项说明参见 mpls rsvp-te resv-rro transit 命令。 缺省情况下，Egress LSP RRO 携带的 RRO 格式是：入接口地址和给上游分配的标签（**incoming-with-label**）、LSR ID 和给上游分配的标签（**routerid-with-label**），可用 undo mpls rsvp-te resv-rro egress 命令恢复缺省配置

6.1.7　MPLS TE 安全性

在 MPLS TE 中使用的 RSVP 是一种信令协议，要在相邻节点间传输 RSVP 消息，必须先在节点间建立 RSVP 邻居关系。RSVP 是一种工作在网络层的协议（对应 IP 号为 46），但它不用来控制数据报文的传输，也不会依赖 TCP 或 UDP 这类同层次的传输协议来进行 RSVP 邻居关系的建立，而是使用 RawIP（原始 IP）进行邻居关系的建立。但 RawIP 本身不具有安全性，很容易遭受欺骗攻击，RSVP 认证功能通过密钥验证的方式防止欺骗攻击，收到过时报文后认证关系终止。但是这种密钥验证不能防止回放攻击，也无法解决 RSVP 报文的失序导致邻居之间认证关系终止的问题。此时，RSVP 认证增强功能可以解决该问题。

【说明】RawIP 对应的是 Socket 中的 SOCK_RAW（原生套接字），是一种原生数据协议，是建立在 IP 之上的传输层原生协议。RawIP 与 UDP 类似，是不可靠的，即没有任何控制能确定 RawIP 数据报是否已被接收。

欺骗攻击是指对端路由器在没有授权的情况下和本地路由器非法建立邻居关系，或通过伪造 RSVP 报文的方式和本地路由器建立非法 RSVP 邻居后对本地路由器进行攻击（例如恶意预留大量的带宽）。

回放攻击（也称"重放攻击"）是指对端路由器反复给 RSVP 邻居发送过时的报文（序列号小于当前保存的序列号），当出现 RSVP 报文的序列号比当前保存的对方的最大序列号小时，会导致 RSVP 认证关系终止，已经建立的 CR-LSP 也会被拆除。

RSVP 认证增强功能是在原有**密钥验证**功能的基础上增加了**认证生存时间、认证握手机制**和**消息滑窗特性**。RSVP 认证增强能提高 RSVP 自身的安全性，同时加强了在网络阻塞等恶劣网络环境时对邻居关系的合法性进行验证的功能。

（1）密钥验证

RSVP 认证的密钥验证功能与其他密钥验证功能的原理是一样的，就是在建立邻居时所发送的 Hello 报文中携带的密钥与本地配置的密钥进行比对，一致即表示通过验证，建立邻居关系，不通过则拒绝建立邻居关系，避免受到欺骗攻击。此时需要在要建立邻居关系的两个节点上配置相同的验证密钥。

在发送 Hello 报文时，节点使用密钥为报文计算得到一个摘要（通过 HMAC-MD5 算法），摘要信息作为报文的一个对象（Integrity 对象），随着报文一起发送到对端节点。对端节点使用相同的密钥、相同的算法重新计算报文摘要，然后比较两个摘要是否相同，如果相同，则接收此 Hello 报文，否则丢弃此报文。

RSVP 密钥验证可防止以下两种不合法的 RSVP 邻居的建立，避免对本地节点的攻击（例如恶意的预留大量带宽）。

① 防止对端在没有授权的情况下和本节点建立邻居关系。

② 防止通过伪造 RSVP 报文的方式和本节点建立邻居关系。

但只用 RSVP 密钥验证不能防止回放攻击，也不能解决在网络拥塞导致 RSVP 报文失序时而引发的 RSVP 邻居之间认证关系终止问题。此时可以通过配置 Handshake（握手）功能和 Message Window（消息滑窗）功能来解决以上问题。

（2）认证生存时间

为了防止 RSVP 认证无法终止，可配置 RSVP 认证生存时间。配置 RSVP 认证生存时间后，当 RSVP 邻居之间不存在 CR-LSP 时，可保持 RSVP 邻居关系，直到 RSVP 认证生存时间超时。

认证生存时间用来指定 RSVP 邻居关系能够持续存在的时间，主要有以下功能。

① 当 RSVP 邻居之间不存在 CR-LSP 时，可以保持 RSVP 邻居关系，直到 RSVP 认证生存时间超时。但 RSVP 认证时间不影响已存在的 CR-LSP 的状态。

② 可以防止 RSVP 认证无法终止。例如，设备 RTA 和 RTB 建立 RSVP 邻居关系后，如果 RTA 后续发给 RTB 的 RSVP Hello 报文受篡改而导致密钥被破坏，RTB 收到报文后发现密钥不正确会将报文丢弃，这样就导致 RTA 不断地给 RTB 发送被损坏的 RSVP Hello 消息，而该消息不断地被 RTB 丢弃，但邻居之间的认证关系无法拆除。这种情况下，需要配置认证生存时间，如果邻居之间在生存时间内收到合法的 RSVP Hello 报文，则重置 RSVP 认证生存时间，否则认证时间超时后删除 RSVP 邻居的认证关系。

（3）认证握手机制

握手机制用来在收到过时报文的情况下维持 RSVP 认证状态。两个 RSVP 邻居认证成功后，双方互发握手机制的报文，如果握手成功，双方会把对方发过来的握手报文记录在本端，作为一种状态，标志双方已经握手成功。当本端收到过时报文时，有以下两种处理方式。

① 如果过时报文表明发送方未使能握手机制，则直接丢弃该报文。

② 如果过时报文表明发送方使能了握手机制，且在本端保存有与其握手成功过的状态，则也直接丢弃该报文；如果本端没有保存与其握手成功的状态，则说明是第一次收到发送方的报文，需要与其进行握手。

（4）消息滑窗

消息滑窗用来保存 RSVP 邻居发送的 RSVP 报文的序列号。当滑窗大小为 1 时，仅保存一个最大序列号的邻居 RSVP 报文，其他情况则按序列号由大到小的顺序保存对应数量的邻居 RSVP 报文。例如，当滑窗大小为 10，而邻居 RSVP 报文的最大序列号为 80 时，如果没有发生报文乱序，则滑窗保存的内容为[71，80]之间的共 10 个序列号。如果已经发生报文乱序，则将报文重新排序后，记录其中 10 个由大到小依次排序的值。

默认情况下，滑窗大小为 1，认证握手机制中讨论的处理方式基于滑窗大小为 1 的情况。当消息滑窗大小不为 1 时，该机制的处理方式将受到影响，认证握手机制接收到过时报文时，在判断发送方是否使能握手机制前：

① 如果发现该报文序列号比消息滑窗中最小序列号大且没有保存在消息滑窗中，仍然会正常处理该报文；

② 如果该序列号已经存在于消息滑窗中，则直接丢弃该报文；

③ 如果发现该报文的序列号比消息滑窗中的最小序列号还小，则会判断双方是否使能了握手机制，如果任意一方没使能握手机制，则丢弃该报文。如果双方都使能了握手机制，本端将与发送方重新进行握手，同时丢弃该报文。

6.1.8　RSVP 认证的配置与管理

RSVP 认证通过使用密钥验证的方法来防止非授权的节点与本节点进行 RSVP 邻居的建立和防止通过构造报文达到欺骗的目的。缺省情况下，没有配置 RSVP 认证。建议配置 RSVP 认证，否则系统会不安全。

1）RSVP 密钥管理方式

RSVP 可使用以下两种密钥管理方式。

（1）MD5 密钥

采用 MD5 摘要算法，用户可以使用明文或密文的方式输入密钥。MD5 密钥管理方式的特点如下。

① 每个协议特性都需要配置自己的密钥，密钥不能共享。

② 每个接口、邻居只能配置一个密钥，要更换密钥必须重新配置。

（2）Keychain 密钥

Keychain 是一种增强型加密算法，允许用户定义一组密码，形成一个密码串，并且分别为每个密码指定加/解密算法及密码使用的有效时间。在收发报文时，系统会按照用户的配置动态选出一个当前有效的密码，并按照与此密码相匹配的加/解密算法，进行发送时加密报文和接收时解密报文。此外，系统可以依据密码使用的有效时间，自动完成有效密码的切换，避免出现长时间不更改密码而导致密码易被破解的问题。

Keychain 密钥管理方式的主要特点如下。

① Keychain 的密码、所使用的加/解密算法及密码使用的有效时间可以单独配置，形成一个 Keychain 配置节点，每个 Keychain 配置节点至少需要配置一个密码，并指定加/解密算法。

② Keychain 可以被各个协议特性引用，实现密钥集中管理、多特性共享。

RSVP 支持在接口、邻居下引用 Keychain，并仅支持 HMAC-MD5 算法。

2）RSVP 的认证级别

RSVP 有以下两种认证级别，对应两种不同的认证配置方式。

（1）面向邻居的认证

该级别的认证是指用户可以根据不同的邻居地址配置认证密钥等信息，RSVP 会针对每个邻居进行单独的认证，它有以下两种配置方式。

① 以邻居设备的某接口的 IP 地址作为邻居地址进行配置。

② 以邻居设备的 LSR ID 作为邻居地址进行配置。

（2）面向接口的认证

用户在接口上配置认证，RSVP 会根据消息的入接口进行认证处理。

面向邻居的认证优先级高于面向接口的认证。只有在高优先级的认证没有使能的情况下才会进行低优先级的认证处理，一旦高优先级的认证没有通过，则丢弃该报文。RSVP 认证的配置步骤见表 6-7，可在 MPLS TE 隧道各节点上进行。

表 6-7　RSVP 认证的配置步骤

步骤	命令	说明
1	**system-view**	进入系统视图
2	**interface** *interface-type interface-number* 例如：[Huawei] **interface** gigabitethernet 1/0/0	（二选一）进入 MPLS TE 链路的接口视图，在接口视图下配置 RSVP 密钥验证功能，**仅在当前接口下生效且优先级最低**

续表

步骤	命令	说明
3	**mpls rsvp-te peer** *ip-address* 例如：[Huawei] **mpls rsvp-te peer** 12.0.0.1	（二选一）进入 MPLS RSVP-TE 邻居视图，在 MPLS RSVP-TE 邻居视图下配置 RSVP 密钥验证功能。 ① 当参数 *ip-address* 为邻居的接口地址，且与其 LSR-ID 不同时，则该密钥认证是基于邻居接口地址的配置，仅对该邻居的该接口生效，具有较高的安全性，优先级最高。 ② 当参数 *ip-address* 与邻居 LSR-ID 相同时，该密钥认证是基于邻居 LSR-ID 的配置，使密钥验证功能在该邻居的所有接口上生效，其优先级低于基于邻居接口地址配置的密钥验证的优先级，但仍高于基于接口的 **RSVP 验证功能的优先级**。 【注意】当采用对端设备的 LSR-ID 作为邻居地址时，需要配置 RSVP 认证的设备上必须使能 CSPF 功能。 缺省情况下，没有建立 RSVP 邻居节点，可用 **undo mpls rsvp-te peer** *ip-address* 命令删除 RSVP 邻居节点
4	**mpls rsvp-te authentication** { { **cipher** | **plain** } *auth-key* | **keychain** *keychain-name* } 例如：[Huawei-GigabitEthernet1/0/0] **mpls rsvp-te authentication keychain** kc1 或 [Huawei-mpls-rsvp-te-peer-12.0.0.1] **mpls rsvp-te authentication keychain** kc1	在接口视图下或 MPLS RSVP-TE 邻居视图下配置 RSVP 验证密钥。 ① **cipher**：二选一选项，配置 HMAC-MD5 认证，并使用密文方式显示认证密钥。 ② **plain**：二选一选项，配置 HMAC-MD5 认证，并使用明文方式显示认证密钥。 ③ *auth-key*：指定密码字符串，字符串形式，区分大小写，不支持空格。以明文方式输入时，长度范围是 1~255；以 MD5 密文方式输入时，长度范围是 20~392。当输入的字符串两端使用双引号时，可在字符串中输入空格。 ④ **keychain**：二选一选项，配置 Keychain 认证，引用全局配置的 Keychain，目前只支持 HMAC-MD5 方式。 ⑤ *keychain-name*：指定引用的 Keychain 名称，通过 **keychain** *keychain-name* **mode** { **absolute** | **periodic** { **daily** | **weekly** | **monthly** | **yearly** } } 命令定义。 缺省情况下，RSVP 认证功能处于未使能状态，可用 **undo mpls rsvp-te authentication** 命令在接口视图下或 MPLS RSVP-TE 邻居视图下使能 RSVP 认证功能
5	**mpls rsvp-te authentication lifetime** *lifetime* 例如：[Huawei-GigabitEthernet1/0/0] **mpls rsvp-te authentication lifetime** 00:20:00 或 [Huawei-mpls-rsvp-te-peer-12.0.0.1] **mpls rsvp-te authentication lifetime** 00:40:00	（可选）设置 RSVP 认证生存时间。参数 *lifetime* 表示认证生存时间，HH：MM：SS 格式，取值范围是 00：00：01~23：59：59，缺省值为 00：30：00，即 30 分钟。 RSVP 认证生存时间功能是指当 RSVP 邻居之间不存在 CR-LSP 时，可以保持 RSVP 邻居关系，直到 RSVP 认证生存时间超时。配置 RSVP 认证生存时间还可防止 RSVP 认证无法终止。 缺省情况下，RSVP-TE 认证生存时间为 30 分钟，可用 **undo mpls rsvp-te authentication lifetime** 命令恢复缺省配置

续表

步骤	命令	说明
6	**mpls rsvp-te authentication handshake** 例如：[Huawei-GigabitEthernet1/0/0] **mpls rsvp-te authentication handshake** 或 [Huawei-mpls-rsvp-te-peer-12.0.0.1] **mpls rsvp-te authentication handshake**	（可选）配置 RSVP-TE 握手机制，防止回放攻击，增强网络的安全性。 在本端配置握手机制后，如果本端收到一个没有与自己建立 RSVP 认证关系的邻居所发送的 RSVP 消息，则本端会发送携带本端标识信息的 Challenge 消息给该邻居，邻居收到 Challenge 消息后会向本端回应一个 Response 消息。Response 消息中携带了收到的 Challenge 消息的标识信息，如果该信息与本端一致，就确定可以与该邻居建立 RSVP 认证关系。 缺省情况下，没有配置 RSVP-TE 握手机制，可用 **undo mpls rsvp-te authentication handshake** 命令删除 RSVP-TE 握手机制的配置。 【注意】如果在邻居之间配置了握手功能，并且需要执行 **mpls rsvp-te authentication lifetime** *lifetime* 命令配置认证生存时间，那么认证生存时间的时长需要大于 6.1.3 节中 **mpls rsvp-te timer refresh** *refresh-interval* 命令配置的 RSVP 刷新消息的发送时间间隔，否则可能造成在认证生存时间内收不到 RSVP 刷新消息而删除认证关系。这样，当下一个刷新消息到来时就需要重新进行握手机制的检测，如此反复可能会造成 TE 隧道无法建立或被删除
7	**mpls rsvp-te authentication window-size** *window-size* 例如：[Huawei-GigabitEthernet1/0/0] **mpls rsvp-te authentication window-size** 10 或 [Huawei-mpls-rsvp-te-peer-12.0.0.1] **mpls rsvp-te authentication window-size** 10	（可选）配置 message window 功能，即指定本地设备可保存的邻居 RSVP 消息有效序列号的数量，避免 RSVP 报文的失序导致邻居之间认证关系终止。参数 *window-size* 用来指定消息滑窗的大小，整数形式，取值范围是 1～64。当配置的 window-size 大于 1 时，本地就可以保存邻居 RSVP 消息的最近多个有效序列号。 缺省情况下，RSVP 消息的窗口大小为 1，即本地设备只能保存邻居 RSVP 消息的一个最近的最大序列号，可用 **undo mpls rsvp-te authentication window-size** 命令恢复缺省配置。 【注意】当 RSVP 接口类型为 Eth-Trunk 时，RSVP 邻居之间只在 Trunk 链路上建立一个邻居关系。RSVP 消息可以从 Eth-Trunk 链路的任意一个成员接口接收，且各个成员接口不是按顺序接收报文的，这样可能造成 RSVP 消息失序，因此必须配置 RSVP 消息滑动窗口。建议将滑动窗口的大小配置为大于 32。如果滑动窗口设置过小，收到的失序的 RSVP 消息有些不在窗口范围内而被丢弃，这样会导致 RSVP 邻居关系终止
8	**quit**	返回系统视图
9	**mpls** 例如：[Huawei] **mpls**	进入 MPLS 视图
10	**mpls rsvp-te retrans-timer challenge** *retransmission-interval* 例如：[Huawei-mpls] **mpls rsvp-te retrans-timer challenge** 800	配置 challenge 消息重传间隔，整数形式，取值范围是 500～10000，单位是毫秒。 当两个节点间的认证消息失序后，一个节点将向另一个节点发送 challenge 消息请求恢复连接；如果没有收到对端的响应消息，该节点将在一个重传间隔后重传 challenge 消息。 缺省情况下，challenge 消息的重传间隔为 1000 毫秒，可用 **undo mpls rsvp-te retrans-timer challenge** 命令恢复缺省配置

续表

步骤	命令	说明
11	**mpls rsvp-te challenge-lost** *max-miss-times* 例如：[Huawei-mpls] **mpls rsvp-te challenge-lost** 5	配置 RSVP 认证过程中认证方允许重传 challenge 消息的最大次数，整数形式，取值范围是 1～10。 如果达到最大重传次数后，仍未收到对方的响应消息，则认证失败；如果达到最大次数前，认证成功，则清零 challenge 消息重传计数。 缺省情况下，challenge 消息的最大重传次数为 3，可用 **undo mpls rsvp-te challenge-lost** 命令恢复缺省值

已经完成上述 RSVP 信令参数调整的配置后，可通过以下 **display** 命令进行配置检查或结果验证。

① **display mpls rsvp-te**：查看 RSVP-TE 的相关信息。

② **display default-parameter mpls rsvp-te**：查看 MPLS RSVP-TE 缺省参数信息。

③ **display mpls rsvp-te session** *ingress-lsr-id tunnel-id egress-lsr-id*：查看指定 RSVP 会话的所有信息。

④ **display mpls rsvp-te psb-content** [*ingress-lsr-id tunnel-id lsp-id*]：查看 RSVP-TE PSB 信息。

⑤ **display mpls rsvp-te rsb-content** [*ingress-lsr-id tunnel-id lsp-id*]：查看 RSVP-TE RSB 信息。

⑥ **display mpls rsvp-te statistics** { **global** | **interface** [*interface-type interface-number*] }：查看 RSVP-TE 运行统计信息。

⑦ **display mpls rsvp-te peer** [**interface** *interface-type interface-number*]：查看使能 RSVP-TE 的接口的 RSVP-TE 邻居信息。

6.1.9 RSVP 认证配置示例

如图 6-2 所示，LSRA 和 LSRB 之间的 Eth-Trunk 1 的成员接口为 GE1/0/0 和 GE2/0/0。使用 RSVP 建立了一条从 LSRA 到 LSRC 的 MPLS TE 隧道。现要求配置握手功能使 LSRA 和 LSRB 之间进行 RSVP 密钥认证，防止回放攻击及伪造的 RSVP 资源预留请求非法占用网络资源，并配置消息滑窗功能解决 RSVP 报文失序问题。

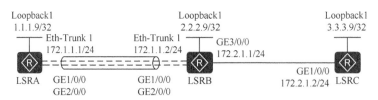

图 6-2 RSVP 认证配置示例的拓扑结构

（1）基本配置思路分析

虽然本示例介绍的是 RSVP 认证配置，但这项功能是在建立 MPLS TE 或 MPLS DS-TE 隧道的基础上配置的，所以在配置 RSVP 认证功能前要先完成 LSRA 与 LSRC 之间 CR-LSP 建立的配置。因为 LSRA 与 LSRB 之间是通过 Eth-Trunk 链路连接的，RSVP

消息可以从 Eth-Trunk 链路的任意一个成员接口接收，且各成员接口不是按顺序接收报文的，这样可能造成 RSVP 消息失序，为此必须配置 RSVP 消息滑动窗口。

结合第 5 章介绍的基本 MPLS TE 隧道功能的配置方法，以及 6.1.8 节介绍的 RSVP 认证功能的配置方法可得出本示例的以下基本配置思路。

① 在各设备上配置各接口（包括 Loopback 接口）的 IP 地址和公网 OSPF 路由。

② 在各设备上配置 LSR ID，并在全局和公网接口上使能 MPLS、MPLS TE、MPLS RSVP-TE，在 LSRA 上使能 CSPF。

③ 在各设备上配置 OSPF TE，使能 OSPF 的 Opaque 功能，使 OSPF 支持 MPLS 信息发布。

④ 在入节点上创建隧道接口，指定隧道的 IP 地址、隧道协议、目的地址、隧道 ID、RSVP-TE。本示例仅介绍以 LSRA 为入节点，到达 LSRC 的 MPLS TE 隧道的配置方法。

⑤ 在 LSRA 和 LSRB 上配置 RSVP 消息密钥验证功能，并使能握手功能，防止伪造的 RSVP 资源预留请求非法占用网络资源，配置消息滑窗为 32，解决可能发生的 RSVP 报文失序问题。

（2）具体配置步骤

① 在各设备上配置各接口的 IP 地址的公网 OSPF 路由。

因为 LSRA 与 LSRB 之间是通过 Eth-Trunk 链路连接的，所以要先在 LSRA 和 LSRB 上配置 Eth-Trunk 聚合链路，把聚合链路接口转换成三层模式，然后为该接口配置 IP 地址和 OSPF。

#---LSRA 上的配置，具体如下。

```
<Huawei> system-view
[Huawei] sysname LSRA
[LSRA] interface eth-trunk 1      #---创建 Eth-Trunk 聚合链路
[LSRA-Eth-Trunk1] undo portswitch   #---转换成三层模式
[LSRA-Eth-Trunk1] ip address 172.1.1.1 255.255.255.0
[LSRA-Eth-Trunk1] quit
[LSRA] interface gigabitethernet 1/0/0
[LSRA-GigabitEthernet1/0/0] eth-trunk 1    #---把 GE1/0/0 接口加入聚合链路
[LSRA-GigabitEthernet1/0/0] quit
[LSRA] interface gigabitethernet 2/0/0
[LSRA-GigabitEthernet2/0/0] eth-trunk 1
[LSRA-GigabitEthernet2/0/0] quit
[LSRA] interface loopback 1
[LSRA-LoopBack1] ip address 1.1.1.9 255.255.255.255
[LSRA-LoopBack1] quit
[LSRA] ospf 1
[LSRA-ospf-1] area 0
[LSRA-ospf-1-area-0.0.0.0] network 1.1.1.9 0.0.0.0
[LSRA-ospf-1-area-0.0.0.0] network 172.1.1.0 0.0.0.255
[LSRA-ospf-1-area-0.0.0.0] quit
[LSRA-ospf-1] quit
```

#---LSRB 上的配置，具体如下。

```
<Huawei> system-view
[Huawei] sysname LSRB
[LSRB] interface eth-trunk 1
[LSRB-Eth-Trunk1] undo portswitch
```

```
[LSRB-Eth-Trunk1] ip address 172.1.1.2 255.255.255.0
[LSRB-Eth-Trunk1] quit
[LSRB] interface gigabitethernet 1/0/0
[LSRB-GigabitEthernet1/0/0] eth-trunk 1
[LSRB-GigabitEthernet1/0/0] quit
[LSRB] interface gigabitethernet 2/0/0
[LSRB-GigabitEthernet2/0/0] eth-trunk 1
[LSRB-GigabitEthernet2/0/0] quit
[LSRB] interface gigabitethernet 3/0/0
[LSRB- GigabitEthernet3/0/0] ip address 172.2.1.1 255.255.255.0
[LSRB- GigabitEthernet3/0/0] quit
[LSRB] interface loopback 1
[LSRB-LoopBack1] ip address 2.2.2.9 255.255.255.255
[LSRB-LoopBack1] quit
[LSRB] ospf 1
[LSRB-ospf-1] area 0
[LSRB-ospf-1-area-0.0.0.0] network 2.2.2.9 0.0.0.0
[LSRB-ospf-1-area-0.0.0.0] network 172.1.1.0 0.0.0.255
[LSRB-ospf-1-area-0.0.0.0] network 172.2.1.0 0.0.0.255
[LSRB-ospf-1-area-0.0.0.0] quit
[LSRB-ospf-1] quit
```

#---LSRC 上的配置，具体如下。

```
<Huawei> system-view
[Huawei] sysname LSRC
[LSRC] interface gigabitethernet 1/0/0
[LSRC- GigabitEthernet1/0/0] ip address 172.2.1.2 255.255.255.0
[LSRC- GigabitEthernet1/0/0] quit
[LSRC] interface loopback 1
[LSRC-LoopBack1] ip address 3.3.3.9 255.255.255.255
[LSRC-LoopBack1] quit
[LSRC] ospf 1
[LSRC-ospf-1] area 0
[LSRC-ospf-1-area-0.0.0.0] network 3.3.3.9 0.0.0.0
[LSRC-ospf-1-area-0.0.0.0] network 172.2.1.0 0.0.0.255
[LSRC-ospf-1-area-0.0.0.0] quit
[LSRC-ospf-1] quit
```

以上配置完成后，在各节点上执行 **display ospf routing** 命令，可以看到各设备已学习到所有非直连网段的 OSPF 路由。图 6-3 是在 LSRA 上执行该命令的输出。

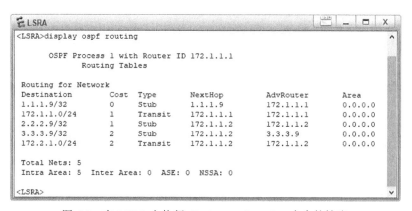

图 6-3　在 LSRA 上执行 **display ospf routing** 命令的输出

② 在各设备上配置 MPLS LSR ID，并在全局和各公网接口上使能 MPLS、MPLS TE 和 MPLS RSVP-TE，在隧道入节点 LSRA 上全局使能 CSPF。

#---LSRA 上的配置，具体如下。

```
[LSRA] mpls lsr-id 1.1.1.9
[LSRA] mpls
[LSRA-mpls] mpls te
[LSRA-mpls] mpls rsvp-te
[LSRA-mpls] mpls te cspf
[LSRA-mpls] quit
[LSRA] interface eth-trunk 1
[LSRA-Eth-Trunk1] mpls
[LSRA-Eth-Trunk1] mpls te
[LSRA-Eth-Trunk1] mpls rsvp-te
[LSRA-Eth-Trunk1] quit
```

#---LSRB 上的配置，具体如下。

```
[LSRB] mpls lsr-id 2.2.2.9
[LSRB] mpls
[LSRB-mpls] mpls te
[LSRB-mpls] mpls rsvp-te
[LSRB-mpls] quit
[LSRB] interface eth-trunk 1
[LSRB-Eth-Trunk1] mpls
[LSRB-Eth-Trunk1] mpls te
[LSRB-Eth-Trunk1] mpls rsvp-te
[LSRB-Eth-Trunk1] quit
[LSRB] interface gigabitethernet 3/0/0
[LSRB-GigabitEthernet3/0/0] mpls
[LSRB-GigabitEthernet3/0/0] mpls te
[LSRB-GigabitEthernet3/0/0] mpls rsvp-te
[LSRB-GigabitEthernet3/0/0] quit
```

#---LSRC 上的配置，具体如下。

```
[LSRC] mpls lsr-id 3.3.3.9
[LSRC] mpls
[LSRC-mpls] mpls te
[LSRC-mpls] mpls rsvp-te
[LSRC-mpls] quit
[LSRC] interface gigabitethernet 1/0/0
[LSRC-GigabitEthernet1/0/0] mpls
[LSRC-GigabitEthernet1/0/0] mpls te
[LSRC-GigabitEthernet1/0/0] mpls rsvp-te
[LSRC-GigabitEthernet1/0/0] quit
```

③ 在各设备上配置 OSPF TE，使能 OSPF 的 Opaque 功能，以使 OSPF 支持 MPLS 信息发布。

#---LSRA 上的配置，具体如下。

```
[LSRA] ospf
[LSRA-ospf-1] opaque-capability enable
[LSRA-ospf-1] area 0
[LSRA-ospf-1-area-0.0.0.0] mpls-te enable
[LSRA-ospf-1-area-0.0.0.0] quit
[LSRA-ospf-1] quit
```

#---LSRB 上的配置，具体如下。

```
[LSRB] ospf
[LSRB-ospf-1] opaque-capability enable
[LSRB-ospf-1] area 0
[LSRB-ospf-1-area-0.0.0.0] mpls-te enable
[LSRB-ospf-1-area-0.0.0.0] quit
[LSRB-ospf-1] quit
```

#---LSRC 上的配置，具体如下。

```
[LSRC] ospf
[LSRC-ospf-1] opaque-capability enable
[LSRC-ospf-1] area 0
[LSRC-ospf-1-area-0.0.0.0] mpls-te enable
[LSRC-ospf-1-area-0.0.0.0] quit
[LSRC-ospf-1] quit
```

④ 在 LSRA 上创建并配置 MPLS TE Tunnel 接口，具体如下。

```
[LSRA] interface tunnel 0/0/1
[LSRA-Tunnel0/0/1] ip address unnumbered interface loopback 1
[LSRA-Tunnel0/0/1] tunnel-protocol mpls te
[LSRA-Tunnel0/0/1] destination 3.3.3.9
[LSRA-Tunnel0/0/1] mpls te tunnel-id 101
[LSRA-Tunnel0/0/1] mpls te commit
[LSRA-Tunnel0/0/1] quit
```

以上配置完成后，在 LSRA 上执行 **display interface tunnel** 命令可以看到隧道接口的状态为 UP，如图 6-4 所示。

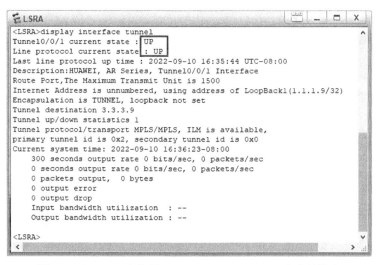

图 6-4　在 LSRA 上执行 **display interface tunnel** 命令的输出

⑤ 在 LSRA、LSRB 的 MPLS TE 链路的接口上配置 RSVP 验证。假设验证密钥为 Huawei@1234，使能握手功能，并设置消息滑窗中的大小为 32。

#---LSRA 上的配置，具体如下。

```
[LSRA] interface eth-trunk 1
[LSRA-Eth-Trunk1] mpls rsvp-te authentication cipher Huawei@1234    #---配置 RSVP-TE 邻居认证密钥为
Huawei@1234
[LSRA-Eth-Trunk1] mpls rsvp-te authentication handshake    #--使能 RSVP-TE 握手功能
[LSRA-Eth-Trunk1] mpls rsvp-te authentication window-size 32 #---配置 RSVP-TE 认证消息滑窗大小为 32
[LSRA-Eth-Trunk1] quit
```

【说明】在华为模拟器所支持的 VRP 系统版本中，mpls rsvp-te authentication handshake 命令后面还要配置一个本地密码，例如 **mpls rsvp-te authentication handshake** Huawei@1234。

#---LSRB 上的配置，具体如下。

```
[LSRB] interface eth-trunk 1
[LSRB-Eth-Trunk1] mpls rsvp-te authentication cipher Huawei@1234
[LSRB-Eth-Trunk1] mpls rsvp-te authentication handshake
[LSRB-Eth-Trunk1] mpls rsvp-te authentication window-size 32
[LSRB-Eth-Trunk1] quit
```

（3）配置结果验证

以上配置完成后，在 MPLS TE 隧道建立成功、LSRA 和 LSRB 之间的 RSVP 邻居关系建立成功后，在 LSRA 或 LSRB 上执行 **display mpls rsvp-te interface** 命令，可看到有关 RSVP 认证的配置信息。图 6-5 是在 LSRA 上执行该命令的输出，其中，显示的"**Num of Neighbors:1**"代表 RSVP 邻居建立成功，"**Challenge:ENABLE**"表示使能了认证握手机制，"**WindowSize:32**"表示消息滑窗为 32，均与前面的配置一致。

以上验证表明本示例前面的配置是正确且成功的。

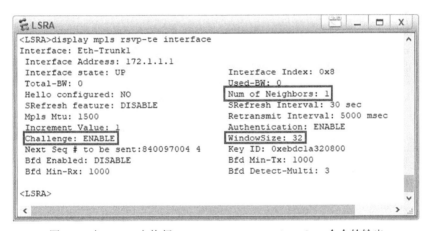

图 6-5 在 LSRA 上执行 **display mpls rsvp-te interface** 命令的输出

6.2 调整 CR-LSP 的路径选择

CSPF 算法使用 TEDB 和约束条件计算出符合要求的路径，并通过信令协议建立 CR-LSP。MPLS TE 提供多种方式影响 CSPF 的计算，从而调整 CR-LSP 的建立，包括 CSPF 算法的仲裁方法、选路使用的度量、CR-LSP 的跳数限制值、路由锁定、管理组和亲和属性、失效链路定时器等方式。在通过这些配置任务调整 CR-LSP 的路径选择前，需完成动态 MPLS TE 隧道或动态 DS-TE 隧道的配置。

6.2.1 配置 CSPF 算法的仲裁方法

当入节点在使用 CSPF 算法计算路径的过程中遇到多条权值相同的路径时，CSPF

算法会通过仲裁选择其中一条路径，而不会同时选择多条路径。可通过配置 CSPF 算法的仲裁方法影响 CSPF 算法的最终路径选择。但要注意的是，CSPF 算法功能仅需在隧道入节点上使能，进行 CR-LSP 路径计算，所以仲裁方法也仅需在**入节点**上全局配置（适用于所有 TE 隧道）或在具体的 Tunnel 接口下配置（适用于特定的 TE 隧道），Tunnel 接口上的配置优先级高于全局配置，具体配置步骤见表 6-8。

表 6-8　配置 CSPF 算法的仲裁方法的步骤

步骤	命令	说明
1	**system-view**	进入系统视图
2	**mpls** 例如：[Huawei] **mpls**	进入 MPLS 视图
3	**mpls te tie-breaking** { **least-fill** | **most-fill** | **random** } 例如：[Huawei-mpls] **mpls te tie-breaking least-fill**	配置全局的 CSPF 算法的仲裁方法。 ① **least-fill**：多选一选项，指定优选已用带宽占最大可预留带宽比值最小的路径。 ② **most-fill**：多选一选项，指定优选已用带宽占最大可预留带宽比值最大的路径。 ③ **random**：多选一选项，指定随机选择路径。 链路最大可预留带宽可通过**mpls te bandwidth max-reservable-bandwidth** *bw-value* 接口视图命令配置。 【注意】在比值相同的情况下，例如都没有利用保留带宽，或者利用的份额都是一样的，此时不管配置的是 **least-fill** 选项还是 **most-fill** 选项，都会选择首先发现的链路。 缺省情况下，CSPF 算法的仲裁方法为随机选择方式 **random**，可用 **undo mpls te tie-breaking** 命令恢复缺省设置
4	**quit**	返回系统视图
5	**interface tunnel** *interface-number* 例如：[Huawei] **interface tunnel** 0/0/1	进入 MPLS TE 隧道的 Tunnel 接口视图
6	**mpls te tie-breaking** { **least-fill** | **most-fill** | **random** } 例如：[Huawei-Tunnel0/0/1] **mpls te tie-breaking least-fill**	配置当前 Tunnel 接口的 CSPF 算法仲裁方法。命令中的选项说明参见本表第 3 步。 隧道优先使用本隧道接口视图下配置的仲裁方法；如果隧道接口视图下没有配置，将使用 MPLS 视图下配置的全局仲裁方法
7	**mpls te commit** 例如：[Huawei-Tunnel0/0/1] **mpls te commit**	提交隧道当前的配置。凡是发生了 TE 隧道配置更改，均要执行本命令，才能使配置更改生效

6.2.2　配置隧道选路使用的度量

通过配置选路使用的度量，可以在**入节点**上指定 TE 隧道或链路使用的度量类型，影响 CR-LSP 路径的选择。可以在 MPLS 视图下全局配置（适用于所有 TE 隧道）或在具体的 Tunnel 接口下配置度量类型，Tunnel 接口下的配置优先。如果采用 TE 类型的度量，还可在具体的物理接口视图下配置 TE 度量值。配置 TE 隧道或链路使用的度量类型的步骤见表 6-9。

表 6-9　配置 TE 隧道或链路使用的度量类型的步骤

步骤	命令	说明
1	**system-view**	进入系统视图
2	**mpls** 例如：[Huawei] **mpls**	进入 MPLS 视图
3	**mpls te path metric-type { igp | te }** 例如：[Huawei-mpls] **mpls te path metric-type igp**	全局配置 CR-LSP 选路时使用的度量类型。 ① **igp**：二选一选项，指定使用 IGP（例如 OSPF 或 IS-IS）度量。 ② **te**：二选一选项，指定使用 TE 度量。 【说明】如果在隧道接口视图下没有按本表第 6 步配置度量类型，则使用此处 MPLS 视图下的度量类型；否则使用隧道接口视图下的度量类型。 缺省情况下，TE 隧道选路时使用的度量类型为 TE，可用 **undo mpls te path metric-type** 命令恢复缺省设置
4	**quit**	返回系统视图
5	**interface tunnel** *interface-number* 例如：[Huawei] **interface tunnel 0/0/1**	进入 MPLS TE 隧道的 Tunnel 接口视图
6	**mpls te path metric-type { igp | te }** 例如：[Huawei-Tunnel0/0/1] **mpls te path metric-type igp**	配置当前隧道选路时使用的度量类型。命令中的选项参见本表第 3 步说明。 如果在 Tunnel 接口下配置了度量类型，最终以具体 Tunnel 接口下配置的为准，否则采用第 3 步中的全局配置。 缺省情况下，隧道选路时使用链路的 TE 度量，可用 **undo mpls te path metric-type** 命令恢复缺省设置
7	**mpls te commit** 例如：[Huawei-Tunnel0/0/1] **mpls te commit**	提交隧道当前的配置。凡是发生了 TE 隧道配置更改，均要执行本命令，才能使配置更改生效
8	**quit**	返回系统视图
9	**interface** *interface-type interface-number* 例如：[Huawei] **interface gigabitethernet 1/0/0**	进入 MPLS TE 链路的接口视图
10	**mpls te metric** *value* 例如：[Huawei-GigabitEthernet1/0/0] **mpls te metric 20**	（可选）当 TE 隧道采用 TE 度量类型时，可配置链路的 TE 度量值，整数形式，取值范围是 1～16777215。 缺省情况下，链路使用其 IGP 度量值作为 TE 的度量值，可用 **undo mpls te metric** 命令恢复缺省配置。 【注意】当 IGP 为 OSPF 且当前设备的状态为 stub router 时，本命令不生效

6.2.3　配置 CR-LSP 的跳数限制值

跳数限制值作为 CR-LSP 建立时的选路条件之一，就像管理组和亲和属性一样，可以限制一条 CR-LSP 允许选择的路径跳数不超过某个值，最终影响 CR-LSP 路径的选择。可在**入节点**上按表 6-10 中的步骤在具体的 Tunnel 接口下配置对应 CR-LSP 的跳数限制值。

表 6-10　配置 CR-LSP 的跳数限制值的步骤

步骤	命令	说明
1	**system-view**	进入系统视图
2	**interface tunnel** *interface-number* 例如：[Huawei] **interface tunnel** 0/0/1	进入 MPLS TE 隧道的 Tunnel 接口视图
3	**mpls te hop-limit** *hop-limit-value* [**best-effort** | **secondary**] 例如： [Huawei-Tunnel0/0/1] **mpls te hop-limit** 10 **best-effort**	限制该 Tunnel 的 CR-LSP 的路径跳数。 ① *hop-limit-value*：指定跳数限制值，整数形式，取值范围是 1～32。 ② **best-effort**：二选一可选项，指定以上参数 *hop-limit-value* 值为逃生路径的最大跳数。逃生路径是指在主 CR-LSP、备份 CR-LSP 都发生故障时，创建一条临时的 CR-LSP，将业务流量切换到逃生路径上。有关 CP-LSP 逃生路径的配置将在第 7 章介绍。 ③ **secondary**：二选一可选项，指定以上参数 *hop-limit-value* 值为备份路径的最大跳数。 如果不选择 **best-effort** | **secondary** 可选项，则参数所配置的跳数限制值是针对主 CR-LSP 路径而言的。 缺省情况下，CR-LSP 的路径跳数限制值为 32，可用 **undo mpls te hop-limit** [**best-effort** | **secondary**]命令恢复对应路径的跳数限制值为缺省值
4	**mpls te commit** 例如： [Huawei-Tunnel0/0/1] **mpls te commit**	提交隧道当前配置。凡是发生了 TE 隧道配置更改，均要执行本命令，才能使配置更改生效

6.2.4　配置路由锁定

通过在 Tunnel 接口下配置路由锁定，CR-LSP 能够保持初始选定的路径，而不会按照新的可能的路径重新建立，这样可以保持 CR-LSP 路径的稳定性。可在入节点上按照表 6-11 中的步骤配置路由锁定功能，但不能同时使用 CR-LSP 重优化。

表 6-11　配置路由锁定功能的步骤

步骤	命令	说明
1	**system-view**	进入系统视图
2	**interface tunnel** *interface-number* 例如：[Huawei] **interface tunnel** 0/0/1	进入 MPLS TE 隧道的 Tunnel 接口视图
3	**mpls te route-pinning** 例如：[Huawei-Tunnel0/0/1] **mpls te route-pinning**	在以上隧道接口上使能路由锁定功能，使其总是采用初始的路径选择，不重新计算路径。 缺省情况下，路由锁定功能未使能，可用 **undo mpls te route-pinning** 命令去使能路由锁定功能
4	**mpls te commit** 例如：[Huawei-Tunnel0/0/1] **mpls te commit**	提交隧道当前配置。凡是发生了 TE 隧道配置更改，均要执行本命令，才能使配置更改生效

6.2.5　配置管理组和亲和属性

配置管理组属性，可以影响新创建的 CR-LSP 的路径选择；配置亲和属性，可以影响该隧道已建立的 CR-LSP 的路径选择，系统将为该隧道重新计算路径。可按照表 6-12 中的步骤配置管理组属性和亲和属性。

表 6-12　配置管理组属性和亲和属性的步骤

步骤	命令	说明
1	**system-view**	进入系统视图
2	**interface** *interface-type interface-number* 例如：[Huawei] **interface** gigabitethernet 1/0/0	进入 MPLS TE 链路的接口视图，需要在存在多条路径的各节点的出接口上配置链路管理组属性
3	**mpls te link administrative group** *value* 例如： [Huawei-GigabitEthernet1/0/0] **mpls te link administrative group** 101	配置链路的管理组属性值。参数 *value* 用来指定链路属性，在选路时与隧道的 affinity（亲和属性）位进行比较，十六进制形式，取值范围是 0x0～0xFFFFFFFF，表示 32 个属性，每个属性占一位。 【说明】这个链路管理组属性配置不是随意的，必须与对应的 Tunnel 接口下的亲和属性配置同步规划，因为如果要使某条链路被对应 TE 隧道选用，在所有掩码为 1 的位中，管理组中至少有 1 位与亲和属性中的相应位都为 1，且亲和属性为 0 的位，对应的管理组属性位不能为 1。 接口属性将在全局范围内扩散，从而可以用作隧道源端的路径选择标准。更改链路的管理组属性配置，仅对新创建的 **CR-LSP** 生效，不影响已建立的 **CR-LSP**。 缺省情况下，链路管理属性的值为 0x0，可用 **undo mpls te link administrative group** 命令恢复缺省值
4	**quit**	返回系统视图
5	**interface tunnel** *interface-number* 例如：[Huawei] **interface tunnel** 0/0/1	进入 MPLS TE 隧道的 Tunnel 接口视图。仅需在入节点上配置 Tunnel 接口的亲和属性
6	**mpls te affinity property** *properties* [**mask** *mask-value*] [**secondary** | **best-effort**] 例如：[Huawei-Tunnel0/0/1] **mpls te affinity property** a04 **mask** e0c	配置隧道的亲和属性。更改隧道的亲和属性配置会影响该隧道已建立的 **CR-LSP**，系统将为该隧道重新计算路径。 ① *properties*：指定 MPLS TE 隧道使用的链路的亲和属性，十六进制形式，取值范围是 0x0～0xFFFFFFFF，每一位代表一种属性。 ② **mask** *mask-value*：可选参数，掩码，指定需要检查的链路管理组属性位，十六进制形式，取值范围是 0x0～0xFFFFFFFF，每一位代表一种属性。掩码决定了设备需要检查哪些链路管理组属性。 ③ **secondary**：二选一可选项，指定以上配置的亲和属性和掩码是针对备份 CR-LSP 的。 ④ **best-effort**：二选一可选项，指定以上配置的亲和属性和掩码是针对逃生路径的。 如果不选择 **secondary** | **best-effort** 可选项，则所配置的亲和属性的掩码是针对主 CR-LSP 的。有关备份 CR-LSP 和逃生路径的配置将在第 7 章介绍。 缺省情况下，链路管理组的值为 0x0；隧道的亲和属性为 0x0，掩码为 0x0，即全部不限制，可用 **undo mpls te affinity property** *properties* [**mask** *mask-value*] [**secondary** | **best-effort**] 命令恢复缺省值
7	**mpls te commit** 例如：[Huawei-Tunnel0/0/1] **mpls te commit**	提交隧道当前配置。凡是发生了 TE 隧道配置更改，均要执行本命令，才能使配置更改生效

6.2.6　配置 CR-LSP 和 Overload 联动功能

Overload 是 IS-IS LSP（链路状态 PDU）中的一个标识位，当其他 IS-IS 邻居设备收到 Overload 标识位置为 1 的 LSP 时，就知道发送该 LSP 的设备处于超载状态，在计算 IS-IS 路由时会绕开该设备。

在 MPLS TE 或 MPLS DS-TE 隧道中可使用 IS-IS TE 进行 TE 消息发布，然后通过 CSPF 算法进行 CR-LSP 路径计算，所以在 IS-IS 中 LSP 的 Overload 标识位可能会影响 CR-LSP 路径的选择。

以下两种方式可以使某节点成为 Overload 节点。

① 当某节点在网络中承载的业务较多，出现了超负荷工作状态，导致系统资源耗尽时，该节点会自动标识自己为 Overload 节点。这是一种自动方式。

② 当网络管理员发现网络中某节点承载的业务较多，出现 CPU 比较繁忙的状态时，可以通过执行 **set-overload** 命令，标识该节点为 Overload 节点。

在部署 MPLS TE 业务时，如果希望 TE 流量避开 Overload 节点，即新建立的 CR-LSP 不经过 Overload 节点，可以在入节点上按照表 6-13 中的步骤配置 CR-LSP 和 Overload 的联动功能，减轻 Overload 节点的压力，同时也提高 CR-LSP 的可靠性。

表 6-13　配置 **CR-LSP** 和 **Overload** 联动功能的步骤

步骤	命令	说明
1	**system-view**	进入系统视图
2	**interface tunnel** *interface-number* 例如：[Huawei] **interface tunnel** 0/0/1	进入 MPLS TE 隧道的 Tunnel 接口视图
3	**mpls te record-route [label]** 例如：[Huawei-Tunnel0/0/1] **mpls te record-route label**	使能建立隧道时的记录路由和标签功能。 在没有配置显式路径的情况下，MPLS TE Tunnel 建立成功后，系统不会记录隧道的详细路径。如果需要查看隧道的详细路径，可以在 Tunnel 接口下执行该命令，在 Path 消息、Resv 消息中携带 RRO，记录消息经过每一跳的 IP 地址。如果选择了可选项 **label**，则同时记录经过每一跳的标签。 【说明】如果网络规模比较大，不建议使用此命令。因为 RRO 会记录每一跳的 IP 地址，如果跳数很多，则会导致 Path 消息或 Resv 消息过大，降低系统性能。 缺省情况下，未使能建立隧道时记录路由和标签功能，可用 **undo mpls te record-route** 命令去使能建立隧道时的记录路由和标签功能
4	**quit**	返回系统视图
5	**mpls** 例如：[Huawei] **mpls**	进入 MPLS 视图
6	**mpls te path-selection overload** 例如：[Huawei-mpls] **mpls te path-selection overload**	配置 CR-LSP 和 IS-IS Overload 联动功能，使能 CSPF 算法在计算路径时排除 IS-IS Overload 节点，从而使流量避开 Overload 节点。执行本命令后： ① 已经建立好的 CR-LSP 会进行重优化，CSPF 算法会重新计算路径，使流量避开 Overload 节点；

步骤	命令	说明
6	**mpls te path-selection overload** 例如：[Huawei-mpls] **mpls te path-selection overload**	② 对于新建的 LSP，CSPF 算法在计算路径时会排除网络中的 Overload 节点，使流量避开 Overload 节点。 在新的 CR-LSP 建立的过程中，流量依然在原来的 CR-LSP 上进行转发。当新的 CR-LSP 建立成功后，流量会切换到新的 CR-LSP 上，原来的 CR-LSP 会被删除，即流量的切换过程是 Make-Before-Break 的过程，其间流量不会丢失。**该配置对旁路隧道不生效。** 缺省情况下，没有配置 CR-LSP 和 IS-IS Overload 联动功能，可用 **undo mpls te path-selection** 命令恢复为缺省配置

6.2.7　配置失效链路定时器

CSPF 算法依据本地维护的 TEDB 来计算到目的地址的最短路径，然后信令协议根据 CSPF 算法计算路径请求和预留资源。但如果网络某链路发生故障，路由协议有时可能没有及时通知 CSPF 算法更新 TEDB，这导致信令协议从 CSPF 算法得到的路径可能包含存在故障的链路。因为当链路发生故障时，信令协议的控制报文（例如 RSVP 的 Path 消息）将会丢失，信令协议将返回错误消息通知上游节点。上游节点收到链路错误消息后，触发 CSPF 算法重新计算路径。但又因为 TEDB 没有更新，CSPF 算法重新计算并告知信令协议的路径仍然包含故障链路，这样一来信令协议的控制报文又将被丢弃，信令协议又返回错误消息，触发 CSPF 算法重新计算路径。如此反复，直到 TEDB 得到更新。

为了避免上述情况的发生，当收到信令协议返回错误消息通知链路故障时，CSPF 算法将故障链路的状态置为 INACTIVE（无效），并启动失效链路定时器。这样故障链路将不再参与 CSPF 算法的路径计算，直到 CSPF 算法收到数据库更新事件或者链路失效定时器超时。在链路失效定时器超时前，如果收到数据库更新事件，CSPF 算法将删除链路失效定时器。

配置失效链路定时器的步骤是在入节点上按照表 6-14 进行配置的，因为 CR-LSP 路径的计算是在入节点进行的。

表 6-14　配置失效链路定时器的步骤

步骤	命令	说明
1	**system-view**	进入系统视图
2	**mpls** 例如：[Huawei] **mpls**	进入 MPLS 视图
3	**mpls te cspf timer failed-link** *interval* 例如：[Huawei-mpls] **mpls te cspf timer failed-link** 50	配置 CSPF 算法失效链路定时器，整数形式，取值范围是 1～300，单位为秒。执行此命令之前，必须先使用 **mpls te cspf** 命令使能 CSPF 算法。 一旦一条链路状态变为 Down，失效链路定时器就会启动。如果 IGP 在定时器超时之前删除或修改此链路，IGP 将会把删除或修改情况通知 CSPF 算法。CSPF 算法在 TEDB 中更新链路，并停止定时器；如果定时器超时，IGP 还没有删除链路，链路状态将被更新为 UP。 【注意】失效链路定时器的值只具有本地意义，如果各个节点上配置的定时器值不同，则可能存在同一条链路在某些节点上的状态是 ACTIVE（有效）的，而另一些节点上是 INACTIVE（无效）的情况。 缺省情况下，失效链路定时器的值为 10 秒，可用 **undo mpls te cspf timer failed-link** 命令恢复缺省值

6.2.8　配置带宽的泛洪阈值

带宽的泛洪值是指 TE 隧道占用或释放的链路带宽与 TEDB 中剩余的链路带宽的比值，即链路带宽的变化值。当链路带宽变化很小时，每次变化都进行带宽泛洪会浪费网络资源。

但如果设置一个泛洪阈值，则可以大大减少这样的带宽泛洪。例如设置泛洪阈值为10%，则建立第 1 条～第 9 条时不进行泛洪，当建立第 10 条时才对第 1 条～第 10 条所占用的 10Mbit/s 带宽进行泛洪。当建立第 11 条～第 18 条隧道时不进行泛洪，当建立第19 条时才泛洪。依此类推。因此配置带宽泛洪阈值可减少泛洪次数，节约网络资源。

可在 MPLS TE 隧道**入节点**或**中间节点**上按照表 6-15 中的步骤配置带宽的泛洪阈值，减少带宽泛洪的次数，以降低对网络性能的影响。

表 6-15　配置带宽的泛洪阈值的步骤

步骤	命令	说明
1	**system-view**	进入系统视图
2	**interface** *interface-type interface-number* 例如：[Huawei] **interface** gigabitethernet 1/0/0	进入 MPLS TE 链路的接口视图
3	**mpls te bandwidth change thresholds** { **down** | **up** } *percent* 例如：[Huawei-GigabitEthernet1/0/0] **mpls te bandwidth change thresholds down** 10	配置带宽的泛洪阈值。 ① **down**：二选一选项，指定 MPLS TE 隧道占用带宽的泛洪阈值。当 MPLS TE 隧道占用的带宽与 TEDB 中的链路剩余带宽的比值大于或等于此阈值时，IGP 将进行泛洪，CSPF 更新TEDB。 ② **up**：二选一选项，MPLS TE 隧道释放带宽的泛洪阈值。当MPLS TE 隧道释放的带宽与 TEDB 中的链路剩余带宽的比值大于或等于此阈值时，IGP 将进行泛洪，CSPF 更新 TEDB。 ③ *percent*：带宽阈值百分比，整数形式，取值范围是 0～100。 缺省情况下，当一条链路上为 MPLS TE 隧道保留的带宽与TEDB 中的链路剩余带宽的比值等于或大于 10%，或 MPLS TE隧道释放的带宽与 TEDB 中剩余带宽的比值等于或大于 10%时，IGP 将对该链路信息进行泛洪，CSPF 更新 TEDB，可用**undo mpls te bandwidth change thresholds** { **down** | **up** }命令恢复缺省设置

完成以上各小节所需调整 CR-LSP 的路径选择的相关配置后，可执行以下 **display** 命令检查配置，并验证配置结果。

① **display mpls te tunnel verbose**：查看 MPLS TE 隧道信息。

② **display mpls te srlg** { *srlg-number* \| **all** }：查看 SRLG 配置和 SRLG 成员接口信息。

③ **display mpls te link-administration srlg-information** [**interface** *interface-type interface-number*]：查看接口所属的 SRLG。

④ **display mpls te tunnel c-hop** [*tunnel-name*] [**lsp-id** *ingress-lsr-id session-id lsp-id*]：查看隧道路径计算结果。

⑤ **display default-parameter mpls te cspf**：查看 CSPF 的缺省配置。

6.2.9　MPLS TE 隧道属性配置示例

如图 6-6 所示，LSRA 上要建立两条到达 LSRD 的动态 MPLS TE 隧道：Tunnel0/0/1 和 Tunnel0/0/2。现要求根据各链路上的管理组属性，使用隧道的亲和属性及掩码，使 LSRA 上的 Tunnel0/0/1 接口建立的 TE 隧道使用 LSRB→LSRC→LSRD 的物理链路，Tunnel0/0/2 接口建立的 TE 隧道使用 LSRB→LSRE→LSRC→LSRD 的物理链路。

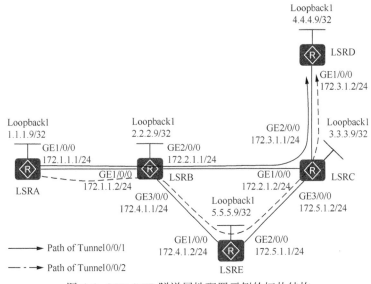

图 6-6　MPLS TE 隧道属性配置示例的拓扑结构

（1）基本配置思路分析

本示例的关键配置是各出接口的管理组属性，以及入节点 Tunnel 接口的亲和属性、掩码的匹配配置。总体原则是：如果希望某条链路能够被某条 CR-LSP 所用，则入节点上配置的掩码中所有为 1 的位，该链路的管理组属性中至少有 1 位与入节点上配置的亲和属性中的相应位都为 1；而且入节点上配置的亲和属性为 0 的位，该链路对应的管理组属性位不能为 1。

本示例要通过 MPLS TE 隧道属性来调整两条 CR-LSP 路径的选择，先在入节点 LSRA 的对应 Tunnel 接口上配置亲和属性、掩码，然后根据以上匹配规则在 LSRA、LSRB、LSRC 和 LSRE 节点的出接口上配置对应的链路管理组属性。其中 LSRA 和 LSRC 的出接口要同时建立两条隧道的 CR-LSP，所以所配置的链路属性是一致的，且所配置的管理组属性通过与入节点亲和属性、掩码进行匹配，最终能同时被两条 CR-LSP 选择；LSRB 的两个出接口通过管理组属性的配置分别被两条 CR-LSP 所选择；LSRE 的出接口通过管理组属性配置被 Tunnel0/0/2 对应的隧道所选择。

当然，在配置 MPLS TE 隧道属性前仍然要先完成两条 CR-LSP 建立的配置，本示例的基本配置思路如下。

① 在各设备上配置各接口（包括 Loopback 接口）的 IP 地址和公网 OSPF 路由。

② 在各设备上配置 LSR ID，并使能全局及各公网接口的 MPLS、MPLS TET 和

RSVP-TE 功能，在入节点上还要使能 CSPF 功能。本示例仅介绍由 LSRA 到 LSRD 的两条单向 TE 隧道配置，入节点为 LSRA。在实际通信中，要配置双向 TE 隧道。

③ 在各设备上配置 OSPF TE，使能 OSPF 的 MPLS TE 信息发布功能。

④ 在 TE 隧道入节点创建隧道接口，并配置隧道接口的 IP 地址、隧道协议、目的地址、隧道 ID、RSVP-TE、亲和属性和掩码。

⑤ 在各设备的隧道出接口上配置链路的管理组属性（LSRD 上没有隧道出接口，故不需要配置），使这些出接口的链路管理组属性与隧道入节点对应的 Tunnel 接口上配置的亲和属性匹配后被对应的 CR-LSP 选择。

（2）具体配置步骤

① 在各设备上配置各接口的 IP 地址和公网 OSPF 路由。

#---LSRA 上的配置，具体如下。

```
<Huawei> system-view
[Huawei] sysname LSRA
[LSRA] interface gigabitethernet 1/0/0
[LSRA-GigabitEthernet1/0/0] ip address 172.1.1.1 255.255.255.0
[LSRA-GigabitEthernet1/0/0] quit
[LSRA] interface loopback 1
[LSRA-LoopBack1] ip address 1.1.1.9 255.255.255.255
[LSRA-LoopBack1] quit
[LSRA] ospf 1
[LSRA-ospf-1] area 0
[LSRA-ospf-1-area-0.0.0.0] network 1.1.1.9 0.0.0.0
[LSRA-ospf-1-area-0.0.0.0] network 172.1.1.0 0.0.0.255
[LSRA-ospf-1-area-0.0.0.0] quit
[LSRA-ospf-1] quit
```

#---LSRB 上的配置，具体如下。

```
<Huawei> system-view
[Huawei] sysname LSRB
[LSRB] interface gigabitethernet 1/0/0
[LSRB-GigabitEthernet1/0/0] ip address 172.1.1.2 255.255.255.0
[LSRB-GigabitEthernet1/0/0] quit
[LSRB] interface gigabitethernet 2/0/0
[LSRB-GigabitEthernet2/0/0] ip address 172.2.1.1 255.255.255.0
[LSRB-GigabitEthernet2/0/0] quit
[LSRB] interface gigabitethernet 3/0/0
[LSRB-GigabitEthernet3/0/0] ip address 172.4.1.1 255.255.255.0
[LSRB-GigabitEthernet3/0/0] quit
[LSRB] interface loopback 1
[LSRB-LoopBack1] ip address 2.2.2.9 255.255.255.255
[LSRB-LoopBack1] quit
[LSRB] ospf 1
[LSRB-ospf-1] area 0
[LSRB-ospf-1-area-0.0.0.0] network 2.2.2.9 0.0.0.0
[LSRB-ospf-1-area-0.0.0.0] network 172.1.1.0 0.0.0.255
[LSRB-ospf-1-area-0.0.0.0] network 172.2.1.0 0.0.0.255
[LSRB-ospf-1-area-0.0.0.0] network 172.4.1.0 0.0.0.255
[LSRB-ospf-1-area-0.0.0.0] quit
[LSRB-ospf-1] quit
```

#---LSRC 上的配置，具体如下。

```
<Huawei> system-view
[Huawei] sysname LSRC
[LSRC] interface gigabitethernet 1/0/0
[LSRC-GigabitEthernet1/0/0] ip address 172.2.1.2 255.255.255.0
[LSRC-GigabitEthernet1/0/0] quit
[LSRC] interface gigabitethernet 2/0/0
[LSRC-GigabitEthernet2/0/0] ip address 172.3.1.1 255.255.255.0
[LSRC-GigabitEthernet2/0/0] quit
[LSRC] interface gigabitethernet 3/0/0
[LSRC-GigabitEthernet3/0/0] ip address 172.5.1.2 255.255.255.0
[LSRC-GigabitEthernet3/0/0] quit
[LSRC] interface loopback 1
[LSRC-LoopBack1] ip address 3.3.3.9 255.255.255.255
[LSRC-LoopBack1] quit
[LSRC] ospf 1
[LSRC-ospf-1] area 0
[LSRC-ospf-1-area-0.0.0.0] network 3.3.3.9 0.0.0.0
[LSRC-ospf-1-area-0.0.0.0] network 172.2.1.0 0.0.0.255
[LSRC-ospf-1-area-0.0.0.0] network 172.3.1.0 0.0.0.255
[LSRC-ospf-1-area-0.0.0.0] network 172.5.1.0 0.0.0.255
[LSRC-ospf-1-area-0.0.0.0] quit
[LSRC-ospf-1] quit
```

#---LSRD 上的配置，具体如下。

```
<Huawei> system-view
[Huawei] sysname LSRD
[LSRD] interface gigabitethernet 1/0/0
[LSRD-GigabitEthernet1/0/0] ip address 172.3.1.2 255.255.255.0
[LSRD-GigabitEthernet1/0/0] quit
[LSRD] interface loopback 1
[LSRD-LoopBack1] ip address 4.4.4.9 255.255.255.255
[LSRD-LoopBack1] quit
[LSRD] ospf 1
[LSRD-ospf-1] area 0
[LSRD-ospf-1-area-0.0.0.0] network 4.4.4.9 0.0.0.0
[LSRD-ospf-1-area-0.0.0.0] network 172.3.1.0 0.0.0.255
[LSRD-ospf-1-area-0.0.0.0] quit
[LSRD-ospf-1] quit
```

#---LSRE 上的配置，具体如下。

```
<Huawei> system-view
[Huawei] sysname LSRE
[LSRE] interface gigabitethernet 1/0/0
[LSRE-GigabitEthernet1/0/0] ip address 172.4.1.2 255.255.255.0
[LSRE-GigabitEthernet1/0/0] quit
[LSRE] interface gigabitethernet 2/0/0
[LSRE-GigabitEthernet2/0/0] ip address 172.5.1.1 255.255.255.0
[LSRE-GigabitEthernet2/0/0] quit
[LSRE] interface loopback 1
[LSRE-LoopBack1] ip address 5.5.5.9 255.255.255.255
[LSRE-LoopBack1] quit
[LSRE] ospf 1
[LSRE-ospf-1] area 0
[LSRE-ospf-1-area-0.0.0.0] network 5.5.5.9 0.0.0.0
[LSRE-ospf-1-area-0.0.0.0] network 172.4.1.0 0.0.0.255
[LSRE-ospf-1-area-0.0.0.0] network 172.5.1.0 0.0.0.255
```

```
[LSRE-ospf-1-area-0.0.0.0] quit
[LSRE-ospf-1] quit
```

以上配置完成后，在各节点上执行 **display ospf routing** 命令，可以看到各设备已学习了所有非直连网段的 OSPF 路由。

② 在各设备上配置 MPLS LSR ID，使能 MPS、MPLS TE、RSVP-TE，在 LSRA 上使能 CSPF。在此仅以从 LARA 到 LSRD 的两条单向隧道配置为例进行介绍。

#---LSRA 上的配置，具体如下。

```
[LSRA] mpls lsr-id 1.1.1.9
[LSRA] mpls
[LSRA-mpls] mpls te
[LSRA-mpls] mpls rsvp-te
[LSRA-mpls] mpls te cspf
[LSRA-mpls] quit
[LSRA] interface gigabitethernet 1/0/0
[LSRA-GigabitEthernet1/0/0] mpls
[LSRA-GigabitEthernet1/0/0] mpls te
[LSRA-GigabitEthernet1/0/0] mpls rsvp-te
[LSRA-GigabitEthernet1/0/0] quit
```

#---LSRB 上的配置，具体如下。

```
[LSRB] mpls lsr-id 2.2.2.9
[LSRB] mpls
[LSRB-mpls] mpls te
[LSRB-mpls] mpls rsvp-te
[LSRB-mpls] quit
[LSRB] interface gigabitethernet 1/0/0
[LSRB-GigabitEthernet1/0/0] mpls
[LSRB-GigabitEthernet1/0/0] mpls te
[LSRB-GigabitEthernet1/0/0] mpls rsvp-te
[LSRB-GigabitEthernet1/0/0] quit
[LSRB] interface gigabitethernet 2/0/0
[LSRB-GigabitEthernet2/0/0] mpls
[LSRB-GigabitEthernet2/0/0] mpls te
[LSRB-GigabitEthernet2/0/0] mpls rsvp-te
[LSRB-GigabitEthernet2/0/0] quit
[LSRB] interface gigabitethernet 3/0/0
[LSRB-GigabitEthernet3/0/0] mpls
[LSRB-GigabitEthernet3/0/0] mpls te
[LSRB-GigabitEthernet3/0/0] mpls rsvp-te
[LSRB-GigabitEthernet3/0/0] quit
```

#---LSRC 上的配置，具体如下。

```
[LSRC] mpls lsr-id 3.3.3.9
[LSRC] mpls
[LSRC-mpls] mpls te
[LSRC-mpls] mpls rsvp-te
[LSRC-mpls] quit
[LSRC] interface gigabitethernet 1/0/0
[LSRC-GigabitEthernet1/0/0] mpls
[LSRC-GigabitEthernet1/0/0] mpls te
[LSRC-GigabitEthernet1/0/0] mpls rsvp-te
[LSRC-GigabitEthernet1/0/0] quit
[LSRC] interface gigabitethernet 2/0/0
[LSRC-GigabitEthernet2/0/0] mpls
```

```
[LSRC-GigabitEthernet2/0/0] mpls te
[LSRC-GigabitEthernet2/0/0] mpls rsvp-te
[LSRC-GigabitEthernet2/0/0] quit
[LSRC] interface gigabitethernet 3/0/0
[LSRC-GigabitEthernet3/0/0] mpls
[LSRC-GigabitEthernet3/0/0] mpls te
[LSRC-GigabitEthernet3/0/0] mpls rsvp-te
[LSRC-GigabitEthernet3/0/0] quit
```

#---LSRD 上的配置，具体如下。

```
[LSRD] mpls lsr-id 4.4.4.9
[LSRD] mpls
[LSRD-mpls] mpls te
[LSRD-mpls] mpls rsvp-te
[LSRD-mpls] quit
[LSRD] interface gigabitethernet 1/0/0
[LSRD-GigabitEthernet1/0/0] mpls
[LSRD-GigabitEthernet1/0/0] mpls te
[LSRD-GigabitEthernet1/0/0] mpls rsvp-te
[LSRD-GigabitEthernet1/0/0] quit
```

#---LSRE 上的配置，具体如下。

```
[LSRE] mpls lsr-id 5.5.5.9
[LSRE] mpls
[LSRE-mpls] mpls te
[LSRE-mpls] mpls rsvp-te
[LSRE-mpls] quit
[LSRE] interface gigabitethernet 1/0/0
[LSRE-GigabitEthernet1/0/0] mpls
[LSRE-GigabitEthernet1/0/0] mpls te
[LSRE-GigabitEthernet1/0/0] mpls rsvp-te
[LSRE-GigabitEthernet1/0/0] quit
[LSRE] interface gigabitethernet 2/0/0
[LSRE-GigabitEthernet2/0/0] mpls
[LSRE-GigabitEthernet2/0/0] mpls te
[LSRE-GigabitEthernet2/0/0] mpls rsvp-te
[LSRE-GigabitEthernet2/0/0] quit
```

③ 在各设备上配置 OSPF TE，使能 OSPF 的 MPLS 信息发布功能。

#---LSRA 上的配置，具体如下。

```
[LSRA] ospf
[LSRA-ospf-1] opaque-capability enable
[LSRA-ospf-1] area 0
[LSRA-ospf-1-area-0.0.0.0] mpls-te enable
[LSRA-ospf-1-area-0.0.0.0] quit
[LSRA-ospf-1] quit
```

#---LSRB 上的配置，具体如下。

```
[LSRB] ospf
[LSRB-ospf-1] opaque-capability enable
[LSRB-ospf-1] area 0
[LSRB-ospf-1-area-0.0.0.0] mpls-te enable
[LSRB-ospf-1-area-0.0.0.0] quit
[LSRB-ospf-1] quit
```

#---LSRC 上的配置，具体如下。

```
[LSRC] ospf
[LSRC-ospf-1] opaque-capability enable
```

```
[LSRC-ospf-1] area 0
[LSRC-ospf-1-area-0.0.0.0] mpls-te enable
[LSRC-ospf-1-area-0.0.0.0] quit
[LSRC-ospf-1] quit
```

#---LSRD 上的配置，具体如下。

```
[LSRD] ospf
[LSRD-ospf-1] opaque-capability enable
[LSRD-ospf-1] area 0
[LSRD-ospf-1-area-0.0.0.0] mpls-te enable
[LSRD-ospf-1-area-0.0.0.0] quit
[LSRD-ospf-1] quit
```

#---LSRE 上的配置，具体如下。

```
[LSRE] ospf
[LSRE-ospf-1] opaque-capability enable
[LSRE-ospf-1] area 0
[LSRE-ospf-1-area-0.0.0.0] mpls-te enable
[LSRE-ospf-1-area-0.0.0.0] quit
[LSRE-ospf-1] quit
```

④　在入节点 LSRA 上创建并配置两个 TE Tunnel 接口，其中，关键的是两个 Tunnel 接口的亲和属性配置和掩码配置。两条隧道的亲和属性/掩码值对中至少有一个值不一样，且任何一个值均不能为 0。

【说明】在配置 Tunnel 接口亲和属性、掩码和链路管理组属性时，通常先随意指定亲和属性和掩码，然后在配置链路管理组属性时再根据规则进行配置。

#---在 LSRA 上创建并配置 Tunnel0/0/1，具体如下。

在 LSRA 的 Tunnel0/0/1 接口对应的隧道中，假设配置的亲和属性为 0x10101，掩码为 0x11011。

```
[LSRA] interface tunnel 0/0/1
[LSRA-Tunnel0/0/1] ip address unnumbered interface loopback 1
[LSRA-Tunnel0/0/1] tunnel-protocol mpls te
[LSRA-Tunnel0/0/1] destination 4.4.4.9
[LSRA-Tunnel0/0/1] mpls te tunnel-id 100
[LSRA-Tunnel0/0/1] mpls te record-route label
[LSRA-Tunnel0/0/1] mpls te affinity property 10101 mask 11011
[LSRA-Tunnel0/0/1] mpls te commit
[LSRA-Tunnel0/0/1] quit
```

#---在 LSRA 上创建并配置 Tunnel0/0/2，具体如下。

在 LSRA 的 Tunnel0/0/2 接口对应的隧道中，假设配置的亲和属性为 0x10001，掩码为 0x11101。

```
[LSRA] interface tunnel 0/0/2
[LSRA-Tunnel0/0/2] ip address unnumbered interface loopback 1
[LSRA-Tunnel0/0/2] tunnel-protocol mpls te
[LSRA-Tunnel0/0/2] destination 4.4.4.9
[LSRA-Tunnel0/0/2] mpls te tunnel-id 101
[LSRA-Tunnel0/0/2] mpls te record-route label
[LSRA-Tunnel0/0/2] mpls te affinity property 10011 mask 11101
[LSRA-Tunnel0/0/2] mpls te commit
[LSRA-Tunnel0/0/2] quit
```

⑤　在各设备的隧道出接口（LSRD 上没有隧道出接口，故不需要配置）上配置链路的管理组属性，使这些出接口的链路管理组属性与隧道入节点对应的 Tunnel 接口上配置

的亲和属性匹配后被对应的 CR-LSP 选择。

在入节点 LSRA 上配置好 Tunnel 接口的亲和属性、掩码后，如果要使某链路被该隧道选中，则该链路管理组属性就不能随便配置，必须满足以下两条基本原则。

① 在掩码中所有为 1 的位中，该链路的管理组属性中至少有 1 位与入节点上配置的亲和属性中的相应位都为 1。

② 亲和属性为 0 的位，该链路对应的管理组属性位不能为 1。

其实，就是要使亲和属性和掩码的逻辑"与"运算结果，与链路管理组属性与同一掩码的逻辑"与"运算结果一致，且结果不能全为 0。

#---LSRA 和 LSRC 上的配置。

前面已在 LSRA 上为 Tunnel0/0/1 和 Tunnel0/0/2 对应的隧道分别配置亲和属性为 0x10101、0x10011，对应的掩码分别为 0x11011、0x11101。为简单起见，把以上配置的亲和属性和掩码以二进制看待（实际上是十六进制，每 1 位代表 4 位二进制）。由此可得出，Tunnel0/0/1、Tunnel0/0/2 的亲和属性与掩码的逻辑"与"运算结果都为 0x10001。

由于 LSRA 的 GE1/0/0 和 LSRC 的 GE20/0/0 接口是两条隧道的共同出接口，所以只需要配置一个链路管理组属性，**即要能同时匹配两条隧道上配置的亲和属性**。假设要配置的链路管理组属性值为 XXXXX（因为前面在入节点上配置的亲和属性和掩码都为 5 位十六进制，所以此处配置的链路管理组属性也为 5 位十六进制），然后分别与掩码 11011、11101 进行逻辑"与"运算，结果都要为 10001（和亲和属性与掩码的逻辑"与"运算结果一样），如图 6-7 所示。

$$
\begin{array}{r}
\text{XXXXX} \\
\wedge \quad 11011 \\
\hline
10001
\end{array}
\qquad\qquad
\begin{array}{r}
\text{XXXXX} \\
\wedge \quad 11101 \\
\hline
10001
\end{array}
$$

与 Tunnel0/0/1 隧道亲　　　　　与 Tunnel0/0/2 隧道亲
和属性掩码的逻辑　　　　　　　和属性掩码的逻辑
"与"运算　　　　　　　　　　"与"运算

图 6-7　LSRA 和 LSRC 出接口链路管理组属性与两隧道的亲和
属性掩码的逻辑"与"运算

根据逻辑"与"运算规则（在逻辑"与"运算中，相与的两位中只要有一位为 0，结果都为 0，两位都为 1 时才为 1）可以分析得，LSRA 的 GE1/0/0 和 LSRC 的 GE20/0/0 接口的链路管理组属性只能是 10001。由此可得，在 LSRA 的 GE1/0/0 接口和 LSRC 的 GE20/0/0 接口的链路管理组属性值为 10001，具体如下。

```
[LSRA] interface gigabitethernet 1/0/0
[LSRA-GigabitEthernet1/0/0] mpls te link administrative group 10001
[LSRA-GigabitEthernet1/0/0] quit


[LSRC] interface gigabitethernet 2/0/0
[LSRC-GigabitEthernet2/0/0] mpls te link administrative group 10001
[LSRC-GigabitEthernet2/0/0] quit
```

因为 LSRB 的两个出接口分别作为两条不同隧道的出接口，所以需要配置不同的链路管理组属性。假设在 LSRB 的 GE2/0/0 接口上配置的链路管理组属性值为 XXXXX，在 GE30/0/0 接口上配置的链路管理组属性值为 YYYYY，然后分别与两 Tunnel 接口上配置的掩码 11011、11101 进行逻辑"与"运算，结果也都要为 10001，如图 6-8 所示。

$$\begin{array}{r} XXXXX \\ \wedge\ \ 11011 \\ \hline 10001 \end{array} \qquad \begin{array}{r} YYYYY \\ \wedge\ \ 11101 \\ \hline 10001 \end{array}$$

GE2/0/0接口链路管理属性与　　　　GE3/0/0接口链路管理属性与
Tunne10/0/1隧道亲和属性掩　　　　Tunne10/0/2隧道亲和属性掩
码的逻辑"与"运算　　　　　　　码的逻辑"与"运算

图 6-8　LSRB 的两出接口分别与对应的隧道亲和属性掩码的逻辑"与"运算

根据逻辑"与"运算规则可以得出 XXXXX 可以是 10001 或者 10101，而 YYYYY 可以是 10001 或 10011。10001 已是 LSRA 和 LSRC 出接口的链路管理属性，可以同时匹配两条隧道，但 LSRB 上的 GE2/0/0、GE30/0/0 接口均只需与一条隧道匹配，所以要选择不同的链路管理属性，即要分别选择 10101 和 10011，具体如下。

```
[LSRB] interface gigabitethernet 2/0/0
[LSRB-GigabitEthernet2/0/0] mpls te link administrative group 10101
[LSRB-GigabitEthernet2/0/0] quit
[LSRB] interface gigabitethernet 3/0/0
[LSRB-GigabitEthernet3/0/0] mpls te link administrative group 10011
[LSRB-GigabitEthernet3/0/0] quit
```

LSRE 的出接口 GE2/0/0 也是作为 Tunnel0/0/2 接口对应隧道的出接口，所以它上面配置的管理属性与 LSRB 的 GE2/0/0 接口的管理组属性一样，也为 10011，具体如下。

```
[LSRE] interface gigabitethernet 2/0/0
[LSRE-GigabitEthernet2/0/0] mpls te link administrative group 10011
[LSRE-GigabitEthernet2/0/0] quit
```

以上配置完成后，可在设备上执行 **display mpls te cspf tedb node** 命令查看 TEDB，其中包括各链路的 Color 字段，即为各链路的管理组属性。图 6-9 是在 LSRA 上执行该命令的输出。

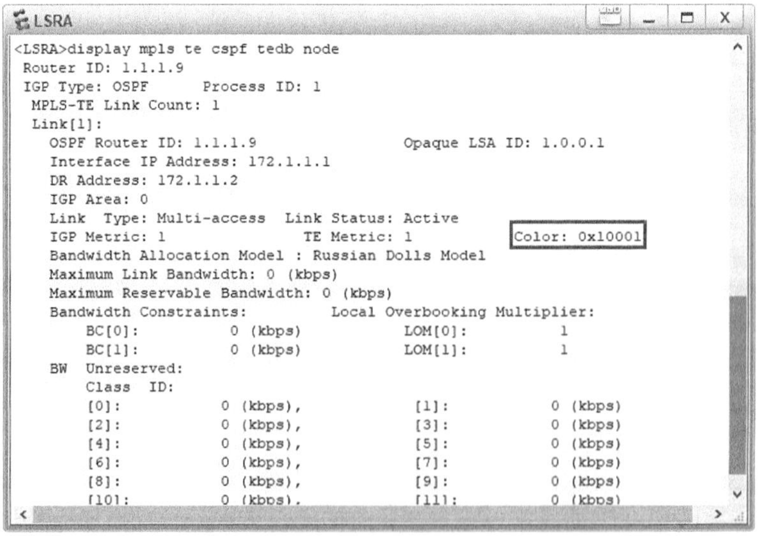

```
LSRA
<LSRA>display mpls te cspf tedb node
 Router ID: 1.1.1.9
 IGP Type: OSPF      Process ID: 1
  MPLS-TE Link Count: 1
  Link[1]:
    OSPF Router ID: 1.1.1.9             Opaque LSA ID: 1.0.0.1
    Interface IP Address: 172.1.1.1
    DR Address: 172.1.1.2
    IGP Area: 0
    Link  Type: Multi-access  Link Status: Active
    IGP Metric: 1             TE Metric: 1          Color: 0x10001
    Bandwidth Allocation Model : Russian Dolls Model
    Maximum Link Bandwidth: 0 (kbps)
    Maximum Reservable Bandwidth: 0 (kbps)
    Bandwidth Constraints:          Local Overbooking Multiplier:
      BC[0]:         0 (kbps)         LOM[0]:          1
      BC[1]:         0 (kbps)         LOM[1]:          1
    BW  Unreserved:
      Class  ID:
        [0]:         0 (kbps),        [1]:          0 (kbps)
        [2]:         0 (kbps),        [3]:          0 (kbps)
        [4]:         0 (kbps),        [5]:          0 (kbps)
        [6]:         0 (kbps),        [7]:          0 (kbps)
        [8]:         0 (kbps),        [9]:          0 (kbps)
        [10]:        0 (kbps),        [11]:         0 (kbps)
```

图 6-9　在 LSRA 上执行 **display mpls te cspf tedb node** 命令的输出

（3）配置结果验证

以上配置完成后，可以进行以下配置结果验证。

① 在 LSRA 上执行 **display mpls te tunnel-interface** 命令查看 Tunnel 接口的状态，可以看到 Tunnel0/0/1 和 Tunnel0/0/2 的状态均为 UP，如图 6-10 所示。

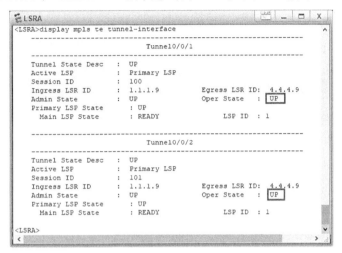

图 6-10　在 LSRA 上执行 **display mpls te tunnel-interface** 命令的输出

② 在 LSRA 上执行 **display mpls te tunnel path** 命令查看隧道经过的路径，查看最终的路径是否符合要求，也可验证所配置的隧道亲和属性、掩码及各链路的管理组属性是否正确，如图 6-11 所示。从图中我们可以看出，Tunnel0/0/1 接口对应的 TE 隧道的路径是 LSRA→LSRB→LSRC→LSRD，Tunnel0/0/2 接口对应的 TE 隧道的路径是 LSRA→LSRB→LSRE→LSRC→LSRD，符合要求。

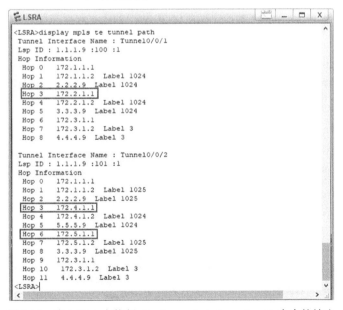

图 6-11　在 LSRA 上执行 **display mpls te tunnel path** 命令的输出

通过以上验证，已证明本示例前面的配置是正确且成功的。

6.3 优化 MPLS TE 隧道的建立

在建立 MPLS TE 隧道的过程中，根据实际应用还可能需要通过一些辅助功能配置来优化隧道的建立，以满足一些特定的需求，但一般不需要配置。

MPLS TE 提供多种方式，用于灵活调整 TE 隧道的建立，主要包括环路检测、记录路由和标签、CR-LSP 重优化、隧道重建、RSVP 信令触发时延功能和隧道的优先级。以上均为可选任务，无配置顺序限制，请根据实际情况进行配置。在调整 MPLS TE 隧道的建立之前，需要完成动态 MPLS TE 隧道或动态 DS-TE 隧道的配置。

6.3.1 配置环路检测

MPLS TE 中的环路检测机制的最大跳数为 32。当一节点收到的路径信息记录表中已有本地 LSR 的记录，或路径信息记录表中记录的路径跳数超过 32 跳时，均认为出现环路，所请求的 CR-LSP 会建立失败。通过配置环路检测功能，可以防止在 CR-LSP 建立时产生环路。

在入节点的 Tunnel 接口视图下执行 **mpls te loop-detection** 命令可配置隧道建立时进行环路检测，然后执行 **mpls te commit** 命令提交隧道当前配置，使配置更改生效。缺省情况下，不进行环路检测，可用 **undo mpls te loop-detection** 命令去使能环路检测功能。

6.3.2 配置路由和标签记录

在没有配置显式路径的情况下，MPLS TE Tunnel 建立成功后，系统不会记录隧道的详细路径，这样就无法查看隧道的详细路径。此时可以在入节点的 Tunnel 接口下配置在 Path 消息、Resv 消息中携带的 RRO，RRO 会记录经过每一跳的 IP 地址，同时还可以选择记录经过每一跳的标签，这样就可以查看隧道的详细路径和每一跳所分配的标签分配信息。

可在入节点的 Tunnel 接口视图下通过 **mpls te record-route [label]** 命令使能建立隧道时记录路由和标签功能，如果不选择可选项 **label**，则不记录经过每一跳的标签，然后在执行 **mpls te commit** 命令时提交隧道当前配置，使配置更改生效。但如果网络规模比较大，不建议使用此命令，因为 RRO 中记录了每一跳的 IP 地址，如果跳数很多，则会导致 Path 消息或 Resv 消息过大，降低系统性能。缺省情况下，未使能建立隧道时记录路由和标签功能，可用 **undo mpls te record-route** 命令去使能建立隧道时记录路由和标签功能。

6.3.3 配置 CR-LSP 重优化

MPLS TE 隧道建立好后，如果网络拓扑结构，或设备链路配置发生了改变，对于隧道两端的通信路径可能有更好的选择。此时可以通过配置隧道重优化功能，让系统自动定期重计算 CR-LSP 路径的路由。如果发现重计算的路由优于当前路由，则创建一条新的 CR-LSP，并为之分配新路由，将业务从旧的 CR-LSP 切换至新的 CR-LSP，并删除旧的 CR-LSP。这样就可以经常保持隧道两端通信的最佳性能。

CR-LSP 重优化功能的配置步骤见表 6-16，仅可在入节点上配置。

表 6-16　CR-LSP 重优化功能的配置步骤

步骤	命令	说明
1	**system-view**	进入系统视图
2	**interface tunnel** *interface-number* 例如：[Huawei] **interface tunnel** 0/0/1	进入 MPLS TE 隧道的 Tunnel 接口视图
3	**mpls te reoptimization** [**frequency** *interval*] 例如：[Huawei-Tunnel0/0/1] **mpls** **te reoptimization frequency** 43200	配置定时重优化。可选参数 **frequency** *interval* 用来指定重优化频率，整数形式，取值范围是 60～604800，单位是秒，缺省值是 3600 秒。即每隔 *interval* 周期，就会根据 TE 隧道的约束条件执行计算，如果有到达同一目的地址的更优路径，则对 CR-LSP 进行重优化。 缺省情况下，不进行重优化，可用 **undo mpls te reoptimization** 命令恢复缺省配置
4	**mpls te commit** 例如：[Huawei-Tunnel0/0/1] **mpls** **te commit**	提交隧道当前配置。若发生 TE 隧道配置更改，则要执行本命令，才能使配置更改生效
5	**quit**	返回系统视图
6	**mpls** 例如：[Huawei] **mpls**	进入 MPLS 视图
7	**mpls te switch-delay** *switch-time* **delete-delay** *delete-time* 例如：[Huawei-mpls] **mpls te** **switch-delay 3000 delete-delay** 8000	（可选）配置切换到新 CR-LSP 的时延和删除旧 CR-LSP 的时延。 ① **switch-delay** *switch-time*：指定 TE 流量从旧的 CR-LSP 切换到新的 CR-LSP 的时延，整数形式，取值范围是 0～600000，单位是毫秒。 ② **delete-delay** *delete-time*：指定 TE 流量切换到新的 CR-LSP 后，删除旧的 CR-LSP 的时延，整数形式，取值范围是 0～600000，单位是毫秒。 缺省情况下，切换时延为 5000 毫秒，删除时延为 7000 毫秒，可用 **undo mpls te switch-delay** *switch-time* **delete-delay** *delete-time* 命令恢复缺省配置
8	**return**	退回用户视图
9	**mpls te reoptimization** [**tunnel** *interface-number*] 例如：<Huawei> **mpls te** **reoptimization**	手动触发隧道的重优化功能。在隧道视图下通过本表第 3 步配置定时重优化后，可以通过本命令手动触发隧道重优化进程，当然也可以在到达重优化时间间隔后由系统自动触发重集成自动化。可选参数 **tunnel** *interface-number* 用来指定立即进行重优化对应的隧道，如果不指定此可选参数，则手动触发所有配置了定时重优化功能的隧道的重优化进程。 隧道重优化包括以下两种方式。 ① 自动重优化：即系统周期性地对 TE 隧道进行重优化，无须人工干预，从而节省人力。系统通过本表第 3 步的配置即可实现此功能，但对当前 TE 隧道生效。 ② 手动重优化：当用户需要立即对 TE 隧道进行重优化时，可以配置本命令对指定或所有配置了定时重优化功能的 TE 隧道进行手动重优化。 手动重优化功能主要应用于以下两种场景。 ① 手动调整了网络拓扑结构，并且需要 TE 隧道立即选用调整后的最优路径。 ② 需要批量地对 TE 隧道进行立即重优化，及时优化 TE 隧道的资源利用。 执行了手动重优化后，定时重优化的定时器将被清零，重新计时

6.3.4 配置隧道重建

TE Tunnle 接口建立后，本地节点会定时向邻居节点发送 Path 消息，并接收邻居回复的 Resv 消息，来维持 CR-LSP 的 UP 状态。如果在规定的重建时间间隔内，没有收到邻居发来的 Resv 消息，则本地节点认为该 CR-LSP 进入 Down 状态，尝试重新建立 CR-LSP。如果建立不成功，系统会每隔一定时间（即配置的重建隧道的间隔）开始新一轮重建。

可以配置当 CR-LSP 建立不成功时，后续发起隧道重建的时间间隔，也可以实现与 6.3.3 节介绍的 CR-LSP 重优化功能类似的、定期重新计算 CR-LSP 路径的路由目的。但是，**隧道重建功能仅在当前 CR-LSP 状态为 Down 时进行 CR-LSP 重建**。新的 CR-LSP 创建后会为其分配新路由，并将业务从旧的 CR-LSP 切换至新的 CR-LSP，删除旧 CR-LSP。

可在隧道入节点的 Tunnel 接口视图下通过 **mpls te timer retry** *interval* 命令配置每轮发起重建隧道的间隔时间，整数形式，取值范围是 10～65535，单位为秒，使在当前 CR-LSP 状态为 Down 时发起隧道重建，然后执行 **mpls te commit** 命令提交隧道当前配置，使配置更改生效。缺省情况下，重建隧道的时间间隔为 30 秒，可用 **undo mpls te timer retry** 命令恢复缺省设置。

6.3.5 配置 RSVP 信令触发时延功能和隧道优先级

当 MPLS 网络出现故障，需要重新创建大量 RSVP CR-LSP 时，重建大量 RSVP CR-LSP 需要占用不少的系统资源。如果配置信令触发时延，则可以降低创建 RSVP CR-LSP 所占用的系统资源。这时需要在有大量 CR-LSP 经过的节点的 MPLS 视图下执行 **mpls te signaling-delay-trigger enable** 命令，使能 RSVP 信令触发时延功能。缺省情况下，未使能 RSVP 信令触发时延功能，可用 **undo mpls te signaling-delay-trigger enable** 命令去使能 RSVP 信令触发时延功能。

如果在建立 CR-LSP 的过程中，无法找到满足所需带宽要求的路径，可以根据建立优先级和保持优先级进行抢占。可在 MPLS TE 隧道入节点的 Tunnel 接口视图下通过 **mpls te priority** *setup-priority* [*hold-priority*] 命令配置隧道的建立优先级和保持优先级。

① *setup-priority*：指定隧道的建立优先级，整数形式，取值范围是 0～7，数值越小则优先级越高。配置的建立优先级的值不应该小于保持优先级的值。

② *hold-priority*：可选参数，指定隧道的保持优先级为整数形式，取值范围是 0～7，数值越小优先级越高。当不配置保持优先级时，保持优先级与建立优先级相同。

配置隧道优先级后，执行 **mpls te commit** 命令提交隧道当前配置，使 Tunnel 接口的配置更改生效。缺省情况下，建立优先级和保持优先级的值都为 7（最低优先级），可用 **undo mpls te priority** 命令恢复缺省设置。

当已经完成所有调整 MPLS TE 隧道建立功能的配置后，可通过 **display mpls te tunnel-interface** [**tunnel** *interface-number*] 命令查看隧道接口信息。

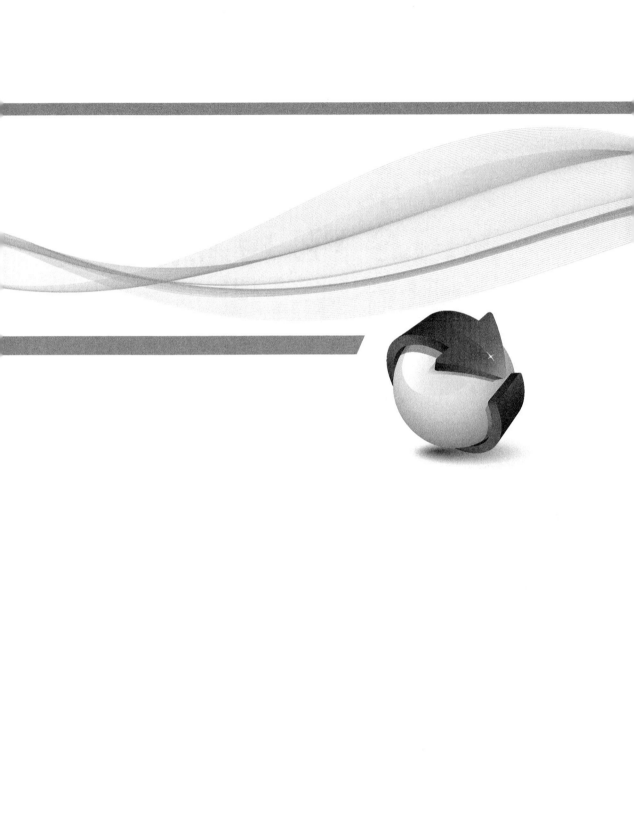

第 7 章
MPLS TE 可靠性功能的配置与管理

本章主要内容

　　本章介绍了 MPLS TE 隧道在可靠性方面的一些功能配置与管理方法。

　　MPLS TE 隧道的可靠性功能包括许多方面，例如 CR-LSP 备份、TE FRR、BFD for MPLS TE 等。

7.1　CR-LSP 备份的配置与管理

为了提高 MPLS TE 隧道的可靠性，可在 MPLS TE 隧道中配置备份 CR-LSP。这样，当入节点感知到主 CR-LSP 不可用时，会将流量切换到备份路径上，而当主 CR-LSP 路径恢复后又可将流量再切换回主 CR-LSP，以实现对主 CR-LSP 路径的保护。

7.1.1　CR-LSP 备份的实现原理

CR-LSP 备份除了有常见的"热备份"和"普通备份"两种方式，为了进一步提高 MPLS TE 隧道的可靠性，系统还提供了一种"逃生路径"。

① 热备份（Hot-standby）：指在创建主 **CR-LSP 的同时创建备份** CR-LSP。当主 CR-LSP 出现故障时，会自动将业务流量切换到热备份 CR-LSP。

② 普通备份（Ordinary）：指在主 **CR-LSP 出现故障后再创建备份** CR-LSP，将业务流量切换到热备份 CR-LSP。它与热备份 CRP-LSP 的区别仅体现在创建的时机上，热备份 CR-LSP 是在创建主 CR-LSP 后自动同时创建的，而普通备份是仅当主 CR-LSP 出现故障后才按配置要求创建的。

③ 逃生路径（Best-effort）：指在主/备 CR-LSP（**仅可以是热备份** CR-LSP）都出现故障时，由系统根据配置**自动**创建的一条临时 CR-LSP，然后将业务流量切换到逃生路径上。但逃生路径没有带宽保证（只要能连通即可），可以根据通过配置逃生路径的亲和属性和跳数限制来控制其途经的路径。

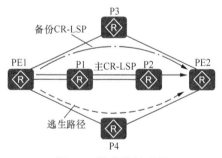

图 7-1　逃生路径示例

如图 7-1 所示，主 CR-LSP 路径为 PE1→P1→P2→PE2；备份 CR-LSP 路径为 PE1→P3→PE2。当主/备 CR-LSP 都发生故障时，PE1 会触发建立逃生路径 PE1→P4→PE2。

CR-LSP 所支持的 3 种备份模式比较见表 7-1。

表 7-1　CR-LSP 备份模式

备份模式	创建时机	优点	缺点
热备份模式	系统在创建主 CR-LSP 的同时，会创建一条与主 CR-LSP 路径分离的备份 CR-LSP	流量切换速度快	如果没有配置热备份 CR-LSP 动态带宽功能，则需要占用额外的带宽
普通备份模式	当主 CR-LSP 失效后，系统将使用其他显式路径建立 CR-LSP	不占用主 CR-LSP 所在链路额外的带宽	流量切换速度不如热备份模式快
逃生路径模式	当主 CR-LSP 和备份 CR-LSP 都失效后，系统将使用剩余的路径创建逃生路径	对路径创建的要求较为宽松，容易创建	可能会降低某些 QoS 保证

以上 3 种备份 CR-LSP 都与主 CR-LSP 在一条 MPLS TE 隧道中创建，共享同一个

TE Tunnel 接口，主 **CR-LSP** 和各备份 **CR-LSP**，以及逃生路径的入节点和出节点都相同。备份 CR-LSP 的创建并应用的整个过程可分为以下几步：CR-LSP 备份部署规划→创建备份 CR-LSP→修改备份 CR-LSP 属性→故障检测→流量正切→流量回切。下面分别予以介绍。

（1）CR-LSP 备份部署规划

CR-LSP 备份部署规划主要考虑备份 CR-LSP 路径、带宽预留和配置组合等方面，具体见表 7-2。

表 7-2　CR-LSP 备份部署规划

部署 子项	热备份	普通备份	逃生路径
路径	可以通过配置指明是否允许主/备 CR-LSP 的路径部分重合。热备份 CR-LSP 支持以下约束条件： ① 显式路径； ② 亲和属性； ③ 跳数限制； ④ Overlap-path 功能（具体参见说明①）	无论备份 CR-LSP 是否用显式路径创建，备份 CR-LSP 的创建路径都可以与主 CR-LSP 的路径部分重合。 普通备份 CR-LSP 支持以下约束条件（不支持 Overlap-path 功能，不能与主 CR-LSP 有重合链路）： ① 显式路径； ② 亲和属性； ③ 跳数限制	由隧道入节点自动计算得出。 逃生路径支持以下约束条件（不支持显式路径和 Overlap-path 功能，即**不能与主 CR-LSP 有重合链路**）： ① 亲和属性； ② 跳数限制
带宽 预留	缺省情况下，热备份 CR-LSP 的带宽与主 CR-LSP 的带宽值相等。支持 dynamic-bandwidth（动态带宽的具体说明参见②）技术后，可以保证**热备份 CR-LSP 不承载流量时不会额外占用带宽**	**普通备份 CR-LSP 的带宽始终与主 CR-LSP 带宽值相等**	逃生路径不会在路径上预留带宽，只具有路径保护功能
配置 组合	可以与逃生路径同时部署，共同保护主 CR-LSP，即可同时部署**热备份 CR-LSP 和逃生路径**	只能单独作为备份路径保护主 **CR-LSP**，即不能同时部署普通备份 CR-LSP 和逃生路径	可以与热备份 CR-LSP 同时部署，共同保护主 CR-LSP

【说明】①热备份 CR-LSP 可以配置 Overlap-path 功能，即在满足热备份 CR-LSP 的路径与主 CR-LSP 的路径尽量分离的情况下，支持部分重合，从而保证热备份 CR-LSP 对主 CR-LSP 的保护。

② 热备份 CR-LSP 可以配置 dynamic-bandwidth 保护，即动态带宽保护功能。在该功能下，主 CR-LSP 出现故障之前，热备份 CR-LSP 不会额外占用网络中的带宽资源（带宽值为0），只有当热备份 CR-LSP 真正承载流量后才会占用网络的带宽资源。这样可以节省网络资源，缩减网络开销，具体过程如下。

- 当主 CR-LSP 出现故障后，流量立即切换到带宽值为 0 的热备份 CR-LSP，同时 MPLS TE 隧道入节点立即采用 Make-Before-Break 机制重建热备份 CR-LSP。
- 当新的热备份 CR-LSP 创建成功后，流量就切换到新的热备份 CR-LSP 上，同时将最初的 0 带宽热备份 CR-LSP 删除。
- 当主 CR-LSP 故障恢复后，流量会重新回切到主 CR-LSP。此时热备份 CR-LSP

会释放已占用的带宽，重新采用 0 带宽创建热备份 CR-LSP。

（2）创建备份 CR-LSP

同一条隧道下可能存在表 7-1 所示的多种创建备份 CR-LSP 的方式。当新提交一条隧道或者隧道状态变为 Down 时，系统将按以下优先级顺序轮流尝试创建热备份 CR-LSP、普通备份 CR-LSP、逃生路径，直到隧道建立成功。

（3）修改备份 CR-LSP 属性

用户修改了备份 CR-LSP 的约束条件后，入节点会采用 Make-Before-Break 机制触发重新创建备份 CR-LSP。当携带新属性的备份 CR-LSP 建立成功后，如果此时原备份 CR-LSP 已经承载了流量，MPLS TE 隧道会将流量切换到新的备份 CR-LSP 上，然后删除原备份 CR-LSP。

（4）故障检测

CR-LSP 备份技术可以采用以下故障检测技术。

① RSVP-TE 的默认错误通告机制，但检测速度稍慢。

② BFD for CR-LSP：可以对故障进行快速检测，推荐采用此种方式，具体配置方法将在 7.6 节介绍。

（5）流量正切

当隧道主 CR-LSP 发生故障后，入节点会触发流量向备份 CR-LSP 切换，切换的优先级顺序为：热备份→普通备份→逃生路径。

（6）流量回切

在备份 CR-LSP 承载流量期间，流量会根据具体情况，试图按照一定优先级进行路径回切，切换的优先级顺序为：主 CR-LSP→热备份 CR-LSP→普通备份 CR-LSP。

7.1.2　CR-LSP 备份配置任务

配置 CR-LSP 备份需要在 TE 隧道入节点上进行以下配置，包括配置流量强制切换、配置热备份 CR-LSP 动态带宽功能和配置逃生路径（可选）。

① 创建备份 CR-LSP，可以选择创建 CR-LSP 备份模式。

如果选择了热备份 CR-LSP 模式，为了实现毫秒级的快速切换，需要同时配置静态 BFD for CR-LSP 或者配置动态 BFD for CR-LSP，具体将在 7.6 节介绍。

②（可选）配置流量强制切换。

③（可选）配置热备份 CR-LSP 动态带宽保护功能。

④（可选）配置逃生路径。

配置备份 CR-LSP 之前，需要完成以下任务。

① 配置动态 MPLS TE 隧道或者配置动态 DS-TE 隧道。

② 在备份 CR-LSP 各节点的全局和接口下使能 MPLS、MPLS TE 和 RSVP-TE。

7.1.3　创建备份 CR-LSP

通过配置备份 CR-LSP，可以实现对主 CR-LSP **端到端**（从入节点到出节点）的保护。当主 CR-LSP 出现故障时，流量能够及时切换到备份 CR-LSP 上，确保用户业务不中断。可在隧道入节点上按表 7-3 的步骤创建备份 CR-LSP。

表 7-3　创建备份 CR-LSP 的步骤

步骤	命令	说明
1	**system-view**	进入系统视图
2	**interface tunnel** *tunnel-number* 例如：[Huawei] **interface tunnel** 0/0/1	进入 MPLS TE 隧道的 Tunnel 接口视图。**主/备 CR-LSP 使用同一个 Tunnel 接口，在同一条 MPLS TE 隧道中**
3	**mpls te backup** { **hot-standby** | **ordinary** } 例如：[Huawei-Tunnel0/0/1] **mpls te backup hot-standby**	配置当前隧道使用的备份模式。 ① **hot-standby**：二选一选项，配置热备份模式，主 CR-LSP 和热备份 CR-LSP 同时创建，主 CR-LSP 失效时，直接将业务切换至热备份 CR-LSP。 ② **ordinary**：二选一选项，配置普通备份模式，主 CR-LSP 失效后才会自动创建备份 CR-LSP，并将业务切换至普通备份 CR-LSP。 配置热备份或普通备份模式后，系统会自动选择备份 CR-LSP 的路径。如果用户希望流量沿着指定的备份 CR-LSP 通过，可以继续执行本表第 4~6 步中的一个或多个步骤；当配置热备份模式时，还可以额外选配本表第 7~9 步中的一个或多个步骤。 【注意】同一个 Tunnel 接口不能同时作为备份 CR-LSP 和 TE FRR 中的旁路隧道，既不能同时配置 **mpls te backup** 命令和 TE FRR 中的 **mpls te bypass-tunnel** 命令，也不能同时配置 **mpls te backup** 命令和 TE FRR 中的 **mpls te protected-interface** 命令（指定旁路隧道所要保护的接口）。TE FRR 将在 7.2~7.4 节介绍。 缺省情况下，隧道不进行备份，可用 **undo mpls te backup** { **hot-standby** | **ordinary** } 恢复缺省配置
4	**mpls te path explicit-path** *path-name* **secondary** 例如：[Huawei-Tunnel0/0/1] **mpls te path explicit-path** path1 **secondary**	（可选）指定备份 CR-LSP 使用的显式路径。在配置本命令之前，必须先在系统视图下执行 **explicit-path** *path-name* 命令配置相应的显式路径，并通过 **next hop** 命令为显式路径指定节点，否则该命令配置不成功。 【注意】在规划备份 CR-LSP 使用的显式路径时，不要与主 CR-LSP 完全重合，否则无法达到保护的目的。 缺省情况下，没有为备份 CR-LSP 配置显式路径，可用 **undo mpls te path explicit-path** *path-name* **secondary** 命令删除原来的指定显式路径
5	**mpls te affinity property** *properties* [**mask** *mask-value*] **secondary** 例如：[Huawei-Tunnel0/0/1] **mpls te affinity property** a04 **mask** e0c **secondary**	（可选）配置备份 CR-LSP 的亲和属性。 ① *properties*：指定备份 CR-LSP 使用的链路的亲和属性值，十六进制形式，取值范围是 0x0~0xFFFFFFFF，每一位代表一种属性。 ② *mask-value*：可选参数，指定备份 CR-LSP 的亲和属性掩码，即需要检查的链路管理组属性值，十六进制形式，取值范围是 0x0~0xFFFFFFFF，每一位代表一种属性。 【说明】亲和属性要与链路管理组属性配合使用，用来决定隧道是否选择某出接口对应的路径。有关亲和属性和链路管理组属性的组合应用配置方法及示例参见本书第 6 章。 缺省情况下，备份 CR-LSP 的亲和属性值为 0x0，掩码为 0x0，可用 **undo mpls te affinity property secondary** 命令恢复缺省值

步骤	命令	说明
6	**mpls te hop-limit** *hop-limit-value* **secondary** 例如：[Huawei-Tunnel0/0/1] **mpls te hop-limit** 10 **secondary**	（可选）限制该备份 CR-LSP 的路径跳数，整数形式，取值范围是 1～32。 缺省情况下，备份 CR-LSP 的路径跳数是 32，可用 **undo mpls te hop-limit secondary** 命令恢复缺省值
7	**mpls te backup hot-standby overlap-path** 例如：[Huawei-Tunnel0/0/1] **mpls te backup hot-standby overlap-path**	（可选）使能热备份路径可以与主 CR-LSP 的路径重合功能。配置该功能后，当热备份 CR-LSP 不能完全排除主 CR-LSP 的路径时，需要通过本命令的配置允许热备份 CR-LSP 的路径与主 CR-LSP 的路径部分重合。 **缺省情况下，热备份 CR-LSP 的路径不可以与主 CR-LSP 的路径重合，部分重合也不行。如果网络拓扑结构不能满足这个条件，将会导致热备份 CR-LSP 创建失败**。可用 **undo mpls te backup hot-standby overlap-path** 命令使能热备份 CR-LSP 的路径与主 CR-LSP 的路径重合
8	**mpls te backup hot-standby wtr** *interval* 例如：[Huawei-Tunnel0/0/1] **mpls te backup hot-standby wtr** 100	（可选）配置热备份回切时间，整数形式，取值范围是 0～2592000，单位是秒。 热备份回切时间在主 CR-LSP 故障恢复后不会马上把流量从备份 CR-LSP 切回，而是要等待一段时间，以免主 CR-LSP 恢复后不稳定，造成 LSP 频繁切换。但在所设置的回切时间内发现备份 CR-LSP 出现故障，应立即把流量回切到主 CR-LSP，不用等待回切时间到期。 缺省情况下，热备份回切时间为 10 秒，可用 **undo mpls te backup hot-standby wtr** 命令恢复缺省配置
9	**mpls te backup hot-standby mode** { **revertive** [**wtr** *interval*]	**non-revertive** } 例如：[Huawei-Tunnel0/0/1] **mpls te backup hot-standby mode non-revertive**	（可选）指定热备份回切模式，即当热备份 CR-LSP 承载流量时，试图回切到主 CR-LSP。 ① **revertive**：二选一选项，表示模式为回切。 ② **wtr** *interval*：配置流量从热备份 CR-LSP 回切到主 CR-LSP 的时间（即回切时延），整数形式，取值范围是 0～2592000，单位是秒。缺省值是 10 秒。 ③ **non-revertive**：二选一选项，表示模式为非回切。 缺省情况下，模式为回切，可用 **undo mpls te backup hot-standby mode** 命令恢复缺省配置
10	**mpls te commit** 例如：[Huawei-Tunnel0/0/1] **mpls te commit**	提交隧道配置，使配置更改生效

7.1.4　配置流量强制切换

在备份 CR-LSP 创建成功后，**当需要对主 CR-LSP 路径进行调整时**，可先将流量强制切换到备份 CR-LSP 上；主 CR-LSP 完成调整后，再将流量切换回主 CR-LSP。这样保证在 CR-LSP 路径调整过程中业务流量不中断。

流量强制切换配置要分两步进行，第一步在对主 CR-LSP 路径进行调整前，需要在 MPLS TE 隧道入节点的 Tunnel 接口视图上执行 **hotstandby-switch force** 命令，将流量强制切换到备份 CR-LSP 上，当然必须确保备份 CR-LSP 创建成功，否则将导致流量丢失。第二步在完成主 CR-LSP 路径调整后，在 MPLS TE 隧道入节点的 Tunnel 接口视图上执行

hotstandby- switch clear 命令，将流量强制切换回主 CR-LSP 上。

7.1.5　配置热备份 CR-LSP 动态带宽保护功能

一般情况下，创建热备份 CR-LSP 需要占用额外的带宽资源，可配置热备份动态带宽保护功能，**在创建主 CR-LSP 的同时创建了带宽值为 0 的热备份 CR-LSP**。配置了热备份动态带宽保护功能后，在主 CR-LSP 出现故障前，热备份 CR-LSP 不会额外占用网络中的带宽资源（带宽值为 0），只有当热备份 CR-LSP 真正承载流量后才会占用网络的带宽资源。这样既节省了网络资源，又缩减了网络开销。

需要注意的是，最终承载流量的不是最初与主 CR-LSP 同时创建的热备份 CR-LSP，而是后面新建的热备份 CR-LSP，具体过程是：当主 CR-LSP 发生故障时，原来的带宽值为 0 的热备份 CR-LSP 开始承载流量，同时系统将采用 Make-Before-Break 机制，**再新建一条满足带宽要求的热备份 CR-LSP**，创建成功后再将流量从最初创建的带宽值为 0 **的热备份 CR-LSP 切换到新的热备份 CR-LSP 上，然后将带宽值为 0 的热备份 CR-LSP** 删除。但在新建热备份 CR-LSP 时如果带宽资源不足，则流量又会切换到最初创建的带宽值为 0 的热备份 CR-LSP 上，这样可以确保切换过程中流量不中断。

在具体的 Tunnel 接口视图下执行 **mpls te backup hot-standby dynamic-bandwidth** 命令可配置热备份 CR-LSP 动态带宽保护功能。配置好后，要在 Tunnel 接口视图下执行 **mpls te commit** 命令，提交配置，以使配置更改生效。

缺省情况下，未能启用热备份 CR-LSP 动态带宽保护功能，可用 **undo mpls te backup hot-standby dynamic-bandwidth** 命令使能热备份 CR-LSP 动态带宽保护功能，使热备份 CR-LSP 重新占用带宽。

7.1.6　配置逃生路径

当隧道的入节点配置逃生路径后，在主 CR-LSP 和备份 CR-LSP 都发生故障时，流量会切换到逃生路径上。逃生路径的配置步骤见表 7-4。

表 7-4　逃生路径的配置步骤

步骤	命令	说明
1	**system-view**	进入系统视图
2	**interface tunnel** *tunnel-number* 例如：[Huawei] **interface tunnel** 0/0/1	进入 MPLS TE 隧道的 Tunnel 接口视图，与主 CR-LSP 所用的 Tunnel 接口相同
3	**mpls te backup ordinary best-effort** 例如：[Huawei-Tunnel0/0/1] **mpls te backup ordinary best-effort**	配置逃生路径。如果用户希望沿着指定的路径建立逃生路径，可以选择配置本表中的第 4 步、第 5 步，配置亲和属性和路径跳数限制。 【注意】逃生路径不能和普通备份 CR-LSP 同时配置，即不能同时配置本命令和 **mpls te backup ordinary** 命令，否则会相互覆盖
4	**mpls te affinity property** *properties* [**mask** *mask-value*] **best-effort** 例如：[Huawei-Tunnel0/0/1] **mpls te affinity property** a04 **mask** e0c **best-effort**	（可选）配置逃生路径的亲和属性。命令中的参数参见表 7-3 中的第 5 步。 缺省情况下，逃生路径的亲和属性值为 0x0，掩码为 0x0，可用 **undo mpls te affinity property best-effort** 命令恢复缺省值

续表

步骤	命令	说明
5	**mpls te hop-limit** *hop-limit-value* **best-effort** 例如：[Huawei-Tunnel0/0/1] **mpls te hop-limit 10 best-effort**	（可选）限制该逃生路径的路径跳数，整数形式，取值范围是 1～32。 缺省情况下，逃生路径的路径跳数是 32，可用 **undo mpls te hop-limit best-effort** 命令恢复缺省值
6	**mpls te commit** 例如：[Huawei-Tunnel0/0/1] **mpls te commit**	提交隧道配置，使配置更改生效

完成以上各小节的 CR-LSP 备份功能的所有配置后，可在任意视图下执行以下 **display** 命令查看相关配置，并验证配置结果。

① **display mpls te tunnel-interface** [**tunnel** *tunnel-number*]：查看指定或所有隧道接口的相关配置信息。

② **display mpls te hot-standby state** {**all** [**verbose**] | **interface tunnel** *interface-number* }：查看所有或指定隧道的热备份状态信息。

③ **display mpls te tunnel** [**destination** *ip-address*] [**lsp-id** *ingress-lsr-id session-id local-lsp-id*] [**lsr-role** { **all** | **egress** | **ingress** | **remote** | **transit** }] [**name** *tunnel-name*] [{ **incoming-interface**| **interface** | **outgoing-interface** } *interface-type interface-number*] [**te-class0** | **te-class1** | **te-class2** | **te-class3** | **te-class4** | **te-class5** | **te-class6** | **te-class7**] [**verbose**]：按指定条件查看相关隧道信息。

7.1.7　CR-LSP 热备份配置示例

在图 7-2 所示的 MPLS VPN 中，要从 LSRA 上建立一条 TE 隧道，目的地址为 LSRC，并配置热备份 CR-LSP 和逃生路径。各路径所经过的节点如下。

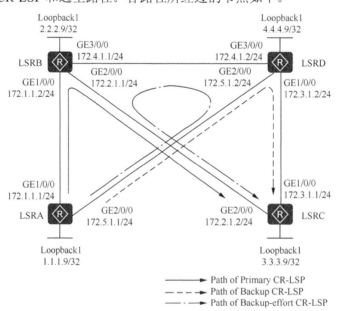

图 7-2　CR-LSP 热备份配置示例的拓扑结构

① 主 CR-LSP 的路径为 LSRA→LSRB→LSRC。

② 热备份 CR-LSP 的路径为 LSRA→LSRD→LSRC。

③ 逃生路径为 LSRA→LSRD→LSRB→LSRC（注意：逃生路径是自动选择的，不能显示指定，此处指定的路径为本示例的唯一可选路径）。

现要求当主 CR-LSP 发生故障时，流量切换到热备份 CR-LSP；当主 CR-LSP 故障恢复时，15 秒后流量从热备份 CR-LSP 回切到主 CR-LSP。如果主/备 CR-LSP 都发生故障，则触发建立逃生路径，使流量切换到逃生路径上。

（1）基本配置思路分析

本示例的基本配置思路如下。

① 在各节点上配置各接口（包括 Loopback 接口）的 IP 地址和公网 OSPF 路由。

② 在各节点上配置 LSR ID，并使能各节点全局和公网接口的 MPLS、MPLS TE 和 RSVP-TE 功能，在入节点 LSRA 上使能 CSPF 功能。

【说明】本示例仅介绍从 LSRA 到 LSRC 的单向 TE 隧道的配置，故入节点仅为 LSRA，实际应用中需要配置双向 TE 隧道，即进行双向 TE 隧道的对应配置。

③ 在各节点上使能 OSPF TE，使 OSPF 可以发布 MPLS TE 信息。

④ 在入节点 LSRA 上配置主/热备份 CR-LSP 的显式路径。

⑤ 在入节点 LSRA 上创建目的地址为 LSRC 的隧道接口，指定前面配置的主/备 CR-LSP 的显式路径，并使能热备份 CR-LSP 和逃生路径，配置回切时间为 15 秒。

（2）具体配置步骤

① 配置各节点的各接口的 IP 地址和公网 OSPF 路由。

#---LSRA 上的配置，具体如下。

```
<Huawei> system-view
[Huawei] sysname LSRA
[LSRA] interface gigabitethernet 1/0/0
[LSRA-GigabitEthernet1/0/0] ip address 172.1.1.1 255.255.255.0
[LSRA-GigabitEthernet1/0/0] quit
[LSRA] interface gigabitethernet 2/0/0
[LSRA-GigabitEthernet2/0/0] ip address 172.5.1.1 255.255.255.0
[LSRA-GigabitEthernet2/0/0] quit
[LSRA] interface loopback 1
[LSRA-LoopBack1] ip address 1.1.1.9 255.255.255.255
[LSRA-LoopBack1] quit
[LSRA] ospf 1
[LSRA-ospf-1] area 0
[LSRA-ospf-1-area-0.0.0.0] network 1.1.1.9 0.0.0.0
[LSRA-ospf-1-area-0.0.0.0] network 172.1.1.0 0.0.0.255
[LSRA-ospf-1-area-0.0.0.0] network 172.5.1.0 0.0.0.255
[LSRA-ospf-1-area-0.0.0.0] quit
[LSRA-ospf-1] quit
```

#---LSRB 上的配置，具体如下。

```
<Huawei> system-view
[Huawei] sysname LSRB
[LSRB] interface gigabitethernet 1/0/0
[LSRB-GigabitEthernet1/0/0] ip address 172.1.1.2 255.255.255.0
[LSRB-GigabitEthernet1/0/0] quit
[LSRB] interface gigabitethernet 2/0/0
```

```
[LSRB-GigabitEthernet2/0/0] ip address 172.2.1.1 255.255.255.0
[LSRB-GigabitEthernet2/0/0] quit
[LSRB] interface gigabitethernet 3/0/0
[LSRB-GigabitEthernet3/0/0] ip address 172.4.1.1 255.255.255.0
[LSRB-GigabitEthernet3/0/0] quit
[LSRB] interface loopback 1
[LSRB-LoopBack1] ip address 2.2.2.9 255.255.255.255
[LSRB-LoopBack1] quit
[LSRB] ospf 1
[LSRB-ospf-1] area 0
[LSRB-ospf-1-area-0.0.0.0] network 2.2.2.9 0.0.0.0
[LSRB-ospf-1-area-0.0.0.0] network 172.1.1.0 0.0.0.255
[LSRB-ospf-1-area-0.0.0.0] network 172.2.1.0 0.0.0.255
[LSRB-ospf-1-area-0.0.0.0] network 172.4.1.0 0.0.0.255
[LSRB-ospf-1-area-0.0.0.0] quit
[LSRB-ospf-1] quit
```

#---LSRC 上的配置，具体如下。

```
<Huawei> system-view
[Huawei] sysname LSRC
[LSRC] interface gigabitethernet 1/0/0
[LSRC-GigabitEthernet1/0/0] ip address 172.3.1.1 255.255.255.0
[LSRC-GigabitEthernet1/0/0] quit
[LSRC] interface gigabitethernet 2/0/0
[LSRC-GigabitEthernet2/0/0] ip address 172.2.1.2 255.255.255.0
[LSRC-GigabitEthernet2/0/0] quit
[LSRC] interface loopback 1
[LSRC-LoopBack1] ip address 3.3.3.9 255.255.255.255
[LSRC-LoopBack1] quit
[LSRC] ospf 1
[LSRC-ospf-1] area 0
[LSRC-ospf-1-area-0.0.0.0] network 3.3.3.9 0.0.0.0
[LSRC-ospf-1-area-0.0.0.0] network 172.3.1.0 0.0.0.255
[LSRC-ospf-1-area-0.0.0.0] network 172.2.1.0 0.0.0.255
[LSRC-ospf-1-area-0.0.0.0] quit
[LSRC-ospf-1] quit
```

#---LSRD 上的配置，具体如下。

```
<Huawei> system-view
[Huawei] sysname LSRD
[LSRD] interface gigabitethernet 1/0/0
[LSRD-GigabitEthernet1/0/0] ip address 172.3.1.2 255.255.255.0
[LSRD-GigabitEthernet1/0/0] quit
[LSRD] interface gigabitethernet 2/0/0
[LSRD-GigabitEthernet2/0/0] ip address 172.5.1.2 255.255.255.0
[LSRD-GigabitEthernet2/0/0] quit
[LSRD] interface gigabitethernet 3/0/0
[LSRD-GigabitEthernet3/0/0] ip address 172.4.1.2 255.255.255.0
[LSRD-GigabitEthernet3/0/0] quit
[LSRD] interface loopback 1
[LSRD-LoopBack1] ip address 4.4.4.9 255.255.255.255
[LSRD-LoopBack1] quit
[LSRD] ospf 1
[LSRD-ospf-1] area 0
[LSRD-ospf-1-area-0.0.0.0] network 4.4.4.9 0.0.0.0
[LSRD-ospf-1-area-0.0.0.0] network 172.3.1.0 0.0.0.255
```

[LSRD-ospf-1-area-0.0.0.0] **network** 172.4.1.0 0.0.0.255
[LSRD-ospf-1-area-0.0.0.0] **network** 172.5.1.0 0.0.0.255
[LSRD-ospf-1-area-0.0.0.0] **quit**
[LSRD-ospf-1] **quit**

以上配置完成后，在各节点上执行 **display ospf routing** 命令，可以发现各设备已学习到所有非直连公网网段的 OSPF 路由。图 7-3 是在 LSRA 上执行该命令的输出。

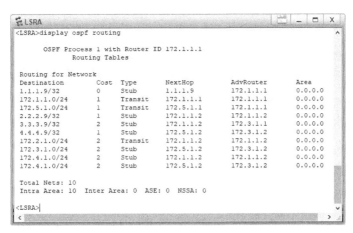

图 7-3　在 LSRA 上执行 **display ospf routing** 命令的输出

② 在各节点上配置 LSR ID，并使能各节点全局和公网接口的 MPLS、MPLS TE 和 RSVP-TE 功能，在入节点 LSRA 上全局使能 CSPF 功能。

\#---LSRA 上的配置，具体如下。

[LSRA] **mpls lsr-id** 1.1.1.9
[LSRA] **mpls**
[LSRA-mpls] **mpls te**
[LSRA-mpls] **mpls rsvp-te**
[LSRA-mpls] **mpls te cspf**
[LSRA-mpls] **quit**
[LSRA] **interface** gigabitethernet 1/0/0
[LSRA-GigabitEthernet1/0/0] **mpls**
[LSRA-GigabitEthernet1/0/0] **mpls te**
[LSRA-GigabitEthernet1/0/0] **mpls rsvp-te**
[LSRA-GigabitEthernet1/0/0] **quit**
[LSRA] **interface** gigabitethernet 2/0/0
[LSRA-GigabitEthernet2/0/0] **mpls**
[LSRA-GigabitEthernet2/0/0] **mpls te**
[LSRA-GigabitEthernet2/0/0] **mpls rsvp-te**
[LSRA-GigabitEthernet2/0/0] **quit**

\#---LSRB 上的配置，具体如下。

[LSRB] **mpls lsr-id** 2.2.2.9
[LSRB] **mpls**
[LSRB-mpls] **mpls te**
[LSRB-mpls] **mpls rsvp-te**
[LSRB-mpls] **quit**
[LSRB] **interface** gigabitethernet 1/0/0
[LSRB-GigabitEthernet1/0/0] **mpls**
[LSRB-GigabitEthernet1/0/0] **mpls te**

```
[LSRB-GigabitEthernet1/0/0] mpls rsvp-te
[LSRB-GigabitEthernet1/0/0] quit
[LSRB] interface gigabitethernet 2/0/0
[LSRB-GigabitEthernet2/0/0] mpls
[LSRB-GigabitEthernet2/0/0] mpls te
[LSRB-GigabitEthernet2/0/0] mpls rsvp-te
[LSRB-GigabitEthernet2/0/0] quit
[LSRB] interface gigabitethernet 3/0/0
[LSRB-GigabitEthernet3/0/0] mpls
[LSRB-GigabitEthernet3/0/0] mpls te
[LSRB-GigabitEthernet3/0/0] mpls rsvp-te
[LSRB-GigabitEthernet3/0/0] quit
```

#---LSRC 上的配置，具体如下。

```
[LSRC] mpls lsr-id 3.3.3.9
[LSRC] mpls
[LSRC-mpls] mpls te
[LSRC-mpls] mpls rsvp-te
[LSRC-mpls] quit
[LSRC] interface gigabitethernet 1/0/0
[LSRC-GigabitEthernet1/0/0] mpls
[LSRC-GigabitEthernet1/0/0] mpls te
[LSRC-GigabitEthernet1/0/0] mpls rsvp-te
[LSRC-GigabitEthernet1/0/0] quit
[LSRC] interface gigabitethernet 2/0/0
[LSRC-GigabitEthernet2/0/0] mpls
[LSRC-GigabitEthernet2/0/0] mpls te
[LSRC-GigabitEthernet2/0/0] mpls rsvp-te
[LSRC-GigabitEthernet2/0/0] quit
```

#---LSRD 上的配置。

```
[LSRD] mpls lsr-id 4.4.4.9
[LSRD] mpls
[LSRD-mpls] mpls te
[LSRD-mpls] mpls rsvp-te
[LSRD-mpls] quit
[LSRD] interface gigabitethernet 1/0/0
[LSRD-GigabitEthernet1/0/0] mpls
[LSRD-GigabitEthernet1/0/0] mpls te
[LSRD-GigabitEthernet1/0/0] mpls rsvp-te
[LSRD-GigabitEthernet1/0/0] quit
[LSRD] interface gigabitethernet 2/0/0
[LSRD-GigabitEthernet2/0/0] mpls
[LSRD-GigabitEthernet2/0/0] mpls te
[LSRD-GigabitEthernet2/0/0] mpls rsvp-te
[LSRD-GigabitEthernet2/0/0] quit
[LSRD] interface gigabitethernet 3/0/0
[LSRD-GigabitEthernet3/0/0] mpls
[LSRD-GigabitEthernet3/0/0] mpls te
[LSRD-GigabitEthernet3/0/0] mpls rsvp-te
[LSRD-GigabitEthernet3/0/0] quit
```

③ 在各节点上使能 OSPF TE，使 OSPF 可以发布 MPLS TE 信息。

#---LSRA 上的配置，具体如下。

```
[LSRA] ospf
[LSRA-ospf-1] opaque-capability enable
```

```
[LSRA-ospf-1] area 0
[LSRA-ospf-1-area-0.0.0.0] mpls-te enable
[LSRA-ospf-1-area-0.0.0.0] quit
[LSRA-ospf-1] quit
```

#---LSRB 上的配置，具体如下。

```
[LSRB] ospf
[LSRB-ospf-1] opaque-capability enable
[LSRB-ospf-1] area 0
[LSRB-ospf-1-area-0.0.0.0] mpls-te enable
[LSRB-ospf-1-area-0.0.0.0] quit
[LSRB-ospf-1] quit
```

#---LSRC 上的配置，具体如下。

```
[LSRC] ospf
[LSRC-ospf-1] opaque-capability enable
[LSRC-ospf-1] area 0
[LSRC-ospf-1-area-0.0.0.0] mpls-te enable
[LSRC-ospf-1-area-0.0.0.0] quit
[LSRC-ospf-1] quit
```

#---LSRD 上的配置，具体如下。

```
[LSRD] ospf
[LSRD-ospf-1] opaque-capability enable
[LSRD-ospf-1] area 0
[LSRD-ospf-1-area-0.0.0.0] mpls-te enable
[LSRD-ospf-1-area-0.0.0.0] quit
[LSRD-ospf-1] quit
```

④ 在入节点 LSRA 上配置主/热备份 CR-LSP 的显式路径。

#---在 LSRA 上配置主 CR-LSP 使用的显式路径 LSRA→LSRB→LSRC，具体如下。

```
[LSRA] explicit-path pri-path
[LSRA-explicit-path-pri-path] next hop 172.1.1.2
[LSRA-explicit-path-pri-path] next hop 172.2.1.2
[LSRA-explicit-path-pri-path] next hop 3.3.3.9
[LSRA-explicit-path-pri-path] quit
```

在 LSRA 上配置备份 CR-LSP 使用的显式路径 LSRA→LSRD→LSRC，具体如下。

```
[LSRA] explicit-path backup-path
[LSRA-explicit-path-backup-path] next hop 172.5.1.2
[LSRA-explicit-path-backup-path] next hop 172.3.1.1
[LSRA-explicit-path-backup-path] next hop 3.3.3.9
[LSRA-explicit-path-backup-path] quit
```

完成以上配置后，可在 LSRA 上执行 **display explicit-path** 命令查看已经配置的主/备 CR-LSP 显式路径，如图 7-4 所示。

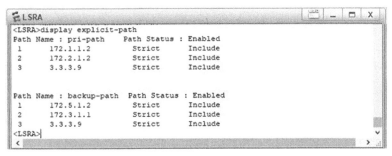

图 7-4　在 LSRA 上执行 **display explicit-path** 命令的输出

⑤ 在入节点 LSRA 创建隧道接口，引用前面配置的主/备 CR-LSP 的显示路径，配置逃生路径和回切时间（即当主 CR-LSP 故障恢复后把流量从备份 CR-LSP 切换到主 CR-LSP 所需要等待的时间）。

#---在 LSRA 上创建 Tunnel 接口，指定主 CR-LSP 使用的显式路径，具体如下。

```
[LSRA] interface tunnel 0/0/1
[LSRA-Tunnel0/0/1] ip address unnumbered interface loopback 1
[LSRA-Tunnel0/0/1] tunnel-protocol mpls te
[LSRA-Tunnel0/0/1] destination 3.3.3.9
[LSRA-Tunnel0/0/1] mpls te tunnel-id 100
[LSRA-Tunnel0/0/1] mpls te path explicit-path pri-path   #---指定主 CR-LSP 所使用的显示路径
```

#---在以上 Tunnel 接口配置热备份 CR-LSP，回切时间为 15 秒，并指定备份 CR-LSP 的显式路径、配置逃生路径，具体如下。

```
[LSRA-Tunnel0/0/1] mpls te backup hot-standby wtr 15   #---配置备份 CR-LSP 回切到主 CR-LSP 的时延为 15 秒
[LSRA-Tunnel0/0/1] mpls te path explicit-path backup-path secondary   #---指定备份 CR-LSP 使用的显示路径
[LSRA-Tunnel0/0/1] mpls te backup ordinary best-effort   #--- 配置逃生路径
[LSRA-Tunnel0/0/1] mpls te commit
[LSRA-Tunnel0/0/1] quit
```

（3）配置结果验证

以上配置全部完成后，可进行以下配置结果验证。

① 在 LSRA 上执行 **display mpls te tunnel-interface** tunnel0/0/1 命令，查看当前 TE 隧道中创建的 CR-LSP 情况，可发现主 CR-LSP、备份 CR-LSP 创建成功（状态为 UP），但当前活跃 LSP（Active LSP）为主 CR-LSP（Primary LSP），如图 7-5 所示。

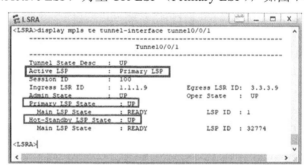

图 7-5　在 LSRA 上执行 **display mpls te tunnel-interface** tunnel0/0/1 命令的输出

② 在 LSRA 上执行 **display mpls te hot-standby state interface** tunnel0/0/1 命令，查看热备份 CR-LSP 配置信息，包括会话 ID（session id）和回切时间（WTR config time）等，如图 7-6 所示。

```
<LSRA>display mpls te hot-standby state interface tunnel0/0/1
------------------------------------------------------------
Verbose information about the Tunnel0/0/1 hot-standby state

session id                         : 100
main LSP token                     : 0x2
hot-standby LSP token              : 0x3
HSB switch result                  : Primary LSP
HSB switch reason                  : -
WTR config time                    : 15s
WTR remain time                    : -
using overlapped path              : no
<LSRA>
```

图 7-6　在 LSRA 上执行 **display mpls te hot-standby state interface** tunnel0/0/1 命令的输出

③ 在 LSRA 上使用 **ping lsp te** tunnel0/0/1 **hot-standby** 命令检测热备份 CR-LSP 的连通性，使用 **tracert lsp te** tunnel0/0/1 **hot-standby** 命令检测热备份 CR-LSP 经过的路径，结果如图 7-7 所示，证明热备份 CR-LSP 是通的，且所显示路径与配置的热备份 CR-LSP 显示路径是一致的。

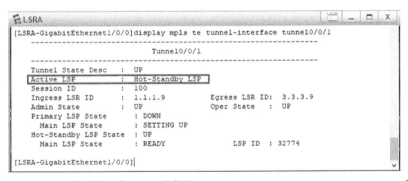

图 7-7　在 LSRA 上执行 **ping lsp te** tunnel0/0/1 **hot-standby** 命令和 **tracert lsp te** tunnel0/0/1
hot-standby 命令的输出

④ 在 LSRA 的 GE1/0/0 接口上执行 **shutdown** 命令，模拟主 CR-LSP 出现故障。然后再在 LSRA 上执行 **display mpls te tunnel-interface** tunnel0/0/1 命令，会发现当前活跃的 LSP 切换为备份 CR-LSP，如图 7-8 所示。

```
[LSRA-GigabitEthernet1/0/0]display mpls te tunnel-interface tunnel0/0/1
---------------------------------------------------------------
                        Tunnel0/0/1
---------------------------------------------------------------
Tunnel State Desc     :  UP
Active LSP            :  Hot-Standby LSP
Session ID            :  100
Ingress LSR ID        :  1.1.1.9              Egress LSR ID:  3.3.3.9
Admin State           :  UP                   Oper State   :  UP
Primary LSP State     :  DOWN
  Main LSP State      :  SETTING UP
Hot-Standby LSP State :  UP
  Main LSP State      :  READY                LSP ID  :  32774

[LSRA-GigabitEthernet1/0/0]
```

图 7-8　主 CR-LSP 出现故障时，在 LSRA 上执行 **display mpls te tunnel-interface** tunnel0/0/1 命令的输出

在 LSRA 的 GE1/0/0 接口执行 **undo shutdown** 命令，等待 15 秒（配置的回切时间）后，可发现流量又被切换到主 CR-LSP 上。

⑤ 如果在关闭 LSRA 或 LSRB 上的 GE1/0/0 接口的同时关闭 LSRC 或 LSRD 上的 GE1/0/0 接口（相当于同时断开了主/备 CR-LSP），隧道接口状态会先变为 DOWN，然后变为 UP，逃生路径创建成功。此时在 LSRA 上执行 **display mpls te tunnel-interface** tunnel0/0/1 命令会发现当前活跃的 LSP 为逃生路径，逃生路径的状态也为 UP，如图 7-9 所示。

⑥ 在 LSRA 上执行 **display mpls te cspf destination** 3.3.3.9 命令，查看当前使用的逃生路径信息，结果如图 7-10 所示。从图 7-10 中我们可以看出，当前的逃生路径是：LSRA→LSRD→LSRB→LSRC，符合要求。

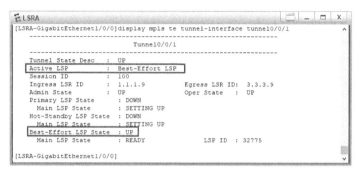

图 7-9　同时关闭主/备 CR-LSP 后，在 LSRA 上执行 **display mpls te tunnel-interface** tunnel0/0/1 命令的输出

图 7-10　创建逃生路径后，在 LSRA 上执行 **display mpls te cspf destination** 3.3.3.9 命令的输出

通过以上验证，已证明本示例配置达到预期目的，是正确且成功的。

7.1.8　热备份 CR-LSP 动态带宽功能的配置示例

如图 7-11 所示，在 MPLS VPN 网络中，要从 LSRA 上建立一条 TE 隧道，目的地址为 LSRC，并配置热备份 CR-LSP 和逃生路径。

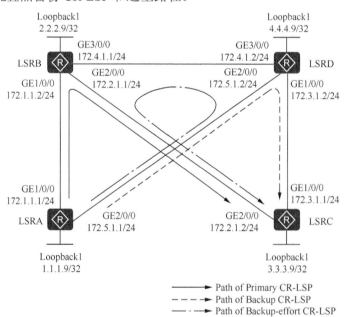

图 7-11　热备份 CR-LSP 动态带宽功能的配置示例的拓扑结构

各条 CR-LSP 的路径经过的节点如下：

① 主 CR-LSP 的路径为 LSRA→LSRB→LSRC；

② 热备份 CR-LSP 的路径为 LSRA→LSRD→LSRC；

③ 逃生路径为 LSRA→LSRD→LSRB→LSRC。

现要求当主 CR-LSP 出现故障时，流量能切换到备份 CR-LSP，而当主 CR-LSP 的故障恢复时，15 秒后再将流量回切到主 CR-LSP。当主/备 CR-LSP 都出现故障时，可触发建立逃生路径，使流量切换到逃生路径上。

另外，假设在主 CR-LSP 和热备份 CR-LSP 经过的所有节点出接口配置链路当前的最大可预留带宽均为 100Mbit/s，不区分业务类型，即所有流量均在 BC0 通道中传输，BC0 带宽为 100Mbit/s。由于带宽资源紧张，如果直接创建热备份 CR-LSP，会降低客户的带宽使用效率，提高客户的成本。因为缺省情况下，热备份 CR-LSP 是需要占用带宽的，而热备份 CR-LSP 占用的这部分带宽只有在流量切换到热备份时才会使用。

为了解决以上问题，本示例需要在入节点使能热备份 CR-LSP 动态带宽功能，当主 CR-LSP 正常使用时，热备份 CR-LSP 不占用带宽（带宽为 0），节约了客户的带宽资源。当主 CR-LSP 出现故障后，流量切换到热备份 CR-LSP 上，采取尽力而为的方式进行传输。然后系统再采用 Make-Before-Break 机制并按照用户期望的带宽重建一条热备份 CR-LSP。当新的热备份 CR-LSP 创建成功后，流量就切换到新的 CR-LSP 上，然后将带宽值为 0 的热备份 CR-LSP 删除。

（1）基本配置思路分析

本示例与 7.1.7 节的示例拓扑结构及各接口的 IP 地址、所要创建的主/备 CR-LSP，以及逃生路径是一样的，主要的不同是本示例要配置链路的最大可预留带宽、BC0 带宽和 TE 隧道的 CT0 带宽，然后使能隧道的热备份 CR-LSP 的动态带宽功能，具体如下。

【说明】BC（带宽约束）是同一链路中所有 TE 隧道中相同序号的 CTi 的总带宽约束，用 BCi 表示。例如，BC0 是同一链路上所有 TE 隧道中 CT0 带宽的总和。有关 BC 和 CT 的具体含义，以及它们之间的关系将在第 9 章介绍。

① 在各节点上配置各接口（包括 Loopback 接口）的 IP 地址和公网 OSPF 路由。

② 在各节点上配置 LSR ID，并使能各节点全局和公网接口的 MPLS、MPLS TE 和 RSVP-TE 功能，在入节点 LSRA 上使能 CSPF 功能。在主 CR-LSP 和热备份 CR-LSP 经过的所有节点出接口配置链路的最大可预留带宽为 100Mbit/s，BC0 带宽为 100Mbit/s。

③ 在各节点上使能 OSPF TE，使 OSPF 可以发布 MPLS TE 信息。

④ 在入节点 LSRA 上配置主/备 CR-LSP 的显式路径。

⑤ 在入节点 LSRA 上创建目的地址为 LSRC 的隧道接口，指定主/备 CR-LSP 的显式路径，并使能热备份 CR-LSP 和逃生路径，配置回切时间为 15 秒；配置 TE 隧道的 CT0 带宽为 10Mbit/s。

⑥ 在入节点上使能热备份 CR-LSP 动态带宽功能。

以上 6 项配置任务中，第①、③和④项配置任务与 7.1.7 节示例的对应配置完全相同，参见即可。在此仅介绍第②、⑤和⑥项配置任务的具体配置方法。

（2）具体配置步骤

第②项配置各节点的 LSR ID，并使能全局和各公网接口的 MPLS、MPLS TE 和

RSVP-TE 功能，在 LSRA 上使能 CSPF。在主 CR-LSP 和热备份 CR-LSP 经过的所有节点出接口（LSRA 的 GE1/0/0 接口、GE2/0/0 接口，LSRB 的 GE2/0/0 接口和 LSRD 的 GE1/0/0 接口）配置链路的最大可预留带宽为 100Mbit/s，BC0 带宽为 100Mbit/s。

#---LSRA 上的配置，具体如下。

```
[LSRA] mpls lsr-id 1.1.1.9
[LSRA] mpls
[LSRA-mpls] mpls te
[LSRA-mpls] mpls rsvp-te
[LSRA-mpls] mpls te cspf
[LSRA-mpls] quit
[LSRA] interface gigabitethernet 1/0/0
[LSRA-GigabitEthernet1/0/0] mpls
[LSRA-GigabitEthernet1/0/0] mpls te
[LSRA-GigabitEthernet1/0/0] mpls rsvp-te
[LSRA-GigabitEthernet1/0/0] mpls te bandwidth max-reservable-bandwidth 100000 #—配置链路的最大可预留带宽为 100Mbit/s
[LSRA-GigabitEthernet1/0/0] mpls te bandwidth bc0 100000    #---配置 BC0 带宽为 100Mbit/s
[LSRA-GigabitEthernet1/0/0] quit
[LSRA] interface gigabitethernet 2/0/0
[LSRA-GigabitEthernet2/0/0] mpls
[LSRA-GigabitEthernet2/0/0] mpls te
[LSRA-GigabitEthernet2/0/0] mpls rsvp-te
[LSRA-GigabitEthernet2/0/0] mpls te bandwidth max-reservable-bandwidth 100000
[LSRA-GigabitEthernet2/0/0] mpls te bandwidth bc0 100000
[LSRA-GigabitEthernet2/0/0] quit
```

#---LSRB 上的配置，具体如下。

```
[LSRB] mpls lsr-id 2.2.2.9
[LSRB] mpls
[LSRB-mpls] mpls te
[LSRB-mpls] mpls rsvp-te
[LSRB-mpls] quit
[LSRB] interface gigabitethernet 1/0/0
[LSRB-GigabitEthernet1/0/0] mpls
[LSRB-GigabitEthernet1/0/0] mpls te
[LSRB-GigabitEthernet1/0/0] mpls rsvp-te
[LSRB-GigabitEthernet1/0/0] quit
[LSRB] interface gigabitethernet 2/0/0
[LSRB-GigabitEthernet2/0/0] mpls
[LSRB-GigabitEthernet2/0/0] mpls te
[LSRB-GigabitEthernet2/0/0] mpls rsvp-te
[LSRB-GigabitEthernet2/0/0] mpls te bandwidth max-reservable-bandwidth 100000
[LSRB-GigabitEthernet2/0/0] mpls te bandwidth bc0 100000
[LSRB-GigabitEthernet2/0/0] quit
[LSRB] interface gigabitethernet 3/0/0
[LSRB-GigabitEthernet3/0/0] mpls
[LSRB-GigabitEthernet3/0/0] mpls te
[LSRB-GigabitEthernet3/0/0] mpls rsvp-te
[LSRB-GigabitEthernet3/0/0] quit
```

#---LSRC 上的配置，具体如下。

```
[LSRC] mpls lsr-id 3.3.3.9
[LSRC] mpls
[LSRC-mpls] mpls te
[LSRC-mpls] mpls rsvp-te
```

```
[LSRC-mpls] quit
[LSRC] interface gigabitethernet 1/0/0
[LSRC-GigabitEthernet1/0/0] mpls
[LSRC-GigabitEthernet1/0/0] mpls te
[LSRC-GigabitEthernet1/0/0] mpls rsvp-te
[LSRC-GigabitEthernet1/0/0] quit
[LSRC] interface gigabitethernet 2/0/0
[LSRC-GigabitEthernet2/0/0] mpls
[LSRC-GigabitEthernet2/0/0] mpls te
[LSRC-GigabitEthernet2/0/0] mpls rsvp-te
[LSRC-GigabitEthernet2/0/0] quit
```

#---LSRD 上的配置，具体如下。

```
[LSRD] mpls lsr-id 4.4.4.9
[LSRD] mpls
[LSRD-mpls] mpls te
[LSRD-mpls] mpls rsvp-te
[LSRD-mpls] quit
[LSRD] interface gigabitethernet 1/0/0
[LSRD-GigabitEthernet1/0/0] mpls
[LSRD-GigabitEthernet1/0/0] mpls te
[LSRD-GigabitEthernet1/0/0] mpls rsvp-te
[LSRD-GigabitEthernet1/0/0] mpls te bandwidth max-reservable-bandwidth 100000
[LSRD-GigabitEthernet1/0/0] mpls te bandwidth bc0 100000
[LSRD-GigabitEthernet1/0/0] quit
[LSRD] interface gigabitethernet 2/0/0
[LSRD-GigabitEthernet2/0/0] mpls
[LSRD-GigabitEthernet2/0/0] mpls te
[LSRD-GigabitEthernet2/0/0] mpls rsvp-te
[LSRD-GigabitEthernet2/0/0] quit
[LSRD] interface gigabitethernet 3/0/0
[LSRD-GigabitEthernet3/0/0] mpls
[LSRD-GigabitEthernet3/0/0] mpls te
[LSRD-GigabitEthernet3/0/0] mpls rsvp-te
[LSRD-GigabitEthernet3/0/0] quit
```

第⑤项在入节点 LSRA 创建隧道接口，引用主/备 CR-LSP 的显示路径，配置逃生路径和回切时间为 15 秒；配置通过该 Tunnel 接口建立的隧道的 CT0 带宽为 10Mbit/s（要小于等于链路的最大可预留带宽，也要小于等于链路的 BC0 带宽）。

#---在 LSRA 上创建 Tunnel 接口，指定主 CR-LSP 的显式路径，具体如下。

```
[LSRA] interface tunnel 0/0/1
[LSRA-Tunnel0/0/1] ip address unnumbered interface loopback 1
[LSRA-Tunnel0/0/1] tunnel-protocol mpls te
[LSRA-Tunnel0/0/1] destination 3.3.3.9
[LSRA-Tunnel0/0/1] mpls te tunnel-id 100
[LSRA-Tunnel0/0/1] mpls te path explicit-path pri-path    #---指定主 CR-LSP 所使用的显示路径
[LSRA-Tunnel0/0/1] mpls te bandwidth ct0 10000 #---指定隧道的 CT0 带宽为 10Mbit/s
```

#---在以上 Tunnel 接口配置 CR-LSP 热备份，回切时间为 15 秒，指定备份 CR-LSP 的显式路径，并配置逃生路径，具体如下。

```
[LSRA-Tunnel0/0/1] mpls te backup hot-standby wtr 15    #---配置备份 CR-LSP 回切到主 CR-LSP 的时延为 15 秒
[LSRA-Tunnel0/0/1] mpls te path explicit-path backup-path secondary    #---指定备份 CR-LSP 使用的显示路径
[LSRA-Tunnel0/0/1] mpls te backup ordinary best-effort    #--- 配置逃生路径
[LSRA-Tunnel0/0/1] mpls te commit
[LSRA-Tunnel0/0/1] quit
```

第⑥项在入节点 LSRA 上配置热备份 CR-LSP 动态带宽功能，具体如下。

```
[LSRA] interface tunnel 0/0/1
[LSRA-Tunnel0/0/1] mpls te backup hot-standby dynamic-bandwidth
[LSRA-Tunnel0/0/1] mpls te commit
[LSRA-Tunnel0/0/1] quit
```

（3）配置结果验证

以上配置完成后，可进行以下配置结果验证。

① 在 LSRA 上执行 **display mpls te tunnel-interface** tunnel0/0/1 命令，可发现主 CR-LSP、备份 CR-LSP 创建成功（状态为 UP），但当前活跃 LSP（Active LSP）为主 CR-LSP（Primary LSP），如图 7-12 所示。

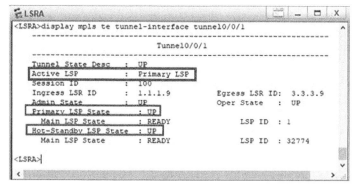

图 7-12　在 LSRA 上执行 **display mpls te tunnel-interface** tunnel0/0/1 命令的输出

② 在 LSRA 上执行 **display mpls te tunnel verbose** 命令，可以看到主/备 CR-LSP 的带宽分配情况，分别如图 7-13 和图 7-14 所示。

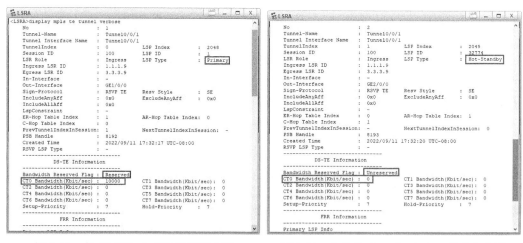

图 7-13　主 CR-LSP 上 CT0 的带宽分配　　　图 7-14　热备份 CR-LSP 上 CT0 的带宽分配

从图 7-13 中我们可以看出，主 CR-LSP 中为 CT0 预留了 10Mbit/s 的带宽；从图 7-14 中我们可以看出，备份 CR-LSP 没有为 CT0 预留带宽。

我们还可在 LSRA 上执行 **display mpls te link-administration bandwidth-allocation** 命令，查看使能 MPLS TE 功能链路的出接口的带宽分配情况，如图 7-15 所示。从图 7-15 中

我们可以看出，主 CR-LSP 的出接口 GE1/0/0 接口为 CT0 保留了 10Mbit/s 带宽，而热备份 CR-LSP 的出接口未分配任何带宽（带宽值为 0）。进一步印证了在配置热备份 CR-LSP 动态带宽功能后，正常情况下，所创建的热备份 CR-LSP 是不占用带宽的，这样可以保证主 CR-LSP 的带宽需求。

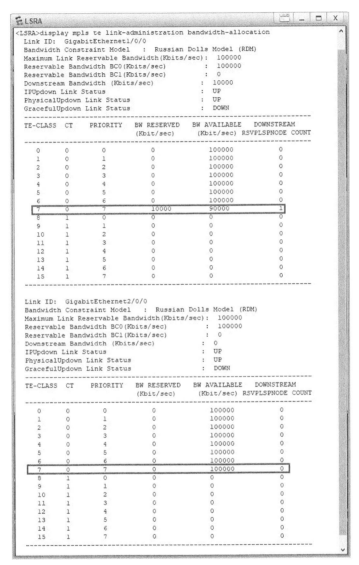

图 7-15　在 LSRA 上执行 **display mpls te link-administration bandwidth-allocation** 命令的输出

③ 在 LSRA 或 LSRB 的 GE1/0/0 接口上执行 **shutdown** 命令，模拟主 CR-LSP 出现了故障。然后再在 LSRA 上执行 **display mpls te tunnel-interface** tunnel 0/0/1 命令，会发现当前活跃的 LSP 变为热备份 CR-LSP。同时显示当前的热备份 CR-LSP 被删除（Hot-Standby LSP State:GRACEFUL DELETE），因为此时已在原备份 CR-LSP 路径上创建了一条分配了带宽的新的热备份 CR-LSP，如图 7-16 所示。新的热备份 CR-LSP 创建好后，流量会切换到新的热备份 CR-LSP 上。

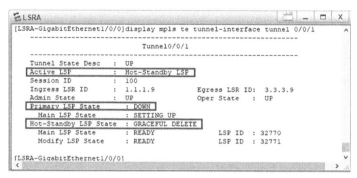

图 7-16　主 CR-LSP 出现故障后，在 LSRA 上执行 **display mpls te tunnel-interface** tunnel 0/0/1 命令的输出

④ 再在 LSRA 上执行 **display mpls te tunnel verbose** 命令，会发现当前仅热备份 CR-LSP 有效，且为 CT0 分配了 10Mbit/s 的带宽，如图 7-17 所示。在 LSRA 上执行 **display mpls te link-administration bandwidth-allocation** 命令，会发现热备份 CR-LSP 出接口的 GE2/0/0 接口上显示已为 CT0 分配了 10Mbit/s 的带宽，如图 7-18 所示。此时表示流量已正式切换到新建的热备份 CR-LSP 上，达到预期目标。

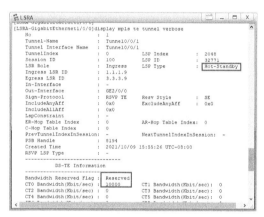

图 7-17　在 LSRA 上执行 **display mpls te tunnel verbose** 命令的输出

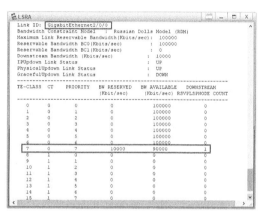

图 7-18　在 LSRA 上执行 **display mpls te link-administration bandwidth-allocation** 命令的输出

7.2　TE FRR 基础及工作原理

通常情况下，MPLS TE 隧道的一些链路或节点故障会引发隧道由主 CR-LSP 路径向备份 CR-LSP 路径的切换。此切换过程涉及 IGP 路由在备份路径的重新收敛、CSPF 重新计算路径，以及 CR-LSP 的重新建立，速度较慢，会导致流量的丢失。

TE FRR 技术可以解决此问题。TE FRR 会预先建立绕过故障的链路或者节点的旁路隧道，使 MPLS TE 隧道链路或节点出现故障时可独立于 IGP 的重收敛，快速切换到旁路隧道，避免流量丢失。在流量从旁路隧道传输的同时，MPLS TE 隧道入节点会继续发起主 CR-LSP 的重建，成功后，流量又会重新切回到主 CR-LSP。

7.2.1　TE FRR 基础

TE FRR 的设计思路是，当主 CR-LSP 路径中有一部分链路或节点出现故障时，会在离出现故障最近的两端节点之间建立一条或多条旁路 CR-LSP，用于接续中断的主 CR-LSP 路径，使原来通过主 CR-LSP 传输的流量在到达旁路 CR-LSP 入节点时进入旁路 CR-LSP 传输，到达旁路 CR-LSP 的出节点时又重新返回无故障的主 CR-LSP 路径继续传输。此时，流量的传输路径一部分是原来主 CR-LSP 的，另一部分是旁路 CR-LSP 的，旁路 CR-LSP 绕过了主 CR-LSP 出现故障的链路或节点，把中断的主 CR-LSP 路径连接起来，这样可以对主 CR-LSP 进行局部保护。

我们可以从表 7-5 中看出，PLR 和 MP 都在主 CR-LSP 路径上，旁路 CR-LSP 是主 CR-LSP 路径中在这两个节点连接之间的另一条路径。**旁路 CR-LSP 必须与主 CR-LSP 有部分路径重合**。如图 7-19 所示，LSRB 是 PLR，LSRC 是 MP，都是在主 CR-LSP 路径上，它们直连链路有效时，建立的是主 CR-LSP，而当它们之间的直连链路出现故障时，LSRB 与 LSRC 之间的连接是通过 LSRE 进行的，这样一来，旁路 CR-LSP 与主 CR-LSP 都经过 LSRB 和 LSRC，但旁路 CR-LSP 是通过 LSRE 实现 LSRB 与 LSRC 连接的。

【说明】前面仅就单向主 CR-LSP 和旁路 CR-LSP 进行介绍，但通信是双向的，所以在实际应用中，PLR 和 MP 的角色是重合的。如图 7-19 所示，LSRB 既是从 LSRB→LSRE→LSRC 旁路 CR-LSP 的 PLR，又是从 LSRC→LSRE→LSRB 旁路 CR-LSP 的 MP。

表 7-5　TE FRR 中涉及的基本概念

概念名称	说明
Primary CR-LSP	主 CR-LSP，被保护的 CR-LSP。当主 CR-LSP 出现故障时能快速切换到旁路 CR-LSP，避免流量丢失
Bypass CR-LSP	旁路 CR-LSP，属于主 CR-LSP 的备份 CR-LSP，用来保护主 CR-LSP。旁路 CR-LSP 在正常情况下一般处于空闲状态，不独立承载业务
本地修复节点（Point of Local Repair，PLR）	即主 CR-LSP 出现故障的链路或节点的前一个正常节点，也是旁路 CR-LSP 的入节点，必须在主 CR-LSP 的路径上，可以是主 CR-LSP 的入节点、中间节点，**但不能是主 CR-LSP 的出节点**
汇聚点（Merge Point，MP）	即主 CR-LSP 与旁路 CR-LSP 的汇聚点，也是旁路 CR-LSP 的出节点，必须在主 CR-LSP 的路径上，可以是主 CR-LSP 的中间节点或出节点，**但不能是主 CR-LSP 的入节点**

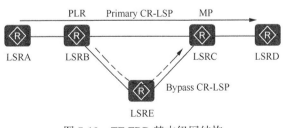

图 7-19　TE FRR 基本组网结构

TE FRR 链路及节点保护示意如图 7-20 所示。TE FRR 的主要特性见表 7-6。

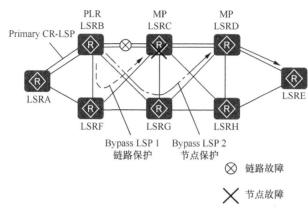

图 7-20　TE FRR 链路及节点保护示意

表 7-6　TE FRR 的主要特性

主要特性	保护类型	描述
保护对象	链路保护	PLR 和 MP 之间原有**直连**链路（LSRB→LSRC）连接，主 CR-LSP 经过这条链路。Bypass LSP 1 可以保护该链路，当 LSRB 与 LSRC 之间的直连链路出现故障时，旁路 CP-LSP 采用经过 LSRF 实现 LSRB 与 LSRC 之间的连接，此种保护方式称为"链路保护"
	节点保护	PLR 和 MP 之间原来就**间隔一台或多台设备**（LSRB→LSRC→LSRD），主 CR-LSP 经过 LSRC 实现 LSRB 与 LSRD 之间的连接。当 LSRC 出现故障时，Bypass LSP 2 可以保护该节点，改为经过 LSRG 节点实现 LSRB 与 LSRD 之间的连接，此种保护方式称为"节点保护"
带宽保证	带宽保护	为旁路 CR-LSP 配置大于等于主 CR-LSP 的带宽值，在为主 CR-LSP 提供路径保护的同时提供带宽保护
	非带宽保护	不为旁路 CR-LSP 配置带宽值，只能保证主 CR-LSP 的路径保护
实现方式	手动保护方式	旁路 CR-LSP 是由用户手动配置的，其与主 CR-LSP 的绑定关系也是由用户指定的
	自动保护方式	旁路 CR-LSP 是由使能了 Auto（自动）FRR 的节点自动建立的。只要经过该节点的主 CR-LSP 带有 FRR 保护请求，且拓扑结构满足 FRR 的拓扑结构，此节点就会自动为这条主 CR-LSP 建立旁路 CR-LSP，并将两者绑定

【说明】对于一条已建立的旁路隧道，以上保护类型将以组合形式出现，例如"手动保护+节点保护+带宽保护"，其他形式可依此类推。

7.2.2　TE FRR 的工作原理

TE FRR 用来实现对主 CR-LSP 的局部保护（**不是备份 CR-LSP 那样的端到端完全保护**），其整个实现过程包括以下 5 个步骤，下面以图 7-20 为例进行介绍。

（1）主 CR-LSP 的建立

主 CR-LSP 的建立过程与普通 CR-LSP 的建立过程一致，不同之处是在建立主 CR-LSP 的过程中，隧道入节点会在 Path 消息的 SESSION_ATTRIBUTE 对象中添加相关标记。如果局部保护标记用于标识主 CR-LSP 需要绑定的旁路 CR-LSP，带宽保护标记则表示需要进行带宽保护。

（2）绑定旁路 CR-LSP

为主 CR-LSP 寻找合适的旁路 CR-LSP 的过程称为绑定。只有具有局部保护标记的主 CR-LSP 才会触发绑定策略，绑定是在隧道切换之前完成的。

实现绑定前，节点需要根据 Resv 消息的 RRO 计算出旁路 CR-LSP 的出接口、下一跳标签转发入口（Next Hop Label Forwarding Entry，NHLFE）、MP 的 LSR ID、MP 分配的标签及保护的类型等信息。

对于主 LSP 上的 PLR 节点而言，其下一跳（NHOP）或下下一跳（NNHOP）是已知的。如果旁路 CR-LSP 的 Egress LSR ID 与 NHOP 的 LSR ID 相等，就可以形成链路保护，因为本地节点与下一跳通常是直连的，图 7-20 中的 Bypass LSP 1 是对 LSRB 与 LSRC 之间直连链路的保护。如果旁路 CR-LSP 的 Egress LSR ID 与 NNHOP 的 LSR ID 相等，则可以形成节点保护，因为本地节点与下下一跳是非直连的，图 7-20 中的 Bypass LSP 2 是对 LSRB 与 LSRD 之间的 LSRC 的节点保护。

当同一个节点有多条可用的旁路 CR-LSP 时，主隧道将按照是否提供带宽保护→实现方式→保护对象的顺序来进行旁路隧道的选择。其中，带宽保护优于非带宽保护，手动保护优于自动保护，节点保护优于链路保护。图 7-20 中的 Bypass LSP 1 和 Bypass LSP 2，如果两者都能够提供带宽保护，且都为手动保护，则主 CR-LSP 将选择 Bypass LSP 2 进行绑定。如果 Bypass LSP 1 能提供带宽保护，而 Bypass LSP 2 只能提供链路保护，则主 CR-LSP 将选择 Bypass LSP 1 进行绑定。

如果旁路隧道绑定成功，主 CR-LSP 的 NHLFE 表项中记录旁路 CR-LSP 的 NHLFE 表项索引，以及 MP 为上一个节点分配的标签，作为内层标签。内层标签可用于 FRR 切换时的流量转发。

（3）故障检测

TE FRR 的链路保护功能直接使用链路层协议实现故障检测和通告，链路层发现故障的速度与链路类型直接相关。TE FRR 的节点保护功能则使用链路协议检测链路故障，**在链路没有故障的情况下**，使用 RSVP Hello 机制或结合 BFD for RSVP 机制检测被保护节点的故障。

一旦检测到链路故障或节点故障，则会同步触发 TE FRR 进行流量切换。

【说明】对于节点保护，只保护被保护节点及其与 PLR 之间的链路。对于被保护节点和 MP 之间的链路故障，PLR 无法感知。失效检测速度从高到低依次为链路故障检测、BFD 和 RSVP Hello 检测。

（4）切换

切换是指在主 CR-LSP 发生故障后，业务流量和 RSVP 消息从主 CR-LSP 切换到旁路 CR-LSP 上，并向上游通告切换已经发生的过程。在切换时，会采用 MPLS 的标签嵌套机制，PLR 节点会对数据报文先压入内层标签（MP 分配给上一个节点的标签），再压入旁路 CR-LSP 的下一节点为其分配的标签作为外层标签。旁路 CR-LSP 会在倒数第二跳弹出外层标签，把只带有内层标签的报文传给 MP。由于该内层标签原本就是 MP 分配给上一个节点的，因此 MP 能继续转发此报文给主 CR-LSP 的下一跳。

如图 7-21 所示，TE FRR 切换前已经建立一条主 CR-LSP 和一条旁路 CR-LSP。这里的旁路 CR-LSP 形成节点保护，因为它保护的不是两条主 CR-LSP 上两个直连节点之间的链路，而是保护主 CR-LSP 上 LSRC 节点。

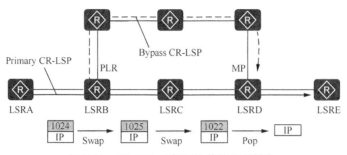

图 7-21　TE FRR 路径切换前的报文转发

如果 LSRB 和 LSRC 间的链路出现故障或 LSRC 节点出现故障（如图 7-22 所示），则会触发流量向 Bypass CR-LSP 路径切换。切换时，PLR 节点 LSRB 将标签 1024 交换为 MP 节点为上一节点分配的标签 1022，并作为内层标签，再压入 Bypass CR-LSP 的下一节点为 PLR 分配的标签 34 作为外层标签进行转发，以保证最终报文到达 LSRD 时仍能够继续转发给下一跳。

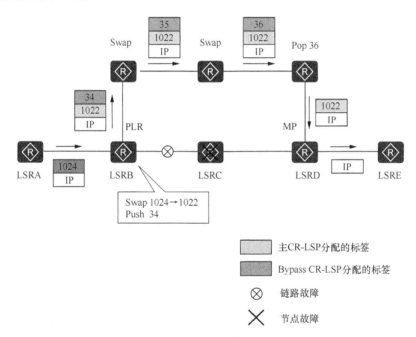

图 7-22　TE FRR 路径切换后的报文转发

（5）回切

流量切换到旁路 CRP-LSP 后，主 CR-LSP 的 Ingress 会试图重建新的主 CR-LSP，并在主 CR-LSP 重建成功后，将业务流量和 RSVP 消息又从旁路 CR-LSP 回切到主 CR-LSP 上。其中尝试重建的 CR-LSP 称为 Modified CR-LSP。在此过程中，TE FRR 采用 Make-Before-Break 机制，即只有 Modified CR-LSP 建立成功后，原来有故障的主 CR-LSP 才能被删除。

7.2.3　TE FRR 的其他保护功能

TE FRR 除了可以保护主 CR-LSP，还有以下两种保护功能。

（1）拔板保护

拔板保护是指当 PLR 的主 CR-LSP 物理出接口所在的接口板被拔出时，将 MPLS TE 流量快速切换到旁路隧道上。当被拔出的接口板再次被插入时，如果主 CR-LSP 的物理出接口仍处于可用状态，可进行 MPLS TE 流量的回切。拔板保护主要是用来保护 PLR 上的主 CR-LSP 物理出接口。

一般情况下，如果配置了隧道接口的接口板被拔出，隧道信息就会丢失。**因此要实现 TE FRR 拔板保护，PLR 的旁路隧道接口及旁路 CR-LSP 的物理出接口都不能在被拔出的接口板上**，建议将 PLR 的旁路隧道接口配置在主控板上。

将 PLR 的旁路隧道接口配置在主控板上后，当主 CR-LSP 物理出接口所在的接口板被拔出或出现故障时，该接口就被置为 Stale 状态，经过该接口的有 FRR 保护的主 CR-LSP 保持不删除。当接口板重新插入时，恢复接口为可用状态，并开始重建主 CR-LSP。

（2）$N:1$ 保护

TE FRR 支持 $N:1$ 的保护模式，即一条旁路 CR-LSP 可以保护多条主 CR-LSP。

7.2.4　备份 CR-LSP 与 TE FRR 共存

TE FRR 和备份 CR-LSP 功能类似，都可以实现对主 CR-LSP 的保护，但 TE FRR 是对主 CR-LSP 的局部保护，而备份 CR-LSP 是对主 CR-LSP 的完全保护。在实际应用中，这两种保护功能可以联合部署或同步联动。

（1）备份 CR-LSP 与 TE FRR 联合部署

因为备份 CR-LSP 有热备份和普通备份两种，所以在备份 CR-LSP 与 TE FRR 联合部署（与下面的同步联动功能不一样）应用中也要区分以下两种情形。

① 普通备份 CR-LSP 与 TE FRR 结合使用：TE FRR 可以及时响应链路故障，将流量在最短的时间内切换到旁路 CR-LSP 上。**仅当主 CR-LSP 和旁路 CR-LSP 都出现故障时，才会建立普通备份 CR-LSP，并将流量切换到该备份 CR-LSP 上**。

② 热备份 CR-LSP 与 TE FRR 结合使用：TE FRR 可以及时响应链路故障，将流量在最短的时间内切换到旁路 CR-LSP 上，链路故障信息通过信令协议传输到隧道入节点，然后将流量切换到热备份 CR-LSP 上。

（2）备份 CR-LSP 与 TE FRR 同步联动

除了可以联合部署 TE FRR 的局部保护功能和备份 CR-LSP 的端到端保护功能，还可以进一步配置 TE FRR 与备份 CR-LSP 的同步联动功能，此时的结果也要区分备份 CR-LSP 是普通备份，还是热备份，但与这两者仅独立同时部署有所区别。

① 如果配置的是普通备份 CR-LSP。

当被保护链路或节点出现故障时，流量切换到 TE FRR 的旁路 CR-LSP，并尝试恢复主 CR-LSP，同时也会轮流尝试创建普通备份 CR-LSP。

当普通备份 CR-LSP 创建成功，并且主 CR-LSP 未恢复时，流量会从旁路 CR-LSP

切换到该普通备份 **CR-LSP**（与仅联合部署时的特性不一样）。主 CR-LSP 恢复成功后，不管当前流量是处于旁路 CR-LSP 还是普通备份 CR-LSP，流量都会切换到新的主 CR-LSP 上。

当普通备份 CR-LSP 创建不成功，且主 CR-LSP 恢复也不成功时，流量仍然从旁路 CR-LSP 传输。

② 如果配置的是热备份 CR-LSP。

当热备份 CR-LSP 的状态为 UP，且被保护的链路或节点出现故障时，流量会先切换到旁路 CR-LSP，然后立即切换到热备份 CR-LSP 上，同时尝试恢复主 CR-LSP。这一点与仅联合部署时的特性类似，因为这两种场景下流量都将从旁路 CRP-LSP 切换到热备份 CR-LSP 上，但联合部署时该情形下的流量从旁路 CR-LSP 切换到热备份 CR-LSP 还需要通过信令协议来处理，并非立即进行切换。

当热备份 CR-LSP 的状态为 DOWN（表示创建不成功），且主 CR-LSP 恢复也不成功时，流量仍然从旁路 CR-LSP 传输，与普通备份 CR-LSP 情形的处理方式相同。

有关备份 CR-LSP 与 TE FRR 同步联动功能的配置方法将在 7.5 节介绍。

【说明】当主 CR-LSP 处于 UP 状态时，热备份 CR-LSP 也会一直尝试创建，当创建成功，在缺省没有使能动态带宽功能时，也会占用额外的带宽，可能会影响主 CR-LSP 的传输性能。而普通备份 CR-LSP 在主 CR-LSP 处于 Frr-in-use 状态时才开始创建，在主 CR-LSP 没有出现故障时，不需要占用额外的带宽资源。因此推荐选择普通备份 CR-LSP 与 TE FRR 的同步联动。

7.3　手工 TE FRR 的配置与管理

在手工 TE FRR 中，旁路 CR-LSP 由用户手动配置，其与主 CR-LSP 的绑定关系也由用户指定。手工 TE FRR 需要在主隧道入节点或 PLR 上进行以下配置。

① 在主隧道入节点 Tunnel 接口上使能 TE FRR。
② 在 PLR 上配置旁路隧道。
③（可选）在 PLR 上配置 TE FRR 扫描定时器。
④（可选）在 PLR 上修改 PSB 和 RSB 的超时倍数。

配置手工 TE FRR 之前，需要完成以下任务。

① 配置动态 MPLS TE 或 DS-TE 隧道。
② 在旁路隧道节点的全局和公网接口下使能 MPLS、MPLS TE 和 RSVP-TE 功能。
③ 在 PLR 上使能 CSPF 功能。

7.3.1　在主隧道入节点 Tunnel 接口上使能 TE FRR

在**主隧道入节点**上按表 7-7 所示步骤创建旁路 CR-LSP。主隧道配置旁路 CR-LSP 后，当主 CR-LSP 出现故障时，流量会切换到旁路 CR-LSP 上，从而提供了端到端的保护。

表 7-7　使能 TE FRR 的配置步骤

步骤	命令	说明
1	**system-view**	进入系统视图
2	**interface tunnel** *tunnel-number* 例如：[Huawei] **interface tunnel** 0/0/1	进入主 MPLS TE 隧道的 Tunnel 接口视图
3	**mpls te fast-reroute** [**bandwidth**] 例如： [Huawei-Tunnel0/0/1] **mpls te fast-reroute bandwidth**	使能主 MPLS TE 隧道 Tunnel 接口的 TE FRR 功能。选择 **bandwidth** 可选项时，指定需要进行带宽保护。 对 **Tunnel** 接口使能快速重路由功能后，记录路由标志将自动设置 "record reroute with label"，而不论用户是否配置了 **mpls te record-route label** 命令。如果需要配置 **mpls te record-route** 或 **undo mpls te record-route** 命令，必须先使用 **undo mpls te fast-reroute** 命令禁用快速重路由功能。 缺省情况下，快速重路由功能处于未使能状态
4	**mpls te commit** 例如： [Huawei-Tunnel0/0/1] **mpls te commit**	提交 MPLS TE 隧道配置。当 MPLS TE 的参数发生改变，需要使用该命令使之生效

7.3.2　在 PLR 上配置旁路隧道

旁路隧道用于为主隧道的链路或者节点提供局部保护，配置手工 TE FRR 时需要在 **PLR** 节点上按表 7-8 所示的步骤手动指定旁路隧道的路径和属性。旁路隧道是从 PLR 与 MP 之间建立的隧道，旁路隧道与普通的 TE 隧道的配置步骤类似。但要注意，在配置前需要先规划好它所保护的链路或节点，**确保该旁路隧道不会经过它所保护的链路或节点**，否则不能真正起到保护作用。

表 7-8　PLR 节点上旁路隧道的配置步骤

步骤	命令	说明
1	**system-view**	进入系统视图
2	**interface tunnel** *tunnel-number* 例如：[Huawei] **interface tunnel** 0/0/1	进入旁路 MPLS TE 隧道的 Tunnel 接口视图
3	**ip address** *ip-address* { *mask* | *mask-length* } [**sub**] 或 **ip address unnumbered interface** *interface-type interface-number* 例如： [Huawei-Tunnel0/0/1] **ip address unnumbered interface** loopback 0	配置旁路 MPLS TE 隧道 Tunnel 接口的 IP 地址或借用其他接口的 IP 地址。 如果 Tunnel 接口不配置 IP 地址，不影响 TE 隧道的成功建立。但是如果需要实现流量转发，则必须为 Tunnel 接口配置 IP 地址。由于 MPLS TE 隧道是单向的，因此不需要为 Tunnel 接口单独配置 IP 地址。通常的做法是创建一个 Loopback 接口并配置与 LSR ID 相同的 32 位 IP 地址，然后 Tunnel 接口借用该 Loopback 接口的 IP 地址
4	**tunnel-protocol mpls te** 例如： [Huawei-Tunnel0/0/1] **tunnel-protocol mpls te**	指定隧道协议为 MPLS TE。缺省情况下，Tunnel 接口的隧道协议为 none，即不进行任何协议封装

步骤	命令	说明
5	**destination** *ip-address* 例如： [Huawei-Tunnel0/0/1] **destination** 10.1.1.1	配置旁路隧道的目的地址为 MP 的 LSR ID
6	**mpls te tunnel-id** *tunnel-id* 例如： [Huawei-Tunnel0/0/1] **mpls te tunnel-id** 100	配置旁路隧道的 Tunnel-ID。隧道 ID 用来唯一标识一条 MPLS TE 隧道，以便对隧道进行规划和管理。Tunnel ID 是隧道的必配项，如果不配置，隧道将无法成功建立
7	**mpls te path explicit-path** *path-name* 例如： [Huawei-Tunnel0/0/1] **mpls te path explicit-path** path1	（可选）配置旁路隧道使用的显式路径。 【说明】配置旁路隧道使用的显式路径之前，需要先使用 **explicit-path** 命令创建显式路径。需要注意的是，旁路隧道经过的路径和主隧道经过的路径不能有重叠的物理链路
8		（可选）配置旁路隧道自身的带宽，取值范围是 1～4000000000，单位是 kbit/s。如果旁路隧道仅是普通的 TE 隧道（而不是 DS-TE 隧道）则只能配置 CT0 和 CT1 通道的带宽。 ① 配置单 CT 时，非标准（Non-IETF）模式下，执行 **mpls te bandwidth** { **ct0** *ct0-bw-value* | **ct1** *ct1-bw-value* }命令配置；标准（IETF）模式下，执行 **mpls te bandwidth** { **ct0** *bw-value* | **ct1** *bw-value* | **ct2** *bw-value* | **ct3** *bw-value* | **ct4** *bw-value* | **ct5** *bw-value* | **ct6** *bw-value* | **ct7** *bw-value* }命令配置。 ② 配置多 CT 时，仅支持标准模式，需执行 **mpls te bandwidth** { **ct0** *bw-value* | **ct1** *bw-value* | **ct2** *bw-value* | **ct3** *bw-value* | **ct4** *bw-value* | **ct5** *bw-value* | **ct6** *bw-value* | **ct7** *bw-value* } *命令配置。 缺省情况下，没有配置隧道带宽
9	**mpls te bypass-tunnel** 例如： [Huawei-Tunnel0/0/1] **mpls te bypass-tunnel**	使能旁路隧道。 配置旁路隧道后，系统会自动使能记录路由功能，即记录隧道的详细路径信息。 【说明】同一个 Tunnel 接口不能同时作为旁路隧道和备份隧道，即不能同时配置 **mpls te bypass-tunnel** 命令和 **mpls te backup** 命令；也不能同时作为旁路隧道和主隧道，即不能同时配置 **mpls te bypass-tunnel** 命令和 **mpls te fast-reroute** 命令。因为备份隧道与主隧道使用的是同一个 Tunnel 接口，而旁路隧道不能与主隧道使用同一个 Tunnel 接口
10	**mpls te protected-interface** *interface-type interface-number* 例如： [Huawei-Tunnel0/0/1] **mpls te protected-interface gigabitethernet** 1/0/0	指定旁路隧道要保护的接口（PLR 在主隧道中的出接口），被保护的接口必须使能 MPLS TE。一条隧道最多能同时保护 6 个物理接口。 一个隧道接口配置了 **mpls te protected-interface** 命令后，即代表该隧道接口为旁路隧道的 Tunnel 接口，不能再作为备份隧道和主隧道的 Tunnel 接口，所以不能再配置 **mpls te backup** 命令和 **mpls te fast-reroute** 命令
11	**mpls te commit** 例如： [Huawei-Tunnel0/0/1] **mpls te commit**	提交隧道配置，使配置更改生效

7.3.3　在 PLR 上配置 TE FRR 扫描定时器

配置 TE FRR 后，PLR 会定时刷新 TE FRR 的绑定关系，即针对每条主 CR-LSP，定时从当前的所有旁路隧道中查找最优的旁路隧道，并将主 LSP 与该旁路隧道绑定。TE FRR 扫描定时器用于设置 TE FRR 绑定关系的刷新周期，可按表 7-9 所示的配置步骤在 PLR 上修改刷新周期。

表 7-9　TE FRR 扫描定时器的配置步骤

步骤	命令	说明
1	system-view	进入系统视图
2	mpls	进入 MPLS 视图
3	mpls te timer fast-reroute [weight] 例如：[Huawei-mpls] mpls te timer fast-reroute 120	配置 TE FRR 绑定关系的刷新周期，整数形式，取值范围是 0～604800。执行该命令前，需要先执行 mpls rsvp-te 命令使能 RSVP-TE 功能。 缺省情况下，扫描时间间隔权值为 300，TE FRR 绑定关系的实际刷新周期由设备性能和 LSP 的容量情况动态决定

7.3.4　在 PLR 上修改 PSB 和 RSB 的超时倍数

为了支持在 RSVP GR 期间进行 TE FRR，需要按表 7-10 所示的步骤在 PLR 上修改 PSB 和 RSB 的超时倍数，防止 LSP 数量过多导致 GR 时间过长，从而使 PSB 和 RSB 因超时而被丢弃，TE FRR 功能失效。

表 7-10　PLR 上修改 PSB 和 RSB 的超时倍数的配置步骤

步骤	命令	说明
1	system-view	进入系统视图
2	mpls	进入 MPLS 视图
3	mpls rsvp-te keep-multiplier keep-multiplier-number 例如：[Huawei-mpls] mpls rsvp-te keep-multiplier 5	设置 RSVP 刷新消息重发的次数，整数形式，取值范围是 3～255。当网络中 CR-LSP 数量过多，并且配置了 RSVP GR 功能时，建议将 PSB 和 RSB 的超时倍数设置为大于或等于 5。执行该命令时，需要先执行 mpls rsvp-te 命令使能 RSVP-TE 功能。 缺省情况下，RSVP 刷新消息重发的次数为 3，可用 undo mpls rsvp-te keep-multiplier 命令恢复缺省设置

7.3.5　手工 TE FRR 的配置管理

已经完成所有手工 TE FRR 功能的配置后，可在任意视图下执行以下 display 命令查看、验证相关配置。

① display mpls lsp lsp-id ingress-lsr-id session-id lsp-id [verbose]：查看主 CR-LSP 的信息。

② display mpls lsp attribute bypass-inuse { inuse | not-exists | exists-not-used }：查看旁路 CR-LSP 的属性信息。

③ display mpls lsp attribute bypass-tunnel tunnel-name：查看旁路隧道 Tunnel 接口的属性信息。

④ display mpls te tunnel-interface [tunnel interface-number | auto-bypass-tunnel [tunnel-name]]：查看主隧道或旁路隧道 Tunnel 接口的详细信息。

⑤ display mpls te tunnel path [[[tunnel-name] tunnel-name] [lsp-id ingress-lsr-id session-id lsp-id] | fast-reroute { local-protection-available | local-protection-inuse } |

lsr-role { **ingress** | **transit** | **egress** }]：查看主隧道和旁路隧道的路径信息。

⑥ **display mpls rsvp-te statistics fast-reroute**：查看 TE FRR 统计信息。

⑦ **display mpls stale-interface** [*interface-index*] [**verbose**]：查看设备上处于 stale 状态的 MPLS 接口信息。

7.3.6　手工 TE FRR 的配置示例

如图 7-23 所示，主 CR-LSP 的路径为 LSRA→LSRB→LSRC→LSRD，要求对 LSRB→ LSRC 这段链路通过 TE FRR 进行链路保护，建立一条旁路 CR-LSP，路径为 LSRB→ LSRE→LSRC。LSRB 是 PLR，LSRC 是 MP。要求使用显式路径方式建立 MPLS TE 的主隧道和旁路隧道。

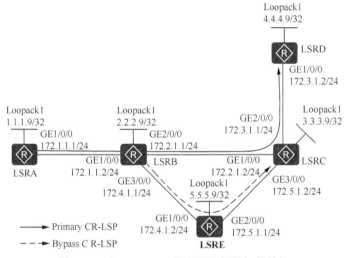

图 7-23　手工 TE FRR 的配置示例的拓扑结构

（1）基本配置思路分析

在手工 TE FRR 中，旁路 CR-LSP 是由用户手动配置的，其与主 CR-LSP 的绑定关系也是由用户指定的。本示例的基本配置思路如下。

① 在各节点上配置各接口的 IP 地址和公网 OSPF 路由（包括 Loopback 接口对应的主机路由）。

② 在各节点上配置 LSR ID，并在全局及公网接口上使能 MPLS、MPLS TE、RSVP-TE 功能，在隧道入节点上使能 CSPF 功能。

③ 在各节点上配置 OSPF TE，使能 OSPF 的 MPLS 信息发布功能。

④ 在主隧道入节点 LSRA 上创建并配置隧道接口，配置显式路径，并使能 TE FRR。

⑤ 在旁路隧道入节点 LSRB 上创建并配置隧道接口，配置显式路径，同时指定被保护链路的接口。

（2）具体配置步骤

① 在各节点上配置各接口的 IP 地址和公网 OSPF 路由（包括 Loopback 接口对应的主机路由），实现公网三层互通。

#---LSRA 上的配置，具体如下。

```
<Huawei> system-view
[Huawei] sysname LSRA
[LSRA] interface gigabitethernet 1/0/0
[LSRA-GigabitEthernet1/0/0] ip address 172.1.1.1 255.255.255.0
[LSRA-GigabitEthernet1/0/0] quit
[LSRA] interface loopback 1
[LSRA-LoopBack1] ip address 1.1.1.9 255.255.255.255
[LSRA-LoopBack1] quit
[LSRA] ospf 1
[LSRA-ospf-1] area 0
[LSRA-ospf-1-area-0.0.0.0] network 1.1.1.9 0.0.0.0
[LSRA-ospf-1-area-0.0.0.0] network 172.1.1.0 0.0.0.255
[LSRA-ospf-1-area-0.0.0.0] quit
[LSRA-ospf-1] quit
```

#---LSRB 上的配置，具体如下。

```
<Huawei> system-view
[Huawei] sysname LSRB
[LSRB] interface gigabitethernet 1/0/0
[LSRB-GigabitEthernet1/0/0] ip address 172.1.1.2 255.255.255.0
[LSRB-GigabitEthernet1/0/0] quit
[LSRB] interface gigabitethernet 2/0/0
[LSRB-GigabitEthernet2/0/0] ip address 172.2.1.1 255.255.255.0
[LSRB-GigabitEthernet2/0/0] quit
[LSRB] interface gigabitethernet 3/0/0
[LSRB-GigabitEthernet3/0/0] ip address 172.4.1.1 255.255.255.0
[LSRB-GigabitEthernet3/0/0] quit
[LSRB] interface loopback 1
[LSRB-LoopBack1] ip address 2.2.2.9 255.255.255.255
[LSRB-LoopBack1] quit
[LSRB] ospf 1
[LSRB-ospf-1] area 0
[LSRB-ospf-1-area-0.0.0.0] network 2.2.2.9 0.0.0.0
[LSRB-ospf-1-area-0.0.0.0] network 172.1.1.0 0.0.0.255
[LSRB-ospf-1-area-0.0.0.0] network 172.2.1.0 0.0.0.255
[LSRB-ospf-1-area-0.0.0.0] network 172.4.1.0 0.0.0.255
[LSRB-ospf-1-area-0.0.0.0] quit
[LSRB-ospf-1] quit
```

#---LSRC 上的配置，具体如下。

```
<Huawei> system-view
[Huawei] sysname LSRC
[LSRC] interface gigabitethernet 1/0/0
[LSRC-GigabitEthernet1/0/0] ip address 172.2.1.2 255.255.255.0
[LSRC-GigabitEthernet1/0/0] quit
[LSRC] interface gigabitethernet 2/0/0
[LSRC-GigabitEthernet2/0/0] ip address 172.3.1.1 255.255.255.0
[LSRC-GigabitEthernet2/0/0] quit
[LSRC] interface gigabitethernet 3/0/0
[LSRC-GigabitEthernet3/0/0] ip address 172.5.1.2 255.255.255.0
[LSRC-GigabitEthernet3/0/0] quit
[LSRC] interface loopback 1
[LSRC-LoopBack1] ip address 3.3.3.9 255.255.255.255
[LSRC-LoopBack1] quit
[LSRC] ospf 1
```

```
[LSRC-ospf-1] area 0
[LSRC-ospf-1-area-0.0.0.0] network 3.3.3.9 0.0.0.0
[LSRC-ospf-1-area-0.0.0.0] network 172.2.1.0 0.0.0.255
[LSRC-ospf-1-area-0.0.0.0] network 172.3.1.0 0.0.0.255
[LSRC-ospf-1-area-0.0.0.0] network 172.5.1.0 0.0.0.255
[LSRC-ospf-1-area-0.0.0.0] quit
[LSRC-ospf-1] quit
```

\#---LSRD 上的配置，具体如下。

```
<Huawei> system-view
[Huawei] sysname LSRD
[LSRD] interface gigabitethernet 1/0/0
[LSRD-GigabitEthernet1/0/0] ip address 172.3.1.2 255.255.255.0
[LSRD-GigabitEthernet1/0/0] quit
[LSRD] interface loopback 1
[LSRD-LoopBack1] ip address 4.4.4.9 255.255.255.255
[LSRD-LoopBack1] quit
[LSRD] ospf 1
[LSRD-ospf-1] area 0
[LSRD-ospf-1-area-0.0.0.0] network 4.4.4.9 0.0.0.0
[LSRD-ospf-1-area-0.0.0.0] network 172.3.1.0 0.0.0.255
[LSRD-ospf-1-area-0.0.0.0] quit
[LSRD-ospf-1] quit
```

\#---LSRE 上的配置，具体如下。

```
<Huawei> system-view
[Huawei] sysname LSRE
[LSRE] interface gigabitethernet 1/0/0
[LSRE-GigabitEthernet1/0/0] ip address 172.4.1.2 255.255.255.0
[LSRE-GigabitEthernet1/0/0] quit
[LSRE] interface gigabitethernet 2/0/0
[LSRE-GigabitEthernet2/0/0] ip address 172.5.1.1 255.255.255.0
[LSRE-GigabitEthernet2/0/0] quit
[LSRE] interface loopback 1
[LSRE-LoopBack1] ip address 5.5.5.9 255.255.255.255
[LSRE-LoopBack1] quit
[LSRE] ospf 1
[LSRE-ospf-1] area 0
[LSRE-ospf-1-area-0.0.0.0] network 5.5.5.9 0.0.0.0
[LSRE-ospf-1-area-0.0.0.0] network 172.4.1.0 0.0.0.255
[LSRE-ospf-1-area-0.0.0.0] network 172.5.1.0 0.0.0.255
[LSRE-ospf-1-area-0.0.0.0] quit
[LSRE-ospf-1] quit
```

以上配置完成后，在各节点上执行 **display ip routing-table** 命令可以看到各设备均已学习到公网中所有非直连网段的 OSPF 路由。图 7-24 是在 LSRA 上执行该命令的输出。

② 在各节点上配置 LSR ID，并在全局及公网接口上使能 MPLS、MPLS TE、RSVP-TE 功能，在隧道入节点上使能 CSPF 功能。

\#---LSRA 上的配置，具体如下。

LSRA 是主 CR-LSP 的入节点，需要使能 CSPF 功能。

```
[LSRA] mpls lsr-id 1.1.1.9
[LSRA] mpls
[LSRA-mpls] mpls te
[LSRA-mpls] mpls rsvp-te
```

[LSRA-mpls] **mpls te cspf**

[LSRA-mpls] **quit**

[LSRA] **interface** gigabitethernet 1/0/0

[LSRA-GigabitEthernet1/0/0] **mpls**

[LSRA-GigabitEthernet1/0/0] **mpls te**

[LSRA-GigabitEthernet1/0/0] **mpls rsvp-te**

[LSRA-GigabitEthernet1/0/0] **quit**

```
LSRA                                                          ⊡  _  □  X

<LSRA>display ip routing-table
Route Flags: R - relay, D - download to fib
------------------------------------------------------------------------
Routing Tables: Public
         Destinations : 16       Routes : 16

Destination/Mask    Proto   Pre  Cost      Flags NextHop        Interface

        1.1.1.9/32  Direct  0    0         D     127.0.0.1      LoopBack1
        2.2.2.9/32  OSPF    10   1         D     172.1.1.2      GigabitEthernet
1/0/0
        3.3.3.9/32  OSPF    10   2         D     172.1.1.2      GigabitEthernet
1/0/0
        4.4.4.9/32  OSPF    10   3         D     172.1.1.2      GigabitEthernet
1/0/0
        5.5.5.9/32  OSPF    10   2         D     172.1.1.2      GigabitEthernet
1/0/0
      127.0.0.0/8   Direct  0    0         D     127.0.0.1      InLoopBack0
      127.0.0.1/32  Direct  0    0         D     127.0.0.1      InLoopBack0
127.255.255.255/32  Direct  0    0         D     127.0.0.1      InLoopBack0
      172.1.1.0/24  Direct  0    0         D     172.1.1.1      GigabitEthernet
1/0/0
      172.1.1.1/32  Direct  0    0         D     127.0.0.1      GigabitEthernet
1/0/0
    172.1.1.255/32  Direct  0    0         D     127.0.0.1      GigabitEthernet
1/0/0
      172.2.1.0/24  OSPF    10   2         D     172.1.1.2      GigabitEthernet
1/0/0
      172.3.1.0/24  OSPF    10   3         D     172.1.1.2      GigabitEthernet
1/0/0
      172.4.1.0/24  OSPF    10   2         D     172.1.1.2      GigabitEthernet
1/0/0
      172.5.1.0/24  OSPF    10   3         D     172.1.1.2      GigabitEthernet
1/0/0
255.255.255.255/32  Direct  0    0         D     127.0.0.1      InLoopBack0

<LSRA>
```

图 7-24　在 LSRA 上执行 **display ip routing-table** 命令的输出

#---LSRB 上的配置，具体如下。

LSRB 是旁路 CR-LSP 的入节点，需要使能 CSPF 功能。

[LSRB] **mpls lsr-id 2.2.2.9**

[LSRB] **mpls**

[LSRB-mpls] **mpls te**

[LSRB-mpls] **mpls rsvp-te**

[LSRB-mpls] **mpls te cspf**

[LSRB-mpls] **quit**

[LSRB] **interface** gigabitethernet 1/0/0

[LSRB-GigabitEthernet1/0/0] **mpls**

[LSRB-GigabitEthernet1/0/0] **mpls te**

[LSRB-GigabitEthernet1/0/0] **mpls rsvp-te**

[LSRB-GigabitEthernet1/0/0] **quit**

[LSRB] **interface** gigabitethernet 2/0/0

[LSRB-GigabitEthernet2/0/0] **mpls**

[LSRB-GigabitEthernet2/0/0] **mpls te**

[LSRB-GigabitEthernet2/0/0] **mpls rsvp-te**

[LSRB-GigabitEthernet2/0/0] **quit**

[LSRB] **interface** gigabitethernet 3/0/0

[LSRB-GigabitEthernet3/0/0] **mpls**

[LSRB-GigabitEthernet3/0/0] **mpls te**

[LSRB-GigabitEthernet3/0/0] **mpls rsvp-te**

[LSRB-GigabitEthernet3/0/0] **quit**

#---LSRC 上的配置，具体如下。

```
[LSRC] mpls lsr-id 3.3.3.9
[LSRC] mpls
[LSRC-mpls] mpls te
[LSRC-mpls] mpls rsvp-te
[LSRC-mpls] quit
[LSRC] interface gigabitethernet 1/0/0
[LSRC-GigabitEthernet1/0/0] mpls
[LSRC-GigabitEthernet1/0/0] mpls te
[LSRC-GigabitEthernet1/0/0] mpls rsvp-te
[LSRC-GigabitEthernet1/0/0] quit
[LSRC] interface gigabitethernet 2/0/0
[LSRC-GigabitEthernet2/0/0] mpls
[LSRC-GigabitEthernet2/0/0] mpls te
[LSRC-GigabitEthernet2/0/0] mpls rsvp-te
[LSRC-GigabitEthernet2/0/0] quit
[LSRC] interface gigabitethernet 3/0/0
[LSRC-GigabitEthernet3/0/0] mpls
[LSRC-GigabitEthernet3/0/0] mpls te
[LSRC-GigabitEthernet3/0/0] mpls rsvp-te
[LSRC-GigabitEthernet3/0/0] quit
```

#---LSRD 上的配置，具体如下。

```
[LSRD] mpls lsr-id 4.4.4.9
[LSRD] mpls
[LSRD-mpls] mpls te
[LSRD-mpls] mpls rsvp-te
[LSRD-mpls] quit
[LSRD] interface gigabitethernet 1/0/0
[LSRD-GigabitEthernet1/0/0] mpls
[LSRD-GigabitEthernet1/0/0] mpls te
[LSRD-GigabitEthernet1/0/0] mpls rsvp-te
[LSRD-GigabitEthernet1/0/0] quit
```

#---LSRE 上的配置，具体如下。

```
[LSRE] mpls lsr-id 5.5.5.9
[LSRE] mpls
[LSRE-mpls] mpls te
[LSRE-mpls] mpls rsvp-te
[LSRE-mpls] quit
[LSRE] interface gigabitethernet 1/0/0
[LSRE-GigabitEthernet1/0/0] mpls
[LSRE-GigabitEthernet1/0/0] mpls te
[LSRE-GigabitEthernet1/0/0] mpls rsvp-te
[LSRE-GigabitEthernet1/0/0] quit
[LSRE] interface gigabitethernet 2/0/0
[LSRE-GigabitEthernet2/0/0] mpls
[LSRE-GigabitEthernet2/0/0] mpls te
[LSRE-GigabitEthernet2/0/0] mpls rsvp-te
[LSRE-GigabitEthernet2/0/0] quit
```

③ 在各节点上配置 OSPF TE，使能 OSPF 的 MPLS 信息发布功能。

#---LSRA 上的配置，具体如下。

```
[LSRA] ospf
[LSRA-ospf-1] opaque-capability enable
[LSRA-ospf-1] area 0
```

```
[LSRA-ospf-1-area-0.0.0.0] mpls-te enable
[LSRA-ospf-1-area-0.0.0.0] quit
[LSRA-ospf-1] quit
```

\#---LSRB 上的配置，具体如下。

```
[LSRB] ospf
[LSRB-ospf-1] opaque-capability enable
[LSRB-ospf-1] area 0
[LSRB-ospf-1-area-0.0.0.0] mpls-te enable
[LSRB-ospf-1-area-0.0.0.0] quit
[LSRB-ospf-1] quit
```

\#---LSRC 上的配置，具体如下。

```
[LSRC] ospf
[LSRC-ospf-1] opaque-capability enable
[LSRC-ospf-1] area 0
[LSRC-ospf-1-area-0.0.0.0] mpls-te enable
[LSRC-ospf-1-area-0.0.0.0] quit
[LSRC-ospf-1] quit
```

\#---LSRD 上的配置，具体如下。

```
[LSRD] ospf
[LSRD-ospf-1] opaque-capability enable
[LSRD-ospf-1] area 0
[LSRD-ospf-1-area-0.0.0.0] mpls-te enable
[LSRD-ospf-1-area-0.0.0.0] quit
[LSRD-ospf-1] quit
```

\#---LSRE 上的配置，具体如下。

```
[LSRE] ospf
[LSRE-ospf-1] opaque-capability enable
[LSRE-ospf-1] area 0
[LSRE-ospf-1-area-0.0.0.0] mpls-te enable
[LSRE-ospf-1-area-0.0.0.0] quit
[LSRE-ospf-1] quit
```

④ 在主隧道入节点 LSRA 上创建并配置主 CR-LSP 的 TE Tunnel 接口，配置显式路径，并使能 TE FRR。

\#---配置主 CR-LSP 的显式路径：LSRA→LSRB→LSRC→LSRD，具体如下。

```
[LSRA] explicit-path pri-path
[LSRA-explicit-path-pri-path] next hop 172.1.1.2
[LSRA-explicit-path-pri-path] next hop 172.2.1.2
[LSRA-explicit-path-pri-path] next hop 172.3.1.2
[LSRA-explicit-path-pri-path] next hop 4.4.4.9
[LSRA-explicit-path-pri-path] quit
```

\#---配置主 CR-LSP 的 MPLS TE 隧道接口，具体如下。

```
[LSRA] interface tunnel 0/0/1
[LSRA-Tunnel0/0/1] ip address unnumbered interface loopback 1
[LSRA-Tunnel0/0/1] tunnel-protocol mpls te
[LSRA-Tunnel0/0/1] destination 4.4.4.9
[LSRA-Tunnel0/0/1] mpls te tunnel-id 100
[LSRA-Tunnel0/0/1] mpls te signal-protocol rsvp-te
[LSRA-Tunnel0/0/1] mpls te path explicit-path pri-path
```

\#---使能 TE FRR，具体如下。

```
[LSRA-Tunnel0/0/1] mpls te fast-reroute
[LSRA-Tunnel0/0/1] mpls te commit
[LSRA-Tunnel0/0/1] quit
```

⑤ 在旁路隧道入节点 LSRB 上创建并配置 TE Tunnel 接口，配置显式路径，同时指定被保护链路的接口。

\#---配置旁路 CR-LSP 的显式路径：LSRB→LSRE→LSRC，具体如下。

```
[LSRB] explicit-path by-path
[LSRB-explicit-path-by-path] next hop 172.4.1.2
[LSRB-explicit-path-by-path] next hop 172.5.1.2
[LSRB-explicit-path-by-path] next hop 3.3.3.9
[LSRB-explicit-path-by-path] quit
```

\#---配置旁路 CR-LSP 的隧道接口，具体如下。

```
[LSRB] interface tunnel 0/0/2
[LSRB-Tunnel0/0/2] ip address unnumbered interface loopback 1
[LSRB-Tunnel0/0/2] tunnel-protocol mpls te
[LSRB-Tunnel0/0/2] destination 3.3.3.9
[LSRB-Tunnel0/0/2] mpls te tunnel-id 300
[LSRB-Tunnel0/0/2] mpls te signal-protocol rsvp-te
[LSRB-Tunnel0/0/2] mpls te path explicit-path by-path
[LSRB-Tunnel0/0/2] mpls te bypass-tunnel
```

\#---将旁路 CR-LSP 绑定到被保护的接口（即主 CR-LSP 的出接口），具体如下。

```
[LSRB-Tunnel0/0/2] mpls te protected-interface gigabitethernet 2/0/0
[LSRB-Tunnel0/0/2] mpls te commit
[LSRB-Tunnel0/0/2] quit
```

（3）配置结果验证

① 在 LSRB 上执行 **display interface tunnel** 命令可以看到旁路隧道 Tunnel0/0/2 接口的状态为 UP。还可在各节点上执行 **display mpls lsp** 命令，查看所建立的 LSP 表项。图 7-25 是在 LSRB 上执行这两个命令的输出，我们发现 LSRB 已建立两条分别到达 LSRD（4.4.4.9/32）和 LSRC（3.3.3.9/32）的 LSP。

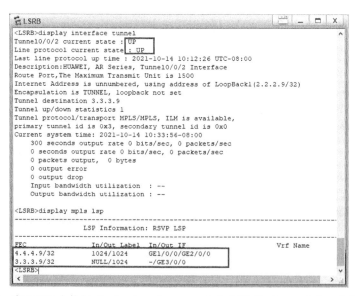

图 7-25　在 LSRB 上执行 **display interface tunnel** 命令和 **display mpls lsp** 命令的输出

② 在各节点上执行 **display mpls te tunnel** 命令，可以看到各节点到隧道的建立情况。图 7-26 和图 7-27 分别为 LSRB 和 LSRC 上的隧道建立情况，各建立了两条隧道。

```
LSRB
<LSRB>display mpls te tunnel
-----------------------------------------------------------------
Ingress LsrId    Destination    LSPID    In/Out Label    R  Tunnel-name
-----------------------------------------------------------------
1.1.1.9          4.4.4.9        1        1024/1024       T  Tunnel10/0/1
2.2.2.9          3.3.3.9        1        --/1024         I  Tunnel10/0/2
<LSRB>
```

图 7-26　在 LSRB 上执行 **display mpls te tunnel** 命令的输出

```
LSRC
<LSRC>display mpls te tunnel
-----------------------------------------------------------------
Ingress LsrId    Destination    LSPID    In/Out Label    R  Tunnel-name
-----------------------------------------------------------------
1.1.1.9          4.4.4.9        1        1024/3          T  Tunnel10/0/1
2.2.2.9          3.3.3.9        1        3/--            E  Tunnel10/0/2
<LSRC>
```

图 7-27　在 LSRC 上执行 **display mpls te tunnel** 命令的输出

③ 在 LSRB 上执行 **display mpls te tunnel name** Tunnel0/0/1 **verbose** 命令，可以看到旁路隧道当前未被使用（Not Used），如图 7-28 所示。

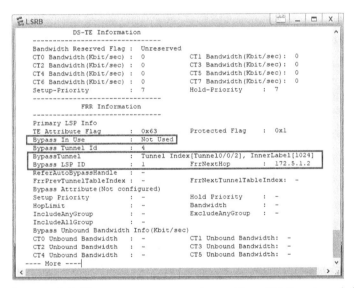

图 7-28　在 LSRB 上执行 **display mpls te tunnel name** Tunnel0/0/1 **verbose** 命令的输出

④ 在 PLR LSRB 上关闭主 CR-LSP 的出接口 GE2/0/0（也是旁路 CR-LSP 要保护的接口），具体如下，模拟 CR-LSP 中 LSRB 与 LSRC 之间的直连链路出现了故障。

```
[LSRB] interface gigabitethernet 2/0/0
[LSRB-GigabitEthernet2/0/0] shutdown
```

然后再在 LSRA 上执行 **display interface** tunnel0/0/1 命令，可以看到主 CR-LSP 的 Tunnel0/0/1 接口仍然处于 UP 状态。但在 LSRA 上执行 **tracert lsp te** tunnel0/0/1 命令查看隧道经过的路径时，却发现与前面配置的主 CR-LSP 的显示路径不完全一致，而是在 LSRB 与 LSRC 之间新增了 LSRE 节点，即在这段链路上已从原来主 CR-LSP 路径切换到旁路 CR-LSP。图 7-29 是在 LSRA 上执行这两条命令的输出。

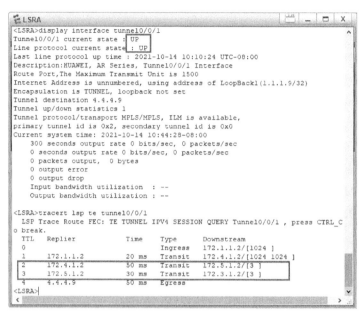

图 7-29　主 CR-LSP 被保护链路出现故障后，再在 LSRA 上执行 **display interface** tunnel0/0/1 命令和 **tracert lsp te** tunnel0/0/1 命令的输出

此时，再在 LSRB 上执行 **display mpls te tunnel name** Tunnel0/0/1 **verbose** 命令，可以看到旁路隧道已被使用，如图 7-30 所示。

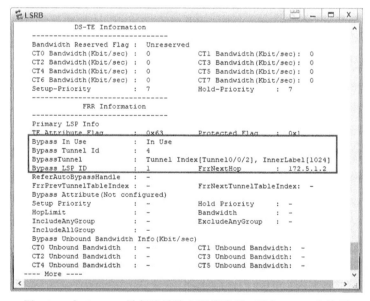

图 7-30　主 CR-LSP 被保护链路出现故障后，再在 LSRB 上执行 **display mpls te tunnel name** Tunnel0/0/1 **verbose** 命令的输出

⑤ 在 PLR 上配置 TE FRR 的扫描定时器的扫描时间间隔权值为 120。

[LSRB] **mpls**
[LSRB-mpls] **mpls te timer fast-reroute** 120
[LSRB-mpls] **quit**

然后再在 LSRB PLR 上重新打开被保护的出接口 GE2/0/0，使主 CR-LSP 恢复正常。

[LSRB] **interface** gigabitethernet 2/0/0
[LSRB-GigabitEthernet2/0/0] **undo shutdown**

以上配置完成后，等待 120 秒后再在 LSRB 上执行 **display mpls te tunnel name** Tunnel0/0/1 **verbose** 命令，可以看到 Tunnel0/0/1 的 Bypass In Use 的状态又变为 Not Used，表明数据流已切回到主 CR-LSP 上传输，如图 7-31 所示。

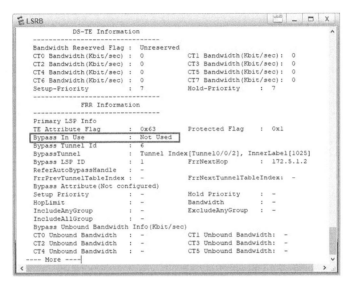

图 7-31　主 CR-LSP 故障恢复后在 LSRB 上执行 **display mpls te tunnel name** Tunnel0/0/1 **verbose** 命令的输出

通过以上验证，TE FRR 功能正常，表明本示例的配置是正确且成功的。

7.4　TE Auto FRR 的配置与管理

MPLS TE Auto FRR 也是 MPLS TE 中的一种局部性保护机制，用于保护 CR-LSP 的链路和节点，但此时的旁路隧道是系统自动发现、建立并与主隧道确定的，不需要用户手动配置，大大减轻了配置工作量。

MPLS TE Auto FRR 需要在主隧道的入节点或 PLR 上进行以下配置。

① 在旁路隧道 PLR 上全局使能 MPLS TE Auto FRR。

② 在主隧道的入节点隧道接口上使能 TE FRR，并配置自动旁路隧道的属性。

③（可选）在 PLR 上配置 TE FRR 扫描定时器。

本项配置任务与手工 TE FRR 中的该项配置任务的具体配置方法完全一样，参见 7.3.3 节即可。

④（可选）在 PLR 上修改 PSB 和 RSB 的超时倍数。

本项配置任务与手工 TE FRR 中的该项配置任务的具体配置方法完全一样，参见 7.3.4 节即可。

⑤（可选）在 PLR 上配置 Auto Bypass 隧道的重优化。

⑥（可选）在 PLR 上配置与其他厂商互通。

配置 TE Auto FRR 之前，需要完成以下任务。

① 配置动态 MPLS TE 或者 DS-TE 隧道。

② 在旁路隧道节点的全局和公网接口下使能 MPLS、MPLS TE 和 RSVP-TE 功能。

③ 在 PLR 上使能 CSPF 功能。

7.4.1　在 PLR 上全局使能 MPLS TE Auto FRR 功能

配置 TE Auto FRR 时，需要在 PLR 全局使能 MPLS TE Auto FRR 功能。如果需要实现链路保护，还需要进入对应接口使能链路保护功能，具体配置步骤见表 7-11。

表 7-11　使能 MPLS TE Auto FRR 的配置步骤

步骤	命令	说明
1	**system-view**	进入系统视图
2	**mpls**	进入 MPLS 视图
3	**mpls te auto-frr** 例如：[Huawei-mpls] **mpls te auto-frr**	全局使能 MPLS TE Auto FRR。全局使能 MPLS TE Auto FRR 后，所有使能 MPLS TE 的接口默认使能节点保护功能。 缺省情况下，全局 TE Auto FRR 功能处于未使能状态，可用 **undo mpls te auto-frr** 命令恢复缺省配置
4	**quit**	返回系统视图
5	**interface** *interface-type interface-number* 例如：[Huawei] **interface gigabitethernet 1/0/0**	进入主隧道出接口的接口视图
6	**mpls te auto-frr** { **link** | **node** | **default** | **block** } 例如： [Huawei-GigabitEthernet1/0/0] **mpls te auto-frr link** 【说明】在 MPLS 视图下配置了 **mpls te auto-frr** 命令后，在接口配置 **mpls te auto-frr default** 或者 **mpls te auto-frr node** 时，只进行节点保护。但是当拓扑不满足而导致节点保护的旁路隧道创建不成功时，主隧道的倒数第二跳会试图创建链路保护，其他节点则不会创建链路保护	（可选）使能接口 MPLS TE Auto FRR。 ① **link**：多选一选项，指定只提供链路保护。 ② **node**：多选一选项，指定提供节点保护。 ③ **default**：多选一选项，缺省情况，继承 MPLS 视图下的 TE Auto FRR 配置，只提供节点保护。 ④ **block**：多选一选项，指定在接口视图下去使能 TE Auto FRR 功能。此时，无论全局是否已使能或重新使能 MPLS TE Auto FRR，该接口都不具有 MPLS TE Auto FRR 功能。 通过第 3 步全局使能 TE Auto FRR 功能后，所有使能了 MPLS TE 的接口自动配置 **mpls te auto-frr default** 命令，继承 MPLS 视图下的 TE Auto FRR 配置，仅提供节点保护功能。 缺省情况下，接口未使能 TE Auto FRR 功能，可用 **undo mpls te auto-frr** { **block** | **link** | **node** } 命令去使能对应的保护功能

7.4.2　使能 TE FRR 并配置自动旁路隧道的属性

使能 TE FRR 后，系统自动建立旁路保护隧道，可在主 MPLS TE 隧道入节点按表 7-12 的步骤配置自动旁路隧道属性。

表 7-12　使能 TE FRR 并配置自动旁路隧道的属性的配置步骤

步骤	命令	说明
1	**system-view**	进入系统视图
2	**interface tunnel** *tunnel-number*	进入主 MPLS TE 隧道的 Tunnel 接口视图
3	**mpls te fast-reroute** [**bandwidth**] 例如：[Huawei-Tunnel0/0/1] **mpls te fast-reroute bandwidth**	使能快速重路由功能，其他说明参见 7.3.1 节的表 7-7 中的第 3 步
4	**mpls te bypass-attributes** [**bandwidth** *bandwidth*] [**priority** *setup-priority* [*hold-priority*]] 例如：[Huawei-Tunnel0/0/1] **mpls te bypass-attributes bandwidth 2048 priority 3 3**	设置 MPLS TE 自动快速重路由的旁路隧道属性。 ① **bandwidth** *bandwidth*：可选参数，指定自动旁路隧道的带宽值，整数形式，取值范围是 1～4000000000，单位是 Kbit/s。 ② *setup-priority*：可选参数，指定自动旁路隧道的建立优先级，整数形式，取值范围是 0～7，数值越小优先级越高，缺省值为 7。 ③ *hold-priority*：可选参数，指定自动旁路隧道的保持优先级，整数形式，取值范围是 0～7，数值越小优先级越高，缺省值为 7。 【注意】配置时要注意以下 6 点。 ① 只有主隧道配置了 **mpls te fast-reroute bandwidth** 后，才能配置旁路隧道的属性。 ② 自动旁路隧道的带宽不能大于主隧道的带宽。 ③ 如果没有配置自动旁路隧道的属性，默认自动旁路隧道的带宽和主隧道的带宽相同。 ④ 旁路隧道的建立优先级不能高于其保持优先级，并且二者均不能高于主隧道的相应优先级。 ⑤ 当主隧道的带宽值改变或去使能 TE FRR 后，旁路隧道的属性会被自动清除。 ⑥ 同一个 TE 隧道接口下，旁路隧道带宽配置与多 CT 配置互斥。 缺省情况下，没有设置 MPLS TE 自动快速重路由的旁路隧道属性，可用 **undo mpls te bypass-attributes** 命令恢复缺省设置
5	**mpls te commit** 例如：[Huawei-Tunnel0/0/1] **mpls te commit**	配置旁路隧道的目的地址为 MP 的 LSR ID

7.4.3　在 PLR 上配置 Auto Bypass 隧道的重优化

在配置了 TE Auto FRR 功能的网络中，当网络环境发生变化，产生了更优路径时，如果需要自动旁路隧道能够随网络的变化而自动重优化，可以按表 7-13 的步骤在 PLR 上配置 Auto Bypass 隧道的重优化功能，定期重计算自动旁路隧道穿越的路由。对于同一目的地址由于某些原因（例如 Cost 值的调整）出现了更优的路径时，则创建一条新的自动旁路隧道，以达到优化网络资源的目的。

表 7-13　PLR 上 Auto Bypass 隧道重优化的配置步骤

步骤	命令	说明
1	**system-view**	进入系统视图
2	**mpls**	进入 MPLS 视图
3	**mpls te auto-frr reoptimization** [**frequency** *interval*] 例如：[Huawei-mpls] **mpls te auto-frr reoptimization frequency** 8939	配置 Auto Bypass 隧道的重优化，并可指定重优化周期，整数形式，取值范围是 60～604800，单位是秒，缺省情况为 3600 秒。 配置后，系统会根据指定周期将 Auto Bypass 隧道的约束条件执行计算，如果有到达同一目的地址的更优路径，则对 Auto Bypass 隧道进行重优化。 缺省情况下，不进行重优化，可用 **undo mpls te auto-frr reoptimization** 命令去使能 Auto Bypass 隧道的定时重优化功能
4	**return**	返回用户视图
5	**mpls te reoptimization** 例如<Huawei> **mpls te reoptimization**	（可选）对所有有重优化属性的隧道进行立即重优化。执行了立即重优化后，定时重优化的定时器将被清零，重新计时

7.4.4　在 PLR 上配置与其他厂商互通

在 MPLS TE 部署时，如果与华为设备进行对接的其他厂商的设备设置的 FRR 对象中的带宽采用整型存放时，需要在担当 PLR 的华为设备上按表 7-14 的步骤进行配置，将 FRR 对象中的带宽设置为采用整型存放。

表 7-14　与其他厂商互通的配置步骤

步骤	命令	说明
1	**system-view**	进入系统视图
2	**mpls**	进入 MPLS 视图
3	**mpls rsvp-te fast-reroute-bandwidth compatible** 例如：[Huawei-mpls] **mpls rsvp-te fast-reroute-bandwidth compatible**	配置 FRR 对象中的带宽采用整型存放。 缺省情况下，FRR 对象中的带宽采用浮点型存放，可用 **undo mpls rsvp-te fast-reroute-bandwidth compatible** 命令恢复缺省配置

7.4.5　TE Auto FRR 的配置示例

如图 7-32 所示，要求创建一条沿显式路径（LSRA→LSRB→LSRC→LSRD）的主隧道。在入节点 LSRA 创建一条节点保护的旁路隧道用来保护节点 LSRB，在中间节点 LSRB 上创建一条链路保护的旁路隧道用来保护 LSRB 与 LSRC 之间的链路。

（1）基本配置思路分析

本示例要同时创建两条旁路隧道，一条采用节点保护方式，保护主 CR-LSP 中的中间节点 LSRB，另一条采用链路保护方式，保护主 CR-LSP 中 LSRB 与 LSRC 之间的链路。本示例采用 TE Auto FRR 方式，所以两条旁路隧道的 Tunnel 接口、属性及与主隧道的绑定均不需要手动配置。

根据本节前面各小节介绍的自动 TE Auto FRR 功能的配置任务，再结合本示例的要求，可得出本示例基本配置思路，具体如下。

① 在各节点上配置各接口的 IP 地址和公网 OSPF 路由（包括 Loopback 接口对应的网段路由）。

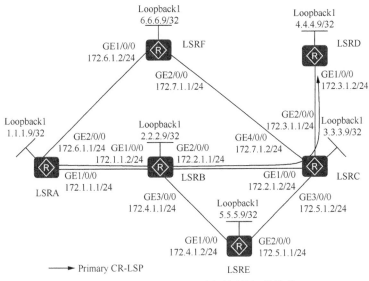

图 7-32　TE Auto FRR 配置示例的拓扑结构

② 在各节点上配置 LSR ID，并在全局以及公网接口上使能 MPLS、MPLS TE、RSVP-TE 功能，在入节点上全局使能 CSPF 功能。

③ 在各节点上配置 OSPF TE，使能 OSPF 的 MPLS 信息发布功能。

④ 在 LSRA（此时作为其中一条旁路隧道的入节点）上使能 MPLS TE Auto FRR，配置保护 LSRB。在 LSRB（另一条旁路隧道的入节点）上使能 MPLS TE Auto FRR，配置保护 LSRB 与 LSRC 之间的链路。

⑤ 在主隧道入节点 LSRA 上创建并配置隧道接口，配置显示路径，并使能 TE FRR功能。

（2）具体配置步骤

① 在各节点上配置各接口的 IP 地址和公网 OSPF 路由（包括 Loopback 接口对应的网段路由）。

#---LSRA 上的配置，具体如下。

```
<Huawei> system-view
[Huawei] sysname LSRA
[LSRA] interface gigabitethernet 1/0/0
[LSRA-GigabitEthernet1/0/0] ip address 172.1.1.1 255.255.255.0
[LSRA-GigabitEthernet1/0/0] quit
[LSRA] interface gigabitethernet 2/0/0
[LSRA-GigabitEthernet2/0/0] ip address 172.6.1.1 255.255.255.0
[LSRA-GigabitEthernet2/0/0] quit
[LSRA] interface loopback 1
[LSRA-LoopBack1] ip address 1.1.1.9 255.255.255.255
[LSRA-LoopBack1] quit
[LSRA] ospf 1
[LSRA-ospf-1] area 0
[LSRA-ospf-1-area-0.0.0.0] network 1.1.1.9 0.0.0.0
[LSRA-ospf-1-area-0.0.0.0] network 172.1.1.0 0.0.0.255
[LSRA-ospf-1-area-0.0.0.0] network 172.6.1.0 0.0.0.255
[LSRA-ospf-1-area-0.0.0.0] quit
[LSRA-ospf-1] quit
```

#---LSRB 上的配置，具体如下。

```
<Huawei> system-view
[Huawei] sysname LSRB
[LSRB] interface gigabitethernet 1/0/0
[LSRB-GigabitEthernet1/0/0] ip address 172.1.1.2 255.255.255.0
[LSRB-GigabitEthernet1/0/0] quit
[LSRB] interface gigabitethernet 2/0/0
[LSRB-GigabitEthernet2/0/0] ip address 172.2.1.1 255.255.255.0
[LSRB-GigabitEthernet2/0/0] quit
[LSRB] interface gigabitethernet 3/0/0
[LSRB-GigabitEthernet3/0/0] ip address 172.4.1.1 255.255.255.0
[LSRB-GigabitEthernet3/0/0] quit
[LSRB] interface loopback 1
[LSRB-LoopBack1] ip address 2.2.2.9 255.255.255.255
[LSRB-LoopBack1] quit
[LSRB] ospf 1
[LSRB-ospf-1] area 0
[LSRB-ospf-1-area-0.0.0.0] network 2.2.2.9 0.0.0.0
[LSRB-ospf-1-area-0.0.0.0] network 172.1.1.0 0.0.0.255
[LSRB-ospf-1-area-0.0.0.0] network 172.2.1.0 0.0.0.255
[LSRB-ospf-1-area-0.0.0.0] network 172.4.1.0 0.0.0.255
[LSRB-ospf-1-area-0.0.0.0] quit
[LSRB-ospf-1] quit
```

#---LSRC 上的配置，具体如下。

```
<Huawei> system-view
[Huawei] sysname LSRC
[LSRC] interface gigabitethernet 1/0/0
[LSRC-GigabitEthernet1/0/0] ip address 172.2.1.2 255.255.255.0
[LSRC-GigabitEthernet1/0/0] quit
[LSRC] interface gigabitethernet 2/0/0
[LSRC-GigabitEthernet2/0/0] ip address 172.3.1.1 255.255.255.0
[LSRC-GigabitEthernet2/0/0] quit
[LSRC] interface gigabitethernet 3/0/0
[LSRC-GigabitEthernet3/0/0] ip address 172.5.1.2 255.255.255.0
[LSRC-GigabitEthernet3/0/0] quit
[LSRC] interface gigabitethernet 4/0/0
[LSRC-GigabitEthernet4/0/0] ip address 172.7.1.2 255.255.255.0
[LSRC-GigabitEthernet4/0/0] quit
[LSRC] interface loopback 1
[LSRC-LoopBack1] ip address 3.3.3.9 255.255.255.255
[LSRC-LoopBack1] quit
[LSRC] ospf 1
[LSRC-ospf-1] area 0
[LSRC-ospf-1-area-0.0.0.0] network 3.3.3.9 0.0.0.0
[LSRC-ospf-1-area-0.0.0.0] network 172.2.1.0 0.0.0.255
[LSRC-ospf-1-area-0.0.0.0] network 172.3.1.0 0.0.0.255
[LSRC-ospf-1-area-0.0.0.0] network 172.5.1.0 0.0.0.255
[LSRC-ospf-1-area-0.0.0.0] network 172.7.1.0 0.0.0.255
[LSRC-ospf-1-area-0.0.0.0] quit
[LSRC-ospf-1] quit
```

#---LSRD 上的配置，具体如下。

```
<Huawei> system-view
[Huawei] sysname LSRD
[LSRD] interface gigabitethernet 1/0/0
```

```
[LSRD-GigabitEthernet1/0/0] ip address 172.3.1.2 255.255.255.0
[LSRD-GigabitEthernet1/0/0] quit
[LSRD] interface loopback 1
[LSRD-LoopBack1] ip address 4.4.4.9 255.255.255.255
[LSRD-LoopBack1] quit
[LSRD] ospf 1
[LSRD-ospf-1] area 0
[LSRD-ospf-1-area-0.0.0.0] network 4.4.4.9 0.0.0.0
[LSRD-ospf-1-area-0.0.0.0] network 172.3.1.0 0.0.0.255
[LSRD-ospf-1-area-0.0.0.0] quit
[LSRD-ospf-1] quit
```

#---LSRE 上的配置，具体如下。

```
<Huawei> system-view
[Huawei] sysname LSRE
[LSRE] interface gigabitethernet 1/0/0
[LSRE-GigabitEthernet1/0/0] ip address 172.4.1.2 255.255.255.0
[LSRE-GigabitEthernet1/0/0] quit
[LSRE] interface gigabitethernet 2/0/0
[LSRE-GigabitEthernet2/0/0] ip address 172.5.1.1 255.255.255.0
[LSRE-GigabitEthernet2/0/0] quit
[LSRE] interface loopback 1
[LSRE-LoopBack1] ip address 5.5.5.9 255.255.255.255
[LSRE-LoopBack1] quit
[LSRE] ospf 1
[LSRE-ospf-1] area 0
[LSRE-ospf-1-area-0.0.0.0] network 5.5.5.9 0.0.0.0
[LSRE-ospf-1-area-0.0.0.0] network 172.4.1.0 0.0.0.255
[LSRE-ospf-1-area-0.0.0.0] network 172.5.1.0 0.0.0.255
[LSRE-ospf-1-area-0.0.0.0] quit
[LSRE-ospf-1] quit
```

#---LSRF 上的配置，具体如下。

```
<Huawei> system-view
[Huawei] sysname LSRF
[LSRF] interface gigabitethernet 1/0/0
[LSRF-GigabitEthernet1/0/0] ip address 172.6.1.2 255.255.255.0
[LSRF-GigabitEthernet1/0/0] quit
[LSRF] interface gigabitethernet 2/0/0
[LSRF-GigabitEthernet2/0/0] ip address 172.7.1.1 255.255.255.0
[LSRF-GigabitEthernet2/0/0] quit
[LSRF] interface loopback 1
[LSRF-LoopBack1] ip address 6.6.6.9 255.255.255.255
[LSRF-LoopBack1] quit
[LSRF] ospf 1
[LSRF-ospf-1] area 0
[LSRF-ospf-1-area-0.0.0.0] network 6.6.6.9 0.0.0.0
[LSRF-ospf-1-area-0.0.0.0] network 172.6.1.0 0.0.0.255
[LSRF-ospf-1-area-0.0.0.0] network 172.7.1.0 0.0.0.255
[LSRF-ospf-1-area-0.0.0.0] quit
[LSRF-ospf-1] quit
```

　　以上配置完成后，在各节点上执行 **display ip routing-table** 命令，可以发现各节点已学习到所有非直连网段的 OSPF 路由。

　　② 在各节点上配置 LSR ID，并在全局以及公网接口上使能 MPLS、MPLS TE、RSVP-

TE 功能，在入节点上全局使能 CSPF 功能。

本示例涉及 3 条 CR-LSP，其中主 CR-LSP 和用来保护节点 LSRB 的一条旁路 CR-LSP 的入节点均为 LSRA，另一条用来保护 LSRB 和 LSRC 之间的链路的旁路 CR-LSP 的入节点为 LSRB。当然，这里仅针对单向 CR-LSP 而言，在实际通信中，也需要构建双向的 CR-LSP，此时主 CR-LSP 中的 LSRD，以及两条旁路 CR-LSP 中的 LSRC 都是入节点。在此仅以单向 CR-LSP 为例进行介绍，仅在 LSRA、LSRB 上使能 CSPF 功能。

#---LSRA 上的配置，具体如下。

```
[LSRA] mpls lsr-id 1.1.1.9
[LSRA] mpls
[LSRA-mpls] mpls te
[LSRA-mpls] mpls rsvp-te
[LSRA-mpls] mpls te cspf
[LSRA-mpls] quit
[LSRA] interface gigabitethernet 1/0/0
[LSRA-GigabitEthernet1/0/0] mpls
[LSRA-GigabitEthernet1/0/0] mpls te
[LSRA-GigabitEthernet1/0/0] mpls rsvp-te
[LSRA-GigabitEthernet1/0/0] quit
[LSRA] interface gigabitethernet 2/0/0
[LSRA-GigabitEthernet2/0/0] mpls
[LSRA-GigabitEthernet2/0/0] mpls te
[LSRA-GigabitEthernet2/0/0] mpls rsvp-te
[LSRA-GigabitEthernet2/0/0] quit
```

#---LSRB 上的配置，具体如下。

```
[LSRB] mpls lsr-id 2.2.2.9
[LSRB] mpls
[LSRB-mpls] mpls te
[LSRB-mpls] mpls rsvp-te
[LSRB-mpls] mpls te cspf
[LSRB-mpls] quit
[LSRB] interface gigabitethernet 1/0/0
[LSRB-GigabitEthernet1/0/0] mpls
[LSRB-GigabitEthernet1/0/0] mpls te
[LSRB-GigabitEthernet1/0/0] mpls rsvp-te
[LSRB-GigabitEthernet1/0/0] quit
[LSRB] interface gigabitethernet 2/0/0
LSRB-GigabitEthernet2/0/0] mpls
[LSRB-GigabitEthernet2/0/0] mpls te
[LSRB-GigabitEthernet2/0/0] mpls rsvp-te
[LSRB-GigabitEthernet2/0/0] quit
[LSRB] interface gigabitethernet 3/0/0
[LSRB-GigabitEthernet3/0/0] mpls
[LSRB-GigabitEthernet3/0/0] mpls te
[LSRB-GigabitEthernet3/0/0] mpls rsvp-te
[LSRB-GigabitEthernet3/0/0] quit
```

#---LSRC 上的配置，具体如下。

```
[LSRC] mpls lsr-id 3.3.3.9
[LSRC] mpls
[LSRC-mpls] mpls te
[LSRC-mpls] mpls rsvp-te
[LSRC-mpls] quit
```

```
[LSRC] interface gigabitethernet 1/0/0
[LSRC-GigabitEthernet1/0/0] mpls
[LSRC-GigabitEthernet1/0/0] mpls te
[LSRC-GigabitEthernet1/0/0] mpls rsvp-te
[LSRC-GigabitEthernet1/0/0] quit
[LSRC] interface gigabitethernet 2/0/0
[LSRC-GigabitEthernet2/0/0] mpls
[LSRC-GigabitEthernet2/0/0] mpls te
[LSRC-GigabitEthernet2/0/0] mpls rsvp-te
[LSRC-GigabitEthernet2/0/0] quit
[LSRC] interface gigabitethernet 3/0/0
[LSRC-GigabitEthernet3/0/0] mpls
[LSRC-GigabitEthernet3/0/0] mpls te
[LSRC-GigabitEthernet3/0/0] mpls rsvp-te
[LSRC-GigabitEthernet3/0/0] quit
[LSRC] interface gigabitethernet 4/0/0
[LSRC-GigabitEthernet4/0/0] mpls
[LSRC-GigabitEthernet4/0/0] mpls te
[LSRC-GigabitEthernet4/0/0] mpls rsvp-te
[LSRC-GigabitEthernet4/0/0] quit
```

\#---LSRD 上的配置，具体如下。

```
[LSRD] mpls lsr-id 4.4.4.9
[LSRD] mpls
[LSRD-mpls] mpls te
[LSRD-mpls] mpls rsvp-te
[LSRD-mpls] quit
[LSRD] interface gigabitethernet 1/0/0
[LSRD-GigabitEthernet1/0/0] mpls
[LSRD-GigabitEthernet1/0/0] mpls te
[LSRD-GigabitEthernet1/0/0] mpls rsvp-te
[LSRD-GigabitEthernet1/0/0] quit
```

\#---LSRE 上的配置，具体如下。

```
[LSRE] mpls lsr-id 5.5.5.9
[LSRE] mpls
[LSRE-mpls] mpls te
[LSRE-mpls] mpls rsvp-te
[LSRE-mpls] quit
[LSRE] interface gigabitethernet 1/0/0
[LSRE-GigabitEthernet1/0/0] mpls
[LSRE-GigabitEthernet1/0/0] mpls te
[LSRE-GigabitEthernet1/0/0] mpls rsvp-te
[LSRE-GigabitEthernet1/0/0] quit
[LSRE] interface gigabitethernet 2/0/0
[LSRE-GigabitEthernet2/0/0] mpls
[LSRE-GigabitEthernet2/0/0] mpls te
[LSRE-GigabitEthernet2/0/0] mpls rsvp-te
[LSRE-GigabitEthernet2/0/0] quit
```

\#---LSRF 上的配置，具体如下。

```
[LSRF] mpls lsr-id 6.6.6.9
[LSRF] mpls
[LSRF-mpls] mpls te
[LSRF-mpls] mpls rsvp-te
[LSRF-mpls] quit
[LSRF] interface gigabitethernet 1/0/0
```

```
[LSRF-GigabitEthernet1/0/0] mpls
[LSRF-GigabitEthernet1/0/0] mpls te
[LSRF-GigabitEthernet1/0/0] mpls rsvp-te
[LSRF-GigabitEthernet1/0/0] quit
[LSRF] interface gigabitethernet 2/0/0
[LSRF-GigabitEthernet2/0/0] mpls
[LSRF-GigabitEthernet2/0/0] mpls te
[LSRF-GigabitEthernet2/0/0] mpls rsvp-te
[LSRF-GigabitEthernet2/0/0] quit
```

③ 在各节点上配置 OSPF TE，使能 OSPF 的 MPLS 信息发布功能。

#---LSRA 上的配置，具体如下。

```
[LSRA] ospf
[LSRA-ospf-1] opaque-capability enable
[LSRA-ospf-1] area 0
[LSRA-ospf-1-area-0.0.0.0] mpls-te enable
[LSRA-ospf-1-area-0.0.0.0] quit
[LSRA-ospf-1] quit
```

#---LSRB 上的配置，具体如下。

```
[LSRB] ospf
[LSRB-ospf-1] opaque-capability enable
[LSRB-ospf-1] area 0
[LSRB-ospf-1-area-0.0.0.0] mpls-te enable
[LSRB-ospf-1-area-0.0.0.0] quit
[LSRB-ospf-1] quit
```

#---LSRC 上的配置，具体如下。

```
[LSRC] ospf
[LSRC-ospf-1] opaque-capability enable
[LSRC-ospf-1] area 0
[LSRC-ospf-1-area-0.0.0.0] mpls-te enable
[LSRC-ospf-1-area-0.0.0.0] quit
[LSRC-ospf-1] quit
```

#---LSRD 上的配置，具体如下。

```
[LSRD] ospf
[LSRD-ospf-1] opaque-capability enable
[LSRD-ospf-1] area 0
[LSRD-ospf-1-area-0.0.0.0] mpls-te enable
[LSRD-ospf-1-area-0.0.0.0] quit
[LSRD-ospf-1] quit
```

#---LSRE 上的配置，具体如下。

```
[LSRE] ospf
[LSRE-ospf-1] opaque-capability enable
[LSRE-ospf-1] area 0
[LSRE-ospf-1-area-0.0.0.0] mpls-te enable
[LSRE-ospf-1-area-0.0.0.0] quit
[LSRE-ospf-1] quit
```

#---LSRF 上的配置，具体如下。

```
[LSRF] ospf
[LSRF-ospf-1] opaque-capability enable
[LSRF-ospf-1] area 0
[LSRF-ospf-1-area-0.0.0.0] mpls-te enable
[LSRF-ospf-1-area-0.0.0.0] quit
[LSRF-ospf-1] quit
```

④ 在 LSRA 上使能 MPLS TE Auto FRR，配置保护 LSRB。在 LSRB 上使能 MPLS TE Auto FRR，配置保护 LSRB 与 LSRC 之间的链路。

LSRA 作为其中一条旁路 CR-LSP 的入节点，采用节点保护方式，LSRB 作为另一条旁路 CR-LSP 的入节点，采用链路保护方式。

#---LSRA 上的配置，具体如下。

以 LSRA 作为入节点的旁路 CR-LSP 采用节点保护方式，而在系统全局使能 TE Auto FRR 功能后，所有使能了 MPLS TE 的接口自动配置了 **mpls te auto-frr default**，继承了 MPLS 视图下的 TE Auto FRR 配置，默认使能节点保护功能，故在 LSRA 上不需要专门针对其出接口 GE2/0/0 配置节点保护方式。

```
[LSRA] mpls
[LSRA-mpls] mpls te auto-frr
[LSRA-mpls] quit
```

#---LSRB 上的配置，具体如下。

以 LSRB 作为入节点的旁路 CR-LSP 采用链路保护方式，除了需要在 MPLS 视图下全局使能 TE FRR 功能，还需要在要保护的链路出接口 GE2/0/0 上配置链路保护方式。

```
[LSRB] mpls
[LSRB-mpls] mpls te auto-frr
[LSRB-mpls] quit
[LSRB] interface gigabitethernet 2/0/0
[LSRB-GigabitEthernet2/0/0] mpls te auto-frr link #---指定采用链路保护方式
[LSRB-GigabitEthernet2/0/0] quit
```

⑤ 在主隧道入节点 LSRA 上创建并配置隧道接口，配置显示路径，并使能 TE FRR。

#---配置主 CR-LSP 的显式路径：LSRA→LSRB→LSRC→LSRD，具体如下。

```
[LSRA] explicit-path pri-path
[LSRA-explicit-path-pri-path] next hop 172.1.1.2
[LSRA-explicit-path-pri-path] next hop 172.2.1.2
[LSRA-explicit-path-pri-path] next hop 172.3.1.2
[LSRA-explicit-path-pri-path] next hop 4.4.4.9
[LSRA-explicit-path-pri-path] quit
```

#---创建并配置主 CR-LSP 的 MPLS TE 隧道接口，具体如下。

```
[LSRA] interface tunnel 0/0/1
[LSRA-Tunnel0/0/1] ip address unnumbered interface loopback 1
[LSRA-Tunnel0/0/1] tunnel-protocol mpls te
[LSRA-Tunnel0/0/1] destination 4.4.4.9    #---主 CR-LSP 的目的地址为 LSRD 的 LSR ID
[LSRA-Tunnel0/0/1] mpls te tunnel-id 100  #---指定对应的 TE 隧道 ID 号为 100
[LSRA-Tunnel0/0/1] mpls te record-route label    #---使能建立隧道时记录路由和标签功能
[LSRA-Tunnel0/0/1] mpls te path explicit-path pri-path  #---调用前面创建的显示路径
[LSRA-Tunnel0/0/1] mpls te priority 4 3 #---配置主 TE 隧道的建立优先级和保持优先级分别为 4 和 3，值越大，优先级越低
[LSRA-Tunnel0/0/1] mpls te fast-reroute    #---使能 TE FRR 功能
[LSRA-Tunnel0/0/1] mpls te commit
[LSRA-Tunnel0/0/1] quit
```

（3）配置结果验证

以上配置完成后，可以进行以下配置结果验证。

① 在各节点上执行 **display mpls te tunnel** 命令，可以看到各节点上 TE 隧道的建立情况。图 7-33 是在 LSRA 上执行该命令的输出，从图 7-33 中我们可以看到 LSRA 建立了两条隧道，一条是主隧道（目的地址为 4.4.4.9），另一条是旁路隧道（目的地址为

3.3.3.9）；图 7-34 是在 LSRC 上执行该命令的输出，从图 7-34 中我们可以看到 LSRC 建立了 3 条隧道，一条主隧道（目的地址为 4.4.4.9），两条旁路隧道（目的地址均为 3.3.3.9）。

```
LSRA                                                              □ _ □ X
<LSRA>display mpls te tunnel
-----------------------------------------------------------------
Ingress LsrId   Destination    LSPID   In/Out Label    R  Tunnel-name
-----------------------------------------------------------------
1.1.1.9         4.4.4.9        2       --/1025         I  Tunnel0/0/1
1.1.1.9         3.3.3.9        1       --/1024         I  Tunnel0/0/512
<LSRA>
```

图 7-33　在 LSRA 上执行 **display mpls te tunnel** 命令的输出

```
LSRC                                                              □ _ □ X
<LSRC>display mpls te tunnel
-----------------------------------------------------------------
Ingress LsrId   Destination    LSPID   In/Out Label    R  Tunnel-name
-----------------------------------------------------------------
2.2.2.9         3.3.3.9        1       3/--            E  Tunnel0/0/512
1.1.1.9         4.4.4.9        2       1025/3          T  Tunnel0/0/1
1.1.1.9         3.3.3.9        1       3/--            E  Tunnel0/0/512
<LSRC>
```

图 7-34　在 LSRC 上执行 **display mpls te tunnel** 命令的输出

② 在 LSRA 和 LSRB 上执行 **display mpls te tunnel name** Tunnel0/0/1 **verbose** 命令查看主隧道，可以看到它们通过 TE FRR 功能各自绑定了一条旁路隧道（隧道接口均为自动创建的 Tunnel0/0/512），但当前均未使用，分别如图 7-35 和图 7-36 所示。

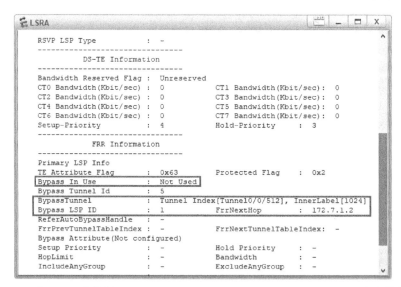

```
LSRA                                                              □ _ □ X
RSVP LSP Type            : -
          -----------------------------------------
                    DS-TE Information
          -----------------------------------------
Bandwidth Reserved Flag : Unreserved
CT0 Bandwidth(Kbit/sec) : 0          CT1 Bandwidth(Kbit/sec) :  0
CT2 Bandwidth(Kbit/sec) : 0          CT3 Bandwidth(Kbit/sec) :  0
CT4 Bandwidth(Kbit/sec) : 0          CT5 Bandwidth(Kbit/sec) :  0
CT6 Bandwidth(Kbit/sec) : 0          CT7 Bandwidth(Kbit/sec) :  0
Setup-Priority          : 4          Hold-Priority           :  3
          -----------------------------------------
                    FRR Information
          -----------------------------------------
Primary LSP Info
TE Attribute Flag       : 0x63       Protected Flag          : 0x2
Bypass In Use           : Not Used
Bypass Tunnel Id        : 5
BypassTunnel            : Tunnel Index[Tunnel0/0/512], InnerLabel[1024]
Bypass LSP ID           : 1          FrrNextHop              : 172.7.1.2
ReferAutoBypassHandle   : -
FrrPrevTunnelTableIndex : -          FrrNextTunnelTableIndex : -
Bypass Attribute(Not configured)
Setup Priority          : -          Hold Priority           : -
HopLimit                : -          Bandwidth               : -
IncludeAnyGroup         : -          ExcludeAnyGroup         : -
```

图 7-35　在 LSRA 上执行 **display mpls te tunnel name** Tunnel0/0/1 **verbose** 命令的输出

还可在 LSRA、LSRB 上执行 **display mpls te tunnel name** Tunnel0/0/512 **verbose** 命令，查看自动建立的旁路隧道的详细信息。此时，可以看到 LSRA 上自动建立的旁路隧道的出接口是 GE2/0/0，不经过 LSRB 路径，故属于节点保护方式，如图 7-37 所示；LSRB 上自动建立的旁路隧道的出接口是 GE3/0/0，路径最终还是会经过 CR-LSP 中 LSRB 的下一跳 LSRC，故属于链路保护方式，如图 7-38 所示。

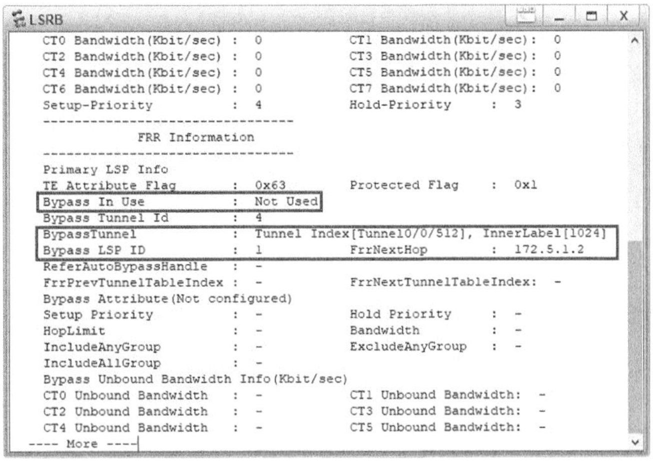

```
LSRB                                                      _  □  X
CT0 Bandwidth(Kbit/sec)  :  0        CT1 Bandwidth(Kbit/sec):  0
CT2 Bandwidth(Kbit/sec)  :  0        CT3 Bandwidth(Kbit/sec):  0
CT4 Bandwidth(Kbit/sec)  :  0        CT5 Bandwidth(Kbit/sec):  0
CT6 Bandwidth(Kbit/sec)  :  0        CT7 Bandwidth(Kbit/sec):  0
Setup-Priority           :  4        Hold-Priority       :  3
--------------------------------
             FRR Information
--------------------------------
Primary LSP Info
TE Attribute Flag        :  0x63     Protected Flag      :  0x1
Bypass In Use            :  Not Used
Bypass Tunnel Id         :  4
BypassTunnel             :  Tunnel Index[Tunnel0/0/512], InnerLabel[1024]
Bypass LSP ID            :  1        FrrNextHop          :  172.5.1.2
ReferAutoBypassHandle    :  -
FrrPrevTunnelTableIndex  :  -        FrrNextTunnelTableIndex:  -
Bypass Attribute(Not configured)
Setup Priority           :  -        Hold Priority       :  -
HopLimit                 :  -        Bandwidth           :  -
IncludeAnyGroup          :  -        ExcludeAnyGroup     :  -
IncludeAllGroup          :  -
Bypass Unbound Bandwidth Info(Kbit/sec)
CT0 Unbound Bandwidth    :  -        CT1 Unbound Bandwidth:  -
CT2 Unbound Bandwidth    :  -        CT3 Unbound Bandwidth:  -
CT4 Unbound Bandwidth    :  -        CT5 Unbound Bandwidth:  -
---- More ----
```

图 7-36　在 LSRB 上执行 **display mpls te tunnel name** Tunnel0/0/1 **verbose** 命令的输出

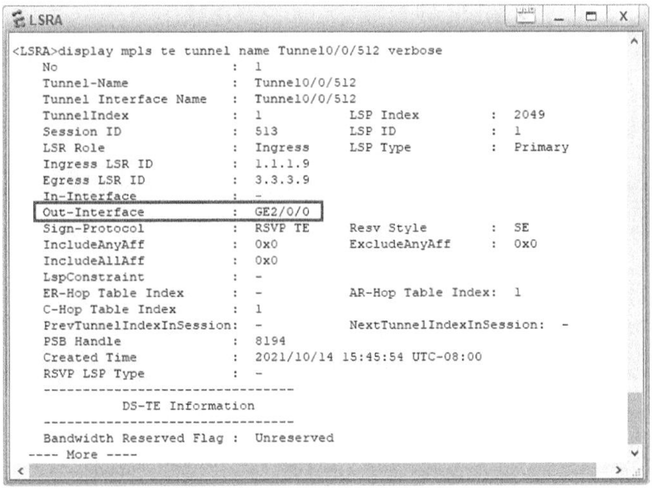

```
LSRA                                                      _  □  X
<LSRA>display mpls te tunnel name Tunnel0/0/512 verbose
No                       :  1
Tunnel-Name              :  Tunnel0/0/512
Tunnel Interface Name    :  Tunnel0/0/512
TunnelIndex              :  1        LSP Index           :  2049
Session ID               :  513      LSP ID              :  1
LSR Role                 :  Ingress  LSP Type            :  Primary
Ingress LSR ID           :  1.1.1.9
Egress LSR ID            :  3.3.3.9
In-Interface             :  -
Out-Interface            :  GE2/0/0
Sign-Protocol            :  RSVP TE  Resv Style          :  SE
IncludeAnyAff            :  0x0      ExcludeAnyAff       :  0x0
IncludeAllAff            :  0x0
LspConstraint            :  -
ER-Hop Table Index       :  -        AR-Hop Table Index:  1
C-Hop Table Index        :  1
PrevTunnelIndexInSession :  -        NextTunnelIndexInSession:  -
PSB Handle               :  8194
Created Time             :  2021/10/14 15:45:54 UTC-08:00
RSVP LSP Type            :  -
--------------------------------
             DS-TE Information
--------------------------------
Bandwidth Reserved Flag  :  Unreserved
---- More ----
```

图 7-37　在 LSRA 上执行 **display mpls te tunnel name** Tunnel0/0/512 **verbose** 命令的输出

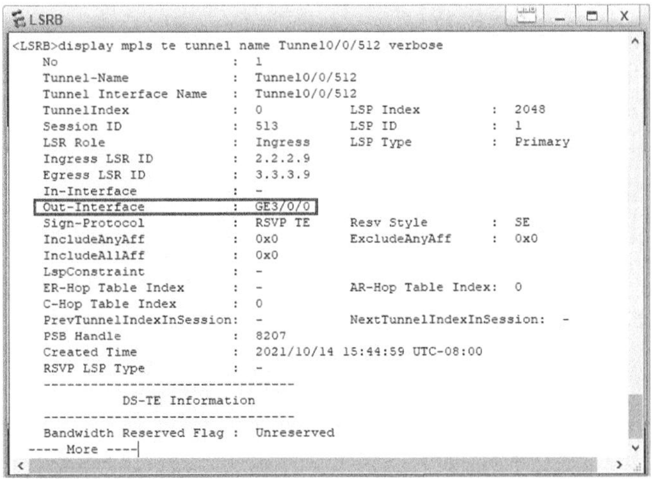

```
LSRB                                                      _  □  X
<LSRB>display mpls te tunnel name Tunnel0/0/512 verbose
No                       :  1
Tunnel-Name              :  Tunnel0/0/512
Tunnel Interface Name    :  Tunnel0/0/512
TunnelIndex              :  0        LSP Index           :  2048
Session ID               :  513      LSP ID              :  1
LSR Role                 :  Ingress  LSP Type            :  Primary
Ingress LSR ID           :  2.2.2.9
Egress LSR ID            :  3.3.3.9
In-Interface             :  -
Out-Interface            :  GE3/0/0
Sign-Protocol            :  RSVP TE  Resv Style          :  SE
IncludeAnyAff            :  0x0      ExcludeAnyAff       :  0x0
IncludeAllAff            :  0x0
LspConstraint            :  -
ER-Hop Table Index       :  -        AR-Hop Table Index:  0
C-Hop Table Index        :  0
PrevTunnelIndexInSession :  -        NextTunnelIndexInSession:  -
PSB Handle               :  8207
Created Time             :  2021/10/14 15:44:59 UTC-08:00
RSVP LSP Type            :  -
--------------------------------
             DS-TE Information
--------------------------------
Bandwidth Reserved Flag  :  Unreserved
---- More ----
```

图 7-38　在 LSRB 上执行 **display mpls te tunnel name** Tunnel0/0/512 **verbose** 命令的输出

③ 分别在 LSRA 和 LSRB 上执行 **display mpls te tunnel path** 命令，可以看到为主隧道手动指定的显示路径，以及在建立旁路隧道时自动选择的路径信息。在 LSRA 主隧道中 Hop 0 跳（对应 LSRA GE1/0/0 接口）上提供节点保护，Hop 3 跳（对应 LSRB GE2/0/0 接口）上提供链路保护，如图 7-39 所示。在 LSRB 主隧道中 Hop 1 跳（对应 LSRA GE1/0/0 接口）上提供节点保护，Hop 4 跳（对应 LSRB GE2/0/0 接口）上提供链路保护，如图 7-40 所示。

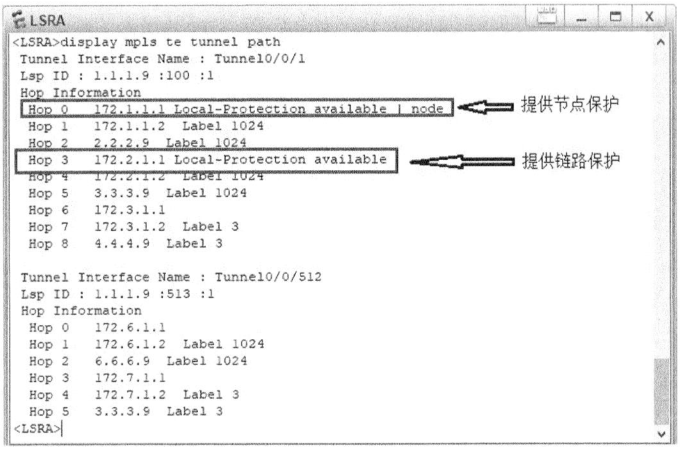

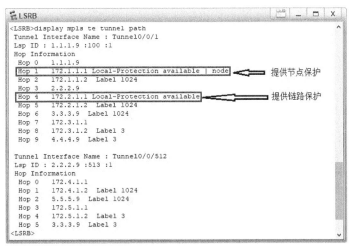

图 7-39　在 LSRA 上执行 **display mpls te tunnel path** 命令的输出

图 7-40　在 LSRB 上执行 **display mpls te tunnel path** 命令的输出

通过以上验证，证明自动创建的两条旁路隧道符合用户要求，配置是正确且成功的。

7.5　配置 TE FRR 与 CR-LSP 备份同步联动

当主 CR-LSP 出现故障后，可以配置启用 TE FRR 旁路保护隧道并尝试恢复主 CR-LSP

的同时，也尝试创建备份 CR-LSP。通过在 MPLS TE 隧道入节点上按表 7-15 的步骤使能 TE FRR 与 CR-LSP 备份同步联动，可以实现对整条主 CR-LSP 的保护。

表 7-15　TE FRR 与 CR-LSP 备份同步联动的配置步骤

步骤	命令	说明
1	**system-view**	进入系统视图
2	**interface tunnel** *tunnel-number* 例如：[Huawei] **interface tunnel 0/0/1**	进入旁路 MPLS TE 隧道的 Tunnel 接口视图
3	**mpls te backup frr-in-use** 例如： [Huawei-Tunnel0/0/1] **mpls te backup frr-in-use**	当主 CR-LSP 出现故障后，系统启用旁路 CR-LSP（即主 CR-LSP 处于 Frr-in-use 状态）并尝试恢复主 CR-LSP 的同时，也会尝试创建备份 CR-LSP。如果只配置了逃生路径，而没有同时配置其他方式的端到端保护，则本命令不生效。 执行该命令前，需要分别配置热备份或者普通备份的端到端保护以及 TE FRR 的局部保护功能。 配置此命令后，当主 CR-LSP 出现故障时： ① 如果配置的是普通备份，流量切换到 Bypass CR-LSP 并尝试恢复主 CR-LSP 的同时，也会尝试创建备份 CR-LSP。当备份 CR-LSP 创建成功，并且主 CR-LSP 未恢复时，流量会切换到备份 CR-LSP； ② 如果配置的是热备份，且备份 CR-LSP 的状态为 UP，则流量先切换到 Bypass CR-LSP，然后立即切换到备份 CR-LSP，同时尝试恢复主 CR-LSP；如果备份 CR-LSP 的状态为 Down，则处理方式与普通备份相同。 建议选择普通备份方式与此命令配合使用，节省带宽的同时也增加了隧道的安全性
4	**mpls te commit** 例如： [Huawei-Tunnel0/0/1] **mpls te commit**	提交隧道配置，使配置更改生效

以上配置好后，可以在任意视图下执行 **display mpls te tunnel-interface** [**tunnel** *interface-number* | **auto-bypass-tunnel** [*tunnel-name*]]命令查看隧道的状态信息。

7.6　BFD for MPLS TE 的配置与管理

MPLS TE 经常采用 TE FRR、CR-LSP 备份或 TE 隧道保护组来提高网络的可靠性，但是这几种技术依靠 RSVP Hello 或者 RSVP 消息刷新超时等机制进行故障检测，检测速度较慢。当节点间存在二层设备（例如二层交换机）时，触发流量保护切换的速度变慢，一定程度上还会引起流量的丢失。BFD 机制可以很好地解决这个问题，它采用快速的报文收发机制，快速地完成隧道链路故障检测，从而引导承载的业务流量进行快速的隧道切换，达到保护业务的目的。

7.6.1　BFD for MPLS TE 简介

MPLS TE 中的 BFD 技术按照检测对象的不同可分为 3 种：BFD for RSVP、BFD for CR-LSP 和 BFD for TE Tunnel。

（1）BFD for RSVP

BFD for RSVP 的检测对象是 RSVP 邻居关系，可实现毫秒级快速地发现 RSVP 邻接故障。BFD for RSVP 一般用在 **TE FRR 中 PLR 与主隧道 RSVP 邻居之间存在二层设备的情况**，如图 7-41 所示（中间节点为二层交换机），因为这种非直连链路的故障仅靠链路检测是检测不到的。

图 7-41　BFD for RSVP 示意

BFD for RSVP 可以与 BFD for OSPF、BFD for IS-IS 和 BFD for BGP 共享会话，**仅支持动态 BFD**。当 BFD for RSVP 可以与 BFD for OSPF、BFD for IS-IS 共享 BFD 会话时，本地节点将选择所有共享 BFD 会话中最小协议的发送时间间隔、接收时间间隔、本地检测倍数作为本地的 BFD 会话参数。

（2）BFD for CR-LSP

BFD for CR-LSP 的检测对象是 CR-LSP，能够快速检测到 CR-LSP 的故障，并及时通知转发平面，从而保证流量的快速切换。**BFD for CR-LSP 通常与同一 TE 或 DS-TE 隧道下的热备份 CR-LSP 配合使用**。如图 7-42 所示，配置好 BFD for CR-LSP 后，在主 CR-LSP（LSRA→LSRB→LSRC）入节点 LSRA 和出节点 LSRC 之间就会建立 BFD 会话，BFD 报文从源端开始经过 CR-LSP 转发到达目的端，目的端再对该 BFD 报文进行回应，通过此方式在源端可以快速地检测出 CR-LSP 所经过的链路的状态。

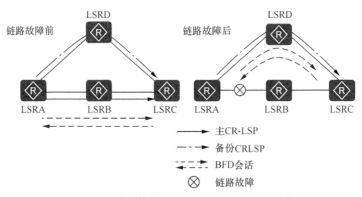

图 7-42　链路故障前后 BFD for CR-LSP 示意

当检测出链路故障（图 7-42 中的 LSRA 与 LSRB 之间的链路出现故障）后，BFD 将此信息上报给设备转发平面。设备转发平面查找并将业务流量从发生故障的主 CRP-LSP 切换到热备份 CR-LSP（LSRA→LSRD→LSRC）上，然后设备转发平面将故障信息上报给控制平面。**BFD for CR-LSP 同时支持动态 BFD 和静态 BFD**，如果采用的是动态 BFD，控制平面会主动创建热备份 CR-LSP 的 BFD 会话；如果采用的是静态 BFD，且需要手动配置 BFD 会话，则对备份 CR-LSP 进行检测。

（3）BFD for TE Tunnel

BFD for TE Tunnel 用 MPLS TE 隧道作为 VPN 的公网隧道时的场景，可使用 BFD 整条 TE 隧道，从而触发 VPN FRR 等应用进行流量切换，**仅支持静态 BFD**。

BFD for TE Tunnel 与前文介绍的 BFD for CR-LSP 的区别是故障通告的对象及故障后切换的对象不同：BFD for TE Tunnel 向 VPN 等应用通告故障，**触发业务流在不同 TE 隧道的切换**；BFD for CR-LSP 向 TE 隧道通告故障，**触发业务流在同一 TE 隧道内的不同 CR-LSP 上的切换**。

BFD for RSVP、BFD for CR-LSP 和 BFD for TE Tunnel 的区别见表 7-16。

表 7-16　**BFD for MPLS TE 中 3 种不同检测技术的区别**

检测技术	检测对象	部署位置	适用场景	BFD 会话方式支持
BFD for RSVP	RSVP 邻居关系	RSVP 会话的两个邻居节点	与 TE FRR 联用	动态
BFD for CR-LSP	CR-LSP	隧道的入/出节点	与热备份 CR-LSP 联用	动态和静态
BFD for TE Tunnel	MPLS TE 隧道	隧道的入/出节点	与 VPN FRR 或者 VLL FRR 联用	静态

7.6.2　动态 BFD for RSVP 的配置与管理

在 TE FRR 组网中，当 PLR 与其下游邻居之间**存在二层设备**时，可以通过配置动态 BFD for RSVP 来实现快速的 RSVP 邻居之间的链路故障检测（如果是直连，可以采用链路层协议自身来检测）。动态 BFD for RSVP 包括以下配置任务：

① 使能全局 BFD 功能；

② 使能 BFD for RSVP；

③（可选）调整 BFD 参数。

在配置动态 BFD for RSVP 前，需要完成以下任务：

① 配置动态 MPLS TE 或 DS-TE 隧道；

② 配置手工 TE FRR 或 TE Auto FRR。

（1）使能全局 BFD 功能

配置动态 BFD for RSVP，需要在中间存在二层设备的两个 RSVP 邻居节点系统视图上执行 **bfd** 命令，全局使能 BFD 功能。

（2）使能 BFD for RSVP

全局使能 BFD 功能后，还需要再使能 BFD 与 RSVP 之间的联动功能，有以下两种使能方式。

① 全局使能 BFD for RSVP。当本节点大部分使能了 RSVP 的接口需使能 BFD for RSVP 时，建议选择该方式。

② RSVP 接口下使能 BFD for RSVP。当本节点仅小部分使能了 RSVP 的接口需使能 BFD for RSVP 时，建议选择该方式。

以上两种使能 BFD for RSVP 的方式可在中间存在二层设备的两个 RSVP 邻居节点上按表 7-17 的步骤进行选择配置。

表 7-17　使能 BFD for RSVP 的配置步骤

步骤	命令	说明
1	**system-view**	进入系统视图
	全局使能 BFD for RSVP	
2	**mpls**	进入 MPLS 视图
	mpls rsvp-te bfd all-interfaces enable 例如：[Huawei-mpls] **mpls rsvp-te bfd all-interfaces enable**	全局使能 BFD for RSVP
3	**quit**	返回系统视图
4	**interface** *interface-type interface-number* 例如：[Huawei] **interface** gigabitethernet 1/0/0	（可选）进入使能 RSVP 的接口的视图
5	**mpls rsvp-te bfd block** 例如：[Huawei-GigabitEthernet1/0/0] **mpls rsvp-te bfd block**	（可选）阻塞该接口的 BFD for RSVP 功能。 缺省情况下，未阻塞接口的 BFD for RSVP 功能，可用 **undo mpls rsvp-te bfd block** 命令恢复为缺省配置，此时**即使在 MPLS 视图下重新配置 mpls rsvp-te bfd all-interfaces enable 命令，该接口也不再具备 BFD for RSVP 功能**
	在 RSVP 接口下使能 BFD for RSVP	
2	**interface** *interface-type interface-number* 例如：[Huawei] **interface** gigabitethernet 1/0/0	进入要使能 BFD for RSVP 功能的接口视图
3	**mpls rsvp-te bfd enable** 例如：[Huawei-GigabitEthernet1/0/0] **mpls rsvp-te bfd enable**	在以上接口下使能 BFD for RSVP。 缺省情况下，未使能接口的 BFD for RSVP 功能，可用 **undo mpls rsvp-te bfd enable** 命令恢复为缺省配置，但如果在 **MPLS 视图下重新配置 mpls rsvp-te bfd all-interfaces enable 命令，则该接口仍然具备 BFD for RSVP 功能**

（3）调整 BFD 参数

BFD for RSVP 的检测参数有以下两种调整方法。

① 调整全局的 BFD 参数。当本节点大部分 BFD for RSVP 都使用相同的 BFD 参数时使用此方法。

② 调整 RSVP 接口的 BFD 参数。当本节点有部分 RSVP 接口的 BFD 参数与全局不一致时，则在这些 RSVP 接口下单独调整 BFD 参数，否则直接继承全局的 BFD 参数。

调整 BFD 参数需要在中间存在二层设备的两个 RSVP 邻居节点上按表 7-18 的步骤进行选择配置。

本地 BFD 报文实际发送时间间隔＝MAX {本地配置的发送时间间隔，对端配置的接收时间间隔}；本地实际接收时间间隔＝MAX {对端配置的发送时间间隔，本地配置的接收时间间隔}；本地检测时间＝本地接收时间间隔×对端配置的 BFD 倍数。

例如，本地配置的发送时间间隔为 200 毫秒，接收时间间隔为 300 毫秒，检测倍数为 4；对端配置的发送时间间隔为 100 毫秒，接收时间间隔为 600 毫秒，检测倍数为 5。

① 本地实际的发送时间间隔为 MAX {200ms，600ms}＝600ms，接收时间间隔为

MAX {100ms，300ms}＝300ms，检测时间间隔为 300ms×5＝1500ms；

② 对端实际的发送时间间隔为 MAX {100ms，300ms}＝300ms，接收时间间隔为 MAX {200ms，600ms}＝600ms，检测时间间隔为 600ms×4＝2400ms。

表 7-18　调整 BFD 参数的配置步骤

步骤	命令	说明
1	**system-view**	进入系统视图
	调整全局的 BFD 参数	
2	**mpls**	进入 MPLS 视图
3	**mpls rsvp-te bfd all-interfaces** { **min-tx-interval** *tx-interval* | **min-rx-interval** *rx-interval* | **detect-multiplier** *multiplier* } * 例如：[Huawei-mpls] **mpls rsvp-te bfd all-interfaces min-tx-interval 500 min-rx-interval 400**	配置 RSVP-TE 所有接口的会话参数。 ① **min-tx-interval** *tx-interval*：可多选参数，指定 BFD 会话发送时间间隔，取值范围是 10～2000，单位是毫秒，缺省值是 1000 毫秒。 ② **min-rx-interval** *rx-interval*：可多选参数，指定 BFD 会话接收时间间隔，取值范围是 10～2000，单位是毫秒，缺省值是 1000 毫秒。 ③ **detect-multiplier** *multiplier*：可多选参数，指定 BFD 会话本地检测的倍数，整数形式，取值范围是 3～50，缺省值是 3。 缺省情况下，没有配置 RSVP-TE 的所有接口会话参数，可用 **undo mpls rsvp-te bfd all-interfaces** { **min-tx-interval** *tx-interval* | **min-rx-interval** *rx-interval* | **detect-multiplier** *multiplier* } *命令恢复对应参数为缺省配置
	调整 RSVP 接口的 BFD 参数	
2	**interface** *interface-type interface-number* 例如：[Huawei] **interface gigabitethernet 1/0/0**	（可选）进入要调整 BFD 参数的 RSVP 的接口视图
3	**mpls rsvp-te bfd** { **min-tx-interval** *tx-interval* | **min-rx-interval** *rx-interval* | **detect-multiplier** *multiplier* } * 例如： [Huawei-GigabitEthernet1/0/0] **mpls rsvp-te bfd min-tx-interval 50 detect-multiplier 5**	（可选）调整该接口的 BFD 会话参数，具体说明参见本表调整全局 BFD 参数中的 **mpls rsvp-te bfd all-interfaces** { **min-tx-interval** *tx-interval* | **min-rx-interval** *rx-interval* | **detect-multiplier** *multiplier* } *命令的对应参数。 缺省情况下，没有为接口配置 BFD for RSVP 会话参数，可用 **undo mpls rsvp-te bfd** { **min-tx-interval** *tx-interval* | **min-rx-interval** *rx-interval* | **detect-multiplier** *multiplier* } *命令恢复对应参数的缺省配置

动态 BFD for RSVP 功能的所有配置完成后，可在任意视图下执行以下 **display** 命令检查配置结果。

① **display mpls rsvp-te bfd session** { **all** \| **interface** *interface-type interface-number* \| **peer** *ip-address* } [**verbose**]：查看 BFD for RSVP 会话信息。

② **display mpls rsvp-te**：查看 RSVP-TE 配置信息。

③ **display mpls rsvp-te interface** [*interface-type interface-number*]：查看接口的 RSVP-TE 配置信息。

④ **display mpls rsvp-te peer** [**interface** *interface-type interface-number*]：查看 RSVP 邻居信息。

⑤ **display mpls rsvp-te statistics** { **global** | **interface** [*interface-type interface-number*] }：查看 RSVP-TE 的运行统计信息。

7.6.3　静态 BFD for CR-LSP 的配置与管理

静态 BFD for CR-LSP 采用静态配置的 BFD 会话来检测 CR-LSP 的连通性。当检测到 CR-LSP 发生故障时，可及时通知转发平面快速切换到备份 CR-LSP 上。

静态 BFD for CR-LSP 涉及的配置任务如下。

① 使能全局 BFD 功能：与 7.6.2 节第 1 点的配置方法完全一样，参见即可。

② 配置入节点的 BFD 参数。

③ 配置出节点的 BFD 参数。

在配置静态 BFD for CR-LSP 前，需要完成以下配置任务。

① 配置静态/动态 MPLS TE 或 DS-TE 隧道。

② 配置 CR-LSP 备份。

（1）配置入节点的 BFD 参数

可在要进行 BFD 的 CR-LSP 的入节点上按照表 7-19 的步骤配置静态 BFD 会话参数，包括本地标识符、远端标识符、本地发送 BFD 报文的时间间隔、本地允许接收 BFD 报文的时间间隔和 BFD 会话的本地检测倍数等，这些将会影响会话的建立。

表 7-19　入节点的 BFD 参数的配置步骤

步骤	命令	说明
1	**system-view**	进入系统视图
2	**bfd** *cfg-name* **bind mpls-te interface tunnel** *interface-number* **te-lsp** [**backup**] 例如：[Huawei] **bfd 1to4 bind mpls-te interface Tunnel** 0/0/1 **te-lsp backup**	配置 BFD 会话绑定指定 Tunnel 的主 CR-LSP 或备份 CR-LSP。 ① *cfg-name*：指定 BFD 配置名，字符串形式，不支持空格，不区分大小写，长度范围是 1～15。当输入的字符串两端使用双引号时，可在字符串中输入空格。 ② **interface tunnel** *interface-number*：指定 BFD 会话绑定的 Tunnel 接口编号。 ③ **te-lsp**：指定 BFD 的对象是所绑定 TE 隧道中的 CR-LSP，如果没有这个关键字，则 BFD 的对象是 TE 隧道本身。 ④ **backup**：可选项，指定 BFD 的对象是备份 CR-LSP。如果不选择此可选项，则 BFD 的对象是主 CR-LSP。 缺省情况下，Tunnel 隧道没有使用 BFD，可用 **undo bfd** *cfg-name* 命令删除指定的 BFD 会话
3	**discriminator local** *discr-value* 例如： [Huawei-bfd-session-1to4] **discriminator local** 10	配置本地标识符，整数形式，取值范围是 1～8191 【注意】BFD 会话两端设备的本地标识符和远端标识符需要分别对应，即本端的本地标识符与对端的远端标识符相同，否则会话无法成功建立。并且，本地标识符和远端标识符配置成功后不可修改，如果需要修改静态 BFD 会话本地标识符或者远端标识符，则必须先删除该 BFD 会话，然后再配置本地标识符
4	**discriminator remote** *discr-value* 例如： [Huawei-bfd-session-1to4] **discriminator remote** 20	配置远端标识符，整数形式，取值范围是 1～8191。其他说明参见本表第 3 步

步骤	命令	说明
5	**min-tx-interval** *interval* 例如： [Huawei-bfd-session-1to4] **min-tx-interval** 300	（可选）调整本地发送 BFD 报文的时间间隔，整数形式，取值范围是 10～2000，单位是毫秒。 如果 BFD 会话在设置的检测周期内没有收到对端发来的 BFD 报文，则认为链路发生了故障，BFD 会话的状态将会变为 Down。为降低对系统资源的占用，一旦检测到 BFD 会话状态变为 Down，系统会自动将本端的发送间隔调整为大于 1000 毫秒的一个随机值，当 BFD 会话的状态重新变为 UP 后，再恢复成用户配置的时间间隔。 【说明】用户可以根据网络的实际状况增大或者降低 BFD 报文的发送和接收时间间隔。BFD 报文的发送、接收时间间隔直接决定了 BFD 会话的检测时间。对于不太稳定的链路，如果配置的 BFD 报文的发送、接收时间间隔较短，则 BFD 会话可能会发生震荡，这时可以选择增大 BFD 报文的发送和接收时间间隔。通常情况下，建议使用缺省值。 缺省情况下，发送间隔是 1000 毫秒，可用 **undo min-tx-interval** 命令恢复 BFD 报文的发送间隔为缺省值
6	**min-rx-interval** *interval* 例如： [Huawei-bfd-session-1to4] **min-rx-interval** 600	（可选）调整本地接收 BFD 报文的时间间隔，整数形式，取值范围是 10～2000，单位是毫秒。其他说明参见本表第 5 步。 缺省情况下，接收间隔是 1000 毫秒，可用 **undo min-rx-interval** 命令恢复 BFD 报文的接收间隔为缺省值
7	**detect-multiplier** *multiplier* 例如： [Huawei-bfd-session-1to4] **detect-multiplier** 5	（可选）调整 BFD 会话的本地检测倍数，整数形式，取值范围是 3～50。 BFD 会话的本地检测倍数直接决定了对端 BFD 会话的检测时间，检测时间=接收到的远端 Detect Multi（检测倍数）× MAX（本地的 RMRI，接收到的 DMTI）。其中，Detect Multi 是检测倍数，通过本条命令配置；RMRI 是本端能够支持的最短 BFD 报文的接收间隔，是通过第 6 步 **min-rx-interval** *interval* 命令配置的；DMTI 是本端想要采用的最短 BFD 报文的发送间隔，是通过本表第 7 步 **min-tx-interval** *interval* 命令配置的。 缺省情况下，本地 BFD 的检测倍数为 3，可用 **undo detect-multiplier** 命令恢复 BFD 会话的本地检测倍数为缺省值
8	**process-pst** 例如： [Huawei-bfd-session-1to4] **process-pst**	使能系统在 BFD 会话状态变化时修改端口状态表功能。该命令的功能是 BFD 会话状态变化时通知应用协议进行主/备 CR-LSP 之间的快速切换。 缺省情况下，修改 PST 功能处于未使能状态，可用 **undo process-pst** 命令恢复缺省配置
9	**notify neighbor-down** 例如： [Huawei-bfd-session-1to4] **notify neighbor-down**	设置 BFD 会话检测到邻居 Down 故障时通知上层协议。出现以下任何一种情况均会通知上层协议。 ① BFD 会话在检测时间超时后通知上层协议：BFD 会话需要在两端配置，如果一端的 BFD 会话没有收到对端发来的 BFD 报文，则会认为链路发生了故障，此时 BFD 会话将此故障信息通知给上层协议，时延比较长。 ② BFD 会话在检测到邻居 Down 故障后通知上层协议：配置 BFD 会话一端检测到邻居 Down 故障，则此时不需要等到检测超时，而是直接将邻居 Down 故障信息通知给上层协议，时延比较短。 缺省情况下，BFD 会话在检测时间超时或者检测到邻居 Down 故障后均会通知上层协议，可用 **undo notify neighbor-down** 命令恢复 BFD 会话检测到故障时通知上层协议的方式为缺省情况

步骤	命令	说明
10	**commit** 例如： [Huawei-bfd-session-1to4] **commit**	提交隧道配置，使配置更改生效

（2）配置出节点的 BFD 参数

可在要进行 BFD 的 CR-LSP 的出节点上按照表 7-20 的步骤配置 BFD 参数，包括本地标识符、远端标识符、本地发送 BFD 报文的时间间隔、本地允许接收 BFD 报文的时间间隔和 BFD 会话的本地检测倍数等，这些将会影响会话的建立。但这里与入节点的配置的区别为，**出节点向入节点通告故障的反向通道可以有多种选择**，不一定是 CR-LSP，要根据具体情形来选择。但为了保证 BFD 报文往返路径一致，一般情况下反向通道优先选用 CR-LSP。

表 7-20　出节点的 BFD 参数的配置步骤

步骤	命令	说明
1	**system-view**	进入系统视图
2	**bfd** *cfg-name* **bind peer-ip** *peer-ip* [**vpn-instance** *vpn-instance-name*] [**interface** *interface-type interface-number*] [**source-ip** *source-ip*] 例如：[Huawei] **bfd atoc bind peer-ip** 10.10.20.2	（四选一）当反向通道是 IP 链路时创建 BFD 会话。在创建 BFD 会话时，单跳检测必须绑定对端 IP 地址和本端相应接口，多跳检测只需要绑定对端 IP 地址。命令中的参数说明如下。 ① *cfg-name*：指定 BFD 配置名，字符串形式，不支持空格，不区分大小写，长度范围是 1～15。当输入的字符串两端使用双引号时，可在字符串中输入空格。 ② **peer-ip** *peer-ip*：指定 BFD 会话绑定的对端 IP 地址。**如果只指定对端 IP 地址，则表示检测多跳链路。** ③ **vpn-instance** *vpn-instance-name*：可选参数，指定对端 BFD 会话绑定的 VPN 实例名称，必须是已创建的 VPN 实例。如果不指定 VPN 实例，则认为对端地址是公网地址。如果同时指定了对端 IP 地址和 VPN 实例，则表示检测 VPN 路由的多跳链路。 ④ **interface** *interface-type interface-number*：可选参数，指定绑定 BFD 会话的接口。如果同时指定了对端 IP 地址和本端接口，表示检测单跳链路，即检测以该接口为出接口、以 peer-ip 为下一跳地址的一条固定路由；如果同时指定了对端 IP 地址、VPN 实例和本端接口，表示检测 VPN 路由的单跳链路。 ⑤ **source-ip** *source-ip*：可选参数，指定 BFD 报文携带的源 IP 地址。通常情况下，不需要配置该参数。在 BFD 会话协商阶段，如果不配置该参数，则系统将在本地路由表中查找去往对端 IP 地址的出接口，以该出接口的 IP 地址作为本端发送 BFD 报文的源 IP 地址；在 BFD 会话检测链路阶段，如果不配置该参数，则系统会将 BFD 报文的源 IP 地址设置为一个固定值。 缺省情况下，没有创建 BFD 会话，可用 **undo bfd** *cfg-name* 命令删除指定的 BFD 会话，同时取消 BFD 会话的绑定信息
	bfd *cfg-name* **bind static-lsp** *lsp-name* 例如：[Huawei] **bfd** 1to4 **bind static-lsp** 1to4	（四选一）当反向通道是静态 LSP 时创建静态 LSP 的 BFD 会话。 ① *cfg-name*：指定 BFD 配置名。 ② *lsp-name*：指定 BFD 会话绑定静态 LSP 的名称，必须是已存在的静态 LSP 名称。 缺省情况下，没有创建检测静态 LSP 的 BFD 会话，可用 **undo bfd** *cfg-name* 命令删除指定的 BFD 会话

步骤	命令	说明
2	**bfd** *cfg-name* **bind ldp-lsp peer-ip** *ip-address* **nexthop** *ip-address* [**interface** *interface-type interface-number*] 例如：[Huawei] **bfd** 1to4 **bind ldp-lsp peer-ip** 4.4.4.4 **nexthop** 1.1.1.1 **interface** gigabitethernet 1/0/0	（四选一）当反向通道是动态 LSP 时创建 LDP LSP 的 BFD 会话。 ① *cfg-name*：指定 BFD 会话名称。 ② **peer-ip** *ip-address*：指定 BFD 会话绑定动态 LDP LSP 的目的端 IP 地址。 ③ **nexthop** *ip-address*：指定被检测 LSP 的下一跳 IP 地址。 ④ **interface** *interface-type interface-number*：可选参数，指定 BFD 绑定的出接口。 缺省情况下，没有创建检测 LDP LSP 的 BFD 会话，可用 **undo bfd** *cfg-name* 命令删除指定的 BFD 会话
	bfd *cfg-name* **bind mpls-te interface tunnel** *interface-number* [**te-lsp** [**backup**]] 例如：[Huawei] **bfd** 1to4rsvp **bind mpls-te interface** Tunnel 0/0/1 **te-lsp**	（四选一）当反向通道是 CR-LSP 或 TE 隧道时，配置 BFD TE 隧道或与 TE 隧道绑定的主 LSP 或备份 LSP，参数和选项说明参见表 7-19 中的第 2 步。 BFD TE 隧道时，如果 TE 隧道的状态为 Down，则能够创建 BFD 会话，但 BFD 会话不能 UP。一个 TE 隧道可能有多个 CR-LSP，当 BFD TE 隧道时，只有全部 CR-LSP 都出现故障，BFD 会话的状态才为 Down。 缺省情况下，Tunnel 隧道没有使用 BFD，可用 **undo bfd** *cfg-name* 命令删除指定的 BFD 会话
3	**discriminator local** *discr-value* 例如： [Huawei-bfd-session-1to4] **discriminator local** 10	配置本地标识符，其他说明参见本节表 7-19 中的第 3 步
4	**discriminator remote** *discr-value* 例如： [Huawei-bfd-session-1to4] **discriminator remote** 20	配置远端标识符，其他说明参见本节表 7-19 中的第 4 步
5	**min-tx-interval** *interval* 例如： [Huawei-bfd-session-1to4] **min-tx-interval** 300	（可选）调整本地发送 BFD 报文的时间间隔，其他说明参见本节表 7-19 中的第 5 步
6	**min-rx-interval** *interval* 例如： [Huawei-bfd-session-1to4] **min-rx-interval** 600	（可选）调整本地接收 BFD 报文的时间间隔，其他说明参见本节表 7-19 中的第 6 步
7	**detect-multiplier** *multiplier* 例如： [Huawei-bfd-session-1to4] **detect-multiplier** 5	（可选）调整 BFD 会话的本地检测倍数，其他说明参见本节表 7-19 中的第 7 步
8	**process-pst** 例如： [Huawei-bfd-session-1to4] **process-pst**	（可选）使能系统在 BFD 会话状态变化时修改端口状态表功能，其他说明参见本节表 7-19 中的第 8 步
9	**notify neighbor-down** 例如： [Huawei-bfd-session-1to4] **notify neighbor-down**	设置 BFD 会话检测到邻居 Down 故障时通知上层协议，其他说明参见本节表 7-19 中的第 9 步

续表

步骤	命令	说明
10	**commit** 例如： [Huawei-bfd-session-1to4] **commit**	提交隧道配置，使配置更改生效

完成以上静态 BFD for CR-LSP 功能的所有配置后，可以在任意视图下执行以下 **display** 命令查看相关配置，并验证配置效果。

display bfd configuration mpls-te interface tunnel *interface-number* **te-lsp** [**verbose**]：查看隧道入节点，查看 BFD 配置信息。

执行以下命令查看隧道出节点，查看 BFD 配置信息。

① **display bfd configuration all** [**for-ip** | **for-lsp** | **for-te**] [**verbose**]：查看所有 BFD 的配置信息。

② **display bfd configuration static** [**for-ip** | **for-lsp** | **for-te** | **name** *cfg-name*] [**verbose**]：查看静态 BFD 的配置信息。

③ **display bfd configuration peer-ip** *peer-ip* [**vpn-instance** *vpn-instance-name*] [**verbose**]：查看反向通道为 IP 的 BFD 配置信息。

④ **display bfd configuration static-lsp** *lsp-name* [**verbose**]：查看反向通道为静态 LSP 的 BFD 配置信息。

⑤ **display bfd configuration ldp-lsp peer-ip** *peer-ip* **nexthop** *nexthop-address* [**interface** *interface-type interface-number*] [**verbose**]：查看反向通道为 LDP LSP 的 BFD 配置信息。

⑥ **display bfd configuration mpls-te interface tunnel** *interface-number* **te-lsp** [**verbose**]：查看反向通道为 CR-LSP 的 BFD 配置信息。

⑦ **display bfd configuration mpls-te interface tunnel** *interface-number* [**verbose**]：查看反向通道为 TE 隧道的 BFD 配置信息。

display bfd session mpls-te interface tunnel *interface-number* **te-lsp** [**verbose**]：在隧道入节点查看 BFD 会话信息。

执行以下命令查看隧道出节点，查看 BFD 会话信息。

① **display bfd session all** [**for-ip** | **for-lsp** | **for-te**] [**verbose**]：查看所有 BFD 的配置信息。

② **display bfd session static** [**for-ip** | **for-lsp** | **for-te**] [**verbose**]：查看静态 BFD 的配置信息。

③ **display bfd session peer-ip** *peer-ip* [**vpn-instance** *vpn-instance-name*] [**verbose**]：查看反向通道为 IP 的 BFD 配置信息

④ **display bfd session static-lsp** *lsp-name* [**verbose**]：查看反向通道为静态 LSP 的 BFD 配置信息。

⑤ **display bfd session ldp-lsp peer-ip** *peer-ip* **nexthop** *nexthop-address* [**interface** *interface-type interface-number*] [**verbose**]：查看反向通道为 LDP LSP 的 BFD 配置信息。

⑥ **display bfd session mpls-te interface tunnel** *interface-number* **te-lsp** [**verbose**]：查

看反向通道为 CR-LSP 的 BFD 配置信息。

⑦ **display bfd session mpls-te interface tunnel** *interface-number* [**verbose**]：查看反向通道为 TE 隧道的 BFD 配置信息。

执行以下命令查看 BFD 统计信息。

① **display bfd statistics session all** [**for-ip** | **for-lsp** | **for-te**]：查看所有 BFD 会话的统计信息。

② **display bfd statistics session peer-ip** *peer-ip* [**vpn-instance** *vpn-instance-name*]：查看检测 IP 链路的 BFD 会话统计信息。

③ **display bfd statistics session static-lsp** *lsp-name*：查看检测静态 LSP 的 BFD 会话统计信息。

④ **display bfd statistics session ldp-lsp peer-ip** *peer-ip* **nexthop** *nexthop-address* [**interface** *interface-type interface-number*]：查看检测 LDP LSP 的 BFD 会话统计信息。

⑤ **display bfd statistics session mpls-te interface tunnel** *interface-number* **te-lsp**：查看检测 CR-LSP 的 BFD 会话统计信息。

⑥ **display bfd statistics session mpls-te interface tunnel** *interface-number*：查看检测 TE 隧道的 BFD 会话统计信息。

7.6.4　静态 BFD for CR-LSP 的配置示例

在图 7-43 所示的 MPLS 网络中，要求从 LSRA 上建立一条 TE 隧道，目的地址为 LSRC，并配置热备份 CR-LSP 和逃生路径。其中，主 CR-LSP 的路径为 LSRA→LSRB→LSRC；备份 CR-LSP 的路径为 LSRA→LSRD→LSRC。

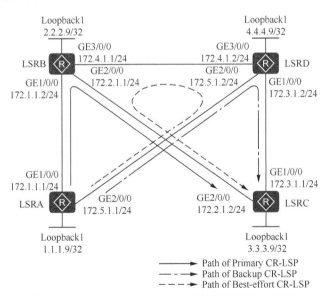

图 7-43　静态 BFD for CR-LSP 的配置示例的拓扑结构

现要求当主 CR-LSP 出现故障时，流量切换到热备份 CR-LSP；当主 CR-LSP 的故障恢复时，15 秒后再进行流量回切。如果主/备 CR-LSP 都出现故障，触发建立逃生路径，使流量切换到逃生路径上。其中，主/备 CR-LSP 都可以通过显式路径来指定，逃生路径由系统自动根据网络的故障情况来计算，不需要用户指定，本示例的结果为 LSRA→LSRD→LSRB→LSRC。当故障节点不同时，逃生路径的结果也不同。

另外，要求配置两个静态 BFD 会话，分别检测主/备 CR-LSP，使得：

① 当主 CR-LSP 出现故障时，将流量快速切换到备份 CR-LSP；

② 在主 CR-LSP 恢复后的回切时间（15 秒）内，如果备份 CR-LSP 出现故障，可迅速感知并将流量回切到主 CR-LSP。

（1）基本配置思路分析

BFD for CR-LSP 是与热备份 CR-LSP 联用的，所以本示例的要求也是在热备份 CR-LSP 的基础上增加了静态 BFD 功能。本示例的拓扑结构与 7.1.7 节完全一样，在主 CR-LSP、备份 CR-LSP 和逃生路径方面的配置要求也完全一样，唯一不同的是本示例要针对主/备 CR-LSP 配置两个静态 BFD，所以本示例的基本配置思路如下。

① 在各节点上配置各接口（包括 Loopback 接口）的 IP 地址和公网 OSPF 路由。

② 在各节点上配置 LSR ID，并使能全局和公网接口的 MPLS、MPLS TE 和 RSVP-TE 功能，在入节点 LSRA 上使能 CSPF 功能。

【说明】本示例仅介绍从 LSRA 到 LSRC 的单向 TE 隧道的配置，故入节点仅为 LSRA，实际应用中需要配置双向 TE 隧道，即要进行双向 TE 隧道的对应配置。

③ 在各节点上使能 OSPF TE，使 OSPF 可以发布 MPLS TE 信息。

④ 在入节点 LSRA 上配置主/备 CR-LSP 的显式路径。

⑤ 在入节点 LSRA 上创建目的地址为 LSRC 的隧道接口，指定前面配置的主/备 CR-LSP 的显式路径，并使能热备份 CR-LSP 和逃生路径，配置回切时间为 15 秒。

⑥ 在入节点 LSRA 和出节点 LSRC 上配置静态 BFD for CR-LSP，创建两个 BFD 会话，分别检测从 LSRA 到 LSRC 的主/备 CR-LSP，出节点绑定 IP 链路（LSRC→LSRA 路由可达即可）。

（2）具体配置步骤

以上配置任务中的第①～⑤项的具体配置与 7.1.7 节示例中对应的配置完全一样，参见即可。下面仅介绍以上第⑥项配置任务的具体配置方法。

第⑥项在入节点 LSRA 和出节点 LSRC 上配置静态 BFD for CR-LSP。

在 LSRA 和 LSRC 之间建立 BFD 会话检测主/备 CR-LSP。LSRA 上的 BFD 会话绑定 CR-LSP，LSRC 上的 BFD 会话绑定 IP 链路。指定发送 BFD 报文的时间间隔和允许接收 BFD 报文的时间间隔为 500 毫秒，BFD 会话本地检测倍数为 3。**一端配置的本地标识符要与对端配置的远端标识符相同。**

#---LSRA 上的配置，具体如下。

```
[LSRA] bfd
[LSRA-bfd] quit
[LSRA] bfd prilsp2lsrc bind mpls-te interface tunnel 0/0/1 te-lsp   #---创建主 CR-LSP 的 BFD 会话
[LSRA-bfd-lsp-session-prilsp2lsrc] discriminator local 139   #---配置本地标识符为 139
[LSRA-bfd-lsp-session-prilsp2lsrc] discriminator remote 239   #---配置远端标识符为 239
[LSRA-bfd-lsp-session-prilsp2lsrc] min-tx-interval 500
[LSRA-bfd-lsp-session-prilsp2lsrc] min-rx-interval 500
[LSRA-bfd-lsp-session-prilsp2lsrc] detect-multiplier 3
```

```
[LSRA-bfd-lsp-session-prilsp2lsrc] process-pst
[LSRA-bfd-lsp-session-prilsp2lsrc] notify neighbor-down    #---设置 BFD 会话检测到邻居 Down 故障时通知上层协议
[LSRA-bfd-lsp-session-prilsp2lsrc] commit
[LSRA-bfd-lsp-session-prilsp2lsrc] quit
[LSRA] bfd backuplsp2lsrc bind mpls-te interface tunnel 0/0/1 te-lsp backup    #--创建备份 CR-LSP 的 BFD 会话
[LSRA-bfd-lsp-session-backuplsp2lsrc] discriminator local 339
[LSRA-bfd-lsp-session-backuplsp2lsrc] discriminator remote 439
[LSRA-bfd-lsp-session-backuplsp2lsrc] min-tx-interval 500
[LSRA-bfd-lsp-session-backuplsp2lsrc] min-rx-interval 500
[LSRA-bfd-lsp-session-backuplsp2lsrc] detect-multiplier 3
[LSRA-bfd-lsp-session-backuplsp2lsrc] process-pst
[LSRA-bfd-lsp-session-backuplsp2lsrc] notify neighbor-down
[LSRA-bfd-lsp-session-backuplsp2lsrc] commit
[LSRA-bfd-lsp-session-backuplsp2lsrc] quit
```

#---LSRC 上的配置，具体如下。

```
[LSRC] bfd
[LSRC-bfd] quit
[LSRC] bfd reversepri2lsra bind peer-ip 1.1.1.9
[LSRC-bfd-session-reversepri2lsra] discriminator local 239
[LSRC-bfd-session-reversepri2lsra] discriminator remote 139
[LSRC-bfd-session-reversepri2lsra] min-tx-interval 500
[LSRC-bfd-session-reversepri2lsra] min-rx-interval 500
[LSRC-bfd-session-reversepri2lsra] detect-multiplier 3
[LSRC-bfd-session-reversepri2lsra] commit
[LSRC-bfd-session-reversepri2lsra] quit
[LSRC] bfd reversebac2lsra bind peer-ip 1.1.1.9
[LSRC-bfd-session-reversebac2lsra] discriminator local 439
[LSRC-bfd-session-reversebac2lsra] discriminator remote 339
[LSRC-bfd-session-reversebac2lsra] min-tx-interval 500
[LSRC-bfd-session-reversebac2lsra] min-rx-interval 500
[LSRC-bfd-session-reversebac2lsra] detect-multiplier 3
[LSRC-bfd-session-reversebac2lsra] commit
[LSRC-bfd-session-reversebac2lsra] quit
```

（3）配置结果验证

以上配置完成后，可以进行配置结果验证。

① 在 LSRA 和 LSRC 上执行 **display bfd session discriminator** 命令，可以发现所配置的两个 BFD 会话状态均为 Up。图 7-44 是在 LSRA 上执行该命令的输出。

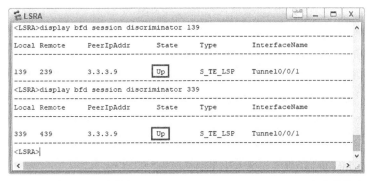

图 7-44　在 LSRA 上执行 **display bfd session discriminator** 命令的输出

② 在 LSRA 上执行 **display mpls te tunnel-interface** tunnel0/0/1 命令查看隧道信息，发现

正常情况下，当前活跃的 LSP 是主 CR-LSP，流量走的是主 CR-LSP 路径，如图 7-45 所示。

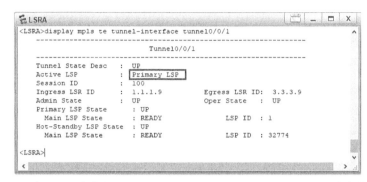

图 7-45   在 LSRA 上执行 **display mpls te tunnel-interface** tunnel0/0/1 命令的输出

③ 当拔出 LSRA 或 LSRB 上的 GE1/0/0 接口的线缆，或者在该接口视图下执行 **shutdown** 命令关闭该接口时，模拟主 CR-LSP 出现故障，再在 LSRA 上执行 **display mpls te tunnel-interface** tunnel0/0/1 命令查看隧道信息，发现当前活跃的 LSP 是热备份 CR-LSP，流量已快速（毫秒级）切换到热备份 CR-LSP，如图 7-46 所示。

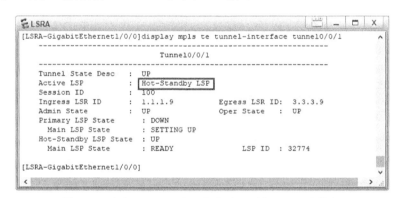

图 7-46   当主 CR-LSP 出现故障时，再在 LSRA 上执行
display mpls te tunnel-interface tunnel0/0/1 命令的输出

为了模拟在主 CR-LSP 故障恢复后的回切时间（15 秒）内备份 CR-LSP 出现故障时，流量会马上加切到主 CR-LSP 的场景。可以先在 LSRA 或 LSRB 的 GE1/0/0 接口插入线缆或者执行 **undo shutdown** 命令重新启用接口，再在 LSRA 重复执行 **display mpls te tunnel-interface** tunnel0/0/1 命令查看隧道信息，直到发现主 CR-LSP 建立成功。然后在 15 秒内（因为 15 秒后，流量会自动回切到主 CR-LSP）拔出 LSRA 或 LSRD 的 GE2/0/0 接口线缆，或者在该接口视图下执行 **shutdown** 命令关闭该接口，模拟热备份 CR-LSP 出现故障，此时可以发现流量会以毫秒级的速度快速回切到主 CR-LSP，不用再等 15 秒。由此可以证明所配置的静态 BFD 功能正常。

7.6.5   配置动态 BFD for CR-LSP

动态 BFD for CR-LSP 的配置任务如下。
① 使能全局 BFD 功能：参见 7.6.2 节的配置方法即可。

② 使能入节点动态创建 BFD 会话。

③ 使能出节点被动创建 BFD 会话。

④（可选）调整入节点的 BFD 参数。

因为动态 BFD for CR-LSP 是对 CR-LSP 进行检测的，所以在配置前需要完成所应用的静态/动态 MPLS TE 或 DS-TE 隧道和 CR-LSP 备份的配置。

（1）使能入节点动态创建 BFD 会话

使能 TE 动态创建 BFD 会话有以下两种方式。

① 全局使能动态创建 BFD 会话。当入节点的大部分 TE 隧道都需要使能自动创建 BFD 会话时，建议选择该方式。具体配置步骤见表 7-21。

表 7-21　全局使能动态创建 BFD 会话的配置步骤

步骤	命令	说明
1	**system-view**	进入系统视图
2	**mpls**	进入 MPLS 视图
3	**mpls te bfd enable** 例如：[Huawei-mpls] **mpls te bfd enable**	触发 MPLS TE 自动创建 BFD 会话。配置该命令后，所有 Tunnel 接口都使能了 BFD for TE，除非 Tunnel 接口的 BFD for TE 功能已被阻塞。 缺省情况下，未使能 BFD for TE 功能，可用 **undo mpls te bfd enable** 命令恢复缺省配置
4	**quit**	返回系统视图
5	**interface tunnel** *interface-number* 例如：[Huawei] **interface tunnel** 0/0/1	（可选）进入要阻塞 BFD 会话功能的 TE 隧道接口的接口视图
6	**mpls te bfd block** 例如：[Huawei-Tunnel0/0/1] **mpls te bfd block**	（可选）阻塞该 TE 隧道自动创建 BFD 会话功能。 缺省情况下，未阻塞 Tunnel 接口的 BFD 功能，可用 **undo mpls te bfd block** 命令恢复为缺省配置
7	**mpls te commit** 例如：[Huawei-Tunnel0/0/1] **mpls te commit**	提交配置，使配置生效

② Tunnel 接口下使能动态创建 BFD 会话。当入节点的小部分 TE 隧道需要使能自动创建 BFD 会话时，建议选择该方式。具体配置步骤见表 7-22。

表 7-22　在 Tunnel 接口下使能动态创建 BFD 会话的配置步骤

步骤	命令	说明
1	**system-view**	进入系统视图
2	**interface tunnel** *interface-number* 例如：[Huawei] **interface tunnel** 0/0/1	进入要使能 BFD 功能的 TE 隧道接口的接口视图
3	**mpls te bfd enable** 例如：[Huawei-Tunnel0/0/1] **mpls te bfd enable**	使以上接口触发该 TE 隧道自动创建 BFD 会话。 在 Tunnel 接口视图下配置该命令只对当前 Tunnel 接口生效。 缺省情况下，未使能 Tunnel 接口的 BFD 功能，可用 **undo mpls te bfd enable** 命令恢复为缺省配置

续表

步骤	命令	说明
4	mpls te commit 例如：[Huawei-Tunnel0/0/1] mpls te commit	提交配置，使配置生效

（2）使能出节点被动创建 BFD 会话

由于 CR-LSP 路径是单向的，在一条 CR-LSP 路径上，当主动方（源端）创建 BFD 会话后触发 LSP Ping 报文发送，被动方（宿端）收到 Ping 报文后会自动创建 BFD 会话。所以在出节点只需要使能被动创建 BFD 会话功能即可，具体配置步骤见表 7-23。

表 7-23　使能出节点被动创建 BFD 会话的配置步骤

步骤	命令	说明
1	system-view	进入系统视图
2	bfd 例如：[Huawei] bfd	使能全局 BFD 功能并进入 BFD 全局视图
3	mpls-passive 例如：[Huawei-bfd] mpls-passive	使能被动创建 BFD 会话功能。执行完该命令不创建 BFD 会话，而是等接收到源端发送的携带 BFD TLV 的 LSP Ping 请求报文后才建立 BFD 会话。 缺省情况下，不使能被动动态创建 BFD 会话功能，可用 undo mpls-passive 命令在 LSP 的目的端设备上禁止被动动态创建 BFD 会话功能

（3）调整隧道入节点的 BFD 参数

调整隧道入节点的 BFD 参数是可选项，一般直接采用缺省配置即可。调整方式有以下两种。

① 调整全局的 BFD 参数。当入节点的大部分 TE 隧道都使用相同的 BFD 参数时使用此方式，具体的配置步骤见表 7-24。

表 7-24　调整全局的 BFD 参数的配置步骤

步骤	命令	说明
1	system-view	进入系统视图
2	mpls	进入 MPLS 视图
3	mpls te bfd { min-tx-interval tx-interval | min-rx-interval rx-interval | detect-multiplier multiplier } * 例如：[Huawei-mpls] mpls te bfd min-tx-interval 200 detect-multiplier 5	设置所有 Tunnel 接口的 BFD 的时间参数，参数说明参见 7.6.2 节中表 7-18 的第 3 步。 当本端配置的 min-tx-interval tx-interval 和对端配置的 min-rx-interval rx-interval 不同时，取两者中的较大值为实际的会话参数。实际的 detect-multiplier multiplier 为对端配置的 detect-multiplier multiplier 值。 缺省情况下,没有配置 BFD for TE 会话参数,可用 undo mpls te bfd { min-tx-interval tx-interval | min-rx-interval rx-interval | detect-multiplier multiplier } *命令恢复对应参数为缺省配置

② 调整 Tunnel 接口的 BFD 参数。当入节点有部分 TE 隧道需要使用与全局不同的 BFD 参数时，则在这些隧道的 Tunnel 接口下单独调整 BFD 参数，具体的配置步骤见表 7-25。

表 7-25 调整 Tunnel 接口的 BFD 参数的配置步骤

步骤	命令	说明
1	**system-view**	进入系统视图
2	**interface tunnel** *interface-number* 例如：[Huawei] **interface tunnel** 0/0/1	进入 Tunnel 接口视图
3	**mpls te bfd** { **min-tx-interval** *tx-interval* | **min-rx-interval** *rx-interval* | **detect-multiplier** *multiplier* } * 例如：[Huawei-Tunnel0/0/1] **mpls te bfd** **min-tx-interval** 200 **detect-multiplier** 5	设置以上 Tunnel 接口的 BFD 的时间参数。参数说明参见 7.6.2 节中表 7-18 的第 3 步
4	**mpls te commit** 例如：[Huawei-Tunnel0/0/1] **mpls te commit**	提交配置，使配置生效

以上动态 BFD for CR-LSP 功能的所有配置完成后，可在任意视图下执行以下 **display** 命令查看相关配置，并验证配置效果。

① **display bfd configuration dynamic** [**verbose**]：在隧道入节点上查看动态 BFD 的配置信息。

② **display bfd configuration passive-dynamic** [**peer-ip** *peer-ip* **remote-discriminator** *discriminator*] [**verbose**]：在隧道出节点上查看动态 BFD 的配置信息。

③ **display bfd session dynamic** [**verbose**]：在隧道入节点上查看动态 BFD 会话信息。

④ **display bfd session passive-dynamic** [**peer-ip** *peer-ip* **remote-discriminator** *remote-discr-value*] [**verbose**]：在隧道出节点上查看被动创建的 BFD 会话信息。

⑤ 执行以下命令，查看 BFD 统计信息。

- **display bfd statistics**：查看 BFD 所有相关统计信息。
- **display bfd statistics session dynamic**：查看动态 BFD 会话的相关统计信息。

⑥ **display mpls bfd session** [**fec** *fec-address* \| **monitor** \| **nexthop** *ip-address* \| **outgoing-interface** *interface-type interface-number* \| **statistics** \| **verbose**]或 **display mpls bfd session protocol** { **cr-static** \| **rsvp-te** } [**lsp-id** *ingress-lsr-id session-id lsp-id* [**verbose**]]：查看与 MPLS 相关的 BFD 会话信息。

7.6.6 动态 BFD for CR-LSP 的配置示例

在图 7-47 所示的 MPLS 网络中，要求从 LSRA 上建立一条 TE 隧道，目的地址为 LSRC，并配置热备份 CR-LSP 和逃生路径。其中，主 CR-LSP 的路径为 LSRA→LSRB→LSRC；备份 CR-LSP 的路径为 LSRA→LSRD→LSRC。

当主 CR-LSP 出现故障时，流量切换到备份 CR-LSP；当主 CR-LSP 恢复后，15 秒后再进行流量回切。如果主/备 CR-LSP 都出现故障，则触发建立逃生路径，使流量切换到逃生路径上。其中，主/备 CR-LSP 都可以通过显式路径来指定，逃生路径由系统自动根据网络的故障情况来计算，本示例的结果为 LSRA→LSRD→LSRB→LSRC。当故障节点不同时，逃生路径也不同。

另外，要求配置动态 BFD for CR-LSP 检测主/备 CR-LSP，使得：

① 当主 CR-LSP 出现故障时，流量快速切换到备份 CR-LSP；

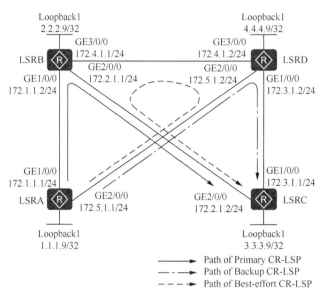

图 7-47　动态 BFD for CR-LSP 配置示例的拓扑结构

② 在主 CR-LSP 恢复后的回切时间（15 秒）内，如果备份 CR-LSP 出现故障，可快速感知故障并将流量回切到主 CR-LSP。

（1）基本配置思路分析

本示例的拓扑结构与 7.1.7 节完全一样，在主 CR-LSP、备份 CR-LSP 和逃生路径方面的配置要求也完全一样，唯一不同的是，本示例要针对主/备 CR-LSP 配置两个动态 BFD。但使用动态 BFD 时，同一时间内一个 Tunnel 接口只能建立一个 BFD 会话。

本示例的基本配置思路如下。

① 在各节点上配置各接口（包括 Loopback 接口）的 IP 地址和公网 OSPF 路由。

② 在各节点上配置 LSR ID，并使能全局和公网接口的 MPLS、MPLS TE 和 RSVP-TE 功能，在入节点 LSRA 上使能 CSPF 功能。

【说明】本示例仅介绍从 LSRA 到 LSRC 的单向 TE 隧道的配置，故入节点仅为 LSRA，实际应用中需要配置双向 TE 隧道，即要进行双向 TE 隧道的对应配置。

③ 在各节点上使能 OSPF TE，使 OSPF 可以发布 MPLS TE 信息。

④ 在入节点 LSRA 上配置主/备 CR-LSP 的显式路径。

⑤ 在入节点 LSRA 上创建目的地址为 LSRC 的隧道接口，指定前面配置的主/备 CR-LSP 的显式路径，并使能热备份和逃生路径，配置回切时间为 15 秒。

⑥ 在入节点 LSRA 上使能 BFD，配置动态 BFD for CR-LSP 功能；在出节点 LSRC 上使能被动创建 BFD 会话。

（2）具体配置步骤

以上配置任务中的第①～⑤项的具体配置与 7.1.7 节示例中对应的配置完全一样，参见即可。下面仅介绍第⑥项配置任务的配置方法。

第⑥项在入节点 LSRA 上使能 BFD，配置动态 BFD for CR-LSP 功能；在出节点 LSRC 上使能被动创建 BFD 会话。

#---LSRA 上的配置，具体如下。

在入节点 LSRA 上指定本地发送 BFD 报文的时间间隔和允许接收的时间间隔为 500 毫秒，BFD 本地检测倍数为 3。

```
[LSRA] bfd
[LSRA-bfd] quit
[LSRA] interface tunnel 0/0/1
[LSRA-Tunnel0/0/1] mpls te bfd enable
[LSRA-Tunnel0/0/1] mpls te bfd min-tx-interval 500 min-rx-interval 500 detect-multiplier 3
[LSRA-Tunnel0/0/1] mpls te commit
```

#---LSRC 上的配置，具体如下。

```
[LSRC] bfd
[LSRC-bfd] mpls-passive
[LSRC-bfd] quit
```

（3）配置结果验证

以上配置完成后，可执行配置结果验证。

① 在 LSRA 上执行 **display bfd session mpls-te interface** Tunnel0/0/1 **te-lsp** 命令，可发现动态 BFD 会话的状态为 Up，BFD 的会话类型为 D_TE_LSP（动态创建且与 TE-LSP 绑定），如图 7-48 所示。

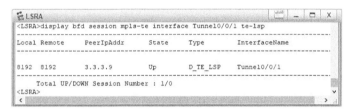

图 7-48　在 LSRA 上执行 **display bfd session mpls-te interface** Tunnel0/0/1 **te-lsp** 命令的输出

② 在 LSRC 上执行 **display bfd session passive-dynamic** 命令，创建的 BFD 会话类型为 E_Dynamic（完全动态会话，使能被动动态创建 BFD 会话功能后所创建的 BFD 会话类型），如图 7-49 所示。

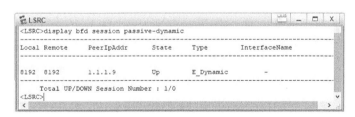

图 7-49　在 LSRC 上执行 **display bfd session passive-dynamic** 命令的输出

③ 在 LSRA 上执行 **display mpls te tunnel-interface** tunnel0/0/1 命令查看隧道信息，发现正常情况下，当前活跃的 LSP 是主 CR-LSP，流量走的是主 CR-LSP 路径，如图 7-50 所示。

④ 在 LSRA 或 LSRB 上的 GE1/0/0 接口拔出电缆，或在该接口视图下执行 **shutdown** 命令，模拟主 CR-LSP 出现故障，再在 LSRA 上执行 **display mpls te tunnel-interface** tunnel 0/0/1 命令查看隧道信息，发现当前活跃的 LSP 为热备份 CR-LSP，流量已快速（毫秒级）切换到备份 CR-LSP，如图 7-51 所示。

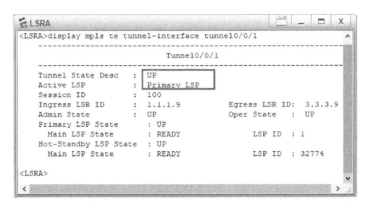

图 7-50　在 LSRA 上执行 **display mpls te tunnel-interface** tunnel0/0/1 命令的输出

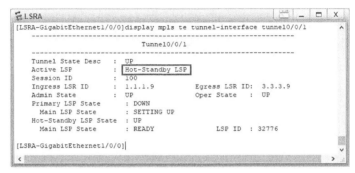

图 7-51　当主 CR-LSP 出现故障时，再在 LSRA 上执行
display mplste tunnel-interface tunnel0/0/1 命令的输出

　　为了模拟在主 CR-LSP 故障恢复后的回切时间（15 秒）内备份 CR-LSP 出现故障时，流量会马上加切到主 CR-LSP 的场景。可以先在 LSRA 或 LSRB 的 GE1/0/0 接口插入线缆或者执行 **undo shutdown** 命令重新启用接口，再在 LSRA 上执行 **display mpls te tunnel-interface** tunnel0/0/1 命令查看隧道信息，直到发现主 CR-LSP 建立成功。然后在 15 秒内（因为 15 秒后，流量会自动回切到主 CR-LSP）拔出 LSRA 或 LSRD 的 GE2/0/0 接口线缆，或在该接口视图下执行 **shutdown** 命令，模拟热备份 CR-LSP 出现故障，此时可发现流量会以毫秒级的速度快速回切到主 CR-LSP，而不用等 15 秒后。由此可以证明所配置的动态 BFD 功能正常。

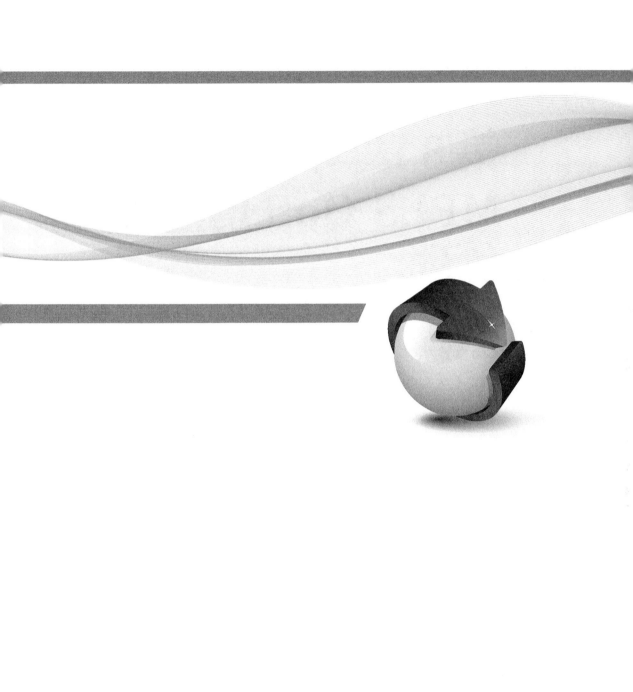

第 8 章
MPLS QoS 的配置与管理

本章主要内容

本章介绍在华为 S 系列交换机中支持的 MPLS QoS 功能的配置与管理。

8.1　MPLS QoS 基础

MPLS QoS 是华为 S 系列交换机中实现 MPLS 网络中 QoS 的功能。

8.1.1　3 种报文优先级

MPLS QoS 的实现原理比较简单，是把 MPLS 与 IP 网络中的 DiffServ 模型结合起来，通过将 IP 报文中的 IP 或区分服务代码点（Differentiated Service Code Point，DSCP）优先级（如图 8-1 所示）值或 VLAN 报文中的 802.1p 优先级（如图 8-2 所示）的分配与 MPLS 的标签分配过程相结合，将报文中的 DSCP 优先级或 802.1p 优先级映射成对应的 MPLS 报文实验（Experimental，EXP）优先级（如图 8-3 所示）来为不同类型的流量提供不同的服务等级。

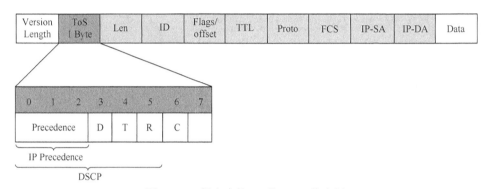

图 8-1　IP 报文中的 IP 或 DSCP 优先级

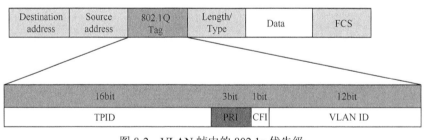

图 8-2　VLAN 帧中的 802.1p 优先级

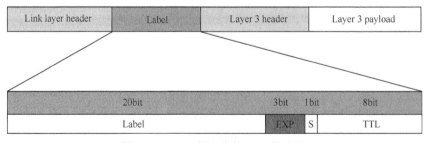

图 8-3　MPLS 报文中的 EXP 优先级

【说明】MPLS QoS 需要使能 MPLS 功能，而设备的 MPLS 功能受 License 控制，所以缺省情况下，新设备的 MPLS 功能未打开。如果需要使用设备的 MPLS 功能，请联系设备经销商申请并购买 License。

8.1.2　MPLS DiffServ 的两种实现方案

目前 MPLS 被广泛地应用于大规模网络的组建，但在 MPLS 网络中，因为 IP 报文的三层协议报头已成为 MPLS 报文的数据部分，无法通过 IP 报头的优先级值来实现服务质量区分，所以 MPLS 网络中的服务质量需要采用其他方式来实现，即 MPLS QoS。

与 IP 报文根据报文中携带的 IP 网络优先级（例如 DSCP 优先级、802.1p 优先级）来区分业务的服务等级类似，MPLS QoS 根据 MPLS 标签中的 EXP 优先级来区分不同数据流的服务级别，实现差分服务，保证语音、视频数据流的低时延、低丢包率，保证网络的高利用率。

MPLS QoS 与 IP QoS 一样，也是通过差分服务（DiffServ）模型来实现 QoS 的，但 MPLS QoS 结合了 MPLS 标签转发和差分服务两项功能，所以称之为 MPLS DiffServ。通过 MPLS DiffServ 可以为每个经 MPLS 网络传输的业务提供特定的服务，并提供差异化的服务级别来满足不同业务的服务质量需求。

MPLS DiffServ 提供了以下两种实现方案。

① E-LSP（EXP-Inferred-PSC LSP，E-LSP）路径，即由 MPLS 报文中的 EXP 优先级决定每跳行为（Per-Hop Behavior，PHB）的 LSP。

由 EXP 指示包交换功能的 LSP（E-LSP）方案是将 PHB 和报文颜色都由 MPLS 标签的 EXP 字段表示。转发期间，MPLS 标签决定数据包的转发路径，EXP 优先级值决定 PHB。该方案适用于支持少于 8 个 PHB 的网络（因为 EXP 只有 8 个优先级值），不需要信令协议传递 PHB 信息，而且标签使用率较高，状态易维护。

在 E-LSP 方案中，MPLS 标签中的 **EXP 优先级可以直接由用户配置决定，也可以从报文中的 DSCP 或 802.1p 优先级映射得到**。如果 EXP 优先级采用从报文的 DSCP 或 802.1p 直接映射得到，则需在 Ingress 接口入方向上，先根据报文中携带的 DSCP 或 802.1p 优先级到 PHB/报文颜色的映射关系映射为特定的 PHB/报文颜色，再根据 PHB/报文颜色到 EXP 的映射关系映射为特定的 EXP 优先级，为 MPLS 标签标识对应的 EXP 优先级值。在其他节点接口入方向上，根据 MPLS 报文中携带的 EXP 优先级映射为特定的 PHB/报文颜色。每个节点的接口入方向上均可重新配置 EXP 优先级与 PHB/报文颜色的映射关系。

【说明】DSCP 或 802.1p 优先级与 EXP 优先级的映射关系不是直接配置的，而是通过中间的 PHB 实现的，因为它们均与 PHB 有缺省的或配置的映射关系。在 Ingress 接口上，会根据报文中携带的 DSCP 或 802.1p 优先级得到所映射的 PHB，再根据 PHB 与 EXP 的映射关系，得到所要的 EXP 优先级值，并添加在 MPLS 标签中。

在接口入方向上，要根据报文中携带的优先级值确定报文进入本地设备后的处理行为和报文颜色，即 PHB/报文颜色。在接口入方向上缺省的 802.1p 优先级到 PHB/报文颜色之间的映射关系见表 8-1。在接口入方向上缺省的 DSCP 优先级到 PHB/报文颜色之间的映射关系见表 8-2。在接口方向上缺省的 EXP 优先级到 PHB/报文颜色的映射关系见表 8-3。

表 8-1　在接口入方向上缺省的 **802.1p** 优先级到 **PHB**/报文颜色之间的映射关系

802.1p 优先级	PHB	报文颜色	802.1p 优先级	PHB	报文颜色
0	BE	green	4	AF4	green
1	AF1	green	5	EF	green
2	AF2	green	6	CS6	green
3	AF3	green	7	CS7	green

表 8-2　在接口入方向上缺省的 **DSCP** 优先级到 **PHB**/报文颜色之间的映射关系

DSCP	PHB	报文颜色	DSCP	PHB	报文颜色
0	BE	green	32	AF4	green
1	BE	green	33	BE	green
2	BE	green	34	AF4	green
3	BE	green	35	BE	green
4	BE	green	36	AF4	yellow
5	BE	green	37	BE	green
6	BE	green	38	AF4	red
7	BE	green	39	BE	green
8	AF1	green	40	EF	green
9	BE	green	41	BE	green
10	AF1	green	42	BE	green
11	BE	green	43	BE	green
12	AF1	yellow	44	BE	green
13	BE	green	45	BE	green
14	AF1	red	46	EF	green
15	BE	green	47	BE	green
16	AF2	green	48	CS6	green
17	BE	green	49	BE	green
18	AF2	green	50	BE	green
19	BE	green	51	BE	green
20	AF2	yellow	52	BE	green
21	BE	green	53	BE	green
22	AF2	red	54	BE	green
23	BE	green	55	BE	green
24	AF3	green	56	CS7	green
25	BE	green	57	BE	green
26	AF3	green	58	BE	green
27	BE	green	59	BE	green
28	AF3	yellow	60	BE	green
29	BE	green	61	BE	green
30	AF3	red	62	BE	green
31	BE	green	63	BE	green

表 8-3　在接口入方向上缺省的 **EXP** 优先级到 **PHB**/报文颜色的映射关系

EXP 优先级	PHB	报文颜色	EXP 优先级	PHB	报文颜色
0	BE	green	4	AF4	green
1	AF1	green	5	EF	green
2	AF2	green	6	CS6	green
3	AF3	green	7	CS7	green

在接口出方向上，要根据报文当前的 PHB/报文颜色确定报文离开本地设备时所携带的对应优先级值。在 Ingress 和 Transit 的接口出方向上均可重新配置 PHB/报文颜色与 EXP 优先级的映射关系，在接口出方向上缺省的 PHB/报文颜色到 EXP 优先级的映射关系见表 8-4。在 Egress 上，根据所选择的 DiffServ 模式的不同，按弹出的 MPLS 标签中的 EXP 优先级，或报文中携带的 DSCP 或 802.1p 优先级（可能与进入 Ingress 时的值不一样）重新映射 PHB/报文颜色，指导报文在 IP 网络中的转发行为。

表 8-4　在接口出方向上缺省的 **PHB**/报文颜色到 **EXP** 优先级的映射关系

PHB	报文颜色	EXP 优先级	PHB	报文颜色	EXP 优先级
BE	green	0	AF4	green	4
BE	yellow	0	AF4	yellow	4
BE	red	0	AF4	red	4
AF1	green	1	EF	green	5
AF1	yellow	1	EF	yellow	5
AF1	red	1	EF	red	5
AF2	green	2	CS6	green	6
AF2	yellow	2	CS6	yellow	6
AF2	red	2	CS6	red	6
AF3	green	3	CS7	green	7
AF3	yellow	3	CS7	yellow	7
AF3	red	3	CS7	red	7

如图 8-4 所示，整个 MPLS 网络的 DiffServ 域包括 MPLS 骨干网的 MPLS DiffServ 域和用户侧 IP 网络的 IP DiffServ 域两个部分，分别用于 MPLS 报文的转发和 IP 报文的转发。

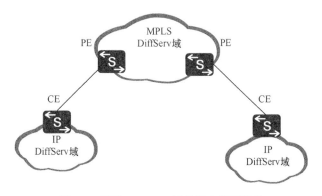

图 8-4　两种 DiffServ 域的混合组网结构

在 MPLS 网络边缘的 PE 设备上，MPLS DiffServ 要在两个 DiffServ 域之间进行协调管理调度，完成 IP 报文中的 DSCP 或 802.1p 优先级到 MPLS 报文 EXP 优先级的双向映射。在 MPLS 骨干网中，MPLS 报文基于 MPLS 报头中的 EXP 优先级采用相应的转发行为，为客户提供不同的服务质量。

如图 8-5 所示，在 MPLS 报文进入骨干网 P 节点时需要进行流量分类，将报文携带的 EXP 优先级（在 PE 节点上已配置或映射好）统一映射到设备内部的服务等级（也称"内部优先级"，对应"PHB"）和丢弃优先级（对应"报文颜色"，具体颜色报文的丢弃优先级的高低实际取决于对应参数的配置）。流量分类完毕后，所进行的流量整形、流量监管、拥塞避免等 QoS 实现方法与 IP 网络中对应的功能实现方法相同。在报文从 P 节点发出时，将内部的服务等级（PHB）和丢弃优先级（报文颜色）反向映射为 MPLS EXP 优先级，以便后续网络设备可根据报文中的 EXP 优先级提供相应的服务质量。

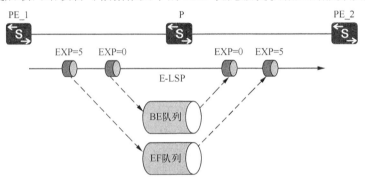

图 8-5　E-LSP 方案的报文基本转发流程

② L-LSP（Label-Only-Inferred-PSC LSP，L-LSP）路径，即由 MPLS 标签和 EXP 优先级共同决定 PHB 的 LSP。

仅由标签指示包交换功能的 LSP（L-LSP）方案适用于支持任意数量 PHB 的网络，因为在这种方案中，**MPLS 隧道标签不仅用于决定转发路径，还决定在 LSR 上的调度行为**，而 EXP 优先级则用于决定数据报文的丢弃优先级。**因为要通过 MPLS 标签来区分业务流的类型，所以需要为不同的流建立不同的 LSP**，需要使用更多标签，占用大量的系统资源。目前 S 系列交换机暂不支持 L-LSP 方案。

8.1.3　MPLS DiffServ 的工作模式

在 MPLS VPN 中的 DiffServ 有 3 种工作模式——Uniform（统一）、Pipe（管道）和 Short pipe（短管道），分别对应了 3 种不同的 MPLS 报文中 EXP 优先级值的获取方式和报文离开 MPLS 网络时选择的 PHB 的方式。

（1）Uniform 模式

在 Uniform 模式中，报文在 IP 网络和 MPLS 网络中的优先级标识是统一定义且相互联动的，即两种网络对报文的优先级标识都是全局有效的，有相互映射关系。在 Uniform 模式中，**MPLS 标签中的 EXP 优先级值不能手动配置，只能通过 IP 网络优先级映射得到**。Uniform 模式的具体特征如下。

① 在 Ingress 上，报文在被打上 MPLS 标签后，直接根据本地设备配置的 DSCP 或 802.1p 优先级与 EXP 优先级的映射关系，**将 IP 报文中的 DSCP 或 802.1p 字段值映射到**

新增的每个 MPLS 标签中的 EXP 字段中，不能手动配置 EXP 优先级。

② 外层 MPLS 标签在弹出时会先自动把该标签中的 EXP 优先级值复制到新的外层 MPLS 标签中的 EXP 字段上。

③ 如果在 MPLS 网络传输报文的过程中，某 MPLS 标签中的 EXP 字段值改变了，则在 Egress 时可能会影响报文在离开 MPLS 网络后采用的 PHB。因为 Egress 会根据本地的 EXP 优先级与 DSCP 或 802.1p 优先级的映射关系，将当前外层 MPLS 标签中的 EXP 优先级值映射到 IP 报文中的 DSCP 或 802.1p 优先级值。

当运营商认为可以完全信任 CE 侧流量携带的 QoS 参数时，可以采用 Uniform 模式。以如图 8-6 所示的 L3VPN 为例介绍 Uniform 模式的基本工作原理。

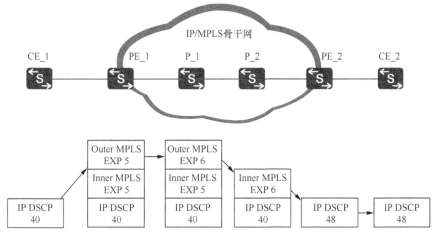

图 8-6　Uniform 模式示例

【说明】本示例及下面两个示例均以非 PHP 场景的 L3VPN 为例进行介绍。在 PHP 场景下，PE_2 设备收到的报文不包含 MPLS EXP 信息，因为 MPLS 标签已在倒数第二跳弹出了，所以不会进行 MPLS QoS 处理。如果要进行 MPLS QoS，建议将原来计划部署在出节点上的相关配置部署在倒数第二跳设备上，或在出节点部署向倒数第二跳分配显式空标签（IPv4 环境为 0，IPv6 环境为 2），这样标签就不会在倒数第二跳弹出了。

① 在 PE_1 上根据本地配置的 DSCP 优先级与 EXP 优先级的映射关系（此处假设采用缺省映射关系），将 IP 报文中携带的 DSCP 优先级 40 映射到新增的两层 MPLS 标签中的 EXP 字段中，使它们的 EXP 优先级均为 5。

【说明】缺省情况下，根据表 8-2 可知，DSCP 40 映射的 PHB 为 EF，报文颜色为 green，再根据表 8-4 可知，PHB 为 EF、报文颜色 green 映射的 EXP 优先级值为 5，所以在 Ingress PE_1 上将为携带 DSCP 40 优先级值的 IP 报文，在新增 MPLS 标签时，其 EXP 优先级值为 5。

② 假设 MPLS 报文传输到 P_1 时将 Outer MPLS 标签（为公网隧道标签）的 EXP 值改为 6，然后继续传输到 P_2，在 P_2 上保持不变。

③ 在 P_2 继续向 Egress 传输 MPLS 报文时，会先弹出 Outer MPLS 标签，但在弹出前会将 Outer MPLS 标签中的 EXP 优先级值 6 复制到新的外层 MPLS 标签——Inner MPLS 标签（在 L3VPN 中为私网路由标签，在 L2VPN 中为私网 VC 标签）的 EXP 字段

上，这样 Inner MPLS 标签的 EXP 优先级值就由原来的 5 变为 6。

④ 因为 PE_2 是 Egress，所以在继续向 IP 网络传输报文前，必须弹出剩下的 Inner MPLS 标签。但在弹出前又要根据本地设备上配置的 EXP 优先级与 DSCP 优先级之间的映射关系（本示例假设采用缺省映射关系），修改发送的 IP 报文的 DSCP 优先级值为对应的 48。

【说明】缺省情况下，根据表 8-3 可知，EXP 优先级 6 映射的是 PHB CS6、报文颜色 green，根据表 8-2 可知，PHB CS6、报文颜色 green 映射的 DSCP 值为 48。

通过以上步骤，源端 CE 发送的 IP 报文中的 DSCP 优先级在经过 MPLS 网络传输时会随着 MPLS 标签中的 EXP 优先级的变化而变化，到达目的端 CE 时 IP 报文中所携带的 IP 网络优先级值可能与源端的不同。因为在 Uniform 模式中，EXP 优先级的变化将带来全局的报文转发影响，还会影响 Egress IP 报文的转发。

（2）Pipe 模式

Pipe 模式可以被理解为：报文从 Ingress 进入 MPLS 网络，到 Egress 离开 MPLS 网络，报文中所携带的 IP 网络优先级不变，不受在 MPLS 骨干网中所传输的 MPLS 报文的 EXP 优先级值的影响。但在这种模式中，从 Egress 发送到目的站点 CE 时的 PHB 仍由最后一个被弹出的 MPLS 标签中的 EXP 优先级决定。Pipe 模式的具体特征如下。

① IP 报文进入 Ingress 后，**在新增 MPLS 标签中的 EXP 字段值通常由用户指定。**

② 如果报文在 MPLS 网络传输中改变了某个 MPLS 标签的 EXP 优先级值，弹出时也会把该标签的 EXP 优先级值复制到新的外层标签中。

③ 在 Egress 上，报文会根据当前外层 MPLS 标签中的 EXP 优先级值选择 PHB，而当报文离开 MPLS 网络后，直接使用原 IP 报文中携带的 DSCP 或 802.1p 优先级值，在 MPLS 网络中的 EXP 优先级值的改变不影响 IP 报文中的优先级值。

当运营商不关心 CE 侧用户设置的 QoS 参数时，**在 PE 上为新增的 MPLS 标签手动指定 EXP 优先级值，不受 IP 报文中携带的 IP 网络优先级的影响。** 这样一来，从 Ingress 到 Egress 都是按照运营商的意愿在各 P 节点进行 QoS 调度，直到将流量送出最后一个 P 节点后，报文再根据其原来携带的 IP 网络优先级值转发。

以图 8-7 所示的非 PHP 场景 L3VPN 为例介绍 Pipe 模式的基本工作原理。

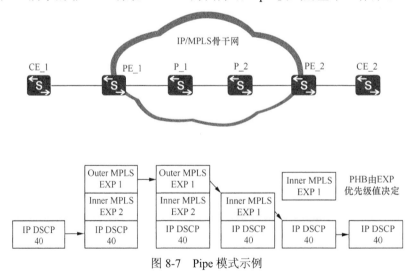

图 8-7　Pipe 模式示例

① 当 IP 报文进入 Ingress PE_1 后，直接根据本地配置为新增的 Outer（外层）MPLS 和 Inner（内层）MPLS 标签中的 EXP 赋值，假设分别为 1 和 2。

【说明】MPLS 报文的转发行为仅由外层 MPLS 标签决定，外层标签中的 EXP 优先级值为 1，根据表 8-3 可知，所映射的 PHB 为 AF1，报文颜色为 green。

② 当 MPLS 报文传输到 P_1 节点时，假设两个 MPLS 标签中的 EXP 优先级保持不变。

③ P_1 按照 Outer MPLS 标签中新的 EXP 优先值进行报文转发，到 P_2 节点时 Outer MPLS 标签要被弹出，此时会先将 Outer MPLS 标签中的 EXP 优先级值复制到新外层 MPLS 标签——Inner MPLS 标签中的 EXP 字段上，即 Inner MPLS 标签中的 EXP 优先级值由原来的 2 变为 1。

④ MPLS 报文继续转发到 Egress PE_2 时，Inner MPLS 标签将被弹出，但在弹出前仍会根据 Inner MPLS 标签中的 EXP 优先级值 1 查找对应映射的 PHB/报文颜色（PHB 仍为 AF1，报文颜色仍为 green），到达 CE_2 时仍携带原 IP 报文中的 DSCP 优先级值进行转发。

从以上流程中我们可以看出，源端 CE 发送的 IP 报文中携带的 IP 网络优先级值通过 MPLS 网络传输后，到达目的端 CE 时 IP 报文中所携带的 IP 网络优先级值会保持不变。

（3）Short pipe 模式

Short pipe 模式是对 Pipe 模式的改进，报文在进入 P 节点时对报文的处理方式与 Pipe 模式类似，区别是 Short pipe 模式在 Egress 的倒数第二跳就完成了 IP 报文中的 QoS 参数恢复。由此可以看出，在 Short pipe 模式中，EXP 优先级值对报文转发的影响比 Pipe 模式小。

在图 8-8 所示的非 PHP 场景 L3VPN 中，如果采用 Short pipe 模式，前 3 步与 Pipe 模式中的前 3 步完全一样，第 4 步时，PE_2 会先将 Inner MPLS 标签弹出，然后直接根据原 IP 报文中的 DSCP 优先级值 40 选择 PHB/报文颜色（根据表 8-2 可知，所映射的 PHB 为 EF，报文颜色为 green），不用根据 Inner MPLS 标签中的 EXP 优先级值选择 PHB/报文颜色，然后转发给目的端 CE_2。

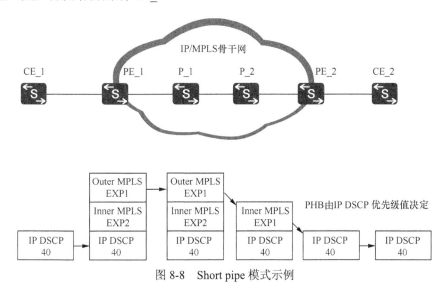

图 8-8　Short pipe 模式示例

8.1.4 MPLS QoS 在 VPN 业务中的应用

随着 MPLS 技术的广泛应用，很多服务提供商通过 MPLS 网络向企业提供 VPN 业务。VPN 可以用于连接出差人员与企业总部、异地分支机构与企业总部、企业合作伙伴与企业总部之间的私网数据传输。但是如果 VPN 不能保证企业运营数据的及时有效发送，那么 VPN 将不能有效地为企业服务。

为了满足企业 VPN 的这些需求，可以通过部署 MPLS QoS 来实现以下两种应用。

（1）区分 VPN 内不同业务的优先级

如图 8-9 所示，两个 VPN Site 属于同一企业的不同分部，企业网络中存在语音、数据和视频 3 种业务流，已在企业内部网络中对这 3 类业务进行优先级区分，保证语音优先级最高、视频其次、数据优先级最低。当不同 VPN 业务流量进入 MPLS 网络时，也要对这 3 类业务进行优先级区分，保证 MPLS 网络中语音优先级一直最高、视频其次、数据优先级最低，并根据优先级的高低对这 3 类业务提供不同的 QoS。

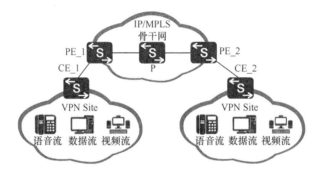

图 8-9　MPLS QoS 在区分 VPN 内不同业务的优先级的应用示例

不同网络中的报文使用不同的优先级字段，例如二层网络的报文使用 802.1p 优先级，三层网络的报文使用 DSCP 优先级，MPLS 网络的报文使用 EXP 优先级。下面以图 8-9 中 L3VPN 报文从 PE_1 发往 PE_2 的过程为例，介绍 MPLS QoS 在区分同一 VPN 内部不同业务的优先级方面的应用。

① 入节点（PE_1）根据本地配置，将接收到的 IP 报文携带的 DSCP 优先级（**不同类型的业务报文有不同的 DSCP 优先级值**）映射到内部服务等级（PHB）和报文颜色，再根据内部服务等级和报文颜色对报文提供不同的 QoS。报文在流出设备时，设备会根据内部服务等级和报文颜色为新增的 MPLS 标签设置 EXP 优先级，以便后续 MPLS 网络根据 EXP 优先级进行服务。

② 中间节点（P）根据本地配置，将接收到的报文携带的 EXP 优先级映射到内部服务等级和报文颜色，再根据内部服务等级和报文颜色对报文提供相应的 QoS。报文在流出设备时，设备根据内部服务等级和报文颜色重新标记报文的 EXP 优先级（**在出接口上可以重新配置 PHB/报文颜色与 EXP 优先级之间的映射，下同**）。

③ 出节点（PE_2）根据本地配置，将接收到的报文携带的 EXP 或 DSCP 优先级（具体要视 MPLS DiffServ 工作模式，以及倒数第二跳分配的 MPLS 标签是否支持 PHP 而定）映射到内部服务等级和报文颜色，再根据内部服务等级和报文颜色对报文提供相应的

QoS。在向所连用户侧 CE 发送时，设备再根据内部服务等级和报文颜色重新标记为 IP 报文的 DSCP 优先级，以便后续 IP 网络根据报文中携带的 DSCP 优先级提供相应的 QoS。

（2）区分不同 VPN 的优先级

如图 8-10 所示，CE_1 和 CE_3 属于 VPN_1，分别连接企业 A 的两个分部；CE_2 和 CE_4 属于 VPN_2，分别连接企业 B 的两个分部。当不同企业的 VPN 业务进入 MPLS 网络时，需要在 MPLS 网络中对不同企业 VPN 中的业务流量进行 EXP 优先级区分，保证企业 A 的优先级高、企业 B 的优先级低，并根据优先级的高低对不同企业提供不同的 QoS。

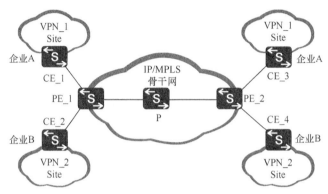

图 8-10　MPLS QoS 在区分不同 VPN 的优先级方面的应用示例

以图 8-10 中 L3VPN 报文从 PE_1 发往 PE_2 的过程为例介绍 MPLS QoS 在不同 VPN 的优先级方面的应用。

① 入节点（PE_1）将来自企业 A 和 B 的业务报文（**以不同 VPN 实例进行区分**）标记（**采取手动配置 EXP 优先级的方式**）为不同的 MPLS EXP 优先级，且企业 A 的优先级高于企业 B 的优先级，以便后续 MPLS 网络根据 EXP 优先级进行服务。

② 中间节点（P）根据本地配置，将接收到的不同 VPN 中的 MPLS 报文携带的 EXP 优先级映射到不同的内部服务等级和报文颜色，再根据内部服务等级和报文颜色为报文提供相应的 QoS。MPLS 报文在流出设备时，设备根据不同 VPN 中的内部服务等级和报文颜色重新标记为不同的 EXP 优先级。

③ 出节点（PE_2）根据本地配置，将接收到的不同 VPN 中的报文携带的 EXP 或 DSCP 优先级（具体要视 MPLS DiffServ 工作模式，以及倒数第二跳分配的 MPLS 标签是否支持 PHP 而定）映射到内部服务等级和报文颜色，再根据内部服务等级和报文颜色对报文提供不同的 QoS。IP 报文在流出设备时，设备根据不同的内部服务等级和报文颜色重新标记为不同的 IP 报文 DSCP 优先级，以便后续网络根据报文优先级进行服务。

8.2　MPLS QoS 的配置与管理方法

在华为 S 系列交换机中，根据不同 MPLS QoS 功能的应用场景，可进行以下两项配置任务。

（1）配置 MPLS 公网隧道标签优先级映射

对于某些 MPLS QoS 业务，需要根据 MPLS 公网隧道标签来确定 MPLS 报文的 EXP 优先级，此时需要配置公网隧道标签和 EXP 的优先级映射关系。这是 MPLS QoS 在公网隧道中的应用，对在公网 MPLS 隧道传输的报文，通过配置 EXP 优先级与 PHB/报文颜色之间的映射关系，为不同业务流提供不同的服务级别。此时，所有在同一公网 MPLS 隧道中传输的业务使用相同的优先级、PHB/报文颜色映射关系。

可以创建新的 DiffServ 域，或修改名为 **default** 的缺省 DiffServ 域，配置当业务流流入设备时，设备将报文携带的 EXP 优先级信息映射到相应的 PHB/报文颜色，在设备内部，根据报文的 PHB 进行拥塞管理，根据报文的颜色进行拥塞避免；配置当业务流流出设备时，设备将报文的 PHB/报文颜色映射为相应的 EXP 优先级，对端设备可根据报文的 EXP 优先级提供相应的 QoS。最后将所配置的 DiffServ 域应用到对应的入/出接口。

缺省情况下，DiffServ 域中，接口入方向上 EXP 优先级到 PHB/报文颜色的映射关系参见表 8-3，接口出方向上 PHB/报文颜色到 EXP 优先级的映射关系参见表 8-4。

（2）配置 MPLS 私网支持的 DiffServ 模式

这是 MPLS QoS 在 MPLS VPN（包括 L2VPN 和 L3VPN）中的应用，可通过配置 VPN 所支持的 DiffServ 模式，实现在不同的 L3VPN 实例，或 L2VPN AC 侧接口下传输的报文中的私网标签中 EXP 优先级与 PHB/报文颜色之间的映射，为不同 VPN 私网流量提供不同的服务级别。

如果在 MPLS 私网标签的 DiffServ 模式配置中，想要使用 DiffServ 域的优先级映射，就要先创建并配置对应的 DiffServ 域中的优先级映射，其配置方法与"MPLS 公网隧道标签优先级映射"中 DiffServ 域的配置方法一样。

【说明】华为 S 系列交换机所支持的 L2VPN 方案主要有虚拟租用线路（Virtual Leased Line，VLL）和虚拟专用局域网服务（Virtual Private LAN Service，VPLS）两种，L3VPN 主要是 BGP/MPLS IP VPN。

8.2.1　配置 MPLS 公网隧道标签优先级映射

MPLS 公网隧道标签优先级映射涉及以下 3 个方面的配置任务。

① （可选）创建公网隧道所要使用的 DiffServ 域，并在其中配置 EXP 优先级与 PHB/报文颜色之间的映射关系。

本项配置任务仅当使用新建 DiffServ 域或修改缺省 DiffServ 域中的优先级映射配置来配置公网隧道 EXP 优先级映射时才需要进行。

② 配置公网隧道进行 EXP 的优先级映射。

③ （可选）在接口上应用 DiffServ 域。

本项配置任务仅当使用 DiffServ 域中的优先级映射配置来配置公网隧道 EXP 优先级映射时才需要进行。

（1）创建 DiffServ 域并配置优先级映射关系

DiffServ 域由一组相连的 DiffServ 节点组成，这些相连的 DiffServ 节点采用相同的服务提供策略并实现相同的 PHB 组集合。如果使用 DiffServ 域来区分不同的优先级映射配置，可执行本项配置任务，否则不需要执行。

配置好 DiffServ 域中 EXP 优先级与 PHB 的映射关系后，使用该域的所有业务流量都将采用该域中的优先级映射配置。创建 DiffServ 域并配置 EXP 优先级与 PHB 的映射关系的步骤见表 8-5。

表 8-5　创建 DiffServ 域并配置 EXP 优先级与 PHB 的映射关系的步骤

步骤	命令	说明
1	system-view	进入系统视图
2	diffserv domain { default | *ds-domain-name* } 例如：[HUAWEI] diffserv domain ds1	创建 DiffServ 域并进入 DiffServ 域视图。 ① default：二选一选项，指定选用系统预先设定的缺省 DiffServ 域。 ② *ds-domain-name*：二选一参数，指定要创建的 DiffServ 域的名称，字符串形式，**区分大小写**，不支持空格，不能为 "n" "no" "non" "none"，长度范围是 1~31。当输入的字符串两端使用双引号时，可在字符串中输入空格。DiffServ 域的名称不能为 "--"。 缺省情况下，系统预定义了一个名为 default 的 DiffServ 域，default 域定义了缺省情况下报文的优先级和 PHB、报文颜色之间的映射关系。用户可以修改 default 域中定义的映射关系，但不能删除 default 域。可用 **undo diffserv domain** *ds-domain-name* 命令删除指定的 DiffServ 域
3	mpls-exp-inbound *exp-value* phb *service-class* [*color*] 例如：[HUAWEI-dsdomain-ds1] mpls-exp-inbound 2 phb af1 yellow	（可选）在接口入方向，将 MPLS 报文的 EXP 优先级映射为 PHB，并为报文着色。 ① *exp-value*：表示 MPLS 报文中携带的 EXP 优先级值，整数形式，取值范围是 0~7，**值越大优先级越高**。 ② *service-class*：表示 PHB，取值可以为 BE、AF1~AF4、EF、CS6 或 CS7，**优先级依次提高**。 ③ *color*：可选参数，表示报文标记的颜色，取值可以为 green、yellow 或 red，用于进行拥塞管理，不同拥塞管理方式对不同颜色报文的处理方式不一样。 缺省情况下，在接口入方向上 EXP 到 PHB/报文颜色的映射关系见表 8-3，可用 **undo mpls-exp-inbound** 命令恢复缺省的映射关系，也可通过本命令修改映射关系
4	mpls-exp-outbound *service-class color* map *exp-value* 例如：[HUAWEI-dsdomain-ds1] mpls-exp-outbound af1 yellow map 2	（可选）在接口出方向，将 PHB、颜色映射为 MPLS 报文的 EXP 优先级。命令中的参数说明参见本表第 3 步命令中对应的参数。 缺省情况下，在接口出方向上 PHB/报文颜色到 EXP 优先级之间的映射关系见表 8-4，可用 **undo mpls-exp-outbound** 命令恢复缺省的映射关系，也可通过本命令修改映射关系

（2）配置公网隧道优先级映射

公网隧道优先级映射是真正进行 EXP 优先级映射的配置任务，在不同节点上的配置命令有所不同，具体见表 8-6。

【注意】必须在公网隧道建立之前配置该项任务，配置才会生效，否则需要重启 MPLS LDP 会话。

表 8-6　配置公网隧道优先级映射的步骤

步骤	命令	说明
1	**system-view**	进入系统视图
2	**mpls-qos ingress { use vpn-label-exp | trust upstream { *ds-name* | default | none } }** 例如：[HUAWEI] **mpls-qos ingress trust upstream** ds1	（多选一）在 Ingress 上配置公网隧道进行 EXP 的优先级映射。 ① **use vpn-label-exp**：二选一选项，使用内层私网 EXP 标签值。如果希望根据私网隧道的 EXP 进行优先级映射（用于区分不同 VPN），可选择此选项。 ② **trust upstream**：二选一选项，信任指定的 DiffServ 域中配置的 EXP 优先级映射配置。 ③ *ds-name*：多选一参数，指定所信任的 DiffServ 域的域名。 ④ **default**：多选一选项，指定信任的 DiffServ 域为缺省的 default 域。 ⑤ **none**：多选一选项，指定报文不进行公网隧道的 EXP 优先级映射，并将公网隧道的 EXP 优先级值设置为 0（最低优先级）。 缺省情况下，根据缺省的 default 域进行公网隧道的 EXP 的优先级映射，可用 undo mpls-qos ingress { use vpn-label-exp | trust upstream }或 undo mpls-qos ingress trust upstream none 命令恢复缺省配置
	mpls-qos transit trust upstream { *ds-name* | default | none } 例如：[HUAWEI] **mpls-qos transit trust upstream** ds1	（多选一）在 Transit 设备上配置公网隧道基于 EXP 进行优先级映射。命令中的参数和选项说明参见以上 **mpls-qos ingress** 命令中的对应参数和选项。 缺省情况下，根据缺省的 default 域进行公网隧道的 EXP 的优先级映射，可用 undo mpls-qos transit trust upstream 或 undo mpls-qos transit trust upstream none 命令恢复缺省配置
	mpls-qos egress trust upstream { *ds-name* | default | none } 例如：[HUAWEI] **mpls-qos egress trust upstream** ds1	（多选一）在 Egress 设备上配置公网隧道基于 EXP 进行优先级映射。命令中的参数和选项说明参见以上 **mpls-qos ingress** 命令中的对应参数和选项。 缺省情况下，根据缺省的 default 域进行公网隧道的 EXP 的优先级映射，可用 undo mpls-qos egress trust upstream 或 undo mpls-qos egress trust upstream none 命令恢复缺省配置

（3）在接口上应用 DiffServ 域

如果在前面的公网隧道优先级映射配置中指定使用缺省的 default 域或新建的 DiffServ 域中的优先级映射配置，则需要在对应的出/入接口上应用对应的 DiffServ 域，否则不需要进行本项配置任务的配置。

当需要根据 DiffServ 域中定义的映射关系，对出/入设备的报文进行 EXP 优先级与 PHB/报文颜色之间的映射操作时，需要将 DiffServ 域绑定到报文的出/入接口，具体配置步骤见表 8-7。

表 8-7　应用 DiffServ 域的配置步骤

步骤	命令	说明
1	**system-view**	进入系统视图
2	**interface** *interface-type interface-number* 例如：[HUAWEI] **interface gigabitethernet** 1/0/1	进入要应用 DiffServ 域中优先级映射配置的出/入接口的接口视图

步骤	命令	说明
3	**trust upstream** { *ds-domain-name* | **default** | **none** } 例如：[HUAWEI-GigabitEthernet1/0/1] **trust upstream ds1**	在接口上绑定 DiffServ 域，对出/入该接口的报文进行域中配置的 EXP 优先级映射。 ① **default**：多选一选项，指定采用缺省的 DiffServ 域中的优先级映射配置。 ② *ds-domain-name*：多选一参数，指定要采用的 DiffServ 域的名称。 ③ **none**：多选一选项，指定接口上不应用 DiffServ 域，即不信任报文优先级，系统对出入该接口的报文不做优先级映射。 本命令为覆盖式命令，即在同一接口视图下多次执行该命令配置后，按最后一次配置生效。 缺省情况下，接口上不应用任何 DiffServ 域，可用 **undo trust upstream** 命令恢复缺省配置。如果要修改接口下应用的 DiffServ 域，必须先执行 **undo trust upstream** 命令删除已应用的 DiffServ 域，再执行 **trust upstream** 命令重新应用新的 DiffServ 域
4	**undo qos phb marking enable** 例如：[HUAWEI-GigabitEthernet1/0/1] **undo qos phb marking enable**	（可选）取消对接口出方向的报文进行 PHB 映射，不影响系统对入接口的报文进行 PHB 映射。但该命令与 **trust upstream none** 命令互斥，不能同时配置。 缺省情况下，对接口出方向的报文进行 PHB 映射，可用 **qos phb marking enable** 命令配置对接口出方向的报文进行 PHB 映射

　　配置好 DiffServ 域后，可在任意视图下执行 **display diffserv domain** [**all** \| **name** *ds-domain-name*]命令查看对应的 DiffServ 域配置。

8.2.2　配置 MPLS 私网支持的 DiffServ 模式

　　如果要在 MPLS VPN 场景中应用 MPLS QoS，则需要配置 MPLS 私网对 DiffServ 模式（具体参见 8.1.3 节）的支持，以便通过对应的 DiffServ 模式工作机制实现 EXP 优先级与 PHB/报文颜色之间的相互映射。具体的配置方法要区分是 L2VPN 场景还是 L3VPN 场景。

　　（1）配置 MPLS L2VPN 支持 DiffServ 模式

　　在 VLL/VPLS L2VPN 方案中，可在同一 MPLS 公网隧道中建立多条 PW，传输不同用户站点的私网二层报文。这时可根据不同的需求选择不同的 MPLS DiffServ 模式，具体介绍如下。

　　① 如果用户希望在同一 **VPN** 内区分不同业务的优先级，可以配置差分服务模式为 **Uniform**，因为这样可以简单地在 IP 网络中先为不同业务报文设置不同的 802.1p 优先级值；也可以配置差分服务模式为 Pipe 或 Short pipe，但此时必须指定引用配置了 EXP 优先级与 PHB/报文颜色映射的 DiffServ 域，以便在报文流出 PE 时采用对应 DiffServ 域中配置的 EXP 与 PHB 映射关系。

　　② 如果用户不希望在同一 **VPN** 内区分不同业务的优先级，但是希望区分不同 **VPN** 的优先级，可以配置差分服务模式为 **Pipe** 或 **Short pipe**，但此时必须指定使用私网标签的 **EXP** 优先级值进行不同 **VPN** 的区分，因为这两种模式中 MPLS 报文的 EXP 优先级是可以由用户指定的（也可以采用指定 DiffServ 域中的优先级映射配置），并且不影响

原 IP 报文中的 IP 网络优先级，而 Uniform 模式中 MPLS 报文的 EXP 优先级是通过报文中的 IP 网络优先级映射得到的，不能区分 VPN。

【说明】用户希望不改变原 IP 报文携带的优先级时，使用 Pipe 或 Short pipe 模式，因为 Uniform 模式可能会改变原报文携带的优先级。另外，Uniform 和 Pipe 模式在 Egress 上根据报文的 EXP 优先级选择 PHB，而在 Short pipe 模式中，L2VPN 场景根据报文的 802.1p 优先级，L3VPN 场景根据报文的 DSCP 优先级选择 PHB。

VLL 组网模式下的 DiffServ 模式的配置步骤见表 8-8。

表 8-8　VLL 组网模式下的 DiffServ 模式的配置步骤

步骤	命令	说明
1	**system-view**	进入系统视图
2	**interface** *interface-type interface-number* 例如：[HUAWEI] **interface vlanif** 100	进入 AC 接口的接口视图，必须是三层模式接口
3	**diffserv-mode** { **pipe** { **mpls-exp** *mpls-exp* | **domain** *ds-name* } | **short-pipe** [**mpls-exp** *mpls-exp*] **domain** *ds-name* | **uniform** [**domain** *ds-name*] } 例如： [HUAWEI-Vlanif100] **diffserv-mode pipe mpls-exp** 3	配置 VLL 支持的 DiffServ 模式。必须在 VC 建立之前配置该命令才会生效，否则需要对绑定的 AC 接口执行去绑定/绑定操作。 ① **pipe**：多选一选项，指定 MPLS 的差分服务模式为 Pipe。 ② **mpls-exp** *mpls-exp*：二选一参数，指定私网标签的优先级映射值，值越大表示优先级越高。只在 Ingress PE 的 Pipe、Short pipe 模式中起作用，在 Egress PE 中不起作用。如果同时配置了 DiffServ 域，优先选取 mpls-exp 映射内层标签。 ③ **domain** *ds-name*：指定引用的 DiffServ 域名，必须是已存在的 DiffServ 域名。缺省的 DiffServ 域名为 default。 ④ **short-pipe**：多选一选项，指定 MPLS 的差分服务模式为 Short pipe。 ⑤ **uniform**：多选一选项，指定 MPLS 的差分服务模式为 uniform。 【说明】Ingress 对以上 3 种模式均会起作用，Egress 只会对 **Short pipe** 模式起作用。 【注意】在配置 VLL 支持的 DiffServ 模式中，需要注意以下事项。 ① 如果在 MPLS 公网隧道优先级映射中配置了 **mpls-qos ingress trust upstream none** 或 **mpls-qos egress trust upstream none** 命令，即使配置了本命令，私网也不进行 EXP 优先级映射。 ② Ingress 上本命令中指定差分服务模式为 Uniform，但没有指定 **domain** *ds-name* 参数，需根据公网 MPLS 隧道优先级映射中配置的 **mpls-qos ingress trust upstream** { *ds-name* | **default** } 命令指定的 DiffServ 域进行优先级映射，否则根据本命令指定的 DiffServ 域进行优先级映射。 ③ 在 Egress 上，非 PHP 场景根据公网 MPLS 隧道优先级映射中配置的 **mpls-qos egress trust upstream** { *ds-name* | **default** } 命令指定的 DiffServ 域进行优先级映射。PHP 场景中，如果本命令指定的 **domain** *ds-name* 参数，则根据本命令指定的 DiffServ 域进行优先级映射，否则根据公网 MPLS 隧道优先级映射中配置的 **mpls-qos egress trust upstream** { *ds-name* | **default** } 命令指定的 DiffServ 域进行优先级映射。 缺省情况下，MPLS L2VPN 私网标签的优先级映射服务模式是 Uniform 模式，可用 **undo diffserv-mode** 命令恢复缺省配置

在 VLL 下配置好 DiffServ 模式后，可在任意视图下执行 **display mpls l2vc** [*vc-id* | **interface** *interface-type interface-number* | **remote-info** [*vc-id* | **verbose**] | **state** { **down** | **up** }]命令查看 VLL 下 MPLS DiffServ 信息，包括配置的 DiffServ 模式，以及所配置的 EXP 优先级映射的 PHB。

VPLS 组网模式下的 DiffServ 模式配置步骤见表 8-9。

表 8-9　VPLS 组网模式下的 DiffServ 模式的配置步骤

步骤	命令	说明
1	**system-view**	进入系统视图
2	**vsi** *vsi-name* 例如：[HUAWEI] **vsi** company1	进入指定的 VSI 实例视图
3	**diffserv-mode** { **pipe** { **mpls-exp** *mpls-exp*	**domain** *ds-name* }	**short-pipe** [**mpls-exp** *mpls-exp*] **domain** *ds-name*	**uniform** [**domain** *ds-name*] } 例如：[[HUAWEI-vsi-company1] **diffserv-mode pipe mpls-exp** 3	配置 VPLS 支持的 DiffServ 模式。必须在 VSI 实例生效之前配置该命令才会生效，否则需要对 VSI 执行禁止/使能操作。 命令中的参数和选项说明，以及注意事项参见表 8-7 中的第 3 步。 缺省情况下，MPLS L2VPN 私网标签的优先级映射服务模式是 Uniform 模式，可用 **undo diffserv-mode** 命令恢复缺省配置

在 VPLS 下配置好 DiffServ 模式后，可在任意视图下执行 **display vsi** [**name** *vsi-name*] [**verbose**]命令查看 VPLS 下 MPLS DiffServ 信息，包括配置的 DiffServ 模式和 EXP 优先级。

（2）配置 MPLS L3VPN 支持 DiffServ 模式

MPLS L3VPN 支持 DiffServ 模式的配置步骤见表 8-10。

表 8-10　MPLS L3VPN 支持 DiffServ 模式的配置步骤

步骤	命令	说明
1	**system-view**	进入系统视图
2	**ip vpn-instance** *vpn-instance-name* 例如：[HUAWEI] **ip vpn-instance** vrf1	进入指定的 VPN 实例视图
3	**diffserv-mode** { **pipe** { **mpls-exp** *mpls-exp*	**domain** *ds-name* }	**short-pipe** [**mpls-exp** *mpls-exp*] **domain** *ds-name*	**uniform** [**domain** *ds-name*] } 例如： [HUAWEI-vpn-instance-vrf1] **diffserv-mode pipe mpls-exp** 3	配置 MPLS L3VPN 支持的 DiffServ 模式。必须在 VPN 实例生效之前配置该命令才会生效，否则需要复位 BGP 连接。命令中的参数和选项，以及注意事项均可参见表 8-7 中的第 3 步。 缺省情况下，MPLS L3VPN 支持 DiffServ 模式为 Uniform 模式，可用 **undo diffserv-mode** 命令恢复缺省配置

在 MPLS L3VPN 中配置好 DiffServ 模式后，可在任意视图下执行 **display ip vpn-instance verbose** 命令查看对应 VPN 实例下的配置信息，包括所配置的 DiffServ 模式。

8.2.3　L2VPN MPLS QoS 的配置示例

如图 8-11 所示，CE1、CE3 分别连接企业 A 的总部和分支，CE2、CE4 分别连接企业 B 的总部和分支。通过在 PE1 和 PE2 上部署 Martini 方式 VLL，实现企业 A 总部和分支机构的互联，以及企业 B 总部和分支机构的互联。企业 A 的服务等级高，因此要求给企业 A 提供更好的 QoS 保证。

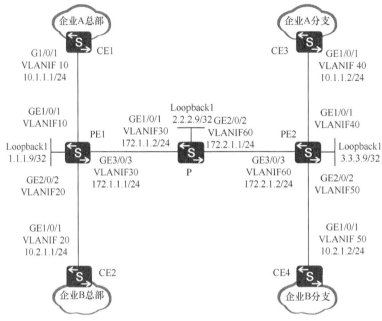

图 8-11　L2VPN MPLS QoS 的配置示例的拓扑结构

（1）基本配置思路分析

本示例是要为不同 L2VPN 中的流量提供不同的服务等级，而不是在同一 VPN 内进行业务类型区分，**所以 DiffServ 模式只能选择 Pipe 或 Short pipe，必须指定使用私网标签的 EXP 优先级值进行不同 VPN 的区分**。

本示例采用普通的标记分配协议（Label Distribution Protocol，LDP）建立公网 LSP 隧道。要实现企业总部与分支机构互通，需要在公司总部和分支机构所连的 PE 设备之间建立远端 LDP 会话（参见本书第 3 章），最终在两端 PE 间建立 L2VPN VC。另外，在 L2VPN 中，MPLS QoS 必须在 VC 建立之前配置才会生效，否则需要对绑定的 AC 侧接口进行去绑定/绑定操作，配置才能生效。

根据以上分析，结合本地和远端 LDP 会话的建立及 Martini 方式 VLL 配置思路，可得出本示例的基本配置思路，具体如下。

① 在各 CE 上配置各接口所属 VLAN 和 VLANIF 接口的 IP 地址。

② 在 PE1、P、PE2 上配置 IGP 实现互通。

③ 在 PE1、P、PE2 上配置 MPLS 基本功能和 MPLS LDP，建立 LDP LSP。

④ 在 PE1 和 PE2 上配置远端 LDP 会话，用于将本端 VC 标签传递给对端。

⑤ 在 PE1 和 PE2 上配置 MPLS QoS，配置 Pipe 模式，企业 A 和企业 B 的 EXP 优先级值分别设置为 4 和 3，以便对企业 A 的业务提供更好的 QoS 保证。

⑥ 在 PE1 和 PE2 上配置 Martini 方式 VLL。

（2）具体配置步骤

① 在各 CE 上配置各接口所属 VLAN 和 VLANIF 接口的 IP 地址。

#---CE1 上的配置，具体如下。

```
<HUAWEI> system-view
[HUAWEI] sysname CE1
[CE1] vlan batch 10
[CE1] interface vlanif 10
[CE1-Vlanif10] ip address 10.1.1.1 255.255.255.0
[CE1-Vlanif10] quit
[CE1] interface gigabitethernet 1/0/1
[CE1-GigabitEthernet1/0/1] port link-type trunk
[CE1-GigabitEthernet1/0/1] port trunk allow-pass vlan 10
[CE1-GigabitEthernet1/0/1] quit
```

#---CE2 上的配置，具体如下。

```
<HUAWEI> system-view
[HUAWEI] sysname CE2
[CE2] vlan batch 20
[CE2] interface vlanif 20
[CE2-Vlanif20] ip address 10.2.1.1 255.255.255.0
[CE2-Vlanif20] quit
[CE2] interface gigabitethernet 1/0/1
[CE2-GigabitEthernet1/0/1] port link-type trunk
[CE2-GigabitEthernet1/0/1] port trunk allow-pass vlan 20
[CE2-GigabitEthernet1/0/1] quit
```

#---CE3 上的配置，具体如下。

```
<HUAWEI> system-view
[HUAWEI] sysname CE3
[CE3] vlan batch 40
[CE3] interface vlanif 40
[CE3-Vlanif40] ip address 10.1.1.2 255.255.255.0
[CE3-Vlanif40] quit
[CE3] interface gigabitethernet 1/0/1
[CE3-GigabitEthernet1/0/1] port link-type trunk
[CE3-GigabitEthernet1/0/1] port trunk allow-pass vlan 40
[CE3-GigabitEthernet1/0/1] quit
```

#---CE4 上的配置，具体如下。

```
<HUAWEI> system-view
[HUAWEI] sysname CE4
[CE4] vlan batch 50
[CE4] interface vlanif 50
[CE4-Vlanif10] ip address 10.2.1.2 255.255.255.0
[CE4-Vlanif10] quit
[CE4] interface gigabitethernet 1/0/1
[CE4-GigabitEthernet1/0/1] port link-type trunk
[CE4-GigabitEthernet1/0/1] port trunk allow-pass vlan 50
[CE4-GigabitEthernet1/0/1] quit
```

② 在 MPLS 骨干网上配置 OSPF，实现骨干网 PE 和 P 的互通。

#---PE1 上的配置，具体如下。

```
<HUAWEI> system-view
[HUAWEI] sysname PE1
[PE1] interface loopback 1
[PE1-LoopBack1] ip address 1.1.1.9 32
[PE1-LoopBack1] quit
[PE1] vlan batch 10 20 30
```

```
[PE1] interface gigabitethernet 1/0/1
[PE1-GigabitEthernet1/0/1] port link-type trunk
[PE1-GigabitEthernet1/0/1] port trunk allow-pass vlan 10
[PE1-GigabitEthernet1/0/1] quit
[PE1] interface gigabitethernet 2/0/2
[PE1-GigabitEthernet2/0/2] port link-type trunk
[PE1-GigabitEthernet2/0/2] port trunk allow-pass vlan 20
[PE1-GigabitEthernet2/0/2] quit
[PE1] interface gigabitethernet 3/0/3
[PE1-GigabitEthernet3/0/3] port link-type trunk
[PE1-GigabitEthernet3/0/3] port trunk allow-pass vlan 30
[PE1-GigabitEthernet3/0/3] quit
[PE1] interface vlanif 30
[PE1-Vlanif30] ip address 172.1.1.1 24
[PE1-Vlanif30] quit
[PE1] ospf 1
[PE1-ospf-1] area 0
[PE1-ospf-1-area-0.0.0.0] network 172.1.1.0 0.0.0.255
[PE1-ospf-1-area-0.0.0.0] network 1.1.1.9 0.0.0.0
[PE1-ospf-1-area-0.0.0.0] quit
[PE1-ospf-1] quit
```

#---P 上的配置，具体如下。

```
<HUAWEI> system-view
[HUAWEI] sysname P
[P] interface loopback 1
[P-LoopBack1] ip address 2.2.2.9 32
[P-LoopBack1] quit
[P] vlan batch 30 60
[P] interface gigabitethernet 1/0/1
[P-GigabitEthernet1/0/1] port link-type trunk
[P-GigabitEthernet1/0/1] port trunk allow-pass vlan 30
[P-GigabitEthernet1/0/1] quit
[P] interface gigabitethernet 2/0/2
[P-GigabitEthernet2/0/2] port link-type trunk
[P-GigabitEthernet2/0/2] port trunk allow-pass vlan 60
[P-GigabitEthernet2/0/2] quit
[P] interface vlanif 30
[P-Vlanif30] ip address 172.1.1.2 24
[P-Vlanif30] quit
[P] interface vlanif 60
[P-Vlanif60] ip address 172.2.1.1 24
[P-Vlanif60] quit
[P] ospf
[P-ospf-1] area 0
[P-ospf-1-area-0.0.0.0] network 172.1.1.0 0.0.0.255
[P-ospf-1-area-0.0.0.0] network 172.2.1.0 0.0.0.255
[P-ospf-1-area-0.0.0.0] network 2.2.2.9 0.0.0.0
[P-ospf-1-area-0.0.0.0] quit
[P-ospf-1] quit
```

#---PE2 上的配置，具体如下。

```
<HUAWEI> system-view
[HUAWEI] sysname PE2
[PE2] interface loopback 1
[PE2-LoopBack1] ip address 3.3.3.9 32
```

```
[PE2-LoopBack1] quit
[PE2] vlan batch 40 50 60
[PE2] interface gigabitethernet 1/0/1
[PE2-GigabitEthernet1/0/1] port link-type trunk
[PE2-GigabitEthernet1/0/1] port trunk allow-pass vlan 40
[PE2-GigabitEthernet1/0/1] quit
[PE2] interface gigabitethernet 2/0/2
[PE2-GigabitEthernet2/0/2] port link-type trunk
[PE2-GigabitEthernet2/0/2] port trunk allow-pass vlan 50
[PE2-GigabitEthernet2/0/2] quit
[PE2] interface gigabitethernet 3/0/3
[PE2-GigabitEthernet3/0/3] port link-type trunk
[PE2-GigabitEthernet3/0/3] port trunk allow-pass vlan 60
[PE2-GigabitEthernet3/0/3] quit
[PE2] interface vlanif 60
[PE2-Vlanif60] ip address 172.2.1.2 24
[PE2-Vlanif60] quit
[PE2] ospf
[PE2-ospf-1] area 0
[PE2-ospf-1-area-0.0.0.0] network 172.2.1.0 0.0.0.255
[PE2-ospf-1-area-0.0.0.0] network 3.3.3.9 0.0.0.0
[PE2-ospf-1-area-0.0.0.0] quit
[PE2-ospf-1] quit
```

以上配置完成后，PE1、P、PE2 之间应能建立 OSPF 邻居关系，执行 **display ip routing-table** 命令可看到 PE 之间学习到对方的 Loopback1 路由。图 8-12 是在 PE1 上执行该命令的输出，它已学习到 PE2 和 P 设备的 Loopback1 接口的 OSPF 路由。

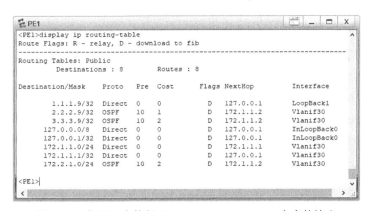

图 8-12　在 PE1 上执行 **display ip routing-table** 命令的输出

③ 在 MPLS 骨干网上配置 MPLS 基本功能和 MPLS LDP，建立公网 LDP LSP。

#---PE1 上的配置，具体如下。

```
[PE1] mpls lsr-id 1.1.1.9
[PE1] mpls
[PE1-mpls] quit
[PE1] mpls ldp
[PE1-mpls-ldp] quit
[PE1] interface vlanif 30
[PE1-Vlanif30] mpls
[PE1-Vlanif30] mpls ldp
[PE1-Vlanif30] quit
```

#---P 上的配置，具体如下。

```
[P] mpls lsr-id 2.2.2.9
[P] mpls
[P-mpls] quit
[P] mpls ldp
[P-mpls-ldp] quit
[P] interface vlanif 30
[P-Vlanif30] mpls
[P-Vlanif30] mpls ldp
[P-Vlanif30] quit
[P] interface vlanif 60
[P-Vlanif60] mpls
[P-Vlanif60] mpls ldp
[P-Vlanif60] quit
```

#---PE2 上的配置，具体如下。

```
[PE2] mpls lsr-id 3.3.3.9
[PE2] mpls
[PE2-mpls] quit
[PE2] mpls ldp
[PE2-mpls-ldp] quit
[PE2] interface vlanif 60
[PE2-Vlanif60] mpls
[PE2-Vlanif60] mpls ldp
[PE2-Vlanif60] quit
```

上述配置完成后，PE1 与 P、P 与 PE2 之间应能建立 LDP 会话，执行 **display mpls ldp session** 命令可以看到显示结果中 Status 项为"Operational"。

④ 在 PE 与 PE2 之间建立远端 LDP 会话，以便在两个 PE 间建立 L2VPN VC 通道。

#---PE1 上的配置，具体如下。

```
[PE1] mpls ldp remote-peer 3.3.3.9
[PE1-mpls-ldp-remote-3.3.3.9] remote-ip 3.3.3.9
[PE1-mpls-ldp-remote-3.3.3.9] quit
```

#---PE2 上的配置，具体如下。

```
[PE2] mpls ldp remote-peer 1.1.1.9
[PE2-mpls-ldp-remote-1.1.1.9] remote-ip 1.1.1.9
[PE2-mpls-ldp-remote-1.1.1.9] quit
```

以上配置完成后，在 PE1 或 PE2 上执行 **display mpls ldp session** 命令查看 LDP 会话的建立情况，可以看到它们不仅均与 P 建立了本地 LDP 会话，还在它们之间建立了远端 LDP 会话。图 8-13 是在 PE1 上执行该命令的输出。

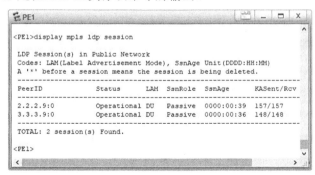

图 8-13　在 PE1 上执行 **display mpls ldp session** 命令的输出

⑤ 在 PE1 和 PE2 上配置 MPLS QoS。

本示例使用 L2VPN 私网标签中的 EXP 优先级进行 VPN 区分，采用 Pipe 模式分别为企业 A 和企业 B 发送的报文添加 4 和 3 的 EXP 优先级，让企业 A 中的报文优先级更高。在 L2VPN 中，EXP 优先级的配置是在 AC 接口下配置的，AC 接口必须是三层模式（本示例采用 VLANIF 接口作为 AC 接口），**但不能配置 IP 地址。**

#---PE1 上的配置，具体如下。

```
[PE1] mpls-qos ingress use vpn-label-exp   #---使用私网标签进行 EXP 优先级映射
[PE1] interface vlanif 10
[PE1-Vlanif10] diffserv-mode pipe mpls-exp 4   #---配置企业 A 报文中私网标签 EXP 优先级为 4
[PE1-Vlanif10] quit
[PE1] interface vlanif 20
[PE1-Vlanif20] diffserv-mode pipe mpls-exp 3
[PE1-Vlanif20] quit
```

#---PE2 上的配置，具体如下。

```
[PE2] mpls-qos ingress use vpn-label-exp
[PE2] interface vlanif 40
[PE2-Vlanif40] diffserv-mode pipe mpls-exp 4
[PE2-Vlanif40] quit
[PE2] interface vlanif 50
[PE2-Vlanif50] diffserv-mode pipe mpls-exp 3
[PE2-Vlanif50] quit
```

⑥ 在 PE1 和 PE2 上配置 Martini 方式 VLL，并创建 VC 连接。

由于本示例使用 Vlanif 接口作为 AC 接口，执行以下步骤前必须在系统视图下执行 **lnp disable** 命令。

#---PE1 上的配置，具体如下。

在 PE1 接入 CE1 的接口 VLANIF10 和接入 CE2 的接口 VLANIF20 上创建 VC，两个 VC 的 VC ID 分别为 101 和 102，同一 VC 两端 PE 上配置的 VC ID 必须一致。

```
[PE1] mpls l2vpn
[PE1-l2vpn] quit
[PE1] interface vlanif 10
[PE1-Vlanif10] mpls l2vc 3.3.3.9 101
[PE1-Vlanif10] quit
[PE1] interface vlanif 20
[PE1-Vlanif20] mpls l2vc 3.3.3.9 102
[PE1-Vlanif20] quit
```

#---PE2 上的配置，具体如下。

在 PE2 接入 CE3 的接口 VLANIF40 和接入 CE4 的接口 VLANIF50 上创建 VC。

```
[PE2] mpls l2vpn
[PE2-l2vpn] quit
[PE2] interface vlanif 40
[PE2-Vlanif40] mpls l2vc 1.1.1.9 101
[PE2-Vlanif40] quit
[PE2] interface vlanif 50
[PE2-Vlanif50] mpls l2vc 1.1.1.9 102
[PE2-Vlanif50] quit
```

（3）配置结果验证

以上配置全部完成后，可进行以下配置结果验证。

① 在 PE1 或 PE2 上执行 **display mpls l2vc** 命令，可以看到建立了两条 L2 VC，状态为 up，并且 DiffServ 模式为 pipe。图 8-14 是在 PE1 上执行该命令后查看的为企业 A 建立的 VC 连接，PHB AF4，根据表 8-3 可知，它对应的 EXP 优先级的配置为 4。图 8-15 是在 PE1 上执行该命令后查看的为企业 B 建立的 VC 连接，PHB AF3，根据表 8-3 可知，它对应的 EXP 优先级的配置为 3。

从输出结果可以看出，我们的配置是正确且成功的。

图 8-14　在 PE1 上执行 **display mpls l2vc** 命令　　　图 8-15　在 PE1 上执行 **display mpls l2vc** 命令
查看的为企业 A 建立的 VC 连接　　　　　　查看的为企业 B 建立的 VC 连接

② 在 CE1 与 CE3 之间、CE2 与 CE4 之间执行 **Ping** 操作，发现均能互相 Ping 通。图 8-16 是在 CE1 上成功 Ping 通 CE3 的输出。由此可进一步证明，前面的 Martini 方式 VLL 配置也是正确且成功的。

```
<CE1>ping 10.1.1.2
  PING 10.1.1.2: 56   data bytes, press CTRL_C to break
    Reply from 10.1.1.2: bytes=56 Sequence=1 ttl=255 time=250 ms
    Reply from 10.1.1.2: bytes=56 Sequence=2 ttl=255 time=110 ms
    Reply from 10.1.1.2: bytes=56 Sequence=3 ttl=255 time=180 ms
    Reply from 10.1.1.2: bytes=56 Sequence=4 ttl=255 time=120 ms
    Reply from 10.1.1.2: bytes=56 Sequence=5 ttl=255 time=110 ms

  --- 10.1.1.2 ping statistics ---
    5 packet(s) transmitted
    5 packet(s) received
    0.00% packet loss
    round-trip min/avg/max = 110/154/250 ms
```

图 8-16　CE1 上成功 Ping 通 CE3 的输出

8.2.4　L3VPN MPLS QoS 的配置示例

如图 8-17 所示，企业 A 和企业 B 通过部署 BGP/MPLS IP VPN，实现总部和分支机构的互联。CE1、CE3 连接企业 A 的总部和分支，CE2、CE4 连接企业 B 的总部和分支。企业 A 使用 vpna 实例，企业 B 使用 vpnb 实例。由于企业 A 的服务等级高，现要求给企业 A 提供更好的 QoS 保证。

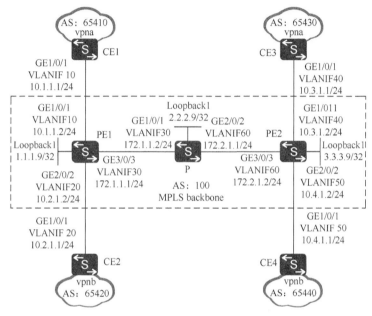

图 8-17　L3VPN MPLS QoS 配置示例的拓扑结构

（1）基本配置思路分析

本示例要对不同 VPN 中的业务流量进行优先级区分，所以只能选择 Pipe 或 Short pipe 模式的 DiffServ，手动配置企业 A 和企业 B 私网标签中的 EXP 优先级值，然后使用私网标签中的 EXP 优先级进行映射，以实现企业 A 中的流量。

Pipe 模式中报文进入目的站点时的 PHB、颜色可由报文中的 EXP 优先级决定，而在 Short pipe 模式中报文进入目的站点时的 PHB、颜色仍由原始 IP 报文中携带的 DSCP 优先级决定，本示例选择更佳的 Pipe 模式，使报文中携带的 EXP 优先级不仅影响报文在 MPLS 网络中的传输，还影响报文在离开 MPLS 网络后到达目的站点的途中的传输，这样可确保企业 A 中的流量总是可以得到更高的服务等级。

另外，本示例是 MPLS L3VPN 中的 MPLS QoS 中的应用，所以还需要配置好示例中的基本 BGP/MPLS IP VPN。

根据基本 BGP/MPLS IP VPN 配置任务和 MPLS L3VPN 对 DiffServ 模式支持的配置方法，可得出本示例的以下基本配置思路。

①　在各设备上创建所需的 VLAN，并把各接口加入对应的 VLAN 中，同时配置 MPLS 骨干网上各节点的 OSPF 路由，实现骨干网三层互通。

②　在骨干网各节点上配置 MPLS 基本功能和 LDP，建立公网 LSP 隧道。

③ 在两 PE 上创建 A、B 企业站点对应的 VPN 实例，并绑定在对应的 PE 连接 CE 的 AC 接口上，配置其他相关 VPN 属性。在同一 VPN 的各 VPN 实例的 VPN-Target 属性中，入方向的 VPN-Target 要与对端 PE 上配置的出方向 VPN-Target 属性匹配，RD 属性值的配置要各不相同。

④ 配置 PE1 与 PE2 之间的 MP-IBGP 会话，为 A、B 企业中的私网路由分配私网标签，也能使两 PE 间能直接交互 Update 消息，通告彼此所连接的内部私网 VPN-IPv4 路由。

⑤ 在 PE 与 CE 之间建立 EBGP 对等体关系，在 PE 上引入 VPN 私网路由（本示例只需在 BGP 路由进程中引入 PE 与 CE 直连的路由即可）。

⑥ 在 Ingress 上配置 MPLS QoS。在双向通信中，PE1 和 PE2 均可能为 Ingress，所以需要分别配置。其中，vpna 和 vpnb 实例均采用 Pipe 模式，两 VPN 实例的 EXP 优先级值分别设置为 4 和 3，以实现向企业 A 的业务提供更好的 QoS 保证。

【说明】在以上 6 个步骤中，第①步和第②步用于完成基本的公网 MPLS LSP 隧道建立；第③～⑤步是基本的 BGP/MPLS IP VPN 配置；第⑥步是最终的 MPLS QoS 配置。**本示例在华为模拟器下不能进行完全的配置，因为部分命令在华为模拟器的 S 系列交换机 VRP 系统版本中不支持。**

（2）具体配置步骤

① 在各设备上创建所需的 VLAN，并把各接口加入对应的 VLAN 中，同时配置 MPLS 骨干网上各节点的 OSPF 路由，实现骨干网三层互通。

\#---PE1 上的配置，具体如下。

```
<HUAWEI> system-view
[HUAWEI] sysname PE1
[PE1] interface loopback 1
[PE1-LoopBack1] ip address 1.1.1.9 32
[PE1-LoopBack1] quit
[PE1] vlan batch 10 20 30
[PE1] interface gigabitethernet 1/0/1
[PE1-GigabitEthernet1/0/1] port link-type trunk
[PE1-GigabitEthernet1/0/1] port trunk allow-pass vlan 10
[PE1-GigabitEthernet1/0/1] quit
[PE1] interface gigabitethernet 2/0/2
[PE1-GigabitEthernet2/0/2] port link-type trunk
[PE1-GigabitEthernet2/0/2] port trunk allow-pass vlan 20
[PE1-GigabitEthernet2/0/2] quit
[PE1] interface gigabitethernet 3/0/3
[PE1-GigabitEthernet3/0/3] port link-type trunk
[PE1-GigabitEthernet3/0/3] port trunk allow-pass vlan 30
[PE1-GigabitEthernet3/0/3] quit
[PE1] interface vlanif 30
[PE1-Vlanif30] ip address 172.1.1.1 24
[PE1-Vlanif30] quit
[PE1] ospf 1
[PE1-ospf-1] area 0
[PE1-ospf-1-area-0.0.0.0] network 172.1.1.0 0.0.0.255
[PE1-ospf-1-area-0.0.0.0] network 1.1.1.9 0.0.0.0
[PE1-ospf-1-area-0.0.0.0] quit
[PE1-ospf-1] quit
```

\#---P 上的配置，具体如下。

```
<HUAWEI> system-view
[HUAWEI] sysname P
[P] interface loopback 1
[P-LoopBack1] ip address 2.2.2.9 32
[P-LoopBack1] quit
[P] vlan batch 30 60
[P] interface gigabitethernet 1/0/1
[P-GigabitEthernet1/0/1] port link-type trunk
[P-GigabitEthernet1/0/1] port trunk allow-pass vlan 30
[P-GigabitEthernet1/0/1] quit
[P] interface gigabitethernet 2/0/2
[P-GigabitEthernet2/0/2] port link-type trunk
[P-GigabitEthernet2/0/2] port trunk allow-pass vlan 60
[P-GigabitEthernet2/0/2] quit
[P] interface vlanif 30
[P-Vlanif30] ip address 172.1.1.2 24
[P-Vlanif30] quit
[P] interface vlanif 60
[P-Vlanif60] ip address 172.2.1.1 24
[P-Vlanif60] quit
[P] ospf
[P-ospf-1] area 0
[P-ospf-1-area-0.0.0.0] network 172.1.1.0 0.0.0.255
[P-ospf-1-area-0.0.0.0] network 172.2.1.0 0.0.0.255
[P-ospf-1-area-0.0.0.0] network 2.2.2.9 0.0.0.0
[P-ospf-1-area-0.0.0.0] quit
[P-ospf-1] quit
```

#---PE2 上的配置，具体如下。

```
<HUAWEI> system-view
[HUAWEI] sysname PE2
[PE2] interface loopback 1
[PE2-LoopBack1] ip address 3.3.3.9 32
[PE2-LoopBack1] quit
[PE2] vlan batch 40 50 60
[PE2] interface gigabitethernet 1/0/1
[PE2-GigabitEthernet1/0/1] port link-type trunk
[PE2-GigabitEthernet1/0/1] port trunk allow-pass vlan 40
[PE2-GigabitEthernet1/0/1] quit
[PE2] interface gigabitethernet 2/0/2
[PE2-GigabitEthernet2/0/2] port link-type trunk
[PE2-GigabitEthernet2/0/2] port trunk allow-pass vlan 50
[PE2-GigabitEthernet2/0/2] quit
[PE2] interface gigabitethernet 3/0/3
[PE2-GigabitEthernet3/0/3] port link-type trunk
[PE2-GigabitEthernet3/0/3] port trunk allow-pass vlan 60
[PE2-GigabitEthernet3/0/3] quit
[PE2] interface vlanif 60
[PE2-Vlanif60] ip address 172.2.1.2 24
[PE2-Vlanif60] quit
[PE2] ospf 1
[PE2-ospf-1] area 0
[PE2-ospf-1-area-0.0.0.0] network 172.2.1.0 0.0.0.255
[PE2-ospf-1-area-0.0.0.0] network 3.3.3.9 0.0.0.0
[PE2-ospf-1-area-0.0.0.0] quit
[PE2-ospf-1] quit
```

#---CE1 上的配置，具体如下。

```
<HUAWEI> system-view
[HUAWEI] sysname CE1
[CE1] vlan batch 10
[CE1] interface vlanif 10
[CE1-Vlanif10] ip address 10.1.1.1 255.255.255.0
[CE1-Vlanif10] quit
[CE1] interface GigabitEthernet1/0/1
[CE1-GigabitEthernet1/0/1] port link-type trunk
[CE1-GigabitEthernet1/0/1] port trunk allow-pass vlan 10
[CE1-GigabitEthernet1/0/1] quit
```

#---CE2 上的配置，具体如下。

```
<HUAWEI> system-view
[HUAWEI] sysname CE2
[CE2] vlan batch 20
[CE2]interface vlanif 20
[CE2-Vlanif20] ip address 10.2.1.1 255.255.255.0
[CE2-Vlanif20] quit
[CE2] interface GigabitEthernet1/0/1
[CE2-GigabitEthernet1/0/1] port link-type trunk
[CE2-GigabitEthernet1/0/1] port trunk allow-pass vlan 20
[CE2-GigabitEthernet1/0/1] quit
```

#---CE3 上的配置，具体如下。

```
<HUAWEI> system-view
[HUAWEI] sysname CE3
[CE3] vlan batch 40
[CE3] interface vlanif 40
[CE3-Vlanif40] ip address 10.3.1.1 255.255.255.0
[CE3-Vlanif40] quit
[CE3] interface GigabitEthernet1/0/1
[CE3-GigabitEthernet1/0/1] port link-type trunk
[CE3-GigabitEthernet1/0/1] port trunk allow-pass vlan 40
[CE3-GigabitEthernet1/0/1] quit
```

#---CE4 上的配置，具体如下。

```
<HUAWEI> system-view
[HUAWEI] sysname CE4
[CE4] vlan batch 50
[CE4] interface vlanif 50
[CE4-Vlanif50] ip address 10.4.1.1 255.255.255.0
[CE4-Vlanif50] quit
[CE4] interface GigabitEthernet1/0/1
[CE4-GigabitEthernet1/0/1] port link-type trunk
[CE4-GigabitEthernet1/0/1] port trunk allow-pass vlan 50
[CE4-GigabitEthernet1/0/1] quit
```

以上配置完成后，PE1、P、PE2 之间应能建立 OSPF 邻居关系，执行 **display ip routing-table** 命令可以看到 PE 之间学习到对方的 Loopback1 路由。

② 在 MPLS 骨干网上配置 MPLS 基本功能和 MPLS LDP，建立 LDP LSP 隧道。

#---PE1 上的配置，具体如下。

```
[PE1] mpls lsr-id 1.1.1.9
[PE1] mpls
[PE1-mpls] quit
[PE1] mpls ldp
```

```
[PE1-mpls-ldp] quit
[PE1] interface vlanif 30
[PE1-Vlanif30] mpls
[PE1-Vlanif30] mpls ldp
[PE1-Vlanif30] quit
```

\#---P 上的配置，具体如下。

```
[P] mpls lsr-id 2.2.2.9
[P] mpls
[P-mpls] quit
[P] mpls ldp
[P-mpls-ldp] quit
[P] interface vlanif 30
[P-Vlanif30] mpls
[P-Vlanif30] mpls ldp
[P-Vlanif30] quit
[P] interface vlanif 60
[P-Vlanif60] mpls
[P-Vlanif60] mpls ldp
[P-Vlanif60] quit
```

\#---PE2 上的配置，具体如下。

```
[PE2] mpls lsr-id 3.3.3.9
[PE2] mpls
[PE2-mpls] quit
[PE2] mpls ldp
[PE2-mpls-ldp] quit
[PE2] interface vlanif 60
[PE2-Vlanif60] mpls
[PE2-Vlanif60] mpls ldp
[PE2-Vlanif60] quit
```

上述配置完成后，PE1 与 P、P 与 PE2 之间应能建立 LDP 会话，执行 **display mpls ldp session** 命令可以看到显示结果中 Status 项为"Operational"。图 8-18 是在 PE1 上执行该命令的输出，从图中我们可以看出，它与 P 成功建立了本地 LDP 会话。

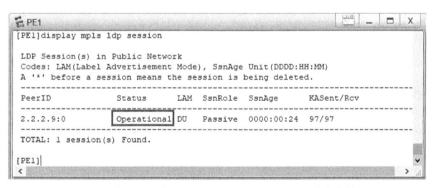

图 8-18　在 PE1 上执行 **display mpls ldp session** 命令的输出

③ 在 PE 之间建立 MP-IBGP 对等体关系，使两 PE 间可直接交互 BGP Update 消息，分配私网路由标签。因为 PE1 和 PE2 不是直连的，所以所指定的连接源接口不是物理接口，而是可以代表设备本身的 Loopback 接口，对等体 IP 地址也是对端该 Loopback 接口的 IP 地址。

#---PE1 上的配置，具体如下。

```
[PE1] bgp 100
[PE1-bgp] router-id 1.1.1.9
[PE1-bgp] peer 3.3.3.9 as-number 100
[PE1-bgp] peer 3.3.3.9 connect-interface loopback 1
[PE1-bgp] ipv4-family vpnv4      #---华为模拟器中 S 系列交换机的 VRP 系统版本不支持该命令
[PE1-bgp-af-vpnv4] peer 3.3.3.9 enable
[PE1-bgp-af-vpnv4] quit
[PE1-bgp] quit
```

#---PE2 上的配置，具体如下。

```
[PE2] bgp 100
[PE2-bgp] router-id 3.3.3.9
[PE2-bgp] peer 1.1.1.9 as-number 100
[PE2-bgp] peer 1.1.1.9 connect-interface loopback 1
[PE2-bgp] ipv4-family vpnv4
[PE2-bgp-af-vpnv4] peer 1.1.1.9 enable
[PE2-bgp-af-vpnv4] quit
[PE2-bgp] quit
```

以上配置完成后，在 PE 设备上执行 **display bgp peer** 命令，可以看到 PE 之间的 BGP 对等体关系已建立，并达到 Established 状态。图 8-19 是在 PE1 上执行该命令的输出示例，从图中我们可以看出，它与 PE2 成功建立了 BGP 会话。

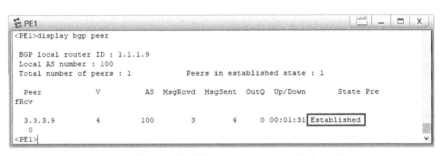

图 8-19　在 PE1 上执行 **display bgp peer** 命令的输出

④ 在两个 PE 上为 A、B 企业创建 VPN 实例，并绑定在 PE 连接 CE 的对应担当 AC 接口的 VLANIF 接口上。

此处，假设两个 PE 上创建的两个 VPN 实例的 VPN-Target 两方向属性值分别为 111∶1、222∶2，各 CE 站点的 RD 属性分别为 100∶1、100∶2、200∶1、100∶2，然后在对应的 AC 接口（本示例采用 VLANIF 接口作为 AC 接口）上绑定对应的 VPN 实例。

#---PE1 上的配置，具体如下。

```
[PE1] ip vpn-instance vpna
[PE1-vpn-instance-vpna] ipv4-family
[PE1-vpn-instance-vpna-af-ipv4] route-distinguisher 100:1
[PE1-vpn-instance-vpna-af-ipv4] vpn-target 111:1 both
[PE1-vpn-instance-vpna-af-ipv4] quit
[PE1-vpn-instance-vpna] quit
[PE1] ip vpn-instance vpnb
[PE1-vpn-instance-vpnb] ipv4-family
[PE1-vpn-instance-vpnb-af-ipv4] route-distinguisher 100:2
[PE1-vpn-instance-vpnb-af-ipv4] vpn-target 222:2 both
[PE1-vpn-instance-vpnb-af-ipv4] quit
```

```
[PE1-vpn-instance-vpnb] quit
[PE1] interface vlanif 10
[PE1-Vlanif10] ip binding vpn-instance vpna
[PE1-Vlanif10] ip address 10.1.1.2 24
[PE1-Vlanif10] quit
[PE1] interface vlanif 20
[PE1-Vlanif20] ip binding vpn-instance vpnb
[PE1-Vlanif20] ip address 10.2.1.2 24
[PE1-Vlanif20] quit
```

#---PE2 上的配置，具体如下。

```
[PE2] ip vpn-instance vpna
[PE2-vpn-instance-vpna] ipv4-family
[PE2-vpn-instance-vpna-af-ipv4] route-distinguisher 200:1
[PE2-vpn-instance-vpna-af-ipv4] vpn-target 111:1 both
[PE2-vpn-instance-vpna-af-ipv4] quit
[PE2-vpn-instance-vpna] quit
[PE2] ip vpn-instance vpnb
[PE2-vpn-instance-vpnb] ipv4-family
[PE2-vpn-instance-vpnb-af-ipv4] route-distinguisher 200:2
[PE2-vpn-instance-vpnb-af-ipv4] vpn-target 222:2 both
[PE2-vpn-instance-vpnb-af-ipv4] quit
[PE2-vpn-instance-vpnb] quit
[PE2] interface vlanif 40
[PE2-Vlanif40] ip binding vpn-instance vpna
[PE2-Vlanif40] ip address 10.3.1.2 24
[PE2-Vlanif40] quit
[PE2] interface vlanif 50
[PE2-Vlanif50] ip binding vpn-instance vpnb
[PE2-Vlanif50] ip address 10.4.1.2 24
[PE2-Vlanif50] quit
```

⑤ 在 PE 与 CE 之间建立 EBGP 对等体关系，引入 VPN 私网路由。

#---CE1 上的配置，具体如下。

```
[CE1] bgp 65410
[CE1-bgp] peer 10.1.1.2 as-number 100
[CE1-bgp] import-route direct     #---引入直连路由
```

#---CE2 上的配置，具体如下。

```
[CE2] bgp 65420
[CE2-bgp] peer 10.2.1.2 as-number 100
[CE2-bgp] import-route direct
```

#---CE3 上的配置，具体如下。

```
[CE3] bgp 65430
[CE3-bgp] peer 10.3.1.2 as-number 100
[CE3-bgp] import-route direct
```

#---CE4 上的配置，具体如下。

```
[CE4] bgp 65440
[CE4-bgp] peer 10.4.1.2 as-number 100
[CE4-bgp] import-route direct
```

#---PE1 上的配置，具体如下。

```
[PE1] bgp 100
[PE1-bgp] ipv4-family vpn-instance vpna
[PE1-bgp-vpna] peer 10.1.1.1 as-number 65410
[PE1-bgp-vpna] import-route direct
```

```
[PE1-bgp-vpna] quit
[PE1-bgp] ipv4-family vpn-instance vpnb
[PE1-bgp-vpnb] peer 10.2.1.1 as-number 65420
[PE1-bgp-vpnb] import-route direct
[PE1-bgp-vpnb] quit
[PE1-bgp] quit
```

#---PE2 上的配置，具体如下。

```
[PE2] bgp 100
[PE2-bgp] ipv4-family vpn-instance vpna
[PE2-bgp-vpna] peer 10.3.1.1 as-number 65430
[PE2-bgp-vpna] import-route direct
[PE2-bgp-vpna] quit
[PE2-bgp] ipv4-family vpn-instance vpnb
[PE2-bgp-vpnb] peer 10.4.1.1 as-number 65440
[PE2-bgp-vpnb] import-route direct
[PE2-bgp-vpnb] quit
[PE2-bgp] quit
```

以上配置完成后，在 PE 设备上执行 **display bgp vpnv4 vpn-instance vpna peer** 命令，可以看到 PE 与 CE 之间的 BGP 对等体关系已建立，并达到 Established 状态。图 8-20 是在 PE1 上执行该命令的输出，从图中我们可以看出它与 CE1 成功建立了 vpna 实例下的 BGP 连接。

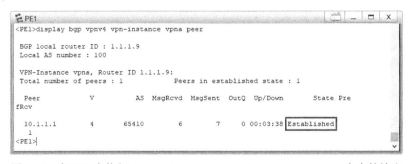

图 8-20　在 PE1 上执行 **display bgp vpnv4 vpn-instance vpna peer** 命令的输出

也可在各 CE 下执行 **display bgp peer** 命令，查看它们与所连 PE 建立的 BGP 连接，图 8-21 是在 CE1 上执行该命令的输出，从图中我们可以看出，它与 PE1 成功建立了 BGP 连接。

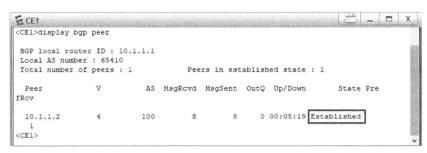

图 8-21　在 CE1 下执行 **display bgp peer** 命令的输出

⑥ 配置 MPLS QoS，采用 Pipe DiffServ 模式，在公网隧道进行 EXP 优先级映射时选择内层 VPN 标签中的 EXP 优先级，并为 vpna 和 vpnb 实例分别配置 EXP 优先级值为

4、3（缺省所映射的 PHB/报文颜色分别为 AF4/green、AF3/green），使企业 A 的业务优先级高于企业 B 的业务优先级。

　　#---PE1 上的配置，具体如下。

```
[PE1] mpls-qos ingress use vpn-label-exp      #---指定内层 MPLS 标签中的 EXP 优先级值与 PHB 进行映射
[PE1] ip vpn-instance vpna
[PE1-vpn-instance-vpna] diffserv-mode pipe mpls-exp 4    #---设置 vpna 实例中的内层 MPLS 标签的 EXP 优先级为 4,
采用 pipe 模式
[PE1-vpn-instance-vpna] quit
[PE1] ip vpn-instance vpnb
[PE1-vpn-instance-vpnb] diffserv-mode pipe mpls-exp 3    #---设置 vpnb 实例中的内层 MPLS 标签的 EXP 优先级为 3,
采用 pipe 模式
[PE1-vpn-instance-vpnb] quit
```

　　#---PE2 上的配置，具体如下。

```
[PE2] mpls-qos ingress use vpn-label-exp
[PE2] ip vpn-instance vpna
[PE2-vpn-instance-vpna] diffserv-mode pipe mpls-exp 4
[PE2-vpn-instance-vpna] quit
[PE2] ip vpn-instance vpnb
[PE2-vpn-instance-vpnb] diffserv-mode pipe mpls-exp 3
[PE2-vpn-instance-vpnb] quit
```

　　以上配置完成后，重启 MPLS LDP 和复位 BGP 连接才能使配置生效。

第 9 章
MPLS DS-TE 的配置与管理

本章主要内容

　　本章介绍的 MPLS DS-TE 是 MPLS DiffServ（即 MPLS QoS 功能）和 MPLS TE 的结合，可以实现在一条 DS-TE 隧道中为多类业务提供 QoS 区分和带宽预留，具体包括 DS-TE 隧道工作原理及相关功能的配置与管理。

9.1　DS-TE 基础及工作原理

MPLS 差分服务感知流量工程（DiffServ-Aware Traffic Engineering, DS-TE）是 MPLS DiffServ（即 MPLS QoS 功能）和 MPLS TE 的结合，**而不仅是 MPLS QoS 中的 MPLS 与 DiffServ 的结合**。DS-TE 可以在同一隧道上承载不同类型的业务，为多类业务预留所需的资源，还可以为这些业务配置不同的 QoS 优先级，这样就可保证高优先级的业务总是拥有更高的服务级别。

9.1.1　MPLS DS-TE 的产生背景

MPLS DiffServ 是差分服务（DiffServ）模型的扩展。IP 网络中的 DiffServ 模型可以根据业务的不同服务等级，有差别地进行流量的控制和转发。但是 DiffServ 模型只能在单个节点上预留资源，即在配置了 DiffServ 模型的本地设备上为某类业务预留带宽资源，却无法在整个路径上保证服务质量。因为 DiffServ 模型是无信令信息传播的，除非在整条路径的设备上都配置这样的 Diff-Serv，但这样配置的工作量会非常大。所以，即使同时使用了 DiffServ 和 MPLS TE，也不能全部满足要求，需要对 DiffServ 进行扩展，得到 MPLS DiffServ。

例如，在某个应用场景中，一条路径同时承载语音业务和数据业务。为保证语音业务的质量，需要降低语音流的总时延，限制每条链路上的语音流量不超过一定的比例。在该场景下，**即使同时使用传统的 DiffServ 和 MPLS TE 也不能满足应用需求**。此时需要使用 DiffServ 模型区分业务的类型，**再对每类业务使用单独的 MPLS TE 隧道承载**，当网络发生链路/节点故障、网络拓扑变化或 LSP 抢占时，链路上的语音流量仍可能超过一个最佳性能所需的比例（例如占满了整个链路总带宽），使语音业务的时延得不到保证。

如图 9-1 所示，假设所有链路的带宽均为 100Mbit/s，且链路开销相同，Router_1→Router_3→Router_4，Router_2→Router_3→Router_7→Router_4 这两条路径上都有语音流，分别为 60Mbit/s 和 40Mbit/s。

其中，Router_1→Router_3→Router_4 的语音流通过 Path1 的这条 MPLS TE 隧道传输，此时 Router_3→Router_4 链路上的语音流带宽百分比为 60%；Router_2→Router_3→Router_7→Router_4 的语音流通过 Path2 的这条 MPLS TE 隧道传输，此时 Router_3→Router_7→Router_4 上的语音流带宽百分比为 40%。而 Router_1 和 Router_2 发送的普通数据流均通过 Rouer_3→Router_5→Router_6→Router_4 这条不同的路径。

Router_3 和 Router_4 之间的链路发生故障时，会根据 IGP 重新选择路径，使原来的 Router_1→Router_3→Router_4 路径也改为经过 Router_7 的路径——Path3，因为此路径是带宽的最短路径，如图 9-2 所示。但此时，两路语音流都通过了 Router_3→Router_7→Router_4 这条路径，占满了这两段链路 100% 的总带宽，导致语音流的总时延过长。

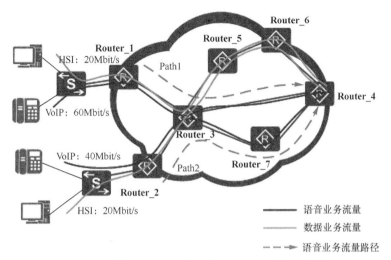

图 9-1　同时部署 MPLS TE 和传统 DiffServ 模型的组网示意

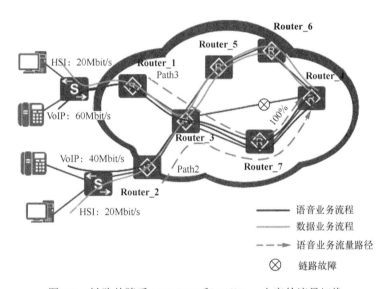

图 9-2　链路故障后 MPLS TE 和 DiffServ 方案的流量切换

　　如果采用 MPLS TE 与 MPLS DiffServ（**MPLS 网络中的 DiffServ 模型，即 MPLS QoS**）结合的方案，那么 MPLS DS-TE 方案就可以解决以上问题，因为扩展后的 MPLS DS-TE 隧道可通过 RSVP-TE 在整条路径为不同类型的业务流分别进行带宽预留。**当某段链路的可用带宽小于所需的预留带宽时，会重新选择其他路径来重建 CR-LSP，而不是直接根据 IGP 路由选择最短的路径**，这样可为各类业务流在整条路径上提供充分的带宽资源保障。

　　为了使 MPLS TE 能基于流量类型分配资源，提供差分服务，MPLS DS-TE 引入 CT 的概念，将一条 CR-LSP 的总带宽划分为 8 个部分，每部分被赋予不同的服务等级（0～7），允许基于 CoS（服务分类）粒度的资源预留，并提供在每个 CoS 级别的容错。一条 MPLS DS-TE 隧道的一条或多条 CR-LSP 中相同服务等级的带宽集合称为一个服务类型（Class Type，CT）。

对于图 9-1 所示的场景，可以将一条 CR-LSP 划分成多个 CT，同时承载不同服务等级的流量。此时，可以配置 Router_1→Router_3→Router_4 路径的 VoIP 和医院信息系统（Hospital Information System，HIS）流量使用同一条 MPLS TE 隧道中的不同 CT 承载；Router_2→Router_3→Router_7→Router_4 的 VoIP 和 HIS 流量又一起使用另一条 MPLS TE 隧道中的不同 CT 承载，这样可以维持各类流量所带带宽的相对比例，使各链路上语音流的带宽百分比控制在合理范围内（两个 CT 中的流量之和小于链路带宽 100Mbit/s），具体如图 9-3 所示。

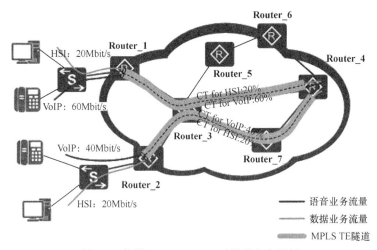

图 9-3　使用 MPLS DS-TE 时部署方案示例

当 Router_3→Router_4 之间的链路出现故障时，Router_1→Router_3→Router_4 这条隧道会被拆除，该路径下的 VoIP 和 HIS 流量会同时切换到新建的隧道——Router_1→Router_3→Router_5→Router_6→Router_4，不会再去挤 Router_3→Router_7→Router_4 这条路径，因为该路径的 100Mbit/s 链路带宽不足以同时容纳两条隧道中的流量。切换后，Router_1 到 Router_4 上的语音流带宽百分比依然可控制在 60% 的链路带宽范围内。

9.1.2　MPLS DS-TE 的基本概念

（1）DS 字段

为了实现 DiffServ，RFC2474 中对 IPv4 报文头的 ToS 字段进行了重新定义，称为差分服务（Differentiated Services，DS）字段。DS 字段的高 2 位是预留位，低 6 位是 DSCP。

（2）PHB

PHB 用来描述拥有相同 DSCP 值的报文的下一步转发动作，一共有 8 种，服务级别从低到高依次为 BE、AF1、AF2、AF3、AF4、EF、CS6 和 CS7。

（3）CT

为了提供差分服务，DS-TE 将隧道中的每条 CR-LSP 的带宽最多划分为 8 个部分，每部分被赋予不同的服务等级（0～7）。同一条 DS-TE 隧道中各 CR-LSP 所划分的相同服务等级部分的带宽集合称为一个 CT。一个 CT 只能承载具有相同服务等级的一种业务类型的流量，但可以分布在一条 DS-TE 隧道的一条或多条 CR-LSP 中。

因特网工程任务组（Internet Engineering Task Force，IETF）规定一条 DS-TE 隧道最多支持 8 个 CT，记作 CTi，其中 i 的取值范围是 0～7，对应其 CT 的服务等级（**数值越大，等级越高**）。这样一来，一条 DS-TE 隧道最多可以支持 8 种不同类型的业务流。CT0 是最低服务级别的 CT，是为"尽力而为"类型业务提供的。

（4）IGP 的扩展

为支持 DS-TE，RFC4124 对 IGP 中的 OSPF 和 IS-IS 进行了扩展，形成了 OSPF-TE 和 IS-IS-TE，分别参见 5.2.2 节和 5.2.3 节。这两种扩展 IGP 引入了新的可选子 TLV——带宽约束子 TLV（Bandwidth Constraints sub-TLV），并重新定义了原有的非预留带宽子 TLV（Unreserved Bandwidth sub-TLV）的含义，用于通告和收集链路上各优先级的每个 CT 的可预留带宽。

（5）单 CT LSP 和多 CT LSP

单 CT LSP 是指一条 CR-LSP 中只有一个 CT，即只允许承载一种业务类型的流量，例如静态 CR-LSP。

多 CT LSP 是指一条 CR-LSP 中划分了多个 CT，可同时承载多种不同业务类型的流量。但在多 CT LSP 中，必须在所有 CT 的带宽需求都满足时，资源预留、CR-LSP 建立或带宽抢占才能成功。

9.1.3　LSP 抢占和 TE-Class 映射

与第 5 章介绍的 MPLS TE 隧道一样，DS-TE 隧道在建立 CR-LSP 的过程中，如果无法找到满足所需带宽要求的路径，则可能会拆除另一条已经建立的隧道，抢占该隧道的带宽资源。

DS-TE 使用 MPLS TE 中的两个优先级属性来决定是否可以进行资源抢占：建立优先级（setup-priority）和保持优先级（hold-priority），可统称为抢占优先级。DS-TE 为每个 CT 指定一个抢占优先级，形成组合<CT，优先级>，称为 TE-Class，可描述为 TE-Class[n]=<CTi, *priority*>。

① n 用来标识 TE-Class，不与 CT 中的 i 一一对应。

② i 用来标识 CT 类型，即 CT 的服务等级，$0 \leqslant i \leqslant 7$。

③ *priority* 为分配给对应类型 CT 的抢占优先级，可以是建立优先级，或保持优先级，$0 \leqslant priority \leqslant 7$，**数值越小，优先级越高**。同一 **CT** 的建立优先级不能高于其保持优先级，即同一 **CT** 的建立优先级值必须不小于保持优先级值。

只有当一条 CR-LSP 的 CT 和建立优先级的组合<CT，setup-priority>，以及该 CT 和其保持优先级的组合<CT，hold-priority>同时存在于 TE-Class 映射表中，该 CR-LSP 才能建立成功。 如某节点的 TE-Class 映射表中仅有 TE-Class[0]＝<CT0，6>和 TE-Class[1]＝<CT0，7>，则只有以下 3 类划分了 CT0 的 CR-LSP 能建立成功。

① Class-Type＝CT0，setup-priority＝6，hold-priority＝6。

② Class-Type＝CT0，setup-priority＝7，hold-priority＝6。

③ Class-Type＝CT0，setup-priority＝7，hold-priority＝7。

【说明】因为 CR-LSP 的建立优先级不能高于保持优先级，所以以上没有 setup-priority＝6，hold-priority＝7 的组合。注意，优先级的数值与优先级是成反比的。

CT 和抢占优先级可以任意组合，因此理论上 TE-Class 共有 64 个，但华为设备最多支持手动配置 8 个 TE-Class。TE-Class 映射表由一组 TE-Class 组成。建议 MPLS 网络中所有的 LSR 都配置相同的 TE-Class 映射表。表 9-1 是设备中预先设置的缺省 TE-Class 映射表，只包括了 CT0～CT3 4 种 CT 与抢占优先级 0 和 7 之间的映射关系（CT4～CT7 4 个 CT 没有配置缺省映射）。

表 9-1　缺省的 TE-Class 映射表

TE-Class	CT	抢占优先级	TE-Class	CT	抢占优先级
TE-Class[0]	0	0	TE-Class[4]	0	7
TE-Class[1]	1	0	TE-Class[5]	1	7
TE-Class[2]	2	0	TE-Class[6]	2	7
TE-Class[3]	3	0	TE-Class[7]	3	7

9.1.4　DS-TE 中的带宽类型

DS-TE 隧道中存在以下几种带宽类型，它们之间的关系如图 9-4 所示。图中，在一条链路上建立了 A 和 B 两条 DS-TE 隧道，假设每条隧道上仅创建了一条 CR-LSP，在这条 CR-LSP 上又划分了 CT0 和 CT1。

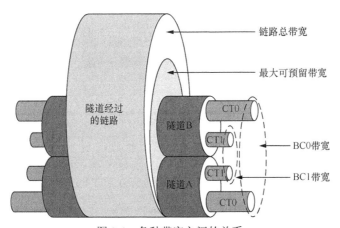

图 9-4　各种带宽之间的关系

① 链路总带宽：物理链路所具有的总带宽。

② 最大可预留带宽：本链路中可以预留给 MPLS DS-TE 隧道使用的带宽，最大可预留带宽小于等于链路总带宽。

③ CT 带宽：每条 DS-TE 隧道中各类业务流量的预留带宽用 CTi 表示，一条 DS-TE 隧道建立的各 CR-LSP 中相同类型业务流量所用的总带宽。

④ BC 带宽：为该链路上**所有 DS-TE 隧道**中相同 Cti 预留的总带宽约束（用 BCi 表示），即所有 DS-TE 隧道为同类业务的预留总带宽；CT 带宽为具体（单条）DS-TE 隧道中同类业务的预留总带宽。显然，BC 所包括的范围不会比 CT 所包括的范围小。

【经验提示】CT 是针对具体 DS-TE 隧道而言的，可以在同一条 DS-TE 隧道内建立的一条或多条 CR-LSP 上进行划分，每个 CT 可分配一定的带宽。BC 是针对具体链路而言的，在 9.1.5 节介绍的 MAM 和 Extended-MAM 分配模型中，BC 带宽是同一条链路上创建的所有 DS-TE 隧道、相同 CT 所分配的带宽总和。

隧道 A、隧道 B 中都包括了 CT0、CT1，它们都有自己的预留带宽，BC0 包括隧道 A 和隧道 B 上的两个 CT0 预留的带宽总和，BC1 包括隧道 A 和隧道 B 上的两个 CT1 预留的带宽总和。最大可预留带宽是在链路上设置的，链路上所有 DS-TE 隧道、所有 CT 所分配的预留带宽总和都不能超过这个带宽。

【说明】在图 9-4 中，如果隧道 A 和隧道 B 建立了多条 CR-SLP，每条 CR-LSP 又都划分了 CT0 和 CT1（通常不这样划分，而是不同 CR-LSP 划分不同的 CT），则在一条 DS-TE 隧道中的 CTi 带宽就是这几条 CR-LSP 中相同序号 CT 的带宽总和。

9.1.5　DS-TE 带宽约束模型

带宽约束模型用来定义 BC 的最大数目，每个 BC 的带宽可被哪些 CT 使用，以及 CT 如何使用 BC 带宽。目前，IETF 定义了最大分配模型（Maximum Allocation Model，MAM）、俄罗斯套娃模型（Russian Dolls Model，RDM）和扩展的最大分配模型（Exended-MAM）3 种带宽约束模型。

（1）MAM

MAM 的 BC Mode ID 为 1，是将一个 BC 映射到链路上的另一个 CT，**CT 间不共享带宽**，如图 9-5 所示。链路中所有 DS-TE 隧道中相同 CT（CTi）的带宽总和不超过 BCi（0≤i≤7），所有 BC 的带宽总和不超过链路最大可预留带宽。

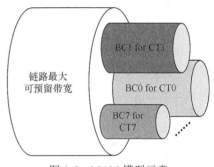

图 9-5　MAM 模型示意

例如，假设某链路的带宽是 100Mbit/s，带宽模型为 MAM，且包括 3 个 CT（CT0、CT1 和 CT2），BC0 为 20Mbit/s，用于承载 CT0（假设为 BE 流）；BC1 为 50Mbit/s，用于承载 CT1（假设为 AF 流）；BC2 为 30Mbit/s，用于承载 CT2（假设为 EF 流）。此时，承载 BE 流的所有 CR-LSP 的带宽总和不能超过 20Mbit/s；承载 AF 流的所有 CR-LSP 的带宽总和不能超过 50Mbit/s；承载 EF 流的所有 CR-LSP 的带宽总和不能超过 30Mbit/s。

MAM 的优点是不存在 CT 间的带宽抢占，缺点是可能存在带宽浪费，部分 CT 的带宽利用率低。

（2）RDM

RDM 允许 CT 间共享带宽，其 BC Mode ID 为 0。

RDM 的基本规则是：BC0 不超过链路的最大可预留带宽，BCi（0≤i≤7）大于等于各条 CR-LSP 中 CTi～CT7 的总带宽，也就是 i 编号的 BC 会大于等于自 i 编号开始，以后各编号 CT 的预留带宽总和。例如，BC0≥CT0+CT1+CT2+CT3+CT4+CT5+CT6+CT7 预留带宽之和，同理 BC1≥CT1+CT2+CT3+CT4+CT5+CT6+CT7 预留带宽之和，BC2≥CT2+CT3+CT4+CT5+CT6+CT7 预留带宽之和，以此类推。此时各 BC 之间存在不同的包含关系，BC0 包含 BC1 的带宽，BC1 包含 BC2 的带宽，以此类推，最后 BC7 的带宽固定不变，如图 9-6 所示。

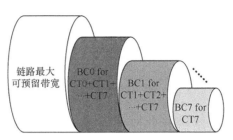

图 9-6 RDM 模型示意

该模型与俄罗斯玩偶类似：一个大娃娃套一个小娃娃，小娃娃又套一个更小的娃娃。该模型与前面介绍的 BCi 仅是链路上各 CR-LSP 中相同序号的 CT 的预留带宽之和的定义不一样。

例如，假设某链路的带宽是 100Mbit/s，带宽模型为 RDM，且包括 3 个 CT（CT0、CT1 和 CT2）。其中，CT0 用于承载 BE 流，CT1 用于承载 AF 流，CT2 用于承载 EF 流，BC0 为 100Mbit/s，BC1 为 50Mbit/s，BC2 为 20Mbit/s。此时，承载 EF 流的所有 CR-LSP 带宽总和不超过 20Mbit/s，对应 BC2；承载 EF 流和 AF 流的所有 CR-LSP 带宽总和超过 50Mbit/s，对应 BC1；所有 CR-LSP 的带宽总和不超过 100Mbit/s，对应 BC0。

RDM 允许存在 CT 间的带宽抢占，抢占原则是：**高抢占优先级的 CT 可以抢占优先级低于自己、序号大于或等于自己（用于确保抢占后的通道具有不低于自己的服务级别）的 CT 带宽。**以下公式中，m、n 代表抢占优先级（**值越大，优先级越低**），i、j 代表 CT 序号（**值越大，服务等级越高**）。如果 $0 \leqslant m < n \leqslant 7$，$0 \leqslant i < j \leqslant 7$，则抢占优先级为 m（**值小于 n，但抢占优先级高于 n**）的 CTi 可以抢占优先级为 n 的 CTi（**i 的值小于 j，CTi 的服务等级也低于 CTj**）的带宽，以及抢占优先级为 n 的 CTj 的带宽。例如，优先级为 3 的 CT0 可以抢占优先级为 5 的 CT0 带宽和优先级为 5 的 CT1 带宽。但是 CTi 的所有 CR-LSP 带宽总和不超过 BCi 的带宽值。

RDM 的优点是可以有效利用带宽，缺点是优先级低的 CT 分类流量的带宽可能得不到保障，因为它们可以被更高优先级的 CT 业务流量长时间抢占。

（3）Extended-MAM

Extended-MAM 的带宽分配基本规则与 MAM 类似，**也是将一个 BC 映射到一个 CT，CT 间不共享带宽，**BC Mode ID 为 254。但 Extended-MAM 比 MAM 多支持了 8 个隐式 CT，即 CT0 和 8 个抢占优先级（0～7）的组合，对应 TE-Class[8]～TE-Class[15]，相当于对最低服务等级的 CT0 再根据不同的抢占优先级进行了细分，又分成了 8 个级别。

Extended-MAM 对 IGP 发布的 Unreserved Bandwidth Sub-TLV 及 Bandwidth Constraint Sub-TLV 的语义进行了新的阐释，Unreserved Bandwidth Sub-TLV 携带 CT0 对应其 8 个抢占优先级的 TE-Class 的未预留带宽，用户指定的最多 8 个 TE-Class 的未预留带宽通过 Bandwidth Constraint Sub-TLV 携带，最终使设备将支持的 TE-Class 扩展成了最多支持 16 个。

当配置了 Extended-MAM 的设备 A 作为 Transit 或 Egress 时，如果一非标准 DS-TE 设备 B 作为入节点创建有预留带宽的动态 CR-LSP，使该 CR-LSP 的 TE-Class（<CT0，priority>，$0 \leqslant priority \leqslant 7$）未定义在设备 A 上用户指定的 TE-Class 映射表中，但是设备 A 配置的是 Extended-MAM，所以该 CR-LSP 的创建请求也是合法的。

以上 3 种带宽约束模型的比较见表 9-2。

表 9-2　带宽约束模型的比较

带宽约束模型间的比较内容	RDM	MAM/Extended-MAM
BC 与 CT 映射关系	将 BC 映射到一个或多个 CT，不易管理	BC 与 CT 间一对一映射，易于理解和管理
带宽抢占	无法分隔不同 CT，可能需要抢占以保证为 CT 提供足够带宽	可以分隔不同 CT 并为 CT 提供有保证的带宽，不存在抢占
带宽利用率	可有效利用带宽，因为不同 BC 间可带宽共享	因为 BC 间不能带宽共享，可能造成带宽浪费

9.1.6　DS-TE 方案

MPLS 头部的 EXP 字段用于承载 DiffServ 的相关信息。如何将 DSCP 值（最多有 64 个值）映射到 EXP 域（最多 8 个值）是 DS-TE 实现的关键。与第 8 章介绍的 MPLS QoS 一样，RFC 也定义了以下两种方案，但 DS-TE 中的 DiffServ 方案适用的是 MPLS DS-TE 隧道。

（1）仅由标签指示包交换能力的 LSP（Label-Only-Inferred-PSC LSP，L-LSP）

L-LSP 方案是在 LER 上将报文中的 DSCP 优先级值与一个 CR-LSP 建立映射（LER 对 IP 报头的 DSCP 字段是可见的），**使同一 CR-LSP 上传输的报文按相同的优先级进行处理**，并全部分配到对应 **DSCP 所映射的同一队列中进行调度**。这也间接形成了 CR-LSP 与队列之间的映射关系，所以后面的 LSR 可通过对应 CR-LSP 的标签对报文进行队列调度，根据报文中的 EXP 优先级值进行丢弃选择（即 EXP 值决定 PHB）。

（2）由 EXP 指示包交换能力的 LSP（EXP-Inferred-PSC LSP，E-LSP）

E-LSP 方案是在 LER 上将报文中的 DSCP 优先级值映射到 EXP 优先级值，通过报文中的 EXP 优先级值为报文定义优先级别，一个 CR-LSP 最多可支持 8 个服务等级。这样一来，**在一个 CR-LSP 中传输的报文可根据所携带的不同 EXP 值进入不同的队列中进行调度**（EXP 与队列之间有映射关系）。同时根据 EXP 优先级值对报文进行丢弃选择（即 EXP 值决定 PHB），但 E-LSP 适用于支持不多于 8 个 PHB 的网络，因为 EXP 只有 8 个取值。

要想使不同业务流量在同一 CR-LSP 上传输时具有不同的优先级，就需要使用 E-LSP 方案，这也是 DS-TE 最主要的应用方案。目前华为 AR G3 系列路由器支持 E-LSP 方案，通过将 DSCP 或 EXP 映射到本地优先级（LP），实现 DSCP、EXP、LP 之间的相互映射。DSCP、EXP、LP 之间的缺省映射关系见表 9-3。缺省情况下，LP 与队列优先级是一一对应的（即 LP 0 与 0 号队列映射，LP 1 与 1 号队列映射，…，LP7 与 7 号队列映射），这样一来，通过 DSCP 或 EXP 优先级与 LP 的映射，间接形成了 DSCP、EXP 优先级与队列优先级之间的映射关系。

表 9-3　DSCP、LP、EXP 之间的缺省映射关系

DSCP	LP	EXP	DSCP	LP	EXP
0～7	0	0	32～39	4	4
8～15	1	1	40～47	5	5
16～23	2	2	48～55	6	6
24～31	3	3	56～63	7	7

　　DS-TE 将不同的 LP 映射不同的 CT 上，使不同 CT 上传输的报文进入不同的队列中，且可为每个 CT 单独分配资源，因此，DS-TE CR-LSP 是基于 CT 建立的，即 DS-TE 在路径计算过程中，需要将 CT 及每个 CT 可获得的带宽作为约束条件；在进行资源预留时，也需要考虑 CT 及其带宽需求。

9.1.7　DS-TE 模式及切换

　　DS-TE 模式是指一条 CR-LSP 对 CT 划分数量的支持程度，目前华为设备支持 Non-IETF 模式和 IETF 模式。这两种模式的具体描述如下。

　　① Non-IETF（非 IETF）模式：仅支持两种 CT（固定为 CT0 和 CT1），一种 CT 映射到一种流量类型，例如将 AF 流量映射到 CT0，将 EF 流量映射到 CT1。Non-IETF 模式中每个 CT 均支持与 8 个抢占优先级进行组合，最多构建 16 个 TE-Class 映射表项。**但 Non-IETF 模式仅支持单 CT LSP，即一条 CR-LSP 中仅可承载一类业务，对应 CT0 或 CT1**。

　　② IETF 模式：IETF 定义的模式支持 8 个 CT（也决定了在一条 CR-LSP 中最多可以区分 8 种业务类型）和 8 个抢占优先级进行组合，最多可构建 64 个 TE-Class 映射表项。**IETF 模式支持多 CT LSP，即在一条 CR-LSP 中可以划分多个 CT，承载多种业务**。

　　IETF 模式和 Non-IETF 模式的区别见表 9-4。

表 9-4　IETF 模式和 Non-IETF 模式的区别

比较项目	Non-IETF 模式	IETF 模式
带宽模型	支持 MAM 和 RDM	支持 RDM、MAM 和 Extended MAM
CT 类型	支持 CT0 和 CT1	支持 CT0～CT7
BC 类型	支持 BC0 和 BC1	支持 BC0～BC7
TE-Class 映射表	**可以配置 TE-Class 映射表，但不生效**	支持配置和使用 TE-Class 映射表
IGP 子 TLV 消息	① 由 Unreserved Bandwidth sub-TLV 携带 CT0 与其 8 个抢占优先级建立的 TE-Class 映射表中的未预留带宽，单位是 bit/s。 ② 由 Unreserved Bandwidth for Class-Type 1（type 子字段值为 0x8001）sub-TLV 携带 CT1 与其 8 个抢占优先级建立的 TE-Class 映射表中的未预留带宽，单位是 bit/s	同时由 Unreserved Bandwidth sub-TLV 和 Bandwidth Constraints sub-TLV 携带 CT 信息。 ① Unreserved Bandwidth sub-TLV： • 对于 RDM 和 MAM 携带 8 个 TE-Class 映射表中的未预留带宽（可以由用户指定），单位是 bit/s； • 对于 Extended-MAM 携带 CT0 与其 8 个优先级建立的 TE-Class 映射表中的未预留带宽，单位是 bit/s。 ② Bandwidth Constraints sub-TLV： • 对于 RDM 和 MAM，携带带宽模型信息及 BC 带宽； • 对于 Extended-MAM，携带带宽模型信息及 8 个 TE-Class 映射表中的未预留带宽（可以由用户指定），单位是 bit/s
RSVP 消息	由 ADSPEC（通告说明）对象携带 CT 信息	① 单 CT：由 CLASSTYPE（服务分类）对象携带 CT 信息。 ② 多 CT：由 EXTENDED_CLASSTYPE 对象携带 CT 信息

【说明】为了实现 IETF 模式的 DS-TE，IETF 对 RSVP 进行了扩展：RFC4124 为 Path 消息定义了 CLASSTYPE 对象，用于携带单个 CT 类型；IETF 草案（draft-minei-diffserv-te-multi-class-02）为 Path 消息定义了 EXTENDED_CLASSTYPE 对象，用于携带 E-LSP 的 CT 类型信息。

华为路由器既支持 Non-IETF 模式向 IETF 模式切换，也支持 IETF 模式向 Non-IETF 模式切换，具体处理方式见表 9-5。

表 9-5　DS-TE 模式的切换处理方式

比较项目	Non-IETF 模式→IETF 模式	IETF 模式→Non-IETF 模式
带宽模型变化情况	带宽模型不变	① Extended-MAM→MAM ② RDM→RDM ③ MAM→MAM
带宽变化情况	BC0 和 BC1 的带宽值保持不变	除了 BC0 和 BC1 保持不变，其他 BC 的值被清零
TE-Class 映射表变化情况	如果已配置 TE-Class 映射表，则使用配置的 TE-Class 映射表，否则采用缺省的 TE-Class 映射表。缺省的 TE-Class 映射表参见表 9-1	不使用 TE-Class 映射表。 ① 如果用户配置了 TE-Class 映射表，则不删除 TE-Class 映射表。 ② 如果用户没有配置 TE-Class 映射表，则删除缺省的 TE-Class 映射表
LSP 删除情况	在 Ingress 和 Transit 中，删除<CT,set-priority>组合和<CT,hold-priority>组合不在 TE-Class 映射表中的 LSP，因为 Non-IETF 模式不支持 TE-Class 映射表，而 IETF 模式支持	在 Ingress 和 Transit 中删除以下类型的 LSP，因为 Non-IETF 模式仅支持单 CT LSP，且仅支持 CT0 和 CT1。 ① 多 CT LSP。 ② CT2~CT7 的单 CT LSP

9.1.8　DS-TE CR-LSP 的建立

MPLS TE 隧道中 LSP 的建立需要符合一定的约束条件，所建立的 LSP 被称为 CR-LSP，MPLS DS-TE 隧道中建立的 LSP 同样是 CR-LSP，但它的约束条件更多、更精细。

DS-TE CR-LSP 的建立与 5.4.1 节介绍的 MPLS TE CR-LSP 的建立过程类似，都要用到 RSVP-TE 的 Path 和 Resv 两种主要消息的传递，具体流程如图 9-7 所示。Path 消息从 Ingress 向 Egress 方向传递，用于在建立 CR-LSP 过程中创建 RSVP 会话和关联路径状态；Resv 消息的传递方向与 Path 消息相反，用于路径上每个节点为所建立的 CR-LSP 预留资源。

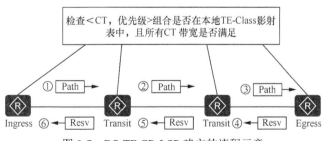

图 9-7　DS-TE CR-LSP 建立的流程示意

DS-TE CR-LSP 与普通的 TE CR-LSP 的建立流程的区别如下。

① 在 DS-TE 中，Path 消息除了包括了表 5-2 中的一系列对象，还携带了所配置的 CT 信息。

② 当沿途的 LSR 收到带有 CT 信息的 Path 消息后，除了要根据 Path 消息构建自己的 PSB 和更新 Path 消息，还会检查其中的<CT,优先级>组合是否在本地 TE-Class 映射表中，且还要检查所有 CT 带宽是否满足。如果这两个条件都满足，才会接受建立新的 LSP。

③ DS-TE CR-LSP 建立成功后，各节点会重新计算各抢占优先级对应的每个 CT 可预留带宽。这些预留信息会反馈给 IGP，向网络中的其他节点通告，以便每个节点都可以为每个 CT 预留所需的带宽。

9.1.9　DS-TE 业务调度

在业务调度方面，DS-TE 隧道 Ingress 的上行入接口会根据所配置的或缺省的优先级映射，或 QoS 流分类标记报文的本地优先级（LP）。图 9-8 中的 DSCP0～7、EXP0 优先级均标记为 LP0，DSCP8～15、EXP1 优先级均标记为 LP1 等。

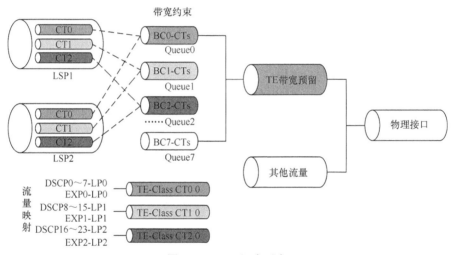

图 9-8　HQoS 调度示意

因为本地优先级与 CT 服务类型一一对应，所以在 Ingress 入接口就可以根据优先级映射或 QoS 流分类，把不同类型业务的流量加载到对应的 CT 中，并通过 LP 与队列的映射关系，在下行出接口时把加载不同类型业务的流量从对应的队列中向下传输，通过分级 QoS（Hierarchical QoS，HQoS）的多级调度功能实现 DS-TE 流量模型的带宽分配。

DS-TE 隧道 HQoS 业务调度主要涉及以下 3 个方面。

（1）DS-TE 隧道带宽预留

物理接口下预留所有 DS-TE 隧道所需的带宽，通过单独的一级队列调度即可实现，可保证 TE 带宽不被其他流量抢占。

（2）DS-TE 隧道下 CT 业务的带宽保证

DS-TE 隧道支持多 CT 用以承载多种业务类型，其带宽在 CR-LSP 建立时需要端到端预留。设备在 CR-LSP 建立时，从 DS-TE 隧道预留带宽中分配各 CT 所需的带宽，遵从 RDM/MAM 等带宽模型约束。CT 带宽是通过 CIR 保障的。

（3）CTs（不同 LSP 之间同一服务类型总和）之间的流量调度

不同 CT 对应不同的业务类型，对于高优先级业务（例如语音），可采用 PQ（优先级队列）调度。对于需要带宽保证的业务（例如协议、数据等），可采用加权公平队列（Weighted Fair Qveve，WFQ）调度。因为 CT 与 LP 一一对应，LP 又与队列一一对应，各 CT 与各队间有对应的映射关系，配置队列的调度模式，可以实现不同 CT 的差分服务。

华为路由器全局支持 32 个队列模板，可用于配置 CT 之间的调度关系。缺省情况下，LP、CT 和 FQ 队列的映射关系见表 9-6，序号方面都是一一对应的关系，CT 之间的调度方式均为 WFQ。

表 9-6　LP、CT 和 FQ 队列的缺省映射关系

LP	CT 类型	FQ 队列	调度方式（可配置）
7 (CS7)	CT7	7	WFQ
6 (CS6)	CT6	6	WFQ
5 (EF)	CT5	5	WFQ
4 (AF4)	CT4	4	WFQ
3 (AF3)	CT3	3	WFQ
2 (AF2)	CT2	2	WFQ
1 (AF1)	CT1	1	WFQ
0 (BE)	CT0	0	WFQ

9.2　静态 DS-TE 隧道的配置与管理

DS-TE 隧道在 TE 隧道的基础上配置了 QoS 功能，可实现不同业务分类，并可为不同业务提供不同的服务级别和预留带宽保证。所以，DS-TE 隧道建立的前提是先完成 MPLS TE 隧道的建立，再配置所需的 QoS 功能，这样就能够将 DS-TE 隧道建立成功。

DS-TE 隧道与 MPLS TE 隧道一样，也是按照静态建立或动态方式建立。本节先介绍静态 DS-TE 隧道的配置方法。

9.2.1　静态 DS-TE 的配置任务

静态 DS-TE 隧道中创建的是静态 CR-LSP，配置过程比较简单，手动分配标签，不使用信令协议，不需要交互控制报文，因此消耗资源比较小。**但静态 DS-TE 隧道只支持单 CT，即一条静态 CR-LSP 上只能承载一类业务，但一条静态 DS-TE 隧道可创建多条静态 CR-LSP**。

静态 DS-TE 所包括的配置任务比较多，除了最基本的 MPLS TE 功能的使能、MPLS TE 隧道接口配置，更多的是 DS-TE 隧道所特有的、为不同类型业务流量提供的 QoS 配置，包括 DS-TE 模式、带宽约束模型、链路带宽和各 CT 可预留带宽指定、优先级映射、调度方式等，具体介绍如下。

（1）使能 MPLS TE

这项配置任务的配置方法与第 5 章的 5.6.1 节介绍的配置方法完全一样。

（2）配置 MPLS TE 隧道接口

这项配置任务的配置方法与第 5 章的 5.6.2 节介绍的配置方法完全一样。

（3）配置 DS-TE 模式

这是全局配置本设备工作在 Non-IETF 或 IETF 模式，将作用于设备上所创建的所有 DS-TE 隧道。需根据所需区分的业务类型多少来选择，多于两种时必须选择 IETF 模式。

（4）配置 DS-TE 带宽约束模型

这是全局配置设备中 DS-TE 隧道选择 Extend-MAM、MAM 或 RDM 的带宽约束模型，作用于本设备上所创建的所有 DS-TE 隧道。需要根据各 CT 间是否可抢占带宽资源来选择。

（5）（可选）配置 TE-Class 映射表

这是一项全局配置任务，当需要修改缺省的 CT 与抢占优先级映射关系时才需要配置，一旦修改则同时适用于所有本设备上创建的 DS-TE 隧道。**对于非标准 DS-TE 模式，无须进行此项配置任务。**

（6）配置链路带宽

这是一项针对具体链路的配置任务，配置本地链路上最大可预留带宽，同时指定在本地链路上各条 DS-TE 隧道中各业务类型（对应不同 CT）可分配的带宽。

（7）配置静态 CR-LSP 并指定带宽

这是在入节点基于具体 Tunnel 接口创建静态 CR-LSP，在中间节点和出节点基于隧道名称创建静态 CR-LSP，并为所需 CT 指定预留的带宽（出节点上不用预留带宽）。

（8）配置接口信任的报文优先级

这是在具体的 DS-TE 隧道所使用的物理接口来配置的，在入节点上配置信任 DSCP 优先级，以对报文进行分类，在中间节点配置信任 EXP 优先级，使报文按 EXP 优先级转发，在出节点信任 DSCP 或 EXP 优先级，使报文按照 DSCP 优先级或 EXP 优先级转发。

（9）（可选）配置 CT 与业务类型的映射关系及调度方式

配置 CT 与业务类型映射也是一项全局配置，作用于本设备上所有建立的 DS-TE 隧道，其目的是把不同业务类型的流量分配到不同的队列中进行转发，主要是通过调整 DSCP、EXP 优先级与 LP，或者 DSCP 与 DSCP、EXP 与 EXP 优先级之间的映射关系来实现的。队列调度方式是在 DS-TE 隧道各节点的出接口进行配置的。

下面仅就后面 7 项配置任务的配置方法进行介绍。

在配置静态 DS-TE 隧道之前，仍需要完成基本的 MPLS TE 隧道建立所需的配置任务，具体如下。

① 配置 IGP，使各节点间的 IP 路由可达。

② 配置各 LSR 节点的 LSR-ID，以及全局和公网侧接口的 MPLS 功能。

9.2.2 配置 DS-TE 模式

通过配置 DS-TE 模式，可以将 DS-TE 隧道设置为 Non-IETF 或 IETF 模式，使设备可以支持不同数量的业务类型和带宽约束模型，但需要在隧道各节点进行配置，DS-TE 模式的配置步骤见表 9-7。

表 9-7　DS-TE 模式的配置步骤

步骤	命令	说明
1	**system-view**	进入系统视图
2	**mpls** 例如：[Huawei] **mpls**	进入 MPLS 视图
3	**mpls te ds-te mode** { **ietf** | **non-ietf** } 例如：[Huawei-mpls] **mpls** **te ds-te mode ietf**	配置 DS-TE 模式。 ① **ietf**：二选一选项，指定采用标准 DS-TE 模式。 ② **non-ietf**：二选一选项，指定采用非标准 DS-TE 模式。 缺省情况下，DS-TE 模式为非标准模式，可用 **undo mpls te ds-te** **mode** 命令恢复缺省配置

华为设备支持非标准（Non-IETF）模式向标准（IETF）模式切换，也支持标准模式向非标准模式切换，DS-TE 模式切换前后的变化情况参见 9.1.7 节中的表 9-5。

9.2.3　配置 DS-TE 带宽约束模型

如果网络允许 CT 之间的带宽资源抢占，则建议选择 RDM，以实现带宽的有效利用，否则建议选择 MAM 或 Extended-MAM，但需要在 DS-TE 隧道各节点按表 9-8 进行配置。

表 9-8　DS-TE 带宽约束模型的配置步骤

步骤	命令	说明
1	**system-view**	进入系统视图
2	**mpls** 例如：[Huawei] **mpls**	进入 MPLS 视图
3	**mpls te ds-te bcm** { **extend-mam** | **mam** | **rdm** } 例如：[Huawei-mpls] **mpls** **te ds-te bcm mam**	配置 DS-TE 带宽约束模型。 ① **extend-mam**：多选一选项，设置 DS-TE 的带宽约束模型为 Extended-MAM。当 DS-TE 模式为 Non-IETF 模式时，不可选择 此选项。 ② **mam**：多选一选项，设置 DS-TE 的带宽约束模型为 MAM。 ③ **rdm**：多选一选项，设置 DS-TE 的带宽约束模型为 RDM。 缺省情况下，DS-TE 的带宽约束模型为 RDM，可用 **undo mpls** **te ds-te bcm** 命令恢复缺省配置

9.2.4　配置 TE-Class 映射表

对于标准 DS-TE 模式，需要预先规划好 TE-Class 映射表。**建议整个 DS-TE 域配置相同的 TE-Class 映射表，否则 LSP 不能正确建立。对于非标准 DS-TE 模式，无须此步骤配置，即使配置了也不会生效。**

配置 TE-Class 映射表时需了解以下内容。

① TE-Class 映射表的配置在每台设备上是唯一的。

② TE-Class 映射表是全局概念，TE-Class 映射表应用该 LSR 的所有 DS-TE 隧道中。

【说明】TE-Class 是 CT 和抢占优先级 priority 的组合<CT，priority>。抢占优先级的取值为 0～7，数值越小，优先级越高。只有当一条 CR-LSP 的 CT 和建立优先级的组合<CT，setup-priority>，以及 CT 和保持优先级的组合<CT，hold-priority>同时在 TE-Class 映射表中时，该 CR-LSP 才能建立成功。同一 CR-LSP 的建立优先级不能高于保持优先级。

③ MAM 和 Extended MAM 中，高优先级的 CT 只能抢占低优先级的相同 CT 的带宽，不同 CT 之间不存在带宽抢占。

④ RDM 中，高抢占优先级的 CT 可以抢占优先级低于自己、序号大于等于自己的 CT 带宽，且所有 CTi 的带宽总和不超过 BCi 的带宽值。

⑤ 只有当一条 CR-LSP 中的所有 CT 的带宽都满足要求时，才会发生带宽抢占，待建立的 CR-LSP 才能建立成功。

标准 DS-TE 模式的 TE-Class 映射需要在 DS-TE 隧道各节点进行配置。但因为静态 DS-TE 隧道中的每条 CR-LSP 是单 CT LSP，所以每条静态 CR-LSP 中只能配置一个 CT 相关的 TE-Class 映射表项。TE-Class 映射表的配置步骤见表 9-9。

表 9-9　TE-Class 映射表的配置步骤

步骤	命令	说明
1	**system-view**	进入系统视图
2	**te-class-mapping** 例如：[Huawei] **te-class-mapping**	创建 TE-Class 映射表并进入 TE-Class Mapping 视图
	选择如下的一条或多条命令，配置各个 TE-Class 表	
3	**te-class**0 **class-type** { **ct0** | **ct1** | **ct2** | **ct3** | **ct4** | **ct5** | **ct6** | **ct7** } **priority** *priority* [**description** *description-info*] 例如：[Huawei-te-class-mapping] **te-class**0 **class-type ct0 priority** 0 **description** For-EF	配置 TE-Class0。 ① **ct0**～**ct7**：多选一选项，指定业务类型。 ② *priority*：指定抢占优先级，整数形式，取值范围是 0～7。数值越小，优先级越高。 ③ **description** *description-info*：可选参数，配置指定该 TE-Class 的描述信息。 缺省情况下，没有配置 TE-Class，可用 **undo te-class**0 命令删除一个 TE-Class0 的配置
	te-class1 **class-type** { **ct0** | **ct1** | **ct2** | **ct3** | **ct4** | **ct5** | **ct6** | **ct7** } **priority** *priority* [**description** *description-info*]	配置 TE-Class1。其他说明参见 **te-class**0 **class-type** 命令介绍
	te-class2 **class-type** { **ct0** | **ct1** | **ct2** | **ct3** | **ct4** | **ct5** | **ct6** | **ct7** } **priority** *priority* [**description** *description-info*]	配置 TE-Class2。其他说明参见 **te-class**0 **class-type** 命令介绍
	te-class3 **class-type** { **ct0** | **ct1** | **ct2** | **ct3** | **ct4** | **ct5** | **ct6** | **ct7** } **priority** *priority* [**description** *description-info*]	配置 TE-Class3。其他说明参见 **te-class**0 **class-type** 命令介绍
	te-class4 **class-type** { **ct0** | **ct1** | **ct2** | **ct3** | **ct4** | **ct5** | **ct6** | **ct7** } **priority** *priority* [**description** *description-info*]	配置 TE-Class4。其他说明参见 **te-class**0 **class-type** 命令介绍
	te-class5 **class-type** { **ct0** | **ct1** | **ct2** | **ct3** | **ct4** | **ct5** | **ct6** | **ct7** } **priority priority** [**description description-info**]	配置 TE-Class5。其他说明参见 **te-class**0 **class-type** 命令介绍
	te-class6 **class-type** { **ct0** | **ct1** | **ct2** | **ct3** | **ct4** | **ct5** | **ct6** | **ct7** } **priority priority** [**description description-info**]	配置 TE-Class6。其他说明参见 **te-class**0 **class-type** 命令介绍
	te-class7 **class-type** { **ct0** | **ct1** | **ct2** | **ct3** | **ct4** | **ct5** | **ct6** | **ct7** } **priority priority** [**description description-info**]	配置 TE-Class7。其他说明参见 **te-class**0 **class-type** 命令介绍

9.2.5　配置链路带宽

通过配置链路的带宽可以限定 DS-TE 隧道的带宽。依据所选择的带宽约束模型的不同，链路的可预留带宽与各 BC 的带宽之间的关系也不同，具体如下（*max-reservable-bandwidth* 是指链路最大可预留带宽）。

① RDM：*max-reservable-bandwidth*≥*bc0-bw-value*≥*bc1-bw-value*≥*bc2-bw-value*≥*bc3-bw-value*≥*bc4-bw-value*≥*bc5-bw-value*≥*bc6-bw-value*≥*bc7-bw-value*。

② MAM：*max-reservable-bandwidth*≥*bc0-bw-value*＋*bc1-bw-value*＋*bc2-bw-value*＋*bc3-bw-value*＋*bc4-bw-value*＋*bc5-bw-value*＋*bc6-bw-value*＋*bc7-bw-value*。

③ Extended-MAM：同 MAM。

若需要进行精确的带宽控制，则需要配置链路上的 BCi 带宽值不小于经过该链路的所有 DS-TE 隧道上使用该 BC 带宽的 CTi（0≤i≤7）的带宽总和的 125%。例如：

① MAM/Extended-MAM 中，BCi 带宽值≥CTi 带宽值 ×125%（0≤i≤7）；

② RDM 中，BCi 带宽值≥CTi～CT7 的总带宽值 ×125%（0≤i≤7）。

静态 DS-TE 隧道链路带宽需要在各节点的**出接口**上按表 9-10 进行配置。

表 9-10　链路带宽的配置步骤

步骤	命令	说明
1	**system-view**	进入系统视图
2	**interface** *interface-type* *interface-number* 例如：[Huawei] **interface** gigabitethernet 1/0/0	进入链路的出接口视图
3	**mpls te bandwidth max-reservable-bandwidth** *bw-value* 例如：[Huawei-GigabitEthernet1/0/0] **mpls te bandwidth max-reservable-bandwidth** 10000	配置链路为 DS-TE 隧道可预留的最大带宽，整数形式，取值范围是 0～4000000000，单位是 kbit/s。缺省值是 0。 缺省情况下，没有配置链路的最大可预留带宽，可用 **undo mpls te bandwidth max-reservable-bandwidth** 命令恢复系统缺省配置
4	**mpls te bandwidth** { **bc0** *bc0-bw-value* | **bc1** *bc1-bw-value* } * 例如：[Huawei-GigabitEthernet1/0/0] **mpls te bandwidth bc0** 1000	（二选一）非标准模式下配置链路上的 BC 带宽。可多选参数 **bc0** *bc0-bw-value* | **bc1** *bc1-bw-value* 分别用来设置 BC0、BC1 的带宽，整数形式，取值范围是 1～4000000000，单位是 kbit/s。缺省值是 1 kbit/s。 【说明】如果要修改 BC 带宽值，可重新配置该命令，最后一次的配置会覆盖之前的配置。不允许将 BC 带宽值修改成小于已经分配给 BC 的带宽值。 缺省情况下，没有配置链路的 BC 带宽，可用 **undo mpls te bandwidth** 命令恢复系统缺省配置
	mpls te bandwidth { **bc0** *bc0-bw-value* | **bc1** *bc1-bw-value* | **bc2** *bc2-bw-value* | **bc3** *bc3-bw-value* | **bc4** *bc4-bw-value* | **bc5** *bc5-bw-value* | **bc6** *bc6-bw-value* | **bc7** *bc7-bw-value* } * 例如：[Huawei-GigabitEthernet1/0/0] **mpls te bandwidth bc5** 1000	（二选一）标准模式下配置链路上的 BC 带宽。命令中的参数与非标准模式下的 **mpls te bandwidth** 命令中的参数的取值范围一样，只是在标准模式下，可以分别为 BC0～BC7 配置链路带宽。其他说明参见标准模式下 **mpls te bandwidth** 命令的说明

9.2.6　配置静态 CR-LSP 并指定带宽

配置静态 DS-TE 隧道时，需要在静态 DS-TE 隧道入节点、中间节点和出节点手动配置静态 CR-LSP。当没有中间节点时，可以不配置中间节点的静态 CR-LSP。本项配置任务的配置方法与第 5 章 5.6.4 节介绍的 TE 隧道中静态 CR-LSP 的配置方法类似，只是此处配置的是 DS-TE 隧道中的静态 CR-LSP，可以为更多 CT 指定预留的带宽（TE 隧道中的静态 CR-LSP 仅可以为 CT0 和 CT1 预留带宽）。

（1）在 Ingress 上的配置

在系统视图下执行 **static-cr-lsp ingress** { **tunnel-interface tunnel** *interface-number* | *tunnel-name* } **destination** *destination-address* { **nexthop** *next-hop-address* | **outgoing-interface** *interface-type interface-number* }[*] **out-label** *out-label* **bandwidth** [**ct0** | **ct1** | **ct2** | **ct3** | **ct4** | **ct5** | **ct6** | **ct7**] *bandwidth* 命令配置入节点的静态 CR-LSP，并指定 CT 及其带宽值。

① **tunnel** *interface-number*：二选一参数，指定静态 CR-LSP 的隧道接口的编号，格式为"槽位号/卡号/端口号"，槽位号、卡号均为整数形式，取值与设备有关，端口号为整数形式。

② *tunnel-name*：二选一参数，指定静态 CR-LSP 隧道的名称，字符串形式，区分大小写，不支持空格和缩写，长度范围是 1~19，必须与命令 **interface tunnel** *interface-number* 创建的隧道接口名称一致。假设使用 **interface** tunnel 0/0/1 命令为静态 CR-LSP 创建了一个 Tunnel 接口，则入节点中的该参数应该写作"Tunnel0/0/1"，否则隧道不能正确建立。中间节点和出节点无此限制。

③ **destination** *destination-address*：指定静态 CR-LSP 的目的地址，通常为 Egress 的 Loopback 接口的 IP 地址。

④ **nexthop** *next-hop-address*：可多选参数，指定静态 CR-LSP 的下一跳地址。下一跳或出接口由入节点到出节点的路由决定。如果 LSP 的出接口为以太网类型，则必须配置 **nexthop** *next-hop-address* 参数以保证 LSP 的正常转发。

【注意】如果在配置静态 CR-LSP 时指定了下一跳，则在配置 IP 静态路由时也必须指定下一跳，否则不能建立静态 CR-LSP。

⑤ **outgoing-interface** *interface-type interface-number*：可多选参数，指定出接口类型和编号，只有点到点链路才能选择配置出接口。

⑥ **out-label** *out-label*：指定出标签的值，整数形式，取值范围是 16~1048575。上游节点的出标签也是下游节点的入标签。

⑦ **bandwidth** [**ct0** | **ct1** | **ct2** | **ct3** | **ct4** | **ct5** | **ct6** | **ct7**] *bandwidth*：用来指定静态 CR-LSP 的 CT0~CT7 带宽值，整数形式，取值范围是 0~4000000000，单位为 kbit/s，缺省值为 0。

【注意】静态 CR-LSP 只支持单 CT，即对于标准 DS-TE，配置该命令时仅可以选择 CT0~CT7 中的任意一个取值；对于非标准 DS-TE，配置该命令时仅可以选择 CT0 和 CT1 中的任意一个取值。

因为静态 CR-LSP 具有最高的抢占优先级（优先级数值为 0），所以不能被其他 CR-LSP 抢占。尽管静态 CR-LSP 具有最高的抢占优先级，但创建静态 CR-LSP 时，也不抢占其他 LSP 的资源。

隧道的带宽不能超过链路最大可预留带宽。此外，同一个节点上无论使用哪种带宽约束模型，所有 CTi 的带宽总和不能超过 BCi 的带宽值（$0 \leqslant i \leqslant 7$），即 CT$i$ 只能使用 BCi 的带宽。

缺省情况下，没有在入口节点配置静态 CR-LSP，可用 **undo static-cr-lsp ingress** { **tunnel-interface tunnel** *interface-number* | *tunnel-name* }命令在入口节点删除配置的静态 CR-LSP。如果要修改除 Tunnel 接口外的其他参数，可直接重新执行本命令进行配置，不用删除原有的 CR-LSP。

例如要在入口节点配置静态 CR-LSP。名字为 Tunnel0/0/1，目的 IP 地址为 10.1.3.1，下一跳 IP 地址为 10.1.1.2，出标签为 237，从 CT1 获取带宽，所需的带宽为 20kbit/s，具体如下。

```
<Huawei> system-view
[Huawei] static-cr-lsp ingress Tunnel0/0/1 destination 10.1.3.1 nexthop 10.1.1.2 out-label 237 bandwidth ct1 20
```

（2）在 Transit 上的配置

在系统视图下执行 **static-cr-lsp transit** *lsp-name* [**incoming-interface** *interface-type interface-number*] **in-label** *in-label* { **nexthop** *next-hop-address* | **outgoing-interface** *interface-type interface-number* }[*]**out-label** *out-label* **bandwidth** [**ct0** | **ct1** | **ct2** | **ct3** | **ct4** | **ct5** | **ct6** | **ct7**] *bandwidth* 命令配置中间节点的静态 CR-LSP，并指定 CT 及其带宽值。

① *lsp-name*：指定 CR-LSP 隧道的名字，字符串形式，区分大小写，不支持空格，长度范围是 1～19。当输入的字符串两端使用双引号时，可在字符串中输入空格，名称取值没有限制，但不能与该节点上已存在的名称相同。为了清晰，可以使用此静态 CR-LSP 的 MPLS TE 隧道的接口名称，如 Tunnel0/0/1。

② **incoming-interface** *interface-type interface-number*：可选参数，指定 CR-LSP 的入接口。

③ **in-label** *in-label*：指定入标签的值，整数形式，取值范围是 16～1023。

④ **nexthop** *next-hop-address*：可多选参数，指定下一跳 IP 地址。如果 LSP 出接口为以太网类型，必须配置 **nexthop** *next-hop-address* 参数以保证 LSP 的正常转发。

⑤ **outgoing-interface** *interface-type interface-number*：可多选参数，指定出接口名称。

⑥ **out-label** *out-label*：指定出标签的值，整数形式，取值范围是 16～1048575。

【注意】因为出标签与入标签的取值范围不同，为了确保上游节点的出标签与下游节点的入标签保持一致，需要在配置出标签时，小于入标签的取值范围，入标签的取值范围是 16～1023。

⑦ **bandwidth** [**ct0** | **ct1** | **ct2** | **ct3** | **ct4** | **ct5** | **ct6** | **ct7**] *bandwidth*：用于指定静态 CR-LSP 的 CT0～CT7 带宽值的参数，带宽取值为整数形式，取值范围是 0～4000000000，单位为 kbit/s，缺省值为 0。

缺省情况下，没有在转发节点配置静态 CR-LSP，可用 **undo static-cr-lsp transit** *lsp-name* 命令在转发节点删除指定的静态 CR-LSP。如果要修改除 CR-LSP 隧道名称外的其他参数，可直接重新执行本命令进行配置，不用删除原来的 CR-LSP。

例如在中间节点配置静态 CR-LSP，名字为 tunnel39，入接口为 GE1/0/0，入口标签为 123，出接口为 GE2/0/0，出口标签为 253，CR-LSP 所需 CT0 带宽为 20kbit/s，具体如下。

```
<Huawei> system-view
[Huawei] static-cr-lsp transit tunnel39 incoming-interface gigabitethernet 1/0/0 in-label 123 outgoing-interface gigabitethernet 2/0/0 out-label 253 bandwidth ct0 20
```

（3）在 Egress 上的配置

在系统视图下执行 **static-cr-lsp egress** *lsp-name* [**incoming-interface** *interface-type* *interface-number*] **in-label** *in-label* [**lsrid** *ingress-lsr-id* **tunnel-id** *tunnel-id*]命令配置出节点的静态 CR-LSP。

① *lsp-name*：指定 CR-LSP 隧道的名称，取值名称也没有限制，但不能与该节点上已存在的名称相同。为了方便，可以使用此静态 CR-LSP 的 MPLS TE 隧道的接口名称，例如 Tunnel0/0/1。

② **incoming-interface** *interface-type interface-number*：可选参数，指定入接口。

③ **in-label** *in-label*：指定入标签的值，整数形式，取值范围是 16～1023。

④ **lsrid** *ingress-lsr-id*：可选参数，指定入节点的 LSR ID。

⑤ **tunnel-id** *tunnel-id*：可选参数，指定隧道标识，整数形式，取值范围是 1～65535。

缺省情况下，没有在出口节点配置静态 CR-LSP，可用 **undo static-cr-lsp egress** *lsp-name* 命令在出口节点删除配置的静态 CR-LSP。同样，如果要修改除 CR-LSP 隧道名称外的其他参数，可直接重新执行本命令进行配置，不用删除原来的 CR-LSP。

例如在出节点配置静态 CR-LSP，名字为 tunnel34，入接口是 GE1/0/0，入口标签是 233，具体如下。

```
<Huawei> system-view
[Huawei] static-cr-lsp egress tunnel34 incoming-interface gigabitethernet 1/0/0 in-label 233
```

9.2.7　配置接口信任的报文优先级

创建 DS-TE 隧道后，需要在各节点的入接口配置信任的报文优先级，从而对不同业务的流量提供有差别的 QoS。

信任的报文优先级配置都是在入接口上进行配置的，在入节点、中间节点和出节点上要配置的信任的优先级类型不一样。

① 在入节点的入接口上要通过 **trust dscp** 命令信任报文中的 DSCP 优先级，配置对报文按照 DSCP 优先级进行映射。

② 在中间节点的入接口上要通过 **trust exp** 命令信任报文中的 MPLS EXP 优先级，配置对报文按照 MPLS EXP 优先级进行映射。

③ 在出节点的入接口上，如果配置了 PHP 功能后，入接口接收的报文为 IP 报文，此时要通过 **trust dscp** 命令信任报文中的 DSCP 优先级，配置对报文按照 DSCP 优先级进行映射；如果没有配置 PHP 功能，入接口接收的报文为 MPLS 报文，此时要通过 **trust exp** 命令信任报文中的 EXP 优先级，配置对报文按照 MPLS EXP 优先级进行映射。

9.2.8　配置 CT 与业务类型的映射关系及调度方式

建立 DS-TE 隧道后，需要配置 CT 与业务类型的映射关系，同时还可以配置各 CT 对应的调度方式。CT 与 LP 是一一对应的，通过调整 DSCP-LP 的映射关系和 EXP-LP 的映射关系，可以实现 DSCP、LP、EXP 之间的映射关系调整，最终实现整个 DS-TE 隧道的各 CT 与具有不同 EXP 优先级的业务类型之间的映射。

华为路由器目前支持 DSCP-LP、DSCP-DSCP 和 EXP-EXP 之间映射关系的调整，可根据实际规划进行灵活配置。DSCP、LP、EXP 之间的缺省映射关系参见 9.1.6 节中的表 9-3。CT、LP、FQ 队列和调度方式的缺省映射关系参见 9.1.9 节中的表 9-6。

（1）调整 CT 与业务类型映射关系

可根据实际的优先级映射需要，在 DS-TE 隧道各节点按表 9-11 所示进行配置，但并不一定需要全面修改这些优先级之间的映射关系，仅当需要修改某两个优先级之间的缺省映射关系时才需要选择配置。建议进行整体规划，配置相同的映射关系。

表 9-11　调整 CT 与业务类型映射关系的配置步骤

步骤	命令	说明
1	**system-view**	进入系统视图
调整 DSCP-LP 映射关系		
2	**qos map-table dscp-lp** 例如：[Huawei] **qos map-table dscp-lp**	进入 dscp-lp 视图，即从 DSCP 到本地优先级的映射视图
3	**input** { *input-value1* [**to** *input-value2*] } &<1-10> **output** *output-value* 例如：[Huawei-maptbl-dscp-lp] **input** 0 **to** 10 **output** 0	配置 DSCP 和 LP 之间的映射关系。 ① *input-value1*：指定输入的起始 DSCP 值，整数形式，取值范围是 0~63。 ② *input-value2*：可选参数，指定输入的终止 DSCP 值，整数形式，取值范围是 0~63。 ③ &<1-10>：表示前面的 *input-value1* [**to** *input-value2*] 参数最多可以有 10 组。 ④ *output-value*：指定输出的本地优先级值，整数形式，取值范围是 0~7。 缺省的 DSCP 到 LP 的映射关系参见 9.1.6 节中的表 9-3，可用 **undo input** { *input-value1* [**to** *input-value2*] } &<1-10> **output** *output-value* 命令删除指定的映射
调整 EXP-LP 映射关系		
2	**qos map-table exp-lp** 例如：[Huawei] **qos map-table exp-lp**	进入 exp-lp 视图，即从 EXP 到本地优先级的映射视图
3	**input** { *input-value1* [**to** *input-value2*] } &<1-10> **output** *output-value* 例如：[Huawei-maptbl-exp-lp] **input** 0 **output** 7	配置 EXP 和 LP 之间的映射关系。 ① *input-value1*：指定输入的起始 EXP 值，整数形式，取值范围是 0~7。 ② *input-value2*：可选参数，指定输入的终止 EXP 值，整数形式，取值范围是 0~7。 ③ &<1-10>：表示前面的 *input-value1* [**to** *input-value2*] 参数最多可以有 10 组。 ④ *output-value*：指定输出的本地优先级值，整数形式，取值范围是 0~7。 缺省的 EXP 到 LP 的映射关系参见 9.1.6 节中的表 9-3，可用 **undo input** { *input-value1* [**to** *input-value2*] } &<1-10> **output** *output-value* 命令删除指定的映射
调整 DSCP-DSCP 映射关系		
2	**qos map-table dscp-dscp** 例如：[Huawei] **qos map-table dscp-dscp**	进入 dscp-dscp 视图，即从 DSCP 到 DSCP 的映射视图
3	**input** { *input-value1* [**to** *input-value2*] } &<1-10> **output** *output-value* 例如：[Huawei-maptbl-dscp-dscp] **input** 0 **to** 10 **output** 0	配置 DSCP 和 DSCP 之间的映射关系。命令中的 *input-value1*、*input-value2* 和 *output-value* 参数均为 DSCP 优先级值，整数形式，取值范围均是 0~63

续表

步骤	命令	说明
	调整 EXP-EXP 映射关系	
2	**qos map-table exp-exp** 例如：[Huawei] **qos map-table exp-exp**	进入 exp-exp 视图，即从 MPLS EXP 到 MPLS EXP 优先级的映射视图
3	**input** { *input-value1* [**to** *input-value2*] } &<1-10> **output** *output-value* 例如：[Huawei-maptbl-exp-exp] **input** 0 **to** 3 **output** 0	配置 EXP 和 EXP 之间的映射关系。命令中的 *input-value1*、*input-value2* 和 *output-value* 参数均为 EXP 优先级值，整数形式，取值范围均是 0～7

（2）配置 CT 调度方式

因为 CT 与 LP 一一对应，LP 又与队列一一对应，所以通过配置队列的调度方式（PQ 或 WFQ）可以实现不同 CT 中的流量在进入不同的队列后，采用不同的调度方式。各 CT 的调度方式也有缺省值，参见 9.1.9 节中的表 9-6，如果需要修改，则在 DS-TE 隧道各节点的**出接口**上按表 9-12 所示进行配置。

表 9-12　CT 调度方式的配置步骤

步骤	命令	说明
1	**system-view**	进入系统视图
2	**qos queue-profile** *queue-profile-name* 例如：[Huawei] **qos queue-profile** profile1	创建队列模板并进入队列模板视图。参数 *queue-profile-name* 用来指定队列模板名称，字符串形式，不支持空格，区分大小写，取值范围是 1～31。 缺省情况下，系统中没有队列模板，可用 **undo qos queue-profile** *queue-profile-name* 命令删除已创建的指定队列模板。如果要删除的队列模板已经被接口绑定，需要先在相应的接口视图下执行 **undo qos queue-profile** 命令删除该模板在接口下的应用，再在系统视图下执行 **undo qos queue-profile** *queue-profile-name* 命令删除队列模板
3	**schedule** { **pq** *start-queue-index* [**to** *end-queue-index*] | **wfq** *start-queue-index* [**to** *end-queue-index*] }* 例如：[Huawei-qos-queue-profile-profile1] **schedule pq** 0 **to** 3	在队列模板中为指定队列配置调度模式。 ① **pq**：可多选选项，指定采用严格优先级调度模式。 ② **wfq**：可多选选项，指定采用加权公平调度模式。 ③ *start-queue-index* [**to** *end-queue-index*]：指定配置队列调度关系的队列的索引。其中，*start-queue-index* 表示配置队列调度关系的第一个队列，*end-queue-index* 表示配置队列调度关系的最后一个队列。如果不指定 **to** *end-queue-index* 可选参数，则仅为 *start-queue-index* 指定的队列配置队列调度关系，*start-queue-index* 与 *end-queue-index* 均为整数形式，取值范围是 0～7，队列优先级从 0 到 7 递增。 缺省情况下，队列对应的调度为 WFQ，可用 **undo schedule** 命令在队列模板中恢复各队列之间的调度关系为缺省配置
4	**quit**	退出队列模板视图，返回系统视图

步骤	命令	说明
5	**interface** *interface-type interface-number* 例如：[Huawei] **interface** ethernet 2/0/0	进入出接口的接口视图
6	**qos te queue-profile** *queue-profile-name* 例如：[Huawei-Ethernet2/0/0] **qos queue-profile** profile1	在出接口下应用以上创建的队列模板。参数 *queue-profile-name* 指定所应用的队列模板。 缺省情况下，接口上未应用队列模板，可用 **undo qos queue-profile** 命令删除在接口下应用的队列模板

完成以上静态 DS-TE 隧道的所有配置后，可通过以下 **display** 命令查看相关配置，并验证配置结果。

① **display mpls te ds-te** { **summary** | **te-class-mapping** [**default** | **config** | **verbose**] }：查看 DS-TE 相关信息。

② **display mpls te te-class-tunnel** { **all** | { **ct0** | **ct1** | **ct2** | **ct3** | **ct4** | **ct5** | **ct6** | **ct7** } **priority** *priority* }：查看 TE-CLASS 关联的 TE 隧道，看看各 DS-TE 隧道中所划分的 CT 情况。

③ **display interface tunnel** *interface-number*：查看隧道接口下各 CT 的流量信息。

9.2.9　Non-IETF 模式的 MAM 静态 DS-TE 的配置示例

如图 9-9 所示，MPLS 骨干网的 PE 和 P 节点运行 OSPF 实现互通。PE1 和 PE2 接入 VPN-A 和 VPN-B。VPN-A 和 VPN-B 的流量分别为 EF 类型和 BE 类型。

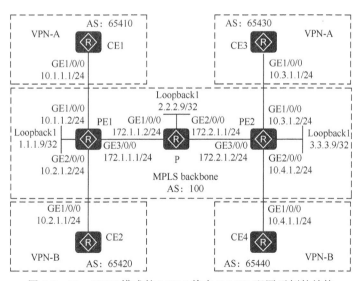

图 9-9　Non-IETF 模式的 MAM 静态 DS-TE 配置示例的结构

VPN-A 和 VPN-B 中流量的 QoS 需求如下。

① VPN-A：报文 DSCP 优先级值为 46，PHB 是 EF，带宽需求为 100Mbit/s。

② VPN-B：报文 DSCP 优先级值为 0，PHB 是 BE，带宽需求为 200Mbit/s。

现要求，在 PE1 和 PE2 之间建立 Non-IETF 模式的 DS-TE 静态 TE 隧道，传递以上流量，各 CT 之间不允许发生带宽抢占。

（1）基本配置思路分析

本示例明确要求 DS-TE 模式为 Non-IETF 模式，Non-IETF 模式仅支持单 CT LSP，且仅支持 CT0 或 CT1。故本示例需要创建两条 DS-TE 隧道，各建立一条静态 CR-LSP，分别配置 CT0 或 CT1 业务。

这是一个采用 DS-TE 隧道的 BGP/MPLS IP VPN 示例，故涉及 BGP/MPLS IP VPN 基本功能配置。又因为该示例采用 TE 隧道，所以还涉及隧道策略的配置，用于绑定 TE 隧道。BGP/MPLS IP VPN 方面的配置任务如下。

① 配置 PE 与 PE 间使用 MP-IBGP。

② 配置 PE 上的 VPN 实例。

③ 配置接口与 VPN 实例绑定。

④ 配置 PE 和 CE 间路由交换：本示例采用 BGP 路由。

⑤ 配置隧道绑定策略：可以为 VPN 绑定 TE 隧道以保证 QoS。

在配置 BGP/MPLS IP VPN 之前要先完成 MPLS DS-TE 隧道的配置，而在完成 MPLS DS-TE 隧道配置之前又要完成 MPLS TE 隧道的配置。因此，本示例的基本配置思路是：先完成基本的静态 MPLS TE 隧道配置，然后在 TE 隧道的基础上配置静态 DS-TE 隧道，最后完成 BGP/MPLS IP VPN 的配置，具体介绍如下。

① 在骨干网各节点上配置 Loopback 接口和各公网接口的 IP 地址、OSPF 路由，实现骨干网三层互通。

② 在骨干网各节点全局和公网接口上使能 MPLS、MPLS TE 功能。

【说明】以上第①项和第②项配置任务是 MPLS TE 隧道的基本配置。

③ 配置 DS-TE 的工作模式为 Non-IETF，采用 MAM。

④ 在 PE 和 P 节点上配置链路带宽。

因为要求 CT0 和 CT1 的带宽分别为 100Mbit/s 和 200Mbit/s，所以根据在 MAM 中，BCi 带宽值≥CTi 带宽值×125%（0≤i≤7），得出 BC0 的带宽为 125Mbit/s、BC1 的带宽为 250Mbit/s，最大可预留带宽为≥375Mbit/s=BC0+BC1。

⑤ 在两 PE 上为两个 VPN 各自创建隧道接口 Tunnel0/0/1 和 Tunnel0/0/2，对应的 CT 分别为 CT0 和 CT1，指定采用静态 CR-LSP。

⑥ 在骨干网各节点上建立 4 条（正、反方向各 2 条）静态 CR-LSP，在 CR-LSP 的 Ingress、Transit 上为 CT0 预留的带宽为 100Mbit/s，或为 CT1 预留的带宽为 200Mbit/s。

⑦ 配置 CT 与业务类型的映射关系。

要实现 CT0 承载 EF 流，CT1 承载 BE 流，需要配置 CT 与业务类型的映射关系。可在 PE 节点上配置入接口信任报文中的 DSCP 优先级，并将 DSCP 46（EF）映射到 LP0（对应映射 CT0），将 DSCP 0（BE）映射到 LP1（对应映射 CT1）；在 P 节点上配置信任 EXP 优先级，并将 EXP 5 映射到 LP0（对应映射 CT0），EXP 0 映射到 LP1（对应映射 CT1）。设备根据本地优先级和队列之间的映射关系，自动将分类后的报文流送入各队列，然后按照各种队列调度机制进行调度。

【说明】缺省情况下，CT0 所映射的 DSCP 值为 0~7、EXP 0；CT1 所映射的 DSCP

值为 8～15，EXP 1，参见 9.1.6 节中的表 9-3。因为本示例实际所需的 DSCP、EXP 优先
级与 CT 的映射关系和缺省映射关系不一致，所以要重新配置。

⑧ 配置 CT 业务的调度方式，将 0、1 号队列中分别传输的 CT0、CT1 业务（缺省
情况下，CT 序号、LP 值和队列编号之间都是一一对应的）采用 WFQ 队列调度方式，
其他队列采用 PQ 调度方式。本项配置任务也是可选的，因为所有队列的缺省调度方式
都是 WFQ。

【说明】以上第③～⑧项配置任务属于静态 DS-TE 隧道的配置，有些配置华为模拟
器不支持。

⑨ 在两 PE 上配置隧道绑定策略，使所创建的隧道接口专用于对应的 TE 隧道。

⑩ 在两 PE 上创建 VPN 实例，名称分别为 VPN-A 和 VPN-B。PE1 上 2 个 VPN 实
例的 RD 分别为 100:1、100:2，双向 VPN-Target 属性值分别为 111:1、222:2；PE2 上 2
个 VPN 实例的 RD 分别为 200:1、200:2，双向 VPN-Target 属性值分别为 111:1、222:2。

⑪ 在 PE 之间建立 MP-IBGP 对等体，在 PE 与 CE 之间建立 EBGP 对等体。

【说明】以上第⑨～⑪项配置任务是基本 BGP/MPLS IP VPN 网络配置。

（2）具体配置步骤

① 在骨干网各节点上配置 Loopback 接口和各公网接口的 IP 地址和 OSPF 路由，实
现骨干网三层互通。

\#---PE1 上的配置，具体如下。

```
<Huawei> system-view
[Huawei] sysname PE1
[PE1] interface gigabitethernet 3/0/0
[PE1-GigabitEthernet3/0/0] ip address 172.1.1.1 255.255.255.0
[PE1-GigabitEthernet3/0/0] quit
[PE1] interface loopback 1
[PE1-LoopBack1] ip address 1.1.1.9 255.255.255.255
[PE1-LoopBack1] quit
[PE1] ospf 1
[PE1-ospf-1] area 0
[PE1-ospf-1-area-0.0.0.0] network 1.1.1.9 0.0.0.0
[PE1-ospf-1-area-0.0.0.0] network 172.1.1.0 0.0.0.255
[PE1-ospf-1-area-0.0.0.0] quit
[PE1-ospf-1] quit
```

\#---P 上的配置，具体如下。

```
<Huawei> system-view
[Huawei] sysname P
[P] interface gigabitethernet 1/0/0
[P-GigabitEthernet1/0/0] ip address 172.1.1.2 255.255.255.0
[P-GigabitEthernet1/0/0] quit
[P] interface gigabitethernet 2/0/0
[P-GigabitEthernet2/0/0] ip address 172.2.1.1 255.255.255.0
[P-GigabitEthernet2/0/0] quit
[P] interface loopback 1
[P-LoopBack1] ip address 2.2.2.9 255.255.255.255
[P-LoopBack1] quit
[P] ospf 1
[P-ospf-1] area 0
[P-ospf-1-area-0.0.0.0] network 2.2.2.9 0.0.0.0
```

```
[P-ospf-1-area-0.0.0.0] network 172.1.1.0 0.0.0.255
[P-ospf-1-area-0.0.0.0] network 172.2.1.0 0.0.0.255
[P-ospf-1-area-0.0.0.0] quit
[P-ospf-1] quit
```

#---PE2 上的配置，具体如下。

```
<Huawei> system-view
[Huawei] sysname PE2
[PE2] interface gigabitethernet 3/0/0
[PE2-GigabitEthernet3/0/0] ip address 172.2.1.2 255.255.255.0
[PE2-GigabitEthernet3/0/0] quit
[PE2] interface loopback 1
[PE2-LoopBack1] ip address 3.3.3.9 255.255.255.255
[PE2-LoopBack1] quit
[PE2] ospf 1
[PE2-ospf-1] area 0
[PE2-ospf-1-area-0.0.0.0] network 3.3.3.9 0.0.0.0
[PE2-ospf-1-area-0.0.0.0] network 172.2.1.0 0.0.0.255
[PE2-ospf-1-area-0.0.0.0] quit
[PE2-ospf-1] quit
```

以上配置完成后，PE1、P、PE2 之间应能建立 OSPF 邻居关系，执行 **display ospf peer** 命令可以看到邻居状态为 Full，执行 **display ospf routing** 命令可以看到 PE 之间学习到对方的 Loopback1 接口的 IP 地址所在网段的 OSPF 路由。

② 在 PE 和 P 节点上配置 LSR-ID，并在全局和公网接口上使能 MPLS 和 MPLS TE 功能，建立 MPLS TE 公网隧道。

#---PE1 上的配置，具体如下。

```
[PE1] mpls lsr-id 1.1.1.9
[PE1] mpls
[PE1-mpls] mpls te
[PE1-mpls] quit
[PE1] interface gigabitethernet 3/0/0
[PE1-GigabitEthernet3/0/0] mpls
[PE1-GigabitEthernet3/0/0] mpls te
[PE1-GigabitEthernet3/0/0] quit
```

#---P 上的配置，具体如下。

```
[P] mpls lsr-id 2.2.2.9
[P] mpls
[P-mpls] mpls te
[P-mpls] quit
[P] interface gigabitethernet 1/0/0
[P-GigabitEthernet1/0/0] mpls
[P-GigabitEthernet1/0/0] mpls te
[P-GigabitEthernet1/0/0] quit
[P] interface gigabitethernet 2/0/0
[P-GigabitEthernet2/0/0] mpls
[P-GigabitEthernet2/0/0] mpls te
[P-GigabitEthernet2/0/0] quit
```

#---PE2 上的配置，具体如下。

```
[PE2] mpls lsr-id 3.3.3.9
[PE2] mpls
[PE2-mpls] mpls te
[PE2-mpls] quit
```

```
[PE2] interface gigabitethernet 3/0/0
[PE2-GigabitEthernet3/0/0] mpls
[PE2-GigabitEthernet3/0/0] mpls te
[PE2-GigabitEthernet3/0/0] quit
```

③ 在各节点上全局配置 DS-TE 模式和带宽约束模型，适用于设备上创建的所有 DS-TE 隧道。

因为本示例中的两个 VPN 实例中各仅有一种业务类型，所以 Non-IETF 模式可满足要求，又要求 CT 间不发生带宽抢占，故可采用 MAM 带宽约束模型，使每种 CT 业务流量独占为自己的带宽。

\#---PE1 上的配置，具体如下。

```
[PE1] mpls
[PE1-mpls] mpls te ds-te mode non-ietf    #---配置 DS-TE 工作模式为 Non-IETF
[PE1-mpls] mpls te ds-te bcm mam    #---配置带宽约束模型为 MAM
[PE1-mpls] quit
```

\#---P 上的配置，具体如下。

```
[P] mpls
[P-mpls] mpls te ds-te mode non-ietf
[P-mpls] mpls te ds-te bcm mam
[P-mpls] quit
```

\#---PE2 上的配置，具体如下。

```
[PE2] mpls
[PE2-mpls] mpls te ds-te mode non-ietf
[PE2-mpls] mpls te ds-te bcm mam
[PE2-mpls] quit
```

以上配置完成后，在各节点上执行 **display mpls te ds-te summary** 命令，可查看 DS-TE 隧道的全局配置信息。以下是在 PE1 上执行该命令的输出示例。

```
[PE1] display mpls te ds-te summary
DS-TE IETF Supported :YES
DS-TE MODE               :NON-IETF
Bandwidth Constraint Model   :MAM
```

④ 在各节点上配置隧道出方向链路的最大可用带宽和 BC0、BC1 预留带宽。

在 MAM 中，链路最大可预留带宽要大于或等于各 BC 的可预留带宽总和。因为要求 CT0 和 CT1 的带宽分别为 100Mbit/s 和 200Mbit/s，所以链路的最大可预留带宽均为 375Mbit/s，BC0、BC1 可预留的带宽分别为 125Mbit/s 和 250Mbit/s。此配置将同时适用于本地设备上所建立的所有 CR-LSP，**仅需要在隧道出接口上配置**。

\#---PE1 上的配置，具体如下。

```
[PE1] interface gigabitethernet 3/0/0
[PE1-GigabitEthernet3/0/0] mpls te bandwidth max-reservable-bandwidth 375000    #---配置链路可预留的总带宽为
375000kbit/s
[PE1-GigabitEthernet3/0/0] mpls te bandwidth bc0 125000 bc1 250000    #---为 BC0 和 BC1 分别配置预留带宽为
125000kbit/s 和 250000kit/s
[PE1-GigabitEthernet3/0/0] quit
```

\#---P 上的配置，具体如下。

```
[P] interface gigabitethernet 1/0/0
[P-GigabitEthernet1/0/0] mpls te bandwidth max-reservable-bandwidth 375000
[P-GigabitEthernet1/0/0] mpls te bandwidth bc0 125000 bc1 250000
[P-GigabitEthernet1/0/0] quit
[P] interface gigabitethernet 2/0/0
```

```
[P-GigabitEthernet2/0/0] mpls te bandwidth max-reservable-bandwidth 375000
[P-GigabitEthernet2/0/0] mpls te bandwidth bc0 125000 bc1 250000
[P-GigabitEthernet2/0/0] quit
```

#---PE2 上的配置，具体如下。

```
[PE2] interface gigabitethernet 3/0/0
[PE2-GigabitEthernet3/0/0] mpls te bandwidth max-reservable-bandwidth 375000
[PE2-GigabitEthernet3/0/0] mpls te bandwidth bc0 125000 bc1 250000
[PE2-GigabitEthernet3/0/0] quit
```

以上配置完成后，在 PE 上执行 **display mpls te link-administration bandwidth-allocation interface** 命令，可查看链路的 BC 带宽分配情况。以下是在 PE1 上执行该命令的输出示例，但此时 CT0 和 CT1 上均没分配带宽，即 BW RESERVED（已保留的带宽）为 0（参见输出信息中的粗体字部分），因为此处并没有配置 CT0 和 CT1 的带宽。

在 "BW AVAILABLE (Kbit/sec)" 字段中显示可以为 CT0 预留 125Mbit/s（等于 BC0 的带宽），为 CT1 预留 250Mbit/s（等于 BC1 的带宽），因为此时并没有实际建立 CR-LSP，缺省按一条 CR-LSP 来计算，即一个 BC 中只有一条 CR-LSP 中的对应 CT。

```
[PE1] display mpls te link-administration bandwidth-allocation interface gigabitethernet 3/0/0
Link ID:   GigabitEthernet3/0/0
Bandwidth Constraint Model    :   Maximum Allocation Model (MAM)
Physical Link Bandwidth(Kbits/sec)      :  1000000
Maximum Link Reservable Bandwidth(Kbits/sec):  375000
Reservable Bandwidth BC0(Kbits/sec)     :   125000
Reservable Bandwidth BC1(Kbits/sec)     :   250000
Downstream Bandwidth (Kbits/sec)        :  0
IPUpdown Link Status                    :  UP
PhysicalUpdown Link Status              :  UP
GracefulUpdown Link Status              :  DOWN
-------------------------------------------------------------------
```

TE-CLASS	CT	PRIORITY	BW RESERVED (Kbit/sec)	BW AVAILABLE (Kbit/sec)	DOWNSTREAM RSVPLSPNODE COUNT
0	**0**	**0**	**0**	**125000**	**0**
1	0	1	0	125000	0
2	0	2	0	125000	0
3	0	3	0	125000	0
4	0	4	0	125000	0
5	0	5	0	125000	0
6	0	6	0	125000	0
7	0	7	0	125000	0
8	**1**	**0**	**0**	**25000**	**0**
9	1	1	0	250000	0
10	1	2	0	250000	0
11	1	3	0	250000	0
12	1	4	0	250000	0
13	1	5	0	250000	0
14	1	6	0	250000	0
15	1	7	0	250000	0

【经验提示】以上输出信息中，我们只需要关注 CT0 和 CT1 中的 0 优先级对应的预留带宽，因为静态 CR-LSP 的抢占优先级固定为 0（最高）。

⑤ 在 PE1、PE2 上分别创建两个 Tunnel 接口，指定采用静态 CR-LSP 建立隧道，用于建立静态 MPLS TE 隧道。

#---PE1 上的配置，具体如下。

```
[PE1] interface tunnel 0/0/1
[PE1-Tunnel0/0/1] description For VPN-A_EF
[PE1-Tunnel0/0/1] ip address unnumbered interface loopback 1   #---指定 Tunnel0/0/1 接口借用 Loopback1 接口的 IP 地址
[PE1-Tunnel0/0/1] tunnel-protocol mpls te   #---指定采用 MPLS TE 协议，建立 MPLS TE 隧道
[PE1-Tunnel0/0/1] destination 3.3.3.9
[PE1-Tunnel0/0/1] mpls te tunnel-id 300
[PE1-Tunnel0/0/1] mpls te signal-protocol cr-static   #---指定建立静态 CR-LSP
[PE1-Tunnel0/0/1] mpls te commit
[PE1-Tunnel0/0/1] quit
[PE1] interface tunnel 0/0/2
[PE1-Tunnel0/0/2] description For VPN-B_BE
[PE1-Tunnel0/0/2] ip address unnumbered interface loopback 1
[PE1-Tunnel0/0/2] tunnel-protocol mpls te
[PE1-Tunnel0/0/2] destination 3.3.3.9
[PE1-Tunnel0/0/2] mpls te tunnel-id 301
[PE1-Tunnel0/0/2] mpls te signal-protocol cr-static
[PE1-Tunnel0/0/2] mpls te commit
[PE1-Tunnel0/0/2] quit
```

#---PE2 上的配置，具体如下。

```
[PE2] interface tunnel 0/0/1
[PE2-Tunnel0/0/1] description For VPN-A_EF
[PE2-Tunnel0/0/1] ip address unnumbered interface loopback 1
[PE2-Tunnel0/0/1] tunnel-protocol mpls te
[PE2-Tunnel0/0/1] destination 1.1.1.9
[PE2-Tunnel0/0/1] mpls te tunnel-id 300
[PE2-Tunnel0/0/1] mpls te signal-protocol cr-static
[PE2-Tunnel0/0/1] mpls te commit
[PE2-Tunnel0/0/1] quit
[PE2] interface tunnel 0/0/2
[PE2-Tunnel0/0/2] description For VPN-B_BE
[PE2-Tunnel0/0/2] ip address unnumbered interface loopback 1
[PE2-Tunnel0/0/2] tunnel-protocol mpls te
[PE2-Tunnel0/0/2] destination 1.1.1.9
[PE2-Tunnel0/0/2] mpls te tunnel-id 301
[PE2-Tunnel0/0/2] mpls te signal-protocol cr-static
[PE2-Tunnel0/0/2] mpls te commit
[PE2-Tunnel0/0/2] quit
```

⑥ 在骨干网各节点上建立 4 条（正、反方向各 2 条）静态 CR-LSP，在每条 CR-LSP 的 Ingress、Transit 上为 VPN-A 的 CR-LSP 上 CT0 预留的带宽为 100Mbit/s，为 VPN-B 的 CR-LSP 上 CT1 预留的带宽为 200Mbit/s，**Egress 上无须为 CT 预留带宽**。静态 CR-LSP 中的标签分配时，上游节点的出标签要与下游节点的入标签保持一致，这要事先规划好。

#---PE1 上的配置，具体如下。

PE1 对于两条 DS-TE 隧道中各两条方向相反的静态 CR-LSP 分别担当 Ingress 和 Egress。在作为 VPN-A 对应的 CR-LSP Ingress 时，为 CT0 预留 100Mbit/s 的带宽；在作为 VPN-B 对应的 CR-LSP Ingress 时，为 CT1 预留 200Mbit/s 的带宽。

```
[PE1] static-cr-lsp ingress tunnel-interface tunnel 0/0/1 destination 3.3.3.9 nexthop 172.1.1.2 out-label 100 bandwidth ct0 100000
[PE1] static-cr-lsp ingress tunnel-interface tunnel 0/0/2 destination 3.3.3.9 nexthop 172.1.1.2 out-label 200 bandwidth ct1 200000
[PE1] static-cr-lsp egress VPN-A_EF incoming-interface gigabitethernet 3/0/0 in-label 101
[PE1] static-cr-lsp egress VPN-B_BE incoming-interface gigabitethernet 3/0/0 in-label 201
```

#---P 上的配置，具体如下。

P 对于两条 DS-TE 隧道中各两条方向相反的静态 CR-LSP 都是担当 Transit。在 VPN-A 对应的两条 CR-LSP 上要为 CT0 预留 100Mbit/s 的带宽；在 VPN-B 对应的两条 CR-LSP 上要为 CT1 预留 200Mbit/s 的带宽。

```
[P] static-cr-lsp transit VPN-A_EF-1to2 incoming-interface gigabitethernet1/0/0 in-label 100 nexthop 172.2.1.2 out-label 100 bandwidth ct0 100000
[P] static-cr-lsp transit VPN-B_BE-1to2 incoming-interface gigabitethernet1/0/0 in-label 200 nexthop 172.2.1.2 out-label 200 bandwidth ct1 200000
[P] static-cr-lsp transit VPN-A_EF-2to1 incoming-interface gigabitethernet2/0/0 in-label 101 nexthop 172.1.1.1 out-label 101 bandwidth ct0 100000
[P] static-cr-lsp transit VPN-B_BE-2to1 incoming-interface gigabitethernet2/0/0 in-label 201 nexthop 172.1.1.1 out-label 201 bandwidth ct1 200000
```

#---PE2 上的配置，具体如下。

PE2 对于两条 DS-TE 隧道中各两条方向相反的静态 CR-LSP 分别担当 Egress 和 Ingress。在作为 VPN-A 对应的 CR-LSP Ingress 时，为 CT0 预留 100Mbit/s 的带宽；在作为 VPN-B 对应的 CR-LSP Ingress 时，为 CT1 预留 200Mbit/s 的带宽。

```
[PE2] static-cr-lsp egress VPN-A_EF incoming-interface gigabitethernet 3/0/0 in-label 100
[PE2] static-cr-lsp egress VPN-B_BE incoming-interface gigabitethernet 3/0/0 in-label 200
[PE2] static-cr-lsp ingress tunnel-interface tunnel 0/0/1 destination 1.1.1.9 nexthop 172.2.1.1 out-label 101 bandwidth ct0 100000
[PE2] static-cr-lsp ingress tunnel-interface tunnel 0/0/2 destination 1.1.1.9 nexthop 172.2.1.1 out-label 201 bandwidth ct1 200000
```

以上配置完成后，在 PE 上执行 **display mpls static-cr-lsp** 命令，可发现前面所创建的静态 CR-LSP 的状态均为 Up。以下是在 PE1 上执行该命令查看 Tunnel0/0/1 接口上创建的静态 CR-LSP 状态的输出示例。

```
[PE1] display mpls static-cr-lsp Tunnel0/0/1
TOTAL          : 1       STATIC CRLSP(S)
UP             : 1       STATIC CRLSP(S)
DOWN           : 0       STATIC CRLSP(S)
Name           FEC              I/O Label      I/O If                      Status
Tunnel0/0/1    3.3.3.9/32       NULL/100       -/GE3/0/0                   Up
```

此时，再次执行 **display mpls te link-administration bandwidth-allocation interface** 命令，查看链路的带宽分配情况，可发现为优先级为 0 的 CT0 和 CT1 分配了带宽，具体如下。

```
[PE1] display mpls te link-administration bandwidth-allocation interface gigabitethernet 3/0/0
    Link ID:   GigabitEthernet3/0/0
    Bandwidth Constraint Model    :   Maximum Allocation Model (MAM)
    Physical Link Bandwidth(Kbits/sec)        :   1000000
    Maximum Link Reservable Bandwidth(Kbits/sec):   375000
    Reservable Bandwidth BC0(Kbits/sec)        :   125000
    Reservable Bandwidth BC1(Kbits/sec)        :   250000
    Downstream Bandwidth (Kbits/sec)           :   300000
    IPUpdown Link Status                       :   UP
    PhysicalUpdown Link Status                 :   UP
    GracefulUpdown Link Status                 :   DOWN
    ----------------------------------------------------------------
    TE-CLASS   CT   PRIORITY   BW RESERVED      BW AVAILABLE     DOWNSTREAM
                               (Kbit/sec)       (Kbit/sec)       RSVPLSPNODE COUNT
    ----------------------------------------------------------------
```

0	0	0	**100000**	25000	0
1	0	1	0	25000	0
2	0	2	0	25000	0
3	0	3	0	25000	0
4	0	4	0	25000	0
5	0	5	0	25000	0
6	0	6	0	25000	0
7	0	7	0	25000	0
8	1	0	**200000**	50000	0
9	1	1	0	50000	0
10	1	2	0	50000	0
11	1	3	0	50000	0
12	1	4	0	50000	0
13	1	5	0	50000	0
14	1	6	0	50000	0
15	1	7	0	50000	0

　　【经验提示】对比第④步配置完成后执行 **display mpls te link-administration bandwidth-allocation interface** 命令的输出结果，可以看出，本步配置完成后再执行该命令的输出有以下两方面的变化。

- CT0 和 CT1 中的"BW RESERVED"字段值由原来的 0 变成了实际配置的值——100Mbit/s、200Mbit/s。因为第④步还没建立 CR-LSP，配置的是 BC0 和 BC1 的带宽，并没有配置 CT0 和 CT1 的带宽，本步针对每一条 CR-LSP 配置了 CT 带宽。

- CT0 和 CT1 中的"BW AVAILABLE"字段值是原来的两倍，即分别由原来的 125Mbit/s、250Mbit/s 变成了 250Mbit/s 和 500Mbit/s。因为在第④步的配置仅是针对一条 CR-LSP 的配置。本步完成后在 PE1 上作为 Ingress 的 CR-LSP 有两条，每条 250Mbit/s，所以最终为 500Mbit/s。

　　⑦ 配置 CT 与业务类型的映射关系。

　　在 PE1、PE2 节点上配置各入接口信任的报文优先级（Ingress 和 Egress 信任报文中的 DSCP 优先级，Transit 信任报文中的 EXP 优先级），并修改 VPN-A 和 VPN-B 中的 DSCP46（EF）、DSCP0（BE）分别与 LP0、LP1 进行映射，EXP5、EXP0 分别与 LP0、LP1 进行映射，因为这里的映射需求与 DSCP 优先级、EXP 优先级与 LP 的缺省映射关系不一致。

　　#---PE1 上的配置，具体如下。

```
[PE1] interface gigabitethernet 1/0/0
[PE1-GigabitEthernet1/0/0] trust dscp      #---信任 IP 报文中的 DSCP 优先级
[PE1-GigabitEthernet1/0/0] quit
[PE1] interface gigabitethernet 2/0/0
[PE1-GigabitEthernet2/0/0] trust dscp
[PE1-GigabitEthernet2/0/0] quit
[PE1] interface gigabitethernet 3/0/0    #---在 PHP 场景下，来自 P 节点的报文是 IP 报文，故也要配置信任 DSCP 优先
级，PE2 上的配置一样
[PE1-GigabitEthernet3/0/0] trust dscp
[PE1-GigabitEthernet3/0/0] quit
[PE1] qos map-table dscp-lp
[PE1-maptbl-dscp-lp] input 46 output 0   #---将 DSCP 46 映射为 LP 0
```

```
[PE1-maptbl-dscp-lp] input 0 output 1     #---将 DSCP 0 映射为 LP 1
[PE1-maptbl-dscp-lp] quit
[PE1] qos map-table exp-lp
[PE1-maptbl-exp-lp] input 5 output 0
[PE1-maptbl-exp-lp] input 0 output 1
[PE1-maptbl-exp-lp] quit
```

#---P 上的配置，具体如下。

```
[P] interface gigabitethernet 1/0/0
[P-GigabitEthernet1/0/0] trust exp
[P-GigabitEthernet1/0/0] quit
[P] interface gigabitethernet 2/0/0
[P-GigabitEthernet2/0/0] trust exp
[P-GigabitEthernet2/0/0] quit
[P] qos map-table dscp-lp
[P-maptbl-dscp-lp] input 46 output 0
[P-maptbl-dscp-lp] input 0 output 1
[P-maptbl-dscp-lp] quit
[P] qos map-table exp-lp
[P-maptbl-exp-lp] input 5 output 0
[P-maptbl-exp-lp] input 0 output 1
[P-maptbl-exp-lp] quit
```

#---PE2 上的配置，具体如下。

```
[PE2] interface gigabitethernet 1/0/0
[PE2-GigabitEthernet1/0/0] trust dscp
[PE2-GigabitEthernet1/0/0] quit
[PE2] interface gigabitethernet 2/0/0
[PE2-GigabitEthernet2/0/0] trust dscp
[PE2-GigabitEthernet2/0/0] quit
[PE2] interface gigabitethernet 3/0/0
[PE2-GigabitEthernet3/0/0] trust dscp
[PE2-GigabitEthernet3/0/0] quit
[PE2] qos map-table dscp-lp
[PE2-maptbl-dscp-lp] input 46 output 0
[PE2-maptbl-dscp-lp] input 0 output 1
[PE2-maptbl-dscp-lp] quit
[PE2] qos map-table exp-lp
[PE2-maptbl-exp-lp] input 5 output 0
[PE2-maptbl-exp-lp] input 0 output 1
[PE2-maptbl-exp-lp] quit
```

以上配置完成后，在 PE 上执行 **display qos map-table dscp-lp** 命令，可查看 DSCP 到本地优先级（LP）的映射关系。以下是在 PE1 上执行该命令的输出示例，对比 9.1.6 节表 9-3 中 DSCP 与 LP 的缺省映射关系可以看出，只有 DSCP 0 和 DSCP 46 与 LP 的映射关系发生了变化（参见输出信息中的粗体字部分）。

```
[PE1] display qos map-table dscp-lp
Input DSCP      LP
--------------------
   0             1
   1             0
   2             0
   3             0
   4             0
   5             0
   6             0
```

```
7                    0
8                    1
...
46                   0
47                   5
48                   6
49                   6
50                   6
51                   6
52                   6
53                   6
54                   6
55                   6
56                   7
57                   7
58                   7
59                   7
60                   7
61                   7
62                   7
63                   7
```

接着在 PE 上执行 **display qos map-table exp-lp** 命令，查看 EXP 到本地优先级（LP）
的映射关系。以下是在 PE1 上执行该命令的输出示例，与 9.1.6 节表 9-3 中的 EXP 与 LP
缺省映射关系相比，发生变化的只有 EXP 0 和 EXP 5（参见输出信息中的粗体字部分）。

```
[PE1] display qos map-table exp-lp
Input EXP      LP
--------------------
0              1
1              1
2              2
3              3
4              4
5              0
6              6
7              7
```

⑧ 配置 CT 业务的调度方式。

本示例中，VPN-A 中的流量对应 LP0，缺省进入队列 0；VPN-B 中的流量对应 LP1，
缺省进入队列 1，缺省均采用 WFQ 调度方式，符合实际需求，故本项配置任务也可不配
置。但我们还可以修改队列 2～7，采用 PQ 调度方式，然后在骨干网各节点的出接口上
应用。注意，因为通信是双向的，所以 P 节点的两个接口都可以当出接口，都需要配置。

#---PE1 上的配置，具体如下。

```
[PE1] qos queue-profile queue-profile1
[PE1-qos-queue-profile-queue-profile1] schedule wfq 0 to 1 pq 2 to 7
[PE1-qos-queue-profile-queue-profile1] quit
[PE1] interface gigabitethernet 3/0/0
[PE1-GigabitEthernet3/0/0] qos te queue-profile queue-profile1
[PE1-GigabitEthernet3/0/0] quit
```

#---P 上的配置，具体如下。

```
[P] qos queue-profile queue-profile1
[P-qos-queue-profile-queue-profile1] schedule wfq 0 to 1 pq 2 to 7
[P-qos-queue-profile-queue-profile1] quit
```

```
[P] interface gigabitethernet 1/0/0
[P-GigabitEthernet1/0/0] qos te queue-profile queue-profile1
[P-GigabitEthernet1/0/0] quit
[P] interface gigabitethernet 2/0/0
[P-GigabitEthernet2/0/0] qos te queue-profile queue-profile1
[P-GigabitEthernet2/0/0] quit
```

\#---PE2 上的配置，具体如下。

```
[PE2] qos queue-profile queue-profile1
[PE2-qos-queue-profile-queue-profile1] schedule wfq 0 to 1 pq 2 to 7
[PE2-qos-queue-profile-queue-profile1] quit
[PE2] interface gigabitethernet 3/0/0
[PE2-GigabitEthernet3/0/0] qos te queue-profile queue-profile1
[PE2-GigabitEthernet3/0/0] quit
```

以上配置完成后，在 PE 上执行 **display qos queue-profile** 命令，可查看已配置的队列模板信息，以下是在 PE1 上执行该命令的输出示例。

```
[PE1] display qos queue-profile queue-profile1
Queue-profile: queue-profile1
Queue   Schedule   Weight   Length(Bytes/Packets) GTS(CIR/CBS)
---------------------------------------------------------------
0       WFQ        10        -/-                  -/-
1       WFQ        10        -/-                  -/-
2       PQ         -         -/-                  -/-
3       PQ         -         -/-                  -/-
4       PQ         -         -/-                  -/-
5       PQ         -         -/-                  -/-
6       PQ         -         -/-                  -/-
7       PQ         -         -/-                  -/-
```

⑨ 在两个 PE 上配置隧道绑定策略，使指定的 Tunnel 接口与隧道目的 IP 地址进行绑定，从而限制该隧道只能承载特定的 VPN 业务。

\#---PE1 上的配置，具体如下。

```
[PE1] interface tunnel 0/0/1
[PE1-Tunnel0/0/1] mpls te reserved-for-binding   #---使能以上 Tunnel 接口对应的 TE 隧道只用于隧道绑定策略
[PE1-Tunnel0/0/1] mpls te commit
[PE1-Tunnel0/0/1] quit
[PE1] interface tunnel 0/0/2
[PE1-Tunnel0/0/2] mpls te reserved-for-binding
[PE1-Tunnel0/0/2] mpls te commit
[PE1-Tunnel0/0/2] quit
[PE1] tunnel-policy policya
[PE1-tunnel-policy-policya] tunnel binding destination 3.3.3.9 te tunnel 0/0/1   #---将 Tunnel0/0/1 接口与目的 IP 地址为
3.3.3.9 的 TE 隧道进行绑定
[PE1-tunnel-policy-policya] quit
[PE1] tunnel-policy policyb
[PE1-tunnel-policy-policyb] tunnel binding destination 3.3.3.9 te tunnel 0/0/2
[PE1-tunnel-policy-policyb] quit
```

\#---PE2 上的配置，具体如下。

```
[PE2] interface tunnel 0/0/1
[PE2-Tunnel0/0/1] mpls te reserved-for-binding
[PE2-Tunnel0/0/1] mpls te commit
[PE2-Tunnel0/0/1] quit
[PE2] interface tunnel 0/0/2
[PE2-Tunnel0/0/2] mpls te reserved-for-binding
```

```
[PE2-Tunnel0/0/2] mpls te commit
[PE2-Tunnel0/0/2] quit
[PE2] tunnel-policy policya
[PE2-tunnel-policy-policya] tunnel binding destination 1.1.1.9 te tunnel 0/0/1
[PE2-tunnel-policy-policya] quit
[PE2] tunnel-policy policyb
[PE2-tunnel-policy-policyb] tunnel binding destination 1.1.1.9 te tunnel 0/0/2
[PE2-tunnel-policy-policyb] quit
```

⑩ 在 PE 上配置 VPN 实例，将 CE 接入 PE。

\#---PE1 上的配置，具体如下。

配置两个 VPN 实例的 RD 分别为 100:1 和 100:2，两个 VPN 实例的 VPN-Target 属性分别为 111:1 和 222:2，并应用将在下一步配置的隧道绑定策略，使所创建的 TE 隧道只用于隧道绑定策略，将两个 VPN 实例绑定对应的 AC 接口。

```
[PE1] ip vpn-instance VPN-A
[PE1-vpn-instance-VPN-A] ipv4-family
[PE1-vpn-instance-VPN-A-af-ipv4] route-distinguisher 100:1
[PE1-vpn-instance-VPN-A-af-ipv4] vpn-target 111:1 both
[PE1-vpn-instance-VPN-A-af-ipv4] tnl-policy policya   #---配置采用前面配置的名为 policya 的隧道策略
[PE1-vpn-instance-VPN-A-af-ipv4] quit
[PE1-vpn-instance-VPN-A] quit
[PE1] ip vpn-instance VPN-B
[PE1-vpn-instance-VPN-B] ipv4-family
[PE1-vpn-instance-VPN-B-af-ipv4] route-distinguisher 100:2
[PE1-vpn-instance-VPN-B-af-ipv4] vpn-target 222:2 both
[PE1-vpn-instance-VPN-B-af-ipv4] tnl-policy policyb
[PE1-vpn-instance-VPN-B-af-ipv4] quit
[PE1-vpn-instance-VPN-B] quit
[PE1] interface gigabitethernet 1/0/0
[PE1-GigabitEthernet1/0/0] ip binding vpn-instance VPN-A #---将 GE1/0/0 接口与 VPN-A 实例绑定
[PE1-GigabitEthernet1/0/0] ip address 10.1.1.2 24
[PE1-GigabitEthernet1/0/0] quit
[PE1] interface gigabitethernet 2/0/0
[PE1-GigabitEthernet2/0/0] ip binding vpn-instance VPN-B
[PE1-GigabitEthernet2/0/0] ip address 10.2.1.2 24
[PE1-GigabitEthernet2/0/0] quit
```

\#---PE2 上的配置，具体如下。

配置两个 VPN 实例的 RD 分别为 200:1 和 200:2，两个 VPN 实例的 VPN-Target 属性分别为 111:1 和 222:2，并应用将在下一步配置的隧道绑定策略，使所创建的 TE 隧道只用于隧道绑定策略，将两个 VPN 实例绑定对应的 AC 接口。

```
[PE2] ip vpn-instance VPN-A
[PE2-vpn-instance-VPN-A] ipv4-family
[PE2-vpn-instance-VPN-A-af-ipv4] route-distinguisher 200:1
[PE2-vpn-instance-VPN-A-af-ipv4] vpn-target 111:1 both
[PE2-vpn-instance-VPN-A-af-ipv4] tnl-policy policya
[PE2-vpn-instance-VPN-A-af-ipv4] quit
[PE2-vpn-instance-VPN-A] quit
[PE2] ip vpn-instance VPN-B
[PE2-vpn-instance-VPN-B] ipv4-family
[PE2-vpn-instance-VPN-B-af-ipv4] route-distinguisher 200:2
[PE2-vpn-instance-VPN-B-af-ipv4] vpn-target 222:2 both
[PE2-vpn-instance-VPN-B-af-ipv4] tnl-policy policyb
```

```
[PE2-vpn-instance-VPN-B-af-ipv4] quit
[PE2-vpn-instance-VPN-B] quit
[PE2] interface gigabitethernet 1/0/0
[PE2-GigabitEthernet1/0/0] ip binding vpn-instance VPN-A
[PE2-GigabitEthernet1/0/0] ip address 10.3.1.2 24
[PE2-GigabitEthernet1/0/0] quit
[PE2] interface gigabitethernet 2/0/0
[PE2-GigabitEthernet2/0/0] ip binding vpn-instance VPN-B
[PE2-GigabitEthernet2/0/0] ip address 10.4.1.2 24
[PE2-GigabitEthernet2/0/0] quit
```

#---CE1 上的配置，具体如下。

```
<Huawei> system-view
[Huawei] sysname CE1
[CE1] interface gigabitethernet 1/0/0
[CE1-GigabitEthernet1/0/0] ip address 10.1.1.1 255.255.255.0
[CE1-GigabitEthernet1/0/0] quit
```

#---CE2 上的配置，具体如下。

```
<Huawei> system-view
[Huawei] sysname CE2
[CE2] interface gigabitethernet 1/0/0
[CE2-GigabitEthernet1/0/0] ip address 10.2.1.1 255.255.255.0
[CE2-GigabitEthernet1/0/0] quit
```

#---CE3 上的配置，具体如下。

```
<Huawei> system-view
[Huawei] sysname CE3
[CE3] interface gigabitethernet 1/0/0
[CE3-GigabitEthernet1/0/0] ip address 10.3.1.1 255.255.255.0
[CE3-GigabitEthernet1/0/0] quit
```

#---CE4 上的配置，具体如下。

```
<Huawei> system-view
[Huawei] sysname CE4
[CE4] interface gigabitethernet 1/0/0
[CE4-GigabitEthernet1/0/0] ip address 10.4.1.1 255.255.255.0
[CE4-GigabitEthernet1/0/0] quit
```

以上配置完成后，在 PE 上执行 **display ip vpn-instance verbose** 命令可以看到 VPN 实例的配置情况。

⑪ 在 PE 之间建立 MP-IBGP 对等体，PE 与 CE 之间建立 EBGP 对等体。

#---PE1 上的配置，具体如下。

```
[PE1] bgp 100
[PE1-bgp] peer 3.3.3.9 as-number 100    #---与对等体 3.3.3.9（PE2）的 IBGP 对等体关系
[PE1-bgp] peer 3.3.3.9 connect-interface loopback 1    #---以 Loopback1 接口作为与对等体 3.3.3.9 进行 IBGP 会话的源接口
[PE1-bgp] ipv4-family vpnv4
[PE1-bgp-af-vpnv4] peer 3.3.3.9 enable    #---使能与对等体 3.3.3.9 的 VPN 路由信息交换功能
[PE1-bgp-af-vpnv4] quit
[PE1-bgp] ipv4-family vpn-instance VPN-A
[PE1-bgp-VPN-A] peer 10.1.1.1 as-number 65410    #---在 VPN-A 实例中与对等体 10.1.1.1（CE1）建立 EBGP 对等体关系
[PE1-bgp-VPN-A] import-route direct    #---引入直连路由
[PE1-bgp-VPN-A] quit
[PE1-bgp] ipv4-family vpn-instance VPN-B
[PE1-bgp-VPN-B] peer 10.2.1.1 as-number 65420
[PE1-bgp-VPN-B] import-route direct
[PE1-bgp-VPN-B] quit
```

#---PE2 上的配置，具体如下。

```
[PE2] bgp 100
[PE2-bgp] peer 1.1.1.9 as-number 100
[PE2-bgp] peer 1.1.1.9 connect-interface loopback 1
[PE2-bgp] ipv4-family vpnv4
[PE2-bgp-af-vpnv4] peer 1.1.1.9 enable
[PE2-bgp-af-vpnv4] quit
[PE2-bgp] ipv4-family vpn-instance VPN-A
[PE2-bgp-VPN-A] peer 10.3.1.1 as-number 65430
[PE2-bgp-VPN-A] import-route direct
[PE2-bgp-VPN-A] quit
[PE2-bgp] ipv4-family vpn-instance VPN-B
[PE2-bgp-VPN-B] peer 10.4.1.1 as-number 65440
[PE2-bgp-VPN-B] import-route direct
[PE2-bgp-VPN-B] quit
```

#---CE1 上的配置，具体如下。

```
[CE1] bgp 65410
[CE1-bgp] peer 10.1.1.2 as-number 100
[CE1-bgp] import-route direct
```

#---CE2 上的配置，具体如下。

```
[CE2] bgp 65420
[CE2-bgp] peer 10.2.1.2 as-number 100
[CE2-bgp] import-route direct
```

#---CE3 上的配置，具体如下。

```
[CE3] bgp 65430
[CE3-bgp] peer 10.3.1.2 as-number 100
[CE3-bgp] import-route direct
```

#---CE4 上的配置，具体如下。

```
[CE4] bgp 65440
[CE4-bgp] peer 10.4.1.2 as-number 100
[CE4-bgp] import-route direct
```

以上配置完成后，在 PE 上执行 **display bgp vpnv4 all peer** 命令，可以看到 PE 之间、PE 与 CE 之间的 BGP 对等体关系已建立，并达到 Established 状态。以下是在 PE1 上执行该命令的输出示例（参见输出信息中的粗体字部分）。

```
[PE1] display bgp vpnv4 all peer
BGP local router ID : 1.1.1.9
 Local AS number : 100
 Total number of peers : 3              Peers in established state : 3
  Peer          V    AS   MsgRcvd  MsgSent  OutQ  Up/Down    State        PrefRcv
  3.3.3.9       4    100   3        5        0     00:01:23   Established  0

 Peer of IPv4-family for vpn instance :

 VPN-Instance VPN-A, Router ID 1.1.1.9:
   10.1.1.1     4    65410 25       25       0    00:17:57   Established  1
 VPN-Instance VPN-B, Router ID 1.1.1.9:
   10.2.1.1     4    65420 21       22       0    00:17:10   Established  0
```

9.3　动态 DS-TE 隧道的配置与管理

动态 DS-TE 隧道与第 5 章介绍的动态 TE 隧道一样，都是使用 RSVP-TE 作为 CR-

LSP 建立的信令协议。动态 DS-TE 隧道可以根据网络变化动态改变，在规模较大的组网中，可以避免逐跳配置的麻烦。

动态 DS-TE 隧道是在动态 TE 隧道的基础上进行的，所以其配置任务和配置方法与第 5 章介绍的动态 TE 隧道类似，只是增加了一些 MPLS QoS 方面的功能配置。而在许多 QoS 功能配置方面又与静态 DS-TE 隧道中的 QoS 功能的配置方法一样，可直接参考。动态 DS-TE 隧道所包括的配置任务如下。

（1）使能 MPLS TE 和 RSVP-TE

参见 5.7.1 节介绍的配置方法即可。

（2）配置 MPLS TE 隧道接口

参见 5.7.2 节介绍的配置方法即可。

（3）配置 DS-TE 模式和带宽约束模型

参见 9.2.2 节、9.2.3 节介绍的配置方法即可。

（4）（可选）配置 TE-Class 映射表和链路带宽

参见 9.2.4 节介绍的配置方法即可。

（5）配置 TE 信息发布

参见 5.7.3 节介绍的配置方法即可。

（6）配置动态 DS-TE 隧道的约束条件

将在 9.3.1 节进行具体介绍。

（7）配置路径计算

参见 5.7.5 节介绍的配置方法即可。

（8）配置接口信任的报文优先级

参见 9.2.7 节介绍的配置方法即可。

（9）（可选）配置 CT 与业务类型的映射关系以及调度方式

参见 9.2.8 节介绍的配置方法即可。

配置动态 DS-TE 隧道之前，需要完成以下任务。

① 配置 IGP，使各节点间的 IP 路由可达。

② 配置各 LSR 节点的 LSR-ID。

③ 配置各 LSR 节点的全局 MPLS 功能。

④ 配置各 LSR 节点的接口 MPLS 功能。

9.3.1　配置动态 DS-TE 隧道的约束条件

在约束条件方面，动态 DS-TE 隧道与 TE 隧道的配置类似，都是在隧道入节点配置显式路径和各 CT 约束带宽。但 DS-TE 隧道与 TE 隧道相比，支持更多的 CT，所以在 CT 约束带宽配置方面有所不同。

动态 DS-TE 隧道的显式路径和 CT 约束带宽的具体配置步骤见表 9-13。配置各 CT 约束带宽时，要求所有 CR-LSP 中的同类 CT 的约束带宽总和不超过对应的 BC 的带宽。

表 9-13　动态 DS-TE 隧道的显式路径和 CT 约束带宽的具体配置步骤

步骤	命令	说明
1	**system-view**	进入系统视图
2	**explicit-path** *path-name* 例如：[Huawei] **explicit-path** p1	创建显式路径，进入显式路径视图。参数 *path-name* 用来指定隧道的显式路径名称，字符串形式，不区分大小写，不支持空格，长度范围为大于等于 1。 【注意】必须启动 MPLS TE 功能后才能配置隧道的显式路径，且显式路径上的节点地址不能重复，也不能形成环路。如果有环路，CSPF 将检测出环路，无法成功计算出路径。 缺省情况下，没有配置隧道的显式路径，可用 **undo explicit-path** *path-name* 命令删除配置的指定显式路径
3	**next hop** *ip-address* [**include** [[**loose** | **strict**] | [**incoming** | **outgoing**]][*] | **exclude**] 例如： [Huawei-explicit-path-p1] **next hop** 10.0.0.125 **exclude**	指定显式路径的下一个节点。 ① *ip-address*：指定显式路径中的下一个节点 IP 地址。 ② **include** [[**loose** | **strict**] | [**incoming** | **outgoing**]][*]：二选一可选项，指定在显式路径中包含此节点。其中，可多选选项如下。 • **loose**：表示松散显式路径，参数 *ip-address* 指定的节点与本节点可以不是直连的。 • **strict**：表示严格显式路径，参数 *ip-address* 指定的节点与本节点必须直连。缺省情况下，采用 **strict** 模式，即加入的下一跳与上一节点必须是直连的。作为一种约束条件，显式路径可以指定经过或不经过某些节点。 • **incoming**：指定参数 *ip-address* 为当前配置的下一个节点的入接口地址。 • **outgoing**：指定参数 *ip-address* 为当前配置的下一个节点的出接口地址。 ③ **exclude**：二选一可选项，指定显式路径不能经过参数 *ip-address* 指定的节点。 【说明】需通过本命令依次把路径中的每个下一跳列出来，构建完整的显式路径。如果指定的 *ip-address* 是当前配置的下一个节点的入接口地址，建议配置 **incoming** 参数；如果指定的 *ip-address* 是当前配置的下一个节点的出接口地址，建议配置 **outgoing** 参数。 缺省情况下，没有在显式路径中指定下一个节点，可用 **undo next hop** *ip-address* 命令删除指定的下一跳
	执行以下命令，增加、修改或删除显式路径中的节点	
4	**list hop** [*ip-address*] 例如： [Huawei-explicit-path-path1] **list hop**	查看显式路径节点信息。可选参数 *ip-address* 用来指定要查看当前显式路径配置的节点的 IP 地址。如果不指定本参数，则查看当前显式路径下的所有节点
	add hop *ip-address1* [**include** [[**loose** | **strict**] | [**incoming** | **outgoing**]][*] | **exclude**] { **after** | **before** } *ip-address2* 例如： [Huawei-explicit-path-p1] **add hop** 10.2.2.2 **exclude** **after** 10.1.1.1	（可选）向显式路径中插入一个节点。本命令中的大多数参数和选项与第 3 步中的命令中的参数和选项一样，只不过这里是插入节点的操作，下面仅介绍不同的参数和选项。 ① **after**：二选一选项，表示在参数 *ip-address2* 后插入参数 *ip-address1* 指定的节点。 ② **before**：二选一选项，表示在参数 *ip-address2* 前插入参数 *ip-address1* 指定的节点。

步骤	命令	说明
4	**add hop** *ip-address1* [**include** [[**loose** | **strict**]] | [**incoming** | **outgoing**]] * | **exclude**] { **after** | **before** } *ip-address2* 例如: [Huawei-explicit-path-p1] **add hop** 10.2.2.2 **exclude after** 10.1.1.1	③ *ip-address2*：指定已经在显式路径中的节点接口的 IP 地址或节点 Router ID。 如果指定的 *ip-address1* 是新增节点的入接口地址，建议配置 **incoming** 参数；如果指定的 *ip-address1* 是新增节点的出接口地址，建议配置 **outgoing** 参数
	modify hop *ip-address1* *ip-address2* [**include** [[**loose** | **strict**]] | [**incoming** | **outgoing**]] * | **exclude**] 例如: [Huawei-explicit-path-p1] **modify hop** 1.1.1.9 2.2.2.9	（可选）修改显式路径中的节点地址。参数 *ip-address1*、*ip-address2* 指定将显式路径中的 IP 地址 *ip-address1* 修改为 *ip-address2*。其他选项与本表第 3 步中的对应选项作用一样。 【说明】如果指定的 *ip-address2* 是修改后节点的入接口地址，建议配置 **incoming** 参数；如果指定的 *ip-address2* 是修改后节点的出接口地址，建议配置 **outgoing** 参数
	delete hop *ip-address* 例如: [Huawei-explicit-path-p1] **delete hop** 10.10.10.10	（可选）从显式路径中删除一个节点。参数 *ip-address* 用来指定要删除节点的 IP 地址。此节点必须是显式路径中存在的节点
5	**quit**	返回系统视图
6	**interface tunnel** *tunnel-number* 例如: [Huawei] **interface tunnel** 0/0/1	进入 MPLS TE 隧道的 Tunnel 接口视图
7	**mpls te bandwidth** { **ct0** *ct0-bw-value* | **ct1** *ct1-bw-value* } 例如: [Huawei-Tunnel0/0/1] **mpls te bandwidth ct0** 2000	（多选一）在**非标准（Non-IETF）**模式单 CT 情形下配置 Tunnel 接口下的 CT0 或 CT1 的预留带宽，整数形式，取值范围是 1~4000000000，单位是 kbit/s。 缺省情况下，没有配置隧道带宽，可用 **undo mpls te bandwidth** { **all** | **ct0** [*ct0-bw-value*] | **ct1** [*ct1-bw-value*] } 命令恢复指定 CT 或所有 CT 的预留带宽为缺省设置
	mpls te bandwidth { **ct0** *bw-value* | **ct1** *bw-value* | **ct2** *bw-value* | **ct3** *bw-value* | **ct4** *bw-value* | **ct5** *bw-value* | **ct6** *bw-value* | **ct7** *bw-value* } 例如: [Huawei-Tunnel0/0/1] **mpls te bandwidth ct5** 2000	（多选一）在**标准（IETF）**模式单 CT 情形下配置 Tunnel 接口下 CT0~CT7 中其中一个的预留带宽，整数形式，取值范围是 1~4000000000，单位是 kbit/s。 缺省情况下，没有配置隧道带宽，可用 **undo mpls te bandwidth** { **all** | { **ct0** *ct0-bw-value* | **ct1** *ct1-bw-value* | **ct2** *ct2-bw-value* | **ct3** *ct3-bw-value* | **ct4** *ct4-bw-value* | **ct5** *ct5-bw-value* | **ct6** *ct6-bw-value* | **ct7** *ct7-bw-value* } 命令恢复指定 CT 或所有 CT 的预留带宽为缺省设置
	mpls te bandwidth { **ct0** *bw-value* | **ct1** *bw-value* | **ct2** *bw-value* | **ct3** *bw-value* | **ct4** *bw-value* | **ct5** *bw-value* | **ct6** *bw-value* | **ct7** *bw-value* } * 例如: [Huawei-Tunnel0/0/1] **mpls te bandwidth ct0** 1000 **ct5** 2000	（多选一）在标准（IETF）模式多 CT 情形下配置 Tunnel 接口带宽。每个的参数分别为 CT0~CT7（可选择多个）设置预留带宽，整数形式，取值范围都是 1~4000000000，单位是 kbit/s。 缺省情况下，没有配置隧道带宽，可用 **undo mpls te bandwidth** { **all** | { **ct0** *ct0-bw-value* | **ct1** *ct1-bw-value* | **ct2** *ct2-bw-value* | **ct3** *ct3-bw-value* | **ct4** *ct4-bw-value* | **ct5** *ct5-bw-value* | **ct6** *ct6-bw-value* | **ct7** *ct7-bw-value* } * } 命令恢复指定 CT 或所有 CT 的预留带宽为缺省设置

续表

步骤	命令	说明
8	**mpls te path explicit-path** *path-name* 例如：[Huawei-Tunnel0/0/1] **mpls te path explicit-path p1**	配置隧道应用的显式路径，该路径是在本表第 2 步创建的显式路径。 缺省情况下，没有为当前隧道配置显式路径，可用 **undo mpls te path explicit-path** *path-name* 命令删除显式路径
9	**mpls te commit** 例如：[Huawei-Tunnel0/0/1] **mpls te commit**	提交隧道当前配置，使以上配置生效

【说明】在隧道策略中，多 CT 的 CR-LSP 只支持隧道绑定策略，不支持隧道选择策略。同一个节点，无论使用哪种带宽约束模型，所有 CTi 的带宽总和不超过 BCi 的带宽值（$0 \leqslant i \leqslant 7$），即 CT$i$ 只能使用 BCi 的带宽。例如，某 PE 节点的 BC1 带宽值为 x，该节点一共有两条 CT1 的 CR-LSP，带宽分别为 y 和 z，则 $y+z \leqslant x$。

9.3.2　RDM IETF 模式的动态 DS-TE 的配置示例

如图 9-10 所示，MPLS 骨干网的 PE 和 P 节点运行 OSPF 实现互通，P 节点不支持 MPLS LDP。PE1 和 PE2 之间建立 DS-TE 隧道接入 VPN-A 和 VPN-B，PE3 和 PE4 之间的流量需通过 PE1 与 PE2 之间的 DS-TE 隧道传输。

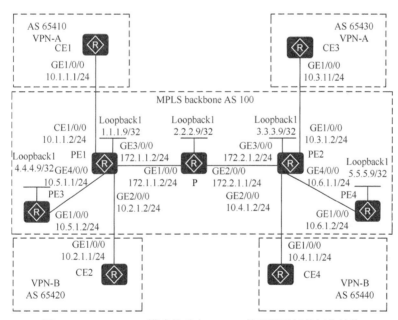

图 9-10　RDM IETF 模式的动态 DS-TE 的配置示例的拓扑结构

VPN-A 中的流量有 AF2、AF1 两种类型；VPN-B 中的流量有 AF2、AF1、BE 3 种类型；PE3 与 PE4 之间的流量为 BE 类型。各类型流量的 QoS 需求见表 9-14，即 BE 流的 DSCP 优先级值为 DSCP 0，AF1 流的 DSCP 优先级值为 DSCP 10，AF2 流的 DSCP 优先级值为 DSCP 20。在 PE1 与 PE2 之间建立的 DS-TE 隧道中，带宽约束模型要求为 RDM，允许 CTi 抢占低优先级的 CTj 的带宽（$0 \leqslant i < j \leqslant 7$），以确保高优先级 CT 的带宽。

表 9-14　各类型流量的 QoS 需求

流类型	带宽	抖动
VPN-A 的 AF2 流（DSCP20）	100Mbit/s	小于 50 毫秒
VPN-A 的 AF1 流（DSCP10）	50Mbit/s	小于 200 毫秒
VPN-B 的 AF2 流（DSCP20）	100Mbit/s	小于 50 毫秒
VPN-B 的 AF1 流（DSCP10）	50Mbit/s	小于 200 毫秒
VPN-B 的 BE 流（DSCP0）	50Mbit/s	无需求
PE3 与 PE4 之间的 BE 流（DSCP0）	50Mbit/s	无需求

（1）基本配置思路分析

本示例中，PE1 与 PE2 之间是采用 DS-TE 隧道的 BGP MPLS IP VPN 的应用案例，承载 VPN-A 和 VPN-B 中的流量。

从表 9-14 中我们可以看出，VPN-A 和 VPN-B 都有 AF1 和 AF2 的流量，需要各用一条 DS-TE 隧道来承载。另外，VPN-B 还有 BE 流量，PE3 与 PE4 之间也有 BE 流量，各自有带宽要求，但因为 P 节点不支持 LDP，所以 PE3 与 PE4 之间不能建立完整的 MPLS LDP LSP 隧道。这样一来，PE3 与 PE4 之间的通信在 PE1 与 PE2 之间必须借助这两个 PE 之间建立的 DS-TE 隧道。而 VPN-A 恰好又没有 BE 流量，这时就可以考虑把 PE3 与 PE4 之间的 BE 流量加载到 VPN-A 这条 DS-TE 隧道中。因此，VPN-A 和 VPN-B 的 DS-TE 隧道中都有 BE、AF1 和 AF2 这 3 种流量。

但 PE3 与 PE4 之间的流量不会自动进入 VPN-A 这条 DS-TE 隧道，因为 PE3 与 PE1 之间，PE2 与 PE4 之间没有建立 DS-TE 隧道，而只是普通的 MPLS LSP 隧道（如果 PE3 和 PE4 没在 MPLS 骨干网中，则可不用建立 MPLS LSP 隧道），所以此时需要采取"转发邻接方式"，使得 PE1、PE2 把它们之间建立的 DS-TE 隧道路径发布它们的邻居 PE3、PE4，作为路径优选依据，把 PE3 与 PE4 之间的通信流引入 VPN-A 这条 DS-TE 隧道传输。

综上所述，本示例只需在 PE1、P 和 PE2 之间建立 DS-TE 隧道，在 PE3 和 PE1 之间，以及 PE4 和 PE2 之间仅需要建立普通的 LDP LSP 即可。在配置 BGP/MPLS IP VPN 之前要先完成 PE1 与 PE2 之间的 MPLS DS-TE 隧道的配置，而在完成 MPLS DS-TE 隧道配置之前又要完成它们之间的 MPLS TE 隧道配置。故本实验的基本配置思路是先完成基本的动态 MPLS TE 隧道配置（在 PE1 与 PE3 之间，以及 PE2 与 PE4 之间只需要配置普通的 LDP LSP 即可），然后在 MPLS TE 隧道基础上配置动态 DS-TE 隧道，最后是 BGP MPLS IP VPN 的配置，具体配置任务如下。

① 在各 PE 和 P 节点上配置各接口（包括 Loopback 接口）的 IP 地址，并通过 OSPF 实现各 PE 和 P 节点的三层互通。

② 在各 PE 和 P 节点上配置 LSR-ID、使能 MPLS，并在 PE1、PE2 和 P 上使能 MPLS TE 和 RSVP-TE，以在 PE1、P 和 PE2 节点间建立 MPLS TE 隧道；在各 PE 上使能 MPLS LDP（P 节点不使能 LDP 功能），在 PE3 和 PE1 之间、PE4 和 PE2 之间建立 LDP LSP 隧道。

③ 在 PE1、PE2 和 P 上配置 OSPF TE，并使能 CSPF 算法，发布 TE 信息，计算 TE

隧道路径。

【说明】以上第①～③项配置任务是 PE1 与 PE3，PE2 与 PE4 之间的 MPLS LDP LSP 及 PE1 与 PE2 之间 MPLS TE 隧道的基本配置。

④ 在 PE1、PE2 和 P 节点上配置 DS-TE 模式和带宽约束模型。

⑤ 在 PE1、PE2 和 P 节点上配置链路带宽。

⑥ 在 PE 上配置 TE-Class 映射表。

TE-Class 映射表是全局概念，TE-Class 映射表应用到本地设备上所有 DS-TE 隧道中。本示例的两条隧道中只有 CT0、CT1 和 CT2 3 种业务类型，所以可只配置它们对应的 TE-Class0、TE-Class1 和 TE-Class2 映射，因为这些映射表项与缺省 TE-Class 映射表中的对应映射表项完全一样（参见 9.1.3 节表 9-1），所以也可不进行本项配置任务。

⑦ 在 PE1 和 PE2 上配置显式路径，指定两条 DS-TE 隧道中所经过节点。

⑧ 在 PE1 和 PE2 间创建两个 DS-TE 隧道接口：Tunnel0/0/1 和 Tunnel0/0/2。每个隧道配置 3 个 CT，分别为 CT0、CT1 和 CT2，对应的抢占优先级均为最高值 0（要与 TE-Class 映射表中的一样）。CT0、CT1 和 CT2 的可预留带宽分别为 50Mbit/s、50Mbit/s 和 100Mbit/s，分别用于承载 BE、AF1 和 AF2 流。

VPN-A 的 AF2、AF1 流，以及 PE3 与 PE4 之间的 BE 流分别使用 Tunnel0/0/1 的 CT2、CT1 和 CT0 承载。VPN-B 的 AF2、AF1、BE 流分别使用 Tunnel0/0/2 的 CT2、CT1 和 CT0 承载。

⑨ 在 PE1、PE2 和 P 节点上配置入接口信任的报文优先级及优先级映射。PE 节点信任 DSCP 优先级，P 节点信任 EXP 优先级。

⑩ 配置 CT 业务的调度方式。本示例假设对 CT1 中的 AF1 流量和 CT2 中的 AF2 流量采取 WFQ 调度方式，对 CT0 中的 BE 流量采用 PQ 调度方式，以满足 AF1 和 AF2 精武业务流量对时延、抖动的更高要求。

⑪ 在 PE1、PE2 的 VPN-A 隧道接口下配置转发邻接，将把 DS-TE 隧道作为 OSPF 路由发布给邻居 PE3、PE4，将 PE3 与 PE4 之间通信的流量引入该隧道中传输。

【说明】以上第④～⑪项配置任务是 PE1 与 PE2 之间 DS-TE 隧道的基本配置。

⑫ 在 PE1、PE2 上配置隧道策略，使到达指定目的 IP 地址的 DS-TE 隧道仅可用于传输特定流量。

⑬ 在 PE1、PE2 上创建两个 VPN 实例，并配置相关属性，将 CE 接入 PE。

⑭ 在 PE1、PE2 之间建立 MP-IBGP 对等体关系，使 PE1 和 PE2 之间可直接交互 BGP Update 消息；在 PE1、PE2 与各 CE 之间建立 EBGP 对等体关系。

【说明】以上第⑫～⑭项配置任务是基本 BGP MPLS IP VPN 的配置。

（2）具体配置步骤

① 在各 PE 和 P 节点上配置各接口的 IP 地址，并配置 OSPF，实现骨干网的三层互通。

\#---PE1 上的配置，具体如下。

```
<Huawei> system-view
[Huawei] sysname PE1
[PE1] interface gigabitethernet 3/0/0
[PE1-GigabitEthernet3/0/0] ip address 172.1.1.1 255.255.255.0
```

```
[PE1-GigabitEthernet3/0/0] quit
[PE1] interface gigabitethernet 4/0/0
[PE1-GigabitEthernet4/0/0] ip address 10.5.1.1 255.255.255.0
[PE1-GigabitEthernet4/0/0] quit
[PE1] interface loopback 1
[PE1-LoopBack1] ip address 1.1.1.9 255.255.255.255
[PE1-LoopBack1] quit
[PE1] ospf 1
[PE1-ospf-1] area 0
[PE1-ospf-1-area-0.0.0.0] network 1.1.1.9 0.0.0.0
[PE1-ospf-1-area-0.0.0.0] network 172.1.1.0 0.0.0.255
[PE1-ospf-1-area-0.0.0.0] network 10.5.1.0 0.0.0.255
[PE1-ospf-1-area-0.0.0.0] quit
[PE1-ospf-1] quit
```

#---P 上的配置，具体如下。

```
<Huawei> system-view
[Huawei] sysname P
[P] interface gigabitethernet 1/0/0
[P-GigabitEthernet1/0/0] ip address 172.1.1.2 255.255.255.0
[P-GigabitEthernet1/0/0] quit
[P] interface gigabitethernet 2/0/0
[P-GigabitEthernet2/0/0] ip address 172.2.1.1 255.255.255.0
[P-GigabitEthernet2/0/0] quit
[P] interface loopback 1
[P-LoopBack1] ip address 2.2.2.9 255.255.255.255
[P-LoopBack1] quit
[P] ospf 1
[P-ospf-1] area 0
[P-ospf-1-area-0.0.0.0] network 2.2.2.9 0.0.0.0
[P-ospf-1-area-0.0.0.0] network 172.1.1.0 0.0.0.255
[P-ospf-1-area-0.0.0.0] network 172.2.1.0 0.0.0.255
[P-ospf-1-area-0.0.0.0] quit
[P-ospf-1] quit
```

#---PE2 上的配置，具体如下。

```
<Huawei> system-view
[Huawei] sysname PE2
[PE2] interface gigabitethernet 3/0/0
[PE2-GigabitEthernet3/0/0] ip address 172.2.1.2 255.255.255.0
[PE2-GigabitEthernet3/0/0] quit
[PE2] interface gigabitethernet 4/0/0
[PE2-GigabitEthernet4/0/0] ip address 10.6.1.1 255.255.255.0
[PE2-GigabitEthernet4/0/0] quit
[PE2] interface loopback 1
[PE2-LoopBack1] ip address 3.3.3.9 255.255.255.255
[PE2-LoopBack1] quit
[PE2] ospf 1
[PE2-ospf-1] area 0
[PE2-ospf-1-area-0.0.0.0] network 3.3.3.9 0.0.0.0
[PE2-ospf-1-area-0.0.0.0] network 172.2.1.0 0.0.0.255
[PE2-ospf-1-area-0.0.0.0] network 10.6.1.0 0.0.0.255
[PE2-ospf-1-area-0.0.0.0] quit
[PE2-ospf-1] quit
```

\#---PE3 上的配置，具体如下。

```
<Huawei> system-view
[Huawei] sysname PE3
[PE3] interface gigabitethernet 1/0/0
[PE3-GigabitEthernet1/0/0] ip address 10.5.1.2 255.255.255.0
[PE3-GigabitEthernet1/0/0] quit
[PE3] interface loopback 1
[PE3-LoopBack1] ip address 4.4.4.9 255.255.255.255
[PE3-LoopBack1] quit
[PE3] ospf 1
[PE3-ospf-1] area 0
[PE3-ospf-1-area-0.0.0.0] network 4.4.4.9 0.0.0.0
[PE3-ospf-1-area-0.0.0.0] network 10.5.1.0 0.0.0.255
[PE3-ospf-1-area-0.0.0.0] quit
[PE3-ospf-1] quit
```

\#---PE4 上的配置，具体如下。

```
<Huawei> system-view
[Huawei] sysname PE4
[PE4] interface gigabitethernet 1/0/0
[PE4-GigabitEthernet1/0/0] ip address 10.6.1.2 255.255.255.0
[PE4-GigabitEthernet1/0/0] quit
[PE4] interface loopback 1
[PE4-LoopBack1] ip address 5.5.5.9 255.255.255.255
[PE4-LoopBack1] quit
[PE4] ospf 1
[PE4-ospf-1] area 0
[PE4-ospf-1-area-0.0.0.0] network 5.5.5.9 0.0.0.0
[PE4-ospf-1-area-0.0.0.0] network 10.6.1.0 0.0.0.255
[PE4-ospf-1-area-0.0.0.0] quit
[PE4-ospf-1] quit
```

以上配置完成后，各节点之间应能建立 OSPF 邻居关系，执行 **display ospf peer** 命令可以看到邻居状态为 Full，执行 **display ip routing-table** 命令可以看到 PE 之间学习对方的 Loopback1 路由。

② 在各 PE 和 P 节点上配置 LSR-ID、使能 MPLS，并在 PE1、PE2 和 P 上使能 MPLS TE 和 RSVP-TE，以在 PE1、P 和 PE2 节点间建立 MPLS TE 隧道；在各 PE 上使能 MPLS LDP（P 节点不使能 LDP 功能），在 PE3 和 PE1 之间、PE4 和 PE2 之间建立 LDP LSP 隧道。

\#---PE1 上的配置，具体如下。

在 PE1 连接 PE3 的接口上要使能 LDP 功能，连接 P 节点的接口上要使能 MPLS TE 和 RSVP-TE 功能，但不要使能 LDP 功能。

```
[PE1] mpls lsr-id 1.1.1.9
[PE1] mpls
[PE1-mpls] mpls te
[PE1-mpls] mpls rsvp-te
[PE1-mpls] quit
[PE1] mpls ldp
[PE1-mpls-ldp] quit
[PE1] interface gigabitethernet 3/0/0
[PE1-GigabitEthernet3/0/0] mpls
```

```
[PE1-GigabitEthernet3/0/0] mpls te
[PE1-GigabitEthernet3/0/0] mpls rsvp-te
[PE1-GigabitEthernet3/0/0] quit
[PE1] interface gigabitethernet 4/0/0
[PE1-GigabitEthernet4/0/0] mpls
[PE1-GigabitEthernet4/0/0] mpls ldp
[PE1-GigabitEthernet4/0/0] quit
```

\#---P 上的配置，具体如下。

在 P 节点两侧公网接口上均要使能 MPLS TE 和 RSVP-TE 功能。

```
[P] mpls lsr-id 2.2.2.9
[P] mpls
[P-mpls] mpls te
[P-mpls] mpls rsvp-te
[P-mpls] quit
[P] interface gigabitethernet 1/0/0
[P-GigabitEthernet1/0/0] mpls
[P-GigabitEthernet1/0/0] mpls te
[P-GigabitEthernet1/0/0] mpls rsvp-te
[P-GigabitEthernet1/0/0] quit
[P] interface gigabitethernet 2/0/0
[P-GigabitEthernet2/0/0] mpls
[P-GigabitEthernet2/0/0] mpls te
[P-GigabitEthernet2/0/0] mpls rsvp-te
[P-GigabitEthernet2/0/0] quit
```

\#---PE2 上的配置，具体如下。

在 PE2 连接 PE4 的接口上要使能 LDP 功能，连接 P 节点的接口上要使能 MPLS TE 和 RSVP-TE 功能，但不要使能 LDP 功能。

```
[PE2] mpls lsr-id 3.3.3.9
[PE2] mpls
[PE2-mpls] mpls te
[PE2-mpls] mpls rsvp-te
[PE2-mpls] quit
[PE2] mpls ldp
[PE2-mpls-ldp] quit
[PE2] interface gigabitethernet 3/0/0
[PE2-GigabitEthernet3/0/0] mpls
[PE2-GigabitEthernet3/0/0] mpls te
[PE2-GigabitEthernet3/0/0] mpls rsvp-te
[PE2-GigabitEthernet3/0/0] quit
[PE2] interface gigabitethernet 4/0/0
[PE2-GigabitEthernet4/0/0] mpls
[PE2-GigabitEthernet4/0/0] mpls ldp
[PE2-GigabitEthernet4/0/0] quit
```

\#---PE3 上的配置，具体如下。

在 PE3 连接 PE1 的接口上要使能 LDP 功能。

```
[PE3] mpls lsr-id 4.4.4.9
[PE3] mpls
[PE3-mpls] quit
[PE3] mpls ldp
[PE3-mpls-ldp] quit
[PE3] interface gigabitethernet 1/0/0
[PE3-GigabitEthernet1/0/0] mpls
```

```
[PE3-GigabitEthernet1/0/0] mpls ldp
[PE3-GigabitEthernet1/0/0] quit
```

#---PE4 上的配置，具体如下。

在 PE4 连接 PE2 的接口上要使能 LDP 功能。

```
[PE4] mpls lsr-id 5.5.5.9
[PE4] mpls
[PE4-mpls] quit
[PE4] mpls ldp
[PE4-mpls-ldp] quit
[PE4] interface gigabitethernet 1/0/0
[PE4-GigabitEthernet1/0/0] mpls
[PE4-GigabitEthernet1/0/0] mpls ldp
[PE4-GigabitEthernet1/0/0] quit
```

以上配置完成后，在 PE1、PE2 或 P 节点上执行 **display mpls rsvp-te interface** 命令，可查看使能了 RSVP 的接口及 RSVP 相关信息。在 PE1、PE2、PE3 或 PE4 上执行 **display mpls ldp lsp** 命令，可发现 PE3 和 PE1 之间、PE2 和 PE4 之间均存在一条 LDP LSP。

③ 在 PE1、PE2 和 P 节点上配置 OSPF TE，并在双向隧道的入节点上使能 CSPF，以通过 OSPF TE 发布私网路由信息。

#---PE1 上的配置，具体如下。

```
[PE1] ospf 1
[PE1-ospf-1] opaque-capability enable
[PE1-ospf-1] area 0
[PE1-ospf-1-area-0.0.0.0] mpls-te enable
[PE1-ospf-1-area-0.0.0.0] quit
[PE1-ospf-1] quit
[PE1] mpls
[PE1-mpls] mpls te cspf
```

#---P 上的配置，具体如下。

```
[P] ospf 1
[P-ospf-1] opaque-capability enable
[P-ospf-1] area 0
[P-ospf-1-area-0.0.0.0] mpls-te enable
[P-ospf-1-area-0.0.0.0] quit
[P-ospf-1] quit
```

#---PE2 上的配置，具体如下。

```
[PE2] ospf 1
[PE2-ospf-1] opaque-capability enable
[PE2-ospf-1] area 0
[PE2-ospf-1-area-0.0.0.0] mpls-te enable
[PE2-ospf-1-area-0.0.0.0] quit
[PE2-ospf-1] quit
[PE2] mpls
[PE2-mpls] mpls te cspf
[PE2-mpls] quit
```

以上配置完成后，在 PE 或 P 节点上执行 **display ospf mpls-te** 命令，可查看 OSPF 链路状态数据库中包含的 TE LSA 信息。

④ 在 PE1、PE2 和 P 节点上配置 DS-TE 隧道模式和带宽约束模型。

因为本示例中每个 VPN 中有 3 种 CT 业务类型，所以只能采用 IETF 模式。本示例中又要求各 CT 间可进行带宽抢占，故可采用 RDM。

\#---PE1 上的配置，具体如下。

```
[PE1] mpls
[PE1-mpls] mpls te ds-te mode ietf
[PE1-mpls] mpls te ds-te bcm rdm
[PE1-mpls] quit
```

\#---P 上的配置，具体如下。

```
[P] mpls
[P-mpls] mpls te ds-te mode ietf
[P-mpls] mpls te ds-te bcm rdm
[P-mpls] quit
```

\#---PE2 上的配置，具体如下。

```
[PE2] mpls
[PE2-mpls] mpls te ds-te mode ietf
[PE2-mpls] mpls te ds-te bcm rdm
[PE2-mpls] quit
```

以上配置完成后，在 PE 或 P 节点上执行 **display mpls te ds-te summary** 命令，可查看 DS-TE 的配置信息。以下是在 PE1 上执行该命令的输出示例。

```
[PE1] display mpls te ds-te summary
DS-TE IETF Supported :YES
DS-TE MODE              :IETF
Bandwidth Constraint Model   :RDM
TEClass Mapping (default):
TE-Class ID     Class Type      Priority
TE-Class 0      0               0
TE-Class 1      1               0
TE-Class 2      2               0
TE-Class 3      3               0
TE-Class 4      0               7
TE-Class 5      1               7
TE-Class 6      2               7
TE-Class 7      3               7
```

⑤ 在 PE 和 P 节点的隧道出方向接口上配置链路带宽。

由于两条隧道的路径一样，因此链路上 BCi 带宽应不小于所有 TE 隧道的 CTi～CT7 带宽的总和，且链路的最大可预留带宽应不小于 BC0 带宽。

本示例要求为 CT0、CT1 和 CT2 配置 50Mbit/s、50Mbit/s 和 100Mbit/s 的可预留带宽（**配置时的单位为 kbit/s**）。根据 RDM 精确控制流量带宽计算方法 BCi 带宽值≥CTi～CT7 的总带宽值 ×125%（0≤i≤7），可得出各 BC 的如下带宽值。

① BC2 的带宽≥125%×（Tunnel0/0/1 的 CT2＋Tunnel0/0/2 的 CT2）＝250Mbit/s。

② BC1 的带宽≥BC2 的带宽＋125%×（Tunnel0/0/1 的 CT1＋Tunnel0/0/2 的 CT1）＝375Mbit/s。

③ BC0 的带宽≥BC1 的带宽＋125%×（Tunnel0/0/1 的 CT0＋Tunnel0/0/2 的 CT0）＝500Mbit/s。

④ 链路可预留带宽≥BC0 的带宽＝500Mbit/s。

\#---PE1 上的配置，具体如下。

```
[PE1] interface gigabitethernet 3/0/0
[PE1-GigabitEthernet3/0/0] mpls te bandwidth max-reservable-bandwidth 500000
[PE1-GigabitEthernet3/0/0] mpls te bandwidth bc0 500000 bc1 375000 bc2 250000
[PE1-GigabitEthernet3/0/0] quit
```

#---P 上的配置，具体如下。

```
[P] interface gigabitethernet 1/0/0
[P-GigabitEthernet1/0/0] mpls te bandwidth max-reservable-bandwidth 500000
[P-GigabitEthernet1/0/0] mpls te bandwidth bc0 500000 bc1 375000 bc2 250000
[P-GigabitEthernet1/0/0] quit
[P] interface gigabitethernet 2/0/0
[P-GigabitEthernet2/0/0] mpls te bandwidth max-reservable-bandwidth 500000
[P-GigabitEthernet2/0/0] mpls te bandwidth bc0 500000 bc1 375000 bc2 250000
[P-GigabitEthernet2/0/0] quit
```

#---PE2 上的配置，具体如下。

```
[PE2] interface gigabitethernet 3/0/0
[PE2-GigabitEthernet3/0/0] mpls te bandwidth max-reservable-bandwidth 500000
[PE2-GigabitEthernet3/0/0] mpls te bandwidth bc0 500000 bc1 375000 bc2 250000
[PE2-GigabitEthernet3/0/0] quit
```

以上配置完成后，在 PE 上执行 **display mpls te link-administration bandwidth-allocation interface** 命令，可查看接口的 BC 带宽分配情况。以下是在 PE1 上执行该命令的输出示例，从中我们可以看出，CT0、CT1 和 CT2 上有可用带宽。

```
[PE1] display mpls te link-administration bandwidth-allocation interface gigabitethernet 3/0/0
   Link ID:   GigabitEthernet3/0/0
   Bandwidth Constraint Model    :   Russian Dolls Model (RDM)
   Physical Link Bandwidth(Kbits/sec)          :   1000000
   Maximum Link Reservable Bandwidth(Kbits/sec):   500000
   Reservable Bandwidth BC0(Kbits/sec)         :   500000
   Reservable Bandwidth BC1(Kbits/sec)         :   375000
   Reservable Bandwidth BC2(Kbits/sec)         :   250000
   Reservable Bandwidth BC3(Kbits/sec)         :   0
   Reservable Bandwidth BC4(Kbits/sec)         :   0
   Reservable Bandwidth BC5(Kbits/sec)         :   0
   Reservable Bandwidth BC6(Kbits/sec)         :   0
   Reservable Bandwidth BC7(Kbits/sec)         :   0
   Downstream Bandwidth (Kbits/sec)            :   0
   IPUpdown Link Status                        :   UP
   PhysicalUpdown Link Status                  :   UP
   GracefulUpdown Link Status                  :   DOWN
```

TE-CLASS	CT	PRIORITY	BW RESERVED (Kbit/sec)	BW AVAILABLE (Kbit/sec)	DOWNSTREAM RSVPLSPNODE COUNT
0	0	0	0	500000	0
1	1	0	0	375000	0
2	2	0	0	250000	0
3	3	0	0	0	0
4	0	7	0	500000	0
5	1	7	0	375000	0
6	2	7	0	250000	0
7	3	7	0	0	0
8	-	-	-	-	-
9	-	-	-	-	-
10	-	-	-	-	-
11	-	-	-	-	-
12					

13	-	-	-	-	-
14	-	-	-	-	-
15	-	-	-	-	-

----

⑤ 在 PE1 和 PE2 上配置 TE-Class 映射表，分别对应 CT0、CT1 和 CT2，抢占优先级均为缺省的最高值 0。

#---PE1 上的配置，具体如下。

```
[PE1] te-class-mapping
[PE1-te-class-mapping] te-class0 class-type ct0 priority 0 description For-BE
[PE1-te-class-mapping] te-class1 class-type ct1 priority 0 description For-AF1
[PE1-te-class-mapping] te-class2 class-type ct2 priority 0 description For-AF2
[PE1-te-class-mapping] quit
```

#---PE2 上的配置，具体如下。

```
[PE2] te-class-mapping
[PE2-te-class-mapping] te-class0 class-type ct0 priority 0 description For-BE
[PE2-te-class-mapping] te-class1 class-type ct1 priority 0 description For-AF1
[PE2-te-class-mapping] te-class2 class-type ct2 priority 0 description For-AF2
[PE2-te-class-mapping] quit
```

以上配置完成后，在 PE 上执行 **display mpls te ds-te te-class-mapping** 命令，可查看 TE-Class 映射表的信息。以下是在 PE1 上执行该命令的输出示例。

```
[PE1] display mpls te ds-te te-class-mapping
```

TE-Class ID	Class Type	Priority	Description
TE-Class0	**0**	**0**	**For-BE**
TE-Class1	**1**	**0**	**For-AF1**
TE-Class2	**2**	**0**	**For-AF2**
TE-Class3	-	-	-
TE-Class4	-	-	-
TE-Class5	-	-	-
TE-Class6	-	-	-
TE-Class7	-	-	-

⑥ 在 PE1 和 PE2 上配置显式路径，通过依次指定下一跳的 IP 地址使隧道有固定的报文转发路径。

#---PE1 上的配置，具体如下。

```
[PE1] explicit-path path1
[PE1-explicit-path-path1] next hop 172.1.1.2
[PE1-explicit-path-path1] next hop 172.2.1.2
[PE1-explicit-path-path1] next hop 3.3.3.9
[PE1-explicit-path-path1] quit
```

#---PE2 上的配置，具体如下。

```
[PE2] explicit-path path1
[PE2-explicit-path-path1] next hop 172.2.1.1
[PE2-explicit-path-path1] next hop 172.1.1.1
[PE2-explicit-path-path1] next hop 1.1.1.9
[PE2-explicit-path-path1] quit
```

完成此步骤后，在 PE 上执行 **display explicit-path** 命令，可查看显式路径信息。以下是在 PE1 上执行该命令的输出示例。

```
[PE1] display explicit-path path1
Path Name : path1        Path Status : Enabled
  1        172.1.1.2        Strict        Include
```

| 2 | 172.2.1.2 | Strict | Include |
| 3 | 3.3.3.9 | Strict | Include |

⑦ 在 PE1、PE2 上各创建两个 Tunnel 接口，分别用于建立 VPN-A 和 VPN-B 中的 DS-TE 隧道。同时配置两条隧道中的 CT0、CT1 和 CT2 的带宽分别为 50Mbit/s、50Mbit/s 和 100Mbit/s（配置时的单位为 **kbit/s**）。

#---PE1 上的配置，具体如下。

```
[PE1] interface tunnel 0/0/1
[PE1-Tunnel0/0/1] description For VPN-A & Non-VPN
[PE1-Tunnel0/0/1] ip address unnumbered interface loopback 1
[PE1-Tunnel0/0/1] tunnel-protocol mpls te
[PE1-Tunnel0/0/1] destination 3.3.3.9
[PE1-Tunnel0/0/1] mpls te tunnel-id 300
[PE1-Tunnel0/0/1] mpls te signal-protocol rsvp-te    #---指定采用 RSVP-TE 作为信令协议建立 CR-LSP
[PE1-Tunnel0/0/1] mpls te path explicit-path path1    #---指定采用 path1 中指定的显式路径
[PE1-Tunnel0/0/1] mpls te priority 0 0    #---指定隧道的建立优先级和保持优先级均为 0
[PE1-Tunnel0/0/1] mpls te bandwidth ct0 50000 ct1 50000 ct2 100000
[PE1-Tunnel0/0/1] mpls te commit
[PE1-Tunnel0/0/1] quit
[PE1] interface tunnel 0/0/2
[PE1-Tunnel0/0/2] description For VPN-B
[PE1-Tunnel0/0/2] ip address unnumbered interface loopback 1
[PE1-Tunnel0/0/2] tunnel-protocol mpls te
[PE1-Tunnel0/0/2] destination 3.3.3.9
[PE1-Tunnel0/0/2] mpls te tunnel-id 301
[PE1-Tunnel0/0/2] mpls te signal-protocol rsvp-te
[PE1-Tunnel0/0/2] mpls te path explicit-path path1
[PE1-Tunnel0/0/2] mpls te priority 0 0
[PE1-Tunnel0/0/2] mpls te bandwidth ct0 50000 ct1 50000 ct2 100000
[PE1-Tunnel0/0/2] mpls te commit
[PE1-Tunnel0/0/2] quit
```

#---PE2 上的配置，具体如下。

```
[PE2] interface tunnel 0/0/1
[PE2-Tunnel0/0/1] description For VPN-A & Non-VPN
[PE2-Tunnel0/0/1] ip address unnumbered interface loopback 1
[PE2-Tunnel0/0/1] tunnel-protocol mpls te
[PE2-Tunnel0/0/1] destination 1.1.1.9
[PE2-Tunnel0/0/1] mpls te tunnel-id 300
[PE2-Tunnel0/0/1] mpls te signal-protocol rsvp-te
[PE2-Tunnel0/0/1] mpls te path explicit-path path1
[PE2-Tunnel0/0/1] mpls te priority 0 0
[PE2-Tunnel0/0/1] mpls te bandwidth ct0 50000 ct1 50000 ct2 100000
[PE2-Tunnel0/0/1] mpls te commit
[PE2-Tunnel0/0/1] quit
[PE2] interface tunnel 0/0/2
[PE2-Tunnel0/0/2] description For VPN-B
[PE2-Tunnel0/0/2] ip address unnumbered interface loopback 1
[PE2-Tunnel0/0/2] tunnel-protocol mpls te
[PE2-Tunnel0/0/2] destination 1.1.1.9
[PE2-Tunnel0/0/2] mpls te tunnel-id 301
[PE2-Tunnel0/0/2] mpls te signal-protocol rsvp-te
[PE2-Tunnel0/0/2] mpls te path explicit-path path1
```

```
[PE2-Tunnel0/0/2] mpls te priority 0 0
[PE2-Tunnel0/0/2] mpls te bandwidth ct0 50000 ct1 50000 ct2 100000
[PE2-Tunnel0/0/2] mpls te commit
[PE2-Tunnel0/0/2] quit
```

以上配置完成后，在 PE 上执行 **display interface tunnel interface-number** 命令，可发现 Tunnel 接口为 UP 状态。以下是在 PE1 上执行该命令的输出示例。

```
[PE1] display interface tunnel 0/0/1
Tunnel0/0/1 current state : UP
Line protocol current state : UP
Last line protocol up time : 2013-01-06 20:24:46
Description:For VPN-A & Non-VPN
Route Port,The Maximum Transmit Unit is 1500
Internet Address is unnumbered, using address of LoopBack1(1.1.1.9/32)
Encapsulation is TUNNEL, loopback not set
Tunnel destination 3.3.3.9
Tunnel up/down statistics 1
Tunnel protocol/transport MPLS/MPLS, ILM is available,
primary tunnel id is 0x6, secondary tunnel id is 0x0
Current system time: 2013-01-06 20:29:02
    300 seconds output rate 0 bits/sec, 0 packets/sec
    0 seconds output rate 0 bits/sec, 0 packets/sec
    0 packets output,   0 bytes
    0 output error
    0 output drop
    ct0:0 packets output,   0 bytes
        0 output error
        0 packets output drop
    ct1:0 packets output,   0 bytes
        0 output error
        0 packets output drop
    ct2:0 packets output,   0 bytes
        0 output error
        0 packets output drop
    Input bandwidth utilization   : 0%
    Output bandwidth utilization : 0%
```

此时在 PE1 或 PE2 上执行 **display mpls te te-class-tunnel all** 命令，可查看 TE-CLASS 关联的 TE 隧道。以下是在 PE1 上执行该命令的输出示例，每条 DS-TE 隧道中的 3 个 CT 均与对应的 Tunnel 接口进行了关联。

```
[PE1] display mpls te te-class-tunnel all
------------------------------------------------------------------
No.      CT  priority  status      tunnel name        tunnel commit
------------------------------------------------------------------
1        0   0         Valid       Tunnel0/0/1        Yes
2        0   0         Valid       Tunnel0/0/2        Yes
3        1   0         Valid       Tunnel0/0/1        Yes
4        1   0         Valid       Tunnel0/0/2        Yes
5        2   0         Valid       Tunnel0/0/1        Yes
6        2   0         Valid       Tunnel0/0/2        Yes
```

⑧ 在 PE1、PE2 和 P 节点上配置入接口信任的报文优先级及优先级映射。PE 节点信任 DSCP 优先级，P 节点信任 EXP 优先级。

根据表 9-14 可知，本示例中 BE 对应的 DSCP 优先级为 DSCP0，AF1 对应的 DSCP

优先级为 10，AF2 对应的 DSCP 优先级为 DSCP20，与缺省的 DSCP 与 PHB 的映射关系一样，参见第 8 章 8.1.2 节的表 8-2。而且缺省 DSCP 与 EXP、LP 之间的映射关系（参见 9.1.6 节表 9-3）可以满足本示例要求，故无须修改。

　　#---PE1 上的配置，具体如下。

```
[PE1] interface gigabitethernet 1/0/0
[PE1-GigabitEthernet1/0/0] trust dscp
[PE1-GigabitEthernet1/0/0] quit
[PE1] interface gigabitethernet 2/0/0
[PE1-GigabitEthernet2/0/0] trust dscp
[PE1-GigabitEthernet2/0/0] quit
[PE1] interface gigabitethernet 3/0/0    #---这是在 PHP 场景下，从倒数第二跳 P 节点进入 PE1 的报文已为 IP 报文，所
以也要信任 DSCP 优先级。PE2 上的 GE3/0/0 接口配置一样
[PE1-GigabitEthernet3/0/0] trust dscp
[PE1-GigabitEthernet3/0/0] quit
[PE1] interface gigabitethernet 4/0/0
[PE1-GigabitEthernet4/0/0] trust dscp    #---因 PE1 与 PE3 是直连的，在它们这段 LSP 中互为倒数第二跳，在 PHP 场
景下，从 PE3 进入 PE1 的报文也是 IP 报文，所以也要信任 DSCP 优先级。PE2 上的 GE4/0/0 接口配置一样
[PE1-GigabitEthernet4/0/0] quit
```

　　#---P 上的配置，具体如下。

```
[P] interface gigabitethernet 1/0/0
[P-GigabitEthernet1/0/0] trust exp
[P-GigabitEthernet1/0/0] quit
[P] interface gigabitethernet 2/0/0
[P-GigabitEthernet2/0/0] trust exp
[P-GigabitEthernet2/0/0] quit
```

　　#---PE2 上的配置，具体如下。

```
[PE2] interface gigabitethernet 1/0/0
[PE2-GigabitEthernet1/0/0] trust dscp
[PE2-GigabitEthernet1/0/0] quit
[PE2] interface gigabitethernet 2/0/0
[PE2-GigabitEthernet2/0/0] trust dscp
[PE2-GigabitEthernet2/0/0] quit
[PE2] interface gigabitethernet 3/0/0
[PE2-GigabitEthernet3/0/0] trust dscp
[PE2-GigabitEthernet3/0/0] quit
[PE2] interface gigabitethernet 4/0/0
[PE2-GigabitEthernet4/0/0] trust dscp
[PE2-GigabitEthernet4/0/0] quit
```

　　在 PE 上执行 **display qos map-table dscp-lp** 命令，可查看 DSCP 到本地优先级的映射关系。以下是在 PE1 上执行该命令的输出示例，满足本示例的优先级映射需求。

```
[PE1] display qos map-table dscp-lp
Input DSCP      LP
------------------
  0             0
...
 10             1
...
 20             2
...
 54                6
```

55	6
56	7
57	7
58	7
59	7
60	7
61	7
62	7
63	7

在 PE 上执行 **display qos map-table exp-lp** 命令，可查看 EXP 到本地优先级的映射关系。以下是在 PE1 上执行该命令的输出示例，也满足本示例的优先级映射需求。

```
[PE1] display qos map-table exp-lp
Input EXP      LP
-------------------
    0           0
    1           1
    2           2
    3           3
    4           4
    5           5
    6           6
    7           7
```

因为本地优先级值与队列索引号是一一对应的，所以最终 CT0 中承载的 BE 流量进入队列 0 中，CT1 中承载的 AF1 流量进入队列 1 中，CT2 中承载的 AF2 流量进入队列 2 中。

⑨ 配置 CT 业务的调度方式。

本示例中 BE 流量无抖动要求，可以采用 PQ 业务调度方式，AF1 和 AF2 均有抖动要求，可采用 WFQ 调度方式。又根据前面的配置，在 CT0 中传输的 BE 流量进入队列 0，CT1 中传输的 AF1 流量进入队列 1，CT2 中传输的 AF2 流量进入队列 2，所以需要把队列 0 配置为 PQ 调度方式，队列 1、2 均配置为 WFQ 调度方式，其他队列保持缺省配置即可。

#---PE1 上的配置，具体如下。

```
[PE1] qos queue-profile queue-profile1
[PE1-qos-queue-profile-queue-profile1] schedule pq 0 wfq 1 to 2
[PE1-qos-queue-profile-queue-profile1] quit
[PE1] interface gigabitethernet 3/0/0
[PE1-GigabitEthernet3/0/0] qos te queue-profile queue-profile1
[PE1-GigabitEthernet3/0/0] quit
```

#---P 上的配置，具体如下。

```
[P] qos queue-profile queue-profile1
[P-qos-queue-profile-queue-profile1] schedule pq 0 wfq 1 to 2
[P-qos-queue-profile-queue-profile1] quit
[P] interface gigabitethernet 1/0/0
[P-GigabitEthernet1/0/0] qos te queue-profile queue-profile1
[P-GigabitEthernet1/0/0] quit
[P] interface gigabitethernet 2/0/0
[P-GigabitEthernet2/0/0] qos te queue-profile queue-profile1
[P-GigabitEthernet2/0/0] quit
```

#---PE2 上的配置，具体如下。

```
[PE2] qos queue-profile queue-profile1
[PE2-qos-queue-profile-queue-profile1] schedule pq 0 wfq 1 to 2
[PE2-qos-queue-profile-queue-profile1] quit
[PE2] interface gigabitethernet 3/0/0
[PE2-GigabitEthernet3/0/0] qos te queue-profile queue-profile1
[PE2-GigabitEthernet3/0/0] quit
```

以上配置完成后，在 PE 上执行 **display qos queue-profile** 命令，可查看已配置的队列模板信息。

⑩　在 TE 隧道入节点 PE1 和 PE2 上配置转发邻接，将 TE 隧道发布给邻居节点，使 TE 隧道参与全局的路由计算，其他节点也能使用此隧道。

#---PE1 上的配置，具体如下。

```
[PE1] interface tunnel 0/0/1
[PE1-Tunnel0/0/1] mpls te igp metric absolute 1    #---配置 MPLS TE 的度量为指定的度量值 1
[PE1-Tunnel0/0/1] mpls te igp advertise    #---使能转发邻接将 MPLS TE 隧道作为虚拟链路发布到 IGP 网络的功能
[PE1-Tunnel0/0/1] mpls te commit
[PE1-Tunnel0/0/1] mpls
[PE1-Tunnel0/0/1] quit
[PE1] ospf 1
[PE1-ospf-1] enable traffic-adjustment advertise    #---使能 OSPF 1 进程的转发邻接功能
[PE1-ospf-1] quit
```

#---PE2 上的配置，具体如下。

```
[PE2] interface tunnel 0/0/1
[PE2-Tunnel0/0/1] mpls te igp metric absolute 1
[PE2-Tunnel0/0/1] mpls te igp advertise
[PE2-Tunnel0/0/1] mpls te commit
[PE2-Tunnel0/0/1] mpls
[PE2-Tunnel0/0/1] quit
[PE2] ospf 1
[PE2-ospf-1] enable traffic-adjustment advertise
[PE2-ospf-1] quit
```

以上配置完成后，在 PE1 或 PE2 上使用 **display ip routing-table** 命令显示路由信息，通过自动路由中的邻接转发功能，PE1 到 5.5.5.9（即 PE4）的出接口选择了 Tunnel0/0/1；PE2 到 4.4.4.9（即 PE3）的出接口选择了 Tunnel0/0/1。

⑪　在 PE1 和 PE2 上配置隧道绑定策略，使到达指定目的地址的 DS-TE 隧道仅用于传输特定流量，具体如下。

#---PE1 上的配置，具体如下。

```
[PE1] interface tunnel 0/0/1
[PE1-Tunnel0/0/1] mpls te reserved-for-binding
[PE1-Tunnel0/0/1] mpls te commit
[PE1-Tunnel0/0/1] quit
[PE1] interface tunnel 0/0/2
[PE1-Tunnel0/0/2] mpls te reserved-for-binding
[PE1-Tunnel0/0/2] mpls te commit
[PE1-Tunnel0/0/2] quit
[PE1] tunnel-policy policya
[PE1-tunnel-policy-policya] tunnel binding destination 3.3.3.9 te tunnel 0/0/1
[PE1-tunnel-policy-policya] quit
```

```
[PE1] tunnel-policy policyb
[PE1-tunnel-policy-policyb] tunnel binding destination 3.3.3.9 te tunnel 0/0/2
[PE1-tunnel-policy-policyb] quit
```

\#---PE2 上的配置，具体如下。

```
[PE2] interface tunnel 0/0/1
[PE2-Tunnel0/0/1] mpls te reserved-for-binding
[PE2-Tunnel0/0/1] mpls te commit
[PE2-Tunnel0/0/1] quit
[PE2] interface tunnel 0/0/2
[PE2-Tunnel0/0/2] mpls te reserved-for-binding
[PE2-Tunnel0/0/2] mpls te commit
[PE2-Tunnel0/0/2] quit
[PE2] tunnel-policy policya
[PE2-tunnel-policy-policya] tunnel binding destination 1.1.1.9 te tunnel 0/0/1
[PE2-tunnel-policy-policya] quit
[PE2] tunnel-policy policyb
[PE2-tunnel-policy-policyb] tunnel binding destination 1.1.1.9 te tunnel 0/0/2
[PE2-tunnel-policy-policyb] quit
```

⑫ 在 PE1 和 PE2 上配置 VPN 实例，将 CE 接入 PE。

\#---PE1 上的配置，具体如下。

在 PE1 上配置两个 VPN 实例的 RD 分别为 100:1 和 100:2，两个 VPN 实例的 VPN-Target 属性分别为 111:1 和 222:2，并应用将在上一步配置的隧道绑定策略，使所创建的 TE 隧道只用于隧道绑定策略，将两个 VPN 实例绑定对应的 AC 接口。

```
[PE1] ip vpn-instance VPN-A
[PE1-vpn-instance-VPN-A] ipv4-family
[PE1-vpn-instance-VPN-A-af-ipv4] route-distinguisher 100:1
[PE1-vpn-instance-VPN-A-af-ipv4] vpn-target 111:1 both
[PE1-vpn-instance-VPN-A-af-ipv4] tnl-policy policya
[PE1-vpn-instance-VPN-A-af-ipv4] quit
[PE1-vpn-instance-VPN-A] quit
[PE1] ip vpn-instance VPN-B
[PE1-vpn-instance-VPN-B] ipv4-family
[PE1-vpn-instance-VPN-B-af-ipv4] route-distinguisher 100:2
[PE1-vpn-instance-VPN-B-af-ipv4] vpn-target 222:2 both
[PE1-vpn-instance-VPN-B-af-ipv4] tnl-policy policyb
[PE1-vpn-instance-VPN-B-af-ipv4] quit
[PE1-vpn-instance-VPN-B] quit
[PE1] interface gigabitethernet 1/0/0
[PE1-GigabitEthernet1/0/0] ip binding vpn-instance VPN-A
[PE1-GigabitEthernet1/0/0] ip address 10.1.1.2 24
[PE1-GigabitEthernet1/0/0] quit
[PE1] interface gigabitethernet 2/0/0
[PE1-GigabitEthernet2/0/0] ip binding vpn-instance VPN-B
[PE1-GigabitEthernet2/0/0] ip address 10.2.1.2 24
[PE1-GigabitEthernet2/0/0] quit
```

\#---PE2 上的配置，具体如下。

在 PE2 上配置两个 VPN 实例的 RD 分别为 200:1 和 200:2，两个 VPN 实例的 VPN-Target 属性分别为 111:1 和 222:2，并应用将在上一步配置的隧道绑定策略，使所创建的 TE 隧道只用于隧道绑定策略，将两个 VPN 实例绑定对应的 AC 接口。

```
[PE2] ip vpn-instance VPN-A
[PE2-vpn-instance-VPN-A] ipv4-family
[PE2-vpn-instance-VPN-A-af-ipv4] route-distinguisher 200:1
[PE2-vpn-instance-VPN-A-af-ipv4] vpn-target 111:1 both
[PE2-vpn-instance-VPN-A-af-ipv4] tnl-policy policya
[PE2-vpn-instance-VPN-A-af-ipv4] quit
[PE2-vpn-instance-VPN-A] quit
[PE2] ip vpn-instance VPN-B
[PE2-vpn-instance-VPN-B] ipv4-family
[PE2-vpn-instance-VPN-B-af-ipv4] route-distinguisher 200:2
[PE2-vpn-instance-VPN-B-af-ipv4] vpn-target 222:2 both
[PE2-vpn-instance-VPN-B-af-ipv4] tnl-policy policyb
[PE2-vpn-instance-VPN-B-af-ipv4] quit
[PE2-vpn-instance-VPN-B] quit
[PE2] interface gigabitethernet 1/0/0
[PE2-GigabitEthernet1/0/0] ip binding vpn-instance VPN-A
[PE2-GigabitEthernet1/0/0] ip address 10.3.1.2 24
[PE2-GigabitEthernet1/0/0] quit
[PE2] interface gigabitethernet 2/0/0
[PE2-GigabitEthernet2/0/0] ip binding vpn-instance VPN-B
[PE2-GigabitEthernet2/0/0] ip address 10.4.1.2 24
[PE2-GigabitEthernet2/0/0] quit
```

#---CE1 上的配置，具体如下。

```
<Huawei> system-view
[Huawei] sysname CE1
[CE1] interface gigabitethernet 1/0/0
[CE1-GigabitEthernet1/0/0] ip address 10.1.1.1 255.255.255.0
[CE1-GigabitEthernet1/0/0] quit
```

#---CE2 上的配置，具体如下。

```
<Huawei> system-view
[Huawei] sysname CE2
[CE2] interface gigabitethernet 1/0/0
[CE2-GigabitEthernet1/0/0] ip address 10.2.1.1 255.255.255.0
[CE2-GigabitEthernet1/0/0] quit
```

#---CE3 上的配置，具体如下。

```
<Huawei> system-view
[Huawei] sysname CE3
[CE3] interface gigabitethernet 1/0/0
[CE3-GigabitEthernet1/0/0] ip address 10.3.1.1 255.255.255.0
[CE3-GigabitEthernet1/0/0] quit
```

#---CE4 上的配置，具体如下。

```
<Huawei> system-view
[Huawei] sysname CE4
[CE4] interface gigabitethernet 1/0/0
[CE4-GigabitEthernet1/0/0] ip address 10.4.1.1 255.255.255.0
[CE4-GigabitEthernet1/0/0] quit
```

以上配置完成后，在 PE 上执行 **display ip vpn-instance verbose** 命令可以看到 VPN
实例的配置情况。

⑬ 在 PE1 与 PE2 之间建立 MP-IBGP 对等体，在 PE1、PE2 与各自直连 CE 之间建
立 EBGP 对等体。

#---PE1 上的配置，具体如下。

```
[PE1] bgp 100
[PE1-bgp] peer 3.3.3.9 as-number 100
[PE1-bgp] peer 3.3.3.9 connect-interface loopback 1
[PE1-bgp] ipv4-family vpnv4
[PE1-bgp-af-vpnv4] peer 3.3.3.9 enable
[PE1-bgp-af-vpnv4] quit
[PE1-bgp] ipv4-family vpn-instance VPN-A
[PE1-bgp-VPN-A] peer 10.1.1.1 as-number 65410
[PE1-bgp-VPN-A] import-route direct
[PE1-bgp-VPN-A] quit
[PE1-bgp] ipv4-family vpn-instance VPN-B
[PE1-bgp-VPN-B] peer 10.2.1.1 as-number 65420
[PE1-bgp-VPN-B] import-route direct
[PE1-bgp-VPN-B] quit
```

#---PE2 上的配置，具体如下。

```
[PE2] bgp 100
[PE2-bgp] peer 1.1.1.9 as-number 100
[PE2-bgp] peer 1.1.1.9 connect-interface loopback 1
[PE2-bgp] ipv4-family vpnv4
[PE2-bgp-af-vpnv4] peer 1.1.1.9 enable
[PE2-bgp-af-vpnv4] quit
[PE2-bgp] ipv4-family vpn-instance VPN-A
[PE2-bgp-VPN-A] peer 10.3.1.1 as-number 65430
[PE2-bgp-VPN-A] import-route direct
[PE2-bgp-VPN-A] quit
[PE2-bgp] ipv4-family vpn-instance VPN-B
[PE2-bgp-VPN-B] peer 10.4.1.1 as-number 65440
[PE2-bgp-VPN-B] import-route direct
[PE2-bgp-VPN-B] quit
```

#---CE1 上的配置，具体如下。

```
[CE1] bgp 65410
[CE1-bgp] peer 10.1.1.2 as-number 100
[CE1-bgp] import-route direct
```

#---CE2 上的配置，具体如下。

```
[CE2] bgp 65420
[CE2-bgp] peer 10.2.1.2 as-number 100
[CE2-bgp] import-route direct
```

#---CE3 上的配置，具体如下。

```
[CE3] bgp 65430
[CE3-bgp] peer 10.3.1.2 as-number 100
[CE3-bgp] import-route direct
```

#---CE4 上的配置，具体如下。

```
[CE4] bgp 65440
[CE4-bgp] peer 10.4.1.2 as-number 100
[CE4-bgp] import-route direct
```

以上配置完成后，在 PE 上执行 **display bgp vpnv4 all peer** 命令，可以看到 PE 之间的 BGP 对等体关系已建立，并达到 Established 状态。以下是在 PE1 上执行该命令的输出示例。

```
[PE1] display bgp vpnv4 all peer
BGP local router ID : 1.1.1.9
 Local AS number : 100
 Total number of peers : 3                    Peers in established state : 3
   Peer        V    AS    MsgRcvd   MsgSent  OutQ  Up/Down      State PrefRcv
   3.3.3.9     4    100   3         5         0    00:01:23   Established   0


  Peer of IPv4-family for vpn instance :


 VPN-Instance VPN-A, Router ID 1.1.1.9:
   10.1.1.1    4    65410 25        25        0    00:17:57   Established   1
 VPN-Instance VPN-B, Router ID 1.1.1.9:
   10.2.1.1    4    65420 21        22        0    00:17:10   Established   0
```

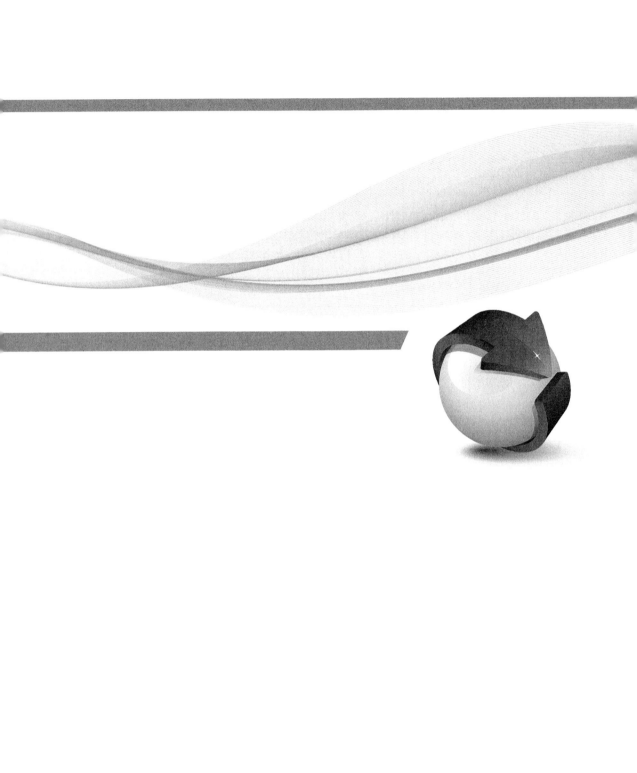